2026 CBT필기 시험대비

국가직무능력표준(NCS)기반 출제기준 반영

무료쿠폰
CBT
모의고사

국가기술자격 및 LX한국국토정보공사 공무원 대비

지적기능사

필기+실기 3주완성

염창열, 정병노 공저

1
지적기능사
추천도서
최고의 합격률

2026 합격 시험대비 SOLUTION

❖ 작업형 출제기준 변경에 따른 평가방법 결과적용
• 최신 개정된 지적관계법규 적용
•• 23개년 기출문제 완전연구 분석
❖ 축적비에 따른 실기문제 반영
∷ 2025년 CBT 필기 복원문제 수록

한솔아카데미
H/A/N/S/O/L//A/C/A/D/E/M/Y

머리말

기회는 새와 같은 것
날아가기 전에 꼭 잡아라

대한민국의 통일을 위해 준비해야 할 자격증으로는 지적기능사를 우선순위로 꼽아도 될 것 같습니다. 지적직 공무원 준비생, LX 한국국토정보공사 준비생 및 지적산업분야에서 현재와 미래에 꼭 필요한 자격증으로 추천하고 싶습니다.

어떻게 하면 지적과목을 쉽게 공부할 수 있을까하는 관점에서 탁월한 길잡이가 되도록 기본적이고 핵심적인 내용을 체계적으로 편집하였으며, 더욱이 최근 출제 기준에 맞추어 CBT대비서로 함축성 있게 엮으려 노력하였습니다.

출제기준인 지적도면의 정리와 면적측정 및 도면 작성 등의 직무 수행능력 평가를 위해 다음과 같이 중점을 두어 집필하였습니다.

> 1. 최근까지 출제되었던 모든 문제를 분류 및 분석하여 수록
> 2. 최근 출제기준에 맞춘 기초적이고 필수적인 상세한 해설
> 3. 1차 필기시험과 2차 실기시험을 연속성 있게 구성
> 4. 지적기능사 실기시험 출제문제 유형별 표시
> 5. 지적기능사 실기시험 년도별 복원문제 수록
> 6. CBT 대비 필기 복원 기출문제 수록

이 수험서를 통하여 지적관련 자격증을 취득하는데 훌륭한 지침서가 되고, 자신의 목표가 반드시 이룩할 수 있기를 소망합니다.

가장 바쁜 시간 중에 시간을 지배할 줄 아는 사람이 인생도 지배할 줄 안다고 생각됩니다. 앞으로도 꾸준히 라이센스(license)에 도전하십시오.

그리고 한솔아카데미와 함께하십시오. 반드시 계획했던 모든 꿈을 이루실겁니다.

혹시 집필 중 또는 복원 중 오류가 있다면 신속히 보완하여 더욱 좋은 책으로 거듭 날 수 있도록 최선을 다하겠으며, 항상 조언을 부탁드립니다.

따라서 이 책을 접하는 모든 분들이 지적기능사 자격증 취득 및 지적직 공무원 시험에 합격하시기를 진심으로 기원 드립니다.

한 권의 책이 나올 수 있도록 최선을 다해 도와주신 모든 분들께 진심으로 감사드립니다.

한 권의 책이 나올 수 있도록 최선을 다해 도와주신 한솔아카데미 편집부 여러분, 이 책의 얼굴을 예쁘게 디자인 해주신 강수정 실장님, 묵묵히 수정과 교정을 하여 주신 안주현 부장님, 언제나 가교 역할을 해 주시는 최상식 이사님, 항상 큰 그림을 그려 주시는 이종권 사장님, 사랑받는 수험서로 출판될 수 있도록 아낌없이 지원해 주신 한병천 대표이사님께 감사드립니다.

저자 드림

HANSOL

CBT 시험대비 실전테스트

홈페이지(www.bestbook.co.kr)에서 일부 필기시험 문제를 CBT(컴퓨터기반) 실전테스트로 체험하실 수 있습니다.

CBT 필기시험문제 ▶	
■ 2016년 제5회 시행	■ 2021년 제1회 시행
■ 2017년 제1회 시행	■ 2022년 제1회 시행
■ 2017년 제4회 시행	■ 2023년 제1회 시행
■ 2018년 제1회 시행	■ 2024년 제1회 시행
■ 2019년 제1회 시행	■ 2025년 제1회 시행
■ 2020년 제1회 시행	

■ 무료수강 쿠폰번호안내

회원 쿠폰번호	Y2MQ-VOVV-XHVT

■ 지적기능사 CBT 필기시험문제 응시방법

① 한솔아카데미 인터넷서점 베스트북 홈페이지(www.bestbook.co.kr) 접속 후 로그인합니다.
② [CBT모의고사] – [기능사/기타] – [지적기능사] 메뉴에서 쿠폰번호를 입력합니다.
③ [내가 신청한 모의고사] 메뉴에서 모의고사 응시가 가능합니다.

※ 쿠폰사용 유효기간은 2026년 10월 31일까지입니다.

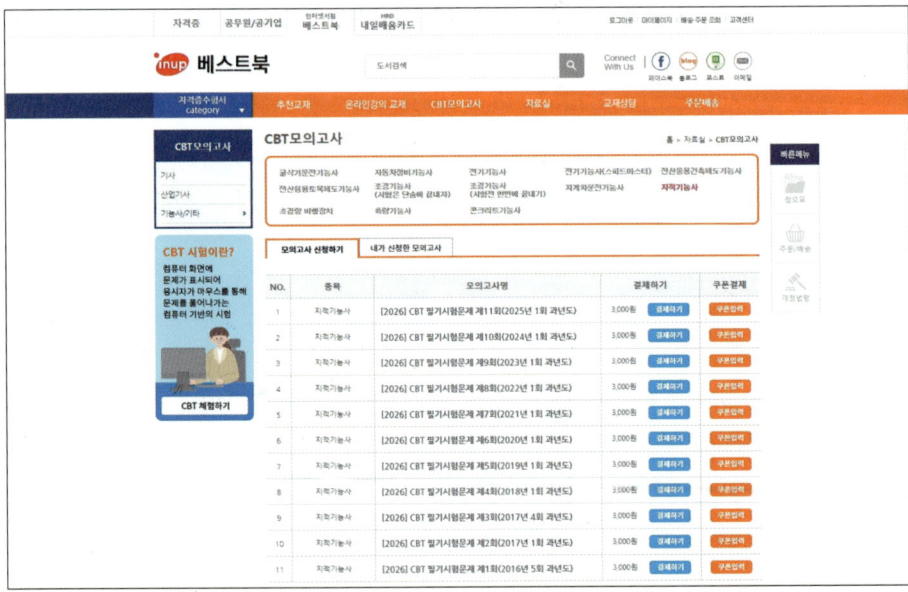

CBT 시험이란?
(컴퓨터 이용 시험, computer based testing)

컴퓨터를 이용하여 시험 평가(testing)하는 것입니다.
2016년 5회부터 지적기능사를 포함한
정기 및 상시 기능사 전 종목이 CBT를 이용하여 필기시험 평가를 합니다.
CBT시험은 수험자가 답안을 제출하면 바로 합격여부를 확인할 수 있습니다.

01 CBT 철저한 준비 (웹체험 서비스 안내)

한국산업인력공단에서 운영하는 큐넷(Q-net) 홈페이지에서는 실제 컴퓨터 자격시험 환경과 동일하게 구성하여 누구나 쉽게 CBT(컴퓨터 기반 시험)을 이용해볼 수 있도록 가상체험 서비스를 운영합니다. (http://www.q-net.or.kr)

❶ 신분 확인절차

시험 시작 전 수험자에게 배정된 좌석에 앉아 있으면 신분 확인 절차가 진행됩니다.
시험장 감독위원이 컴퓨터에 나온 수험자 정보과 신분증이 일치하는지를 확인하는 단계입니다.

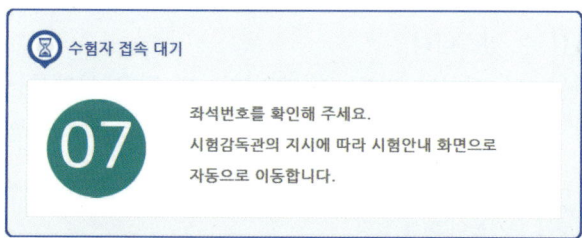

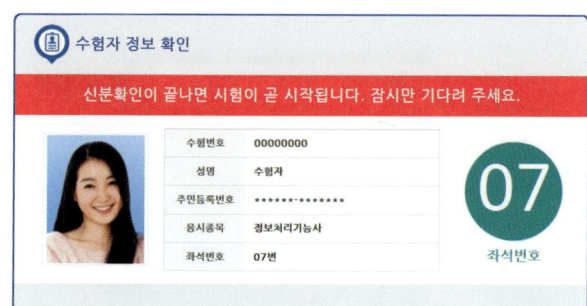

❷ 시험안내 진행

좌석배정과 신분증 확인 단계가 끝난 후 시험안내가 진행됩니다.
시험 안내사항, 유의사항, 메뉴설명, 문제풀이 연습, 시험준비완료 항목을 확인하고
실제 시험과 동일한 방식의 문제풀이 연습을 통해 CBT 시험을 준비합니다.

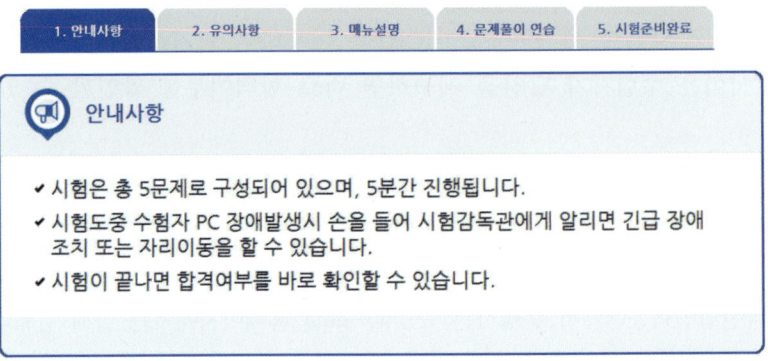

02 CBT 확인 점검 (웹체험 서비스 진행)

① CBT 시험 문제 화면의 기본 글자 크기는 150%입니다. 글자가 크거나 작을 경우 크기
   를 변경하실 수 있습니다.
② 화면 배치는 1단 배치가 기본 설정입니다. 더 많은 문제를 볼 수 있는 2단 배치와
   한 문제씩 보기 설정이 가능합니다.

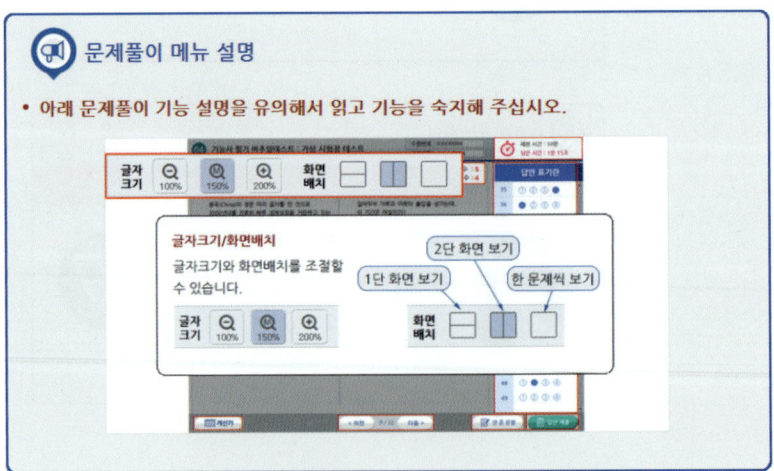

③ 답안은 문제의 보기 번호를 클릭하거나 답안표기란의 번호를 클릭하여 입력하실 수 있습니다.

④ 입력된 답안은 문제화면 또는 답안 표기란의 보기 번호를 클릭하여 변경하실 수 있습니다.

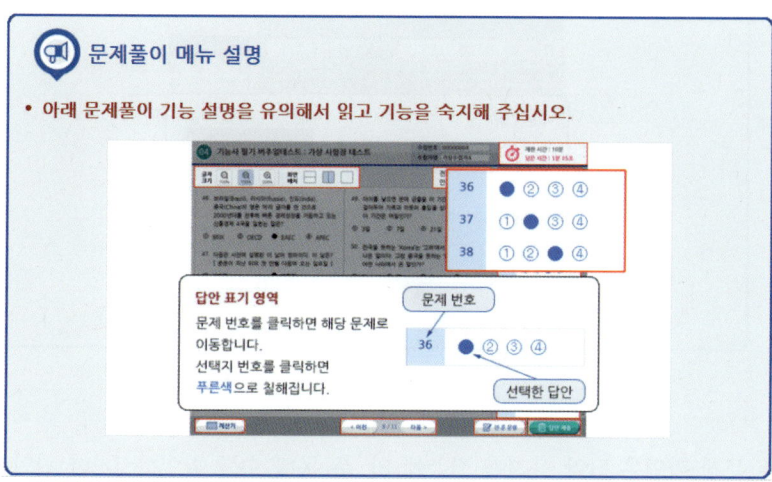

⑤ 페이지 이동은 아래의 페이지 이동 버튼(이전, 다음) 또는 답안 표기란의 문제번호를 클릭하여 이동할 수 있습니다.

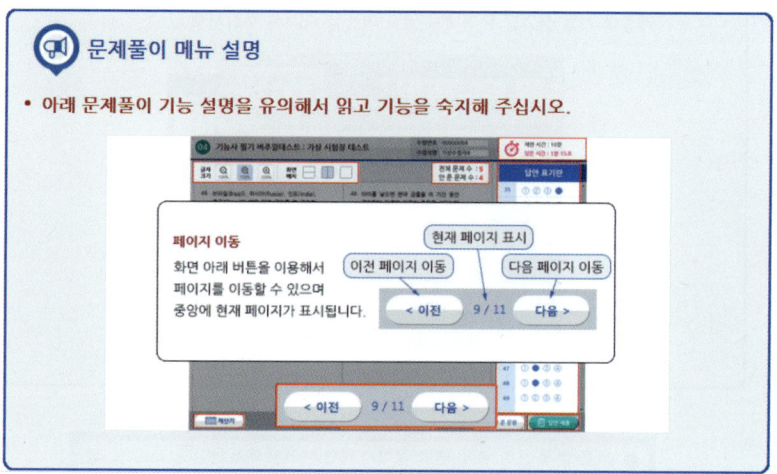

⑥ 응시종목에 계산문제가 있을 경우 좌측 하단의 계산기 기능을 이용하실 수 있습니다.

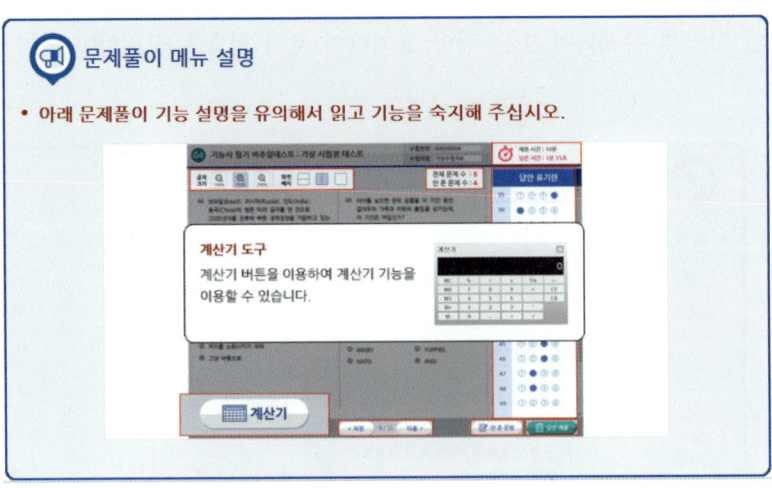

⑦ 안 푼 문제 확인은 답안 표기란 좌측에 안 푼 문제 수를 확인하시거나 답안 표기란 하단 [안 푼 문제] 버튼을 클릭하여 확인하실 수 있습니다.

⑧ 안 푼 문제 번호 보기 팝업창에 안 푼 문제 번호가 표시됩니다. 번호를 클릭하시면 해당 문제로 이동합니다.

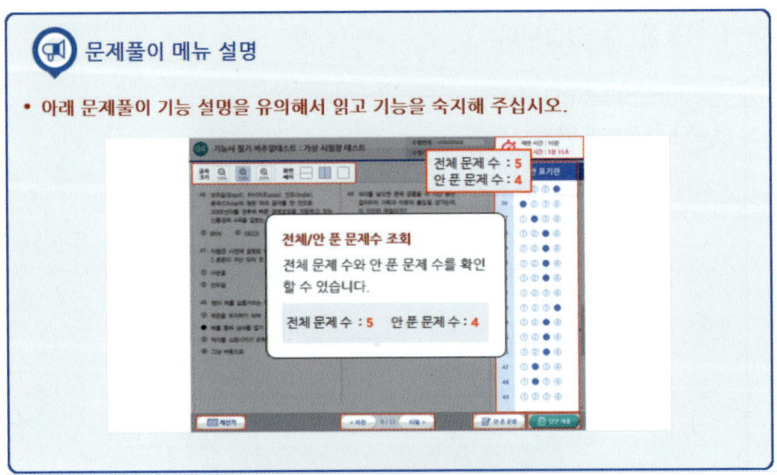

⑨ 시험 문제를 다 푸신 후 답안 제출을 하시거나 시험시간이 모두 경과되었을 경우 시험이
종료되며 시험결과를 바로 확인하실 수 있습니다.

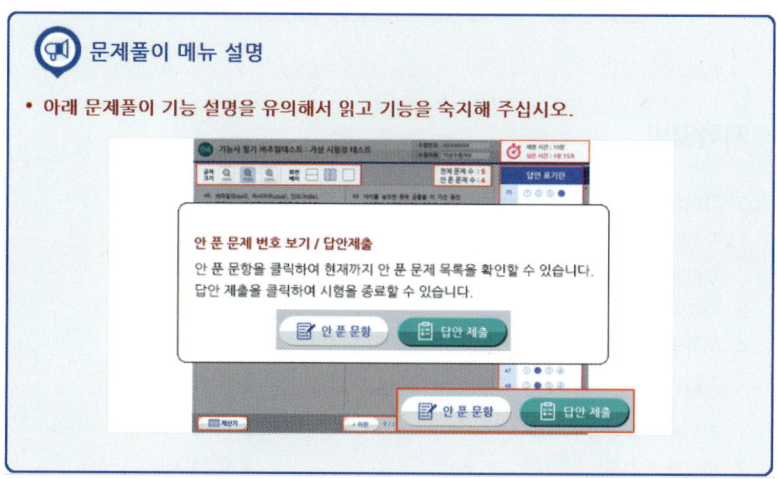

⑩ 상단 우측 [남은 시간 표시]란에서 현재 남은 시간을 확인할 수 있습니다.

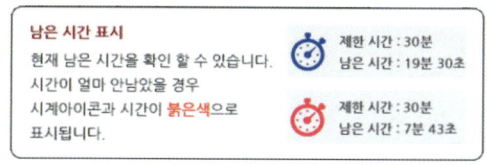

⑪ [답안 제출] 버튼을 클릭하면 답안제출 승인 알림창이 나옵니다. 시험을 마치려면 [예]
버튼을 클릭하고 시험을 계속 진행하려면 [아니오] 버튼을 클릭하면 됩니다.
⑫ 답안제출은 실수 방지를 위해 두 번의 확인 과정을 거칩니다.

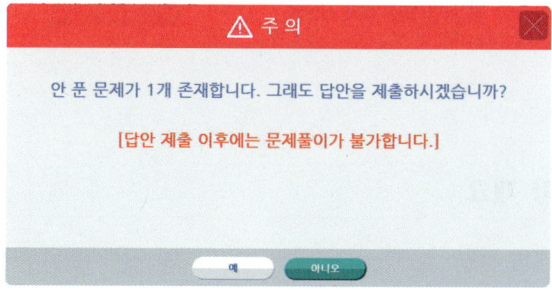

⑬ 시험 안내사항 및 문제풀이 연습까지 모두 마친 수험자는 [시험 준비 완료] 버튼을 클릭
한 후 잠시 대기합니다.
⑭ 시험 시행 후 답안지를 제출하면 바로 합격여부를 확인할 수 있습니다.

CONTENTS

PART2 CBT 대비 과년도 기출문제

⊕ 연습용 답안카드

PART3 CBT 대비 복원 기출문제

⊕ 연습용 답안카드

【CBT 필기시험문제 실전테스트】

홈페이지(www.bestbook.co.kr)에서 일부 필기시험문제를 CBT(컴퓨터기반) 실전테스트로 체험하실 수 있습니다.

- 2016년 제5회 시행
- 2017년 제1회 시행
- 2017년 제4회 시행
- 2018년 제1회 시행
- 2019년 제1회 시행
- 2020년 제1회 시행
- 2021년 제1회 시행
- 2022년 제1회 시행
- 2023년 제1회 시행
- 2024년 제1회 시행
- 2025년 제1회 시행

PART4 지적기능사 실기

출제기준

중직무분야	토목	자격종목	지적기능사	적용기간	2025.1.1～2028.12.31

○직무내용 : 지적도면의 정리와 면적측정 및 도면작성과 지적측량지원 등의 직무이다.

필기검정방법	객관식	문제수	60	시험시간	1시간

필기과목명	주요항목	세부항목
지적일반, 지적측량, 지적공부정리	1. 지적일반	1. 지적의 기초이론 2. 지적사 3. 지적의 요소 4. 토지의 등록
	2. 지적 관련 법규	1. 공간정보구축 및 관리 등에 관한 법률
	3. 지적측량개요	1. 지적측량의 기준 2. 지적측량의 구분
	4. 지적측량관측 및 정리	1. 세부측량
	5. 면적측정 및 제도	1. 면적측정 2. 제도의 기초
	6. 측량장비	1. 측량장비의 구성 2. 측량장비의 운영
	7. 지적공부에 관한 사항	1. 지적공부의 관리 2. 지적공부의 등록 및 작성
	8. 토지의 이동신청 및 지적정리	1. 이동지 정리 2. 소유권 정리

지적기능사 필기 학습안내

❶ **신분증** 지참은 반드시 필수입니다.

❷ 문제를 학습하는 방법

- 지적 기능사 연습용 답안카드를 이용하세요.
- ☑☐☐ 틀린 문제를 확인한다.
- ☑☑☐ 마킹된 문제를 확인한다.
- ☑☑☑ 마킹된 문제를 최종확인한다.

❸ 60문제 출제 : **36개 이상** 맞으면 **합격**

1단계   **CBT 필기 핵심정리**

- 반드시 알아야 할 내용을 정리하였습니다.
- 암기되어야 할 과년도 문제 모음입니다.
- 처음에 완벽하게 외우지 말고 핵심요점과 과년도 예상문제를 풀면서 반복하면 됩니다.

2단계   **과년도 기출문제**

- 2단계는 합격을 좌우하는 중요단계입니다.
- 자신의 풀이 능력을 실전테스트 해보세요.
- 1단계 핵심요점을 오가며 2단계를 많이 반복할수록 시험에 유리합니다.

3단계   **필기복원문제 실전테스트**

- CBT로 자신의 풀이 능력을 시험해 보세요.
- 교재문제는 연습용 CBT로 활용해 보세요.
- 그리고 수시로 CBT 따라하기 해보세요.

> 홈페이지(www.bestbook.co.kr)에서 일부 기출문제를
> CBT (컴퓨터기반) 실전테스트로 체험하실 수 있습니다.

지적기능사 실기 학습안내

1단계 · 처음으로 접할 때

- 지적기능사 실기문제 내용을 파악하는 것이 가장 중요합니다.
- [축척 600분의 1] 실기문제 유형을 교재 내용에 따라 연습해 봅니다.
  - 집중적, 반복적으로 학습하면서 문제해결 능력을 마스터합니다.
- 수험자 유의사항을 고려하여 요구사항의 내용을 파악합니다.
- 지적제도 기본사항 중 필요사항을 독파합니다.

2단계 · 실기 내용 익숙하기

- [축척 1000분의 1] 실기문제 유형을 교재 내용에 따라 연습해 봅니다.
- 연습하면서 익숙히 않은 부분은 완벽하게 해결해야 합니다.
- [답안지 제출1]과 [답안지 제출2]는 계산기를 사용하여 해결되는 문제이므로 지적원리를 통하여 익숙해야 합니다.
- 집중적, 반복적으로 학습하여 문제 내용을 완전히 파악해야 합니다.
- [답안지 제출3]은 CAD 작업을 이용하여 해결하는 문제입니다.
- 집중적, 반복적으로 CAD 작업을 하여 문제해결 능력을 마스터합니다.

3단계 · 실전에 임하기

- 실전처럼 [축척 600분의 1] 문제와 [축척 1000분의 1] 문제를 기계적으로 [답안지 제출1], [답안지 제출2], [답안지 제출3]를 완벽하게 해결할 수 있어야 합니다.
  - 자신감과 지적기능사 실기 내용의 파악이 중요 관건입니다.
- 자신감을 갖고 연습을 실전처럼 하시면 됩니다.
- 연습량이 합격을 좌우합니다.

Pick Remember

PART 1

Pick Remember
CBT 필기 핵심정리

01 지적일반

01 지적의 기초 이론

1 지적의 발생설

(1) 과세설 Taxation Theory

① 지적의 발생설 중 가장 중추적이며 지배적인 학설로 고대 국가에서 토지소유권 및 수확물의 일부가 군주에게 귀속되는 예가 있었다.

② 과세 목적을 위해 토지가 측정되고 경계가 확정되었다.

③ 고대 과세장부로는 대표적으로 영국의 둠스데이북과 신라의 장적문서가 있다.

(2) 치수설 Flood Control Theory

① 지적의 발생설을 토지측량과 밀접하게 관련지어 이해할 수 있는 학설로 토지측량설이라고도 불린다.

② 과세설과 함께 등장한 이론으로 4대문명 발상지인 유프라테스 강, 티그리스 강 하류의 수메르(Sumer) 지방에서 홍수 발생 후 경지정리 및 제방·수로 등 토목공사에 필요한 측량을 실시하였다.

(3) 지배설 Rule Theory

지적의 발생설에서 영토의 보존과 통치 수단이라는 두 관점에 대한 학설로 국가가 토지를 지배하기 위한 통치수단으로 토지의 각종 현황을 관리한다는 관점에서 출발한다고 본다.

2 지적에 관한 법률의 기본 이념

(1) 지적국정주의

국정주의란 지적 공부의 등록 사항인 토지의 소재, 지번, 지목, 경계 또는 좌표와 면적의 결정은 국가 공권력으로써 결정한다는 원칙이다.

■ 지적국정주의의 특징

• 모든 토지를 지적공부에 등록하는 적극적 등록주의를 택하고 있다.
• 토지 표시사항은 국가가 결정한다.
• 토지소유자의 신청이 없는 경우 국가가 직권으로 조사·측량하여 결정한다.

🔰 지적의 3대 이념
• 지적 국정주의
• 지적 형식주의
• 지적 공개주의

(2) 지적형식주의

① 형식주의란, 일정한 법정 형식을 갖추어 등록·공시하는 원칙을 말하고, 모든 토지는 필지마다 한다.
② 지번, 지목, 경계 또는 좌표와 면적을 확정하여 지적 공부에 등록하여야 공식적인 효력이 인정된다는 것이다.

■ 지적형식주의의 특징

• 지적등록주의라고도 한다.
• 전 국토는 지적공부에 등록되어야 하며, 등록되지 않으면 공시의 효력이 없다.

(3) 지적공개주의

공개주의란 지적공부에 등록된 모든 사항은 이를 토지 소유자나 이해 관계인 등 일반 국민에게 신속·정확하게 공개하여 정당하게 이용할 수 있도록 하여야 한다는 원칙이다.

■ 지적공개주의의 특징

• 지적공부의 등본교부와 관련이 있다.
• 지적공부의 열람 및 등본을 통해 외부에서 알 수 있도록 하는 방법이다.

(4) 실질적 심사주의

새로 지적공부에 등록되는 사항과 기존에 등록된 사항의 변경등록은 국가기관의 장이 지적법에 의해 적법성과 사실관계의 부합 여부를 심의·심사하여 지적공부의 등록하는 원칙이다.

(5) 직권등록주의

직권 등록주의란, 국가의 통치권이 미치는 모든 영토를 필지 단위로 구획하여 국가 기관의 장인 소관청(시장, 군수, 구청장)이 강제적으로 지적 공부에 등록·공시하여야 한다는 원칙이다.

■ 지적 법률의 이념

• 지적 법률의 3대 이념 : 지적국정주의, 지적형식주의, 지적공개주의
• 지적 법률의 5대 이념 : 지적국정주의, 지적형식주의, 지적공개주의, 실질적 심사주의, 직권등록주의

3 지적의 기능

지적의 기능은 지적 관련 조직이 지적 활동을 수행하는 데 요구되는 일정한 능력이나 작용을 말한다.

(1) 일반적 기능

① 사회적 기능
② 법률적 기능
③ 행정적 기능

(2) 실질적 기능(역할)

① 토지등기의 기초
② 토지평가의 기초
③ 토지과세의 기초
④ 토지거래의 기초
⑤ 토지이용계획의 기초
⑥ 주소표기의 기준
⑦ 각종 토지정보의 제공

☝ 지적의 역할
선 등록·후 등기 원칙

4 지적의 특성 성격

(1) 역사성과 영구성

지적이 등록 사항이 시대와 사람에 따라 유동적이지만, 일단 등록된 기록은 영구히 존속된다는 것에서 의미를 찾을 수 있다.

(2) 반복적 민원성

지적공부의 열람, 등본교부, 토지소유자정리, 지적측량기준점성과 등의 열람 및 등본교부, 토지의 이동 신청 접수 및 처리, 지적측량의 신청 접수 및 처리 등이 해당된다. 지적업무는 민원 처리가 주종을 이루고 지속되는 반복성을 나타낸다.

(3) 전문성과 기술성

토지에 관한 인간의 필요 정보를 제한된 지면에 정확하게 기록하고 도화하는 과정에서 지적 측량이 필요하므로 전문성과 기술성이 필요하다.

☝ 지적의 성격
지적이 지니고 있는 자체의 성질을 말하는 것으로 역사성과 영구성, 반복적 민원성, 전문성과 기술성, 서비스성과 윤리성, 정보원(공시성) 등이 있다.

(4) 서비스성과 윤리성

지적 민원의 증가 현상에 따라 양질의 서비스가 요구되고, 토지의 중요성과 함께 공공정책으로서 큰 비중을 갖는 만큼 윤리성이 필요하다.

(5) 정보원(공시성)

토지 활용의 수행에 따르는 기초 자료로서 지적 공부의 등록사항이 정보원으로서 이용된다.

02 지적사

1 지적제도의 발달

■ 지적 제도의 유형

설치 목적(발전과정)	세지적, 법지적, 다목적 지적
측량 방법(경계점 표시 방법)	도해 지적, 수치 지적
등록 대상(등록 방법)	2차원 지적, 3차원 지적, 4차원 지적
성질에 따른 분류	소극적 지적, 적극적 지적

(1) 발전과정(설치목적)에 의한 분류

발전단계에 따른 지적제도의 변천과정은 세지적(과세지적) → 법지적(소유지적) → 다목적지적(종합지적) 순이다.

① 세지적(과세지적) : 세지적은 토지에 조세를 부과함에 있어서 그 세액을 결정하는데 가장 큰 목적이 있는 제도로, 국가재정수입의 대부분이 토지세인 농경시대에 개발된 최초의 지적제도로 각 필지에 대한 세액을 정확하게 산정하기 위해 면적과 기준시가 본위(면적본위)로 운영되는 제도이다.

② 법지적(소유지적) : 법지적은 토지 소유권을 보호하는데 주요 목적이 있으며, 토지 거래의 안전을 보장하기 위하여 권리 관계를 좀 더 상세하게 기록하게 되며, 토지의 평가보다는 소유권의 한계 설정과 경계복원의 가능성을 더욱 강조하게 된다.

③ **다목적지적(종합지적)** : 토지에 관한 등록 자료의 용도가 다양해짐에 따라 더 많은 자료를 관리하고 이를 신속하고 정확하게 공급하기 위한 지적 제도를 말하는 것으로, 이 제도에는 토지 소유권, 토지이용, 토지 평가, 그리고 토지 자원 관리에 대한 의사 결정을 하는 데 필요한 정보를 포함한다.

■ **다목적지적의 구성요소**
• 3대구성요소 : 측지기준망, 기본도, 중첩도(지적도중첩)
• 5대구성요소 : 측지기준망, 기본도, 중첩도(지적도중첩), 필지식별번호, 토지자료파일

(2) 측량방법(경계점 표시 방법)에 의한 분류

① **도해지적** : 토지에 대한 경계를 도면위에 표시하는 지적제도이다. 도해지적은 토지의 경계점을 측판 측량 방법으로 측정하여 일정한 축척으로 지적도·임야도에 등록하고, 토지 경계의 효력을 도면에 등록한 경계에만 의존하는 지적 제도이다.

■ **특징**
• 토지의 경계표시와 효력을 도면에 등록된 경계의 의존한다.
• 기하학적으로 폐합된 다각형의 형태로 표시하여 등록한다.
• 토지경계가 도상에 명백히 표현되어 있어 시각적으로 용이하게 파악할 수 있고, 경계분쟁소지 지역이 적은 지역에 알맞다.
• 도면의 신축으로 인한 오차가 있다.
• 기술적으로 높은 수준이 요구되지 않으며 비용이 저렴하다.

② **수치지적** : 수치지적은 경계점 위치를 경위의 측량 방법으로 측정한 평면 직각 종횡선 수치(x, y)를 경계점좌표등록부에 등록·관리하는 지적제도를 말한다. 도해 지적보도 높은 정도로 경계점을 복원할 수 있다.

■ **특징**
• 도해지적에 비해 높은 정밀도로 경계등록을 할 수 있다.
• 정밀도가 높고, 활용도가 높으며, 경비, 인력, 정밀장비 등에 높은 비용이 사용된다.
• 경계를 지표상에 복원할 때 측량 당시 정확도로 재현이 가능하다.
• 후속 측량 시 컴퓨터를 이용하여 임의 축척으로 도면을 출력할 수 있다.
• 경계점이 좌표로 등록되어 시각적으로 보기 어려워 별도 도면이 필요하다.

(3) 등록 대상(등록 방법)에 의한 분류

① **2차원지적(평면지적)** : 2차원 지적은 토지의 고저에는 관계 없이 수평면상의 사영(그림자)만을 가상하여 그 경계를 등록하는 제도로서 평면 지적이라고 하며, 선과 면으로 구성된다. 지표의 물리적 현황만을 등록하며 세계 각국에서 가장 많이 채택하는 제도이다.

② **3차원 지적(입체지적)** : 토지 이용도가 다양한 현대에 필요한 제도로서 입체 지적이라 하며, 토지의 지표, 지하, 공중에 형성되는 선, 면, 높이로 구성한다. 지상의 건축물과 지하의 상수도, 하수도, 전기, 전화선 등 공공시설물을 효율적으로 등록 관리할 수 있다.

🔽 3차원 지적제도
• 입체지적
• 지표공간
• 지하공간

③ **4차원 지적** : 등록 대상을 3차원뿐만 아니라 시간의 변천까지 포함하는 제도로서, 토지에 대한 등록 내용의 변천까지를 등록함으로써 지적에 대한 역사적인 변천과정이나 연혁 등을 알 수 있다.

(4) 성질에 따른 분류

① **소극적 지적** : 기본적으로 거래와 그에 관한 거래증서변경기록을 수행하는 것이며 일필지의 소유권이 거래되면서 발생되는 거래증서를 변경등록 하는 것 즉, 신고 된 사항만을 등록하는 방식이다.

② **적극적 지적** : 토지등록은 일필지의 개념으로 법적인 권리보장이 인증된다. 토지등록은 강제되고 의무적이며 공적인 지적측량이 시행되지 않는 한 토지 등기도 허가 되지 않는다는 이론

2 시대별 지적제도

(1) 시대별 지적제도

① 고조선시대 : 정전제(井田制)
② 고구려 : 경묘(무)법
③ 백제 : 결부제, 두락제
④ 신라 : 결부제
⑤ 통일신라시대 : 관료전, 정전제(丁田制)
⑥ 고려시대 : 경묘(무)법, 결부제, 두락제, 수등이척제
⑦ 조선시대 : 경묘(무)법, 결부제, 수등이척제, 망척제

(2) 시대별 지적공부

① 둠즈데이북(Domesday Book)

- 국토를 조직적으로 작성한 토지기록으로 영국에서 과세장부로 사용되었다.
- 영국의 윌리엄(William) 1세가 1085년과 1086년 사이에 노르만 전 영토를 대상으로 하여 작성한 지적공부로 이 토지 기록은 최초의 국토자원에 관한 목록으로 평가된다.

② 나폴레옹(Napoleon) 지적

- 나폴레옹 지적은 또 다른 의미에서 근대지적의 기원으로 평가된다.
- 프랑스의 나폴레옹 1세가 1808년부터 1850년까지 전 국토를 대상으로 필지별 측량을 하여 생산량, 소유자를 조사하여 지적공부와 지적도를 작성하였다.

③ 신라촌락장적(新羅村落帳籍)

- 통일신라시대 서원경(현재 청주지역) 지방의 네 마을에 있던 토지 및 재산 목록으로 3년마다 일정한 방식으로 기록되었다.
- 기록된 내용으로는 촌명(村名), 마을의 둘레, 호수의 넓이, 인구 수, 논과 밭의 넓이, 과실나무의 수, 마전, 소와 말의 수 등이다. 이는 종합적인 토지대장이며, 과세를 위한 기초 문서이다.
- 우리나라에서 현존하는 지적자료 중 신라시대에 작성된 신라촌락장적이 가장 오래된 지적자료이다.

④ 지세명기장(地稅名奇帳)

지세징수를 목적으로 토지대장 중에서 민유과세지만 뽑아 각 면마다 소유자별로 연기(連記)한 후 합산한 공부이다. 지세령시행규칙 제1조에 의해 1918년경 면에 비치하는 문서로 작성되었다.

⑤ 문기(文記)

문기는 토지 및 가옥을 매매할 때 작성하는 오늘날의 매매계약서를 말한다. 매수인과 매도인의 합의 외 수수목적물의 인도가 있는 경우 계약서를 서면으로 작성되는 계약서이다.

⑥ 입안(立案)

토지매매에 대한 증명서로 오늘날의 부동산권리증과 같다. 조선건국 초부터 시행된 제도로 토지양도에 따른 일종의 공증제도이다.

3 시대별 토지대장

(1) 양안 量案

오늘날의 토지대장에 해당하는 지적공부로 과세징수의 기본 장부이며, 토지의 소재, 위치, 등급, 형상, 면적, 자호 등을 기재하여, 소유관계 및 토지의 성격, 연혁을 알 수 있는 중요한 장부였다. 양안은 사용처와 시대에 따라 다양하게 불렸는데, 크게 양안(量案), 양안등서책(量案謄書冊), 전답안(田畓案), 성책(成冊), 양전도행장(量田導行帳), 전답타량안(田畓打量案)등이 있다.

(2) 양안의 등재내용

① 고려시대 : 지목, 전형(토지형태), 토지소유자, 양전방향, 사표, 결수 등
② 조선시대 : 논밭의 소재지, 지목, 결수부(면적), 자호(지번), 전형(토지형태), 주(토지소유자), 양전방향, 사표(토지의 위치), 토지등급(토지의비옥도), 진기(경작 여부) 등

(3) 양전 量田

오늘날의 지적측량에 해당된다. 조선시대에 편찬한 경국대전(經國大典)에 의하면 20년에 1회씩 양전을 실시하여 논밭의 소재, 자호, 위치, 등급, 형상, 면적, 사표, 소유자 등을 기록하는 양안을 작성하고, 호조(戶曹), 본도(本道), 본읍(本邑)에 보관하였다.

(4) 일자오결제도 一字五結制度

양안에 토지를 표시할 시 양전순서에 의해 1필지마다 천자문(千字文)의 자번호를 부여하였다. 자번호(字番號)는 자(字)와 번호(番號)로 구성되고 전자문의 1자는 폐경전, 기경전을 구분하지 않고 5결을 부여하였다. 여기서 1결의 크기는 1등전의 경우 사방 1만척으로 정하였다.

(5) 구장산술의 전의 형태

① 방전(方田) : 정사각형 모양의 전답
② 직전(直田) : 직사각형 모양의 전답
③ 구고전(句股田) : 직각삼각형으로 된 전답
④ 규전(圭田) : 이등변삼각형으로 된 전답
⑤ 제전(梯田) : 사다리꼴 모양의 전답
⑥ 원전(圓田) : 원과 같은 모양의 전답
⑦ 호전(弧田) : 호, 부채꼴 모양의 전답

🔖 시대별 토지대장
• 백제 : 도적(圖籍)
• 신라 : 신라장적(新羅帳籍)
• 고려 : 도행(導行), 전적(田籍), 작(作)
• 조선 : 양안(量案)
• 일제 : 토지대장, 임야대장

⑧ 환전(環田) : 두 동심원에 둘러싸인 모양, 즉 도넛모양, 고리모양의 전답

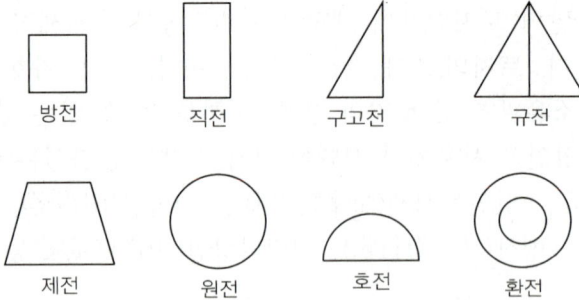

방전　　직전　　구고전　　규전

제전　　원전　　호전　　환전

4 토지조사사업

(1) 토지조사사업의 특징

① 지적의 교육에 주력하였다.
② 도로·하천·구거 등 비과세 토지는 제외되었다.
③ 연속성과 통일성이 있도록 기여하였다.
④ 비교적 정도가 높은 도면을 제작하도록 하였다.

(2) 토지조사사업의 목적

① 일반적인 사항
 • 지적제도와 등기제도 확립을 위한 토지소유권 조사
 • 국토지리를 밝히는 토지의 외모조사
 • 지세제도 확립을 위한 토지의 가격조사

② 토지조사목적(일본의 목적)
 • 역둔토를 국유화 하여 일본인들의 토지수탈과 과세의 목적을 위한 것
 • 일본인 토지점유를 합법화하여 보장하는 법률적 제도를 확립하기 위한 것
 • 조선총독부의 소유지를 확보하기 위한 것
 • 지세(地勢)수입을 증대하기 위한 조세수입체제를 확립하기 위한 것

③ 토지조사부의 업무
 토지조사의 업무에는 크게 행정업무와 측량업무로 구분하였다. 행정업무에는 일필지조사, 분쟁지조사, 사정 등이 있었고, 측량업무에는 삼각측량, 도근측량, 지형측량 등이 있었다.

🔰 **토지조사사업**
1910년 일제가 한국을 식민지로 강점한 후 제1차 식민지정책 사업으로 추진된 것으로 한국토지조사국의 사무를 조선총독부로 이속시키고 조선총독부 내부에 임시토지조사국을 설치하여 토지조사사업을 실시하였다.

(3) 토지의 사정

토지조사부 및 지적도에 의하여 토지의 소유자와 강계를 확정하는 행정처분을 말하며 원래의 소유권은 소멸시키고 새로운 소유권을 취득하는 것을 말한다. 사정(査定)권자는 임시토지조사국장이 되고 지방토지조사위원회의 자문을 받도록 하였다. 임야조사사업에 있어서는 조선임야조사령에 의거 사정을 하였다.

(4) 강계선 사정선

강계선은 사정선이라고도 하며, 토지조사사업 당시 확정된 소유자가 다른 토지 간의 사정된 경계선 또는 임시토지조사국장의 사정을 거친 경계선을 말한다. 토지조사사업 당시에는 강계선(사정선)이라 불렸으나 임야조사사업 시행 당시에는 사정한 선을 경계선이라 불렀다.

(5) 역둔토 驛屯土

역둔토는 군부에서 관리하던 역토와 둔토를 총칭하는 토지이다. 역둔토는 국유지와 사유지로 구분되는데 대부분은 국유로 흡수되었다.

① 역토는 관리가 공무상 여행으로 인해 필요한 말, 인부, 숙박비용 등을 마련하기 위해 설치한 토지이다.

② 둔토는 둔전이라고도 하며 지방관청의 운영경비와 군수품을 충당하기 위해 설치한 토지를 말한다.

(6) 재결 裁決

제3자의 입장으로 형성적 행정처분을 내리는 것을 말하며, 토지의 사정 후 60일 이내에 고등토지조사위원회(高等土地調査委員會)에 이의를 제기할 수 있으며, 고등토지조사위원회는 이의신청에 대해 재결이라는 행정처분을 취하였다.

(7) 지적관계법령 변천과정

대구시가토지측량규정(1907) → 토지조사법(1910) → 토지조사령(1912) → 지세령(1914) → 토지대장규칙(1914) → 조선임야조사령(1918) → 조선지세령(1943) → 지적법(1950)

■ 지목의 변천사

변천 단계	1910~1917 (1단계)	1917~1942 (2단계)	1942~1976 (3단계)	1976~2002 (4단계)	2002~현재 (5단계)
지목의 개수	18개	19개	21개	24개	28개

(8) 판적국 版籍局

1985년 칙령 제53호로 내부관제가 공포되었고 5국 중 하나인 판적국에서 "호구적(戶口籍)에 관한 사항"과 "지적에 관한 사항"을 관장하였고, 여기서 지적이라는 용어가 처음 사용한 것으로 알려졌다.

(9) 산토지대장

조선지세령에 의해서 임야도를 지적도로 간주하고 이 간주지적도에 등록된 토지는 일반토지대장에 등록하는 것이 아니라 다른 토지대장에 따로 등록하였는데, 이것을 산토지대장, 별책토지대장, 을호토지대장이라 하였다.

(10) 간주지적도 看做地籍圖

조선총독부에서 지정한 지역을 지적도와 동일하게 취급한 임야도를 말하는 것으로 기존 지적도에 등록이 불가능하여 임야도로 등록된 상태에서 지목만 수정하여 간주하였다. 200간 이내의 토지가 이미 지적도에 등록된 경우 200간 이상 떨어진 지역을 간주지적도 지역으로 설정하였다.

5 임야조사사업

(1) 임야조사사업이란

① 토지조사사업에서 제외된 토지와 임야 내 개재되지 않은 토지를 대상으로 시행되었다.

② 임야조사사업의 절차와 방법은 토지조사사업과 유사하였으며, 토지조사사업을 시행하면서 축적된 기술을 이용하여 완성하였다.

③ 임야조사는 토지에 비해 경제가치가 낮아 적은 인원과 예산으로 사용하였으며, 측량의 정도를 낮게하고 소축척으로 하였다.

(2) 임야조사사업의 목적

① 소유권과 지적제도를 법적으로 확립

② 임야정책과 산업건설의 기초자료를 제공하고 지세부담의 균형을 조정하여 국가재정의 기초를 확립

③ 국유임야 소유권 확정

(3) 토지조사사업과 임야조사사업의 비교

구 분	토지조사사업	임야조사사업
근거법령	토지조사법(1910/08/23 법률 제7호) 토지조사령(1912/08/13 제령 제2호)	조선임야조사령 (1918/05/01)
조사기간	1910~1918년(8년 10개월)	1916~1924(9년)
조사측량 기관	임시토지조사국	부와 면
사정권자	임시토지조사국장	도지사(권업과 또는 산림과)
재결기관	고등토지조사위원회	임야심사위원회 (1919~1935)
도면축척	1/600, 1/1200, 1/2400	1/3000, 1/6000

03 지적의 요소

1 지적공부

(1) 지적의 3요소

① 토지 : 지적공부의 등록대상으로써의 토지

② 등록 : 지적공부에 등록하는 행위

③ 지적공부 : 토지를 구획하여 일정한 사항을 기록한 장부

(2) 네덜란드 지적제도의 3대 구성요소

① 소유자 : 토지를 소유할 수 있는 권리의 주체

② 권리 : 토지를 소유, 이용할 수 있는 법적권리

③ 필지 : 법적으로 물권이 미치는 권리의 객체

2 1필지

(1) 정의

① 지번부여지역안의 토지로써 소유자와 용도가 동일하고 지반이 연속된 토지는 이를 1필지로 할 수 있다.

② 토지에 대한 물권의 효력이 미치는 범위를 정하고 거래단위로써 개별화시키기 위하여 인위적으로 구획한 법적 등록단위

(2) 특징
① 소유권의 단위인 동시에 경영, 공시의 단위
② 1필지의 경계는 지적측량에 의하여 설정된다.
③ 지적공부에 등록함으로써 법률적 효력이 발생

(3) 성립요건 기준
① 지반이 연속될 것
② 지번설정지역이 같을 것
③ 지목이 같을 것(용도가 동일)
④ 지적공부의 축척이 같을 것
⑤ 소유자, 소유권 이외의 권리가 같을 것
⑥ 주된 용도의 토지의 편의를 위하여 설치된 도로·구거(溝渠 : 도랑) 등의 부지
⑦ 주된 용도의 토지에 접속되거나 주된 용도의 토지에 둘러싸인 토지로서 다른 용도로 사용되고 있는 토지

(4) 성립요건 경우가 아닌 것
① 종된 용도의 토지의 지목(地目)이 "대"(垈)인 경우
② 종된 용도의 토지 면적이 주된 용도의 토지 면적의 10%를 초과하거나 $330m^2$를 초과하는 경우에는 그러하지 아니하다.

(5) 필지의 기능
① 소유권의 단위인 동시에 경영, 공시의 단위
② 토지에 대한 물권의 효력이 미치는 범위를 정하고 거래단위로서 개별화시키기 위하여 인위적으로 구획한 법적 등록단위
③ 일필지조사시 토지조사의 기본단위

3 토지의 경계

(1) 경계
토지의 경계는 필지별로 경계점 간을 직선으로 연결하여 지적 공부에 등록한 선을 말하며, 한 지역과 다른 지역을 구분하는 외적 표시이고 토지의 소유권 등 사법상의 권리의 범위를 표시하는 구획선이다.

(2) 경계의 종류
① 보증경계 : 측량사에 의하여 정밀지적측량이 수행되고 지적관리청의 사정에 의해 행정 처리가 완료되어 확정된 토지 경계

② 일반경계 : 토지의 경계가 자연적인 지형지물 즉 도로, 담장, 울타리, 도랑, 하천 등으로 구성된 경계

(3) 경계설정의 원칙

① 경계불가분의 원칙

토지의 경계는 중요한 것으로 어느 한쪽의 필지에만 전속하는 것이 아니고 인접 토지에 공통으로 작용하기 때문에 이를 분리할 수 없다는 것을 말한다.

② 축척종대의 원칙

동일한 경계가 축척이 서로 다른 도면에 각각 등록되어 있는 경우에는 축척이 큰 것에 따른다는 것을 말한다.

③ 선 등록 우선의 원칙

동일한 토지 경계가 축척이 같은 다른 도면에 각각 등록되어 있는 경우에는 등록 시기가 빠른 것에 따른다는 것을 말한다.

(4) 지상경계의 결정

① 연접되는 토지 사이에 높낮이 차이가 없는 경우 : 그 구조물 등의 중앙

② 연접되는 토지 사이에 높낮이 차이가 있는 경우 : 그 구조물 등의 하단부

③ 도로·구거 등의 토지에 절토된 부분이 있는 경우에는 그 경사면의 상단부

④ 토지가 해면 또는 수면에 접하는 경우에는 최대만조위 또는 최대만수위가 되는 선

⑤ 공유수면매립지의 토지 중 제방 등을 토지에 편입하여 등록하는 경우에는 바깥쪽 어깨부분

⑥ 지상경계의 구획을 형성하는 구조물 등의 소유자가 다른 경우에는 그 소유권에 따라 지상경계를 결정한다.

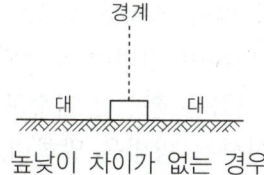

높낮이 차이가 없는 경우
중앙

높낮이 차이가 있는 경우
하단부

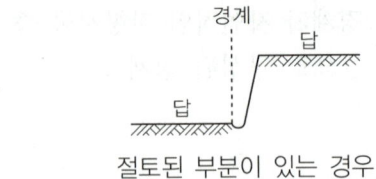

절토된 부분이 있는 경우

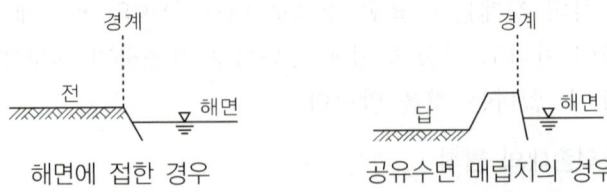

해면에 접한 경우   공유수면 매립지의 경우

4 지번

(1) 지번의 정의

① 필지에 부여하여 지적공부에 등록한 번호를 말한다.

② 지번부여지역 이라 함은 지번을 부여하는 단위지역으로써 동, 리 또는 이에 준하는 지역(도서지역)을 말한다.

③ 토지의 등록단위인 토지를 개별화하고 특정화하여 토지거래의 객체성을 확보하기위해 붙인 아라비아 숫자이다.

(2) 지번의 부여방법

진행 방향에 따른 분류	① 사행식 ② 기우식 ③ 단지식
설정 단위에 따른 분류	① 지역 단위법 ② 도엽 단위법 ③ 단지 단위법
기번 위치에 따른 분류	① 북동 기번법 ② 북서 기번법

① 진행방향에 따른 분류

• 사행식 : 뱀이 기어가는 형상으로 지번을 부여하는 것을 말하며, 지번 부여 진행 방법 중 가장 많이 쓰이는 것으로서 우리나라 토지의 대부분이 이 방법에 의하여 지번이 부여되었다.

• 기우식 : 도로를 중심으로 하여 한쪽은 홀수인 기수로, 그 반대쪽은 짝수인 우수로 지번을 부여하는 방법을 말하며, 일명 교호식이라고도 한다. 이 방법은 시가지 지역에 적합하다.

- 단지식 : 1단지마다 하나의 지번을 부여하고 단지 내 필지마다 부번을 부여하는 방법을 말하는데 일명, 블록식이라고도 하며 택지개발 및 경지정리사업 시행지역 등에 적합하다.

② **기번위치에 따른 분류**
- 북서기번법 : 지번부여지역의 북서쪽에서 번호를 부여하고 순차로 진행하다가 남동쪽에서 끝내도록 하는 방식으로 한글, 영어, 아라비아 숫자 등을 사용하는 국가에서 주로 사용하며, 우리나라에서 북서기번법을 이용한다.
- 북동기번법 : 지번부여지역 북동쪽에서 시작하여 남서쪽에서 끝나도록 하는 방법이다.

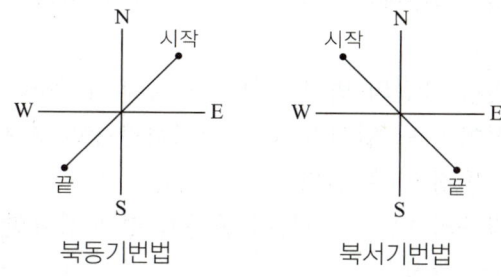

북동기번법　　　　북서기번법

③ **단위에 따른 부여**
- 지역단위법 : 도면의 장수가 적은 지역에 적합한 부여 방법이다.
- 도엽단위법 : 도면의 장수가 많은 지역의 지번부여에 적합한 방법이다.
- 단지단위법 : 지번부여지역을 단지단위로 세분하여 단지의 순서에 따라 부여하는 방법

(3) 지번의 기능
① 토지의 특성화
② 토지의 개별화
③ 토지의 고정화
④ 토지의 식별
⑤ 위치의 확인

(4) 지번의 특성
① 고정성과 개별성
② 정확성
③ 통일성
④ 연속성

5 지목 및 면적

지목은 토지를 어떤 목적에 따라 종류별로 구분하여 지적공부에 등록하는 명칭으로, 우리나라에서는 토지의 주된 용도에 따라 지목을 정하는 용도지목을 사용하고 있다.

(1) 지목의 설정원칙

① 1필지 1지목의 원칙 : 토지의 이용이 고도화 또는 입체화되면서 지하상가를 설치하는 등 수직적 경합이 되고 있으나, 모든 토지는 필지별로 하나의 지목을 설정하도록 되어있다.

② 주용도(주지목) 추종의 원칙 : 1필지가 두 가지 이상의 용도로 활용되는 경우에는 주된 토지의 용도에 따라 지목을 설정하게 된다.

③ 일시 변경 불변의 법칙 : 다른 지목에 해당하는 용도로 변경시킬 목적이 아닌 일시적 또는 임시적인 용도로 사용되는 때에는 지목을 변경할 수 없다.

④ 용도 경중의 원칙 : 지목이 중복될 경우 중요한 용도의 지목을 부여하는 원칙

⑤ 등록 선후의 원칙 : 지목이 서로 중복될 경우 먼저 등록된 지목을 부여하는 원칙으로 비슷한 규모의 도로, 철도가 교차시 지목설정 원칙이다.

⑥ 사용목적 추종의 원칙 : 도시개발사업 등 공사가 준공된 토지의 경우 그 사용목적에 의해 지목을 부여하는 원칙

(2) 지목의 분류

① 용도지목(우리나라에서 사용하는 지목제도) : 토지의 주된 사용목적에 따라 지목을 결정하는 방법

② 토성지목 : 토지의 성질·토질에 따라 지목을 결정하는 방법

③ 지형지목 : 지표면의 형태와 토지의 높낮이 수륙의 분포 및 토지의 형상으로 지목을 결정하는 방법

(3) 축척, 거리, 면적의 관계

① 축척과 거리의 관계 : $\dfrac{1}{m} = \dfrac{도상거리}{실제거리}$

② 축척과 면적의 관계 : $\left(\dfrac{1}{m}\right)^2 = \dfrac{도상면적}{실제면적}$

여기서, m : 축척분모

04 토지의 등록

1 토지등록제도

(1) 토지등록의 편성

① 물적 편성주의 : 개개의 토지를 중심으로 지적공부를 편성하는 방법이다. 1토지에 1대장을 두게 되어 있다. 가장 합리적인 제도로 우리나라와 독일에서 주로 사용한다. 필지단위로 관리하기 때문에 이용과 개발에 유용하지만 소유자(권리주체) 파악이 힘들다.

② 인적편성주의 : 개개의 권리자를 중심으로 지적공부를 편성하는 방법이다. 1권리자 1카드 원칙을 말한다. 프랑스에서 주로 사용하고 있다. 과세지적 성향이 강하다.

③ 연대적 편성주의 : 특별한 기준 없이 당사자가 신청한 신청순서에 의하여 지적공부를 편성하는 방법으로 미국의 일부 주에서 실시하는 리코딩 시스템이 이에 해당한다. 등록편성방법으로 유용하나 공시 기능이 떨어진다.

④ 물적·인적 편성주의 : 물적편성주의와 인적편성주의를 합한 제도로, 물적편성을 기본으로 하되 인적편성의 요소를 가미하는 방식이다. 소유자별 등록부를 동시에 설치하고, 소유자별 토지등록 카드와 함께 지번별목록, 성명별목록을 동시에 등록한다.

(2) 대장의 형식

① 장부식대장(부책식대장)

토지대장·임야대장 및 공유지 연명부와 같이 최초의 사정 필지를 기준으로 하여 50~200 필지별로 장부식으로 보관상자에 넣어 보관하였다가 필지별 등록 사항을 장부식으로 편철 보관한 대장으로, 토지·임야 조사 사업 시행 이후 토지·임야 대장 카드화 작업 완료 이전까지 사용하였다.

② 카드식 대장

토지대장, 임야대장, 공유지연명부, 대지권등록부 및 경계점좌표등록부의 카드화 작업시 켄트지 사이에 나일론 망사를 넣어 접착시켜 잘 찢어지지 않고 오래 견딜 수 있도록 하였다. 카드식 대장은 필지별 등록 사항을 카드화하여 보관한 대장으로 토지 대장 전산화 이전까지 사용하였다.

③ 편철식대장

필요한 필지별 카드나 자료를 빼내거나 삽입하기가 쉽고, 바인더의 크기에 따라 필지수를 증감시킬 수 있는 장점이 있다.

(3) 토렌스시스템

토렌스시스템은 호주의 로버트 토렌스경에 의해 창안된 시스템이다. 토지에 대한 증명제도를 바탕으로 토지권리등록법안을 기초하게 되었다. 부동산권원증명서가 공신력을 인정받는 제도이다.

① 거울이론(Mirror Principle)

토지권리증서의 등록은 토지의 거래사실을 여론의 여지없이 완벽하게 반영하는 거울과 같다는 이론이다.

② 커튼이론(Curtain Principle)

현재의 소유권증서는 완전한 것이며, 현행 권리증명서에 기재된 권리가 실제권리관계와 일치하여야 한다. 토지등록업무가 커튼 뒤에 놓인 공정성과 신빙성에 관여할 필요도 없고 관여해서도 안된다는 매입 신청자를 위한 유일한 정보의 기초가 되어야 한다는 이론이다.

③ 보험이론(Insurance Principle)

토지등록이 토지의 권리를 아주 정확하게 반영하는 것으로 인간의 과실로 착오가 발생하는 경우에 피해를 입은 사람은 누구나 피해보상에 관한 한 법률적으로 선의의 제3자와 동등한 입장에 놓여야만 된다는 이론이다.

(4) 토지등록원리

① 등록의 원칙 : 토지에 관한 모든 표시사항을 지적공부에 반드시 등록하여야 한다는 원칙

② 신청의 원칙 : 지적정리는 토지소유자의 신청을 전제로 처리하는 원칙

③ 특정화의 원칙 : 권리의 객체로서 모든 토지는 반드시 특정적이면서도 단순하고 명확한 방법에 의하여 인식 될 수 있도록 개별화함을 의미한다.

④ 국정주의 및 직권주의 : 지적사무는 국가의 고유사무로 토지의 표시사항인 토지의 지번, 지목, 경계, 좌표 및 면적의 결정은 국가 공권력으로 결정한다는 원칙

⑤ 공시의 원칙(공개주의) : 토지등록의 법적 지위에 있어서 토지이동이나 물권의 변동은 반드시 외부에 알려야 한다는 원칙

⑥ 공신의 원칙 : 물권변동에 관한 공신의 원칙, 선의의 거래자를 보호하여 권리관계가 존재한 것처럼 법률효과를 인정하려는 법률원칙

2 지적관련조직

(1) 지적소관청

① 지적소관청의 정의

『지적소관청』이란 지적공부를 관리하는 특별자치시장, 시장(「제주특별자치도 설치 및 국제자유도시 조성을 위한 특별법」 제15조제2항에 따른 행정시의 시장을 포함하며, 「지방자치법」 제3조제3항에 따라 자치구가 아닌 구를 두는 시의 시장은 제외한다)·군수 또는 구청장(자치구가 아닌 구의 구청장을 포함한다)을 말한다.

② 지적소관청의 특징

• 국가사무인 지적사무를 담당하는 국가행정기관의 장(시장, 군수, 구청장)
• 지적공부를 관리하는 시장, 군수, 구청장만이 지적소관청이 된다.
• 지적소관청은 대통령령으로 정하는 바에 따라 토지소유자의 토지 이동 신청을 결정한다.

(2) 지적위원회

① 중앙지적위원회의 심의·의결사항

• 토지등록업무의 개선 및 지적측량 기술의 연구·개발
• 지적기술자의 양성방안
• 지적기술자의 징계
• 지적측량적부 재심사

② 지방지적위원회

• 지적측량에 대한 적부심사 청구사항을 심의·의결하기 위하여 특별시·광역시·특별자치시·도 또는 특별자치도(이하 "시·도"라 한다)에 지방지적위원회를 둔다.
• 토지소유자, 이해관계인 또는 지적측량수행자는 지적측량성과에 대하여 다툼이 있는 경우에는 대통령령으로 정하는 바에 따라 관할 시·도지사를 거쳐 지방지적위원회에 지적측량 적부심사를 청구할 수 있다.

• 지적측량 적부심사청구를 받은 시·도지사는 30일 이내에 아래 사항을 조사하여 지방지적위원회에 회부하여야 한다.
  – 다툼이 되는 지적측량의 경위 및 그 성과
  – 해당 토지에 대한 토지이동 및 소유권변동연혁
  – 해동 토지 주변의 측량기준점, 경계, 주요 구조물 등 현황 실측도

(3) 전산정보처리 조직 담당자의 등록절차

국토교통부장관, 시·도지사 및 지적소관청("사용자권한등록관리청")은 지적공부정리 등을 전산정보처리조직에 의하여 처리하는 담당자("사용자")를 사용자권한등록 파일에 등록하여 관리하여야 한다.

제1장 지적일반

과년도 예상문제

01 지적의 발생설

□□□ 06⑤, 10①, 15①, 18①

01 다음 중 지적의 발생설과 거리가 먼 것은?

① 과세설　　　② 치수설　　　③ 지배설　　　④ 권리설

해답 ④

지적의 발생설
• 과세설 : 지적의 발생설 중 가장 중추적이며 지배적인 학설 세금 징수를 목적
• 치수설 : 토지측량설이라고하며, 홍수피해를 줄이는데 목적
• 지배설 : 영토의 보존 및 통치수단이 목적

□□□ 12⑤

02 지적의 발생설 중 로마시대에 영토를 정복한 지역에서 공납물을 징수하는 수단으로서 사용된 것과 관련이 있는 것은?

① 통치설　　　② 치수설　　　③ 과세설　　　④ 지배설

해답 ④

지배설(Rule Theory)
• 국가가 토지를 다스리기 위한 통치수단
• 토지에 대한 각종현황을 관리하는 데서 출발한다는 설
• 영토보존의 수단과 통지의 수단으로 구분

02 지적에 관한 법률의 기본 이념

□□□ 04②⑤, 06⑤, 08⑤, 10⑤, 13⑤, 18④
03 우리나라 토지를 지적공부에 등록할 때 채택하고 있는 기본원칙이 아닌 것은?

① 실질적 심사주의　　　　　　　② 형식적 심사주의
③ 직권등록주의　　　　　　　　④ 국정주의

해답 ②
지적에 관한 법률의 기본이념
• 지적국정주의　　　• 지적형식주의　　　• 지적공개주의
• 실질적 심사주의　　• 직권등록주의
(∵ 형식적 심사주의는 거리가 멀다.)

□□□ 04①, 05①, 11①
04 토지등록의 원리로 우리나라에서 적용해 온 지적의 원리에 해당하지 않는 것은?

① 자유주의　　　② 형식주의　　　③ 공개주의　　　④ 국정주의

해답 ①
지적에 관한 법률의 기본이념
• 지적국정주의　　　• 지적형식주의　　　• 지적공개주의
• 실질적 심사주의　　• 직권등록주의
(∵ 자유주의는 거리가 멀다.)

□□□ 12⑤
05 토지의 표시사항을 국가가 결정하는 이유로 틀린 것은?

① 모든 토지를 실지와 일치하게 지적공부에 등록하기 위함이다.
② 측량기술의 발달로 인해 토지의 등록사항을 법률에 관계없이 적용하기 위함이다.
③ 등록사항의 결정 방법과 운용이 지역에 따라 차이가 없어야 하기 때문이다.
④ 기술적으로 공시의 내용이 전통성에 의하여 결정되므로 법률에 의한 통제가 필요하기 때문이다.

해답 ②
지적법령에 따라 모든 토지를 실체관계와 부합되도록 지적공부에 등록하고 공시하도록 규정하고 있지만, 이를 객관적이고 효율적으로 성실하게 이행할 수 있는 기관은 오직 국가뿐이다. 따라서, 법률관계를 적용하기 위해 국가가 토지표시사항을 결정한다.

□□□ 04①, 11⑤, 19⑤

06 토지의 표시사항인 토지의 소재, 지번, 지목, 경계 등을 국가만이 결정할 수 있는 권한을 가진다는 지적의 기본 이념은?

① 지적국정주의   ② 지적공개주의   ③ 지적형식주의   ④ 실질적 심사주의

해답 ①

지적국정주의

지적 공부의 등록 사항인 토지의 소재, 지번, 지목, 경계 또는 좌표와 면적의 결정은 국가 공권력으로써 결정한다는 원칙이다.

□□□ 14①⑤, 15⑤, 16④, 21④

07 토지는 국가가 비치하는 지적공부에 등록하여야 공식적 효력이 발생한다는 토지 등록 원리는?

① 국정주의   ② 공개주의
③ 실질적 심사주의   ④ 형식주의

해답 ④

지적형식주의(지적등록주의)

형식주의란, 일정한 법정 형식을 갖추어 등록공시하는 원칙이며, 지적 공부에 등록하여야 공식적인 효력이 인정된다는 것이다.

□□□ 15①

08 토지 등록에 대한 설명으로 옳지 않은 것은?

① 국가가 행정목적을 위해 작성한다.
② 토지에 관한 필요한 사항을 공정장부에 기록하는 것이다.
③ 토지소유자의 희망에 의해서만 등록한다.
④ 토지의 변동사항을 지속적으로 수정하여 유지·관리하는 행위이다.

해답 ③

토지의 표시사항은 토지소유자의 신청이 없어도 국가가 직권으로 조사·측량하여 국가 공권력으로 결정한다.

□□□ 05②, 06⑤, 11①, 12⑤

09 다음 중 지적공부를 열람하거나 등본에 의하여 외부에서 알 수 있도록 하는 것과 가장 관계가 밀접한 것은?

① 지적공개주의　　　　　　　　② 지적형식주의
③ 일필일목의 원칙　　　　　　　④ 경계불가분의 원칙

해답 ①
지적공개주의
지적공부에 등록된 모든 사항은 이를 토지 소유자나 이해 관계인 등 일반 국민에게 신속·정확하게 공개하여 정당하게 이용할 수 있도록 하여야 한다는 원칙이다.

□□□ 10①

10 다음 중 우리나라에서 적용해 온 지적의 원리로서 형식주의와 가장 관계가 깊은 것은?

① 특정화의 원칙　　② 등록의 원칙　　③ 신청의 원칙　　④ 공시의 원칙

해답 ②
지적형식주의(지적등록주의)
일정한 법정 형식을 갖추어 등록·공시하는 원칙이며, 지적 공부에 등록하여야 공식적인 효력이 인정된다는 것이다.

03　지적의 기능

□□□ 10①, 11①, 13①, 22①

11 다음 중 지적의 기능과 거리가 먼 것은?

① 토지 등기의 기초　　　　　　② 토지 감정평가의 기초
③ 토지 이용계획의 기초　　　　④ 토지 소유권 제한의 기초

해답 ④
실질적 기능(역할)
• 토지등기의 기초　　　• 토지감정평가의 기초　　　• 토지과세의 기초
• 토지거래의 기초　　　• 토지이용계획의 기초　　　• 주소표기의 기준
• 각종 토지정보의 제공

□□□ 05①, 12⑤, 24④
12 지적의 기능과 가장 거리가 먼 것은?

① 토지등기의 기초   ② 토지개발의 기준

③ 토지조세의 기초   ④ 토지거래의 기준

해답 ②

실질적 기능(역할)
- 토지등기의 기초
- 토지평가의 기초
- 토지과세의 기초
- 토지거래의 기초
- 토지이용계획의 기초
- 주소표기의 기준
- 각종 토지정보의 제공

04   지적의 특성(성격)

□□□ 11①, 20④
13 다음 중 지적의 일반적인 특성과 가장 거리가 먼 것은?

① 역사성   ② 공개성   ③ 개발성   ④ 전문성

해답 ③

지적의 특성(성격)
지적의 성격은 지적이 지니고 있는 자체의 성질을 말하는 것으로 역사성과 영구성, 반복적 민원성, 전문성과 기술성, 서비스성과 윤리성, 정보원(공시성) 등이 있다.

□□□ 12⑤, 24④
14 다음 중 지적과 등기에 대한 설명으로 옳지 않은 것은?

① 지적은 토지에 대한 사실관계를 공시한다.
② 등기는 토지에 대한 권리관계를 공시한다.
③ 등기에 있어서 토지의 표시에 관하여는 지적을 기초로 한다.
④ 등기의 오류와 지적의 오류는 상관관계가 없다.

해답 ④

지적제도와 등기제도의 비교
- 지적은 토지에 대한 사실관계를 공시하고, 등기는 법적 권리관계를 공시한다.
- 지적은 공신력을 인정하고, 등기는 공신력을 인정하지 않고 확정력만을 인정하고 있다.
- 지적제도의 심사는 실질적 심사주의이고, 등기제도의 심사는 형식적 심사주의이다.
- 등기에서 토지표시는 지적을 기초로, 지적에서 소유자의 표시는 등기를 기초로 한다.
  ∴ 지적과 등기의 오류가 모두 상관관계가 없지는 않다. 공부상 토지표시의 오류는 직결된다.

□□□ 10⑤, 12⑤, 24④

15 지적의 특성으로 옳지 않은 것은?

① 역사성   ② 폐쇄성   ③ 전문성   ④ 공개성

해답 ②

지적의 특성(성격)

지적의 성격은 지적이 지니고 있는 자체의 성질을 말하는 것으로 역사성과 영구성, 반복적 민원성, 전문성과 기술성, 서비스성과 윤리성, 정보원(공시성) 등이 있다.

05   지적제도의 발달

□□□ 11①, 13①, 17①

16 지적제도의 발전 단계별 분류에 해당하지 않는 것은?

① 세지적   ② 법지적   ③ 다목적지적   ④ 수치지적

해답 ④

- 지적제도의 설치목적(발전과정)에 따른 분류 : 세지적, 법지적, 다목적지적
- 수치지적은 측량방법(경계점표시방법)에 따른 분류이다.

□□□ 14⑤, 15⑤, 16④

17 지적제도의 발전단계별 분류에 해당하지 않는 것은?

① 행정지적   ② 세지적   ③ 다목적지적   ④ 법지적

해답 ①

지적제도의 설치목적(발전과정)에 따른 분류 : 세지적, 법지적, 다목적지적

□□□ 06⑤, 10⑤, 16①

18 다음 중 지적제도를 세지적, 법지적, 다목적지적으로 분류하는 기준으로 옳은 것은?

① 등록사항의 차원에 의한 분류   ② 발전 단계에 의한 분류
③ 등록의무의 강약에 의한 분류   ④ 경계의 표시방법에 의한 분류

해답 ②

지적제도의 설치목적(발전과정)에 따른 분류 : 세지적, 법지적, 다목적지적

□□□ 08⑤, 11⑤, 13⑤, 14①, 15⑤

19 지적제도의 발전단계별 분류에서 토지에 대한 개인의 권리를 인정하면서부터 토지·세금 뿐만 아니라 토지 거래의 안전과 국민의 토지 소유권을 보호하기 위해 만들어진 지적제도는?

① 세지적제도　　　　② 좌표지적제도　　　　③ 법지적제도　　　　④ 다목적지적제도

해답 ③

법지적

토지 소유권을 보호하는데 주요 목적이 있으며, 토지 거래의 안전을 보장하기 위하여 권리 관계를 좀 더 상세하게 기록하게 되며, 토지의 평가보다는 소유권의 한계 설정과 경계복원의 가능성을 더욱 강조하게 된다.

□□□ 10①

20 다음 중 법지적에 대한 설명으로 옳은 것은?

① 지적제도의 발전 단계 중 가장 오래된 것이다.
② 토지의 활용 정보를 제공하는 것이 주요 목적이다.
③ 면적 본위로 운영되는 지적제도이다.
④ 토지소유권의 한계 설정이 강조되는 지적제도이다.

해답 ④

법지적(소유지적)
• 토지 소유권을 보호하는데 주요 목적이 있다.
• 토지 거래의 안전을 보장하기 위하여 권리 관계를 좀 더 상세하게 기록하게 된다.
• 토지의 평가보다는 소유권의 한계 설정과 경계복원의 가능성을 더욱 강조하게 된다.

□□□ 10⑤, 13①, 14⑤, 21④

21 가장 오래된 역사를 가지고 있는 최초의 지적제도로 지적공부의 여러 가지 등록사항 중 세금 결정에 직접 관련이 있는 면적과 토지 등급을 정확하게 측정하고 조사 하는 것이 가장 중요시 되었던 지적제도는?

① 세지적　　　　② 법지적　　　　③ 다목적지적　　　　④ 소유지적

해답 ①

세지적

토지에 조세를 부과함에 있어서 그 세액을 결정하는데 가장 큰 목적이 있는 제도로, 국가재정수입의 대부분이 토지세인 농경시대에 개발된 최초의 지적제도로 각 필지에 대한 세액을 정확하게 산정하기 위해 면적과 기준시가 본위(면적본위)로 운영되는 제도이다.

□□□ 13①
22 다목적지적에 대한 설명으로 틀린 것은?

① 일필지를 단위로 토지 관련 정보를 종합적으로 등록하는 제도이다.
② 토지에 관한 물리적 현황은 물론 법률적·재정적·경제적 정보를 포괄하는 제도이다.
③ 토지에 관한 많은 자료를 신속·정확하게 토지정보를 제공하고 관리하는 제도이다.
④ 지표면 상의 물리적 현상만을 등록하는 것으로 2차원 지적이라고도 한다.

해답 ④

다목적지적(종합지적)
• 토지에 관한 등록 자료의 용도가 다양해짐에 따라 더 많은 자료를 관리하고 이를 신속하고 정확하게 공급하기 위한 지적 제도를 말하는 것이다.
• 이 제도에는 토지 소유권, 토지이용, 토지 평가, 그리고 토지 자원 관리에 대한 의사 결정을 하는 데 필요한 정보를 포함한다.
 (∵ 2차원지적은 등록대상(등록방법)에 따른 유형이다.)

□□□ 10⑤, 14⑤
23 다음 중 수치지적에 비하여 도해지적이 갖는 단점으로 가장 거리가 먼 것은?

① 축척의 크기에 따라 허용오차가 다르다.
② 도면의 신축방지와 보관 및 관리가 어렵다.
③ 축척 및 제도오차의 발생으로 정확도가 낮다.
④ 열람용의 별도 도면을 작성하여 보관해야 한다.

해답 ④

도해지적은 토지경계가 도상에 명백히 표현되어 있어 시각적으로 용의하게 파악할 수 있고, 경계분쟁 소지지역이 적은 지역에 알맞다.

□□□ 08⑤, 11⑤
24 다음 중 토지의 고저에 관계없이 수평면 상의 투영만을 가상하여 각 필지의 경계를 등록·공시하는 지적은?

① 평면지적　　　② 3차원지적　　　③ 입체지적　　　④ 공간지적

해답 ①

2차원지적(평면지적)
• 2차원 지적은 토지의 고저에는 관계없이 수평면상의 사영(그림자)만을 가상하여 그 경계를 등록하는 제도로서 평면 지적이라 한다.
• 선과 면으로 구성된다.
• 지표의 물리적 현황만을 등록하며 세계 각국에서 가장 많이 채택하는 제도이다.

□□□ 12⑤, 15①

25 다음 중 지적제도의 역사적 변천 과정으로 옳은 것은?

① 세지적 → 다목적지적 → 법지적   ② 세지적 → 법지적 → 다목적지적

③ 법지적 → 다목적지적 → 세지적   ④ 법지적 → 세지적 → 다목적지적

해답 ②

발전단계에 따른 지적제도의 변천과정은 세지적(과세지적) → 법지적(소유지적) → 다목적지적(종합지적)
순이다.

□□□ 13①

26 수치지적에 비하여 도해지적이 갖는 단점이 아닌 것은?

① 개략적인 토지의 위치와 형태를 현장감 있게 파악하기 어렵다.
② 도면의 신축 방지와 보관 관리가 어렵다.
③ 도면작성, 면적측정 등에 오차를 내포하고 있어 고도의 정밀을 요하기가 어렵다.
④ 축척의 크기에 따라 허용오차가 달라 신뢰도의 문제가 발생한다.

해답 ①

도해지적의 특징
• 도면의 신축 방지와 보관 관리가 어렵다.
• 축척 및 제도오차의 발생으로 정확도가 낮다.
• 축척의 크기에 따라 허용오차가 달라 신뢰도의 문제가 발생한다.
• 도면작성, 면적측정 등에 오차를 내포하고 있어 고도의 정밀을 요하기가 어렵다.
• 토지경계가 도상에 명백히 표현되어 있어 시각적으로 용의하게 파악할 수 있다.
• 경계분쟁소지지역이 적은 지역에 알맞다.

□□□ 10①, 14①, 16①, 21④

27 다음 중 경계점의 위치를 평면직각좌표(X, Y)를 이용하여 등록 관리하는 지적제도는?

① 도해지적   ② 3차원지적   ③ 수치지적   ④ 다목적지적

해답 ③

수치지적

경계점 위치를 경위의 측량 방법으로 측정한 평면 직각 종횡선 수치(x, y)를 경계점좌표등록부에 등록·
관리하는 지적제도를 말한다. 도해 지적보도 높은 정도로 경계점을 복원할 수 있다.

☐☐☐ 08⑤, 12⑤, 16①

28 수치지적에 대한 설명이 틀린 것은?

① 수학적인 평면직각 종횡선 수치($X \cdot Y$좌표)의 형태로 표시한다.
② 도해지적보다 정밀성이 훨씬 떨어진다.
③ 열람용의 별도 도면을 작성하여 보관해야 한다.
④ 우리나라는 1975년부터 수치지적제도를 도입하였다.

해답 ②

도해지적보다 훨씬 정밀하게 경계를 표시한다.

☐☐☐ 10⑤, 15①, 19①

29 다음 중 3차원지적에 대한 설명으로 가장 거리가 먼 것은?

① 입체지적이라고도 한다.
② 지하의 각종 시설물과 지상의 고층화된 건축물을 효율적으로 관리할 수 있다.
③ 다목적 지적으로서 다양한 토지 정보를 제공해 주는 역할을 한다.
④ 경계를 표시하는 방법 및 측량방법에 따른 분류에 해당한다.

해답 ④

3차원 지적(입체지적)
• 토지 이용도가 다양한 현대에 필요한 제도로서 입체 지적이라 한다.
• 토지의 지표, 지하, 공중에 형성되는 선, 면, 높이로 구성한다.
• 지상의 건축물과 지하의 상수도, 하수도, 전기, 전화선 등 공공시설물을 효율적으로 등록 관리할 수 있다.

☐☐☐ 05②, 14①⑤

30 소극적 지적에 대한 설명으로 옳은 것은?

① 신고된 사항만을 등록하는 방식이다.
② 신고가 없어도 국가가 직권으로 등록하는 방식이다.
③ 세원을 결정하여 과세하는 지적 제도이다.
④ 일필지의 면적을 측정하는 방법이다.

해답 ①

소극적 지적
• 기본적으로 거래와 그에 관한 거래증서변경기록을 수행하는 것이다.
• 일필지의 소유권이 거래되면서 발생되는 거래증서를 변경등록 하는 것이다.
• 즉, 신고 된 사항만을 등록하는 방식이다.

□□□ 14①
31 경계의 표시 방법별 분류에 의한 지적제도로 옳은 것은?

① 과세지적, 지배지적　　　② 소유지적, 수치지적

③ 도해지적, 수치지적　　　④ 입체지적, 다목적지적

해답 ③

지적제도의 측량방법(경계점 표시방법)에 따른 분류 : 도해지적, 수치지적

□□□ 12⑤, 19⑤
32 경계의 표시방법에 따른 분류에 해당하는 지적제도는?

① 세지적　　　② 입체지적　　　③ 소극적지적　　　④ 도해지적

해답 ④

지적제도의 측량방법(경계점 표시방법)에 따른 분류 : 도해지적, 수치지적

□□□ 15⑤
33 지적제도의 등록 성질별 분류에서 토지를 지적공부에 등록하는 것을 의무화하지 않고 당사자가 신고할 때 신고된 사항만을 등록하는 것은?

① 적극적 지적　　　② 토렌스 시스템
③ 강제적 등록　　　④ 소극적 지적

해답 ④

소극적 지적
기본적으로 거래와 그에 관한 거래증서변경기록을 수행하는 것이며 일필지의 소유권이 거래되면서 발생되는 거래증서를 변경등록 하는 것 즉, 신고 된 사항만을 등록하는 방식이다.

06 시대별 지적제도

□□□ 11⑤
34 토지를 비옥도에 따라 분류하고, 각 토지의 생산능력과 수입 및 소유자와 같은 내용을 체계적으로 기록하여 근대 지적의 기원으로 평가되는 지적을 작성한 자는 누구인가?

① 윌리암(William) 1세　　　　　　　② 요셉(Joseph) 2세
③ 나폴레옹(Napoleon) 1세　　　　　④ 레오폴트(Leopoid) 1세

해답 ③

나폴레옹(Napoleon) 지적
프랑스의 나폴레옹 1세가 1808년부터 1850년까지 전 국토를 대상으로 필지별 측량을 하여 생산량, 소유자를 조사하여 지적공부와 지적도를 작성하였다. 나폴레옹 지적은 또 다른 의미에서 근대지적의 기원으로 평가된다.

□□□ 12⑤
35 중세시대 토지기록인 둠즈데이북(Domesday Book)을 작성하여 보관하였던 나라는?

① 프랑스　　　　② 오스트리아　　　　③ 영국　　　　④ 이탈리아

해답 ③

둠즈데이북(Domesday Book)
영국의 윌리엄(William) 1세가 1085년과 1086년 사이에 노르만 전 영토를 대상으로 하여 작성한 지적공부로 이 토지 기록은 최초의 국토자원에 관한 목록으로 평가된다. 국토를 조직적으로 작성한 토지기록으로 영국에서 과세장부로 사용되었다.

□□□ 13①, 19⑤
36 신라의 토지면적 측정에 관한 아래 설명으로 (㉠)에 들어갈 내용으로 옳은 것은?

> 신라는 결부제에 의하여 토지면적을 측정하였는데 사방 1보(步)가 되는 넓이를 1파(把), 10파를 1속(束)으로 하고, 사방 10보(步)를 즉, 10속(束)을 (㉠)로 하는 10진법을 사용하였다.

① 1부(負)　　　　② 1총(總)　　　　③ 1결(結)　　　　④ 1평(坪)

해답 ①

결부제
사방 1보(步)가 되는 넓이(1척 제곱)를 1파(把), 10파는 1속(束), 10속은 1부(負), 100부는 1결(結)을 말한다.

□□□ 13⑤
37 토지세를 징수하기 위하여 이동 정리가 완료된 토지 대장 중에서 민유과세지만을 뽑아 각 면마다 소유자 별로 기록한 토지조사사업 당시의 장부는?

① 토지등록부　　　② 지세명기장　　　③ 등기세명부　　　④ 입안등록부

해답 ②

지세명기장(地稅名寄帳)

지세징수를 목적으로 토지대장 중에서 민유과세지만 뽑아 각 면마다 소유자별로 연기(連記) 한 후 합산한 공부이다. 지세령시행규칙 제1조에 의해 1918년경 면에 비치하는 문서로 작성되었다.

□□□ 10①
38 다음 중 시대에 따른 지적제도의 연결이 옳지 않은 것은?

① 고구려 – 경무법　　　　　　② 백제 – 두락제
③ 신라 – 결부법　　　　　　　④ 고려 – 역분전

해답 ④

시대별 지적제도
• 고조선시대 : 정전제(井田制)
• 고구려 : 경묘(무)법
• 백제 : 결부제, 두락제
• 신라 : 결부제
• 통일신라시대 : 관료전, 정전제(丁田制)
• 고려시대 : 경묘(무)법, 결부제, 두락제, 수등이척제
• 조선시대 : 경묘(무)법, 결부제, 수등이척제, 망척제

□□□ 15⑤
39 조선시대 토지나 가옥의 매매계약이 성립하기 위하여 매수인, 매도인 쌍방의 합의 외에 대가의 수수목적물의 인도 시 서면으로 작성하는 계약서로, 오늘날 매매계약서와 동일한 기능을 한 것은?

① 입안　　　　　② 양안　　　　　③ 문기　　　　　④ 지권

해답 ③

문기(文記)

문기는 토지 및 가옥을 매매할 때 작성하는 오늘날의 매매계약서를 말한다. 매수인과 매도인의 합의 외 수수목적물의 인도가 있는 경우 계약서를 서면으로 작성되는 계약서이다.

□□□ 12⑤
40 우리나라의 지적기록과 관련하여 현존하는 가장 오래된 신라시대의 문서는?

① 문기   ② 공적   ③ 장적   ④ 기경전

해답 ③

신라촌락장적(新羅村落帳籍)
우리나라에서 현존하는 지적자료 중 신라시대에 작성된 신라촌락장적이 가장 오래된 지적자료이다.

07 시대별 토지대장

□□□ 10①, 11⑤, 14①
41 다음 중 삼국시대부터 찾아볼 수 있는 오늘날의 지적(地籍)과 유사한 토지에 관한 기록과 관계가 없는 것은?

① 도적(圖籍)   ② 장적(帳籍)   ③ 전적(田籍)   ④ 판적(版籍)

해답 ④

시대별 토지대장
• 백제 : 도적(圖籍)   • 신라 : 신라장적(新羅帳籍)
• 고려 : 도행(導行), 전적(田籍), 작(作)   • 조선 : 양안(量案)
• 일제 : 토지대장, 임야대장
 (∵ 판적은 거리가 멀다.)

□□□ 10①, 15⑤
42 다음 중 신라시대의 토지측량에 사용된 구장산술에서 구분한 토지의 형태에 해당하지 않는 것은?

① 방전   ② 구분전   ③ 원전   ④ 규전

해답 ②

구상산술의 형태(전형)
• 방전(方田) : 정사각형 모양의 전답
• 직전(直田) : 직사각형 모양의 전답
• 구고전(句股田) : 직각삼각형으로 된 전답
• 규전(圭田) : 이등변삼각형으로 된 전답
• 제전(梯田) : 사다리꼴 모양의 전답
• 원전(圓田) : 원과 같은 모양의 전답
• 호전(弧田) : 호, 부채꼴 모양의 전답
• 환전(環田) : 두 동심원에 둘러싸인 모양, 즉 도넛모양, 고리모양의 전답

□□□ 11①, 14⑤

43 다음 중 토지 등록 장부로서 오늘날의 토지 대장과 같은 양안이 있었던 시대는?

① 고구려   ② 백제   ③ 고려   ④ 조선

해답 ④

시대별 토지대장
- 백제 : 도적(圖籍)
- 신라 : 신라장적(新羅帳籍)
- 고려 : 도행(導行), 전적(田籍), 작(作)
- 조선 : 양안(量案)
- 일제 : 토지대장, 임야대장

□□□ 14①

44 일자오결제의 지번제도를 시행하였던 시대는?

① 조선시대   ② 신라시대   ③ 백제시대   ④ 고구려시대

해답 ①

일자오결제도(一字五結制度)
양안에 토지를 표시할 시 양전순서에 의해 1필지마다 천자문(千字文)의 자번호를 부여하는 방법으로 조선시대에 시행되었던 지번제도이다.

□□□ 05②, 06⑤, 11⑤, 13①

45 조선시대 논, 밭의 소재 및 면적을 기록했던 장부로서 현재의 토지대장에 해당하는 것은?

① 결수연명부   ② 지세명기장   ③ 토지조정부   ④ 양안

해답 ④

양안(量案)
오늘날의 토지대장에 해당하는 지적공부로 과세징수의 기본 장부이며, 토지의 소재, 위치, 등급, 형상, 면적, 자호, 등을 기재하여, 소유관계 및 토지의 성격, 연혁을 알 수 있는 중요한 장부였다.

□□□ 04②, 14①
46 조선시대의 토지대장인 양안에 기재되지 않은 것은?

① 토지 지목 ② 토지 등급 ③ 토지 면적 ④ 토지 연혁

해답 ④

양안의 등재내용
- 고려시대 : 지목, 전형(토지형태), 토지소유자, 양전방향, 사표, 결수 등
- 조선시대 : 논밭의 소재지, 지목, 결수부(면적), 자호(지번), 전형(토지형태), 주(토지소유자), 양전방향, 사표(토지의 위치), 토지등급(토지의 비옥도), 진기(경작 여부) 등

□□□ 15⑤
47 오늘날의 지적과 유사한 토지의 기록에 관한 것이 아닌 것은?

① 백제의 도적(圖籍) ② 신라의 장적(帳籍)
③ 고려의 전적(田籍) ④ 조선의 이적(移籍)

해답 ④

시대별 토지대장
- 백제 : 도적(圖籍)
- 고려 : 도행(導行), 전적(田籍), 작(作)
- 일제 : 토지대장, 임야대장
- 신라 : 신라장적(新羅帳籍)
- 조선 : 양안(量案)

□□□ 08⑤, 10①, 12⑤, 13⑤
48 조선시대의 토지 등록 장부로 오늘날의 토지 대장과 같은 양안은 몇 년마다 한 번씩 양전을 실시하여 새로운 양안을 작성하였는가?

① 10년 ② 20년 ③ 30년 ④ 50년

해답 ②

양전(量田)
오늘날의 지적측량에 해당된다. 조선시대에 편찬한 경국대전(經國大典)에 의하면 20년에 1회씩 양전을 실시하여 논밭의 소재, 자호, 위치, 등급, 형상, 면적, 사표, 소유자 등을 기록하는 양안을 작성하고, 호조(戶曹), 본도(本道), 본읍(本邑)에 보관하였다.

08 토지조사사업

□□□ 11⑤, 17④

49 지적관계법령의 제정 순서가 옳게 나열된 것은?

① 토지조사령 → 조선지세령 → 지세령 → 조선임야조사령 → 지적법
② 토지조사령 → 지세령 → 조선임야조세령 → 조선지세령 → 지적법
③ 조선임야조사령 → 토지조사령 → 지세령 → 조선지세령 → 지적법
④ 조선임야조사령 → 지세령 → 조선지세령 → 토지조사령 → 지적법

해답 ②

토지조사령(1912) → 지세령(1914) → 조선임야조사령(1918) → 조선지세령(1943) → 지적법(1950)

□□□ 10①

50 우리나라 지적관련 법령의 변천과정을 순서대로 바르게 나열한 것은?

| ㉠ 토지조사법 | ㉡ 토지조사령 | ㉢ 조선지세령 |
| ㉣ 조선임야조사령 | ㉤ 지적법 | |

① ㉠ − ㉡ − ㉢ − ㉣ − ㉤
② ㉠ − ㉢ − ㉡ − ㉣ − ㉤
③ ㉠ − ㉣ − ㉡ − ㉢ − ㉤
④ ㉠ − ㉡ − ㉣ − ㉢ − ㉤

해답 ④

토지조사법(1910) → 토지조사령(1912) → 조선임야조사령(1918) → 조선지세령(1943) → 지적법(1950)

□□□ 10①, 15⑤

51 다음 중 전 국토를 대상으로 실시한 토지조사 사업의 특징으로 보기 어려운 것은?

① 순수한 우리나라의 측량 기술에 바탕을 둔 사업이었다.
② 도로, 하천, 구거 등을 토지조사사업에서 제외하였다.
③ 우리나라의 근대적 토지제도가 확립되었다.
④ 토지조사사업을 위해 지적의 교육에 주력하였다.

해답 ①

토지조사사업은 1910년 일제가 한국을 식민지로 강점한 후 제1차 식민지정책 사업으로 추진된 것으로 우리나라의 측량 기술에 바탕을 둔 사업과는 거리가 멀다.

□□□ 12⑤
52 우리나라에서 지적이란 용어를 최초로 사용하기 시작한 것으로 알려진 시기로 옳은 것은?

① 1875년　　　　② 1885년　　　　③ 1895년　　　　④ 1905년

해답 ③

판적국(版籍局)

1895년 칙령 제53호로 내부관제가 공포되었고 5국 중 하나인 판적국에서 "호구적(戶口籍)에 관한 사항"과 "지적에 관한 사항"을 관장하였고, 여기서 지적이라는 용어가 처음 사용한 것으로 알려졌다.

□□□ 10①, 11⑤
53 우리나라에서 최초로 지적이라는 용어가 공식적으로 쓰인 것은?

① 토지조사령　　　② 내부관제　　　③ 토지조사법　　　④ 삼림법

해답 ②

판적국(版籍局)

1985년 칙령 제53호로 내부관제가 공포되었고 5국 중 하나인 판적국에서 "호구적(戶口籍)에 관한 사항"과 "지적에 관한 사항"을 관장하였고, 여기서 지적이라는 용어가 처음 사용한 것으로 알려졌다.

□□□ 15⑤
54 토지대장과 지적도를 작성하여 비치하게 된 최초의 근거법령은?

① 토지조사령　　　② 지세법　　　③ 지적측량규정　　　④ 지적법

해답 ①

지적관계법령 변천과정

대구시가토지측량규정(1907) → 토지조사법(1910) → 토지조사령(1912) → 지세령(1914) → 토지대장규칙(1914) → 조선임야조사령(1918) → 조선지세령(1943) → 지적법(1950)

□□□ 11①
55 다음 중 토지조사사업 당시 작성된 지적도의 축척이 아닌 것은?

① 1/600　　　　② 1/1000　　　　③ 1/1200　　　　④ 1/2400

해답 ②

토지조사사업 당시 작성된 지적도의 축척은 1/600, 1/1200, 1/2400이다.

□□□ 11⑤, 14⑤

56 다음 중 1910년에 일제가 실시한 토지조사사업의 목적과 가장 거리가 먼 것은?

① 일본 자본의 토지 점유를 돕기 위해
② 식민지 통치를 위한 조세 수입 체계를 확립하기 위해
③ 한국의 공업화에 따른 노동력 부적을 충당하기 위해
④ 조선총독부가 경작지로 가능한 미개간지를 점유하기 위해

해답 ③

토지조사목적(일본의 목적)
• 역둔토를 국유화 하여 일본인들의 토지수탈과 과세의 목적으로 시행
• 일본인 토지점유를 합법화하여 보장하는 법률적 제도를 확립하기 위한 것
• 조선총독부의 소유지를 확보하기 위한 것
• 지세(地勢)수입을 증대하기 위한 조세수입체제를 확립하기 위한 것

□□□ 12⑤, 13①

57 토지조사사업의 주된 조사 내용과 거리가 먼 것은?

① 토지 소유권 조사   ② 건축물의 권리 조사
③ 지형 지모의 조사   ④ 지가의 조사

해답 ②

토지조사사업의 목적(일반적인 사항)
• 지적제도와 등기제도 확립을 위한 토지소유권 조사
• 국토지리를 밝히는 토지의 외모조사
• 지세제도 확립을 위한 토지의 가격조사

□□□ 04①, 10⑤, 14⑤, 18④

58 다음 중 토지조사사업 당시의 조사내용에 해당하지 않는 것은?

① 토지의 소유권   ② 토지의 가격
③ 토지의 외모   ④ 토지의 지질

해답 ④

토지조사사업의 목적(일반적인 사항)
• 지적제도와 등기제도 확립을 위한 토지소유권 조사
• 국토지리를 밝히는 토지의 외모조사
• 지세제도 확립을 위한 토지의 가격조사

□□□ 13⑤

59 토지조사사업 당시 토지 소유자와 경계를 심사하여 확정하는 행정처분을 무엇이라 하는가?

① 토지조사   ② 사정   ③ 재결   ④ 부본

해답 ②

토지의 사정

토지조사부 및 지적도에 의하여 토지의 소유자와 강계를 확정하는 행정처분을 말하며 원래의 소유권은 소멸시키고 새로운 소유권을 취득하는 것을 말한다.

□□□ 12⑤

60 아래의 설명에서 말하는 이것과 관련이 없는 것은?

> 토지조사령에 의한 조사대상 지목으로서 산림지대에 있는 전, 답, 대 등 지적도에 등록해야 할 토지가 토지조사시행 지역에서 약 200간 이상 떨어진 곳에 위치하여, 지적도에는 등록을 할 수 없거나 지적도를 만들려 해도 많은 노력과 경비가 소요되며 도면의 매수만 늘어나 취급이 불편해지므로 산간벽지 또는 도서지방에서는 임야대장규칙에 따라 이미 비치되어 있는 임야도를 지적도로 간주하여 지목만을 수정하여 임야도에 등록하였다. 이를 이것이라 하였다.

① 산 토지대장   ② 결연 토지대장

③ 별책 토지대장   ④ 을호 토지대장

해답 ②

산토지대장

조선지세령에 의해서 임야도를 지적도로 간주하고 이 간주지적도에 등록된 토지는 일반토지대장에 등록하는 것이 아니라 다른 토지대장에 따로 등록하였는데, 이것을 산토지대장, 별책토지대장, 을호토지대장이라 하였다. (∵ 200간 이상 떨어진 지역을 간주지적도 지역으로 설정하였다.)

□□□ 15①⑤

61 토지조사사업 당시 조사 내용이 아닌 것은?

① 토지소유권 조사   ② 토지이용권 조사

③ 지가의 조사   ④ 지형지모의 조사

해답 ②

토지조사사업의 목적(일반적인 사항)
- 지적제도와 등기제도 확립을 위한 토지소유권 조사
- 국토지리를 밝히는 토지의 외모조사
- 지세제도 확립을 위한 토지의 가격조사

□□□ 14①

62 토지조사사업 당시 토지조사부의 기록 순서로 옳은 것은?

① 각 동(洞), 리(里) 마다 지번의 순서에 따라
② 각 시(市)마다 지번의 순서에 따라
③ 각 도(道)마다 소유자의 이름 순서에 따라
④ 측량 지역별로 측량 순서에 따라

해답 ①

토지조사부 작성
토지조사부(土地調査簿)는 토지소유권에 대한 사정원부(査定原簿)로서 지적도에 의하여 리·동별로 지번 순서에 따라 지번·가지번·지목·신고년월일·소유자의 주소·성명 등을 기재하고 적요란에 분쟁과 기타 특수한 사유가 있을 경우 이를 기입하기 위하여 작성하였다

□□□ 11⑤

63 다음 중 간주지적도에 등록된 토지의 대장을 토지 대장과는 별도로 작성하여 사용하였던 것에 해당하지 않는 것은?

① 별책 토지대장   ② 을호 토지대장
③ 산 토지대장   ④ 지세 명기장

해답 ④

산토지대장
조선지세령에 의해서 임야도를 지적도로 간주하고 이 간주지적도에 등록된 토지는 일반토지대장에 등록하는 것이 아니라 다른 토지대장에 따로 등록하였는데, 이것을 산토지대장, 별책토지대장, 을호토지대장이라 하였다.

□□□ 10①

64 다음 중 토지조사사업 당시의 조사 내용에 해당하지 않는 것은?

① 토지소유권   ② 토지가격
③ 지질   ④ 지형, 지모

해답 ③

토지조사사업의 목적(일반적인 사항)
• 지적제도와 등기제도 확립을 위한 토지소유권 조사
• 국토지리를 밝히는 토지의 외모조사
• 지세제도 확립을 위한 토지의 가격조사

□□□ 14①
65 토지조사사업 당시 사정 사항은?

① 지번   ② 지목   ③ 면적   ④ 소유자

해답 ④

토지의 사정
토지조사부 및 지적도에 의하여 토지의 소유자와 강계를 확정하는 행정처분을 말하며 원래의 소유권은 소멸시키고 새로운 소유권을 취득하는 것을 말한다.

□□□ 15⑤, 17④
66 토지조사사업 당시 사정 사항은?

① 지번   ② 지목   ③ 강계   ④ 토지의 소재

해답 ③

토지의 사정
토지조사부 및 지적도에 의하여 토지의 소유자와 강계를 확정하는 행정처분을 말하며 원래의 소유권은 소멸시키고 새로운 소유권을 취득하는 것을 말한다.

□□□ 14⑤
67 토지조사사업 당시 사정의 대상은?

① 강계, 소유자   ② 강계, 면적
③ 지목, 면적   ④ 지번, 소유자

해답 ①

토지의 사정
토지조사부 및 지적도에 의하여 토지의 소유자와 강계를 확정하는 행정처분을 말하며 원래의 소유권은 소멸시키고 새로운 소유권을 취득하는 것을 말한다.

□□□ 11①
68 토지조사사업 당시 시정한 사항을 재심사하여 확정한 처분을 무엇이라 하는가?

① 결정   ② 재결   ③ 재사정   ④ 토지조사

해답 ②

재결(裁決)
제3자의 입장으로 형성적 행정처분을 내리는 것을 말하는 것으로, 토지의 사정 후 60일 이내에 고등토지조사위원회(高等土地調査委員會)에 이의를 제기할 수 있으며, 고등토지조사위원회는 이의신청에 대해 재결이라는 행정처분을 취하였다.

□□□ 11①

69 토지조사사업 당시 확정된 소유자가 다른 토지 간의 사정된 경계선을 뜻하는 것으로 사정선이라고 하는 것은?

① 강계선   ② 지계선   ③ 구획선   ④ 지역선

해답 ①

강계선

강계선은 사정선이라고도 하며, 토지조사사업 당시 확정된 소유자가 다른 토지 간의 사정된 경계선 또는 임시토지조사국장의 사정을 거친 경계선을 말한다. 토지조사사업 당시에는 강계선(사정선)이라 불렸으나 임야조사사업 시행 당시에는 사정한 선을 경계선이라 불렀다.

09   임야조사사업

□□□ 13⑤

70 임야조사사업 당시 사정(査定)에 대하여 불복하는 경우 재결을 신청하였던 곳은?

① 고등토지조사위원회   ② 임야조사위원회
③ 법원   ④ 토지사정위원회

해답 ②

토지조사사업과 임야조사사업의 비교

구 분	토지조사사업	임야조사사업
사정권자	임시토지조사국장	도지사(권업과 또는 산림과)
재결기관	고등토지조사위원회	임야심사위원회(1919~1935)

□□□ 11①, 15①

71 다음 중 임야조사사업에 대한 설명으로 옳지 않은 것은?

① 임야는 토지에 비하여 경제적 가치가 높지 않아 분쟁은 적었다.
② 토지조사사업에 비해 적은 인원으로 업무를 수행하였다.
③ 역둔토를 국유화하여 공공연한 토지수탈을 강행하였다.
④ 적은 예산으로 사업을 완성하였다.

해답 ③

임야조사는 토지에 비해 경제가치가 낮아 분쟁이 적었고, 적은 인원과 예산으로 사용하였으며, 측량의 정도를 낮게 하고 소축척으로 하였다.

□□□ 08⑤, 11①, 12⑤

72 다음 중 임야조사사업 당시의 사정기관으로 옳은 것은?

① 임야심사위원회

② 토지조사위원회

③ 도시자

④ 법원

해답 ③

토지조사사업과 임야조사사업의 비교

구 분	토지조사사업	임야조사사업
근거법령	토지조사법(1910/08/23 법률 제7호) 토지조사령(1912/08/13 제령 제2호)	조선임야조사령(1918/05/01)
조사기간	1910~1918년(8년 10개월)	1916~1924(9년)
조사측량기관	임시토지조사국	부와 면
사정권자	임시토지조사국장	도지사(권업과 또는 산림과)
재결기관	고등토지조사위원회	임야심사위원회(1919~1935)
도면축척	1/600, 1/1200, 1/2400	1/3000, 1/6000

□□□ 13⑤

73 임야조사사업의 특징이 아닌 것은?

① 임야는 토지와 같이 분쟁이 많았다.

② 축척이 소축척이고 토지조사사업의 기술자 채용으로 시간과 경비를 절약할 수 있었다.

③ 적은 예산으로 사업을 완료하였다.

④ 국유임야 소유권을 확정하는 것을 목적으로 하였다.

해답 ①

임야조사사업은 토지에 비해 경제가치가 낮아 분쟁이 적었다.

□□□ 10⑤, 13①

74 토지조사사업 당시의 재결기관은?

① 부와 면

② 임시토지조사국

③ 임야조사위원회

④ 고등토지조사위원회

해답 ④

토지조사사업과 임야조사사업의 재결기관

사정권자	임시토지조사국장	도지사(권업과 또는 산림과)
재결기관	고등토지조사위원회	임야심사위원회(1919~1935)

□□□ 10⑤, 14⑤, 19①

75 다음 중 임야조사사업의 특징으로 옳지 않은 것은?

① 축척이 대축척이었다.
② 토지조사사업의 기술자를 채용하여 시간과 경비를 절약 할 수 있었다.
③ 토지조사사업에 비해 적은 인원으로 업무를 수행하였다.
④ 적은 예산으로 이 사업을 완성하였다.

해답 ①

임야조사사업은 측량의 정도를 낮게 하고 소축척으로 하였다.

□□□ 15⑤

76 임야조사사업 당시의 재결기관은?

① 도지사
② 임야조사위원회
③ 고등토지조사위원회
④ 임시토지조사국

해답 ②

토지조사사업과 임야조사사업의 재결기관

토지조사사업	임야조사사업
고등토지조사위원회	임야심사위원회(1919~1935)

10 지적의 요소

□□□ 05①, 12⑤, 16①

77 지적의 3요소로 가장 거리가 먼 것은?

① 지물
② 토지
③ 등록
④ 지적공부

해답 ①

• 지적의 3요소 : 토지, 등록, 지적공부
• 네덜란드 지적제도의 3대 구성요소 : 소유자, 권리, 필지

11 | 1필지

□□□ 10⑤, 13⑤, 14①

78 다음 중 1필지로 정할 수 있는 기준이 아닌 것은?

① 동일한 면적　　　　　② 동일한 용도
③ 동일한 소유자　　　　④ 연속된 지반

해답 ①
필지의 성립기준
• 지반이 연속될 것
• 지적공부의 축척이 같을 것
• 지목이 같을 것(용도가 동일)
• 소유자, 소유권 이외의 권리가 같을 것

□□□ 11①

79 다음 중 주된 용도의 토지에 편입하여 1필지로 할 수 있는 경우가 아닌 것은?

① 종된 용도의 토지의 지목이 "대"인 경우
② 주된 용도의 토지의 편의를 위하여 설치된 도로부지
③ 주된 용도의 토지로 둘러싸인 토지로서 다른 용도로 사용되고 있는 토지
④ 주된 용도의 토지의 편의를 위하여 설치된 구거 부지

해답 ①
필지의 성립기준이 아닌 것
• 종된 용도의 토지의 지목(地目)이 "대"(垈)인 경우
• 종된 용도의 토지 면적이 주된 용도의 토지 면적의 10%를 초과하거나 $330m^2$를 초과하는 경우에는 그러하지 아니하다.

□□□ 08⑤, 10①

80 다음 중 1필지로 정할 수 있는 기준이 옳지 않는 것은?

① 지번부여지역의 토지　　② 동일한 소유자
③ 연속된 지반　　　　　　④ 서로 다른 용도

해답 ④
필지의 성립기준
• 지반이 연속될 것
• 지목이 같을 것(용도가 동일)
• 지번설정지역이 같을 것
• 소유자, 소유권 이외의 권리가 같을 것

□□□ 10①
81 다음 중 필지의 정의에 대한 설명으로 옳지 않은 것은?

① 지적공부에 등록하는 토지의 등록단위이다.
② 법률에 의해 정해지는 토지의 등록단위이다.
③ 자연현상을 기준으로 구획한 지리학적 단위다.
④ 국가가 인위적으로 정하는 토지의 등록단위이다.

해답 ③

필지의 기능
• 일필지 토지조사의 기본단위
• 토지공시의 단위, 소유권의 단위
• 토지등록의 법적 등록단위
 (∵ 필지는 자연현상을 기준으로 구획하지 않는다.)

□□□ 04⑤, 06⑤, 11①⑤, 17④
82 다음 중 대통령령으로 정하는 바에 따라 구획되는 토지의 등록단위를 무엇이라 하는가?

① 필지   ② 기준지   ③ 지적   ④ 경계

해답 ①

필지
"필지"란 대통령령으로 정하는 바에 따라 구획되는 토지의 등록단위를 말한다.

□□□ 04①, 05①, 12⑤, 19①
83 일필지의 기능으로서 가장 거리가 먼 것은?

① 토지조사의 기본단위   ② 토지상속의 기본단위
③ 토지등록의 기본단위   ④ 토지공시의 기본단위

해답 ②

필지의 기능
• 일필지 토지조사의 기본단위
• 토지공시의 단위, 소유권의 단위
• 토지등록의 법적 등록단위

12 토지의 경계

□□□ 04②, 05②, 11①
84 다음 중 지적 관련 법률에 따른 경계의 의미로 옳은 것은?

① 담장, 둑·철조망 등 인위적으로 설치한 경계
② 계곡, 능선 등 자연적으로 형성된 경계
③ 눈으로 식별할 수 있는 형태를 갖는 선
④ 지적공부에 등록한 선

해답 ④

경계의 정의
토지의 경계는 필지별로 경계점 간을 직선으로 연결하여 지적 공부에 등록한 선을 말하며, 한 지역과 다른 지역을 구분하는 외적 표시이고 토지의 소유권 등 사법상의 권리의 범위를 표시하는 구획선이다.

□□□ 05②, 10⑤
85 다음 중 경계의 법률적 정의로 옳은 것은?

① 담장 및 울타리
② 지적도상 경계
③ 지상의 경계표시
④ 논두렁 및 밭둑

해답 ②

경계의 정의
토지의 경계는 필지별로 경계점 간을 직선으로 연결하여 지적 공부에 등록한 선을 말하며, 한 지역과 다른 지역을 구분하는 외적 표시이고 토지의 소유권 등 사법상의 권리의 범위를 표시하는 구획선이다.

□□□ 13⑤, 17①
86 경계불가분의 원칙에 대한 설명으로 틀린 것은?

① 경계는 유일무이한 것이다.
② 경계는 양쪽 토지에 공통이다.
③ 경계는 기하학상 선과 같다.
④ 경계는 너비가 있다.

해답 ④

경계불가분의 원칙
토지의 경계는 중요한 것으로 어느 한쪽의 필지에만 전속하는 것이 아니고 인접 토지에 공통으로 작용하기 때문에 이를 분리할 수 없다는 것을 말한다.
(∵ 경계는 너비가 없다.)

□□□ 06⑤, 10①, 16①, 17④, 20④
87 다음 일반적인 경계의 구분 중 측량사에 의하여 측량이 행해지고 지적 관리청의 사정에 의하여 확정된 토지 경계는?

① 고정경계   ② 지상경계   ③ 보증경계   ④ 인공경계

해답 ③

보증경계
측량사에 의하여 정밀지적측량이 수행되고 지적관리청의 사정에 의해 행정처리가 완료되어 확정된 토지 경계

□□□ 14⑤, 15⑤
88 토지의 경계가 자연적인 지형지물 즉 도로, 담장, 울타리, 도랑, 하천 등으로 이루어진 것을 무엇이라 하는가?

① 보증경계   ② 고정경계   ③ 일반경계   ④ 확정경계

해답 ③

일반경계
토지의 경계가 자연적인 지형지물 즉 도로, 담장, 울타리, 도랑, 하천 등으로 구성된 경계

□□□ 05①, 10⑤, 13⑤
89 연접되는 토지 간에 높낮이 차이가 있는 경우 지상 경계를 새로이 결정하는 기준은?

① 그 구조물 등의 하단부   ② 그 구조물 등의 상단부
③ 그 구조물 등의 중앙부   ④ 그 구조물 등의 임의의 부분

해답 ①

지상경계의 결정(시행령 제55조)
• 연접되는 토지 사이에 높낮이 차이가 없는 경우 : 그 구조물 등의 중앙
• 연접되는 토지 사이에 높낮이 차이가 있는 경우 : 그 구조물 등의 하단부
• 도로·구거 등의 토지에 절토된 부분이 있는 경우에는 그 경사면의 상단부
• 토지가 해면 또는 수면에 접하는 경우에는 최대만조위 또는 최대만수위가 되는 선
• 공유수면매립지의 토지 중 제방 등을 토지에 편입하여 등록하는 경우에는 바깥쪽 어깨부분
• 지상경계의 구획을 형성하는 구조물 등의 소유자가 다른 경우에는 그 소유권에 따라 지상 경계를 결정한다.

□□□ 10①, 12⑤, 13①, 16①

90 다음 중 경계의 결정 원칙에 해당하는 것은?

① 축척종대의 원칙
② 주지목추종의 원칙
③ 평등배분의 원칙
④ 일시 변경의 원칙

해답 ①

경계설정의 원칙
- 경계불가분의 원칙
- 축척종대의 원칙
- 선 등록 우선의 원칙

□□□ 13①

91 도로·구거 등의 토지에 절토된 부분이 있는 경우 지상 경계를 새로 결정하는 기준은?

① 그 경사면의 상단부
② 그 경사면의 하단부
③ 그 구조물 등의 중앙
④ 그 구조물 등의 왼쪽

해답 ①

지상경계의 결정(시행령 제55조)
- 연접되는 토지 사이에 높낮이 차이가 없는 경우 : 그 구조물 등의 중앙
- 연접되는 토지 사이에 높낮이 차이가 있는 경우 : 그 구조물 등의 하단부
- 도로·구거 등의 토지에 절토된 부분이 있는 경우에는 그 경사면의 상단부
- 토지가 해면 또는 수면에 접하는 경우에는 최대만조위 또는 최대만수위가 되는 선
- 공유수면매립지의 토지 중 제방 등을 토지에 편입하여 등록하는 경우에는 바깥쪽 어깨부분
- 지상경계의 구획을 형성하는 구조물 등의 소유자가 다른 경우에는 그 소유권에 따라 지상 경계를 결정한다.

□□□ 08⑤, 11①

92 공유수면매립지의 토지 중 제방 등을 토지에 편입하여 등록하는 경우 지상 경계를 새로이 결정하는 기준은?

① 최대만조위
② 구조물 중앙
③ 최저수위
④ 바깥쪽 어깨부분

해답 ④

지상경계의 결정(시행령 제55조)
공유수면매립지의 토지 중 제방 등을 토지에 편입하여 등록하는 경우에는 바깥쪽 어깨부분으로 결정한다.

□□□ 11⑤, 12⑤

93 지상 경계를 새로 결정하려는 경우의 기준이 틀린 것은?

① 연접되는 토지 간에 높낮이 차이가 있는 경우 그 구조물의 하단부
② 토지가 해면 또는 수면에 접하는 경우 최대만조위 또는 최대만수위가 되는 선
③ 도로의 토지에 절토된 부분이 있는 경우 그 경사면의 하단부
④ 연접되는 토지 간에 높낮이 차이가 없는 경우 그 구조물 등의 중앙

해답 ③

도로·구거 등의 토지에 절토된 부분이 있는 경우에는 그 경사면의 상단부

□□□ 10①

94 다음 중 지상경계를 새로이 결정하려는 경우의 그 기준이 옳은 것은?

① 토지가 해면 또는 수면에 접하는 경우 : 평균 조위면
② 공유수면매립지의 토지 중 제방을 토지에 편입하여 등록하는 경우 : 바깥쪽 어깨부분
③ 연접되는 토지 간에 높낮이 차이가 있는 경우 : 그 구조물 등의 상단부
④ 도로에 절토된 부분이 있는 경우 : 그 경사면의 하단부

해답 ②

• 토지가 해면 또는 수면에 접하는 경우 : 최대조위 또는 최대만수위가 되는 선
• 연접되는 토지 간에 높낮이 차이가 있는 경우 : 그 구조물 등의 하단부
• 도로에 절토된 부분이 있는 경우 : 그 경사면의 상단부

□□□ 15①

95 지상 경계의 결정기준으로 옳은 것은?

① 토지가 해면에 접하는 경우 – 최대만조위선
② 구거의 토지에 절토된 부분이 있는 경우 – 지물의 중앙부
③ 공유수면매립지의 토지 중 제방을 토지에 편입하여 등록하는 경우 – 안쪽 어깨부분
④ 도로의 토지에 절토된 부분이 있는 경우 – 경사의 하단부

해답 ①

• 구거의 토지에 절토된 부분이 있는 경우 – 그 경사면의 상단부
• 공유수면매립지의 토지 중 제방을 토지에 편입하여 등록하는 경우 – 바깥쪽 어깨부분
• 도로의 토지에 절토된 부분이 있는 경우 – 그 경사면의 상단부

□□□ 04②, 14①, 15⑤, 20④

96 토지가 해면에 접하는 경우 경계를 결정하는 기준은?

① 평균 해수위
② 측정 당시 수위
③ 최대 만조위
④ 중등 수위

해답 ③

지상경계의 결정(시행령 제55조)
토지가 해면 또는 수면에 접하는 경우 : 최대만조위 또는 최대만수위가 되는 선

□□□ 14⑤

97 지상 경계를 결정하는 기준이 틀린 것은?

① 연접되는, 토지 간에 높낮이 차이가 있는 경우 : 그 구조물 등의 하단부
② 토지가 해면 또는 수면에 접하는 경우 : 최대 만조위 또는 최대 만수위가 되는 선
③ 도로 등의 토지에 절토된 부분이 있는 경우 : 그 경사면의 상단부
④ 공유수면매립지의 토지 중 제방을 토지에 편입하여 등록하는 경우 : 안쪽 어깨부분

해답 ④

지상경계의 결정(시행령 제55조)
공유수면매립지의 토지 중 제방 등을 토지에 편입하여 등록하는 경우에는 바깥쪽 어깨부분

13   지번

□□□ 14⑤, 15⑤

98 지번에 대한 설명으로 옳은 것은?

① 필지에 부여하여 지적공부에 등록한 번호이다.
② 지번의 부여단위는 읍·면이다.
③ 지번제도는 우리나라에서만 사용하고 있다.
④ 지번은 토지의 소유자에 따라 표시한다.

해답 ①

법률 제2조(정의)
지번이란 필지에 부여하여 지적공부에 등록한 번호를 말한다.

□□□ 05①, 08⑤, 10⑤, 11①⑤, 13①⑤, 14⑤
99 다음 필지의 배열이 불규칙한 지역에서 진행 순서에 따라 지번을 부여하여, 진행 방향으로 지번이 순차적으로 연속되는 지번 부여 방법은?

① 사행식　　　　　② 단지식　　　　　③ 부번식　　　　　④ 합병식

해답 ①

사행식
뱀이 기어가는 형상으로 지번을 부여하는 것을 말하며, 지번 부여 진행 방법 중 가장 많이 쓰이는 것으로서 우리나라 토지의 대부분이 이 방법에 의하여 지번이 부여되었다.

□□□ 10①, 15①
100 다음 중 지번을 부여하는 진행방향에 따른 분류에 해당하지 않는 것은?

① 사행식　　　　　② 기우식　　　　　③ 단지식　　　　　④ 방사식

해답 ④

진행방향에 따른 부여 : 사행식, 기우식, 단지식

□□□ 12⑤, 16①
101 블록(block)마다 하나의 본번을 부여하고 블록 내 필지마다 부번을 부여하는 지번 설정 방법으로 '블록식'이라고도 하는 것은?

① 단지식　　　　　② 사행식　　　　　③ 기우식　　　　　④ 방사식

해답 ①

단지식(Block식)
1단지마다 하나의 지번을 부여하고 단지 내 필지마다 부번을 부여하는 방법을 말하는데 일명, 블록식이라고도 하며 택지개발 및 경지정리사업 시행지역 등에 적합하다.

□□□ 13⑤, 16①
102 지번의 기능에 해당되지 않는 것은?

① 토지의 식별　　　　② 위치의 확인　　　　③ 용도의 구분　　　　④ 토지의 고정화

해답 ③

지번의 기능
• 토지의 특성화　　　• 토지의 개별화　　　• 토지의 고정화
• 토지의 식별　　　　• 위치의 확인
(∵ 용도의 구분은 지목의 기능이다.)

□□□ 04①②, 05②, 06⑤, 08⑤, 11①, 13⑤, 14①, 18①
103 지번을 순차적으로 부여하는 방향으로 옳은 것은?

① 북동에서 남서　　　　　　　② 북서에서 남동
③ 남동에서 북서　　　　　　　④ 남서에서 북동

해답 ②

북서기번법
지번부여지역의 북서쪽에서 번호를 부여하고 순차로 진행하다가 남동쪽에서 끝내도록 하는 방식으로 한글, 영어, 아라비아 숫자 등을 사용하는 국가에서 주로 사용하며, 우리나라에서 북서기번법을 이용한다.

□□□ 13①
104 지번에 대한 설명으로 틀린 것은?

① 토지의 특정성을 보장하기 위한 요소다.
② 토지의 식별에 쓰인다.
③ 지번은 시·군 또는 이에 준하는 지역 단위로 부여한다.
④ 토지의 지리적 위치의 고정성을 확보하기 위하여 부여한다.

해답 ③

지번부여지역이라 함은 지번을 부여하는 단위지역으로서 동, 리 또는 이에 준하는 지역(도서지역)을 말한다.

□□□ 11⑤, 15①
105 다음 중 지번에 대한 설명으로 옳지 않은 것은?

① 필지에 부여하여 지적공부에 등록한 번호다.
② 지번은 호적에서 사람의 이름과 같다.
③ 토지의 종류를 구분·표시하는 명칭을 말한다.
④ 토지의 개별성을 확보하기 위하여 붙이는 번호다.

해답 ③

토지를 종류를 구분·표시하는 것을 지목이라 한다.

□□□ 06⑤, 08⑤, 10①, 14①

106 사람의 신분에 관한 기록으로 정의되는 호적을 지적과 비교할 때, 호적의 성명에 해당하는 역할을 하는 지적의 기재사항은?

① 토지소재　　　② 지번　　　③ 면적　　　④ 지목

해답 ②

호적과 지적의 비교
- 지목 : 사람의 성별
- 지번 : 사람의 이름
- 토지의 고유번호 : 사람의 주민등록번호

□□□ 13①, 15①

107 다음의 지번부여 방법 중 부여단위에 따른 분류에 해당하지 않는 것은?

① 지역단위법　　② 도엽단위법　　③ 단지단위법　　④ 북서기번법

해답 ④

설정단위(부여단위)에 따른 지번의 분류방법 : 지역단위법, 도엽단위법, 단지단위법

□□□ 04①, 14①

108 다음 지번의 설정방식 중 현재 사용하지 않는 방법은?

① 회전식　　　② 기우식　　　③ 단지식　　　④ 사행식

해답 ①

지번의 설정방법
- 진행방향에 따른 분류 : 사행식, 기우식, 단지식
- 설정단위에 따른 분류 : 지역단위법, 도엽단위법, 단지단위법
- 기번위치에 따른 분류 : 북서기번법, 북동기번법

14 지목

□□□ 10⑤, 12⑤, 13⑤, 14⑤, 16①

109 지목의 설정 원칙으로 틀린 것은?

① 일필일목의 원칙　　　　　　② 용도 경중의 원칙
③ 일시 변경 수용의 원칙　　　　④ 주지목 추종의 원칙

해답 ③

지목의 설정원칙
• 1필지 1지목의 원칙(일필일목의 원칙)　　• 주용도(주지목) 추종의 원칙
• 일시변경 불변의 법칙　　　　　　　　　• 용도경중의 원칙
• 등록 선후의 원칙　　　　　　　　　　　• 사용목적 추종의 원칙

□□□ 10①, 13①

110 지목의 설정 방법 및 기준으로 틀린 것은?

① 토지가 일시적으로 사용되는 용도가 바뀐 경우 즉시 지목을 변경하여야 한다.
② 토지이용현황에 의한 지목의 유형은 28가지로 구분하여 정한다.
③ 필지마다 하나의 지목을 설정한다.
④ 필지가 둘 이상의 용도로 활용되는 경우에는 주된 용도에 따라 지목을 설정한다.

해답 ①

지목의 설정원칙
• 1필지 1지목의 원칙(일필일목의 원칙)　　• 주용도(주지목) 추종의 원칙
• 일시변경 불변의 법칙　　　　　　　　　• 용도경중의 원칙
• 등록 선후의 원칙　　　　　　　　　　　• 사용목적 추종의 원칙

□□□ 15①

111 다음 중 지목의 설정원칙에 해당하지 않는 것은?

① 지목불변의 원칙　　　　　　　② 일필 일지목의 원칙
③ 주지목추종의 원칙　　　　　　④ 등록선후의 원칙

해답 ①

지목의 설정원칙
• 1필지 1지목의 원칙(일필일목의 원칙)　　• 주용도(주지목) 추종의 원칙
• 일시변경 불변의 법칙　　　　　　　　　• 용도경중의 원칙
• 등록 선후의 원칙　　　　　　　　　　　• 사용목적 추종의 원칙

□□□ 11⑤

112 둘 이상의 지목이 중복될 때 등록의 선후, 용도의 경중 등을 고려하여 1필지별로 하나의 지목만을 설정하도록 하는 지목 결정 원칙은?

① 주지목추종의 원칙
② 일시변경불변의 원칙
③ 일필일목의 원칙
④ 축척종대의 원칙

해답 ③

지목의 설정원칙
• 주용도(주지목) 추종의 원칙 : 1필지가 두 가지 이상의 용도로 활용되는 경우에는 주된 토지의 용도에 따라 지목을 설정하게 된다.
• 일시 변경 불변의 법칙 : 다른 지목에 해당하는 용도로 변경시킬 목적이 아닌 일시적 또는 임시적인 용도로 사용되는 때에는 지목을 변경할 수 없다.
• 1필지 1지목의 원칙 : 토지의 이용이 고도화 또는 입체화되면서 지하상가를 설치하는 등 수직적 경합이 되고 있으나, 모든 토지는 필지별로 하나의 지목을 설정하도록 되어있다.

□□□ 14①

113 도로·철도용지·하천·제방·구거·수도용지 등의 지목이 서로 중복될 때 먼저 등록된 토지의 사용목적에 따라 지목을 설정하는 원칙을 무엇이라 하는가?

① 용도 경중의 원칙
② 등록 선후의 원칙
③ 주지목 추종의 원칙
④ 일시 변경 불변의 원칙

해답 ②

등록 선후의 원칙
지목이 서로 중복될 경우 먼저 등록된 지목을 부여하는 원칙으로 비슷한 규모의 도로, 철도가 교차시 지목 설정 원칙이다.

□□□ 13⑤

114 우리나라에서 지목을 구분하는 기준은?

① 소유의 형태
② 토지의 등급
③ 토지의 용도
④ 과세의 여부

해답 ③

용도지목(우리나라에서 사용하는 지목제도) : 토지의 주된 사용목적에 따라 지목을 결정하는 방법

□□□ 15⑤
115 우리나라에서 채택하고 있는 지목결정 방식은?

① 용도 지목　　　　② 토성 지목　　　　③ 지형 지목　　　　④ 지질 지목

해답 ①

용도지목(우리나라에서 사용하는 지목제도) : 토지의 주된 사용목적에 따라 지목을 결정하는 방법

□□□ 11①
116 지적의 지목은 사람의 신분에 관한 기록인 호적의 무엇과 비교할 수 있는가?

① 본관　　　　　　② 성명　　　　　　③ 성별　　　　　　④ 호주

해답 ③

호적과 지적의 비교
• 지목 : 사람의 성별　　　　　　　　　　• 지번 : 사람의 이름
• 토지의 고유번호 : 사람의 주민등록번호

□□□ 08⑤, 12⑤, 16①
117 토지에 지목을 부여하는 주된 목적은?

① 토지의 이용 구분　　　　　　② 토지의 특정화
③ 토지의 식별　　　　　　　　④ 토지의 위치 추측

해답 ①

지목은 토지를 어떤 목적에 따라 종류별로 구분하여 지적공부에 등록하는 명칭으로, 우리나라에서는 토지의 주된 용도에 따라 지목을 정하는 용도지목을 사용하고 있다.

□□□ 14⑤
118 지목에 대한 설명으로 틀린 것은?

① 토지의 주된 사용 목적에 따라 토지의 종류를 표시하는 명칭이다.
② 지질 생성의 차이에 따라 지목을 구분하기도 한다.
③ 지목을 통해 토지의 이용 현황을 알 수 있다.
④ 지목은 지적도면에만 기재하는 사항이다.

해답 ④

지목은 토지대장, 임야대장, 지적도, 임야도에 기재되는 사항으로 대장에는 정식명칭으로 기재되고, 도면에는 두문자 또는 차문자로 기재된다.

15 면적

□□□ 05①, 13⑤, 14①, 17④

119 축척이 1/1000인 지적도에서 도면상의 길이가 10cm일 때 실제거리는 얼마인가?

① 150m   ② 100m   ③ 60m   ④ 10m

해답 ②

$$\frac{1}{m} = \frac{도상거리}{실제거리} \text{에서} \quad \frac{1}{1000} = \frac{0.1}{x}$$

$$\therefore \ x = 0.1 \times 1000 = 100\text{m}$$

($\because \ m$: 축척분모)

□□□ 15⑤

120 어떤 도면에 1변의 길이가 2cm로 등록된 정사각형 토지의 면적이 900m²이라면 이 도면의 축척은 얼마인가?

① 1/1500   ② 1/3000   ③ 1/4500   ④ 1/6000

해답 ①

$$\left(\frac{1}{m}\right)^2 = \frac{도상면적}{실제면적} \text{에서} \quad \frac{1}{m} = \sqrt{\frac{도상면적}{실제면적}}$$

$$\frac{1}{m} = \sqrt{\frac{0.02 \times 0.02}{900}}$$

$$\therefore \ m = \frac{1}{\sqrt{\dfrac{0.02 \times 0.02}{900}}} = 1500$$

□□□ 12⑤

121 실제 면적이 2500m²인 토지를 축척 100분의 1인 지적도에 나타낼 때 도면상의 면적으로 옳은 것은?

① 1000cm²   ② 2500cm²   ③ 5000cm²   ④ 10000cm²

해답 ②

$$\left(\frac{1}{m}\right)^2 = \frac{도상면적}{실제면적} \text{에서} \quad \left(\frac{1}{100}\right)^2 = \frac{x}{2500}$$

$$\therefore \ x = 0.25\,\text{m}^2 = 2500\,\text{cm}^2$$

($\because \ m$: 축척분모)

□□□ 05①, 06⑤, 10①, 12⑤, 14①⑤, 18④

122 축척 1/1200 지적도 상에 1변이 1.5cm인 정사각형으로 등록된 토지의 면적은 몇 m²인가?

① 180m² ② 225m² ③ 270m² ④ 324m²

해답 ④

$$\frac{1}{m}=\frac{도상거리}{실제거리}\text{에서} \quad \frac{1}{1200}=\frac{0.015}{x}$$

∴ $x=18\text{m}$

∴ 토지의 면적 $A=18\times18=324\text{m}^2$

(∵ m : 축척분모)

□□□ 04⑤, 10⑤

123 두 점 간의 실제거리 50m을 도상에서 2mm로 나타낼 때의 축척은 얼마인가?

① 1/1000 ② 1/2500 ③ 1/25000 ④ 1/50000

해답 ③

$$\frac{1}{m}=\frac{도상거리}{실제거리}\text{에서} \quad \frac{0.002}{50}=\frac{1}{25000}$$

(∵ m : 축척분모)

□□□ 15①

124 두 점 간의 거리가 도상에서 2mm이다. 실제 두점간의 거리가 50m가 되기 위한 축척은 얼마인가?

① 1/1000 ② 1/2500 ③ 1/25000 ④ 1/50000

해답 ③

$$\frac{1}{m}=\frac{도상거리}{실제거리}\text{에서}$$

∴ $\frac{2}{50000}=\frac{1}{25000}$

16 토지등록제도

□□□ 10⑤, 13⑤

125 우리나라 토지대장과 같이 지번 순서에 따라 등록되고 분할되더라도 본번과 관련하여 편철하고 소유자의 변동을 계속 수정하여 관리하는 것으로, 개개의 토지를 중심으로 등록부를 편성하는 방법은?

① 인적 편성주의　　　　　　　　② 물적 편성주의
③ 연대적 편성주의　　　　　　　④ 혼합적 편성주의

해답 ②

물적 편성주의
• 개개의 토지를 중심으로 지적공부를 편성하는 방법이다.
• 1토지에 1대장을 두게 되어 있다.

□□□ 11⑤, 14①

126 다음 중 토지대장의 형식에 해당하지 않는 것은?

① 장부식대장　　② 편철식대장　　③ 카드식대장　　④ 천공식대장

해답 ④

대장의 형식 : 장부식대장(부책식대장), 카드식 대장, 편철식대장

□□□ 06⑤, 10①, 14⑤

127 일반적인 토지대장의 유형에 해당되지 않는 것은?

① 장부식 대장　　② 편철식 대장　　③ 공부식 대장　　④ 카드식 대장

해답 ③

대장의 형식 : 장부식대장(부책식대장), 카드식 대장, 편철식대장

□□□ 13⑤

128 우리나라에서 적용해 온 지적의 원리로서 다음 중 형식주의와 가장 관계가 깊은 것은?

① 특정화의 원칙　　② 등록의 원칙　　③ 신청의 원칙　　④ 공시의 원칙

해답 ②

등록의 원칙 : 토지에 관한 모든 표시사항을 지적공부에 반드시 등록하여야 한다는 원칙

□□□ 15①
129 토지등록의 편성주의가 아닌 것은?

① 물적 편성주의　　　　　　　　　② 연대적 편성주의
③ 권리적 편성주의　　　　　　　　④ 인적 편성주의

해답 ③

토지등록의 편성주의
• 물적편성주의　　　　　　　　　• 인적편성주의
• 연대적편성주의　　　　　　　　• 물적·인적편성주의

□□□ 04①⑤, 05①, 12⑤
130 토지를 중심으로 대장을 편성하여 하나의 토지에 하나의 등기용지를 두는 토지 등록 대장의 편성 방법은?

① 인적 편성주의　　　　　　　　　② 물적 편성주의
③ 인적·물적편성주의　　　　　　　④ 연대적 편성주의

해답 ②

물적 편성주의
• 개개의 토지를 중심으로 지적공부를 편성하는 방법이다.
• 1토지에 1대장을 두게 되어 있다.

□□□ 13①
131 토지에 관한 모든 표시 사항을 지적 공부에 등록해야만 공식적인 효력이 인정되는 것과 관련한 토지 등록의 원리는?

① 국정주의　　　　② 형식주의　　　　③ 공개주의　　　　④ 형식적 심사주의

해답 ②

형식주의
일정한 법정 형식을 갖추어 등록·공시하는 원칙을 말하고, 모든 토지는 필지마다. 지번, 지목, 경계 또는 좌표와 면적을 확정하여 지적 공부에 등록하여야 공식적인 효력이 인정된다는 것이다.

□□□ 16①

132 지적공부의 열람 및 등본발급은 어떤 이념에 의한 것인가?

① 공신의 원칙   ② 공시의 원칙   ③ 직권등록주의   ④ 사실심사주의

해답 ②

공시의 원칙(공개주의)

토지등록의 법적 지위에 있어서 토지이동이나 물권의 변동은 반드시 외부에 알려야 한다는 원칙으로 지적공부의 열람 및 등본발급과 관련이 있다.

□□□ 05②, 10①⑤, 13⑤, 16①, 18④

133 토렌스시스템(Torrens System)의 일반적 이론과 거리가 먼 것은?

① 거울이론   ② 보험이론   ③ 커튼이론   ④ 점증이론

해답 ④

토렌스시스템
• 거울이론(Mirror Principle)
• 커튼이론(Curtain Principle)
• 보험이론(Insurance Principle)

17   지적관련조직

□□□ 04②, 08⑤, 14①

134 국토교통부장관이 지적기술자에 대한 측량업무의 수행을 정지시키고자 하는 경우, 심의 · 의결을 거쳐야 하는 곳은?

① 지방지적위원회   ② 중앙인사위원회
③ 중앙지적위원회   ④ 노동쟁의위원회

해답 ③

중앙지적위원회의 심의 · 의결사항
• 토지등록업무의 개선 및 지적측량 기술의 연구 · 개발
• 지적기술자의 양성방안
• 지적기술자의 징계
• 지적측량적부 재심사

□□□ 14①

135 모든 토지에 대하여 필지별로 소재·지번·지목·면적·경계 또는 좌표 등을 조사·측량하여 지적공부에 등록하여야 하는 자는?

① 행정안전부장관　　　　　　② 국토교통부장관
③ 기획재정부장관　　　　　　④ 시·도지사

해답 ②

공간정보의 구축 및 관리 등에 관한 법률 제64조
국토교통부장관은 모든 토지에 대하여 필지별로 소재·지번·지목·면적·경계 또는 좌표 등을 조사·측량하여 지적공부에 등록하여야 한다.

□□□ 05①, 10⑤

136 다음 중 지적공부에 등록하는 지번 지목 면적 경계 또는 좌표는 토지의 이동이 있을 때 토지소유자의 신청에 의하여 누가 결정하는가?

① 지적소관청　　　② 등기공무원　　　③ 법원판사　　　④ 사업시행자

해답 ①

지적소관청은 대통령령으로 정하는 바에 따라 토지소유자의 토지 이동 신청을 결정한다.

□□□ 04①, 08⑤, 14①

137 지적공부를 관리하는 소관청으로 볼 수 없는 것은?

① 시장　　　　　② 군수　　　　　③ 구청장　　　　　④ 읍, 면장

해답 ④

지적소관청이란 지적공부를 관리하는 특별자치시장, 시장·군수 또는 구청장을 말한다.

□□□ 04⑤, 11⑤

138 지적측량에 대한 적부심사 청구사항을 심의·의결하기 위하여 특별시·광역시·도 또는 특별자치도에 두는 것은?

① 지적공사심의위원회　　　　② 시·군·구 토지위원회
③ 지방지적위원회　　　　　　④ 지방도시계획위원회

해답 ③

지적측량에 대한 적부심사(適否審査) 청구사항을 심의·의결하기 위하여 국토교통부에 중앙지적위원회를 두고, 특별시·광역시·도 또는 특별자치도(이하 "시·도"라 한다)에 지방지적위원회를 둔다.

□□□ 14⑤

139 지적기준점성과의 등본이나 그 측량기록의 사본을 발급받으려는 자는 다음 중 누구에게 그 발급을 신청할 수 있는가?

① 측량업자 ② 시·도지사
③ 행정안전부장관 ④ 국토교통부장관

해답 ②

지적기준점성과의 발급(법률 제27조)
지적기준점성과의 등본이나 그 측량기록의 사본을 발급받으려는 자는 국토교통부령으로 정하는 바에 따라 시·도지사나 지적소관청에 그 발급을 신청하여야 한다.

□□□ 10⑤, 13①

140 다음 중 지적소관청의 정의로 옳은 것은?

① 지적공부를 관리하는 특별자치시장, 시장·군수 또는 구청장을 말한다.
② 시·도의 지역전산본부를 말한다.
③ 지번을 부여하는 단위지역으로 시·군을 말한다.
④ 지적측량을 주관하는 시행·관리 및 감독자를 말한다.

해답 ①

지적소관청의 정의 : 지적공부를 관리하는 특별자치시장, 시장·군수 또는 구청장을 말한다.

02 지적관련법규

01 공간정보의 구축 및 관리 등에 관한 법률 □□□

☞ 알아두기

1 목적 법률 제1조

이 법은 측량 및 수로조사의 기준 및 절차와 지적공부(地籍公簿)·부동산종합공부(不動産綜合公簿)의 작성 및 관리 등에 관한 사항을 규정함으로써 국토의 효율적 관리와 해상교통의 안전 및 국민의 소유권 보호에 기여함을 목적으로 한다.

2 정의 법률 제2조

이 법에서 사용하는 용어의 뜻은 다음과 같다.

- "필지"란 대통령령으로 정하는 바에 따라 구획되는 토지의 등록단위를 말한다.
- "지번부여지역"이란 지번을 부여하는 단위지역으로서 동·리 또는 이에 준하는 지역을 말한다.
- "면적"이란 지적공부에 등록된 필지의 수평면상 넓이를 말한다.
- "분할"이란 지적공부에 등록된 1필지를 2필지 이상으로 나누어 등록하는 것을 말한다.
- "지목변경"이란 지적공부에 등록된 지목을 다른 지목을 바꾸어 등록하는 것을 말한다.
- "등록전환"이란 임야대장 및 임야도에 등록된 토지를 토지대장 및 지적도에 옮겨 등록하는 것을 말한다.

3 지적측량의 실시 등 법률 제23조

(1) 지적측량의 방법 및 절차 등에 필요한 사항은 국토해양부령으로 정한다.
(2) 다음 각 호의 어느 하나에 해당하는 경우에는 지적측량을 하여야 한다.
  ① 지적기준점을 정하는 경우
  ② 지적측량성과를 검사하는 경우

③ 경계점을 지상에 복원하는 경우

④ 그 밖에 대통령령으로 정하는 경우

⑤ 다음 각 목의 어느 하나에 해당하는 경우로서 측량을 할 필요가 있는 경우

- 지적공부를 복구하는 경우
- 토지를 신규등록하는 경우
- 토지를 등록전환하는 경우
- 토지를 분할하는 경우
- 바다가 된 토지의 등록을 말소하는 경우
- 축척을 변경하는 경우
- 지적공부의 등록사항을 정정하는 경우
- 도시개발사업 등의 시행지역에서 토지의 이동이 있는 경우

(3) 지적위원회 법률 제28조

① 지적측량에 대한 적부심사(適否審査) 청구사항을 심의·의결하기 위하여 국토교통부에 중앙지적위원회를 두고, 특별시·광역시·도 또는 특별자치도(이하 "시·도"라 한다)에 지방지적위원회를 둔다.

② 중앙지적위원회와 지방지적위원회의 구성 및 운영에 필요한 사항은 대통령령으로 정한다.

(4) 토지의 조사·등록 등 법률 제64조

지적공부에 등록하는 지번·지목·면적·경계 또는 좌표는 토지의 이동이 있을 때 토지소유자(법인이 아닌 사단이나 재단의 경우에는 그 대표자나 관리인을 말한다. 이하 같다)의 신청을 받아 지적소관청이 결정한다. 다만, 신청이 없으면 지적소관청이 직권으로 조사·측량하여 결정할 수 있다.

(5) 지목의 종류 법률 제67조

① 지목은 전·답·과수원·목장용지·임야·광천지·염전·대(垈)·공장용지·학교용지·주차장·주유소용지·창고용지·도로·철도용지·제방(堤防)·하천·구거(溝渠)·유지(溜池)·양어장·수도용지·공원·체육용지·유원지·종교용지·사적지·묘지·잡종지로 구분하여 정한다.

② 제1항에 따른 지목의 구분 및 설정방법 등에 필요한 사항은 대통령령으로 정한다.

(6) 지적공부의 보존 등 법률 제69조

지적공부를 정보처리시스템을 통하여 기록·저장한 경우 관할 시·도지사, 시장·군수 또는 구청장은 그 지적공부를 지적전산정보시스템에 영구히 보존하여야 한다.

(7) 지적전산자료의 이용 등 법률 제76조

지적공부에 관한 전산자료(이하 "지적전산자료"라 한다)를 이용하거나 활용하려는 자는 다음 각 호의 구분에 따라 국토교통부장관, 시·도지사 또는 지적소관청의 승인을 받아야 한다.

(8) 신규등록 신청 법률 제77조

토지소유자는 신규등록할 토지가 있으면 대통령령으로 정하는 바에 따라 그 사유가 발생한 날부터 60일 이내에 지적소관청에 신규등록을 신청하여야 한다.

(9) 등록전환 신청 법률 제78조

토지소유자는 등록전환할 토지가 있으면 대통령령으로 정하는 바에 따라 그 사유가 발생한 날부터 60일 이내에 지적소관청에 등록전환을 신청하여야 한다.

(10) 분할신청 법률 제79조

① 토지소유자는 토지를 분할하려면 대통령령으로 정하는 바에 따라 지적소관청에 분할을 신청하여야 한다.

② 토지소유자는 지적공부에 등록된 1필지의 일부가 형질변경 등으로 용도가 변경된 경우에는 대통령령으로 정하는 바에 따라 용도가 변경된 날부터 60일 이내에 지적소관청에 토지의 분할을 신청하여야 한다.

(11) 합병 신청 법률 제80조

① 토지소유자는 토지를 합병하려면 대통령령으로 정하는 바에 따라 지적소관청에 합병을 신청하여야 한다.

② 토지소유자는 「주택법」에 따른 공동주택의 부지, 도로, 제방, 하천, 구거, 유지, 그 밖에 대통령령으로 정하는 토지로서 합병하여야 할 토지가 있으면 그 사유가 발생한 날부터 60일 이내에 지적소관청에 합병을 신청하여야 한다.

③ 다음 각 호의 어느 하나에 해당하는 경우에는 합병 신청을 할 수 없다.

- 합병하려는 토지의 지번부여지역, 지목 또는 소유자가 서로 다른 경우
- 합병하려는 토지에 다음 각 목의 등기 외의 등기가 있는 경우
  - 소유권·지상권·전세권 또는 임차권의 등기
  - 승역지(承役地)에 대한 지역권의 등기
  - 합병하려는 토지 전부에 대한 등기원인(登記原因) 및 그 연월일과 접수번호가 같은 저당권의 등기
- 그 밖에 합병하려는 토지의 지적도 및 임야도의 축척이 서로 다른 경우 등 대통령령으로 정하는 경우

⑿ 지목변경 신청 법률 제81조

토지소유자는 지목변경을 할 토지가 있으면 대통령령으로 정하는 바에 따라 그 사유가 발생한 날부터 60일 이내에 지적소관청에 지목에 지목변경을 신청하여야 한다.

⒀ 바다로 된 토지의 등록말소 신청 법률 제82조

① 지적소관청은 지적공부에 등록된 토지가 지형의 변화 등으로 바다가 된 경우로서 원상(原狀)으로 회복될 수 없거나 다른 지목의 토지로 될 가능성이 없는 경우에는 지적공부에 등록된 토지소유자에게 지적공부의 등록말소 신청을 하도록 통지하여야 한다.

② 지적소관청은 토지소유자가 통지를 받은 날부터 90일 이내에 등록말소 신청을 하지 아니하면 대통령령으로 정하는 바에 따라 등록을 말소한다.

③ 지적소관청은 말소한 토지가 지형의 변화 등으로 다시 토지가 된 경우에는 대통령령으로 정하는 바에 따라 토지로 회복등록을 할 수 있다.

⒁ 축척변경 법률 제83조

① 지적소관청은 축척변경을 하려면 축척변경 시행지역의 토지소유자 3분의 2 이상의 동의를 받아 축척변경위원회의 의결을 거친 후 시·도지사 또는 대도시 시장의 승인을 받아야 한다.

② 지적소관청은 지적공부 관리를 위해 필요하다고 인정되는 경우 토지소유자의 신청 또는 지적소관청의 직권으로 일정한 지역을 정해 축척을 변경할 수 있다.

③ 다만, 다음 각 호의 어느 하나에 해당하는 경우에는 축척변경위원회의 의결 및 시·도지사 또는 대도시 시장의 승인 없이 축척변경을 할 수 있다.

- 합병하려는 토지가 축척이 다른 지적도에 각각 등록되어 있어 축척변경을 하는 경우
- 도시개발사업 등의 시행지역에 있는 토지로서 그 사업 시행에서 제외된 토지의 축척변경을 하는 경우

(15) 등록사항의 정정 법률 제84조

① 토지소유자는 지적공부의 등록사항에 잘못이 있음을 발견하면 지적소관청에 그 정정을 신청할 수 있다.

② 지적소관청은 지적공부의 등록사항에 잘못이 있음을 발견하면 대통령령으로 정하는 바에 따라 직권으로 조사·측량하여 정정할 수 있다.

③ 제1항에 따른 정정으로 인접 토지의 경계가 변경되는 경우에는 다음 각 호의 어느 하나에 해당하는 서류를 지적소관청에 제출하여야 한다.

- 인접 토지소유자의 승낙서
- 인접 토지소유자가 승낙하지 아니하는 경우에는 이에 대항할 수 있는 확정판결서 정본(正本)

④ 미등기 토지에 대하여 토지소유자의 성명 또는 명칭, 주민등록번호, 주소 등에 관한 사항의 정정을 신청한 경우로서 그 등록사항이 명백히 잘못된 경우에는 가족관계 기록사항에 관한 증명서에 따라 정정하여야 한다.

(16) 신청의 대위 법률 제87조

■ 다음 각 호의 어느 하나에 해당하는 자는 이 법에 따라 토지소유자가 하여야 하는 신청을 대신 할 수 있다.

① 공공사업 등에 따라 학교용지·도로·철도용지·제방·하천·구거·유지·수도용지 등의 지목으로 되는 토지인 경우 : 해당 사업의 시행자

② 국가나 지방자치단체가 취득하는 토지인 경우 : 해당 토지를 관리하는 행정기관의 장 또는 지방자치단체의 장

③ 「주택법」에 따른 공동주택의 부지인 경우 : 「집합건물의 소유 및 관리에 관한 법률」에 따른 관리인(관리인이 없는 경우에는 공유자가 선임한 대표자) 또는 해당 사업의 시행자

④ 「민법」 제404조에 따른 채권자

(17) 토지소유자의 정리 법률 제88조

① 지적공부에 등록된 토지소유자의 변경사항은 등기관서에서 등기한 것을 증명하는 등기필통지서, 등기필증, 등기부 등본·초본 또는 등기관서에서 제공한 등기전산정보자료에 따라 정리한다.

② 다만, 신규등록하는 토지의 소유자는 지적소관청이 직접 조사하여 등록한다.

(18) 등기촉탁 법률 제89조

① 지적소관청은 토지의 표시 변경에 관한 등기를 할 필요가 있는 경우에는 지체 없이 관할 등기관서에 그 등기를 촉탁하여야 한다.

- 지적소관청은 지적공부에 등록하는 지번·지목·면적·경계 또는 좌표 등 토지의 이동이 있을 때(신규등록은 제외)
- 지적공부에 등록된 지번을 변경할 때
- 바다로 된 토지의 등록말소 신청할 때
- 토지소유자의 신청 또는 지적소관청의 직권으로 축척을 변경할 때
- 등록사항의 잘못이 있음을 발견하고 등록사항을 정정할 때
- 지번부여지역의 일부가 행정구역의 개편으로 다른 지번부여지역에 속하게 되었을 때

② 이 경우 등기촉탁은 국가가 국가를 위하여 하는 등기로 본다.

(19) 지적정리 등의 통지 법률 제790조

① 지적소관청이 지적공부에 등록하거나 지적공부를 복구 또는 말소하거나 등기촉탁을 하였으면 대통령령으로 정하는 바에 따라 해당 토지소유자에게 통지하여야 한다.

② 다만, 통지받을 자의 주소나 거소를 알 수 없는 경우에는 국토교통부령으로 정하는 바에 따라 일간신문, 해당 시·군·구의 공보 또는 인터넷 홈페이지에 공고하여야 한다.

(20) 벌칙 법률 제108조

■ 다음 각 호의 어느 하나에 해당하는 자는 2년 이하의 징역 또는 2천만원 이하의 벌금에 처한다.

① 측량기준점표지를 이전 또는 파손하거나 그 효용을 해치는 행위를 한 자

② 측량업의 등록을 하지 아니하거나 거짓이나 그 밖의 부정한 방법으로 측량업의 등록을 하고 측량업을 한 자

③ 고의로 측량성과 또는 수로조사성과를 사실과 다르게 한 자

(21) 벌칙 법률 제109조

■ 다음 각 호의 어느 하나에 해당하는 자는 1년 이하의 징역 또는 1천만원 이하의 벌금에 처한다.

① 다른 사람의 측량업등록증 또는 측량업등록수첩을 빌려서 사용하거나 다른 사람의 성명 또는 상호를 사용하여 측량업무를 한 자

② 거짓으로 다음 각 목의 신청을 한 자

• 신규등록 신청
• 등록전환 신청
• 분할 신청
• 합병 신청
• 바다로 된 토지의 등록 말소 신청
• 축척변경 신청
• 등록사항의 정정 신청
• 도시개발사업 등 시행지역의 토지이동 신청

---

02 공간정보의 구축 및 관리 등에 관한 시행령 ☐☐☐

(1) 1필지로 정할 수 있는 기준 시행령 제5조

지번부여지역의 토지로서 소유자와 용도가 같고, 지반이 연속된 토지는 1필지로 할 수 있다.

(2) 중앙지적위원회의 구성 등 시행령 제20조

① 법률 제28조제1항에 따른 중앙지적위원회(이하 "중앙지적위원회"라 한다)는 위원장 1명과 부위원장 1명을 포함하여 5명 이상 10명 이하의 위원으로 구성한다.

② 위원장은 국토교통부의 지적업무 담당 국장이, 부위원장은 국토교통부 지적업무 담당 과장이 된다.

(3) 중앙지적위원회의 회의 등 시행령 제21조

위원장이 중앙지적위원회의 회의를 소집할 때에는 회의 일시·장소 및 심의안건을 회의 5일 전까지 각 위원에게 서면으로 통지하여야 한다.

(4) 측량기술자의 자격기준 시행령 제32조

"기술자격자는" 기술사·기사 및 산업기사의 경우에는 「국가기술자격법」의 기술자격종목 중 측량 및 지형공간정보·지적의 기술자격을 취득한 사람을 말하고, 기능사의 경우에는 「국가기술자격법」의 기술자격종목 중 측량·지도제작·도화(圖化)·지적 또는 항공사진의 기술자격을 취득한 사람을 말한다.

(5) 손해배상책임의 보장 시행령 제41조

■ 지적측량수행자가 손해배상책임을 보장하기 위하여 보증보험에 가입하여야 하는 금액은 다음 각 호와 같다.
- 지적측량업자 : 1억원 이상
- 한국국토정보공사(대한지적공사) : 20억원 이상

(6) 지번의 구성 및 부여방법 시행령 제56조

① 지번(地番)은 아라비아숫자로 표기하되, 임야대장 및 임야도에 등록하는 토지의 지번은 숫자 앞에 "산"자를 붙인다.
② 지번은 본번(本番)과 부번(副番)으로 구성하되, 본번과 부번 사이에 "-"표시로 연결한다. 이 경우 "-"표시는 "의"라고 읽는다.
③ 지번은 북서에서 남동으로 순차적으로 부여할 것

(7) 지목의 구분 시행령 제58조

① 전
물을 상시적으로 이용하지 않고 곡물·원예작물(과수류는 제외한다)·약초·뽕나무·닥나무·묘목·관상수 등의 식물을 주로 재배하는 토지와 식용(食用)으로 죽순을 재배하는 토지

② 답
물을 상시적으로 직접 이용하여 벼·연(蓮)·미나리·왕골 등의 식물을 주로 재배하는 토지

③ 과수원
사과·배·밤·호두·귤나무 등 과수류를 집단적으로 재배하는 토지와 이에 접속된 저장고 등 부속시설물의 부지. 다만, 주거용 건축물의 부지는 "대"로 한다.

④ 목장용지
다음 각 목의 토지. 다만, 주거용 건축물의 부지는 "대"로 한다.
- 축산업 및 낙농업을 하기 위하여 초지를 조성한 토지

- 「축산법」제2조 제1호에 따른 가축을 사육하는 축사 등의 부지
- ①목 및 ②목의 토지와 접속된 부속시설물의 부지

⑤ 임야

산림 및 원야(原野)를 이루고 있는 수림지(樹林地)·죽림지·암석지·자갈땅·모래땅·습지·황무지 등의 토지

⑥ 광천지

지하에서 온수·약수·석유류 등이 용출되는 용출구(湧出口)와 그 유지(維持)에 사용되는 부지. 다만, 온수·약수·석유류 등을 일정한 장소로 운송하는 송수관·송유관 및 저장시설의 부지는 제외한다.

⑦ 염전

바닷물을 끌어들여 소금을 채취하기 위하여 조성된 토지와 이에 접속된 제염장(製鹽場) 등 부속시설물의 부지. 다만, 천일제염 방식으로 하지 아니하고 동력으로 바닷물을 끌어들여 소금을 제조하는 공장시설물의 부지는 제외한다.

⑧ 대

- 영구적 건축물 중 주거·사무실·점포와 박물관·극장·미술관 등 문화시설과 이에 접속된 정원 및 부속시설물의 부지
- 「국토의 계획 및 이용에 관한 법률」등 관계법령에 따른 택지 조성공사가 준공된 토지

⑨ 공장용지

- 제조업을 하고 있는 공장시설물의 부지
- 「산업집적활성화 및 공장설립에 관한 법률」등 관계 법령에 따른 공장부지 조성공사가 준공된 토지
- ① 및 ②의 토지와 같은 구역에 있는 의료시설 등 부속시설물의 부지

⑩ 학교용지

학교의 교사(校舍)와 이에 접속된 체육장 등 부속시설물의 부지

⑪ 주차장

자동차 등의 주차에 필요한 독립적인 시설을 갖춘 부지와 주차전용 건축물 및 이에 접속된 부속시설물의 부지. 다만, 다음 각 목의 어느 하나에 해당하는 시설의 부지는 제외한다.

- 「주차장법」은 가목 및 다목에 따른 노상주차장 및 부설주차장 (「주차장법」에 따라 시설물의 부지 인근에 설치된 부설주차장 은 제외한다.)
- 자동차 등의 판매 목적으로 설치된 물류장 및 야외전시장

⑫ 주유소용지

다음 각 목의 토지. 다만, 자동차·선박·기차 등의 제작 또는 정 비공장 안에 설치된 급유·송유시설 등의 부지는 제외한다.
- 석유·석유제품 또는 액화석유가스 등의 판매를 위하여 일정한 설비를 갖춘 시설물의 부지
- 저유소(貯油所) 및 원유저장소의 부지와 이에 접속된 부속시설 물의 부지

⑬ 창고용지

물건 등을 보관하거나 저장하기 위하여 독립적으로 설치된 보 관시설물의 부지와 이에 접속된 부속시설물의 부지

⑭ 도로

다음 각 목의 토지. 다만, 아파트·공장 등 단일 용도의 일정한 단지 안에 설치된 통로등은 제외한다.
- 일반 공중(公衆)의 교통 운수를 우하여 보행이나 차량운행에 필요한 일정한 설비 또는 형태를 갖추어 이용되는 토지
- 「도로법」 등 관계법령에 따라 도로로 개설된 토지
- 고속도로의 휴게소 부지
- 2필지 이상에 진입하는 통로로 이용되는 토지

⑮ 철도용지

교통 운수를 위하여 일정한 궤도 등의 설비와 형태를 갖추어 이 용되는 토지와 이에 접속된 역사(驛舍)·차고·발전시설 및 공작 창(工作廠) 등 부속시설물의 부지

⑯ 제방

조수·자연유수(自然流水)·모래·바람 등을 막기 위하여 설치된 방조제·방수제·방사제·방파제 등의 부지

⑰ 하천

자연의 유수(流水)가 있거나 있을 것으로 예상되는 토지

⑱ **구거**

용수(用水) 또는 배수(排水)를 위하여 일정한 형태를 갖춘 인공적인 수로·둑 및 그 부속시설물의 부지와 자연의 유수(流水)가 있거나 있을 것으로 예상되는 소규모 수로부지

⑲ **유지(溜地)**

물이 고이거나 상시적으로 물을 저장하고 있는 댐·저수지·소류지(沼溜地)·호수·연목 등의 토지와 연·왕골 등이 자생하는 배수가 잘 되지 아니하는 토지

⑳ **양어장**

육상에 인공으로 조성된 수산생물의 번식 또는 양식을 위한 시설을 갖춘 부지와 이에 접속된 부속시설물의 부지

㉑ **수도용지**

물을 정수하여 공급하기 위한 취수·저수·도수(導水)·정수·송수 및 배수 시설의 부지 및 이에 접속된 부속시설물의 부지

㉒ **공원**

일반 공중의 보건·휴양 및 정서생활에 이용하기 위한 시설을 갖춘 토지로서 「국토의 계획 및 이용에 관한 법률」에 따라 공원 또는 녹지로 결정·고시된 토지

㉓ **체육용지**

국민의 건강증진 등을 위한 체육활동에 적합한 시설과 형태를 갖춘 종합운동장·실내체육관·야구장·골프장·스키장·승마장·경륜장 등 체육시설의 토지와 이에 접속된 부속시설물의 부지. 다만, 체육시설로서의 영속성과 독립성이 미흡한 정구장·골프연습장·실내수영장 및 체육도장, 유수(流水)를 이용한 요트장 및 카누장, 산림 안의 야영장 등의 토지는 제외한다.

㉔ **유원지**

일반 공중의 위락·휴양 등에 적합한 시설물을 종합적으로 갖춘 수영장·유선장(遊船場)·낚시터·어린이놀이터·동물원·식물원·민속촌·경마장 등의 토지와 이에 접속된 부속시설물의 부지. 다만, 이들 시설과의 거리 등으로 보아 독립적인 것으로 인정되는 숙식시설 및 유기장(遊技場)의 부지와 하천·구거 또는 유지[공유(公有)인 것으로 한정한다.]로 분류되는 것은 제외한다.

㉕ 종교용지

일반 공중의 종교의식을 위하여 예배·법요·설교·제사 등을 하기 위한 교회·사찰·향교 등 건축물의 부지와 이에 접속된 부속시설물의 부지

㉖ 사적지

문화재로 지정된 역사적인 유적·고적·기념물 등을 보존하기 위하여 구획된 토지. 다만, 학교용지·공원·종교용지 등 다른 지목으로 된 토지에 있는 유적·고적·기념물 등을 보호하기 위하여 구획된 토지는 제외한다.

㉗ 묘지

사람의 시체나 유골이 매장된 토지, 「도시공원 및 녹지 등에 관한 법률」에 따른 묘지공원으로 결정·고시된 토지 및 「장사 등에 관한 법률」에 따른 봉안시설과 이에 접속된 부속시설물의 부지. 다만, 묘지의 관리를 위한 건축물의 부지는 "대"로 한다.

㉘ 잡종지

다음 각 목의 토지. 다만, 원상회복을 조건으로 돌을 캐내는 곳 또는 흙을 파내는 곳으로 허가된 토지는 제외한다.
• 갈대밭, 실외에 물건을 쌓아두는 곳, 돌을 캐내는 곳, 흙을 파내는 곳, 야외시장, 비행장, 공동우물
• 영구적 건축물 중 변전소, 송신소, 수신소, 송유시설, 도축장, 자동차운전학원, 쓰레기 및 오물처리장 등의 부지
• 다른 지목에 속하지 않은 토지

(8) 분할 신청 시행령 제65조

① 분할을 신청할 수 있는 경우는 다음 각호와 같다.
• 소유권이전, 매매 등을 위하여 필요한 경우
• 토지이용상 불합리한 지상경계를 시정하기 위한 경우
② 토지소유자는 토지의 분할을 신청할 때에는 분할사유를 적은 신청서에 국토교통부령으로 정하는 서류를 첨부하여 지적소관청에 제출하여야 한다. 이 경우 1필지의 일부가 형질변경 등으로 용도가 변경되어 분할을 신청할 때에는 지목변경 신청서를 함께 제출하여야 한다.

(9) 합병 신청 시행령 제66조

① 토지소유자는 토지의 합병을 신청할 때에는 합병사유를 적은 신청서를 지적소관청에 제출하여야 한다.

② "대통령령으로 정하는 토지"란 공장용지·학교용지·철도용지·수도용지·공원·체육용지 등 다른 지목의 토지를 말한다.

③ "합병하려는 토지의 지적도 및 임야도의 축척이 서로 다른 경우 등 대통령령으로 정하는 경우"란 다음 각 호의 경우를 말한다.

- 합병하려는 토지의 지적도 및 임야도의 축척이 서로 다른 경우
- 합병하려는 각 필지의 지적도 및 임야도의 축척이 서로 다른 경우
- 합병하려는 토지가 등기된 토지와 등기되지 아니한 토지인 경우
- 합병하려는 각 필지의 지목은 같으나 일부 토지의 용도가 다르게 되어 법률 제79조 제2항에 따른 분할대상 토지인 경우. 다만, 합병 신청과 동시에 토지의 용도에 따라 분할신청을 하는 경우는 제외한다.
- 합병하려는 토지의 소유자별 공유지분이 다르거나 소유자의 주소가 서로 다른 경우
- 합병하려는 토지가 구획정리, 경지정리 또는 축척변경을 시행하고 있는 지역의 토지와 그 지역 밖의 토지인 경우

(10) 축척변경 시행공고 등 시행령 제71조

① 지적소관청은 시·도지사 또는 대도시 시장으로부터 축척변경 승인을 받았을 때에는 지체 없이 다음 각 호의 사항을 20일 이상 공고하여야 한다.

- 축척변경의 목적, 시행지역 및 시행기간
- 축척변경의 시행에 관한 세부계획
- 축척변경의 시행에 따른 청산방법
- 축척변경의 시행에 따른 토지소유자 등의 협조에 관한 사항

② 축척변경 시행지역의 토지소유자 또는 점유자는 시행공고가 된 날(이하 "시행공고일"이라 한다)부터 30일 이내에 시행공고일 현재 점유하고 있는 경계에 국토교통부령으로 정하는 경계점표지를 설치하여야 한다.

③ 시행공고는 시·군·구(자치구가 아닌 구를 포함한다.) 및 축척변경 시행지역 동·리의 게시판에 주민이 볼 수 있도록 게시하여야 한다.

(11) 청산금의 산정 시행령 제75조

① 청산금은 작성된 축척변경 지번별 조서의 필지별 증감면적에 따라 결정된 지번별 제곱미터당 금액을 곱하여 산정한다.

② 청산금을 산정한 결과 증가된 면적에 대한 청산금의 합계와 감소된 면적에 대한 청산금의 합계에 차액이 생긴 경우 초과액은 그 지방자치단체(「제주특별자치도 설치 및 구제자유도시·조성을 위한 특별법」 제15조 제2항에 따른 행정시의 경우에는 해당 행정시가 속한 특별자치도를 말하고, 「지방자치법」 제3조 제3항에 따른 자치구가 아닌 구의 경우에는 해당 구가 속한 시를 말한다. 이하 이 항에서 같다.)의 수입으로 하고, 부족액은 그 지방자치단체가 부담한다.

(12) 청산금의 납부고지 등 시행령 제76조

① 지적소관청은 청산금의 결정을 공고한 날부터 20일 이내에 토지소유자에게 청산금의 납부고지 또는 수령통지를 하여야 한다.

② 납부고지를 받은 자는 받은 날부터 3개월 이내에 청산금을 지적소관청에 내야 한다.

③ 지적소관청은 제1항에 따른 수령통지를 한 날부터 6개월 이내에 청산금을 지급하여야 한다.

(13) 축척변경 확정공고 시행령 제78조

① 청산금의 납부 및 지급이 완료되었을 때에는 지적소관청은 지체 없이 축척변경의 확정공고를 하여야 한다.

② 지적소관청은 제1항에 따른 확정공고를 하였을 때, 지체 없이 축척변경에 따라 확정된 사항을 지적공부에 등록하여야 한다.

③ 축척변경 시행지역의 토지는 확정공고일에 토지의 이동이 있는 것으로 본다.

(14) 축척변경위원회의 구성 시행령 제79조

① 축척변경위원회는 5명 이상 10명 이하의 위원으로 구성하되, 위원의 2분의 1 이상을 토지소유자로 하여야 한다. 이 경우 그 축척변경 시행지역의 토지소유자가 5명 이하일 때에는 토지소유자 전원을 위원으로 위촉하여야 한다.

② 위원장은 위원 중에서 지적소관청이 지명 한다.

③ 위원은 다음 각 호의 사람 중에서 지적소관청이 위촉한다.

• 해당 축척변경 시행지역의 토지소유자로서 지역 사정에 정통한 사람

• 지적에 관하여 전문지식을 가진 사람

(15) 축척변경위원회의 기능 시행령 제80조

■ 축척변경위원회는 지적소관청이 회부하는 다음 각 호의 사항을 심의·의결한다.
① 축척변경 시행계획에 관한 사항
② 지번별 제곱미터당 금액의 결정과 청산금의 산정에 관한 사항
③ 청산금의 이의 신청에 관한 사항
④ 그 밖에 축척변경과 관련하여 지적소관청이 회의에 부치는 사항

(16) 등록사항의 직권정정 등 시행령 제82조

■ 지적소관청이 지적공부의 등록사항에 잘못이 있는지를 직권으로 조사·측량하여 정정할 수 있는 경우는 다음 각 호와 같다.
① 토지이동정리 결의서의 내용과 다르게 정리된 경우
② 지적도 및 임야도에 등록된 필지가 면적의 증감 없이 경계의 위치만 잘못된 경우
③ 1필지가 각각 다른 지적도나 임야도에 등록되어 있는 경우로서 지적공부에 등록된 면적과 측량한 실제면적은 일치하지만 지적도나 임야도에 등록된 경계가 서로 접합되지 않아 지적도나 임야도에 등록된 경계를 지상의 경계에 맞추어 정정하여야 하는 토지가 발견된 경우
④ 지적공부의 작성 또는 재작성 당시 잘못 정리된 경우
⑤ 지적측량성과와 다르게 정리된 경우
⑥ 지적공부의 등록사항을 정정하여야 하는 경우
⑦ 지적공부의 등록사항이 잘못 입력된 경우
⑧ 「부동산등기법」 제90조의3 제2항에 따른 통지가 있는 경우
⑨ 법률 제2801호 지적법개정법률 부칙 제3조에 따른 면적 환산이 잘못된 경우

(17) 토지개발사업 등의 범위 및 신고 시행령 제83조

■ 대통령령으로 정하는 토지개발사업은 다음 각호의 사업을 말한다.
① 「주택법」에 따른 주택건설사업
② 「택지개발촉진법」에 따른 택지개발사업
③ 「산업입지 및 개발에 관한 법률」에 따른 산업단지개발사업
④ 「도시 및 주거환경정비법」에 따른 정비사업
⑤ 「지역 개발 및 지원에 관한 법률」에 따른 지역개발사업
⑥ 「체육시설의 설치·이용에 관한 법률」에 따른 체육시설 설치를 위한 토지개발사업

⑦ 「관광진흥법」에 따른 관광단지 개발사업

⑧ 「공유수면 관리 및 매립에 관한 법률」에 따른 매립사업

⑨ 「항만법」 및 「신항만건설촉진법」에 따른 항만개발사업

⑩ 「공공주택 특별법」에 따른 공공주택지구조성사업

⑪ 「물류시설의 개발 및 운영에 관한 법률」 및 「경제자유구역의 지정 및 운영에 관한 특별법」에 따른 개발사업

⑫ 「철도건설법」에 따른 고속철도, 일반철도 및 광역철도 건설사업

⑬ 「도로법」에 따른 고속국도 및 일반국도 건설사업

■ 도시개발사업 등의 착수·변경 또는 완료 사실의 신고는 그 사유가 발생한 날부터 15일 이내에 하여야 한다.

(18) 지적정리 등의 통지 시행령 제85조

■ 지적소관청이 토지소유자에게 지적정리 등을 통지하여야 하는 시기는 다음 각 호의 구분에 따른다.

① 토지의 표시에 관한 변경등기가 필요한 경우 : 그 등기완료의 통지서를 접수한 날부터 15일 이내

② 토지의 표시에 관한 변경등기가 필요하지 아니한 경우 : 지적공부에 등록한 날부터 7일 이내

(19) 성능검사의 대상

■ 성능검사를 받아야 하는 측량 기기와 검사주기는 아래와 같다.

① 트랜싯(데오드라이트) : 3년

② 레벨 : 3년

③ 거리측정기 : 3년

④ 토털스테이션 : 3년

⑤ 지피에스(GPS) : 3년

⑥ 금속관로탐지기 : 3년

03 공간정보의 구축 및 관리 등에 관한 시행규칙 □□□

(1) 지목의 표기 방법 시행규칙 제64조

☑ 지목표기시 두문자가 아닌 차문자로 표기하는 지목은 공장용지, 주차장, 하천, 유원지이다.

지 목	부 호	지 목	부 호
전	전	철도용지	철
답	답	제 방	제
과 수 원	과	하 천	천
목장용지	목	구 거	구
임 야	임	유 지	유
광 천 지	광	양 어 장	양
염 전	염	수도용지	수
대	대	공 원	공
공장용지	장	체육용지	체
학교용지	학	유 원 지	원
주 차 장	차	종교용지	종
주유소용지	주	사 적 지	사
창고용지	창	묘 지	묘
도 로	도	잡 종 지	잡

(2) 지적도면 등의 등록사항 등 시행규칙 제69조

■ 지적도면의 축척은 다음 각호의 구분에 따른다.

① 지적도 : 1/500, 1/600, 1/1000, 1/1200, 1/2400, 1/3000, 1/6000

② 임야도 : 1/3000, 1/6000

(3) 지적공부의 복구자료 시행규칙 제72조

① 지적공부의 복구에 관한 관계자료(이하 "복구자료"라 한다)는 다음 각 호와 같다.

• 지적공부의 등본
• 측량 결과도
• 토지이동정리 결의서
• 부동산등기부 등본 등 등기 사실을 증명하는 서류
• 지적소관청이 작성하거나 발행한 지적공부의 등록 내용을 증명하는 서류
• 법 제69조 제3항에 따라 복제된 지적공부
• 법원의 확정판결서 정본 또는 사본

② 지적소관청은 규정에 따른 복구자료의 조사 또는 복구측량 등이 완료되어 지적공부를 복구하려는 경우에는 복구하려는 토지의 표시 등을 시·군·구 게시판 및 인터넷 홈페이지에 15일 이상 게시하여야 한다.

(4) 지적전산시스템의 운영방법 등 시행규칙 제79조

지적전산업무의 처리, 지적전산프로그램의 관리 등 지적전산시스템의 관리·운영 등에 필요한 사항은 국토교통부장관이 정한다.

(5) 신규등록 신청 시행규칙 제81조

① 신규등록 신청서류에서 "국토교통부령으로 정하는 서류"란 다음 각 호의 어느 하나에 해당하는 서류를 말한다.
- 법원의 확정판결서 정본 또는 사본
- 「공유수면 관리 및 매립에 관한 법률」에 따른 준공검사확인증 사본
- 법률 제6389호 지적법개정법률 부칙 제5조에 따라 도시계획구역의 토지를 그 지방자치단체의 명의로 등록하는 때에는 기획재정부장관과 협의한 문서의 사본
- 그 밖에 소유권을 증명할 수 있는 서류의 사본

② 제1항 각 호의 어느 하나에 해당하는 서류를 해당 지적소관청이 관리하는 경우에는 지적소관청의 확인으로 그 서류의 제출을 갈음할 수 있다.

(6) 분할 신청 시행규칙 제83조

① "국토교통부령으로 정하는 서류"란 다음 각 호의 어느 하나에 해당하는 서류를 말한다.
- 분할 허가 대상인 토지의 경우에는 그 허가서 사본
- 법원의 확정판결에 따라 토지를 분할하는 경우 확정판결서 정본 또는 사본

② 제1항 각 호의 어느 하나에 해당하는 서류를 해당 지적소관청이 관리하는 경우에는 지적소관청의 확인으로 그 서류의 제출을 갈음할 수 있다.

(7) 등록사항의 정정 신청 시행규칙 제93조

■ 토지소유자는 지적공부의 등록사항에 대한 정정을 신청할 때에는 정정사유를 적은 신청서에 다음 각 호의 구분에 따른 서류를 첨부하여 지적소관청에 제출하여야 한다.

① 경계 또는 면적의 변경을 가져오는 경우 : 등록사항 정정 측량 성과도

② 그 밖의 등록사항을 정정하는 경우 : 변경 사항을 확인할 수 있는 서류

04 지적측량관련법규

1 지적측량시행규칙

(1) 지적기준점성과표의 기록·관리 등 지적측량시행규칙 제4조

■ 지적소관청이 지적삼각보조점성과 및 지적도근점성과를 관리할 때에는 다음 각 호의 사항을 지적삼각보조점성과표 및 지적도근점성과표에 기록·관리하여야 한다.

① 번호 및 위치의 약도

② 좌표와 직각좌표계 원점명

③ 경도와 위도(필요한 경우로 한정한다.)

④ 표고(필요한 경우로 한정한다.)

⑤ 소재지와 측량연월일

⑥ 도선등급 및 도선명

⑦ 표지의 재질

⑧ 도면번호

⑨ 설치기관

⑩ 조사연월일, 조사지의 직위·성명 및 조사내용

(2) 지적삼각점측량의 관측 및 계산 지적측량시행규칙 제9조

① 경위의측량방법에 따른 지적삼각점의 관측과 계산은 다음 각 호의 기준에 따른다.

• 관측은 10초독(秒讀) 이상의 경위의를 사용할 것

• 수평각 관측은 3대회(대회, 윤곽도는 0도, 60도, 120도로 한다)의 방향관측법에 따를 것

② 전파기 또는 광파기 측량방법에 따른 지적삼각점의 관측과 계산은 아래의 기준을 따른다.

• 전파 또는 광파측거기는 표준편차가 ±5mm+5ppm 이상인 정밀측거기를 사용할 것

- 수평각의 측각공차(測角公差)는 다음 표에 따를 것

종별	1방향각	1측회 (測回)의 폐색(閉塞)	삼각형 내각관측의 합과 180도와의 차	기지각(旣知角) 과의 차
공차	30초 이내	±30초 이내	±30초 이내	±40초 이내

③ 지적삼각점의 계산은 진수(眞數)를 사용하여 각규약(角規約)과 변규약(邊規約)에 따른 평균계산법 또는 망평균계산법에 따르며, 계산 단위는 다음 표에 따른다.

종별	각	변의 길이	진수	좌표 또는 표고	경위도	자오선수차
단위	초	cm	6자리 이상	cm	초 아래 3자리	초 아래 1자리

(3) 지적삼각보조점측량 지적측량시행규칙 제10조

① 지적삼각보조점측량을 할 때에 필요한 경우에는 미리 지적삼각보조점표지를 설치하여야 한다.

② 지적삼각보조점은 측량지역별로 설치순서에 따라 일련번호를 부여하되, 영구표지를 설치하는 경우에는 시·군·구별로 일련번호를 부여한다. 이 경우 지적삼각보조점의 일련번호 앞에 "보"자를 붙인다.

③ 지적삼각보조점은 교회망 또는 교점다각망(交點多角網)으로 구성하여야 한다.

④ 경위의측량방법과 전파기 또는 광파기측량방법에 따라 교회법으로 지적삼각보조점측량을 할 때에는 다음 각 호의 기준에 따른다.

- 3방향의 교회에 따를 것. 다만, 지형상 부득이하여 2방향의 교회에 의하여 결정하려는 경우에는 각 내각을 관측하여 각 내각의 관측치의 합계와 180도와의 차가 ±40초 이내일 때에는 각 내각에 고르게 배분하여 사용할 수 있다.
- 삼각형의 각 내각은 30도 이상 120도 이하로 할 것

(4) 지적삼각보조점의 관측 및 계산 지적측량시행규칙 제11조

■ 경위의측량방법과 교회법에 따른 지적삼각보조점의 관측 및 계산은 다음 각 호의 기준에 따른다.

① 관측은 20초독 이상의 경위의를 사용할 것

② 수평각 관측은 2대회(윤곽도는 0도, 90도로 한다)의 방향관측
법에 따를 것

③ 수평각의 측각공차는 다음 표에 따를 것 이 경우 삼각형의 내각
의 관측치를 합한 값과 180도와의 차는 내각을 전부 관측한 경
우에 적용한다.

종별	1방향각	1측회의폐색	삼각형 내각 관측치의 합과 180도와의 차	기지각과의 차
공차	40초 이내	±40초 이내	±50초 이내	±50초 이내

④ 계산단위는 다음 표에 따를 것

종별	각	변의 길이	진수	좌표
단위	초	cm	6자리 이상	cm

(5) 지적도근점측량 지적측량시행규칙 제12조

■ 경위의측량방법에 따라 도선법으로 지적도근점측량을 할 때에는
다음 각 호의 기준에 따른다.

• 도선은 위성기준점, 통합기준점, 삼각점, 지적삼각점, 지적삼
각보조점 및 지적도근점의 상호간을 연결하는 결합도선에 따를
것. 다만, 지형상 부득이 한 경우에는 폐합도선 또는 왕복도선
에 따를 수 있다.

(6) 도근점의 관측 및 계산 지적측량시행규칙 제13조

■ 경위의측량방법, 전파기 또는 광파기측량방법과 도선법 또는 다
각망도선법에 따른 지적도근점의 관측과 계산은 다음 각 호의 기
준에 따른다.

① 수평각의 관측은 시가지지역, 축척변경지역 및 경계점좌표등록
부 시행지역에 대하여는 배각법에 따르고 그 밖의 지역에 대하
여는 배각법과 방위각법을 혼용할 것

② 관측은 20초독 이상의 경위의를 사용할 것

③ 관측과 계산은 다음 표에 따를 것

종별	각	측정횟수	거리	진수	좌표
배각법	초	3회	센티미터	5자리 이상	센티미터
방위각법	분	1회	센티미터	5자리 이상	센티미터

(7) 지적도근점의 각도 관측을 할 때의 폐색오차의 허용범위 및 측각 오차의 배분 지적측량시행규칙 제14조

- 도선법과 다각망도선법에 따른 지적도근점의 각도 관측을 할 때의 폐색오차의 허용범위는 다음 각 호의 기준에 따른다. 이 경우 n은 폐색변을 포함한 변의 수를 말한다.

① 배각법에 따르는 경우 : 1회 측정각과 3회 측정각의 평균값에 대한 교차는 30초 이내로 하고, 1도선의 기지방위각 또는 평균방위각과 관측방위각이 폐색오차는 1등도선은 $\pm 20\sqrt{n}$ 초 이내, 2등도선은 $\pm 30\sqrt{n}$ 초 이내로 할 것

② 방위각법에 따르는 경우 : 1도선의 폐색오차는 1등도선은 $\pm\sqrt{n}$ 분 이내, 2등도선은 $\pm 1.5\sqrt{n}$ 분 이내로 할 것

(8) 지적도근점측량에서의 연결오차의 허용범위와 종선 및 횡선오차의 배분 지적측량시행규칙 제15조

- 지적도근점측량에서 연결오차의 허용범위는 다음 각 호의 기준에 따른다. 이 경우 n은 각 측선의 수평거리의 총합계를 100으로 나눈 수를 말한다.

① 1등도선은 해당 지역 축척분모의 $\dfrac{1}{100}\sqrt{n}$ 센티미터 이하로 할 것

② 2등도선은 해당 지역 축척분모의 $\dfrac{1.5}{100}\sqrt{n}$ 센티미터 이하로 할 것

(9) 세부측량의 기준 및 방법 등 지적측량시행규칙 제18조

① 평판측량방법에 따른 세부측량은 다음 각 호의 기준에 따른다.
  - 거리측정단위는 지적도를 갖춰 두는 지역에서는 5센티미터로 하고, 임야도를 갖춰 두는 지역에서는 50센티미터로 할 것

② 평판측량방법에 따른 세부측량은 교회법·도선법 및 방사법(放射法)에 따른다.

③ 평판측량방법에 따른 세부측량을 교회법으로 하는 경우에는 다음 각 호의 기준에 따른다.
  - 전방교회법 또는 측방교회법에 따를 것

④ 평판측량방법에 따라 경사거리를 측정하는 경우의 수평거리의 계산은 다음 각 호의 기준에 따른다.
  - 조준의[엘리데이드(alidade)]를 사용한 경우

$$D = l\,\dfrac{1}{\sqrt{1+\left(\dfrac{n}{100}\right)^2}}$$

- D : 수평거리
- l : 경사거리
- n : 경사분획

⑤ 경위의측량방법에 따른 세부측량은 다음 각 호의 기준에 따른다.

- 거리측정 단위는 1센티미터로 할 것
- 측량 결과도는 그 토지의 지적도와 동일한 축척으로 작성할 것. 다만, 법률 제86조에 따른 도시개발사업 등의 시행지역(농지의 구획정리지역은 제외한다)과 축척변경 시행지역은 500분의 1로 하고, 농지의 구획정리 시행지역은 1천분의 1로 하되 필요한 경우에는 미리 시·도지사의 승인을 받아 6천분의 1까지 작성할 수 있다.
- 토지의 경계가 곡선인 경우에는 가급적 현재 상태와 다르게 되지 아니하도록 경계점을 측정하여 연결할 것. 이 경우 직선으로 연결하는 곡선의 중앙종거(中央縱距)의 길이는 5센티미터 이상 10센티미터 이하로 한다.

⑥ 경위의측량방법에 따른 세부측량의 관측 및 계산은 다음 각 호의 기준에 따른다.

- 미리 각 경계점에 표지를 설치하여야 한다. 다만, 부득이 한 경우에는 그러하지 아니하다.
- 도선법 또는 방사법에 따를 것
- 관측은 20초독 이상의 경위의를 사용할 것
- 수평각의 관측은 1대회의 방향관측법이나 2배각의 배각법에 따를 것 다만, 방향관측법인 경우에는 1측회의 폐색을 하지 아니할 수 있다.
- 연직각의 관측은 정반으로 1회 관측하여 그 교차가 5분 이내일 때에는 그 평균치를 연직각으로 하되, 분단위로 독정(讀定)할 것
- 수평각의 측각공차는 다음 표에 따를 것

종별	1방향각	1회 측정각과 2회 측정각의 평균값에 대한 교차
공차	60초 이내	40초 이내

- 경계점의 거리측정에 관하여는 제13조 제4호를 준용할 것
- 계산방법은 다음 표에 따를 것

종별	각	변의 길이	진수	좌표
단위	초	cm	5자리 이상	cm

⑽ 면적측정의 방법 지적측량시행규칙 제20조

① 좌표면적계산법에 따른 면적측정은 다음 각 호의 기준에 따른다.

- 경위의측량방법으로 세부측량을 한 지역의 필지별 면적측정은 경계점좌표에 따를 것
- 산출면적은 1천분의 1제곱미터까지 계산하여 10분의 1제곱미터 단위로 정할 것

② 면적을 측정하는 경우 도곽선의 길이에 0.5밀리미터 이상의 신축이 있을 때에는 이를 보정하여야 한다.

- 도곽선의 신축량 계산

$$S = \frac{\Delta X_1 + \Delta X_2 + \Delta Y_1 + \Delta Y_2}{4}$$

여기서, S : 신축량

ΔX_1 : 왼쪽 종선의 신축된 차

ΔX_2 : 오른쪽 종선의 신축된 차

ΔY_1 : 윗쪽 횡선의 신축된 차

ΔY_2 : 아래쪽 횡선의 신축된 차

- 도곽선의 보정계수 계산

$$Z = \frac{X \cdot Y}{\Delta X \cdot \Delta Y}$$

여기서, Z : 보정계수

X : 도곽선 종선길이

Y : 도곽선 횡선길이

ΔX : 신축된 도곽선 종선길이의 합/2

ΔY : 신축된 도곽선 횡선길이의 합/2

- 도면의 축척에 따른 포용면적, 지상길이 및 도상길이

구분	축척	지상길이(m)	포용면적(m²)
임야도	1/3000	1200×1500	1800000
	1/6000	2400×3000	7200000

구분	축척	지상길이(m)	포용면적(m²)
지적도	1/500	150×200	30000
	1/1000	300×400	120000
	1/600	200×250	50000
	1/1200	400×500	20000
	1/2400	800×1000	800000
	1/3000	1200×1500	1800000
	1/6000	2400×3000	7200000

구분	축척	도상길이(mm)
지적도	1/500	300×400
	1/1000	300×400
	1/600	333.33×416.67
	1/1200	333.33×416.67
	1/2400	333.33×416.67
	1/3000	400×500
	1/6000	400×500

구분	축척	도상길이(mm)
임야도	1/3000	400×500
	1/6000	400×500

2 지적측량업무처리규정

(1) 일람도 및 지번색인표의 등재사항 업무처리규정 제40조

규칙 제69조 제5항에 따른 일람도 및 지번색인표에는 다음 각 호의 사항을 등재하여야 한다.

① 일람도
  - 지번부여지역의 경계 및 인접지역의 행정구역명칭
  - 도면의 제명 및 그 축척
  - 도곽선과 그 수치
  - 도면번호
  - 도로·철도·하천·구거·유지·취락 등 주요 지형·지물의 표시

② 지번색인표
  - 제명
  - 지번·도면번호 및 결번

(2) 일람도의 제도 업무처리규정 제41조

① 규칙 제69조제5항에 따라 일람도를 작성할 경우 일람도의 축척은 그 도면축척의 10분의 1로 한다. 다만, 도면의 장수가 많아서 한 장에 작성할 수 없는 경우에는 축척을 줄여서 작성할 수 있으며, 도면의 장수가 4장 미만인 경우에는 일람도의 작성을 하지 않을 수 있다.

② 일람도의 제도방법은 다음 각 호와 같다
- 도면번호는 3밀리미터의 크기로 한다.
- 인접 동·리 명칭은 4밀리미터, 그 밖의 행정구역 명칭은 5밀리미터의 크기로 한다.
- 지방도로 이상은 검은색 0.2밀리미터 폭의 2선으로, 그 밖의 도로는 0.1밀리미터의 폭으로 제도한다.
- 철도용지는 붉은색 0.2밀리미터 폭의 2선으로 제도한다.
- 수도용지 중 선로는 남색 0.1밀리미터 폭의 2선으로 제도한다.
- 하천·구거(溝渠)·유지(溜池)는 남색 0.1밀리미터 폭의 2선으로 제도하고, 그 내부를 남색으로 엷게 채색한다. 다만, 적은량의 물이 흐르는 하천 및 구거는 0.1밀리미터의 남색선으로 제도 한다.
- 취락지·건물 등은 검은색 0.1밀리미터의 폭으로 제도하고, 그 내부를 검은색으로 엷게 채색한다.
- 삼각점 및 지적기준점의 제도는 제46조를 준용한다.
- 도시개발사업·축척변경 등이 완료된 때에는 지구경계를 붉은색 0.1밀리미터 폭의 선으로 제도한 후 지구 안을 붉은색으로 엷게 채색하고, 그 중앙에 사업명 및 사업완료연도를 기재한다.

(3) 도곽선의 제도 업무처리규정 제43조
① 도면의 윗방향은 항상 북쪽이 되어야 한다.
② 지적도의 도곽 크기는 가로 40센티미터, 세로 30센티미터의 직사각형으로 한다.
③ 도곽의 구획은 영 제7조제3항 각 호에서 정한 좌표의 원점을 기준으로 하여 정하되, 그 도곽의 종횡선수치는 좌표의 원점으로부터 기산하여 영 제7조제3항에서 정한 종횡선수치를 각각 가산한다.
④ 이미 사용하고 있는 도면의 도곽크기는 제2항에도 불구하고 종전에 구획되어 있는 도곽과 그 수치로 한다.
⑤ 도곽선과 그 수치는 제43조제5항을 준용한다. 도면에 등록하는 도곽선은 0.1밀리미터의 폭으로, 도곽선의 수치는 도곽선 왼쪽 아래부분과 오른쪽 윗부분의 종횡선교차점 바깥쪽에 2밀리미터 크기의 아라비아숫자로 제도한다.
⑥ 도곽선과 도곽선 수치는 붉은색으로 제도한다.

(4) 경계의 제도 업무처리규정 제44조
경계는 0.1밀리미터 폭의 선으로 제도한다.

(5) 지번 및 지목의 제도 업무처리규정 제45조

① 지번 및 지목은 경계에 닿지 않도록 필지의 중앙에 제도한다. 다만, 1필지의 토지의 형상이 좁고 길어서 필지의 중앙에 제도하기가 곤란한 때에는 가로쓰기가 되도록 도면을 왼쪽 또는 오른쪽으로 돌려서 제도할 수 있다.

② 지번 및 지목을 제도할 때에는 지번 다음에 지목을 제도한다. 이 경우 2밀리미터 이상 3밀리미터 이하 크기의 명조체로 하고, 지번의 글자 간격은 글자크기의 4분의 1정도, 지번과 지목의 글자 간격은 글자크기의 2분의 1정도 띄어서 제도한다. 다만, 지적전산정보시스템이나 레터링으로 작성할 경우에는 고딕체로 할 수 있다.

(6) 지적기준점 등의 제도 업무처리규정 제46조

■ 삼각점 및 지적기준점(제5조에 따라 지적측량수행자가 설치하고, 그 지적기준점성과를 지적소관청이 인정한 지적기준점을 포함한다.)은 0.2밀리미터 폭의 선으로 다음 각 호와 같이 제도한다.

① 위성기준점 : 직경 2밀리미터 및 3밀리미터의 2중원 안에 십자선을 표시하여 제도한다.

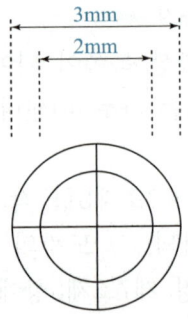

② 1등 및 2등삼각점 : 직경 1밀리미터, 2밀리미터 및 3밀리미터의 3중원으로 제도한다. 이 경우 1등삼각점은 그 중심원 내부를 검은색으로 엷게 채색한다.

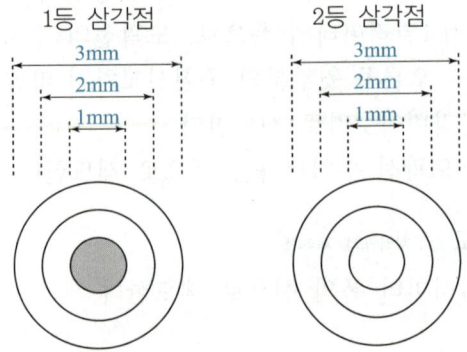

③ 3등 및 4등삼각점 : 직경 1밀리미터 및 2밀리미터의 2중원으로
   제도한다. 이 경우 3등삼각점은 그 중심원 내부를 검은색으로
   엷게 채색한다.

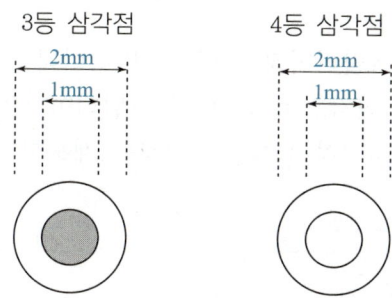

④ 지적삼각점 및 지적삼각보조점 : 직경 3밀리미터의 원으로 제
   도한다. 이 경우 지적삼각점은 원안에 십자선을 표시하고, 지
   적삼각보조점은 원안에 검은색으로 엷게 채색한다.

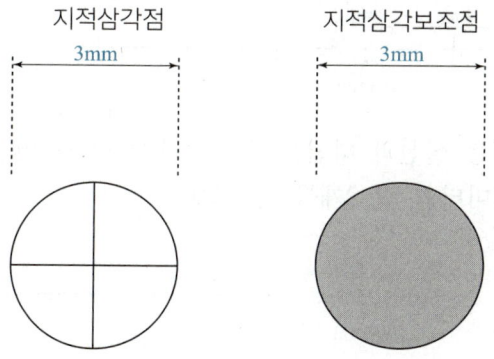

⑤ 지적도근점 : 직경 2밀리미터의 원으로 다음과 같이 제도한다.

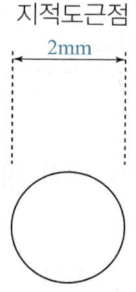

⑥ 지적 측량 기준점의 명칭과 번호는 당해 지적 측량 기준점의 윗
   부분에 명조체의 2mm 또는 3mm의 크기로 제도한다. 다만, 레
   터링으로 작성하는 경우에는 고딕체로 할 수 있으며 경계에 닿
   는 경우에는 적당한 위치에 제도할 수 있다.

(7) 행정구역선의 제도 업무처리규정 제47조

① 도면에 등록할 행정구역선은 0.4밀리미터 폭으로 다음 각 호와 같이 제도한다. 다만, 동·리의 행정구역선은 0.2밀리미터 폭으로 한다.

- 국계는 실선 4밀리미터와 허선 3밀리미터로 연결하고 실선 중앙에 실선과 직각으로 교차하는 1밀리미터의 실선을 긋고, 허선에 직경 0.3밀리미터의 점 2개를 제도한다.

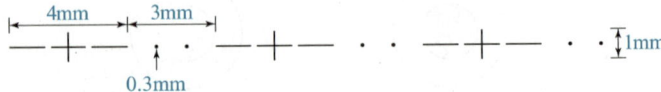

- 시·도계는 실선 4밀리미터와 허선 2밀리미터로 연결하고 실선 중앙에 실선과 직각으로 교차하는 1밀리미터의 실선을 긋고, 허선에 직경 0.3밀리미터의 점 1개를 제도한다.

- 시·군계는 실선과 허선을 각각 3밀리미터로 연결하고, 허선에 0.3밀리미터의 점 2개를 제도한다.

- 읍·면·구계는 실선 3밀리미터와 허선 2밀리미터로 연결하고, 허선에 0.3밀리미터의 점 1개를 제도한다.

- 동·리계는 실선 3밀리미터와 허선 1밀리미터로 연결하여 제도한다.

- 행정구역선이 2종 이상 겹치는 경우에는 최상급 행정구역선만 제도한다.
- 행정구역선은 경계에서 약간 띄워서 그 외부에 제도한다.

② 행정구역의 명칭은 도면여백의 넓이에 따라 4밀리미터 이상 6밀리미터 이하의 크기로 경계 및 지적기준점 등을 피하여 같은 간격으로 띄어서 제도한다.

③ 도로·철도·하천·유지 등의 고유명칭은 3밀리미터 이상 4밀리미터 이하의 크기로 같은 간격으로 띄어서 제도한다.

④ 행정구역선이 2종 이상 겹치는 경우에는 최상급 행정구역선만 제도한다.

(8) 색인도 등의 제도 업무처리규정 제48조

① 색인도는 도곽선의 왼쪽 윗부분 여백의 중앙에 다음 각 호와 같이 제도한다.
- 가로 7밀리미터, 세로 6밀리미터 크기의 직사각형을 중앙에 두고 그의 4변에 접하여 같은 규격으로 4개의 직사각형을 제도한다.
- 1장의 도면을 중앙으로 하여 동일 지번부여지역안의 위쪽·아래쪽·왼쪽 및 오른쪽의 인접 도면번호를 각각 3밀리미터의 크기로 제도한다.

② 제명 및 축척은 도곽선 윗부분 여백의 중앙에 "○○시·군·구 ○○읍·면 ○○동·리 지적도 또는 임야도 ○○장중 제○○호 축척 ○○○○분의 1"이라 제도한다. 이 경우 그 제도방법은 다음 각호와 같다.
- 글자의 크기는 5밀리미터로 하고, 글자사이의 간격은 글자크기의 2분의 1정도 띄어 쓴다.
- 축척은 제명끝에서 10밀리미터를 띄어 쓴다.

(9) 경계점좌표등록부의 정리 업무처리규정 제50조

① 부호도의 각 필지의 경계점부호는 왼쪽 위에서부터 오른쪽으로 경계를 따라 아라비아숫자로 연속하여 부여한다. 이 경우 토지의 빈번한 이동정리로 부호도가 복잡한 경우에는 아래 여백에 새로 정리할 수 있다.

② 분할된 경우의 부호도 및 부호에는 새로 결정된 경계점의 부호를 그 필지의 마지막부호 다음 번호부터 부여하고, 다른 필지로 된 경계점의 부호도, 부호 및 좌표는 말소하여야 하며, 새로 결정된 경계점의 좌표를 다음 란에 정한다.

③ 분할 후 필지의 부호도 및 부호의 정리는 제1항 본문을 준용한다.

④ 합병으로 인하여 필지가 말소된 때에는 경계점좌표등록부의 부호도, 부호 및 좌표를 말소한다. 이 경우 말소된 경계점좌표등록부도 지번순으로 함께 보관한다.

⑤ 합병된 때에는 존치되는 필지의 경계점좌표등록부에 합병되는 필지의 좌표를 정리하고 부호도 및 부호를 새로 정리한다. 이 경우 부호는 마지막부호 다음부호부터 부여하고, 합병으로 인하여 필요 없는 된 경계점(일직선상에 있는 경계점을 말한다)의 부호도·부호 및 좌표를 말소한다.

⑥ 등록사항정정으로 경계점좌표등록부를 정리할 때에는 제1항부터 제5항까지 규정을 준용한다.

⑦ 지적전산정보시스템에 따라 경계점좌표등록부를 정리할 때에는 제1항부터 제6항까지를 적용하지 아니할 수 있다.

⑩ 지적공부 등의 정리 업무처리규정 제85조 (2011.11.30.)

① 지적공부 등의 정리에 사용하는 문자·기호 및 경계는 따로 규정을 둔 사항을 제외하고 정리사항은 검은색, 도곽선과 그 수치 및 말소는 붉은색으로 한다.

② 지적확정측량·축척변경 및 지번변경에 따른 토지이동의 경우를 제외하고는 폐쇄 또는 말소된 지번은 다시 사용할 수 없다.

③ 지적공부에 등록된 사항은 칼로 긁거나 덮어서 고쳐 정리해서는 아니된다.

④ 지적공부 등을 지적전산정보시스템에 따라 정리할 경우의 프로그램작성은 이 규정에 따른 정리방법과 서식을 준용한다.

⑤ 토지의 이동에 따른 도면정리는 예시 2의 도면정리 예시에 따른다. 이 경우 법률 제2조 제19호의 지적공부를 이용하여 지적측량을 한 때에는 측량성과파일에 따라 지적공부를 정리할 수 있다.

■ 지적측량업 등록기준

구 분	기술능력	장비
지적측량업	• 특급기술자 1명 또는 고급기술자 2명 이상 • 중급기술자 2명 이상 • 초급기술자 1명 이상 • 지적 분야의 초급기능사 1명 이상	토털스테이션 1대 이상 자동제도장치 1대 이상

■ 시행령 제36조에 관한 사항으로 현재 지적측량업의 등록기준에서 장비는 자동 제도장치가 아닌 "출력장치 1대 이상"이다.
• 해상도 : 2400DPI×1200DPI
• 출력범위 : 600×1060mm

제2장 지적관련법규

과년도 예상문제

01 공간정보의 구축 및 관리 등에 관한 법률

☐☐☐ 11⑤
01 다음 중 효율적인 토지관리와 소유권의 보호에 이바지할 목적으로 제정되었던 것은?

① 지적법
② 부동산등기법
③ 도시개발법
④ 지세법

해답 ①

지적법의 목적은 국토의 효율적 관리와 해상교통의 안전 및 국민의 소유권 보호에 기여함을 목적으로 한다.

☐☐☐ 04②, 08⑤
02 다음 중 지적법의 목적으로 가장 알맞은 것은?

① 합리적인 토지이용
② 능률적인 지가관리
③ 합법적인 토지개발
④ 효율적인 토지관리

해답 ④

지적법의 목적은 측량 및 수로조사의 기준 및 절차와 지적공부(地籍公簿)·부동산종합공부(不動産綜合公簿)의 작성 및 관리 등에 관한 사항을 규정함으로써 국토의 효율적 관리와 해상교통의 안전 및 국민의 소유권 보호에 기여함을 목적으로 한다.

☐☐☐ 11⑤
03 지적 관련 법규에 따른 지번부여지역에 해당하는 것은?

① 동, 리
② 읍, 면
③ 시, 군, 구
④ 도

해답 ①

"지번부여지역"이란 지번을 부여하는 단위지역으로서 동·리 또는 이에 준하는 지역을 말한다.

□□□ 05①, 08⑤, 10⑤

04 다음 중 지번에 대한 설명으로 옳지 않은 것은?

① 토지의 특정성으로 보장하기 위한 요소다.
② 토지의 식별에 쓰인다.
③ 지번부여지역이란 시 군 또는 이에 준하는 지역이다.
④ 토지의 지리적 위치의 고정성을 확보하기 위하여 부여한다.

해답 ③
"지번부여지역"이란 지번을 부여하는 단위지역으로서 동·리 또는 이에 준하는 지역을 말한다.

□□□ 14⑤

05 지번부여지역으로 옳은 것은?

① 시·도 또는 이에 준하는 지역
② 시·군 또는 이에 준하는 지역
③ 읍·면 또는 이에 준하는 지역
④ 동·리 또는 이에 준하는 지역

해답 ④
"지번부여지역"이란 지번을 부여하는 단위지역으로서 동·리 또는 이에 준하는 지역을 말한다.

□□□ 05①, 11⑤

06 다음 중 지목변경에 대한 설명으로 옳은 것은?

① 임야대장 및 임야도에 등록된 토지를 토지대장 및 지적도에 옮겨 등록하는 것
② 지적공부에 등록된 1필지를 2필지 이상으로 나누어 등록하는 것
③ 지적공부에 등록된 2필지 이상을 1필지로 합하여 등록하는 것
④ 지적공부에 등록된 지목을 다른 지목으로 바꾸어 등록하는 것

해답 ④
"지목변경"이란 지적공부에 등록된 지목을 다른 지목을 바꾸어 등록하는 것을 말한다.

□□□ 05①, 06⑤, 08⑤

07 지적공부에 "답"으로 등록되어 있는 것을 토지 이용이 다르게 되어 "대"로 바꾸어 등록하는 것을 무엇이라 하는가?

① 등록전환
② 축척변경
③ 신규등록
④ 지목변경

해답 ④
"지목변경"이란 지적공부에 등록된 지목을 다른 지목을 바꾸어 등록하는 것을 말한다.

□□□ 16①
08 지적공부에 등록하는 면적이란?

① 지구 구면상의 면적
② 필지의 수평면상 넓이
③ 토지의 경사면상 넓이
④ 필지의 입체적 지표상 넓이

해답 ②
"면적"이란 지적공부에 등록된 필지의 수평면상 넓이를 말한다.

□□□ 16①
09 물권이 미치는 권리의 객체로서 지적공부에 등록하는 토지의 등록단위는?

① 택지
② 필지
③ 대지
④ 획지

해답 ②
"필지"란 대통령령으로 정하는 바에 따라 구획되는 토지의 등록단위를 말한다.

□□□ 12⑤
10 다음 중 지적측량을 하여야 하는 경우로 거리가 먼 것은?

① 멸실된 지적공부를 복구하는 경우
② 지적공부의 등록사항을 정정하는 경우
③ 공공측량성과의 중복을 배제하기 위한 경우
④ 경계점을 지상에 복원하는 경우

해답 ③
지적측량의 실시
• 지적공부를 복구하는 경우
• 지적공부의 등록사항을 정정하는 경우
• 경계점을 지상에 복원하는 경우
  (∵ 공공측량의 성과의 중복을 배제하기 위한 경우는 거리가 멀다.)

□□□ 08⑤
11 토지소유자가 토지의 합병을 하고자 하는 때에는 대통령령이 정하는 바에 의하여 어디에 신청을 하여야 하는가?

① 대한지적공사
② 소관청
③ 국토교통부
④ 시·도지사

해답 ②
토지소유자는 토지를 합병하려면 대통령령으로 정하는 바에 따라 지적소관청에 합병을 신청하여야 한다.

□□□ 15⑤

12 토지를 신규등록하는 경우 면적의 결정은 누가 하는가?

① 토지소유자　　　　　　　　② 측량 대행사
③ 한국국토정보공사　　　　　④ 지적소관청

해답 ④

토지의 조사·등록 등(법률 제64조)
지적공부에 등록하는 지번·지목·면적·경계 또는 좌표는 토지의 이동이 있을 때 토지소유자(법인이 아닌 사단이나 재단의 경우에는 그 대표자나 관리인을 말한다. 이하 같다)의 신청을 받아 지적소관청이 결정한다.

□□□ 15①

13 토지의 합병신청에 관한 설명으로 틀린 것은?

① 토지를 합병하고자 한 때에는 지적소관청에 신청하여야 한다.
② 주택법에 의한 공동주택의 부지로서 합병사유 발생시 합병신청을 해야 한다.
③ 토지합병 사유 발생일로부터 60일 이내 합병신청하지 않은 경우 과태료를 부과한다.
④ 토지의 합병신청이 있는 때에는 지적소관청이 조사하여 사실을 확인한 후에 지적공부를 정리하는 것은 실질적 심사주의이다.

해답 ③

토지합병으로 인해 지적공부에 등록된 지번, 면적, 경계 또는 좌표 등의 이동이 있을 때 토지 소유자의 신청을 받아 지적소관청이 결정하지만, 신청이 없으면 지적소관청이 직권으로 조사·측량하여 결정할 수 있다.

□□□ 12⑤

14 다음 중 지목에 대한 설명으로 옳지 않은 것은?

① 1필지에는 1개의 지목을 설정하는 것을 원칙으로 한다.
② 토지조사사업 당시에는 지목을 18개로 구분하였다.
③ 현행 지적 관련 법규에서는 지목을 24개로 구분한다.
④ 시대에 따라 용도별로 세분화되는 현상이 있다.

해답 ③

지목의 종류
현행 지적 관련 법규에서는 지목을 28개로 구분한다.

□□□ 04⑤, 05①②, 06⑤, 08⑤, 12⑤, 14⑤, 15⑤, 16①

15 등록전환 할 토지가 있으면 그 사유가 발생한 날부터 며칠 이내에 지적소관청에 등록전환을 신청하여야 하는가?

① 14일　　　　　　　　　　　　② 45일

③ 60일　　　　　　　　　　　　④ 90일

──────────────

해답 ③

토지소유자는 등록전환할 토지가 있으면 대통령령으로 정하는 바에 따라 그 사유가 발생한 날부터 60일 이내에 지적소관청에 등록전환을 신청하여야 한다.

□□□ 15①

16 다음 중 법정지목의 명칭이 아닌 것은?

① 체육용지　　　　　　　　　　② 공장용지

③ 차고용지　　　　　　　　　　④ 철도용지

──────────────

해답 ③

지목의 종류

지목은 전·답·과수원·목장용지·임야·광천지·염전·대(垈)·공장용지·학교용지·주차장·주유소용지·창고용지·도로·철도용지·제방(堤防)·하천·구거(溝渠)·유지(溜池)·양어장·수도용지·공원·체육용지·유원지·종교용지·사적지·묘지·잡종지로 구분하여 정한다.

□□□ 10⑤, 16①

17 다음 중 합병신청을 할 수 없는 경우에 해당하지 않는 것은?

① 합병하려는 토지에 임차권의 등기가 있는 경우
② 합병하려는 토지의 지번부여지역이 서로 다른 경우
③ 합병하려는 지목이 서로 다른 경우
④ 합병하려는 소유자가 서로 다른 경우

──────────────

해답 ①

합병하려는 토지에 소유권·지상권·전세권 또는 임차권의 등기, 승역지(承役地)에 대한 지역권의 등기, 합병하려는 토지 전부에 대한 등기원인(登記原因) 및 그 연월일과 접수번호가 같은 저당권의 등기 외의 등기가 있는 경우는 합병신청을 할 수 없다.

□□□ 10①

18 다음 중 토지의 합병을 신청할 수 없는 경우가 아닌 것은?

① 합병하려는 토지의 지번부여지역이 서로 다른 경우
② 합병하려는 토지의 지반이 연속되어 있는 경우
③ 합병하려는 토지의 지목이 서로 다른 경우
④ 합병하려는 토지의 소유자가 서로 다른 경우

해답 ②

합병신청을 할 수 없는 경우(법률 제80조)
합병하려는 토지의 지번부여지역, 지목 또는 소유자가 서로 다른 경우
(∵ 토지의 지반이 연속되어 있는 경우는 합병 신청을 할 수 없는 사항에 해당되지 않는다.)

□□□ 11⑤

19 다음 토지의 이동 사항 중 신청 기간 기준이 다른 것은?

① 분할신청
② 등록전환신청
③ 지목변경신청
④ 바다로 된 토지의 등록말소신청

해답 ④

분할신청, 등록전환신청, 지목변경신청은 그 사유가 발생한 날부터 60일 이내에 지적소관청에 신청한다.
바다로 된 토지의 등록말소신청은 토지소유자가 90일 이내에 등록말소 신청을 하지 아니하면 대통령령
으로 정하는 바에 따라 지적소관청이 등록을 말소한다.

□□□ 08⑤, 11①

20 다음 중 토지소유자가 지적공부의 등록사항에 잘못이 있음을 발견하고 소관청에 그 정정을 신청함으로 인하여 인접 토지의 경계가 변경되는 경우 그 정정 방법으로 가장 옳은 것은?

① 소관청의 직권으로 처리한다.
② 큰 면적의 토지 소유자의 의견으로 처리한다.
③ 인접 토지 소유자의 승낙서에 의한다.
④ 지적공부만 정정한다.

해답 ③

토지의 경계가 변경되는 경우에는 다음 각 호의 어느 하나에 해당하는 서류를 지적소관청에 제출하여야
한다.
• 인접 토지소유자의 승낙서
• 인접 토지소유자가 승낙하지 아니하는 경우에는 이에 대항할 수 있는 확정판결서 정본(正本)

□□□ 08⑤, 14⑤, 16①

21 지적소관청은 바다로 된 등록말소 토지의 대상이 있는 때에는 토지소유자에게 등록말소 신청을 하도록 통지하여야 하는데, 이 때 토지소유자의 등록말소 신창기간 기준은?

① 통지받은 날부터 15일 이내
② 통지받은 날부터 30일 이내
③ 통지받은 날부터 60일 이내
④ 통지받은 날부터 90일 이내

해답 ④

바다로 된 토지의 등록말소신청은 토지소유자가 90일 이내에 등록말소 신청을 하지 아니하면 대통령령으로 정하는 바에 따라 지적소관청이 등록을 말소한다.

□□□ 14①

22 지적소관청이 축척변경을 하려면 축척변경위원회의 의결을 거친 후 누구의 승인을 받아야 하는가?

① 대한지적공사
② 중앙지적위원회
③ 행정안전부장관
④ 시·도지사

해답 ④

지적소관청은 축척변경을 하려면 축척변경 시행지역의 토지소유자 3분의 2 이상의 동의를 받아 축척변경위원회의 의결을 거친 후 시·도지사 또는 대도시 시장의 승인을 받아야 한다.

□□□ 16①

23 토지이동이 있을 때 토지소유자가 하여야 하는 신청을 대위할 수 있는 사람이 아닌 것은?

① 구획정리 사업을 시행하는 토지의 주민
② 공공사업 등으로 인하여 하천, 구거, 제방 등의 지목으로 되는 토지의 경우 그 사업시행자
③ 지방자치단체가 매입 등으로 취득하는 토지의 경우 지방자치단체의 장
④ 국가가 매입 등으로 취득하는 토지의 경우 국가기관의 장

해답 ①

신청의 대위(법률 제87조)
• 공공사업 등에 따라 학교용지·도로·철도용지·제방·하천·구거·유지·수도용지 등의 지목으로 되는 토지인 경우 : 해당 사업의 시행자
• 국가나 지방자치단체가 취득하는 토지인 경우 : 해당 토지를 관리하는 행정기관의 장 또는 지방자치단체의 장
• 「주택법」에 따른 공동주택의 부지인 경우 : 「집합건물의 소유 및 관리에 관한 법률」에 따른 관리인 (관리인이 없는 경우에는 공유자가 선임한 대표자) 또는 해당 사업의 시행자
• 「민법」제404조에 따른 채권자

□□□ 14⑤

24 지적소관청이 축척변경을 하려면 축척변경위원회의 의결을 거치기 전 축척변경 시행지역의 토지소유자에 대해 얼마 이상의 동의를 얻어야 하는가?

① 2분의 1 이상　　　　　　　　　② 3분의 1 이상
③ 3분의 2 이상　　　　　　　　　④ 4분의 3 이상

해답 ③

지적소관청은 축척변경을 하려면 축척변경 시행지역의 토지소유자 3분의 2 이상의 동의를 받아 축척변경위원회의 의결을 거친 후 시·도지사 또는 대도시 시장의 승인을 받아야 한다.

□□□ 10⑤, 15①

25 등록사항 정정시 지적소관청이 직권으로 조사측량하여 정정할 수 있는 경우가 아닌 것은?

① 토지이동정리결의서의 내용과 다르게 정리된 경우
② 인접 토지 간 경계분쟁이 발생한 경우
③ 지적측량성과와 다르게 정리된 경우
④ 지적공부의 등록사항이 잘못 입력된 경우

해답 ②

지적소관청은 지적공부의 등록사항에 잘못이 있음을 발견하면 대통령령으로 정하는 바에 따라 직권으로 조사·측량하여 정정할 수 있다. 하지만 경계 또는 면적의 변경을 가져오는 경우에는 등록사항 정정 측량 성과도에 의해 정정하여야 한다.

□□□ 11①

26 다음 중 지적소관청이 토지의 표시 변경에 관하여 관할 등기관서에 그 등기를 촉탁하여야 하는 경우에 해당하지 않는 것은?

① 축척변경을 하는 경우
② 지적공부를 등록된 지번을 변경하는 경우
③ 잘못된 지적공부의 등록사항을 정정하는 경우
④ 토지를 신규등록 하는 경우

해답 ④

등기촉탁의 대상(법률 제89조)
• 지적공부에 등록하는 지번·지목·면적·경계 또는 좌표 등 토지의 이동이 있을 때(신규등록은 제외)
• 지적공부에 등록된 지번을 변경할 때
• 바다로 된 토지의 등록말소 신청할 때
• 토지소유자의 신청 또는 지적소관청의 직권으로 축척을 변경할 때
• 등록사항의 잘못이 있음을 발견하고 등록사항을 정정할 때
• 지번부여지역의 일부가 행정구역의 개편으로 다른 지번부여지역에 속하게 되었을 때

□□□ 04⑤, 05①, 08⑤, 12⑤, 13⑤

27 지적소관청이 지적공부의 등록사항에 잘못이 있는지를 직권으로 조사·측량하여 정정할 수 있는 경우가 아닌 것은?

① 토지이동정리 결의서의 내용과 다르게 정리된 경우
② 경계의 위치가 잘못되어 필지의 면적이 증감된 경우
③ 지적공부의 작성 또는 재작성 당시 잘못 정리된 경우
④ 지적측량성과와 다르게 정리된 경우

───────────────────────

해답 ②

지적소관청은 지적공부의 등록사항에 잘못이 있음을 발견하면 대통령령으로 정하는 바에 따라 직권으로 조사·측량하여 정정할 수 있다. 다만 필지의 면적이 증감된 경우는 그러하지 아니하다.

□□□ 06⑤, 08⑤, 11⑤

28 지적공부에 등록된 토지소유자의 변경사항을 정리할 때의 근거 자료로 적합하지 않은 것은?

① 등기필증통지서　　　　　　② 등기필증
③ 조사자의 복명서　　　　　　④ 등기부등본

───────────────────────

해답 ③

지적공부에 등록된 토지소유자의 변경사항은 등기관서에서 등기한 것을 증명하는 등기필통지서, 등기필증, 등기부 등본·초본 또는 등기관서에서 제공한 등기전산정보자료에 따라 정리한다.

□□□ 15⑤

29 토지 소유자가 미등기 토지에 대하여 토지소유자의 성명 또는 명칭, 주민등록번호, 주소 등에 관한 사항의 정정을 신청한 경우로서 그 등록사항이 명백히 잘못된 경우 참고하여야 하는 자료는?

① 등기필증
② 가족관계 기록사항에 관한 증명서
③ 등기완료통지서
④ 등기관서에서 제공한 등기전산정보자료

───────────────────────

해답 ②

미등기 토지에 대하여 토지소유자의 성명 또는 명칭, 주민등록번호, 주소 등에 관한 사항의 정정을 신청한 경우로서 그 등록사항이 명백히 잘못된 경우에는 가족관계 기록사항에 관한 증명서에 따라 정정하여야 한다.

□□□ 08⑤

30 지적법상 등기촉탁에 관한 아래 내용 중, 밑줄 친 부분에 해당하는 것과 거리가 먼 경우는?

> 규정된 사유로 인하여 토지표시의 변경에 관한 등기를 할 필요가 있는 경우에는 소관청은 지체 없이 관할 등기관서에 그 등기를 촉탁하여야 한다.

① 지번변경　　　　　　　　　　② 신규등록
③ 축척변경　　　　　　　　　　④ 등록사항정정

해답 ②

등기촉탁의 대상(법률 제89조)
• 지적공부에 등록하는 지번·지목·면적·경계 또는 좌표 등 토지의 이동이 있을 때(신규등록은 제외)
• 지적공부에 등록된 지번을 변경할 때
• 바다로 된 토지의 등록말소 신청할 때
• 토지소유자의 신청 또는 지적소관청의 직권으로 축척을 변경할 때
• 등록사항의 잘못이 있음을 발견하고 등록사항을 정정할 때
• 지번부여지역의 일부가 행정구역의 개편으로 다른 지번부여지역에 속하게 되었을 때

□□□ 13①

31 지적 관련 법규에 따라 측량(지적)기준점표지를 이전 또는 파손한 자에 대한 벌칙 기준으로 옳은 것은?

① 4년 이하의 징역 또는 3천만원 이하의 벌금
② 3년 이하의 징역 또는 2천만원 이하의 벌금
③ 2년 이하의 징역 또는 2천만원 이하의 벌금
④ 1년 이하의 징역 또는 1천만원 이하의 벌금

해답 ③

측량기준점표지를 이전 또는 파손하거나 그 효용을 해치는 행위를 한 자는 2년 이하의 징역 또는 2천만원 이하의 벌금에 처한다.

□□□ 10①, 14①

32 지적측량업의 등록을 하지 아니하고 지적측량업을 한 자에 대한 벌칙 기준이 옳은 것은?

① 300만원 이하의 과태료
② 1년 이하의 징역 또는 1000만원 이하의 벌금
③ 2년 이하의 징역 또는 2000만원 이하의 벌금
④ 3년 이하의 징역 또는 3000만원 이하의 벌금

해답 ③

측량업의 등록을 하지 아니하거나 거짓이나 그 밖의 부정한 방법으로 측량업의 등록을 하고 측량업을 한 자는 2년 이하의 징역 또는 2000만원 이하의 벌금에 처한다.

□□□ 15⑤

33 고의로 지적측량성과를 사실과 다르게 한 지적측량수행자에 대한 벌칙 기준이 옳은 것은?

① 300만원 이하의 과태료

② 1년 이하의 징역 또는 1천만원 이하의 벌금

③ 2년 이하의 징역 또는 2천만원 이하의 벌금

④ 3년 이하의 징역 또는 3천만원 이하의 벌금

해답 ③

고의로 측량성과 또는 수로조사성과를 사실과 다르게 한 자는 2년 이하의 징역 또는 2천만원 이하의 벌금에 처한다.

02 공간정보의 구축 및 관리 등에 관한 시행령

□□□ 05②, 13①

34 다음 중 1필지로 정할 수 있는 기준이 아닌 것은?

① 종된 용도의 토지의 지목이 "대"인 경우

② 소유자가 동일한 토지인 경우

③ 용도가 동일한 토지인 경우

④ 지반이 연속된 토지인 경우

해답 ①

1필지로 정할 수 있는 기준(시행령 제5조)

지번부여지역의 토지로서 소유자와 용도가 같고, 지반이 연속된 토지는 1필지로 할 수 있다.

□□□ 15⑤

35 일필지로 정할 수 있는 기준으로 틀린 것은?

① 토지소유자가 동일하여야 한다.　　② 토지의 가격이 동일하여야 한다.

③ 지번부여지역의 토지이어야 한다.　　④ 토지의 용도가 동일하여야 한다.

해답 ②

1필지로 정할 수 있는 기준(시행령 제5조)

지번부여지역의 토지로서 소유자와 용도가 같고 지반이 연속된 토지는 1필지로 할 수 있다.

□□□ 11①

36 다음 중 중앙지적위원회의 구성 기준에 대한 아래 설명에서 ㉠ ~ ㉢에 들어갈 내용이 모두 옳은 것은?

> 중앙지적위원회는 위원장(㉠)과 부위원장(㉡)을 포함하여 (㉢)의 위원으로 구성한다.

① ㉠ 1명 ㉡ 1명 ㉢ 5명 이상 10명 이하
② ㉠ 1명 ㉡ 1명 ㉢ 7명 이상 11명 이하
③ ㉠ 1명 ㉡ 2명 ㉢ 7명 이상 11명 이하
④ ㉠ 1명 ㉡ 2명 ㉢ 15명 이상 20명 이하

해답 ①

중앙지적위원회의 구성(시행령 제20조)
중앙지적위원회(이하 "중앙지적위원회"라 한다)는 위원장 1명과 부위원장 1명을 포함하여 5명 이상 10명 이하의 위원으로 구성한다.

□□□ 10①

37 다음 중 중앙지적위원회의 부위원정이 되는 자는?

① 국토교통부 지적업무 담당 과장
② 국토교통부 지적업무 담당 국장
③ 국토교통부 차관
④ 국토교통부 장관

해답 ①

중앙지적위원회의 구성(시행령 제20조)
위원장은 국토교통부의 지적업무 담당 국장이, 부위원장은 국토교통부 지적업무 담당 과장이 된다.

□□□ 13①

38 지적측량업자가 손해배상책임을 보장하기 위하여 보증보험에 가입하여야 하는 금액 기준이 옳은 것은?

① 5천만원 이상
② 1억원 이상
③ 10억원 이상
④ 20억원 이상

해답 ②

손해배상책임의 보장
지적측량수행자가 법률 제51조에 따라 손해배상책임을 보장하기 위하여 보증보험에 가입하여야 하는 금액은 다음 각 호와 같다.
• 지적측량업자 : 1억원 이상
• 한국국토정보공사(대한지적공사) : 20억원 이상

□□□ 14⑤, 15⑤, 19①

39 지번의 부여 방법으로 옳은 것은?

① 남동에서 북서로 순차적으로 부여한다.
② 북서에서 남동으로 순차적으로 부여한다.
③ 남서에서 북동으로 순차적으로 부여한다.
④ 북동에서 남서로 순차적으로 부여한다.

해답 ②

지번은 북서에서 남동으로 순차적으로 부여할 것

□□□ 05①②, 10①, 13⑤

40 임야대장 및 임야도에 등록하는 토지의 지번은 숫자 앞에 어떠한 기호를 표기하는가?

① 산   ② 임   ③ 토   ④ 매

해답 ①

지번(地番)은 아라비아숫자로 표기하되, 임야대장 및 임야도에 등록하는 토지의 지번은 숫자 앞에 "산"자를 붙인다.

□□□ 10①, 14①

41 다음 중 지번의 구성에 대한 설명으로 가장 옳은 것은?

① 지번은 본번으로만 구성한다.   ② 지번은 부번으로만 구성한다.
③ 지번은 기호로만 구성한다.   ④ 지번은 본번과 부번으로 구성한다.

해답 ④

지번은 본번(本番)과 부번(副番)으로 구성하되, 본번과 부번 사이에 "-" 표시로 연결한다.
이 경우 "-" 표시는 "의"라고 읽는다.

□□□ 11⑤

42 다음 중 지번의 구성 및 부여방법 등에 관한 설명으로 옳지 않은 것은?

① 지번은 아라비아 숫자로 표기한다.
② 임야도에 등록하는 토지의 지번은 숫자 앞에 "임"자를 붙인다.
③ 지번은 본번과 부번으로 구성한다.
④ 지번은 북서에서 남동으로 순차적으로 부여한다.

해답 ②

지번(地番)은 아라비아숫자로 표기하되, 임야대장 및 임야도에 등록하는 토지의 지번은 숫자 앞에 "산"자를 붙인다.

□□□ 12⑤
43 지번에 대한 설명으로 틀린 것은?

① 지번은 아라비아 숫자로 표기하되, 임야대장 및 임야도에 등록하는 토지의 지번에는 숫자 앞에 "산"자를 붙여야 한다.
② 지번은 본번과 부번으로 구성되어 있다.
③ "–"표시는 "다시"라고 읽도록 규정하고 있다.
④ 지번은 본번과 부번 사이에 "–"로 표시한다.

해답 ③
지번은 본번(本番)과 부번(副番)으로 구성하되, 본번과 부번 사이에 "–" 표시로 연결한다.
이 경우 "–" 표시는 "의"라고 읽는다.

□□□ 08⑤
44 지적법상 지번의 구성 및 부여방법과 관련한 아래 설명 중 빈 칸에 들어갈 말이 모두 옳은 것은?

> 지번은 아라비아숫자로 표기하되, 임야대장 및 임야도에 등록하는 토지의 지번은 숫자 (㉠)에 (㉡)자를 붙인다.

① ㉠ 앞 ㉡ 산   ② ㉠ 뒤 ㉡ 산
③ ㉠ 앞 ㉡ 임   ④ ㉠ 뒤 ㉡ 임

해답 ①
지번(地番)은 아라비아숫자로 표기하되, 임야대장 및 임야도에 등록하는 토지의 지번은 숫자 앞에 "산"자를 붙인다.

□□□ 11①
45 다음 중 토지의 이용에 따른 지목의 구분이 옳지 않은 것은?

① 일반 공중의 위락·휴향에 적합한 시설물을 갖춘 경마장 – 유원지
② 자동차 정비공장 안에 설치된 송유시설 부지 – 주유소용지
③ 축산업을 하기 위하여 초지를 조성한 토지 – 목장용지
④ 산림을 이루고 있는 수림지 – 임야

해답 ②
주유소용지
석유·석유제품 또는 액화석유가스 등의 판매를 위하여 일정한 설비를 갖춘 시설물의 부지, 저유소(貯油所) 및 원유저장소의 부지와 이에 접속된 부속시설물의 부지를 주유소용지로 한다. 단, 자동차·선박·기차 등의 제작 또는 정비공장 안에 설치된 급유·송유시설 등의 부지는 제외한다.

□□□ 05①, 10⑤

46 다음 중 지번의 표기 방법으로 가장 옳은 것은?

① 아라비아숫자로 표기한다.　　　② 한자의 명조체로 표기한다.

③ 한자의 고딕체로 표기한다.　　　④ 로마 숫자로 표기한다.

해답 ①

지번(地番)은 아라비아숫자로 표기하되, 임야대장 및 임야도에 등록하는 토지의 지번은 숫자 앞에 "산"자를 붙인다.

□□□ 10⑤, 11①, 13⑤, 14①⑤, 16①, 20④

47 현행 지적 관련 법률에서 규정하고 있는 지목의 종류는?

① 16개　　　　　　　　　　　　② 20개

③ 24개　　　　　　　　　　　　④ 28개

해답 ④

우리나라의 현행 지적 관련 법규에 규정된 지목의 종류는 28개이다.(제2차 전문개정 지적법제5조)

□□□ 15①

48 저수지의 지목은 다음 중 어디에 해당 되는가?

① 유지　　　　　　　　　　　　② 하천

③ 잡종지　　　　　　　　　　　④ 광천지

해답 ①

유지(溜池)

물이 고이거나 상시적으로 물을 저장하고 있는 댐·저수지·소류지(沼溜地)·호수·연못 등의 토지와 연·왕골 등이 자생하는 배수가 잘 되지 아니하는 토지

□□□ 10①, 11⑤

49 다음 중 연·왕골 등이 자생하는 배수가 잘 되지 아니하는 토지의 지목은 무엇인가?

① 전　　　　　　② 답　　　　　　③ 지소　　　　　　④ 유지

해답 ④

유지(溜地)

물이 고이거나 상시적으로 물을 저장하고 있는 댐·저수지·소류지(沼溜地)·호수·연못 등의 토지와 연·왕골 등이 자생하는 배수가 잘 되지 아니하는 토지

□□□ 12⑤

50 지목으로서 '구거'에 대한 설명으로 옳은 것은?

① 용수 또는 배수를 위하여 일정한 형태를 갖춘 인공적인 수로의 부지
② 물이 고이는 저수지, 소류지 등의 토지
③ 물을 정수하여 공급하기 위한 취수·송수시설의 부지
④ 자연의 유수가 있거나 있을 것으로 예상되는 토지

해답 ①

지목의 구분(시행령 제58조)
• 물이 고이는 저수지, 소류지 등의 토지 : 유지
• 물을 정수하여 공급하기 위한 취수·송수시설의 부지 : 수도용지
• 자연의 유수가 있거나 있을 것으로 예상되는 토지 : 하천

□□□ 08⑤

51 다음 중 고속도로 안 휴게소 부지의 지목은 무엇인가?

① 유원지   ② 도로   ③ 잡종지   ④ 주차장

해답 ②

도로(시행령 제58조)
• 다음 각 목의 토지. 다만, 아파트·공장 등 단일 용도의 일정한 단지 안에 설치된 통로 등은 제외한다.
• 일반 공중(公衆)의 교통 운수를 우하여 보행이나 차량운행에 필요한 일정한 설비 또는 형태를 갖추어 이용되는 토지
• 「도로법」 등 관계법령에 따라 도로로 개설된 토지
• 고속도로의 휴게소 부지
• 2필지 이상에 진입하는 통로로 이용되는 토지

□□□ 10⑤

52 다음 중 지목이 임야에 해당하는 것은?

① 식용으로 죽순을 재배하는 토지   ② 과수류를 집단적으로 재배하는 토지
③ 축산업을 하기 위하여 초지를 조성한 토지   ④ 산림 및 원야를 이루고 있는 수림지

해답 ④

지목의 구분
• 임야 : 산림 및 원야(原野)를 이루고 있는 수림지(樹林地)·죽림지·암석지·자갈땅·모래땅·습지·황무지 등의 토지
• 식용으로 죽순을 재배하는 토지 – 전
• 과수류를 집단적으로 재배하는 토지 – 과수원
• 축산업을 하기 위하여 초지를 조성한 토지 – 목장용지

□□□ 04①②⑤, 05①, 08⑤, 15①

53 다음 중 문화재로 지정된 역사적인 유적·고적·기념물 등을 보존하기 위하여 구획된 토지의 지목은?

① 사적지   ② 잡종지   ③ 묘지   ④ 유원지

해답 ①

사적지

문화재로 지정된 역사적인 유적·고적·기념물 등을 보존하기 위하여 구획된 토지. 다만, 학교용지·공원·종교용지 등 다른 지목으로 된 토지에 있는 유적·고적·기념물 등을 보호하기 위하여 구획된 토지는 제외한다.

□□□ 15①

54 다음 중 토지의 분할을 신청할 수 있는 경우가 아닌 것은?

① 토지이용상 불합리한 지상 경계를 시정하기 위한 경우
② 소유권이전, 매매 등을 위하여 필요한 경우
③ 1필지의 일부가 형질변경 등으로 용도가 변경된 경우
④ 임야도에 등록된 토지가 사실상 형질변경 되었으나 지목변경을 할 수 없는 경우

해답 ④

분할을 신청할 수 있는 경우
• 소유권이전, 매매 등을 위하여 필요한 경우
• 토지이용상 불합리한 지상경계를 시정하기 위한 경우
• 1필지의 일부가 형질변경 등으로 용도가 변경된 경우
 (∵ 형질변경으로 분할을 하는 경우 지목변경신청서가 필요하다.)

□□□ 10①

55 축척변경 시행지역의 토지소유자가 5명 이하 일 때에 토지소유자 중 몇 명을 축척변경위원회의 위원으로 위촉하여야 하는가?

① 토지소유자 전원을 위촉한다.
② 토지소유자의 과반수를 위촉한다.
③ 토지소유자 대표 1인을 위촉한다.
④ 토지소유자 전원을 위촉하지 않아도 된다.

해답 ①

축척변경위원회는 5명 이상 10명 이하의 위원으로 구성하되, 위원의 2분의 1 이상을 토지소유자로 하여야 한다. 이 경우 그 축척변경 시행지역의 토지소유자가 5명 이하일 때에는 토지소유자 전원을 위원으로 위촉하여야 한다.

□□□ 14①

56 일반 공중의 종교의식을 위한 건축물의 부지와 이에 접속된 부속시설물 부지의 지목은?

① 사적지 ② 종교용지
③ 대 ④ 잡종지

해답 ②

종교용지

일반 공중의 종교의식을 위하여 예배·법요·설교·제사 등을 하기 위한 교회·사찰·향교 등 건축물의 부지와 이에 접속된 부속시설물의 부지

□□□ 14⑤

57 묘지의 관리를 위한 건축물 부지의 지목은?

① 대 ② 묘지 ③ 분묘지 ④ 임야

해답 ①

묘지

사람의 시체나 유골이 매장된 토지, 「도시공원 및 녹지 등에 관한 법률」에 따른 묘지공원으로 결정·고시된 토지 및 「장사 등에 관한 법률」 제2조제9호에 따른 봉안시설과 이에 접속된 부속시설물의 부지. 다만, 묘지의 관리를 위한 건축물의 부지는 "대"로 한다.

□□□ 10①, 15①

58 축척변경 절차에 있어서 축척변경 시행지역의 토지소유자 또는 점유자는 시행공고가 된 날부터 몇 일 이내에 시행공고일 현재 점유하고 있는 경계에 경계점표지를 설치하여야 하는가?

① 10일 ② 30일
③ 60일 ④ 90일

해답 ②

축척변경 시행지역의 토지소유자 또는 점유자는 시행공고가 된 날(이하 "시행공고일"이라 한다)부터 30일 이내에 시행공고일 현재 점유하고 있는 경계에 국토교통부령으로 정하는 경계점표지를 설치하여야 한다.

□□□ 15①⑤

59 지적소관청은 시·도지사 또는 대도시 시장으로부터 축척 변경 승인을 받았을 때에는 관련 사항을 최소 몇 일 이상 공고하여야 하는가?

① 10일 ② 20일
③ 30일 ④ 40일

해답 ②

지적소관청은 시·도지사 또는 대도시 시장으로부터 축척변경 승인을 받았을 때에는 지체 없이 관련 사항을 20일 이상 공고하여야 한다.

□□□ 08⑤, 12⑤

60 지적소관청이 축척변경에 관한 측량을 한 결과 측량 전에 비하여 면적의 증감이 있는 경우 그 증감면적에 대한 청산금을 정하는 기준으로 옳은 것은?

① 지번별 평당 금액 ② 지번별 제곱미터당 금액
③ 지번별 공시지가의 1.5배 ④ 지번별 감정가와 공시지가의 차액

해답 ②

청산금은 작성된 축척변경 지번별 조서의 필지별 증감면적에 따라 결정된 지번별 제곱미터당 금액을 곱하여 산정한다.

□□□ 15⑤, 20④

61 토지이동 신청에 관한 특례와 관련하여 사업의 착수·변경 및 완료 사실을 지적소관청에 신고하여야 하는 대통령령으로 정하는 토지개발사업이 아닌 것은?

① 「주택법」에 따른 주택건설사업
② 「산업입지 및 개발에 관한 법률」에 따른 산업단지개발사업
③ 「공유수면 관리 및 매립에 관한 법률」에 따른 매립사업
④ 「국토의 계획 및 이용에 관한 법률」에 따른 토지형질변경사업

해답 ④

대통령령으로 정하는 토지개발사업
• 「주택법」에 따른 주택건설사업
• 「산업입지 및 개발에 관한 법률」에 따른 산업단지개발사업
• 「공유수면 관리 및 매립에 관한 법률」에 따른 매립사업

□□□ 11①, 16①

62 다음 중 축척변경위원회의 심의·의결사항이 아닌 것은?

① 축척변경 시행계획에 관한 사항
② 청산금의 이의신청에 관한 사항
③ 지번별 제곱미터당 금액의 결정에 관한 사항
④ 지번별 측량방법에 관한 사항

해답 ④

축척변경위원회의 심의·의결사항
• 축척변경 시행계획에 관한 사항
• 지번별 제곱미터당 금액의 결정과 청산금의 산정에 관한 사항
• 청산금의 이의 신청에 관한 사항
• 그 밖에 축척변경과 관련하여 지적소관청이 회의에 부치는 사항

□□□ 16①

63 지적소관청이 토지소유자에게 지적정리 등을 통지하여야 하는 시기는 그 등기완료의 통지서를 접수한 날부터 며칠 이내에 하여야 하는가? (단, 토지의 표시에 관한 변경등기가 필요한 경우)

① 60일   ② 30일
③ 15일   ④ 7일

해답 ③
지적정리 등의 통지
• 토지의 표시에 관한 변경등기가 필요한 경우 : 그 등기완료의 통지서를 접수한 날부터 15일 이내
• 토지의 표시에 관한 변경등기가 필요하지 아니한 경우 : 지적공부에 등록한 날부터 7일 이내

□□□ 08⑤, 10⑤

64 다음 중 원칙적으로 축척변경위원회의 위원을 위촉하는 자는?

① 행정안전부장관   ② 도지사
③ 지적소관청   ④ 국토지리정보원장

해답 ③
축척변경위원회의 위원은 다음 각 호의 사람 중에서 지적소관청이 위촉한다.
• 해당 축척변경 시행지역의 토지소유자로서 지역 사정에 정통한 사람
• 지적에 관하여 전문지식을 가진 사람

□□□ 12⑤, 15①

65 축척변경위원회의 구성에 필요한 인원수로 옳은 것은?

① 15명 이상 20명 이하   ② 10명 이상 15명 이하
③ 5명 이상 10명 이하   ④ 1명 이상 5명 이하

해답 ③
축척변경위원회는 5명 이상 10명 이하의 위원으로 구성하되, 위원의 2분의 1 이상을 토지소유자로 하여야 한다. 이 경우 그 축척변경 시행지역의 토지소유자가 5명 이하일 때에는 토지소유자 전원을 위원으로 위촉하여야 한다.

□□□ 04②, 08⑤, 10⑤, 13①, 15①, 16①, 20④

66 축척변경 시행지역의 토지는 언제를 기준으로 토지의 이동이 있는 것으로 보는가?

① 축척변경 시행 공고일   ② 축척변경에 따른 청산금 납부통지일
③ 축척변경 확정 공고일   ④ 축척변경에 따른 청산금 공고일

해답 ③
청산금의 납부 및 지급이 완료되었을 때에는 지적소관청은 지체 없이 축척변경의 확정공고를 하여야 하며, 축척변경 시행지역의 토지는 확정공고일에 토지의 이동이 있는 것으로 본다.

□□□ 14⑤

67 축척변경위원회의 위원 중 토지소유자는 전체 위원의 얼마 이상이 되도록 구성하는가?
(단, 축척변경 시행지역의 토지소유자가 5명 이하인 경우는 고려하지 않음)

① 2분의 1이상   ② 3분의 1이상

③ 4분의 1이상   ④ 5분의 1이상

해답 ①

축척변경위원회의 구성

축척변경위원회는 5명 이상 10명 이하의 위원으로 구성하되, 위원의 2분의 1 이상을 토지소유자로 하여야 한다. 이 경우 그 축척변경 시행지역의 토지소유자가 5명 이하일 때에는 토지소유자 전원을 위원으로 위촉하여야 한다.

03   공간정보의 구축 및 관리 등에 관한 시행규칙

□□□ 13⑤, 19①

68 지목을 지적도면에 표기하는 부호의 연결이 옳은 것은?

① 유원지 – 유   ② 유지 – 지   ③ 제방 – 방   ④ 묘지 – 묘

해답 ④

지목의 표기 방법(시행규칙 제64조)
• 유원지 – 원
• 유지 – 유
• 제방 – 제
• 묘지 – 묘

□□□ 08⑤, 13①, 14⑤, 15①

69 다음 중 임야도의 축척에 해당하는 것은?

① 1/600   ② 1/1200

③ 1/2400   ④ 1/6000

해답 ④

지적도면의 축척(시행규칙 제69조)
• 지적도 : 1/500, 1/600, 1/1000, 1/1200, 1/2400, 1/3000, 1/6000
• 임야도 : 1/3000, 1/6000

□□□ 13①

70 지적도면에서 등록하는 지목의 부호가 틀린 것은?

① 종교용지 – 교　　　　　　　　② 유원지 – 원
③ 과수원 – 과　　　　　　　　④ 공장용지 – 장

해답 ①
종교용지 – 종

□□□ 04①, 05①, 10⑤, 14①

71 지목의 표기방법이 틀린 것은?

① 공장용지 → 장　　　　　　　② 수도용지 → 수
③ 유원지 → 유　　　　　　　　④ 공원 → 공

해답 ③
유원지 → 원

□□□ 12⑤

72 수도용지를 지적도면에 등록하는 때에 표기하는 부호로 옳은 것은?

① 도　　　　　　② 수도　　　　　　③ 수　　　　　　④ 수지

해답 ③
• 수도용지 – 수
• 도로 – 도
• 유지 – 유

□□□ 11①, 16①, 20④

73 다음 중 임야도의 축척 구분이 옳은 것은?

① 1/1000, 1/3000　　　　　　② 1/1200, 1/3000
③ 1/1200, 1/3000　　　　　　④ 1/3000, 1/6000

해답 ④
지적도면의 축척(시행규칙 제69조)
• 지적도 : 1/500, 1/600, 1/1000, 1/1200, 1/2400, 1/3000, 1/6000
• 임야도 : 1/3000, 1/6000

☐☐☐ 11⑤, 20①

74 다음 중 지적도면에 표기하는 지목과 부호의 연결이 옳지 않은 것은?

① 과수원 – 과
② 목장용지 – 목
③ 광천지 – 광
④ 하천 – 하

해답 ④
하천 – 천

☐☐☐ 10⑤

75 다음 중 지적도면에 지목의 부호를 "광"으로 표기하여야 하는 필지의 지목은?

① 관광지
② 광장
③ 광천지
④ 광야

해답 ③
광천지 – 광

☐☐☐ 05②, 06⑤, 08⑤, 10①, 15⑤

76 다음 중 지목과 지적도면에 등록하는 때에 표기하는 부호의 연결이 옳지 않는 것은?

① 잡종지 – 잡
② 하천 – 천
③ 제방 – 제
④ 공장용지 – 공

해답 ④
공장용지 – 장

☐☐☐ 16①, 17④

77 목장용지의 부호 표기로 옳은 것은?

① 전
② 장
③ 목
④ 용

해답 ③
목장용지 – 목

☐☐☐ 15①

78 토지의 지목을 정리하는 부호로서 옳지 않은 것은?

① 잡종지 – 잡
② 임야 – 임
③ 수도용지 – 용
④ 유지 – 유

해답 ③
수도용지 – 수

□□□ 15⑤

79 공간정보의 구축 및 관리 등에 관한 법률의 법규상 임야도의 축척은 모두 몇 종인가?

① 2종   ② 3종   ③ 4종   ④ 5종

해답 ①

지적도면의 축척(시행규칙 제69조)
• 지적도 : 1/500, 1/600, 1/1000, 1/1200, 1/2400, 1/3000, 1/6000
• 임야도 : 1/3000, 1/6000

□□□ 04①②⑤, 05①, 12⑤, 14⑤, 17①

80 다음 중 지적도의 축척에 해당하지 않는 것은?

① 1/500   ② 1/1000   ③ 1/2000   ④ 1/3000

해답 ③

지적도면의 축척(시행규칙 제69조)
• 지적도 : 1/500, 1/600, 1/1000, 1/1200, 1/2400, 1/3000, 1/6000
• 임야도 : 1/3000, 1/6000

□□□ 14⑤

81 다음 중 지적도면으로만 나열된 것은?

① 지적도, 색인도   ② 지적도, 임야도
③ 임야도, 일람도   ④ 지적도, 수치지형도

해답 ②

지적도면의 구분(시행규칙 제69조)
지적도면에는 지적도와 임야도가 있다.

□□□ 13①

82 지적측량의 계산 및 결과 작성에 사용하는 소프트웨어는 누가 정하는가?

① 행정안전부장관   ② 국토교통부장관
③ 국토지리정보원장   ④ 지식경제부장관

해답 ②

지적전산업무의 처리, 지적전산프로그램의 관리 등 지적전산시스템의 관리·운영 등에 필요한 사항은 국토교통부장관이 정한다.

□□□ 08⑤, 10①, 11⑤, 15⑤, 16①

83 지적공부를 멸실하여 이를 복구하고자 하는 경우, 소관청은 멸실 당시의 지적공부와 가장 부합된다고 인정되는 관계자료에 의하여 토지의 표시에 관한 사항을 복구하여야 한다. 이 때의 복구자료에 해당하지 않는 것은?

① 지적공부의 등본
② 임대계약서
③ 토이지동정리결의서
④ 측량결과도

해답 ②

지적공부의 복구자료(시행규칙 제72조)
• 지적공부의 등본
• 측량 결과도
• 토지이동정리 결의서
• 부동산등기부 등본 등 등기 사실을 증명하는 서류
• 지적소관청이 작성하거나 발행한 지적공부의 등록 내용을 증명하는 서류
• 법 제69조 제3항에 따라 복제된 지적공부
• 법원의 확정판결서 정본 또는 사본

□□□ 15①

84 지적공부를 복구하려는 경우에는 복구하려는 토지의 표시등을 시·군·구 게시판 및 인터넷 홈페이지에 몇 일 이상 게시하여야 하는가?

① 10일
② 15일
③ 20일
④ 25일

해답 ②

지적소관청은 규정에 따른 복구자료의 조사 또는 복구측량 등이 완료되어 지적공부를 복구하려는 경우에는 복구하려는 토지의 표시 등을 시·군·구 게시판 및 인터넷 홈페이지에 15일 이상 게시하여야 한다.

□□□ 10⑤

85 다음 중 토지소유자가 토지의 분할을 신청할 때 분할 사유를 적은 신청서에 첨부하여야 하는 서류에 해당하는 것은?

① 법원의 확정판결서 정본
② 등기부등본
③ 지적도등본
④ 토지분할신청대행지시서

해답 ①

분할신청 서류
• 분할사유를 적은 신청서
• 분할 허가 대상인 토지의 경우에는 그 허가서 사본
• 법원의 확정판결에 따라 토지를 분할하는 경우 확정판결서 정본 또는 사본

☐☐☐ 15①

86 토지소유자가 지적소관청에 신규등록을 신청하고자 할 경우 구비서류가 아닌 것은?

① 법원의 확정판결서 정본 또는 사본
② 소유권을 증명할 수 있는 서류의 사본
③ 공유수면 관리 및 매립에 관한 법률에 따른 준공검사 확인증 사본
④ 토지의 형질변경 준공필증 사본

해답 ④

신규등록 신청시 구비서류
• 법원의 확정판결서 정본 또는 사본
• 「공유수면 관리 및 매립에 관한 법률」에 따른 준공검사확인증 사본
• 법률 제6389호 지적법개정법률 부칙 제5조에 따라 도시계획구역의 토지를 그 지방자치단체의 명의로
  등록하는 때에는 기획재정부장관과 협의한 문서의 사본
• 그 밖에 소유권을 증명할 수 있는 서류의 사본

☐☐☐ 10①

87 토지소유자가 토지의 분할을 신청하고자 하는 경우 지적소관청에 제출하여야 하는 서류에 해당하지 않는 것은?

① 법원의 확정판결에 따라 분할하는 경우 확정판결서 정본
② 지적측량성과도
③ 분할사유를 기재한 신청서
④ 분할허가대상인 토지의 경우 그 허가서 사본

해답 ②

분할신청 서류
• 분할사유를 적은 신청서
• 분할 허가 대상인 토지의 경우에는 그 허가서 사본
• 법원의 확정판결에 따라 토지를 분할하는 경우 확정판결서 정본 또는 사본

☐☐☐ 11⑤, 14⑤, 15⑤

88 토지소유자가 지적공부의 등록사항에 대한 정정을 신청할 때, 경계 또는 면적의 변경을 가져오는 경우 정정사유를 적은 신청서와 함께 지적소관청에 제출하여야 하는 것은?

① 등록사항 정정 측량성과도
② 건축물대장등본
③ 주민등록등본
④ 부동산등기부

해답 ①

등록사항의 정정신청
• 경계 또는 면적의 변경을 가져오는 경우 : 등록사항 정정 측량성과도
• 그 밖의 등록사항을 정정하는 경우 : 변경 사항을 확인할 수 있는 서류

04 지적측량관련법규

□□□ 10①
89 다음 중 지적소관청이 지적삼각보조점성과표 및 지적도근점성과표에 기록 관리하여야 하는 사항에 해당하지 않는 것은?

① 자오선 수차
② 도선등급 및 도선명
③ 표지의 재질
④ 설치기관

해답 ①
자오선수차는 지적삼각점성과표에 기록·관리하는 사항이다.

□□□ 04⑤, 05①, 12⑤
90 경위의 측량방법에 따라 도선법으로 지적도근점측량을 시행할 경우 사용하는 기준 도선은? (단, 지형상 부득이한 경우는 고려하지 않음)

① 결합도선
② 폐합도선
③ 왕복도선
④ 개방도선

해답 ①
경위의 측량방법에 따라 도선법으로 지적도근점측량을 할 때에는 도선은 결합도선으로 한다.
다만, 지형상 부득이 한 경우에는 폐합도선 또는 왕복도선에 따를 수 있다.

□□□ 05②, 11①
91 평판측량 방법에 따른 조준의를 사용하여 측정한 경사거리가 89.6m이고 경사분획이 17이었을 때 수평거리는 얼마인가?

① 88.3m
② 88.7m
③ 89.1m
④ 89.9m

해답 ①
조준의(엘리데이드 : alidade)를 사용한 경우

$$D = l \frac{1}{\sqrt{1 + \left(\frac{n}{100}\right)^2}}$$

$$= 89.6 \times \frac{1}{\sqrt{1 + \left(\frac{17}{100}\right)^2}} = 88.3\text{m}$$

(∵ D는 수평거리, l은 경사거리, n은 경사분획)

□□□ 08⑤, 13①

92 평판측량방법에 따른 세부측량을 교회법으로 하는 경우의 방법 기준으로만 옳게 나열된 것은?

① 도선교회법, 후방교회법　　　　② 후방교회법, 전방교회법

③ 전방교회법, 측방교회법　　　　④ 측방교회법, 도선교회법

해답 ③

평판측량방법에 따른 세부측량은 교회법·도선법 및 방사법(放射法)에 따른다.
평판측량방법에 따른 세부측량을 교회법으로 하는 경우에는 전방교회법 또는 측방교회법에 따른다.

□□□ 04②, 05①②, 10①, 19①

93 지적도를 갖춰두는 지역에서 평판측량방법에 따른 세부측량을 하는 때에 거리의 측정단위는 얼마인가?

① 1cm　　　　② 5cm　　　　③ 10cm　　　　④ 50cm

해답 ②

평판측량방법에 따른 세부측량시 거리측정단위는 지적도를 갖춰 두는 지역에서는 5cm 미터로 하고, 임야도를 갖춰두는 지역에서는 50cm로 한다.

□□□ 05①②, 11⑤, 18①

94 도곽선의 신축량(S)을 구하는 식으로 옳은 것은?

① $S = \dfrac{(\Delta X_1 + X_2) - (\Delta Y_1 + \Delta Y_2)}{4}$

② $S = \dfrac{(\Delta X_1 - X_2) + (\Delta Y_1 - \Delta Y_2)}{4}$

③ $S = \dfrac{\Delta X_1 + \Delta X_2 + \Delta Y_1 + \Delta Y_2}{4}$

④ $S = \dfrac{\Delta X_1 - \Delta X_2 - \Delta Y_1 - \Delta Y_2}{4}$

해답 ③

도곽선의 신축량

$$S = \frac{\Delta X_1 + \Delta X_2 + \Delta Y_1 + \Delta Y_2}{4}$$

(∵ S는 신축량, ΔX_1는 왼쪽 종선의 신축된 차, ΔX_2는 오른쪽 종선의 신축된 차, ΔY_1은 윗쪽 횡선의 신축된 차, ΔY_2은 아래쪽 횡선의 신축된 차)

□□□ 04①, 08⑤
95 경위의 측량방법으로 세부측량을 실시한 지역의 필지별 면적측정 방법으로 옳은 것은?

① 삼사법

② 푸라니미터법

③ 전자면적계

④ 좌표면적계산법

해답 ④

경위의측량방법으로 세부측량을 실시한 경우, 즉 경계점좌표등록부가 비치된 지역에서의 면적은 필지의 좌표를 이용하여 면적을 측정하여야 한다.

□□□ 04⑤, 11①, 12⑤, 13⑤,14⑤, 15①②
96 각 도곽선의 신축된 차가 $\Delta X_1 = -4mm$, $\Delta X_2 = -5mm$, $\Delta Y = +1mm$, $\Delta Y_2 = -4mm$일 때 신축량은?

① $-3mm$

② $-4mm$

③ $-5mm$

④ $-6mm$

해답 ①

면적측정의 방법(지적측량시행규칙 제20조)

$$S = \frac{\Delta X_1 + \Delta X_2 + \Delta Y_1 + \Delta Y_2}{4} \text{ (도곽선의 신축량)}$$

$$= \frac{(-4)+(-5)+(+1)+(-4)}{4}$$

$$= -3mm$$

(∵ S는 신축량, ΔX_1는 왼쪽 종선의 신축된 차, ΔX_2는 오른쪽 종선의 신축된 차, ΔY_1은 윗쪽 횡선의 신축된 차, ΔY_2은 아래쪽 횡선의 신축된 차)

□□□ 04①, 12⑤, 14①, 18④
97 축척 1/1200 지역에서 종선의 신축오차가 $-1.8mm$, $-0.8mm$, 횡선의 신축오차가 $-1.2mm$, $-0.6mm$일 때 도곽선 신축은?

① $-0.9mm$

② $-1.0mm$

③ $-1.1mm$

④ $-1.2mm$

해답 ③

면적측정의 방법(지적측량시행규칙 제20조)

$$S = \frac{\Delta X_1 + \Delta X_2 + \Delta Y_1 + \Delta Y_2}{4} \text{ (도곽선의 신축량)}$$

$$= \frac{(-1.8)+(-0.8)+(-1.2)+(-0.6)}{4}$$

$$= -1.1mm$$

(∵ S는 신축량, ΔX_1는 왼쪽 종선의 신축된 차, ΔX_2는 오른쪽 종선의 신축된 차, ΔY_1은 윗쪽 횡선의 신축된 차, ΔY_2은 아래쪽 횡선의 신축된 차)

□□□ 16①

98 축척 1/1200지역에서 도곽선을 측정한바 +1.0m, +0.8m, +0.9m, +0.8m이고 도상거리가 8cm일 때 보정거리는?

① 95.00m

② 95.61m

③ 96.00m

④ 96.81m

해답 ②

- $Z = \dfrac{X \cdot Y}{\Delta X \cdot \Delta Y}$ (도곽선의 보정계수)

$$= \dfrac{400 \times 500}{\left(400 + \dfrac{1.0+0.8}{2}\right) \times \left(500 + \dfrac{0.9+0.8}{2}\right)}$$

$$= 0.9960$$

- $\dfrac{1}{m} = \dfrac{도상거리}{실제거리}$

$\dfrac{1}{1200} = \dfrac{0.08}{실제거리}$ 실제거리 = 96m

∴ 보정거리 = $Z \times$ 실제거리

$= 0.9960 \times 96$

$= 95.61m$

구분	축척	지상길이(m)	포용면적(m^2)
지적도	1/500	150×200	30000
	1/1000	300×400	120000
	1/600	200×250	50000
	1/1200	400×500	20000
	1/2400	800×1000	800000
	1/3000	1200×1500	1800000
	1/6000	2400×3000	7200000

□□□ 04②⑤, 05②, 10⑤, 11⑤, 12⑤, 13①⑤, 14①, 15⑤, 16①

99 면적을 측정하는 경우 도곽선의 길이에 최소 얼마 이상의 신축이 있을 때에 이를 보정해 주어야 하는가?

① 0.5mm

② 0.1mm

③ 1mm

④ 5mm

해답 ①

면적을 측정하는 경우 도곽선의 길이에 0.5밀리미터 이상의 신축이 있을 때에는 이를 보정하여야 한다.

□□□ 15①

100 도곽선의 보정계수 계산식으로 옳은 것은?

(단, Z는 보정계수, X는 도곽선 종선길이, Y는 도곽선 횡선길이 ΔX는 신축된 도곽선 종선 길이의 합 ÷ 2, ΔY는 신축된 도곽선 횡선길이의 합 ÷ 2)

① $Z = \dfrac{\Delta X + \Delta Y}{X + Y}$

② $Z = \dfrac{X + Y}{\Delta X + \Delta Y}$

③ $Z = \dfrac{\Delta X \cdot \Delta Y}{X \cdot Y}$

④ $Z = \dfrac{X \cdot Y}{\Delta X \cdot \Delta Y}$

해답 ④

도곽선의 보정계수(지적측량시행규칙 제20조)

$$Z = \dfrac{X \cdot Y}{\Delta X \cdot \Delta Y}$$

□□□ 06⑤, 10①

101 축척이 1/1200인 도면에서 도곽선의 신축량이 $X_1 = -0.6\text{mm}$, $X_2 = -0.8\text{mm}$, $y_1 = -0.8\text{mm}$, $y_2 = -1.0\text{mm}$인 경우 도곽신축에 대한 면적보정 계수는?

① 1.0083

② 1.0043

③ 0.9947

④ 0.9887

해답 ②

면적측정의 방법(지적측량시행규칙 제20조)

$Z = \dfrac{X \cdot Y}{\Delta X \cdot \Delta Y}$ (도곽선의 보정계수)

$\quad = \dfrac{333.33 \times 416.67}{(333.33 - 0.7) \times (416.67 - 0.9)} = 1.0043$

(∵ Z는 보정계수, X는 도곽선 종선길이, Y는 도곽선 횡선길이, ΔX는 신축된 도곽선 종선길이의 합/2, ΔY는 신축된 도곽선 횡선길이의 합/2)

■ 지적측량시행규칙, 제20조, 면적측정의 방법 등

구분	축척	도상길이(mm)
지적도	1/500	300×400
	1/1000	300×400
	1/600	333.33×416.67
	1/1200	333.33×416.67
	1/2400	333.33×416.67
	1/3000	400×500
	1/6000	400×500

□□□ 16①, 18①

102 축척 1/1000 도면에서 도곽선의 신축량이 가로, 세로 각각 +2.0mm일 때 면적보정계수는?

① 1.0017　　　　② 0.9884　　　　③ 1.0035　　　　④ 0.9965

해답 ②

면적측정의 방법(지적측량시행규칙 제20조)

$Z = \dfrac{X \cdot Y}{\Delta X \cdot \Delta Y}$ (도곽선의 보정계수)

$\quad = \dfrac{300 \times 400}{(300+2.0) \times (400+2.0)} = 0.9884$

(∵ Z는 보정계수, X는 도곽선 종선길이, Y는 도곽선 횡선길이, ΔX는 신축된 도곽선 종선길이의 합/2, ΔY는 신축된 도곽선 횡선길이의 합/2)

구분	축척	도상길이(mm)
지적도	1/500	300×400
	1/1000	300×400
	1/600	333.33×416.67
	1/1200	333.33×416.67
	1/2400	333.33×416.67
	1/3000	400×500
	1/6000	400×500

05 　업무처리규정

□□□ 08⑤, 10①, 16①, 19①

103 다음 중 일람도에 등재하여야 하는 사항에 해당 하지 않는 것은?

① 도면의 제명 및 축척　　　　② 지번부여지역의 경계
③ 도곽선과 그 수치　　　　　　④ 지번과 결번

해답 ④

일람도의 등재사항(업무처리규정 제40조)
• 지번부여지역의 경계 및 인접지역의 행정구역명칭
• 도면의 제명 및 그 축척
• 도곽선과 그 수치
• 도면번호
• 도로·철도·하천·구거·유지·취락 등 주요 지형·지물의 표시

□□□ 11①, 15①

104 다음 중 지번 색인표의 등재사항으로만 나열 된 것은?

① 제명, 지번, 도면번호, 결번　　　② 지번, 지목, 결번, 도면번호
③ 축척, 지번, 본번, 결접　　　　　④ 지번, 경계, 결번, 제명

해답 ①

지번색인표의 등재사항(업무처리규정 제40조)
• 제명
• 지번·도면번호 및 결번

□□□ 16①

105 지번색인표의 등재사항이 아닌 것은?

① 제명　　　　　② 지번　　　　　③ 면적　　　　　④ 결번

해답 ③

지번색인표의 등재사항(업무처리규정 제40조)
• 제명
• 지번·도면번호 및 결번

□□□ 04⑤, 08⑤, 11⑤, 12⑤, 13①

106 지번색인표의 등록사항에 해당하지 않는 것은?

① 제명　　　　　② 지번　　　　　③ 결번　　　　　④ 축척

해답 ④

지번색인표의 등재사항(업무처리규정 제40조)
• 제명
• 지번·도면번호 및 결번

□□□ 04②⑤, 12⑤, 14⑤, 15⑤

107 일람도의 축척은 그 도면축척의 얼마로 하는 것을 기준으로 하는가?

① 1/5　　　　　② 1/10　　　　　③ 1/20　　　　　④ 1/50

해답 ②

일람도의 제도(업무처리규정 제41조)
일람도를 작성할 경우 일람도의 축척은 그 도면축척의 10분의 1로 한다. 다만, 도면의 장수가 많아서 한 장에 작성할 수 없는 경우에는 축척을 줄여서 작성할 수 있으며, 도면의 장수가 4장 미만인 경우에는 일람도의 작성을 하지 않을 수 있다.

□□□ 04⑤, 05①, 06⑤, 10⑤, 11①

108 다음 중 일람도에 등재하여야 하는 사항이 아닌 것은?

① 도곽선 ② 기초점 ③ 도면번호 ④ 도면의 축척

해답 ②

일람도의 등재사항(업무처리규정 제40조)
- 지번부여지역의 경계 및 인접지역의 행정구역명칭
- 도면의 제명 및 그 축척
- 도곽선과 그 수치
- 도면번호
- 도로·철도·하천·구거·유지·취락 등 주요 지형·지물의 표시

□□□ 13①, 16①

109 일람도 제도에서 붉은색 0.2mm 폭의 2선으로 제도하는 것은?

① 수도용지 ② 기타도로 ③ 철도용지 ④ 하천

해답 ③

일람도의 제도(지적업무처리규정 제38조)
- 수도용지 중 선로는 남색 0.1mm 폭의 2선으로 제도
- 지방도로 이상은 검은색 0.2mm 폭의 2선으로, 그 밖의 도로는 0.1mm의 폭으로 제도
- 철도용지는 붉은색 0.2mm 폭의 2선으로 제도
- 하천·구거(溝渠)·유지(溜池)는 남색 0.1mm의 폭의 2선으로 제도하고, 그 내부를 남색으로 옅게 채색한다. 다만, 적은 양의 물이 흐르는 하천 및 구거는 0.1mm의 남색 선으로 제도한다.

□□□ 11⑤

110 다음 중 일람도 작성(제도) 방법 및 기준으로 옳은 것은?

① 지번지역의 지적도상의 필지별 경계가 나타난다.
② 도면의 매수가 3매 이상인 경우 작성하지 아니할 수 있다.
③ 일람도의 축척은 지적도 축척의 10분의 1로 한다.
④ 일람도에 도곽선의 수치는 제도하지 않는다.

해답 ③

일람도의 제도(업무처리규정 제41조)
- 일람도를 작성할 경우 일람도의 축척은 그 도면축척의 10분의 1로 한다.
- 도면의 장수가 많아서 한 장에 작성할 수 없는 경우에는 축척을 줄여서 작성할 수 있다.
- 도면의 장수가 4장 미만인 경우에는 일람도의 작성을 하지 않을 수 있다.

□□□ 14⑤

111 일람도에서 인접 동·리의 명칭은 얼마의 크기로 제도하는가?

① 3mm   ② 4mm   ③ 5mm   ④ 6mm

해답 ②

인접 동·리 명칭은 4mm, 그 밖의 행정구역 명칭은 5mm의 크기로 한다.

□□□ 15①⑤, 19①

112 일람도의 제도방법을 설명한 것으로 옳은 것은?

① 철도용지는 붉은색 0.1mm 폭의 2선으로 제도한다.
② 수도용지 중 선로는 검은색 0.1mm 폭의 2선으로 제도한다.
③ 하천·구거·유지는 남색 0.1mm 폭의 2선으로 제도하고 그 내부를 남색으로 엷게 채색한다.
④ 취락지·건물 등은 0.1mm 폭의 선으로 제도하고 그 내부를 붉은색으로 엷게 채색한다.

해답 ③

일람도의 제도(업무처리규정 제41조)
• 철도용지는 붉은색 0.2mm 폭의 2선으로 제도한다.
• 수도용지 중 선로는 남색 0.1mm 폭의 2선으로 제도한다.
• 취락지·건물 등은 검은색 0.1mm의 폭으로 제도하고, 그 내부를 검은색으로 엷게 채색한다.

□□□ 13①

113 도곽선의 제도 방법이 옳은 것은?

① 도면에 등록하는 도곽선은 0.3mm 폭으로 제도한다.
② 도곽 좌표를 파선으로 연결한다.
③ 도곽은 붉은색의 직선으로 제도한다.
④ 도면의 아래 방향을 북쪽으로 한다.

해답 ③

도곽선의 제도(업무처리규정 제43조)
• 도면의 윗방향은 항상 북쪽이 되어야 한다.
• 도곽의 구획은 좌표의 원점을 기준으로 하여 정하되, 그 도곽의 종횡선수치는 좌표의 원점으로부터 가산하여 종횡선수치를 각각 가산한다.
• 도면에 등록하는 도곽선은 0.1밀리미터의 폭으로, 도곽선의 수치는 도곽선 왼쪽 아래부분과 오른쪽 윗부분의 종횡선교차점 바깥쪽에 2밀리미터 크기의 아라비아숫자로 제도한다.
• 도곽선과 도곽선 수치는 붉은색으로 제도한다.

□□□ 08⑤, 05①, 11①, 13①
114 지적도와 임야도에 등록하는 도곽선의 폭은 얼마로 제도하여야 하는가?

① 0.1mm ② 0.2mm ③ 0.3mm ④ 0.5mm

해답 ①

도면에 등록하는 도곽선은 0.1밀리미터의 폭으로, 도곽선의 수치는 도곽선 왼쪽 아래부분과 오른쪽 윗부분의 종횡선교차점 바깥쪽에 2밀리미터 크기의 아라비아숫자로 제도한다.

□□□ 04①⑤, 11⑤
115 도면에 등록하는 도곽선의 수치는 얼마의 크기로 제도하여야 하는가?

① 2mm ② 3mm ③ 4mm ④ 5mm

해답 ①

도곽선의 수치는 도곽선 왼쪽 아래부분과 오른쪽 윗부분의 종횡선교차점 바깥쪽에 2밀리미터 크기의 아라비아숫자로 제도한다.

□□□ 15①, 16①, 20④
116 현행 지적업무처리규정에 의한 지적도의 도곽 크기는?

① 가로 30cm, 세로 20cm ② 가로 40cm, 세로 30cm
③ 가로 30cm, 세로 40cm ④ 가로 40cm, 세로 50cm

해답 ②

지적도의 도곽 크기는 가로 40센티미터, 세로 30센티미터의 직사각형으로 한다.

□□□ 04①, 05①②, 08⑤, 15①
117 지번 및 지목을 제도하는 경우 글자크기는?

① 1mm 이상 2mm 이하 ② 2mm 이상 3mm 이하
③ 3mm 이상 4mm 이하 ④ 4mm 이상 5mm 이하

해답 ②

지번 및 지목을 제도할 때에는 지번 다음에 지목을 제도한다.
• 이 경우 2mm~3mm 크기의 명조체로 한다.
• 지번의 글자 간격은 글자크기의 4분의1 정도이다.
• 지번과 지목의 글자 간격은 글자크기의 2분의 1정도 띄어서 제도한다.

□□□ 05①, 06⑤, 10⑤, 12⑤, 14①

118 경계는 얼마의 폭을 기준으로 제도하는가?

① 0.1mm ② 0.2mm ③ 0.4mm ④ 0.5mm

해답 ①

경계는 0.1밀리미터 폭의 선으로 제도한다. (업무처리규정 제44조)

□□□ 14⑤, 19①

119 지번 및 지목을 제도할 때, 지번의 글자 간격(㉠)과 지번과 지목의 글자 간격(㉡) 기준이 모두 옳은 것은?

① ㉠ 글자 크기의 1/4 정도 ㉡ 글자 크기의 1/2 정도
② ㉠ 글자 크기의 1/2 정도 ㉡ 글자 크기의 1/4 정도
③ ㉠ 글자 크기의 1/2 정도 ㉡ 글자 크기의 1/2 정도
④ ㉠ 글자 크기의 1/4 정도 ㉡ 글자 크기의 1/4 정도

해답 ①

지번 및 지목을 제도할 때에는 지번 다음에 지목을 제도한다.
• 이 경우 2mm~3mm 크기의 명조체로 한다.
• 지번의 글자 간격은 글자크기의 4분의1 정도이다.
• 지번과 지목의 글자 간격은 글자크기의 2분의 1정도 띄어서 제도한다.

□□□ 05②, 12⑤, 16①

120 지적삼각보조점은 직경 몇 mm의 원으로 제도하여 원한에 검은색으로 엷게 채색하여야 하는가?

① 1mm ② 2mm ③ 3mm ④ 4mm

해답 ③

지적측량기준점제도(업무처리규정 제46조)

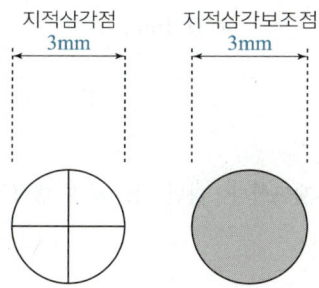

□□□ 13⑤

121 지적도근점은 직경 몇 mm의 원으로 제도하는가?

① 0.3mm　　② 0.5mm　　③ 1mm　　④ 2mm

해답 ④

지적측량기준점제도(업무처리규정 제46조)
지적 도근점은 직경 2mm의 원으로 제도하여야 한다.

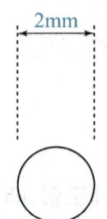

□□□ 04⑤, 10①, 12⑤, 14①, 19①

122 다음 중 도면에 등록하는 동·리의 행정구역선은 얼마의 폭으로 제도하여야 하는가?

① 0.1mm　　② 0.2mm　　③ 0.3mm　　④ 0.4mm

해답 ②

행정구역선의 제도(업무처리규정 제47조)
도면에 등록할 행정구역선은 0.4밀리미터 폭으로 제도한다. 다만, 동·리의 행정구역선은 0.2밀리미터 폭으로 한다.

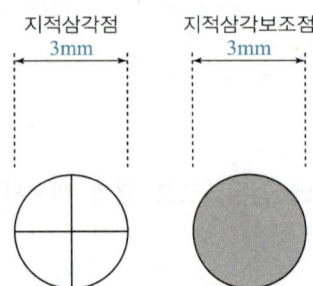

□□□ 16①

123 지적도에 등록하는 행정구역선의 제도 폭은?

① 0.1mm　　② 0.2mm　　③ 0.3mm　　④ 0.4mm

해답 ④

행정구역선의 제도(업무처리규정 제47조)
도면에 등록할 행정구역선은 0.4밀리미터 폭으로 다음 각 호와 같이 제도한다. 다만, 동·리의 행정구역선은 0.2밀리미터 폭으로 한다.

□□□ 11①, 19①

124 도면에 등록하는 지적측량기준의 명칭과 번호는 얼마의 크기로 제도하여야 하는가?

① 1.5mm 내지 2.0mm

② 2.0mm 내지 3.0mm

③ 2.5mm 내지 4.0mm

④ 2.5mm 내지 5.0mm

해답 ②

지적 측량 기준점명의 주기

지적 측량 기준점의 명칭과 번호는 당해 지적 측량 기준점의 윗부분에 명조체의 2mm 또는 3mm의 크기로 제도한다. 다만, 레터링으로 작성하는 경우에는 고딕체로 할 수 있으며 경계에 닿는 경우에는 적당한 위치에 제도할 수 있다.

□□□ 11⑤, 13①, 19①

125 직경 3mm의 원 안에 십자선(+) 표시를 하여 제도하는 것은?

① 위성기준점

② 지적도근점

③ 지적삼각점

④ 지적삼각보조점

해답 ③

지적측량기준점제도(업무처리규정 제46조)

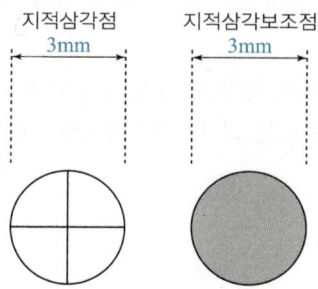

□□□ 11①

126 다음 중 도면에 실선과 허선을 각각 3mm로 연결하고, 허선에 0.3mm의 점 2개를 제도하는 행정구역선은?

① 시·도계

② 시·군계

③ 읍·면계

④ 동·리계

해답 ②

행정구역선의 제도(업무처리규정 제47조)

시·군계는 실선과 허선을 각각 3밀리미터로 연결하고, 허선에 0.3밀리미터의 점 2개를 제도한다.

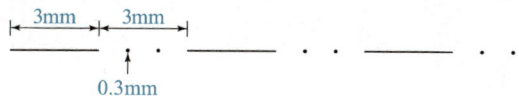

☐☐☐ 11①

127 다음 중 경계점 좌표등록부의 정리 방법 기준에 대한 설명으로 옳은 것은?

① 부호도의 각 필지의 경계점 부호는 왼쪽 위에서부터 오른쪽으로 경계를 따라 부여한다.
② 합병으로 존치되는 필지의 부호도는 그대로 유지한다.
③ 합병으로 인하여 말소된 필지의 경계점좌표등록부는 폐기한다.
④ 토지대장에 등록된 토지는 경계점좌표등록부를 작성할 수 없다.

해답 ①
경계점좌표등록부의 정리(업무처리규정 제50조)
• 합병된 때에는 존치되는 필지의 경계점좌표등록부에 합병되는 필지의 좌표를 정리하고 부호도 및 부호를 새로 정리한다.
• 합병으로 인하여 필지가 말소된 때에는 경계점좌표등록부의 부호도, 부호 및 좌표를 말소한다. 이 경우 말소된 경계점좌표등록부도 지번순으로 함께 보관한다.
• 토지대장에 등록된 토지는 경계점좌표등록부를 작성할 수 있다.

☐☐☐ 10①

128 다음 중 경계점좌표등록부의 정리 방법으로 옳지 않는 것은?

① 부호도의 각 필지의 경계점부호는 아라비아 숫자로 연속하여 부여한다.
② 토지의 빈번한 이동정리로 부호도가 복잡한 경우에 각 필지의 경계점부호는 아래 여백에 새로이 정리할 수 있다.
③ 부호도의 각 필지의 경계점부호는 오른쪽 위에서 부터 왼쪽으로 경계를 따라 부여한다.
④ 분할된 경우의 부호도 및 부호에는 새로이 결정된 경계점의 부호를 그 필지의 마지막부호 다음 번호부터 부여한다.

해답 ③
경계점좌표등록부의 정리(업무처리규정 제50조)
부호도의 각 필지의 경계점부호는 왼쪽 위에서부터 오른쪽으로 경계를 따라 아라비아숫자로 연속하여 부여한다.

☐☐☐ 15⑤

129 행정구역선이 2종 이상 겹치는 경우의 제도방법은?

① 최상급 행정구역선만 제도한다.
② 최상급 행정구역선과 최하급 행정구역선을 경계선 양쪽에 제도한다.
③ 최하급 행정구역선만 제도한다.
④ 최상급 행정구역선과 최하급 행정구역선을 교대로 제도한다.

해답 ①
행정구역선의 제도(지적업무처리규정 제47조)
행정구역선이 2종 이상 겹치는 경우에는 최상급 행정구역선만 제도한다.

□□□ 04②, 10⑤, 18④

130 다음 중 직경 3mm크기의 원 안에 검은색으로 엷게 채색하여 제도하는 지적측량기준점은?

① 3등 삼각점　　　② 4등 삼각점　　　③ 지적삼각점　　　④ 지적삼각보조점

───

해답 ④

지적측량기준점제도(업무처리규정 제46조)

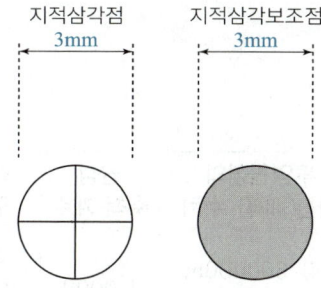

| 지적삼각점 | 지적삼각보조점 |
| 3mm | 3mm |

───

06　공간정보의 구축 및 관리 등에 관한 시행령(별표서식)

□□□ 13⑤

131 지적측량업의 등록 기준으로 틀린 것은?

① 자동제도장치 1대 이상　　　　② 지적 분야의 초급기능사 1명 이상
③ GPS 1대 이상　　　　　　　　④ 중급기술자 2명 이상

───

해답 ③

지적측량업 등록기준

기술능력	장비
특급기술자 1명 또는 고급기술자 2명 이상 중급기술자 2명 이상 초급기술자 1명 이상 지적 분야의 초급기능사 1명 이상	토털스테이션 1대 이상 자동제도장치 1대 이상

03 지적측량 개요

✍ 알아두기

ℹ️ 세계측지계에 따르지 아니하는 지적측량의 경우에는 가우스상사이중투영법으로 표시하되, 직각좌표계 투영원점의 가산(加算)수치를 각각 X(N) 500000m(제주도지역 550000m), Y(E) 200000m로 하여 사용할 수 있다.

1 지적측량의 원점

(1) 직각좌표원점

명칭	원점의 경위도	투영원점의 가산(加算) 수치	원점 축척 계수	적용 구역
서부 좌표계	경도 : 동경 125° 00′ 위도 : 북위 38° 00′	X(N) 600000m Y(E) 200000m	1.0000	동경 124° ~ 126°
중부 좌표계	경도 : 동경 127° 00′ 위도 : 북위 38° 00′	X(N) 600000m Y(E) 200000m	1.0000	동경 126° ~ 128°
동부 좌표계	경도 : 동경 129° 00′ 위도 : 북위 38° 00′	X(N) 600000m Y(E) 200000m	1.0000	동경 128° ~ 130°
동해 좌표계	경도 : 동경 131° 00′ 위도 : 북위 38° 00′	X(N) 600000m Y(E) 200000m	1.0000	동경 130° ~ 132°

(2) 평면 직각 좌표

평면직각좌표는 측량 지역에 대해 적당한 한 점을 좌표의 원점으로 정하고, 그 평면상에서 원점을 지나는 자오선을 X축(북을 +), 동서 방향을 Y(동을 +)이라 하고, 각 지점의 위치는 직각좌표값 x, y로 표시한다. 우리나라의 평면직각좌표계 원점은 서부원점, 동부원점, 중부원점, 동해원점의 4개를 기본으로 하고 있다.

▪ 국가 기준점의 종류

우주측지기준점, 위성기준점, 통합기준점, 중력점, 지자기점, 수준점, 영해기준점, 수로기준점, 삼각점 등이 있다.

(3) 구_舊소삼각원점

① 구한말 정부에서 시간상의 문제로 대삼각측량을 거치지 않고 독립적으로 일부지역에 소삼각측량을 실시하여 경인지역(19개 지역) 및 대구지역(8개 지역) 등 27개 지역에 설치한 11개의 원점

② 구소삼각원점에는 망산(間), 계양(間), 조본(m), 가리(間), 등경(間), 고초(m), 율곡(m), 현창(m), 구암(間), 금산(間), 소라(m) 원점이 있다.

③ 구소삼각원점의 평면직각좌표는 0으로 한다.

2 지적측량의 기준점

(1) 지적기준점의 종류

① **지적삼각점(地籍三角點)** : 지적측량 시 수평위치 측량의 기준으로 사용하기 위하여 국가기준점을 기준으로 하여 정한 기준점

② **지적삼각보조점** : 지적측량 시 수평위치 측량의 기준으로 사용하기 위하여 국가기준점과 지적삼각점을 기준으로 하여 정한 기준점

③ **지적도근점(地籍圖根點)** : 지적측량 시 필지에 대한 수평위치 측량 기준으로 사용하기 위하여 국가기준점, 지적삼각점, 지적삼각보조점 및 다른 지적도근점을 기초로 하여 정한 기준점

(2) 지적기준점 관리

시·도지사나 지적소관청은 지적기준점성과(지적기준점에 의한 측량성과)와 그 측량기록을 보관하고 일반인이 열람할 수 있도록 하여야 한다.

① **지적삼각점(⊕)** : 시·도지사가 성과보관, 열람 및 등본을 관리, 점간거리는 2~5km 이상

② **지적삼각보조점(◉)** : 지적소관청이 성과보관, 열람 및 등본을 관리, 점간거리는 1~3km, 다각망도선법 : 0.5~1km 이하

③ **지적도근점(○)** : 지적소관청이 성과보관, 열람 및 등본을 관리, 점간거리는 50~300m, 다각망도선법 : 500m 이하

④ **지적소관청** : 연 1회 이상 지적기준점 표지의 이상 유무를 조사하여야 한다. 이 경우 멸실되거나 훼손된 지적기준점 표지는 계속 보존할 필요가 없을 경우 폐기할 수 있다.

지적기준점 기호

• 지적삼각점

3mm

• 지적삼각보조점

3mm

• 지적도근점

2mm

(3) 지적삼각망

지적삼각망은 유심다각망, 삽입망, 사각망, 삼각쇄 또는 삼각망으로 구성하여야 한다.

① **삼각쇄(단열삼각망)**
- 폭이 좁고 긴 지역에 적합하다.
- 노선·하천측량에 주로 이용한다.
- 측량이 신속하고 경비가 절감되지만 정밀도가 낮다.

② **유심다각망(유심삼각망)**
- 한 점을 중심으로 여러 개의 삼각형을 결합시킨 삼각망이다.
- 넓은 지역에 주로 이용한다.
- 농지측량 및 평탄한 지역에 사용된다.
- 정밀도는 비교적 높은 편이다.

③ **사각망(사변형삼각망)**
- 사각형의 각 정점을 연결하여 구성한 삼각망이다.
- 조선식의 수가 가장 많아 정밀도가 가장 높다.

④ **삽입망**

삼각쇄와 유심다각망의 장점을 결합하여 구성한 삼각망으로, 지적삼각측량에서 가장 흔하게 사용된다.

⑤ **삼각망**

두 개 이상의 기선을 이용하는 삼각망으로, 그 형태에 구애됨이 없이 최소제곱법의 원리에 따라 정밀하게 조정된다.

(4) 지적삼각점측량

지적삼각점측량은 기초측량으로 정밀도가 높으며, 지적삼각점의 신설, 재설치, 지적삼각보조점 설치에 이용된다. 위성기준점, 통합기준점, 삼각점, 지적삼각점, 지적삼각점을 기초로 하여 평면위치를 결정한다.

① **기준점** : 위성기준점, 통합기준점, 삼각점, 지적삼각점

② **관측방법**
- 전파거리측량, 광파거리측량
- 경위의측량
- 위성측량
- 국토교통부장관이 승인한 측량방법

③ 계산방법 : 망평균계산법, 평균계산법

④ 연직각(鉛直角)의 관측 및 계산

연직각은 각 측점에서 정·반으로 각 2회 관측하고 관측값의 최대값과 최소값의 교차가 30초 이내인 때에는 그 평균값을 연직각으로 한다.

⑤ 지적삼각점 선점의 기준과 고려사항

- 삼각점간 시통이 좋은 곳
- 지반이 단단하고, 이동의 우려가 없는 곳
- 교통의 영향이 적고, 장비의 설치가 유용한 곳
- 후속측량이 편리하며, 영구적 보관이 가능한 곳
- 삼각형의 내각은 30°~120° 범위로 한다.
- 삼각형의 형상은 정삼각형에 가깝게 한다.

⑸ 지적삼각보조점측량

① 지적삼각보조점을 교회법으로 수평각 관측을 하는 경우에는 관측은 20초독 이상의 경위의를 사용하며, 수평각 관측은 2대회(0°, 90°로 한다.)의 방향관측법에 의한다.

② 2개의 삼각형으로부터 계산한 위치의 연결교차

($\sqrt{(종선교차)^2 + (횡선교차)^2}$ 을 말한다)가 0.3m 이하인 때에는 그 평균치를 지적삼각보조점의 위치로 한다.

⑹ 지적도근점 측량방법

① 1등도선은 가·나·다 순으로 표기한다. 1등도선은 위성기준점, 통합기준점, 삼각점, 지적삼각점 및 지적삼각보조점의 상호 간을 연결하는 도선 또는 다각망도선으로 할 것

② 2등도선은 ㄱ·ㄴ·ㄷ순으로 표기한다. 2등도선은 위성기준점, 통합기준점, 삼각점, 지적삼각점 및 지적삼각보조점과 지적도근점을 연결하거나 지적도근점 상호간을 연결하는 도선으로 할 것

③ 종·횡선 오차 및 연결오차 계산방법

- 종선오차 : $f_x = (X_A + \Sigma \triangle x) - X_B$
- 횡선오차 : $f_y = (Y_A + \Sigma \triangle y) - Y_B$
- 연결오차 $= \sqrt{(f_x)^2 + (f_y)^2}$

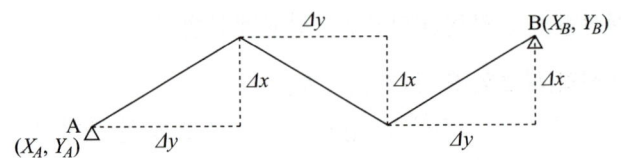

- 종선차의 합 : $\Sigma \triangle x$
- 횡선차의 합 : $\Sigma \triangle y$

④ 관측과 계산단위

종 별	각	측정횟수	거리	진수
배각법	초	3회	cm	5자리 이상
방위각법	분	1회	cm	5자리 이상

⑤ 각도관측시 허용범위 및 폐색오차
- 각 관측은 배각법, 방위각법을 사용한다.
- 배각법으로 관측하는 경우 1회 측정각과 3회 측정각의 평균값에 대한 교차는 30″ 이내로 한다.
- 배각법에 따르는 경우 1등도선의 폐색오차 : $\pm 20\sqrt{n}$ 초
- 배각법에 따르는 경우 2등도선의 폐색오차 : $\pm 30\sqrt{n}$ 초
- 방위각법에 따르는 경우 1등도선의 폐색오차 : $\pm\sqrt{n}$ 분
- 방위각법에 따르는 경우 2등도선의 폐색오차 : $\pm 1.5\sqrt{n}$ 분

(7) 지적측량성과의 결정

지적측량성과와 검사 성과의 연결교차가 다음 각 호의 허용범위 이내일 때에는 그 지적측량성과에 관하여 다른 입증을 할 수 있는 경우를 제외하고는 그 측량성과로 결정하여야 한다.

① **지적삼각점** : 0.20m
② **지적삼각보조점** : 0.25m
③ **지적도근점**
- 경계점좌표등록부 시행지역 : 0.15m
- 그 밖의 지역 : 0.25m
④ **경계점**
- 경계점좌표등록부 시행지역 : 0.10m
- 그 밖의 지역 : 10분의 3Mmm(M은 축척분모)
⑤ 지적측량성과를 전자계산기기로 계산하였을 때에는 그 계산성과자료를 측량부 및 면적측정부로 본다.

⑥ 지적측량수행자는 측량부·측량결과도·면적측정부, 측량성과 파일 등 측량성과에 관한 자료(전자파일 형태로 저장한 매체 또는 인터넷 등 정보통신망을 이용하여 제출하는 자료를 포함한다)를 지적소관청에 제출하여 그 성과의 정확성에 관한 검사를 받아야 한다.

02 지적측량의 구분

1 지적측량의 종류

(1) 지적측량의 분류

지적측량은 지적기준점을 정하기 위한 기초측량과, 1필지의 경계와 면적을 정하는 세부측량으로 구분한다.

① **기초측량** : 지적삼각점측량, 지적삼각보조점측량, 지적도근점측량

② **세부측량**
- 신규등록측량
- 등록전환측량
- 분할측량
- 등록말소측량
- 축척변경측량
- 등록사항정정측량
- 지적확정측량
- 경계복원측량
- 지적현황측량
- 지적복구측량

(2) 지적측량의 기초점, 계산방법, 측량방법

① **지적삼각점**
- 기초점 : 위성기준점, 통합기준점, 삼각점, 지적삼각점
- 계산방법 : 평균계산법, 망평균계산법
- 측량방법 : 경위의측량방법, 전파기 또는 광파기측량방법, 위성측량방법 및 국토교통부장관이 승인한 측량방법

알아두기

🔧 지적측량은 평판(平板)측량, 전자평판측량, 경위의(經緯儀)측량, 전파기(電波機) 또는 광파기(光波機)측량, 사진측량 및 위성측량 등의 방법에 따른다.

② 지적삼각보조점
- 기초점 : 위성기준점, 통합기준점, 삼각점, 지적삼각점, 지적삼각보조점
- 계산방법 : 교회법, 다각망도선법
- 측량방법 : 경위의측량방법, 전파기 또는 광파기측량방법, 위성측량방법 및 국토교통부장관이 승인한 측량방법

③ 지적도근점
- 기초점 : 위성기준점, 통합기준점, 삼각점, 지적삼각점, 지적삼각보조점, 지적도근점
- 계산방법 : 교회법, 도선법, 다각망도선법
- 측량방법 : 경위의측량방법, 전파기 또는 광파기측량방법, 위성측량방법 및 국토교통부장관이 승인한 측량방법

④ 세부측량의 경우
- 기초점 : 위성기준점, 통합기준점, 지적기준점, 경계점
- 계산방법 : 방사법, 도선법, 교회법
- 측량방법 : 경위의측량방법, 평판측량방법, 위성측량방법 및 전자평판측량방법

(3) 경계복원측량
경계복원측량은 지적공부에 등록된 경계점의 위치를 지상에 복원하기 위해 실시하는 측량으로 지적도나 임야도에 등록된 토지경계를 정확히 표시하여 1필지의 한계를 구분해 준다.

(4) 지적세부측량
지적세부측량은 1필지별 경계와 행정구역선을 결정하여 지적공부에 등록하는 목적을 가지고 실시하는 측량방법으로 1필지측량 이라고도 한다.

2 경위의 측량방법, 평판측량방법

(1) 경위의 측량방법에 따른 지적삼각점의 관측
① 관측은 10초독(秒讀) 이상의 경위의를 사용할 것
② 수평각 관측은 3대회(大回, 윤곽도는 0도, 60도, 120도로 한다)의 방향관측법에 따를 것

③ 수평각의 측각공차(測角公差)는 다음 표에 따른다.

종별	1방향각	1측회(測回)의 폐색(閉塞)	삼각형 내각 관측의 합과 180도와의 차	기지각(旣知角)과의 차
공차	30초 이내	±30초 이내	±30초 이내	±40초 이내

(2) 경위의 측량방법에 따른 지적삼각보조점 관측

① 관측은 20초독 이상의 경위의를 사용할 것
② 수평각 관측은 2대회(윤곽도는 0°, 90°로 한다.)의 방향관측법에 따를 것
③ 수평각의 측각공차는 다음 표에 따를 것. 이 경우 삼각형 내각의 관측치의 합한 값과 180°와의 차는 내각을 전부 관측한 경우에 적용한다.

종별	1방향각	1측회의 폐색	삼각형 내각 관측치의 합과 180° 와의 차	기지각과의 차
공차	40초 이내	±40초 이내	±50초 이내	±50초 이내

(3) 경위의측량방법에 따른 세부측량의 관측

① 미리 각 경계점에 표지를 설치한다. 다만, 부득이한 경우에는 그러하지 아니하다.
② 도선법 또는 방사법에 의한다.
③ 관측은 20초독 이상의 경위의를 사용한다.
④ 수평각의 관측은 1대회의 방향관측법이나 2배각의 배각법에 의한다. 다만, 방향관측법인 경우에는 1측회의 폐색을 하지 않을 수 있다.
⑤ 연직각의 관측은 정·반으로 1회 관측하여 그 교차가 5분 이내인 때에는 그 평균치를 연직각으로 하되, 분 단위로 독정한다.
⑥ 수평각의 측각공차

종 별	1방향각	1회 측정각과 2회 측정각의 평균값에 대한 교차
공 차	60초 이내	40초 이내

(4) 측량준비도 및 측량결과도

① 평판측량방법으로 세부측량을 한 경우 측량결과도
- 측량준비도에 기재사항(제17조제1항 각 호의 사항)
- 측정점의 위치, 측량기하적 및 지상에서 측정한 거리
- 측량대상 토지의 토지이동 전의 지번과 지목(2개의 붉은 선으로 말소한다)
- 측량결과도의 제명 및 번호(연도별로 붙인다)와 도면번호
- 신규등록 또는 등록전환하려는 경계선 및 분할경계선
- 측량대상 토지의 점유현황선
- 측량 및 검사의 연월일, 측량자 및 검사자의 성명·소속 및 자격등급 또는 기술등급

② 경위의 측량방법으로 세부측량을 한 경우 측량결과도
- 측량준비도에 기재사항(제17조제1항 각 호의 사항)
- 측정점의 위치(측량계산부의 좌표를 전개하여 적는다), 지상에서 측정한 거리 및 방위각
- 측량대상 토지의 경계점 간 실측거리
- 측량대상 토지의 토지이동 전의 지번과 지목(2개의 붉은 색으로 말소한다)
- 측량결과도의 제명 및 번호(연도별로 붙인다)와 지적도의 도면번호
- 신규등록 또는 등록전환하려는 경계선 및 분할경계선
- 측량대상 토지의 점유현황선
- 측량 및 검사의 연월일, 측량자 및 검사자의 성명·소속 및 자격등급 또는 기술등급

③ 측량대상 토지의 경계점간 실측거리와 경계점의 좌표에 따라 계산한 거리의 교차는 $3+\dfrac{L}{10}$ 센티미터 이내이어야 한다. 이 경우 L은 실측거리로서 미터단위로 표시한 수치를 말한다.

④ 평판측량방법으로 세부측량을 할 경우 측량준비파일(측량준비도)
- 측량대상 토지의 경계선·지번 및 지목
- 인근 토지의 경계선·지번 및 지목
- 임야도를 갖춰 두는 지역에서 인근 지적도의 축척으로 측량을 할 때에는 임야도에 표시된 경계점의 좌표를 구하여 지적도에 전개(展開)한 경계선. 다만, 임야도에 표시된 경계점의 좌표를 구할 수 없거나 그 좌표에 따라 확대하여 그리는 것이 부적당한 경우에는 축척비율에 따라 확대한 경계선을 말한다.

- 행정구역선과 그 명칭
- 지적기준점 및 그 번호와 지적기준점 간의 거리, 지적기준점의 좌표, 그 밖에 측량의 기점이 될 수 있는 기지점
- 도곽선(圖廓線)과 그 수치
- 도곽선의 신축이 0.5밀리미터 이상일 때에는 그 신축량 및 보정(補正) 계수
- 그 밖에 국토교통부장관이 정하는 사항

⑤ 경위의 측량방법으로 세부측량을 할 경우 측량준비파일(측량준비도)
- 측량대상 토지의 경계와 경계점의 좌표 및 부호도·지번·지목
- 인근 토지의 경계와 경계점의 좌표 및 부호도·지번·지목
- 행정구역선과 그 명칭
- 지적기준점 및 그 번호와 지적기준점 간의 방위각 및 그 거리
- 경계점 간 계산거리
- 도곽선과 그 수치
- 그 밖에 국토교통부장관이 정하는 사항

(5) 평판(측판)측량의 방법
① 교회법 : 전방교회법, 측방교회법, 후방교회법
② 도선법
③ 방사법

(6) 평판(측판)측량의 교회법의 기준
① 전방교회법 또는 측방교회법에 의한다.
② 3방향 이상의 교회에 의한다.
③ 방향각의 교각은 30° 이상 150° 이하로 한다.
④ 방향선의 도상길이는 측판의 방위표정에 사용한 방향선의 도상길이 이하로서 10cm 이하로 한다. 다만, 광파조준의를 사용하는 경우에는 30cm 이하로 할 수 있다.
⑤ 측량결과 시오삼각형이 생긴 경우 내접원의 지름이 1mm 이하인 때에는 그 중심을 점의 위치로 한다.

(7) 평판(측판)측량의 도선법의 기준
① 위성기준점, 통합기준점 또는 지적기준점 그 밖에 명확한 기준점간을 서로 연결한다.
② 도선의 측선장은 도상길이 8cm 이하로 한다. 다만, 광파조준의를 사용하는 때에는 30cm 이하로 할 수 있다.
③ 도선의 변은 20개 이하로 한다.

⚑ **전방교회법**
이미 알고 있는 2개 또는 3개의 점에 평판을 세우고 구하는 점을 시준 후 교차하여 점의 위치를 구하는 방법이다.

⚑ **후방교회법**
도상에 표시되지 않는 미지점에 평판을 세우고, 기지점의 방향선으로 알고 있는 점을 시준하여 현재 세워져 있는 평판의 위치를 구하는 방법이다.

④ 도선의 폐색오차가 도상길이 $\dfrac{\sqrt{N}}{3}$[mm] 이하

$$M_n = \frac{e}{N} \times n$$

여기서, M_n : 각 점에 순서대로 배분할 mm단위의 도상길이

$\quad\quad\ e$: mm 단위의 오차

$\quad\quad N$: 변의 수

$\quad\quad n$: 변의 순서

(8) 평판(측판)측량의 방사법의 기준
① 1방향선의 도상길이 : 10cm
② 광파조준의 사용 : 30cm

(9) 구심
구심은 평판위의 측점과 지상의 측점이 동일 연직선상에서 일치되도록 하는 작업이다.

(10) 평판의 설치법
평판을 측정점에 설치할 때에는 정준(수평 맞추기), 구심(중심 맞추기), 표정(방향 맞추기)등 3가지 조건을 만족시켜야 한다.

(11) 평판(측판)측량의 특징
① 기계의 조작과 측량 방법이 간단하다.
② 현장에서 직접 작도하므로 결측을 발견하기 쉬워 재측량을 할 열려가 없고, 내업 시간이 절약된다.
③ 현장에서 측량이 잘못된 곳을 발견하기 쉽다.
④ 야장을 기입할 필요가 없으므로 착오가 생길 우려가 적다.

(12) 평판측량으로 세부측량을 할 경우
① 거리측정단위는 지적도를 갖춰 두는 지역에서는 5센티미터로 하고, 임야도를 갖춰 두는 지역에서는 50센티미터로 할 것
② 측량결과도는 그 토지가 등록된 도면과 동일한 축척으로 작성할 것
③ 세부측량의 기준이 되는 위성기준점, 통합기준점, 삼각점, 지적삼각점, 지적삼각보조점, 지적도근점 및 기지점이 부족한 경우에는 측량상 필요한 위치에 보조점을 설치하여 활용할 것

④ 경계점은 기지점을 기준으로 하여 지상경계선과 도상경계선의
부합 여부를 현형법(現形法)·도상원호(圖上圓弧)교회법·지상
원호(地上圓弧)교회법 또는 거리비교확인법 등으로 확인하여
정할 것

3 지적측량검사 기간

① **지적측량검사 기간**
지적측량의 측량기간은 5일로 하며, 측량검사기간은 4일로 한다.
다만, 지적기준점을 설치하여 측량 또는 측량검사를 하는 경우
지적기준점이 15점 이하인 경우에는 4일을, 15점을 초과하는
경우에는 4일에 4점마다 1일을 가산한다.

② 만약에 지적측량 의뢰인과 지적측량수행자가 서로 합의하여 따
로 기간을 정하는 경우에는 그 기간에 따르되, 전체 기간의 4분
의 3은 측량기간으로, 전체 기간의 4분의 1은 측량검사기간으
로 본다.

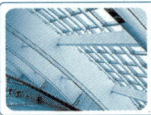
과년도 예상문제

01 지적측량의 기준

□□□ 04②, 13⑤, 14⑤

01 지적측량에서 직각좌표계 원점을 사용하기 위하여 종선수치와 횡선수치에 각각 얼마를 가산하여 사용할 수 있는가?

① 종선수치 − 50만m(제주도는 55만m), 횡선수치 − 30만m
② 종선수치 − 50만m(제주도는 55만m), 횡선수치 − 20만m
③ 종선수치 − 30만m(제주도는 55만m), 횡선수치 − 50만m
④ 종선수치 − 20만m(제주도는 55만m), 횡선수치 − 50만m

해답 ②

직각좌표원점

세계측지계에 따르지 아니하는 지적측량의 경우에는 가우스상사이중투영법으로 표시하되, 직각좌표계 투영원점의 가산(加算)수치를 각각 X(N) 500,000m(제주도지역 550,000m), Y(E) 200,000m로 하여 사용할 수 있다.

□□□ 14⑤, 18④

02 지적기준점에 해당하는 것만을 모두 옳게 나열한 것은?

① 지적삼각점
② 지적삼각점, 지적도근점, 지적도근보조점
③ 지적삼각점, 지적삼각보조점, 지적도근점
④ 1등삼각점, 지적삼각점, 지적삼각보조점, 지적도근점

해답 ③

지적기준점의 종류
• 지적삼각점(地籍三角點)
• 지적삼각보조점
• 지적도근점(地籍圖根點)

□□□ 16①, 20④

03 다음 중 우리나라 지적측량에 사용하는 구소삼각원점이 아닌 것은?

① 망산원점　　　　　② 현창원점　　　　　③ 고성원점　　　　　④ 금산원점

해답 ③

구(舊)소삼각원점
구소삼각원점에는 망산(間), 계양(間), 조본(m), 가리(間), 등경(間), 고초(m), 율곡(m), 현창(m), 구암(間), 금산(間), 소라(m) 원점이 있다.

□□□ 14⑤

04 지적측량에 사용되는 구소삼각지역의 직각좌표계 원점은 몇 개인가?

① 7개　　　　　② 9개　　　　　③ 11개　　　　　④ 13개

해답 ③

구(舊)소삼각원점
구한말 정부에서 시간상의 문제로 대삼각측량을 거치지 않고 독립적으로 일부지역에 소삼각측량을 실시하여 경인지역(19개지역) 및 대구지역(8개지역) 등 27개지역에 설치한 11개의 원점

□□□ 04②, 05②, 13①, 15①, 19①

05 도곽선 수치는 원점으로부터 얼마를 가산하는가? (단, 제주도지역은 고려하지 않는다.)

① 종선 50만m, 횡선 50만m　　　　　② 종선 50만m, 횡선 20만m
③ 종선 20만m, 횡선 50만m　　　　　④ 종선 20만m, 횡선 20만m

해답 ②

직각좌표원점
세계측지계에 따르지 아니하는 지적측량의 경우에는 가우스상사이중투영법으로 표시하되, 직각좌표계 투영원점의 가산(加算)수치를 각각 X(N) 500000m(제주도지역 550000m), Y(E) 200000m로 하여 사용할 수 있다.

□□□ 08⑤, 11⑤

06 다음 중 지적측량에 사용하는 좌표의 원점이 아닌 것은?

① 동부원점　　　　　② 중부원점　　　　　③ 남부원점　　　　　④ 서부원점

해답 ③

지적측량에서 사용하는 직각좌표계 원점
• 서부좌표계　　　　　• 중부좌표계
• 동부좌표계　　　　　• 동해좌표계

□□□ 04⑤, 06⑤, 10⑤, 19⑤
07 다음 중 직각좌표계 원점에 해당하지 않는 것은?

① 중부좌표계 　　② 수준좌표계 　　③ 서부좌표계 　　④ 동부좌표계

해답 ②
지적측량에서 사용하는 직각좌표계 원점
• 서부좌표계 　　　　• 중부좌표계
• 동부좌표계 　　　　• 동해좌표계

□□□ 13①
08 다음 중 지적측량에 사용되는 구소삼각지역의 직각좌표계 원점이 아닌 것은?

① 고초원점 　　② 망산원점 　　③ 수준원점 　　④ 소라원점

해답 ③
구(舊)소삼각원점
구소삼각원점에는 망산(間), 계양(間), 조본(m), 가리(間), 등경(間), 고초(m), 율곡(m), 현창(m), 구암(間), 금산(間), 소라(m) 원점이 있다.

□□□ 15⑤, 17④
09 제주도 지역은 직각좌표계 투영원점에 종선 및 횡선을 각각 얼마씩 가산하여 정하는가?

① 종선 50만m, 횡선 20만m 　　② 종선 20만m, 횡선 50만m
③ 종선 55만m, 횡선 25만m 　　④ 종선 55만m, 횡선 20만m

해답 ④
직각좌표원점
세계측지계에 따르지 아니하는 지적측량의 경우에는 가우스상사이중투영법으로 표시하되, 직각좌표계 투영원점의 가산(加算)수치를 각각 X(N) 500000m(제주도지역 550000m), Y(E) 200000m로 하여 사용할 수 있다.

□□□ 15⑤
10 지적기준점에 해당하지 않는 것은?

① 지적도근점 　　　　② 지적삼각점
③ 지적삼각보조점 　　④ 수준점

해답 ④
지적측량시행규칙 제5조(지적측량의 구분)
지적기준점을 정하기 위한 기초측량에는 지적삼각점측량, 지적삼각보조점측량, 지적도근점측량이 있다.

□□□ 13⑤

11 지적삼각점 성과는 누가 관리하여야 하는가?

① 행정안전부장관　　　　　　② 시·도지사
③ 시장 또는 군수　　　　　　④ 읍·면장

해답 ②

지적기준점 성과 관리
• 지적삼각점 : 시·도지사
• 지적삼각보조점 및 지적도근점 : 지적소관청

□□□ 11①, 13⑤

12 다음 중 지적기준점에 해당하지 않는 것은?

① 지적삼각점　　　② 지적도근점　　　③ 지적필계점　　　④ 지적삼각보조점

해답 ③

지적기준점의 종류
• 지적삼각점(地籍三角點)
• 지적삼각보조점
• 지적도근점(地籍圖根點)

□□□ 12⑤

13 우리나라에서 토지조사사업 이전에 형편상 대삼각측량을 거치지 않고 독립적으로 일부지역에 특별히 11개의 원점의 설정하여 측량을 실시하였는데, 이 때 만들어진 원점을 무엇이라 하는가?

① 일반원점　　　　　　　　② 구소삼각원점
③ 특별소감각원점　　　　　　④ 대삼각본점

해답 ②

구(舊)소삼각원점
구한말 정부에서 시간상의 문제로 대삼각측량을 거치지 않고 독립적으로 일부지역에 소삼각측량을 실시하여 경인지역(19개지역) 및 대구지역(8개지역) 등 27개지역에 설치한 11개의 원점

□□□ 12⑤

14 다음 중 지적기준점의 종류에 해당하지 않는 것은?

① 지적삼각점　　　　　　　　② 지적수준점
③ 지적도근점　　　　　　　　④ 지적삼각보조점

해답 ②
지적기준점의 종류
- 지적삼각점(地籍三角點)
- 지적삼각보조점
- 지적도근점(地籍圖根點)

□□□ 04⑤, 06⑤, 10①

15 다음 중 지적기준점에 해당하지 않는 것은?

① 지적수준점　　　　　　　　② 지적도근점
③ 지적삼각보조점　　　　　　④ 지적삼각점

해답 ①
지적기준점의 종류
- 지적삼각점(地籍三角點)
- 지적삼각보조점
- 지적도근점(地籍圖根點)

□□□ 16①, 20④

16 다음 중 지적기준점이 아닌 것은?

① 지적삼각점　　　　　　　　② 공공수준점
③ 지적보조삼각점　　　　　　④ 지적도근점

해답 ②
지적기준점의 종류
- 지적삼각점(地籍三角點)
- 지적삼각보조점
- 지적도근점(地籍圖根點)

□□□ 10①, 17④

17 교회법에 따른 지적삼각보조점을 관측한 결과가 아래와 같을 때 연결교차는 얼마인가?

점 명	X좌표(m)	Y좌표(m)
A	1357.46	2468.35
B	1357.35	2468.42

① 0.11m ② 0.13m ③ 0.15m ④ 0.17m

해답 ②

$$연결교차 = \sqrt{(종선교차)^2 + (횡선교차)^2}$$
$$= \sqrt{(1357.35 - 1357.46)^2 + (2468.42 - 2468.35)}$$
$$= 0.13m$$

□□□ 11⑤

18 지적기준점성과의 등본이나 그 측량기록의 사본을 발급받으려는 자는 다음 중 누구에게 그 발급을 신청할 수 있는가?

① 공공측량시행자 ② 시·도지사
③ 행정안전부장관 ④ 국토교통부장관

해답 ②

지적기준점성과의 보관 및 열람(법률 제27조)
시·도지사나 지적소관청은 지적기준점 성과(지적기준점에 의한 측량성과)와 그 측량기록을 보관하고 일반인이 열람할 수 있도록 하여야 한다.

□□□ 10⑤

19 다음 중 지적삼각점을 관측하는 경우 연직각의 관측 방법기준으로 옳은 것은?

① 각 측점에서 정반(正反)으로 각 1회 관측할 것
② 각 측점에서 정반(正反)으로 각 2회 관측할 것
③ 각 측점에서 정반(正反)으로 각 3회 관측할 것
④ 각 측점에서 정반(正反)으로 각 5회 관측할 것

해답 ②

연직각은 각 측점에서 정·반으로 각 2회 관측하고 관측값의 최대값과 최소값의 교차가 30초 이내인 때에는 그 평균값을 연직각으로 한다.

□□□ 04②, 11①

20 다음 중 지적 도근점 측량의 도선 구분이 가장 옳은 것은?

① ㄱ도선과 ㄴ도선
② 가도선과 나도선
③ 1등도선과 2등 도선
④ A도선과 B도선

해답 ③

도선의 등급(지적측량시행규칙 제12조)
도선은 1등도선과 2등도선으로 구분한다.
(∵ 1등도선 : 가, 나, 다, 순으로 표기, 2등도선 : ㄱ, ㄴ, ㄷ, 순으로 표기)

□□□ 08⑤, 10⑤, 18①

21 다음 중 방위각법에 의한 지적도근점측량에서 연결 오차를 구하는 식이 옳은 것은?

① $\sqrt{f_x + f_y}$
② $\sqrt{f_x^2 + f_y^2}$
③ $f_x + f_y$
④ $f_x^2 + f_y^2$

해답 ②

지적도근점측량의 연결오차

연결오차 = $\sqrt{(f_x)^2 + (f_y)^2}$ (∵ f_x : 종선오차, f_y : 횡선오차)

□□□ 15①

22 지적측량수행자가 지적측량성과의 정확성을 검사 받기 위하여 지적소관청에 제출해야 할 서류가 아닌 것은?

① 면적측정부
② 측량결과도
③ 측량의뢰서
④ 측량성과 파일

해답 ③

지적측량수행자는 측량부·측량결과도·면적측정부, 측량성과 파일 등 측량성과에 관한 자료(전자파일 형태로 저장한 매체 또는 인터넷 등 정보통신망을 이용하여 제출하는 자료를 포함한다)를 지적소관청에 제출하여 그 성과의 정확성에 관한 검사를 받아야 한다.

□□□ 11⑤

23 다음 중 지적도근점성과를 관리하는 자는?

① 지적소관청
② 도지사
③ 특별시장·광역시장
④ 국토지리정보원장

해답 ①

지적기준점 성과 관리
• 지적삼각점 : 시·도지사
• 지적삼각보조점 및 지적도근점 : 지적소관청

□□□ 15①, 17①
24 지적측량성과 결정 사항 중 틀린 것은?

① 지적삼각점 : 0.2m 이내
② 지적삼각보조점 : 0.25m 이내
③ 경계점좌표등록지역의 지적도근점 : 0.10m 이내
④ 경계점좌표등록지역의 경계점 : 0.10m 이내

해답 ③

경계점좌표등록부 시행지역에서 지적도근점의 지적측량성과 결정기준은 0.1m 이내이다.

□□□ 10⑤, 13⑤
25 다음 중 지적삼각점측량의 방법에 해당하지 않는 것은?

① 경위의측량방법   ② 광파기측량방법
③ 전파기측량방법   ④ 평판측량방법

해답 ④
지적삼각점측량의 종류
• 전파거리측량, 광파거리측량
• 경위의 측량
• 위성측량

□□□ 04①, 12⑤
26 다음 중 지적도근점을 정하기 위한 기초가 될 수 없는 것은?

① 지적삼각점   ② 공공수준점
③ 지적삼각보조점   ④ 국가기준점

해답 ②
지적도근점(地籍圖根點)
지적측량 시 필지에 대한 수평위치 측량 기준으로 사용하기 위하여 국가기준점, 지적삼각점, 지적삼각보조점 및 다른 지적도근점을 기초로 하여 정한 기준점
(∵ 공공수준점은 기초가 될 수 없다.)

□□□ 14⑤

27 지적삼각점 선점 시 정밀도와 정확도를 위해 고려해야 할 사항으로 옳지 않은 것은?

① 모든 삼각형의 내각은 90°에 가깝도록 한다.
② 땅이 단단한 곳에 선정한다.
③ 간편하고 완전한 망구성이 되어야 한다.
④ 시준선상에 장애물이 없도록 하여야 한다.

해답 ①
삼각형의 형상은 정삼각형에 가깝게 하고, 내각은 30°~120° 범위로 한다.

□□□ 13⑤, 18④

28 지적도근점측량에서 1등도선의 도선명 표기방법은?

① 가, 나, 다 순
② ㄱ, ㄴ, ㄷ 순
③ 1, 2, 3 순
④ Ⅰ, Ⅱ, Ⅲ 순

해답 ①
지적측량시행규칙 제12조(도선의 등급)
• 1등도선 : 가, 나, 다 순으로 표기
• 2등도선 : ㄱ, ㄴ, ㄷ 순으로 표기

□□□ 11①

29 방위각법에 의한 지적도근점측량에서 각의 관측과 계산단위 기준은 얼마인가?

① 라디안
② 초
③ 분
④ 도

해답 ③
지적측량시행규칙 제13조(지적도근점측량의 관측과 계산단위)

종별	각	측정횟수	거리	진수	좌표
배각법	초	3회	센티미터	5자리 이상	센티미터
방위각법	분	1회	센티미터	5자리 이상	센티미터

02 지적측량의 구분

□□□ 11⑤

30 아래의 설명에 해당하는 것은?

> 지적도나 임야도에 등록된 경계를 현지에 정확히 표시하여 일필지의 한계를 구분하여 주는 측량이다.

① 신규등록측량　　　　　　　　② 경계복원측량
③ 등록전환측량　　　　　　　　④ 지적확정측량

해답 ②

경계복원측량

경계복원측량은 지적공부에 등록된 경계점의 위치를 지상에 복원하기 위해 실시하는 측량으로 지적도나 임야도에 등록된 토지경계를 정확히 표시하여 1필지의 한계를 구분해 준다.

□□□ 13⑤, 15⑤

31 지적측량의 측량검사기간 기준으로 옳은 것은?
(단, 지적기준점을 설치하여 측량 검사를 하는 경우는 고려하지 않는다.)

① 4일　　　　② 5일　　　　③ 6일　　　　④ 7일

해답 ①

공간정보의 구축 및 관리등에 관한 시행규칙 제25조(지적측량의 의뢰)
지적측량의 측량기간은 5일로 하며, 측량검사기간은 4일로 한다.

□□□ 04②, 13⑤, 17①

32 다음 중 지적측량의 구분으로 옳은 것은?

① 기준측량, 골조측량　　　　　② 기초측량, 일반측량
③ 세부측량, 확정측량　　　　　④ 기초측량, 세부측량

해답 ④

지적측량은 지적기준점을 정하기 위한 기초측량과, 1필지의 경계와 면적을 정하는 세부측량으로 구분한다.

□□□ 14⑤
33 지적측량의 구분으로 옳은 것은?

① 평판측량, 사진측량　　　　　② 기초측량, 세부측량
③ 일반측량, 공공측량　　　　　④ 기본측량, 세부측량

해답 ②
지적측량은 지적기준점을 정하기 위한 기초측량과, 1필지의 경계와 면적을 정하는 세부측량으로 구분한다.

□□□ 15⑤
34 지적측량을 크게 2가지로 구분할 때 그 구분이 옳은 것은?

① 도근측량과 세부측량　　　　　② 삼각측량과 세부측량
③ 기초측량과 수준측량　　　　　④ 기초측량과 세부측량

해답 ④
지적측량은 지적기준점을 정하기 위한 기초측량과, 1필지의 경계와 면적을 정하는 세부측량으로 구분한다.

□□□ 05①, 05②, 11⑤, 14⑤, 19⑤
35 다음 중 지적측량의 구분으로 옳은 것은?

① 평판측량, 사진측량　　　　　② 기초측량, 세부측량
③ 일반측량, 공공측량　　　　　④ 기본측량, 세부측량

해답 ②
지적측량은 지적기준점을 정하기 위한 기초측량과, 1필지의 경계와 면적을 정하는 세부측량으로 구분한다.

□□□ 11①
36 다음 중 지적측량의 구분이 가장 옳은 것은?

① 기초측량과 세부측량　　　　　② 삼각측량과 도근측량
③ 경위의측량과 평판측량　　　　④ 사진측량과 위성측량

해답 ①
지적측량은 지적기준점을 정하기 위한 기초측량과, 1필지의 경계와 면적을 정하는 세부측량으로 구분한다.

□□□ 13①, 15①

37 지적측량 중 기초측량에 해당하지 않는 것은?

① 지적삼각점측량

② 지적도근점측량

③ 지적도근보조점측량

④ 지적삼각보조점측량

해답 ③

지적기준점을 정하기 위한 기초측량에는 지적삼각점측량, 지적삼각보조점측량, 지적도근점측량이 있다.

□□□ 14①, 19⑤

38 지적측량 중 기초측량에 해당하지 않는 것은?

① 지적삼각점측량

② 지적삼각보조점측량

③ 지적확정측량

④ 지적도근점측량

해답 ③

지적기준점을 정하기 위한 기초측량에는 지적삼각점측량, 지적삼각보조점측량, 지적도근점측량이 있다.

□□□ 14⑤

39 지적측량의 기초측량에 사용하는 방법이 아닌 것은?

① 경위의 측량방법

② 광파기 측량방법

③ 평판 측량방법

④ 위성 측량방법

해답 ③

지적기준점을 정하기 위한 기초측량의 방법은 경위의 측량방법, 전파기 또는 광파기 측량방법, 위성 측량방법 등이 있다.

□□□ 06⑤, 14⑤, 19①

40 지적 기초측량의 방법이 아닌 것은?

① 평판 측량방법

② 전파기 측량방법

③ 경위의 측량방법

④ 위성 측량방법

해답 ①

지적기준점을 정하기 위한 기초측량의 방법은 경위의 측량방법, 전파기 또는 광파기 측량방법, 위성 측량방법 등이 있다.

☐☐☐ 11⑤

41 다음 중 지적 관련 법규에 규정된 세부측량의 방법에 해당하지 않는 것은?

① 평판 측량방법
② 경위의 측량방법
③ 위성 측량방법
④ 레벨 측량방법

해답 ④

1필지의 경계와 면적을 정하는 세부측량의 방법으로는 경위의 측량방법, 평판 측량방법, 위성 측량방법 및 전자평판 측량방법이 있다.

☐☐☐ 08⑤, 10①, 16①

42 지적측량 중 세부측량은 위성기준점, 통합기준점, 지적기준점 및 경계점을 기초로 하여 어떤 방법에 따라야 하는가?

① 광파기 측량방법
② 평판 측량방법
③ 전파기 측량방법
④ 사진 측량방법

해답 ②

1필지의 경계와 면적을 정하는 세부측량의 방법으로는 경위의 측량방법, 평판 측량방법, 위성 측량방법 및 전자평판 측량방법이 있다.

☐☐☐ 15①

43 세부측량의 실시 대상이 아닌 것은?

① 신규등록 측량
② 경계복원 측량
③ 도근 측량
④ 분할 측량

해답 ③

세부측량 : 신규등록측량, 등록전환측량, 분할측량, 등록말소측량, 축척변경측량, 등록사항정정측량, 지적확정측량, 경계복원측량, 지적현황측량

☐☐☐ 16①

44 지적측량 방법에 속하지 않는 것은?

① 위성측량
② 전파기측량
③ 사진측량
④ 천문측량

해답 ④

지적측량의 구분
지적측량은 평판(平板)측량, 전자평판측량, 경위의(經緯儀)측량, 전파기(電波機) 또는 광파기(光波機)측량, 사진측량 및 위성측량 등의 방법에 따른다.

□□□ 06⑤, 11①, 15⑤

45 경위의 측량방법으로 세부측량을 하는 경우 측량결과도에 기재하여야 할 사항이 아닌 것은?

① 지상에서 측정한 거리 및 방위각　　② 측량 대상 토지의 경계점 간 실측거리
③ 지적도의 도면번호　　　　　　　　④ 도곽선의 신축량과 보정계수

해답 ④

도곽선의 신축량과 보정계수는 평판측량방법으로 세부측량을 할 경우 측량준비파일에 해당된다.

□□□ 10①

46 경위의 측량방법에 따른 세부측량의 방법으로 옳은 것은?

① 도선법 또는 방사법　　　　　　　　② 도선법 또는 교회법
③ 교회법 또는 지거법　　　　　　　　④ 방사법 또는 지거법

해답 ①

세부측량의 기준
관측은 20초독 이상의 경위의를 사용하며, 도선법 또는 방사법에 의한다.

□□□ 13⑤

47 평판측량방법으로 세부측량을 할 때에 측량준비 파일에 작성하여야 할 사항이 아닌 것은?

① 측정점의 위치 설명도　　　　　　　② 도곽선과 그 수치
③ 행정구역선과 그 명칭　　　　　　　④ 측량대상 토지의 경계선·지번 및 지목

해답 ①

측정점의 위치 설명도는 측량결과도에 작성되는 내용이다.

□□□ 15①

48 다음 중 세부측량의 측량결과도에 기재하지 않아도 되는 것은?

① 측정점의 위치　　　　　　　　　　② 측량결과도의 제명
③ 측량 대상 토지의 점유현황선　　　　④ 건물의 명칭

해답 ④

세부측량의 측량결과도에 기재사항
• 측정점의 위치, 측량결과도의 제명 및 번호, 측량대상 토지의 점유현황선, 신규등록 또는 등록전환하려는 경계선 및 분할선
• 건물의 명칭은 측량결과도에 기재되지 않는다.

□□□ 14⑤
49 세부측량시 평판측량을 시행함에 있어 측량준비도에 표시하는 사항 중 측량 기하적이 아닌 것은?

① 평판점 위치 표시   ② 방향선 표시
③ 측량검사자의 성명·소속·자격등급 표시   ④ 측정점 위치 표시

해답 ③
기하적이란 선, 면, 도형, 크기, 상대적인 위치 및 공간의 성질에 대한 수학적인 학문이다. 측량검사자의 성명·소속·자격등급은 기하적과 관련이 없다.

□□□ 04②, 05②, 11①
50 다음 중 평판측량방법에 따른 세부측량의 방법에 해당하지 않는 것은?

① 교회법   ② 도선법   ③ 방사법   ④ 지거법

해답 ④
평판측량방법에 따른 세부측량은 교회법·도선법 및 방사법(放射法)에 따른다.

□□□ 04⑤, 11⑤
51 다음 중 평판을 세울 대의 조건인 '표정'에 대한 설명으로 옳은 것은?

① 수평 맞추기   ② 중심 맞추기   ③ 높이 맞추기   ④ 방향 맞추기

해답 ④
평판의 설치법
평판을 측정점에 설치할 때에는 정준(수평 맞추기), 구심(중심 맞추기), 표정(방향 맞추기)등 3가지 조건을 만족시켜야 한다.

□□□ 04⑤, 13⑤, 15⑤
52 둘 이상의 기지점을 측정점으로 하여 미지점의 위치를 결정하는 방법으로, 방향선법과 원호교회법으로 대별되는 것은?

① 방사교회법   ② 전방교회법   ③ 측방교회법   ④ 후방교회법

해답 ②
전방교회법
알고 있는 2개 또는 3개의 점에 평판을 세우고 구하는 점을 시준 후 교차하여 점의 위치를 구하는 방법이다.

□□□ 04①, 04⑤, 14①

53 평판측량방법에 따른 세부측량의 방법이 아닌 것은?

① 교회법   ② 도선법   ③ 방사법   ④ 배각법

해답 ④

평판측량방법에 따른 세부측량은 교회법·도선법 및 방사법(放射法)에 따른다.

□□□ 13①

54 평판 위에(도상) 표시된 측정점과 지상의 측정점이 같은 연직선 위에 있도록 하는 작업을 무엇이라 하는가?

① 구심   ② 정위   ③ 표정   ④ 거치

해답 ①

구심은 평판위의 측점과 지상의 측점이 동일 연직선상에서 일치되도록 하는 작업이다.

□□□ 11①, 14⑤

55 다음 중 미지점에 측판을 세우고 기지점을 시준한 방향선에 의하여 위치를 측정하는 방법은?

① 전방교회법   ② 후방교회법   ③ 측방교회법   ④ 원호교회법

해답 ②

후방교회법

도상에 표시되지 않는 미지점에 평판을 세우고, 기지점의 방향선으로 알고 있는 점을 시준하여 현재 세워져 있는 평판의 위치를 구하는 방법이다.

04 지적측량관측

01 지적공부정리를 위한 측량

1 세부측량의 구분

(1) 지적복구측량 : 지적공부의 멸실 당시의 등록된 내용을 바탕으로 지적공부를 복구하는 지적측량

(2) 신규등록측량 : 새로 조성된 토지와 지적공부에 등록되어 있지 아니한 토지를 지적공부에 등록 하기위해 실시하는 지적측량

(3) 등록전환측량 : 임야대장 및 임야도에 등록된 토지를 토지대장 및 지적도에 옮겨 등록하기 위해 실시하는 지적측량

(4) 경계복원측량 : 지적도, 임야도에 등록 당시 측량방법을 기초로 하여, 등록된 경계를 현지에 정확히 복원하기 위해 실시하는 지적측량

(5) 지적현황측량 : 지상구조물, 지형, 지물의 위치를 도면에 등록된 경계와 대비하여 표시하기 위해 시행하는 지적측량

(6) 분할측량 : 1필지의 토지를 2필지 이상으로 분할하기 위해 실시하는 지적측량

(7) 축척변경측량 : 지적도에 등록된 경계점의 정밀도를 높이기 위하여 작은 축척을 큰 축척으로 변경하여 등록하기 위해 실시하는 지적측량

(8) 지적확정측량 : 도시개발사업, 농어촌정비사업, 그 밖에 대통령령으로 정하는 토지개발사업이 끝나 토지의 표시를 새로 정하기 위해 실시하는 지적측량

2 세부측량의 방법

(1) 평판측량방법에 의한 거리측정단위는 지적도를 갖춰 두는 지역에서는 5센티미터로 하고, 임야도를 갖춰 두는 지역에서는 50센티미터로 할 것

(2) 평판측량방법에 따른 세부측량은 교회법, 도선법, 방사법에 따른다.

(3) 평판측량방법에 따른 세부측량을 교회법으로 하는 경우
  ① 전방교회법 또는 측방교회법에 따를 것

② 3방향 이상의 교회에 따를 것

③ 측량결과 시오(示誤)삼각형이 생긴 경우 내접원의 지름이 1mm 이하일 때에는 그 중심을 점의 위치로 할 것

(4) 평판측량방법에 따라 경사거리를 측정하는 경우의 수평거리의 계산

■ 조준의 [엘리데이드(alidade)]를 사용한 경우

$$D = l \frac{1}{\sqrt{1 + \left(\dfrac{n}{100}\right)^2}}$$

여기서, D : 수평거리

       l : 경사거리

      n : 경사분획

> 평판측량방법에 있어서 도상에 영향을 미치지 아니하는 지상거리의 축척별 허용범위는 $\dfrac{M}{10}$ 밀리미터로 한다. 이 경우 M은 축척분모를 말한다.

3 세부측량의 기준

(1) 경위의측량방법에 따른 세부측량은 다음 각 호의 기준에 따른다.

① 거리측정 단위는 1센티미터로 할 것

② 측량 결과도는 그 토지의 지적도와 동일한 축척으로 작성할 것. 다만, 법률 제86조에 따른 도시개발사업 등의 시행지역(농지의 구획정리지역은 제외한다)과 축척변경 시행지역은 500분의 1로 하고, 농지의 구획정리 시행지역은 1천분의 1로 하되 필요한 경우에는 미리 시·도지사의 승인을 받아 6천분의 1까지 작성할 수 있다.

③ 토지의 경계가 곡선인 경우에는 가급적 현재 상태와 다르게 되지 아니하도록 경계점을 측정하여 연결할 것. 이 경우 직선으로 연결하는 곡선의 중앙종거(中央縱距)의 길이는 5센티미터 이상 10센티미터 이하로 한다.

(2) 경위의측량방법에 따른 세부측량의 관측 및 계산은 다음 각 호의 기준에 따른다.

① 미리 각 경계점에 표지를 설치하여야 한다. 다만, 부득이 한 경우에는 그러하지 아니하다.

② 도선법 또는 방사법에 따를 것

③ 관측은 20초독 이상의 경위의를 사용할 것

④ 수평각의 관측은 1대회의 방향관측법이나 2배각의 배각법에 따를 것 다만, 방향관측법인 경우에는 1측회의 폐색을 하지 아니할 수 있다.

⑤ 연직각의 관측은 정반으로 1회 관측하여 그 교차가 5분 이내일 때에는 그 평균치를 연직각으로 하되, 분단위로 독정(讀定)할 것

⑥ 수평각의 측각공차는 다음 표에 따를 것

종별	1방향각	1회 측정각과 2회 측정각의 평균값에 대한 교차
공차	60초 이내	40초 이내

⑦ 경계점의 거리측정에 관하여는 제13조 제4호를 준용할 것

⑧ 계산방법은 다음 표에 따를 것

종별	각	변의 길이	진수	좌표
단위	초	cm	5자리 이상	cm

4 거리측량

거리는 두 점간을 연결하는 직선의 길이를 말하며, 거리의 종류에는 수평거리, 경사거리, 수직거리 세가지로 크게 구분한다. 보통 지적측량에서 거리라고 하면 수평거리를 의미한다. 경사 거리를 측정하여 지도를 그리거나 면적을 계산할 때에는 수평거리로 환산하여야 하며, 수직 거리는 두 점간의 고저차를 구할 때 사용한다.

(1) 직접거리측량

테이프(tape)와 같은 거리 측량용 기구를 사용해서 직접 거리를 구하는 측량

① 테이프의 특성

$$L_0 = L\left(1 \pm \frac{\triangle l}{l}\right)$$

여기서, L : 측정한 길이
$\triangle l$: 테이프의 상수
l : 사용 테이프의 길이

② 테이프 상수 보정

테이프상수란 사용 테이프의 길이와 표준 테이프 길이와의 차이를 말하며, 상수의 부호는 표준 길이보다 길 때에는 +, 짧은 때에는 − 이다.

(2) 간접 거리 측량

전파나 광파, 삼각법 기타 기하학적 방법으로 거리를 간접적으로 구하는 측량

5 오차의 종류

(1) 착오

관측자의 미숙과 부주의에 의해 주로 발생하는 오차
① 측점이 이동하였다.
② 눈금을 크게 잘못 읽었다.
③ 측정 횟수의 착오가 있었다.
④ 야장에 측정값의 수치를 잘못 기록하였다.

(2) 정오차

주로 기계적 원인에 의해 일정하게 발생하며 측정 횟수가 증가함에 따라 그 오차가 누적되는 오차
① 테이프의 길이가 표준 길이보다 길거나 짧았다.
② 측정시 테이프가 수평이 되지 않았다.
③ 측정시 테이프의 온도가 표준 온도와 다르다.
④ 측정시 테이프에 가해진 장력이 표준 장력과 다르다.
⑤ 측점과 측점 사이에 간격이 멀어서 테이프가 자중으로 인하여 처짐이 발생하였다.

(3) 부정오차

발생원인이 확실치 않은 우연오차이다. 확률법칙에 의해 처리되는데 최소제곱법이 이용된다.
① 습도 변화로 테이프 신축이 발생하였다.
② 테이프의 눈금을 정확히 지상에 옮기지 못하였다.
③ 측정 중에 온도가 변하였다.
④ 측정 중 장력을 일정하게 유지하지 못하였다.

(4) 최확값

어떤 관측값에서 가장 높은 확률을 가지는 값을 최확값이라 한다.

$$L_0 = \frac{P_1 \cdot l_1 + P_2 \cdot l_2 + P_3 \cdot l_3 + \cdots + P_n \cdot L_n}{P_1 + P_2 + P_3 + \cdots + P_n} = \frac{\sum 경중률 \times 관측값}{\sum 경중률}$$

여기서, P : 경중률, l : 관측값

6 수평위치 결정

(1) 정현비례법칙 sin법칙

지적삼각점측량에서는 삼각형의 1변과 3내각을 측정하고 정현비례식으로 나머지 2변을 계산하여 삼각형 각 정점의 위치를 결정한다.

$$\frac{a}{\sin A} = \frac{b}{\sin B} = \frac{c}{\sin C}$$

① $a = \dfrac{\sin A}{\sin B} \times b$

② $b = \dfrac{\sin B}{\sin A} \times a$

② $c = \dfrac{\sin C}{\sin B} \times b$

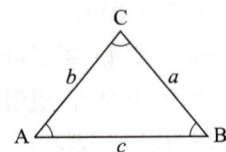

(2) 코사인 제2법칙

삼변측량에서는 삼각형의 3변을 측정하고 코사인 제2법칙을 이용하여 내각을 계산한다.

① $\cos A = \dfrac{b^2 + c^2 - a^2}{2bc}$

② $\cos B = \dfrac{c^2 + a^2 - b^2}{2ac}$

③ $\cos C = \dfrac{a^2 + b^2 - c^2}{2ab}$

7 각의 종류

(1) 수평각

① 방향각 : 임의의 기준선으로부터 어느 측선까지 시계방향으로 잰 수평각

② 방위각 : 자오선을 기준으로 하여 어느 측선까지 시계방향으로 잰 수평각

(2) 연직각

① 고저각 : 수평선을 기준으로 하여 시준선과 이루는 각 상향각을 + 하향각을 -로 한다.

② 천정각 : 위쪽방향을 기준으로 목표물에 대한 시준선과 이루는 각

③ 천저각 : 아래쪽 방향을 기준으로 목표물에 대한 시준선과 이루는 각

(3) 방위각

① 진북방위각 : 자오선의 북방향을 기준으로 시계방향으로 측정한 각
② 도북방위각 : 평면직각종횡선에서 종선을 북방향으로 기준하여 시계방향으로 측정한 각
③ 자북방위각 : 나침반의 자침이 표시하는 북방향을 기준으로 시계방향으로 측정한 각

(4) 방위각 계산

측점 A, B점의 좌표가 각각 (X_A, Y_A), (X_B, Y_B)인 AB의 측선에 대한 상한병 방위를 다음 식에 의해 구할 수 있다.

$$\theta = \tan^{-1}\left(\frac{Y_B - Y_A}{X_B - X_A}\right) = \tan^{-1}\left(\frac{\Delta Y}{\Delta X}\right)$$

■ 방위각 계산

$\dfrac{Y_B - Y_A}{X_B - X_A}$	상 한	방위각
$\dfrac{+}{+}$	1상한	$\alpha = 0°$
$\dfrac{+}{-}$	2상한	$\alpha = 180° - \theta$
$\dfrac{-}{-}$	3상한	$\alpha = 180° + \theta$
$\dfrac{-}{+}$	4상한	$\alpha = 360° - \theta$

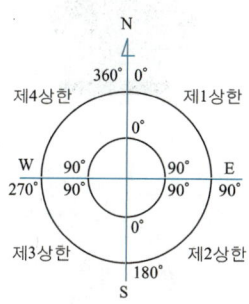

(5) 각관측의 오차 및 소거법

오차의 종류	원인	소거 방법
시준축 오차	시준축과 수평축이 직교하지 않는다.	망원경을 정위, 반위로 측정하여 평균값을 취한다.
수평축 오차	수평축이 연직축에 직교하지 않는다.	
연직축 오차	연직축이 평반수준기축과 직교하지 않을 때	소거 불가

02 측량 장비

1 측량장비의 종류

(1) 레벨

레벨은 x, y, z 좌표에서 높이(z)를 결정하기 위한 것으로 지표면에 있는 여러 점들 사이의 고저차 또는 표고를 관측한다. 일반적으로 자동레벨이 가장 많이 이용된다.

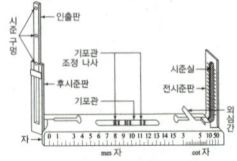

(2) 앨리데이드 Alidade, 조준의

앨리데이드는 평판측량에서 측정점의 방향을 시준하고, 결정하는 기구로 시준선을 긋는데 이용된다.

(3) 트랜싯

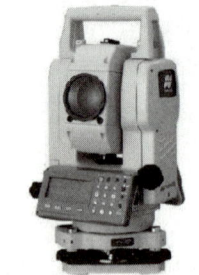

① 트랜싯의 조정 조건
- 기포관축과 연직축은 직교해야 한다.($L \perp V$)
- 시준선과 수평축은 직교해야 한다.($C \perp H$)
- 수평축과 연직축은 직교해야 한다.($H \perp V$)

② 트랜싯의 3축
연직축(수직축), 수평축, 시준축

(4) 평판측량의 장비

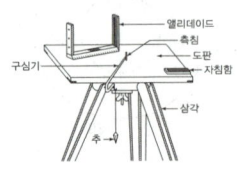

- 평판
- 삼각
- 앨리데이드
- 구심기와 추
- 나침반(자침함)
- 측량침(측침)
- 측간
- 제도지와 연필

(5) 항공사진측량

탐측기를 이용하여 대상물의 자연적, 물리적 현상을 기록하여, 3차원 위치를 결정하는 방법

(6) 토털스테이션 Total Station

토탈스테이션은 각과 거리를 동시에 측정할 수 있다. 기존의 트랜싯과, 전파거리측정기(EDM)가 일체화 된 형태로 볼 수 있다.

■ 토털스테이션의 특징

- 적은 인원으로 측량할 수 있다.
- 지형의 영향을 거의 받지 않는다.
- 각과 거리를 동시에 측정한다.
- 전자기록장치를 이용하기 때문에 착오를 줄여준다.

(7) GPS 위성항법장치 : Global positioning System

① GPS는 정확한 위치를 알고 있는 위성에서 발사된 전파를 수신하여 관측점까지의 소요 시간을 관측함으로써, 미지점의 3차원 위치를 구하는 인공위성을 이용한 범지구 위치 결정 체계이다. 현재 3개의 위성으로부터 거리와 시간 정보를 얻고 1개 위성으로 오차를 수정하는 방법을 널리 쓰고 있다.

GPS수신기

② GPS의 구성

- 우주부분 : 위성에 대한
- 제어부분 : 지상 관제소
- 사용자부분 : 측량자가 사용하는 수신기

제4장 지적측량관측

과년도 예상문제

01 지적공부정리를 위한 측량

□□□ 05①, 14①

01 지상건축물 등의 현황을 지적도 및 임야도에 등록된 경계와 대비하여 표시하는 데에 필요한 측량을 무엇이라 하는가?

① 지상측량　　　② 지적현황측량　　　③ 경계측량　　　④ 지적도근점측량

해답 ②
지적현황측량
지상구조물, 지형, 지물의 위치를 도면에 등록된 경계와 대비하여 표시하기 위해 시행하는 지적측량

□□□ 14⑤

02 지적도나 임야도에 등록된 경계를 현지에 정확히 표시하여 일필지의 한계를 구분하는 것을 목적으로 하는 것은?

① 신규등록측량　　　② 경계복원측량　　　③ 등록전환측량　　　④ 지적확정측량

해답 ②
경계복원측량
지적도, 임야도에 등록 당시 측량방법을 기초로 하여, 등록된 경계를 현지에 정확히 복원하기 위해 실시하는 지적측량

□□□ 19①

03 앨리데이드를 사용하여 평판 설치점에서 측점까지의 경사거리를 30m, 경사 측점눈금 15일 때 수평거리는?

① 29.56m　　　② 29.89m　　　③ 29.78m　　　④ 29.67m

해답 ①

$$D = \frac{100L}{\sqrt{100^2 + n^2}} = \frac{100 \times 30}{\sqrt{100^2 + 15^2}} = 29.67m$$

02 세부측량의 기준 및 방법

□□□ 14⑤, 19①

04 평판측량방법에 따른 세부측량에서 지적도를 갖춰두는 지역에 대한 거리의 측정단위 기준은?

① 1cm ② 5cm ③ 10cm ④ 50cm

해답 ②

지적측량시행규칙 제18조
평판측량방법에 의한 거리측정단위는 지적도를 갖춰 두는 지역에서는 5cm로 하고, 임야도를 갖춰 두는 지역에서는 50cm로 할 것

□□□ 04⑤, 05②, 11⑤, 13⑤, 19①

05 평판측량방법에 있어서 도상에 영향을 미치지 않는 지상거리의 축척별 허용범위를 구하는 식으로 옳은 것은?

① $L = \dfrac{1}{10}M\text{(mm)}$ ② $L = \dfrac{1}{20}M\text{(mm)}$

③ $L = \dfrac{1}{30}M\text{(mm)}$ ④ $L = \dfrac{1}{100}M\text{(mm)}$

해답 ①

• 도상에 영향을 미치지 않는 지상거리의 축척별 허용범위 : $\dfrac{M}{10}$ 밀리미터

• M은 축척분모

□□□ 16①

06 평판측량방법에 따른 세부측량을 교회법으로 시행한 결과 시오삼각형이 생긴 경우의 처리 기준으로 옳은 것은?

① 내접원의 지름이 1mm 이하일 때에는 그 중심을 점의 위치로 한다.
② 내접원의 지름이 2mm 이하일 때에는 그 중심을 점의 위치로 한다.
③ 내접원의 지름이 3mm 이하일 때에는 그 중심을 점의 위치로 한다.
④ 내접원의 지름이 5mm 이하일 때에는 그 중심을 점의 위치로 한다.

해답 ①

세부측량의 기준
측량결과 시오(示誤)삼각형이 생긴 경우 내접원의 지름이 1mm 이하일 때에는 그 중심을 점의 위치로 할 것

□□□ 16①

07 경위의측량방법에 따른 세부측량을 시행할 때 거리측정의 단위로 옳은 것은?

① 0.1cm   ② 1cm   ③ 5cm   ④ 10cm

해답 ②

경위의측량방법에 따른 세부측량
거리측정 단위는 1센티미터로 할 것

□□□ 15①⑤

08 축척이 1/1000인 지역에서 평판측량방법에 따른 세부측량시 도상에 영향을 미치지 않는 지상거리의 허용범위는?

① 0.01cm   ② 0.1cm   ③ 1cm   ④ 10cm

해답 ④

지적측량시행규칙 제18조(세부측량의 기준)

$\frac{M}{10}$[mm](도상에 영향을 미치지 않은 축척별 허용범위)

$\therefore \dfrac{1000}{10} = 100\text{mm} = 10\text{cm}$

03 지적측량

□□□ 04①, 04⑤, 08⑤, 13⑤, 15⑤

09 두 점의 좌표가 아래와 같을 때, 두 점 사이의 거리는?

점 명	X좌표(m)	Y좌표(m)
A	770.50	130.60
B	950.60	320.20

① 90.60m   ② 125.60m   ③ 186.50m   ④ 261.50m

해답 ④

$$\overline{AB} = \sqrt{(X_B - X_A)^2 + (Y_B - Y_A)^2}$$
$$= \sqrt{(950.60 - 770.50)^2 + (320.20 - 130.60)^2}$$
$$= 261.50\text{m}$$

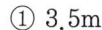 11①, 14⑤, 18④

10 다음 그림에서 $\overline{AB}$ 거리는 얼마인가? (단, $\overline{AC}=10m$, $\overline{CD}=5m$, $\overline{DE}=7m$, $\overline{AB}//\overline{DE}$ 이다.)

① 3.5m

② 14m

③ 21m

④ 28m

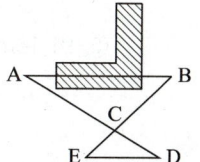

해답 ②

$AB:AC=DE:CD$

$\therefore AB=\dfrac{AC\times DE}{CD}=\dfrac{10\times 7}{5}=14m$

□□□ 12⑤

11 지적측량에 의해 실측한 점간거리가 경사거리일 때에 무엇으로 계산하여야 하는가?

① 수평거리   ② 수직거리   ③ 지상거리   ④ 지표면거리

해답 ①

일반적으로 실제 측량에서 관측되는 거리는 경사거리이므로, 지도를 제작하거나 면적을 계산할 때에는 실제로 측량에 필요한 수평거리로 환산하여 사용한다.

□□□ 11⑤

12 지적공부에 등록하는 경계점간 거리는 어떤 거리인가?

① 연직거리   ② 수평거리   ③ 경사거리   ④ 입체거리

해답 ②

일반적으로 실제 측량에서 관측되는 거리는 경사거리이므로, 지도를 제작하거나 면적을 계산할 때에는 실제로 측량에 필요한 수평거리로 환산하여 사용한다.

□□□ 11⑤, 15①, 21①

13 두 점 A와 B의 종선차($\triangle x$)가 $+123.12m$, 횡선차($\triangle y$)가 $-321.21m$일 때 두 점 간의 거리는 얼마인가?

① 343.15m   ② 343.72m   ③ 344.00m   ④ 344.48m

해답 ③

$\overline{AB}=\sqrt{\triangle x^2+\triangle y^2}$

$=\sqrt{(123.12)^2+(-321.21)^2}=344.00m$

□□□ 10⑤, 15⑤, 18①

14 지적세부측량시 두 점 간의 경사거리가 100m이고 연직각이 20°인 경우 수평거리는 얼마인가?

① 90.12m ② 91.18m ③ 93.97m ④ 95.08m

해답 ③

수평거리 $L_o = \text{L}\cos\theta = 100 \times \cos(20°) = 93.97\text{m}$

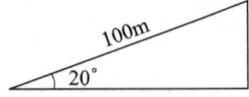

□□□ 05②, 10⑤, 15⑤

15 3cm가 늘어난 50m 길이의 줄자로 거리를 측정한 값이 500m일 때 실제거리는 얼마인가?

① 499.3m ② 501.5m ③ 500.3m ④ 550.5m

해답 ③

$$L_0 = L\left(1 \pm \frac{\triangle l}{l}\right)$$
$$= 500\left(1 + \frac{0.03}{50}\right) = 500.3\text{m}$$

(∵ 늘어나면 +, 줄어들면 −)

□□□ 10⑤, 15⑤

16 다음 중 경위의의 시준축과 수평축이 직교하지 않아 생기는 오차의 처리 방법으로 옳은 것은?

① 망원경을 정위 반위로 측정하여 평균값을 취한다.
② 시계방향과 반시계 방향에서 측정하여 평균값을 취한다.
③ 두 점 사이의 높이를 같게 하여 측정한다.
④ 연직축과 수평 기포관축과의 직교를 조정한다.

해답 ①

각관측의 오차 및 소거법

오차의 종류	원인	처리 방법
시준축 오차	시준축과 수평축이 직교하지 않는다.	망원경을 정위, 반위로 측정하여 평균값을 취한다.
수평축 오차	수평축이 연직축에 직교하지 않는다.	
연직축 오차	연직축이 평반수준기축과 직교하지 않을 때	소거 불가

□□□ 13⑤

17 일정한 원인이 분명하게 나타나고 항상 일정한 질과 양의 오차가 생기는 것으로, 측정 횟수에 비례하여 오차가 커지는 것은?

① 정오차   ② 우연오차   ③ 착오   ④ 허용오차

해답 ①

정오차

주로 기계적 원인에 의해 일정하게 발생하며 측정 횟수가 증가함에 따라 그 오차가 누적되는 오차

□□□ 11①

18 다음 오차의 종류 중 최소제곱법에 의한 확률법칙에 의해 처리가 가능한 것은?

① 누차   ② 착오   ③ 정오차   ④ 우연오차

해답 ④

우연오차

발생원인이 확실치 않은 우연오차이다. 확률법칙에 의해 처리되는데 최소제곱법이 이용된다.

□□□ 12⑤

19 다음 그림에서 $\overline{AB}$의 거리는 얼마인가?

① 565.68m

② 553.55m

③ 540.65m

④ 522.64m

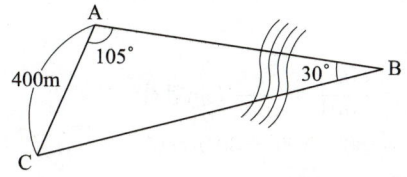

해답 ①

sin법칙 : $\dfrac{a}{\sin A} = \dfrac{b}{\sin B} = \dfrac{c}{\sin C}$

• $\angle C = 180° - (105° + 30°) = 45°$

• $\dfrac{400}{\sin 30°} = \dfrac{\overline{AB}}{\sin 45°}$

$\therefore \overline{AB} = \dfrac{400 \times \sin 45°}{\sin 30°} = 565.685\text{m} \fallingdotseq 565.68\text{m}$

□□□ 13①, 19①

20 삼각형에서 각 A, B, C의 크기와 변의 길이 a가 주어졌을 때, 변의 길이 b를 구하는 식으로 옳은 것은?

① $\dfrac{a \times \cos B}{\cos A}$

② $\dfrac{a \times \cos A}{\cos B}$

③ $\dfrac{a \times \sin B}{\sin A}$

④ $\dfrac{a \times \sin A}{\sin B}$

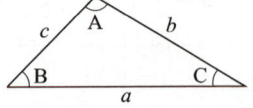

해답 ③

$\sin$법칙 : $\dfrac{a}{\sin A} = \dfrac{b}{\sin B} = \dfrac{c}{\sin C}$ 에서

$\therefore\ b = \dfrac{a \times \sin B}{\sin A}$

□□□ 14⑤, 15⑤, 20①

21 $\angle ABC = 90°$, $\angle CAB = 30°$ AB의 거리가 100.0m일 경우 BC의 거리는?

① 50.0m

② 57.7m

③ 86.6m

④ 100.0m

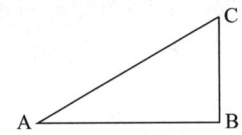

해답 ②

$\dfrac{a}{\sin A} = \dfrac{b}{\sin B} = \dfrac{c}{\sin C}$ ($\sin$법칙)

• $\angle C = 180° - (90° + 30°) = 60°$

• $\dfrac{100}{\sin 60°} = \dfrac{\overline{BC}}{\sin 30°}$

$\therefore\ \overline{BC} = \dfrac{100 \times \sin 30°}{\sin 60°} = 57.7m$

□□□ 05②, 11⑤, 14①, 19①

22 관측자가 아무리 주의하여 측량하여도 소거할 수 없으며, 원인이 명확하지 않아 최소제곱법에 의해 처리가 가능한 오차는?

① 정오차　　　　② 잔차　　　　③ 착오　　　　④ 우연오차

해답 ④

우연오차

발생원인이 확실치 않은 우연오차이다. 확률법칙에 의해 처리되는데 최소제곱법이 이용된다.

□□□ 11⑤, 17①
23 다음 삼각형에서 $\overline{AB}$의 길이가 30cm일 때, $\overline{AC}$의 길이는 얼마인가?

① 25cm

② 20cm

③ 15cm

④ 10cm

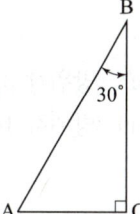

해답 ③

$$\frac{a}{\sin A} = \frac{b}{\sin B} = \frac{c}{\sin C} \ (\sin 법칙)$$

$$\cdot \ \frac{30}{\sin 90°} = \frac{\overline{AC}}{\sin 30°}$$

$$\therefore \ \overline{AC} = \frac{30 \times \sin 30°}{\sin 90°} = 15cm$$

□□□ 13⑤, 16①
24 방위가 S 20° 20′ W인 측선에 대한 방위각은?

① 110° 20′   ② 159° 40′   ③ 200° 20′   ④ 249° 40′

해답 ③

180° + 20° 20′ = 200° 20′ (3상한)

□□□ 10⑤
25 A점과 B점의 종선차(△X)가 45m이고, 횡선차(△Y)가 67m일 때 방위각의 크기는 얼마인가?

① 326° 6′ 47″   ② 236° 6′ 47″   ③ 56° 6′ 47″   ④ 86° 6′ 47″

해답 ③

$$\cdot \ 방위 = \tan^{-1}\left(\frac{Y}{X}\right) = \tan^{-1}\left(\frac{67}{45}\right)$$

$$= N56° 6′ 47″ E(1상한)$$

$$\therefore \ 방위각 = 56° 6′ 47″$$

□□□ 13①

26 종선차($\triangle x$)가 -138.70m, 횡선차($\triangle y$)가 $+85.40$m일 때, 거리와 방위각의 계산이 모두 옳은 것은?

① 거리 156.56m, 방위각 31° 37′ 17″   ② 거리 159.85m, 방위각 112° 32′ 23″
③ 거리 162.88m, 방위각 148° 22′ 43″   ④ 거리 165.68m, 방위각 211° 35′ 57″

해답 ③

- 거리 $= \sqrt{\triangle x^2 + \triangle y^2}$
  $= \sqrt{(-138.70)^2 + (85.40)^2} = 162.88$m
- 방위 $= \tan^{-1}\left(\dfrac{Y}{X}\right)$
  $= \tan^{-1}\left(\dfrac{85.40}{138.70}\right) = $ S 31° 37′ 17″ E(2상한)
- 방위각 $= 180° - 31° 37′ 17″$
  $= 148° 22′ 43″$

□□□ 11①

27 두 점간의 거리가 96m이고 종선차가 34m일 때 방위각은?

① 20° 44′ 33″   ② 69° 15′ 27″
③ 200° 44′ 33″   ④ 249° 15′ 27″

해답 ②

- 거리 $= \sqrt{\triangle x^2 + \triangle y^2}$
  $= \sqrt{34^2 + \triangle y^2} = 96$m $\therefore \triangle y = 90$m
- 방위 $= \tan^{-1}\left(\dfrac{Y}{X}\right)$
  $= \tan^{-1}\left(\dfrac{90}{34}\right) = $ N69° 18′ 16″ E(1상한)
  $\therefore$ 방위각 $= 69° 18′ 16″ \fallingdotseq 69° 15′ 27″$

□□□ 08⑤, 10⑤, 14①, 15⑤, 19①

28 다음 중 자오선의 북방향(북극)을 기준으로 하여 시계방향(우회)으로 측정한 각을 무엇이라 하는가?

① 도북 방위각   ② 자북 방위각   ③ 진북 방위각   ④ 자오선 수차

해답 ③

진북방위각
자오선의 북방향을 기준으로 시계방향으로 측정한 각

□□□ 14①, 18①

29 두 점 간의 거리가 D, 종선차가 $\triangle x$일 때 두 점간의 방위각을 구하는 공식으로 옳은 것은?

① $\theta = \sin^{-1}\dfrac{\triangle x}{D}$
② $\theta = \cos^{-1}\dfrac{\triangle x}{D}$

③ $\theta = \tan^{-1}\dfrac{\triangle x}{D}$
④ $\theta = \cot^{-1}\dfrac{\triangle x}{D}$

해답

• 두 점 간의 거리가 D, 종선차가 $\triangle x$일 때 두 점간의 방위각을 구하는 공식
$\theta = \cos^{-1}\dfrac{\triangle x}{D}$

• 두 점 간의 거리가 D, 횡선차가 $\triangle y$일 때 두 점간의 방위각을 구하는 공식
$\theta = \sin^{-1}\dfrac{\triangle y}{D}$

□□□ 15①, 17④

30 두 점간의 방위각이 V이고, 횡선차가 Y일 때 두 점간의 거리 D를 구하는 공식은?

① $D = \dfrac{Y}{\sin V}$
② $D = \dfrac{Y}{\cos V}$
③ $D = \dfrac{Y}{\tan V}$
④ $D = \dfrac{Y}{\cot V}$

해답 ①

• 두 점간의 방위각이 V이고, 횡선차가 Y일 때 두 점간의 거리(D) 산출
$D = \dfrac{Y}{\sin V}$

• 두 점간의 방위각이 V이고, 종선차가 X일 때 두 점간의 거리(D) 산출
$D = \dfrac{X}{\cos V}$

04 측량장비

□□□ 14①

31 지적측량에서 사용하지 않는 측량장비는?

① GPS
② 레벨
③ 평판
④ 경위의

해답 ②

지적측량의 구분
지적측량은 평판(平板)측량, 전자평판측량, 경위의(經緯儀)측량, 전파기(電波機) 또는 광파기(光波機)측량, 사진측량 및 위성측량(GPS) 등의 방법에 따른다.

□□□ 05②, 06⑤, 13①

32 다음 중 각 측정에 이용할 수 없는 것은?

① 트랜싯　　　　② 레벨　　　　③ 토탈스테이션　　　　④ 데오드라이트

해답 ②

레벨
레벨은 x, y, z 좌표에서 높이(z)를 결정하기 위한 것으로
지표면에 있는 여러 점들 사이의 고저차 또는 표고를 관측한다.
일반적으로 자동레벨이 가장 많이 이용된다.

□□□ 04①, 11①, 15⑤

33 다음 중 각을 측정할 수 있는 장비에 해당하지 않는 것은?

① 트랜싯　　　　　　　　　② 데오도라이트
③ 앨리데이드　　　　　　　④ 토탈스테이션

해답 ③

앨리데이드(Alidade)
앨리데이드는 평판측량에서 측정점의 방향을 시준하고, 결정하는 기구로 시준선을 긋는데 이용된다.

□□□ 12⑤

34 다음 중 평판측량에 사용되는 기계 및 기구가 아닌 것은?

① 평판　　　　　　　　　　② 앨리데이드
③ 구심기와 추　　　　　　　④ 버니어

해답 ④

평판측량의 장비
- 평판
- 삼각
- 앨리데이드
- 구심기와 추
- 나침반(자침함)
- 측량침(측침)
- 측간
- 제도지와 연필

□□□ 11①

35 다음 중 트랜싯의 3축에 해당하지 않는 것은?

① 시준축　　　　② 수평축　　　　③ 상부축　　　　④ 수직축

해답 ③

트랜싯의 3축 : 연직(수직)축, 수평축, 시준축

05 토탈스테이션

□□□ 08⑤, 11⑤, 15①

36 다음 중 거리와 각을 동시에 관측하여 현장에서 즉시 좌표를 확인함으로써 시공 계획에 맞추어 신속한 측량을 할 수 있는 기기는?

① 트랜싯
② 토탈스테이션
③ 데오돌라이트
④ 전파거리측량기

해답 ②

토탈스테이션(Total Station)
토탈스테이션은 각과 거리를 동시에 측정할 수 있다. 기존의 트랜싯과, 전파거리측정기(EDM)가 일체화 된 형태로 볼 수 있다.

□□□ 14⑤

37 수평각, 연직각, 거리를 동시에 관측할 수 있는 측량기계는?

① 경위의
② 광파측거기
③ 평판측량기
④ 토탈스테이션

해답 ④

토탈스테이션(Total Station)
토탈스테이션은 각과 거리를 동시에 측정할 수 있다. 기존의 트랜싯과, 전파거리측정기(EDM)가 일체화 된 형태로 볼 수 있다.

05 면적측정 및 제도

01 면적 측정의 방법

면적측정의 방법에는 좌표면적계산법, 도상삼사법, 전자면적측정기법, 플래미터법 등이 있으나 지적측량시행규칙에 명시된 면적측정 방법은 좌표면적계산법, 전자면적측정기법이다.

1 전자면적측정기법 전자식구적기

전자면적측정기법은 도상에서 2회 측정하여 그 교차가 다음 계산식에 의한 허용면적 이하인 때에는 그 평균치를 측정면적으로 한다.

$$A = 0.023^2 M\sqrt{F}$$

여기서, A : 허용면적
　　　　 M : 축척분모
　　　　 F : 2회 측정한 면적의 합계를 2로 나눈 수

측정면적은 1천분의 1제곱미터까지 계산하여 10분의 1제곱미터 단위로 정할 것

2 면적측정의 대상

(1) 지적공부의 복구·신규등록·등록전환·분할 및 축척변경을 하는 경우
(2) 면적 또는 경계를 정정하는 경우
(3) 도시개발사업 등으로 인한 토지의 이동에 따라 토지의 표시를 새로 결정하는 경우
(4) 경계복원측량 및 지적현황측량에 면적측정이 수반되는 경우
(5) 토지구획 정리 등으로 새로운 경계를 확정하는 경우

3 면적의 결정

(1) 토지의 면적에 $1m^2$ 미만의 끝수가 있는 경우 $0.5m^2$ 미만일 때에는 버리고 $0.5m^2$를 초과하는 때에는 올리며 $0.5m^2$일 때에는 구하려는 끝자리의 숫자가 0 또는 짝수이면 버리고 홀수이면 올린다. 다만, 1필지의 면적이 $1m^2$ 미만일 때에는 $1m^2$한다.

> 예) $122.5m^2 \rightarrow 122m^2$, $123.5m^2 \rightarrow 124m^2$

(2) 지적도의 축척이 1/600인 지역과 경계점좌표등록부에 등록하는 지역의 토지면적은 m^2 이하 한자리 단위로 하되, $0.1m^2$ 미만의 끝수가 있는 경우 $0.05m^2$ 미만일 때에는 버리고 $0.05m^2$를 초과할 때에는 올리며, $0.05m^2$일 때에는 구하려는 끝자리의 숫자가 0또는 짝수이면 버리고 홀수이면 올린다. 다만 1필지의 면적이 $0.1m^2$ 미만일 때에는 $0.1m^2$로 한다.

> 예) $123.25m^2 \rightarrow 123.2m^2$, $123.35m^2 \rightarrow 123.4m^2$

구 분	$\frac{1}{600}$ + 경계점좌표등록부 시행지역	$\frac{1}{1000}$, $\frac{1}{6000}$, $\frac{1}{3000}$, $\frac{1}{1200}$, $\frac{1}{2400}$, $\frac{1}{600}$
등록자리수	소수 한 자리	자연수(정수)
최소면적	$0.1m^2$	$1m^2$
소수처리방법 (오사오입)	$0.05m^2$ 미만 → 버림 $0.05m^2$ 초과 → 올림 $0.05m^2$일 때 구하고자 하는 수가 홀수 → 올림 짝수 → 버림	$0.5m^2$ 미만 → 버림 $0.5m^2$ 초과 → 올림 $0.5m^2$일 때 구하고자 하는 수가 홀수 → 올림 짝수 → 버림

※ 지적도의 축척이 1/600인 경우, 1필지의 면적이 0.1제곱미터 미만일 때에는 0.1제곱미터로 한다.

(3) 합병에 따른 면적결정은 따로 지적측량을 실시하지 않고, 합병 전 각 필지의 면적을 합산하여 결정한다.

02 면적의 계산

1 도상삼사법

(1) **이변법** : 두변을 알고 사이각 θ을 알 때

$$A = \frac{1}{2}ab\sin\theta$$

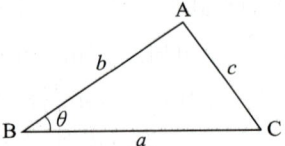

(2) **헤론의 공식** : 세변의 길이를 알 때

$$A = \sqrt{S(S-a)(S-b)(S-c)}$$

여기서, $S = \dfrac{a+b+c}{2}$

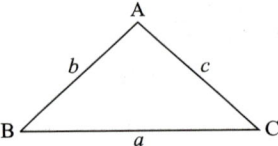

2 좌표면적계산법

좌표면적계산법에 따른 면적측정은 다음 각 호의 기준에 따른다.
(1) 경위의측량방법으로 세부측량을 한 지역의 필지별 면적측정은 경계점 좌표에 따를 것
(2) 산출면적은 1000분의 1제곱미터까지 계산하여 10분의 1제곱미터 단위로 정한다.

3 플래니미터법

(1) 극침을 도형 밖에 놓았을 때

① 도면의 축척과 구적기의 축척이 같을 경우

$$A = C \cdot n$$

여기서, C : 플래니미터정수, n : $(n_2 - n_1)$

② 도면의 축척과 구적기의 축척이 다를 경우

$$A = \left(\frac{S}{L}\right)^2 \cdot C \cdot n$$

여기서, S : 도형의 축척분모수
L : 구적기의 축척분모수

③ 도면의 축척 종(세로), 횡(가로)이 다를 경우

$$A = \left(\frac{S}{L}\right)^2 \cdot C \cdot n = \left(\frac{S_1 \cdot S_2}{L^2}\right) \cdot C \cdot n$$

여기서, S_1 : 도면의 가로 축척분모수
S_2 : 도면의 세로 축척분모수

(2) 극침을 도형 안에 놓았을 때

① 도면의 축척과 구적기의 축척이 같을 경우

$$A = C \cdot (n + n_0)$$

② 도면의 축척과 구적기의 축척이 다를 경우

$$A = \left(\frac{S}{L}\right)^2 \cdot C \cdot (n + n_0)$$

4 지적공부의 제도방법

(1) 제도기기

① **스프링컴퍼스** : 작은 원 또는 원호를 그리거나 선, 원호를 등분할 때 사용한다.

② **오구** : 먹줄긋기용 제도 용구 명칭. 먹줄펜이라고도 함. 종류로는 굵은선용, 중선용, 가는선용 등이 있다.

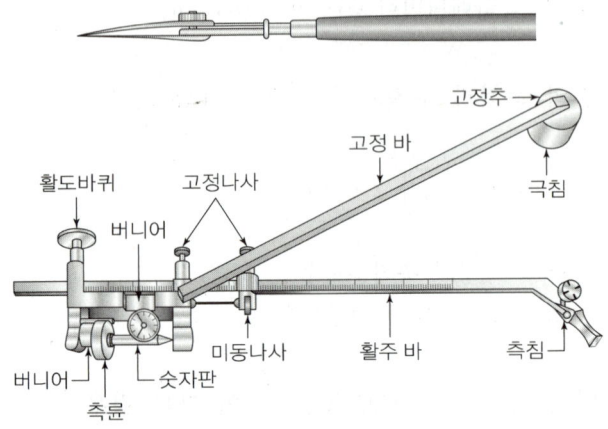

③ **빔 컴퍼스** : 큰 반경의 원을 그리기 위하여 강철제 또는 목제의 길고 편평한 봉의 양단에 붙여진 제도 용구

④ **레터링펜** : 한글서체, 숫자체, 로마체 등 레터링 기구에 의하여 도형문자를 기계적으로 그릴 수 있다. 펜 끝은 굵고 가는 것을 합하여 18종류가 있으며, 문자를 수직체 또는 경사체로 아름답고 편리하게 쓸 수 있다.

⑤ **T자** : 자의 모양이 로마자의 T자 모양으로 생긴 것으로, 제도판에 대고 수평선을 긋거나, 삼각자를 대고 수직선과 사선을 그을 때에 쓰인다.

⑥ **각도기** : 각도를 재거나 그리는 데 사용되는 눈금이 있는 반원형 기구

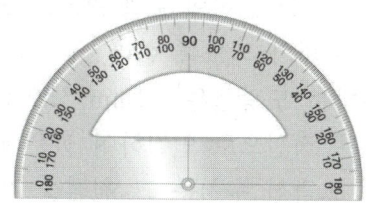

⑦ 플로터 : 컴퓨터의 출력 정보에 따라 출력 펜의 위치를 X방향과 Y방향으로 각각 이동시켜서 작도하는 장치로 지적전산에서 크기가 큰 도면이나 높은 정밀도를 필요로 하는 지적도 또는 도면 제작에 이용된다.

⑧ 만능제도기(드레프팅 머신) : 만능제도기는 T자, 삼각자, 축척자, 각도기 등의 기능을 함께 갖춘 제도 용구이다. 제도기계는 수평, 수직의 눈금자가 제도판 위의 어느 위치로든지 정확하게 이동할 수 있고, 각도판의 눈금자가 필요한 각도에 고정될 수 있도록 만들어져 사용하기에 매우 편리하다.

(2) 도곽선의 역할

① 인접도면의 접합기준(도면접합의 기준)
② 지적기준점 전개시의 기준
③ 도곽 신축량을 측정하는 기준(신축량 측정기준)
④ 측량준비도와 결과도에서의 북향향선(종선)(방위 표시의 기준)
⑤ 외업시 측량준비도와 현황의 부합확인 기준

(3) 도곽선 및 도곽선 수치

① 도곽선과 도곽선의 수치는 붉은색으로 제도한다.
② 붉은색으로 표현하는 경우
 • 도곽선
 • 말소선
 • 도곽선 수치
 • 수치지적도의 "측량할 수 없음" 표시 등
 • 분할측량성과도의 측량대상토지의 분할선
 • 2도면 이상 걸친 토지로서 그 일부가 다른 도면에 등록된 토지의 지번, 지목 표기

(4) 도곽선의 제도

① 도곽선 제도시 도면의 윗방향은 항상 북쪽이 되어야 한다.
② 지적도의 도곽 크기는 가로 40cm, 세로 30cm의 직사각형이어야 한다.

③ 이미 사용하고 있는 도면의 도곽 크기는 현재 구획되어 있는 도곽과 도곽선 수치가 되도록 한다.

④ 도면에 등록하는 도곽선은 0.1mm 선으로 한다.

⑤ 도곽 좌표점은 직선으로 연결하여 붉은색으로 제도한다.

⑥ 기타 원점의 도곽선 수치는 그 원점을 기준으로 한다.

⑦ 도곽선의 수치는 2mm 크기의 붉은색 아라비아 숫자로 제도한다.

⑧ 도곽의 구획은 좌표의 원점을 기준으로 정하되 그 도곽의 종횡선 수치는 좌표의 원점으로부터 기산하여 정한 종횡선 수치를 각각 가산한다.

■ 경계의 제도

• 경계는 0.1mm 폭의 선으로 제도한다.

• 1필지의 경계가 도곽선에 걸쳐 있으면 도곽선 밖의 여백에 경계를 제도한다.

• 도곽선을 기준으로 나머지 경계를 제도한다.

• 이 경우 다른 도면에 경계를 제도할 때에는 지번 및 지목은 붉은색으로 표시한다.

■ 지번 및 지목의 제도

• 지번 다음에 지목을 제도한다.

• 2mm 이상 3mm 이하 크기 명조체로 제도하며 부동산 종합공부시스템이나 레터링으로 작성할 경우 고딕체로 할 수 있다.

제5장 면적측정 및 제도

과년도 예상문제

01 면적측정의 방법

□□□ 04②, 05②, 11①, 20④

01 다음 중 지적측량의 면적 측정 방법으로만 옳게 나열한 것은? (단, 지적측량 시행규칙에 따름)

① 삼사법, 전자면적측정기법 과정
② 전자면적측정기법, 푸라니미터법
③ 전자면적측정기법, 좌표면적계산법
④ 좌표면적계산법, 삼사법

해답 ③

면적측정의 방법에는 좌표면적계산법, 도상삼사법, 전자면적측정기법, 플래미터법 등이 있으나 지적측량 시행규칙에 명시된 면적측정 방법은 좌표면적계산법, 전자면적측정기법이다.

□□□ 16①, 20④

02 전자면적측정기에 따른 면적측정을 하는 경우 교차를 구하기 위한 $A = 0.023^2 M \sqrt{F}$ 공식 중 M의 값으로 옳은 것은?

① 허용면적
② 축척분모
③ 산출면적
④ 보정계수

해답 ②

면적측정의 방법
$$A = 0.023^2 M \sqrt{F}$$
(A : 허용면적, M : 축척분모, F : 2회 측정한 면적의 합계를 2로 나눈 수)

□□□ 05①, 06⑤, 10①⑤, 13⑤, 19①

03 전자면적측정기에 따른 면적측정은 도상에서 몇 회 측정하여 결정하는가?

① 1회
② 2회
③ 3회
④ 4회

해답 ②

면적측정의 방법
전자식 구적기라고도하며, 도상에서 2회 측정하여 그 교차가 다음 계산식에 의한 허용면적 이하인 때에는 그 평균치를 측정면적으로 한다.

□□□ 04②, 12⑤

04 전자면적측정기에 따른 면적측정에서 도상에서 2회 측정한 교차가 허용면적 이하일 때에 면적의 결정 방법으로 옳은 것은?

① 작은 면적을 측정면적으로 한다.　② 큰 면적을 측정면적으로 한다.

③ 평균치를 측정면적으로 한다.　④ 재측정하여야 한다.

해답 ③

면적측정의 방법

전자식 구적기라고도하며, 도상에서 2회 측정하여 그 교차가 다음 계산식에 의한 허용면적 이하인 때에 는 그 평균치를 측정면적으로 한다.

□□□ 13①

05 전자면적측정기에 따른 면적측정의 방법 및 기준이 틀린 것은?
(단, M : 축척분모, F : 2회 측정한 면적의 합계를 2로 나눈 수)

① 측정면적은 1천분의 1제곱미터까지 계산하여 10분의 1 제곱미터 단위로 정한다.

② 교차의 허용면적(A) 기준은 $0.023^2 \times M \times \sqrt{F}$ 이내이다.

③ 산출면적은 1백분의 1제곱미터까지 계산하여 1제곱미터 단위로 정한다.

④ 도상에서 2회 측정하여 그 교차가 허용면적 이하일 때에는 그 평균치를 측정면적으로 한다.

해답 ③

면적측정의 방법

측정면적은 1천분의 1제곱미터까지 계산하여 10분의 1제곱미터 단위로 정할 것

□□□ 04②, 14①, 15①, 17④

06 좌표면적계산법에 따른 면적측정 중 전자면적측정기에 따른 허용면적 공식으로 옳은 것은?
(단, A는 허용면적, M은 축척분모, F는 2회 측정한 면적의 합계를 2로 나눈수)

① $A = 0.023^2 \times M \times \sqrt{F}$　② $A = 0.026^2 \times M \times \sqrt{F}$

③ $A = 0.023^2 \times F \times \sqrt{M}$　④ $A = 0.026^2 \times F \times \sqrt{M}$

해답 ①

면적측정의 방법

전자식 구적기라고도하며, 도상에서 2회 측정하여 그 교차가 다음 계산식에 의한 허용면적 이하인 때에 는 그 평균치를 측정면적으로 한다.

∴ $A = 0.023^2 M\sqrt{F}$

□□□ 04②, 13①

07 세부측량을 하는 경우 필지마다 면적을 측정하여야 하는 대상이 아닌 것은?

① 신규등록   ② 등록전환   ③ 분할   ④ 등록말소

해답 ④

면적측정의 대상
• 지적공부의 복구·신규등록·등록전환·분할 및 축척변경을 하는 경우
• 면적 또는 경계를 정정하는 경우
• 도시개발사업 등으로 인한 토지의 이동에 따라 토지의 표시를 새로 결정하는 경우
• 경계복원측량 및 지적현황측량에 면적측정이 수반되는 경우

□□□ 04①, 12⑤

08 세부측량을 하는 경우 필지마다 면적을 측정하여야 하는 경우가 아닌 것은?

① 지적공부를 복구하는 경우   ② 축척변경을 하는 경우
③ 토지분할을 하는 경우   ④ 토지합병을 하는 경우

해답 ④

면적측정의 대상
• 지적공부의 복구·신규등록·등록전환·분할 및 축척변경을 하는 경우
• 면적 또는 경계를 정정하는 경우
• 도시개발사업 등으로 인한 토지의 이동에 따라 토지의 표시를 새로 결정하는 경우
• 경계복원측량 및 지적현황측량에 면적측정이 수반되는 경우

□□□ 11⑤

09 다음 중 토지의 합병에 따른 합병 후 필지의 면적 결정 방법으로 옳은 것은?

① 합병 전 각 필지의 면적을 합산하여 결정한다.
② 합병 후 토지소유자의 요구에 따라 면적을 결정한다.
③ 새로이 지적측량을 실시하여 면적을 결정한다.
④ 지상 또는 도상 삼사법에 의하여 결정한다.

해답 ①

면적의 결정
합병 후 필지의 면적은 합병 전 각 필지의 면적을 합산하여 결정한다.

□□□ 04⑤, 05①, 14①
10 세부측량 시 필지마다 면적을 측정하지 않아도 되는 경우는?

① 토지를 분할하는 경우
② 토지를 신규등록하는 경우
③ 토지를 합병하는 경우
④ 토지의 경계를 정정하는 경우

해답 ③
면적측정의 대상
• 지적공부의 복구·신규등록·등록전환·분할 및 축척변경을 하는 경우
• 면적 또는 경계를 정정하는 경우
• 도시개발사업 등으로 인한 토지의 이동에 따라 토지의 표시를 새로 결정하는 경우
• 경계복원측량 및 지적현황측량에 면적측정이 수반되는 경우

□□□ 11⑤, 12⑤, 13①⑤
11 지적도의 축척이 600분의 1인 지역에 등록하는 면적의 최소 등록단위는?

① $0.01m^2$
② $0.1m^2$
③ $1m^2$
④ $10m^2$

해답 ②
면적의 결정
지적도의 축척이 1/600인 지역과 경계점좌표등록부에 등록하는 지역의 토지면적은 m^2 이하 한자리 단위, $0.1m^2$로 한다.

□□□ 10⑤
12 다음 중 면적에 대한 설명으로 옳지 않은 것은? (단, 경계점좌표등록부에 등록하는 지역의 경우는 고려하지 않는다.)

① 면적의 결정방법 등에 필요한 사항은 대통령령으로 정한다.
② 면적의 단위는 제곱미터로 한다.
③ 지적도의 축척이 1/1200인 경우, 1필지의 면적이 1제곱미터 미만일 때에는 1제곱미터로 한다.
④ 지적도의 축척이 1/600인 경우, 1필지의 면적이 0.1제곱미터 미만일 때에는 1제곱미터로 한다.

해답 ④
면적의 결정
지적도의 축척이 1/600인 경우, 1필지의 면적이 0.1제곱미터 미만일 때에는 0.1제곱미터로 한다.

□□□ 04⑤, 10①

13 지적공부에 등록하는 면적의 결정 단위 기준은? (단, 지적도의 축척이 600분의 1인 지역과 경계점좌표 등록부에 등록하는 지역의 토지 면적을 등록하는 경우는 고려하지 않음)

① 1m^2 ② 10m^2 ③ 100m^2 ④ 1000m^2

해답 ①

면적의 결정

지적도의 축척이 1/600인 지역과 경계점좌표등록부에 등록하는 지역의 토지면적을 제외하고 나머지는 1m^{2}이다.

□□□ 04①, 14①, 15①

14 경계점좌표등록부에 등록하는 지역의 토지 면적을 등록하는 최소 단위 기준은?

① 100m^2 ② 10m^2 ③ 1m^2 ④ 0.1m^2

해답 ④

면적의 결정

지적도의 축척이 1/600인 지역과 경계점좌표등록부에 등록하는 지역의 토지면적은 m^2 이하 한자리 단위, 0.1m^{2}로 한다.

□□□ 14⑤

15 1필지의 면적이 1m^2 미만인 토지의 면적 결정 방법으로 옳은 것은? (단, 지적도의 축척이 600분의 1인 지역과 경계점좌표등록부에 등록하는 지역의 경우는 고려하지 않음)

① 0.5m^2 미만이면 등록하지 않는다. ② 0.5m^2 이상이면 0.5m^{2}로 등록한다.
③ 1m^{2}로 등록한다. ④ 0m^{2}로 등록한다.

해답 ③

면적의 결정

1/600지역과 경계점좌표등록부 시행지역을 제외한 다른 지역의 토지의 최소 등록단위는 1m^{2}이다.

□□□ 04①⑤, 08⑤, 10⑤, 13⑤

16 다음 중 경계점좌표등록부에 등록하는 지역의 토지의 산출면적이 123.55m^{2}일 때 결정면적은 얼마인가?

① 123.55m^2 ② 123.5m^2 ③ 123.6m^2 ④ 124m^2

해답 ③

면적의 결정

경계점좌표등록부에 등록하는 지역이고 구하려는 끝자리의 수가 홀수이므로 123.55m^2 → 123.6m^{2}이다.

□□□ 15⑤
17 경계점좌표등록부 시행지역에서 산출한 면적이 319.36m²일 때 결정면적은?

① 319m²   ② 319.3m²   ③ 319.4m²   ④ 319.36m²

해답 ③
면적의 결정
경계점좌표등록부에 등록하는 지역이고 구하려는 끝자리의 수가 0.05 이상이므로 319.4m²이다.

□□□ 05②, 06⑤, 14①
18 축척 1/600에 등록할 토지의 면적이 78.445m²로 산출되었을 때 지적공부에 등록하는 면적은?

① 78m²   ② 78.5m²   ③ 78.45m²   ④ 78.4m²

해답 ④
면적의 결정
지적도 축척이 1/600 지역이고 구하려는 끝자리의 수가 짝수이므로 78.445m² → 78.4m²이다.

02 면적의 계산

□□□ 13⑤, 16①, 20④
19 일필지의 모양이 다음과 같은 경우 토지의 면적은?

① 500m²
② 350m²
③ 200m²
④ 150m²

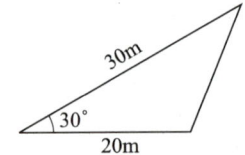

해답 ④
$$A = \frac{1}{2} ab \sin\theta \, (\text{이변법})$$
$$= \frac{1}{2} \times 20 \times 30 \times \sin 30°$$
$$= 150m²$$

□□□ 10⑤, 11①, 13①, 14①, 15①

20 3변의 길이가 각각 12m, 16m, 20m인 삼각형 모양의 토지 면적은 얼마인가?

① 60m²   ② 96m²   ③ 120m²   ④ 186m²

해답 ②

$$A = \sqrt{S(S-a)(S-b)(S-c)} \text{ (헤론의 공식)}$$

$$\cdot\ S = \frac{12+16+20}{2} = 24m$$

$$\therefore\ A = \sqrt{24(24-12)(24-16)(24-20)}$$
$$= 96m^2$$

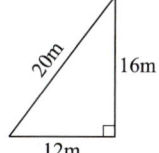

□□□ 13⑤

21 좌표면적계산법에 따른 면적측정 시 산출면적은 얼마의 단위까지 계산하는가?

① 10분의 1제곱미터까지 계산   ② 100분의 1제곱미터까지 계산
③ 1000분의 1제곱미터까지 계산   ④ 10000분의 1제곱미터까지 계산

해답 ③

면적측정의 방법
좌표면적계산법에 따른 산출면적은 1000분의 1제곱미터까지 계산하여 10분의 1제곱미터 단위로 정한다.

□□□ 16①, 20④

22 경위의측량방법으로 세부측량을 한 지역의 필지별 면적측정 방법으로 옳은 것은?

① 전자면적측정기법   ② 좌표면적계산법
③ 축척자삼사법   ④ 방안지조사법

해답 ②

지적측량시행규칙 제20조(면적측정의 방법)
경위의측량방법으로 세부측량을 한 지역의 필지별 면적측정은 경계점좌표에 따르며, 좌표면적계산법에 의한다.

□□□ 14⑤

23 좌표면적계산법에 따른 면적 측정 시 산출면적은 얼마의 단위까지 계산하여야 하는가?

① 1m²   ② 1/10m²   ③ 1/100m²   ④ 1/1000m²

해답 ④

면적측정의 방법
좌표면적계산법에 따른 산출면적은 1000분의 1제곱미터까지 계산하여 10분의 1제곱미터 단위로 정한다.

03 지적공부의 제도방법

□□□ 05②, 08⑤, 14①

24 제도 시 붉은색을 사용하지 않는 것은?

① 도곽선   ② 도곽선 수치

③ 지방도로   ④ 말소선

해답 ③

붉은색으로 표현하는 경우

- 도곽선
- 도곽선 수치
- 말소선
- 2도면 이상 걸친 토지로서 그 일부가 다른 도면에 등록된 토지의 지번, 지목 표기
- 수치지적도의 "측량할 수 없음" 표시 등
- 분할측량성과도의 측량대상토지의 분할선

□□□ 11⑤

25 제도용구 중 일반적으로 직경 10mm 이하 정도의 작은 원을 그리거나 원호를 등분할 때 사용하는 것은?

① 먹줄펜   ② 디바이더

③ 스프링컴퍼스   ④ 자유곡선자

해답 ③

스프링컴퍼스

작은 원 또는 원호를 그리거나 선, 원호를 등분할 때 사용한다.

□□□ 05①

26 빔컴퍼스(Beam Compass)의 용도로 옳은 것은?

① 작은 원이나 작은 호를 그릴 때 사용한다.

② 각도를 측정할 때 사용한다.

③ 도상의 길이를 분할할 때 사용한다.

④ 반지름 15cm 이상의 큰 원을 그릴 때 사용한다.

해답 ④

빔 컴퍼스

큰 반경의 원을 그리기 위하여 강철제 또는 목제의 길고 편평한 봉의 양단에 붙여진 제도 용구

□□□ 06⑤

27 수평, 수직의 눈금자를 제도판의 임의 위치로 정확하게 이동할 수 있고, 분도판의 눈금자가 필요한 각도에 고정시킬 수 있도록 만들어져 사용하기에 편리한 제도용구는?

① T자
② 각도기
③ 만능제도기
④ 플로터

해답 ③

만능제도기(드레프팅 머신)

만능제도기는 T자, 삼각자, 축척자, 각도기 등의 기능을 함께 갖춘 제도 용구이다. 제도기계는 수평, 수직의 눈금자가 제도판 위의 어느 위치로든지 정확하게 이동할 수 있고, 각도판의 눈금자가 필요한 각도에 고정될 수 있도록 만들어져 사용하기에 매우 편리하다.

□□□ 13⑤

28 다음 중 지적도 도곽선의 역할이 아닌 것은?

① 방위 표시의 기준
② 지목 설정의 기준
③ 도면 접합의 기준
④ 기준점 전개의 기준

해답 ②

도곽선의 역할
• 인접도면의 접합기준(도면접합의 기준)
• 지적기준점 전개시의 기준
• 도곽 신축량을 측정하는 기준(신축량 측정기준)
• 측량준비도와 결과도에서의 북향향선(종선)(방위 표시의 기준)
• 외업시 측량준비도와 현황의 부합확인 기준

□□□ 15⑤

29 도곽선의 역할과 거리가 먼 것은?

① 지적측량 기준점 전개시의 기준
② 측량준비도에서의 북방향 표시의 기준
③ 인접 도면과의 접합 기준
④ 행정구역 결정의 기준

해답 ④

도곽선의 역할
• 인접도면의 접합기준(도면접합의 기준)
• 지적기준점 전개시의 기준
• 도곽 신축량을 측정하는 기준(신축량 측정기준)
• 측량준비도와 결과도에서의 북향향선(종선)(방위 표시의 기준)
• 외업시 측량준비도와 현황의 부합확인 기준

□□□ 06⑤, 11⑤, 13①, 14①, 16①

30 지적도의 도곽선의 역할 중 틀린 것은?

① 도북표시의 기준이 된다.　　　② 기준점 전개의 기준이 된다.
③ 인접 도면의 접합 기준이 된다.　　④ 토지경계선 측정의 기준이 된다.

해답 ④
도곽선의 역할
• 인접도면의 접합기준(도면접합의 기준)
• 지적기준점 전개시의 기준
• 도곽 신축량을 측정하는 기준(신축량 측정기준)
• 측량준비도와 결과도에서의 북향향선(종선)(방위 표시의 기준)
• 외업시 측량준비도와 현황의 부합확인 기준

□□□ 10①, 11①

31 다음 중 도곽선의 역할에 대한 설명으로 옳지 않은 것은?

① 인접 도면과의 접합 기준이다.
② 면적 측정 방법 결정의 기준이다.
③ 기준점 전개의 기준이다.
④ 도곽의 신축량을 측정하는 기준이다.

해답 ②
도곽선의 역할
• 인접도면의 접합기준(도면접합의 기준)
• 지적기준점 전개시의 기준
• 도곽 신축량을 측정하는 기준(신축량 측정기준)
• 측량준비도와 결과도에서의 북향향선(종선)(방위 표시의 기준)
• 외업시 측량준비도와 현황의 부합확인 기준

□□□ 14⑤

32 일필지가 2매 이상의 지적도에 등록되어 있을 경우 접합의 기준이 되는 선은?

① 사정선　　　② 분할선　　　③ 도곽선　　　④ 경계선

해답 ③
도곽선은 인접도면의 접합기준(도면접합의 기준)이 된다.

□□□ 13⑤

33 도곽선의 수치는 무슨 색으로 제도하여야 하는가?

① 검은색　　　　② 파랑색　　　　③ 붉은색　　　　④ 노랑색

해답 ③

붉은색으로 표현하는 경우
- 도곽선
- 도곽선 수치
- 말소선
- 2도면 이상 걸친 토지로서 그 일부가 다른 도면에 등록된 토지의 지번, 지목 표기
- 수치지적도의 "측량할 수 없음" 표시 등
- 분할측량성과도의 측량대상토지의 분할선

□□□ 15⑤, 16①

34 지적공부의 정리시 검은 색으로 하는 것은?

① 도곽선　　　　　　　　　② 도곽선수치
③ 말소사항　　　　　　　　④ 문자정리사항

해답 ④

붉은색으로 표현하는 경우
- 도곽선
- 도곽선 수치
- 말소선
- 2도면 이상 걸친 토지로서 그 일부가 다른 도면에 등록된 토지의 지번, 지목 표기
- 수치지적도의 "측량할 수 없음" 표시 등
- 분할측량성과도의 측량대상토지의 분할선

□□□ 08⑤, 19①

35 다음 중 제도기구가 아닌 것은?

① 오구　　　　　　　　　② 스프링콤파스
③ 푸라니미터　　　　　　④ 레터링펜

해답 ③

플래니미터(푸라니미터)
면적측정시 이용되는 기구로 불규칙한 경계선을 갖는 도상(圖上) 면적을 측정하는 데 사용된다.

06 지적공부에 관한 사항

01 지적공부의 관리 ☐☐☐

1 지적공부의 종류

(1) 대장

① **토지대장** : 토지에 대한 물리적 현황 및 법적 권리관계를 공시하는 지적공부이다.

② **임야대장** : 임야에 대한 물리적 현황 및 법적 권리관계를 공시하는 지적공부이다.

③ **공유지연명부** : 1필지의 소유자가 2인 이상일 때에는 대장의 소유자란에 등기부상 선순위 공유자의 주소, (주민)등록번호 및 성명 또는 명칭을 정리한 지적공부이다.

④ **대지권등록부** : 아파트, 연립주택 등 집합건물의 구분소유 단위로 대지권을 등록·공시하기 위해 작성된 지적공부이다.

⑤ **산토지대장** : 간주지적도에 등록된 토지에 대하여 별책토지대장, 을호토지대장, 산토지대장이라 하여 별도 작성되었다.

(2) 도면

① **지적도** : 종이도면으로 토지에 대한 지번, 위치, 경계, 소유권의 범위를 보장한다.

② **임야도** : 종이도면으로 임야에 대한 소유권, 물권의 범위 및 경계를 등록 공시하는 지적공부이다.

③ **경계점좌표등록부** : 경계점의 좌표를 수치로 등록한 지적공부이다.

④ **간주지적도** : 지적도로 간주하는 임야도를 간주지적도라 한다.

⑤ **간주임야도** : 임야도를 작성하지 않고 1/50000 또는 1/25000 지형도에 임야경계선을 조사, 등록하고 임야도로 간주한 것을 간주임야도라 한다.

⑥ **고립형지적도(Island map)** : 분산등록제도를 채택하고 있는 지역에서 사용하는 도면

⑦ **연속형지적도(Serial map)** : 일괄등록제도를 채택하고 있는 지역에서 사용하는 도면

■ 지적도와 임야도

구분	특징
지적도	• 도면의 축척 : $\dfrac{1}{500}$, $\dfrac{1}{600}$, $\dfrac{1}{1000}$, $\dfrac{1}{1200}$, $\dfrac{1}{2400}$, $\dfrac{1}{3000}$, $\dfrac{1}{6000}$ • 증보도 : 지적도에 등록하지 못하는 위치에 신규 등록할 토지가 생긴 경우 작성 • 부호도 : 지적도에 등록된 토지 안에 지번 및 지목을 주기 할 수 없는 경우 작성
임야도	도면의 축척 : $\dfrac{1}{3000}$, $\dfrac{1}{6000}$

(3) 지적전산자료 지적파일

지적공부에 등록한 사항을 지적법이 정하는 바에 따라 전산정보 처리조직에 의하여 자기디스크, 자기테이프 그 밖의 이와 유사한 매체에 기록, 저장하는 집합물, KLIS(한국토지정보시스템)

2 지적공부의 비치, 보존

(1) 지적공부의 보존

① 지적소관청은 해당 청사에 지적서고를 설치하고, 그 곳에 지적 공부(정보처리시스템을 통하여 기록·저장한 경우는 제외한다. 이하 이 항에서 같다)를 영구히 보존하여야 하며, 다음 각 호의 어느 하나에 해당하는 경우 외에는 해당 청사 밖으로 지적공부 를 반출할 수 없다.
  • 천재지변이나 그 밖에 이에 준하는 재난을 피하기 위하여 필요 한 경우
  • 관할 시·도지사 또는 대도시 시장의 승인을 받은 경우
② 지적공부를 정보처리시스템을 통하여 기록·저장한 경우 관할 시·도지사, 시장·군수 또는 구청장은 그 지적공부를 지적 전 산정보시스템에 영구히 보존하여야 한다.
③ 국토교통부장관은 보존하여야 하는 지적공부가 멸실되거나 훼 손될 경우를 대비하여 지적공부를 복제하여 관리하는 시스템을 구축하여야 한다.
④ 지적서고의 설치기준, 지적공부의 보관방법 및 반출승인 절차 등에 필요한 사항은 국토교통부령으로 정한다.

(2) **지적정보전담 관리기구의 설치**

국토교통부장관은 지적공부의 효율적인 관리 및 활용을 위하여 지적정보전담 관리기구를 설치·운영한다. 지적정보전담 관리기구의 설치·운영에 관한 세부사항은 대통령령으로 정한다.

(3) **지적서고**

지적서고는 지적사무를 처리하는 사무실과 연접(連接)하여 설치하여야 한다.

① **지적서고의 구조기준**
- 골조는 철근콘크리트 이상의 강질로 할 것
- 지적서고의 면적은 기준면적에 의할 것
- 바닥과 벽은 2중으로 하고, 영구적인 방수설비를 할 것
- 창문과 출입문은 2중으로 하되, 바깥쪽문은 반드시 철제로 하고, 안쪽문은 곤충·쥐 등의 침입을 막을 수 있도록 철망 등을 설치할 것
- 온도 및 습도의 자동조절절장치를 설치하고, 연중평균온도는 섭씨 $20\pm5℃$를, 연중평균 습도는 $65\pm5\%$를 유지할 것
- 전기시설을 서리하는 때에는 단독휴즈를 설치하고, 소화장비를 비치할 것
- 열과 습도의 영향을 받지 아니하도록 내부공간을 넓게 하고, 천정을 높게 설치할 것

② **지적서고 관리**
- 지적서고는 제한구역으로 지정하고, 출입자를 지적사무담당공무원으로 한정할 것
- 지적서고에는 인화물질의 반입을 금지하며, 지적공부·지적관계서류 및 지적측량 방비만 보관할 것
- 지적공부보관상자는 벽으로부터 15cm 이상 띄워야 하며, 높이 10cm 이상의 깔판 위에 올려놓아야 한다.

③ **지적서고의 기준면적**
- 10만 필지 이하 : $80m^2$
- 10만 필지 초과 20만 필지 이하 : $110m^2$
- 20만 필지 초과 30만 필지 이하 : $130m^2$
- 30만 필지 초과 40만 필지 이하 : $150m^2$
- 40만 필지 초과 50만 필지 이하 : $165m^2$
- 50만 필지 초과 : $180m^2$에 60만 필지를 초과하는 10만 필지마다 $10m^2$를 가산한 면적

(4) 토지이동정리결의서

① 지적소관청은 토지의 이동이 있는 경우에는 토지이동정리결의서를 작성하여야 한다.

② 토지이동정리결의서는 증감란의 면적과 지번수는 늘어난 경우에는 (+)로, 줄어든 경우에는 (−)로 기재한다.

③ 토지이동정리결의서는 토지대장·임야대장 또는 경계점좌표등록부별로 구분하여 작성하되, 토지이동정리결의서에는 토지이동 신청서 또는 도시개발사업 등의 완료신고서 등을 첨부하여야 한다.

(5) 소유자정리

① 대장의 소유자변동일자는 등기필통지서, 등기필증, 등기부등본·초본 또는 등기관서에서 제공한 등기전산정보자료의 경우에는 등기접수일자로, 미등기토지 소유자에 관한 정정신청의 경우와 소유자등록신청의 경우에는 소유자정리결의일자로, 공유수면 매립준공에 따른 신규 등록의 경우에는 매립준공일자로 정리한다.

② 주소·성명·명칭의 변경 또는 경정 및 소유권이전 등이 같은 날짜에 등기가 된 경우의 지적공부정리는 등기접수 순서에 따라 모두 정리하여야 한다.

③ 소유자의 주소가 토지소재지와 같은 경우에도 등기부와 일치하게 정리한다. 다만, 등기관서에서 제공한 등기전산정보자료에 따라 정리하는 경우에는 등기전산정보자료에 따른다.

3 지적공부의 복구

(1) 복구자료

① 토지표지사항
- 지적공부의 등본
- 측량결과도
- 토지이동정리결의서
- 부동산등기부등본 등 등기사실을 증명하는 서류
- 지적소관청이 작성하거나 발행한 지적공부의 등록내용을 증명하는 서류
- 복제된 지적공부

② 소유자에 관한 사항
- 법원의 확정판결서 정본 또는 사본
- 부동산등기부

(2) 복구절차

지적소관청은 복구자료의 조사 또는 복구측량 등이 완료되어 지적공부를 복구하려는 때에는 복구하려는 토지의 표시 등을 시·군·구의 게시판 및 인터넷 홈페이지에 15일 이상 게시하여야 한다.

---

02 지적공부의 등록 및 작성

1 대장의 등록사항 및 제도

(1) 토지대장/임야대장의 등록사항

① 일반적인 기재사항
- 토지의 소재 : 동·리 단위로 법정행정구역의 명칭을 기재
- 지번 : 임야대장은 숫자 앞에 "산"을 붙임
- 지목 : 정식명칭 기재
- 면적 : 제곱미터(m^2)로 표시
- 소유자의 성명 또는 명칭, 주소 및 주민등록번호

② 국토교통부령이 정하는 사항
- 토지의 고유번호
- 지적도 또는 임야도의 번호와 필지별 토지대장 또는 임야대장의 장번호 및 축척
- 토지의 이동사유
- 토지소유자가 변경된 날과 그 원인
- 토지등급 또는 기준수확량등급과 그 설정·수정 연월일
- 개별공시지가와 그 기준일

(2) 공유지연명부의 등록사항

① 일반적인 등록사항
- 토지의 소재
- 지번
- 소유권 지분
- 소유자의 성명 또는 명칭, 주소 및 주민등록번호

② 국토교통부령으로 정하는 사항
  • 토지의 고유번호
  • 필지별 공유지연명부의 장번호
  • 토지소유자가 변경된 날과 그 원인

(3) 대지권등록부의 등록사항

① 일반적인 등록사항
  • 토지의 소재
  • 지번
  • 대지권 비율
  • 소유자의 성명 또는 명칭, 주소 및 주민등록번호

② 국토교통부령으로 정하는 사항
  • 토지의 고유번호
  • 전유부분(專有部分)의 건물표시
  • 건물의 명칭
  • 집합건물별 대지권등록부의 장번호
  • 토지소유자가 변경된 날과 그 원인
  • 소유권 지분

2 도면의 등록사항 및 제도

(1) 지적도/임야도의 등록사항

① 일반적인 기재사항
  • 토지의 소재
  • 지번 : 아라비아 숫자로 기입
  • 지목 : 두문자 또는 차문자로 기입
  • 경계 : 0.1mm폭으로 제도

② 국토교통부령으로 정하는 사항
  • 지적도면의 색인도(인접도면의 연결 순서를 표시하기 위해 기재한 도표와 번호)
  • 지적도면의 제명 및 축척
  • 도곽선(圖廓線)과 그 수치
  • 좌표에 의해 계산된 경계점 간 거리(경계점좌표등록부를 갖춰 두는 지역으로 한정)
  • 삼각점 및 지적기준점의 위치
  • 건축물 및 구조물 등의 위치

3 경계점좌표등록부의 등록사항 및 제도

(1) 경계점좌표등록부의 등록사항

① 일반적인 기재사항
- 토지의 소재
- 지번
- 좌표

② 국토교통부령으로 정하는 사항
- 토지의 고유번호
- 지적도면의 번호
- 필지별 경계점좌표등록부의 장번호
- 부호 및 부호도

4 도면의 작성

(1) 도면의 작성 기준

① 직접 자사법 : 측량결과도를 등사하지 않고 측량결과도를 지적
도 작성 용지에 올려놓고 직접 경계 굴곡점을 사사하여 지적도
를 작성하는 방법

② 간접 자사법 : 지적도를 작성함에 있어 측량 결과도를 트레이싱
페이퍼에 등사하여 등사도에서 자사하여 지적도를 정리하는 방법

③ 전자 자동 제도법

(2) 도면의 재작성 기준

① 도면은 재작성 당시의 지적도 또는 임야도를 기준으로 재작성
하며, 직접자사법, 간접자사법 또는 전자자동제도법에 의하여
작성하여야 한다.

② 도곽선의 신축량이 0.5mm 이상인 경우에는 전자자동제도법에
의하여 신축을 보정하야여 하고, 도면의 경계가 불분명한 경우
에는 측량결과도를, 지번 또는 지목이 불분명한 경우에는 토지
대장 또는 임야대장을 기준으로 보완하여야 한다.

(3) 도면의 재작성 사유

① 토지의 빈번한 이동 정리도 인하여 도면의 경계 등을 식별하기
곤란한 경우

② 장기간 사용으로 도면이 손상되어 토지의 표시가 분명하지 아니한 경우

③ 도곽선의 신축량이 0.5mm 이상인 경우

④ 행정 구역의 변경 등으로 1장의 도면에 2 이상의 동·리가 등록되어 있는 경우

⑤ 1장의 도면에 등록된 토지의 일부가 도시 개발 사업 등의 시행 지역에 편입된 경우

(4) 지적측량에 따른 도면의 작성

① 토지이동으로 지번 및 지목을 제도하는 경우에는 이동전 지번 및 지목을 말소하고 그 위 부분에 새로이 설정된 지번 미 지목을 제도한다. 이 경우 세로쓰기로 제도된 경우에는 글자 배열의 방향에 따라 말소하고, 그 윗부분에 새로이 설정된 지번 미 지목을 가로쓰기로 제도한다.

② 경계를 말소하는 경우에는 붉은색의 짧은 교차선을 3cm 간격으로 제도한다. 다만, 경계의 길이가 짧은 경우에는 말소 표시의 사이를 적당히 좁힐 수 있다.

③ 말소된 경계를 다시 복원하는 경우에는 말소표시의 교차선 중심점의 기준으로 직경 2mm 내지 3mm의 붉은색 원으로 제도한다. 다만, 필지의 면적이 작거나 경계가 복잡하여 원의 표시가 인접 경계와 접할 경우에는 말소 표시 사항을 칼로 긁거나 다른 방법으로 지워서 제도할 수 있다.

(5) 합병에 따른 도면의 작성

합병되는 필지 사이의 경계는 붉은색 짧은 교차선으로, 지번 및 지목은 붉은색 2선으로 말소한 후 새로이 부여하는 지번과 지목을 제도하다. 이 경우, 합병 후에 부여하는 지번과 지목의 위치가 필지의 중앙에 있는 경우에는 그대로 둔다.

(6) 토지 이동에 따른 도면의 작성

① 필지를 분할할 경우에는 분할 전 지번과 지목을 말소하고, 분할 경계를 제도한 후 필지마다 지번 및 지목을 새로 제도한다.

② 등록전환을 할 때에는 임야도의 그 지번과 지목을 말소한다.

③ 지적공부의 등록된 토지가 바다가 된 경우라면 경계·지번 및 지목을 말소한다.

03 이동지 정리

1 토지의 이동

(1) 토지 표시의 변동

토지의 표시
지적공부에 토지의 소재·지번(地番)·지목(地目)·면적·경계 또는 좌표를 등록한 것을 말한다.

토지의 이동(異動)
토지의 표시를 새로 정하거나 변경 또는 말소하는 것을 말한다. 즉, 지적공부에 등록된 토지의 소재, 지번, 지목, 면적, 경계 또는 좌표가 변경 또는 말소되는 것이다.

① 지적측량의 대상
- 지적기준점을 정하는 경우
- 지적측량성과를 검사하는 경우
- 지적공부를 복구하는 경우
- 토지를 신규등록 하는 경우
- 토지를 등록전환 하는 경우
- 토지를 분할하는 경우
- 바다가 된 토지의 등록을 말소하는 경우
- 축척을 변경하는 경우
- 지적공부의 등록사항을 정정하는 경우
- 도시개발사업 등의 시행지역에서 토지의 이동이 있는 경우
- 지적재조사사업에 따라 토지의 이동이 있는 경우
- 경계점을 지상에 복원하는 경우

② 토지의 이동조사
- 합병
- 지목변경

(2) 합병

지적공부에 등록된 2필지 이상의 토지를 1필지로 합하여 지적공부에 등록하는 것을 말한다.

① 합병의 조건
- 합병하려는 토지의 지번부여지역, 지목 또는 소유자가 서로 동일할 것
- 합병하려는 토지의 지적도 및 임야도의 축척이 서로 동일할 것
- 합병하려는 각 필지의 지반이 연속될 것
- 합병하려는 토지가 등기 내용이 동일할 것
- 합병하려는 토지의 소유자별 공유지분과 소유자의 주소가 서로 동일할 것

② 합병시 지번의 부여방법

합병의 경우에는 합병 대상 지번 중 선순위의 지번을 그 지번으로 하되, 본번으로 된 지번이 있을 때에는 본번 중 선순위의 지번을 합병 후의 지번으로 할 것. 이 경우 토지소유자가 합병 전의 필지에 주거·사무실 등의 건축물이 있어서 그 건축물이 위치한 지번을 합병 후의 지번으로 신청할 때에는 그 지번을 합병 후의 지번으로 부여하여야 한다.

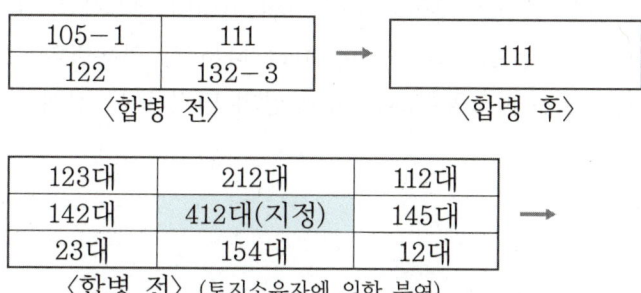

105-1	111
122	132-3

〈합병 전〉

111

〈합병 후〉

123대	212대	112대
142대	412대(지정)	145대
23대	154대	12대

〈합병 전〉 (토지소유자에 의한 부여)

412대(지정)

〈합병 후〉 (토지소유자에 의한 부여)

(3) 분할

분할이란 지적공부에 등록된 1필지를 2필지 이상으로 나누어 등록하는 것을 말한다.

① 분할에 따른 지번부여방법

분할의 경우에는 분할 후의 필지 중 1필지의 지번은 분할 전의 지번으로 하고, 나머지 필지의 지번은 본번의 최종 부번 다음 순번으로 부번을 부여할 것. 이 경우 주거·사무실 등의 건축물이 있는 필지에 대해서는 분할 전의 지번을 우선하여 부여하여야 한다.

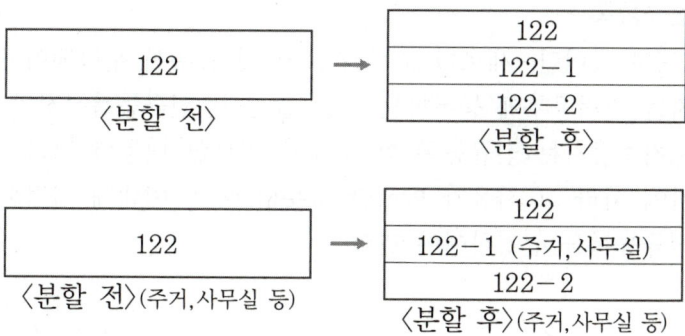

122

〈분할 전〉

122
122-1
122-2

〈분할 후〉

122

〈분할 전〉(주거, 사무실 등)

122
122-1 (주거, 사무실)
122-2

〈분할 후〉(주거, 사무실 등)

② 허용범위

$$A = 0.026^2 M \sqrt{F}$$

여기서, A : 오차 허용면적

M : 축척분모

F : 원면적으로 하되, 축척이 3천분의 1인 지역의 축척분모는 6천으로 한다.

• 분할 전후 면적의 차이가 허용범위 이내인 경우에는 그 오차를 분할 후의 각 필지의 면적에 따라 나누고, 허용범위를 초과하는 경우에는 지적공부(地籍公簿)상의 면적 또는 경계를 정정하여야 한다.

③ 산출면적(r)

$$r = \frac{F}{A} \times a$$

여기서, r : 각 필지의 산출면적

F : 원면적

A : 측정면적 합계 또는 보정면적 합계

a : 각 필지의 측정면적 또는 보정면적

(4) 도시계획구역

■ 용도구분

• 주거지역 : 거주와 생활환경의 보호를 위한 지역
• 상업지역 : 상업 그 밖의 업무의 편익증진을 위한 지역
• 공업지역 : 공업의 편익증진을 위하여 필요한 지역
• 녹지지역 : 자연환경·농지 및 산림의 보호, 보건위생, 보안과 도시의 무질서한 확산을 방지하기 위하여 녹지의 보전이 필요한 지역

(5) 신규등록

신규등록이란, 새로이 조성된 토지 및 등록이 누락되어 있는 토지를 지적공부에 등록하는 것을 말한다. 신규등록신청의 방법은 토지소유자는 신규등록 할 토지가 있으면 대통령령으로 정하는 바에 따라 그 사유가 발생한 날부터 60일 이내에 지적소관청에 신규등록을 신청하여야 한다.

(6) 등록전환 登錄轉換

① 등록전환 신청

등록전환을 신청할 수 있는 토지는 「산지관리법」, 「건축법」 등 관계 법령에 따른 토지의 형질변경 또는 건축물의 사용승인 등으로 인하여 지목을 변경하여야 할 토지로 한다. 또한 다음 각 호의 어느 하나에 해당하는 경우에는 지목변경 없이 등록전환을 신청할 수 없다.

- 대부분의 토지가 등록전환되어 나머지 토지를 임야도에 계속 존치하는 것이 불합리한 경우
- 임야도에 등록된 토지가 사실상 형질변경 되었으나 지목변경을 할 수 없는 경우
- 도시·군관리계획선에 따라 토지를 분할하는 경우

② 허용범위

- $A = 0.026^2 M\sqrt{F}$의 식에 따른다.(A는 오차허용면적, M은 임야도축척분모, F는 등록전환 될 면적)
- 임야대장의 면적과 등록전환 될 면적의 차이가 허용범위 이내인 경우에는 등록전환 될 면적을 등록전환 면적으로 결정하고, 허용범위를 초과하는 경우에는 임야대장의 면적 또는 임야도의 경계를 지적소관청이 직권으로 정정하여야 한다.

등록전환
임야대장 및 임야도에 등록된 토지를 토지대장 및 지적도에 옮겨 등록하는 것을 말한다.

(7) 해면성말소 바다로 된 토지의 등록말소

① 지적소관청은 지적공부에 등록된 토지가 지형의 변화 등으로 바다로 된 경우로서 원상(原狀)으로 회복될 수 없거나 다른 지목의 토지로 될 가능성이 없는 경우에는 지적공부에 등록된 토지소유자에게 지적공부의 등록말소 신청을 하도록 통지하여야 한다.

② 지적소관청은 토지소유자가 통지를 받은 날부터 90일 이내에 등록말소 신청을 하지 아니하면 대통령령으로 정하는 바에 따라 등록을 말소한다.

(8) 등기촉탁의 대상

① 토지의 이동이 있는 경우(신규등록은 제외)

② 지번을 변경한 때

③ 바다로 된 토지의 등록말소

④ 토지소유지의 신청 또는 지적소관청의 직권으로 축척변경을 한 경우

⑤ 등록사항의 오류를 지적소관청이 직권으로 조사, 측량하여 정정한 때

⑥ 행정구역개편으로 새로이 지번을 정할 때

(9) 도시개발사업

도시개발사업 등의 착수·변경 또는 완료 사실의 신고는 그 사유가 발생한 날부터 15일 이내에 하여야 한다.

2 도면정리

(1) 당해 지적도 또는 임야도상의 경계가 변경되어 경계를 바르게 정리하는 경우 경계 정정 전의 경계를 붉은색의 짧은 교차선으로 말소하고 경계 정정 후의 경계선을 정리한다. 한편, 당해 지적도 또는 임야도상의 위치가 변경되어 위치를 바르게 정리할 경우에는, 위치 정정 전의 필지 경계는 붉은색의 짧은 교차선으로 말소하고 위치 정정 후의 필지 경계는 새로 정리한다.

(2) 등록전환시 도면정리

① 등록전환으로 지적도상에 경계, 지번 및 지목을 새로이 등록하는 경우에는 이미 비치된 도면에 제도한다.

② 다만, 이미 비치된 도면에 정리할 수 없을 때에는 새로 도면을 작성한다.

③ 한편, 등록 전환된 임야도의 당해 지번 및 지목을 붉은색 2선으로 말소하고 필지의 내부를 붉은색으로 엷게 채색한다.

(3) 지목변경시 도면정리

① 해당 지번의 변경 전 지목만을 붉은색 2선으로 말소하고 그 윗부분에 새로이 설정된 지목을 정리한다.

② 다만, 윗부분에 정리하기 곤란할 때에는 오른쪽 또는 아래쪽에 정리할 수 있다.

(4) 도곽구획

① **도곽짜기(직각 도곽)**
  • 평면직각종횡선으로 구획되는 도곽은 직사각형으로서 새로이 구획하는 때에는 주로 도곽판(도곽 정규)을 사용하며, 필요한 경우에는 3 : 4 : 5법에 의할 수 있다.

- 새로이 도곽을 구획한 때에는 도곽의 도곽선 왼쪽 아랫부분과 오른쪽 윗부분의 종횡선 교차점 바깥쪽에 종횡선 수치를 기입한다. 따라서, 원점을 기준으로 한 도곽의 위치가 명확이 결정된다.

② 종선좌표 결정하기

일반 원점지역에 종선좌표 50만, 횡선 20만 가상수치를 부여했을 경우

1. 500000에서 종선 좌표를 빼준다. (제주도 지역은 550000)	종선에서 원점까지 떨어진 거리
2. 떨어진 거리를 도곽선 종선의 길이로 나눈다(1/1200은 400, 1/600은 200)	종선의 길이로 나누어 몇 개인가 확인(정수)
3. 도곽선 종선길이로 나눈 정수를 곱한다.	원점에서의 거리
4. 500000에서 원점에서의 거리를 빼준다.	종선의 상부좌표
5. 종선의 상부좌표에서 도곽선 종선 길이를 빼준다.	종선의 하부좌표

(5) 축척별 포용면적

구분	축척	지상길이(m)	포용면적(m²)
임야도	1/3000	1200×1500	1800000
	1/6000	2400×3000	7200000

구분	축척	지상길이(m)	포용면적(m²)
지적도	1/500	150×200	30000
	1/1000	300×400	120000
	1/600	200×250	50000
	1/1200	400×500	20000
	1/2400	800×1000	800000
	1/3000	1200×1500	1800000
	1/6000	2400×3000	7200000

구분	축척	도상길이(mm)
지적도	1/500	300×400
	1/1000	300×400
	1/600	333.33×416.67
	1/1200	333.33×416.67
	1/2400	333.33×416.67
	1/3000	400×500
	1/6000	400×500

구분	축척	도상길이(mm)
임야도	1/3000	400×500
	1/6000	400×500

제6장 지적공부에 관한 사항

과년도 예상문제

01 지적공부의 종류

15①

01 다음 토지의 지번 앞에 "산"자를 붙여 표기하는 지적공부는?

① 토지대장
② 임야대장
③ 경계점좌표등록부
④ 토지대장 부본

해답 ②

임야대장 및 임야도에 등록하는 토지의 지번은 숫자 앞에 "산"자를 붙인다.

13⑤, 15①

02 지적 관련 법규에 따른 지적공부에 해당하지 않는 것은?

① 임야대장
② 대지권등록부
③ 지적도
④ 일람도

해답 ④

지적공부란 토지대장, 임야대장, 공유지연명부, 대지권등록부, 지적도, 임야도 및 경계점좌표등록부 등 지적측량 등을 통하여 조사된 토지의 표시와 해당 토지의 소유자 등을 기록한 대장 및 도면(정보처리시스템을 통하여 기록·저장된 것을 포함한다)을 말한다.

10⑤, 12⑤, 13①, 14①, 15⑤, 16①

03 다음 중 지적공부가 아닌 것은?

① 토지대장
② 공유지연명부
③ 대지권등록부
④ 도로대장

해답 ④

지적공부란 토지대장, 임야대장, 공유지연명부, 대지권등록부, 지적도, 임야도 및 경계점좌표등록부 등 지적측량 등을 통하여 조사된 토지의 표시와 해당 토지의 소유자 등을 기록한 대장 및 도면(정보처리시스템을 통하여 기록·저장된 것을 포함한다)을 말한다.

□□□ 16①, 17④

04 다음 중 간주지적도에 등록된 토지의 대장을 토지 대장과는 별도로 작성하여 사용하였던 것에 해당하지 않는 것은?

① 별책 토지대장
② 을호 토지대장
③ 산 토지대장
④ 지세 명기장

해답 ④
간주지적도에 등록된 토지에 대하여 별책토지대장, 을호토지대장, 산토지대장이라 하여 별도 작성되었다.

□□□ 04⑤, 05①, 06⑤, 13①, 14⑤

05 1필지의 토지소유자가 2인 이상인 경우 그 지분관계를 기록한 것으로, 지적소관청에 의하여 작성되어 비치되는 것은?

① 경계점좌표등록부
② 결번 대장
③ 공유지연명부
④ 건축물 대장

해답 ③
공유지연명부
1필지의 소유자가 2인 이상일 때에는 대장의 소유자란에 등기부상 선순위 공유자의 주소, (주민)등록번호 및 성명 또는 명칭을 정리한 지적공부이다.

□□□ 16①

06 지적소관청은 1필지의 토지소유자가 최소 몇 인 이상일 때 공유지연명부를 비치하는가?

① 2인
② 3인
③ 4인
④ 5인

해답 ①
공유지연명부
1필지의 소유자가 2인 이상일 때에는 대장의 소유자란에 등기부상 선순위 공유자의 주소, (주민)등록번호 및 성명 또는 명칭을 정리한 지적공부이다.

□□□ 10⑤

07 다음 중 구분 소유단위별로 소유자에 관한 등기 사항을 등록한 지적공부는?

① 공유지연명부
② 토지대장
③ 대지권등록부
④ 건축물 관리대장

해답 ③
대지권등록부
아파트, 연립주택 등 집합건물의 구분소유 단위로 대지권을 등록·공시하기 위해 작성된 지적공부이다.

□□□ 04②, 06⑤, 10①⑤, 11⑤, 13⑤, 14①, 16①

08 다음 중 지적도의 축척이 아닌 것은?

① 1/500　　　　② 1/1500　　　　③ 1/2400　　　　④ 1/3000

해답 ②

지적도면의 축척
• 지적도 : 1/500, 1/600, 1/1000, 1/1200, 1/2400, 1/3000, 1/6000
• 임야도 : 1/3000, 1/6000

□□□ 08⑤

09 다음 중 지적법상 대장, 도면, 경계점좌표등록부를 시·군·구의 청사 밖으로 반출할 수 있는 경우가 아닌 것은?

① 범죄의 수사 등에 필요한 경우
② 천재·지변, 그 밖에 이에 준하는 재난을 피하기 위하여 필요한 경우
③ 지적공부의 등록사항을 마이크로필름·자기디스크, 그 밖에 유사한 매체에 기록·보존하여 지적 서고에 보관하지 아니하는 경우
④ 시·도지사의 승인을 얻은 경우

해답 ①

지적공부의 반출
• 천재재변이나 그 밖에 이에 준하는 재난을 피하기 위하여 필요한 경우
• 관할 시·도지사 또는 대도시 시장의 승인을 받는 경우

□□□ 13⑤

10 지적공부의 효율적인 관리 및 활용을 위하여 지적정보전담 관리기구를 설치·운영하는 자는?

① 행정안전부장관　　　　　　② 국토교통부장관
③ 국토지리정보원장　　　　　④ 국가정보원장

해답 ②

지적정보 전담 관리기구
국토교통부장관은 지적공부의 효율적인 관리 및 활용을 위하여 지적정보전담 관리기구를 설치·운영한다.
지적정보전담 관리기구의 설치·운영에 관한 세부사항은 대통령령으로 정한다.

□□□ 13⑤

11 지적서고의 설치 기준 및 관리에 관한 내용이 틀린 것은?

① 지적서고의 출입자를 지적사무담당공무원으로 한정한다.
② 바닥과 벽은 2중으로 한다.
③ 전기시설을 설치하는 때에는 단독퓨즈를 설치한다.
④ 지적서고의 연중 평균 습도는 20±5%

해답 ④

지적서고의 설치기준
온도 및 습도의 자동조절절장치를 설치하고, 연중평균온도는 섭씨 20±5℃를, 연중평균 습도는 65±5%를 유지할 것

□□□ 10①

12 다음 중 지적서고의 설치 및 관리기준에 대한 설명으로 옳지 않은 것은?

① 지적사무를 처리하는 사무실과 연접하여 설치한다.
② 제한구역으로 지정하고 인화물질의 반입을 금지한다.
③ 출입자는 지적소관청의 직원들로 한정한다.
④ 지적공부, 지적 관계서류 및 지적측량장비만 보관한다.

해답 ③

지적서고의 설치기준
지적서고는 제한구역으로 지정하고, 출입자를 지적사무담당공무원으로 한정할 것

□□□ 10①, 13①

13 신규등록에 의한 토지의 이동이 있어 지적공부를 정리하여야 하는 경우 지적소관청이 작성하여여 하는 것은?

① 토지이동정리 결의서   ② 신규등록정리 결의서
③ 등기부등본정리 결의서   ④ 부동산등기부 결의서

해답 ①

토지이동정리결의서
지적소관청은 토지의 이동이 있는 경우에는 토지이동정리결의서를 작성하여야 한다. 토지이동정리결의서는 증감란의 면적과 지번수는 늘어난 경우에는 (+)로, 줄어든 경우에는 (−)로 기재한다.

□□□ 15①, 19①

14 공유수면 매립준공에 의한 신규등록의 경우 소유자 변동일자는?

① 매립허가일자　　　　　　② 등기접수일자
③ 매립준공일자　　　　　　④ 등기교부일자

해답 ③
소유자 정리
공유수면 매립준공에 따른 신규 등록의 경우에는 매립준공일자로 정리한다.

□□□ 13⑤, 14①

15 지적공부의 복구에 관한 관계자료에 해당하지 않는 것은?

① 측량 결과도　　　　　　② 지적공부의 등본
③ 지형도　　　　　　　　④ 토지이동정리 결의서

해답 ③
지적공부의 복구자료에 따라 지형도는 포함되지 않는다.

□□□ 04①, 05②, 13①

16 지적공부의 복구 자료가 아닌 것은?

① 지적공부의 등본　　　　② 측량 결과도
③ 측량 준비도　　　　　　④ 토지이동정리 결의서

해답 ③
지적공부의 복구자료에 따라 측량준비도는 포함되지 않는다.

□□□ 15⑤

17 대장에 등록하는 면적의 단위 기준은?

① 제곱킬로미터　　　　　　② 제곱미터
③ 제곱센티미터　　　　　　④ 헥타르

해답 ②
면적의 결정
대장에는 제곱미터(m^2) 단위로 면적을 등록한다.

□□□ 06⑤, 13⑤, 16①

18 토지대장과 임야대장에 등록하여야 할 사항이 아닌 것은?

① 토지의 소재　　　　　　　　② 지번

③ 지목　　　　　　　　　　　　④ 경계

해답 ④

토지대장 등의 등록사항
- 토지의 소재
- 지번
- 지목
- 면적
- 소유자의 성명 또는 명칭, 주소 및 주민등록번호

□□□ 04②, 10⑤, 14⑤, 15⑤

19 토지대장과 임야대장에 등록할 사항이 아닌 것은?

① 토지의 소재　　　　　　　　② 소유권 지분

③ 지번　　　　　　　　　　　　④ 면적

해답 ②

토지대장 등의 등록사항
- 토지의 소재
- 지번
- 지목
- 면적
- 소유자의 성명 또는 명칭, 주소 및 주민등록번호

□□□ 04①, 13①, 15⑤, 19①

20 공유지연명부의 등록사항에 해당하지 않는 것은?

① 토지의 소재　　　　　　　　② 토지의 고유번호

③ 소유자의 성명　　　　　　　④ 대지권 비율

해답 ④

공유지연명부의 등록사항
- 토지의 소재
- 지번
- 소유권 지분
- 소유자의 성명 또는 명칭, 주소 및 주민등록번호
  (∵ 토지의 고유번호는 국토교통부령으로 정하는 등록사항이다.)

□□□ 08⑤, 11①⑤, 16①

21 다음 중 공유지연명부에 등록하여야 할 사항이 아닌 것은?

① 소유자의 성명 ② 소유자의 주소
③ 소유자의 주민등록번호 ④ 소유면적과 지목

해답 ④

공유지연명부의 등록사항
• 토지의 소재
• 지번
• 소유권 지분
• 소유자의 성명 또는 명칭, 주소 및 주민등록번호

□□□ 04②, 05②, 14①, 15①

22 공유지연명부의 등록사항이 아닌 것은?

① 토지의 소재 ② 지목
③ 소유권 지분 ④ 토지의 고유번호

해답 ②

공유지연명부의 등록사항
• 토지의 소재
• 지번
• 소유권 지분
• 소유자의 성명 또는 명칭, 주소 및 주민등록번호
• 토지의 고유번호는 국토교통부령으로 등록되는 사항이다.

□□□ 08⑤

23 다음 중 지적법상 토지대장 또는 임야대장에 등록하는 토지가 부동산등기법에 의하여 대지권 등기가 된 때에 대지권 등록부에 등록하는 사항에 해당하지 않는 것은?

① 토지의 소재 ② 대지권 비율
③ 지번 ④ 지목

해답 ④

대지권등록부의 등록사항
• 토지의 소재
• 지번
• 대지권 비율
• 소유자의 성명 또는 명칭, 주소 및 주민등록번호

□□□ 11①

24 지적소관청이 토지소유자에 관하여 지적공부에 등록된 사항을 정정하고자 하는 경우 참고하여야 하는 자료에 해당하지 않는 것은?

① 등기필증   ② 등기필증 사본
③ 등기부 등분   ④ 등기부초본

해답 ②

등록사항의 정정

지적소관청이 등록사항을 정정할 때 그 정정사항이 토지소유자에 관한 사항인 경우에는 등기필증, 등기완료통지서, 등기사항증명서 또는 등기관서에서 제공한 등기전산정보자료에 따라 정정하여야 한다.

□□□ 10①

25 다음 중 도면 제도시 붉은색으로 제도하여야 하는 것은? (단, 토지의 이동에 따른 도면을 정리하는 경우는 고려하지 않음)

① 도곽선   ② 지번   ③ 지목   ④ 제명

해답 ①

도면에 등록하는 도곽선은 0.1mm 선으로 하고 도곽 좌표점을 직선으로 연결하여 붉은색으로 제도한다.

□□□ 04②, 15①⑤, 11①

26 다음 중 지적도의 등록사항이 아닌 것은?

① 지적도면의 색인도   ② 지적도면의 제명
③ 도곽선과 그 수치   ④ 토지 소유자

해답 ④

국토교통부령으로 정하는 지적도의 등록사항
• 지적도면의 색인도(인접도면의 연결 순서를 표시하기 위해 기재한 도표와 번호)
• 지적도면의 제명 및 축척
• 도곽선(圖廓線)과 그 수치

□□□ 05②, 04②, 06⑤, 08⑤, 12⑤

27 경계점좌표등록부의 등록사항으로 옳은 것은?

① 토지소재, 지번, 좌표   ② 토지소재, 지번, 지목
③ 토지소재, 지번 면적   ④ 토지소재, 지번, 축척

해답 ①

경계점좌표등록부의 등록사항
• 토지의 소재   • 지번   • 좌표

□□□ 05①②, 10①, 13①, 14①⑤, 15①, 16①
28 경계점좌표등록부의 등록사항이 아닌 것은?

① 지번
② 부호 및 부호도
③ 토지의 소재
④ 면적

해답 ④

경계점좌표 등록부의 등록사항
• 일반적인 기재사항
  토지의 소재, 지번, 좌표
• 국토 교통부령으로 정하는 경우
  부호 및 부호도

□□□ 06⑤
29 임야도상에서 합병되는 토지의 경계선 정리 방법은?

① 2선의 붉은색 짧은 교차선으로 말소
② 검은색 짧은 교차선으로 말소
③ 연필로 말소 표시
④ 칼로 선을 긁어 말소

해답 ①

합병에 따른 도면정리
합병되는 필지 사이의 경계는 붉은색 짧은 교차선으로, 지번 및 지목은 붉은색 2선으로 말소한 후 새로이 부여하는 지번과 지목을 제도한다. 이 경우, 합병 후에 부여하는 지번과 지목의 위치가 필지의 중앙에 있는 경우에는 그대로 둔다.

□□□ 05②, 10①, 19⑤
30 다음 중 토지의 이동에 따라 경계선을 말소하는 경우의 제도 작업 기준으로 옳은 것은? (단, 경계의 길이가 짧은 경우는 고려하지 않음)

① 검은색의 짧은 교차선을 약 3mm 간격으로 제도한다.
② 검은색의 짧은 교차선을 약 3cm 간격으로 제도한다.
③ 붉은색의 짧은 교차선을 약 3mm 간격으로 제도한다.
④ 붉은색의 짧은 교차선을 약 3cm 간격으로 제도한다.

해답 ④

경계를 말소하는 경우에는 붉은색의 짧은 교차선을 약 3cm 간격으로 제도한다. 다만, 경계의 길이가 짧은 경우에는 말소 표시의 사이를 적당히 좁힐 수 있다.

□□□ 05①, 06⑤, 11⑤

31 다음 중 도면의 작성 방법에 해당하지 않는 것은?

① 직접자사법
② 간접자사법
③ 전자자동제도법
④ 투사지법

해답 ④

도면의 작성 기준
도면은 직접 자사법, 간접 자사법, 전자 자동 제도법에 의하여 작성하여야 한다.

□□□ 04⑤

32 도면의 재작성에서 도면의 경계가 불분명한 경우 기준으로 하는 것은?

① 측량약도
② 대장
③ 측량결과도
④ 대장부본

해답 ③

도면의 재작성 기준
도곽선의 신축량이 0.5mm 이상인 경우에는 전자자동제도법에 의하여 신축을 보정하여여 하고, 도면의 경계가 불분명한 경우에는 측량결과도를, 지번 또는 지목이 불분명한 경우에는 토지대장 또는 임야대장을 기준으로 보완하여야 한다.

02 이동지 정리

□□□ 11①

33 다음 중 지적공부에 등록하는 지번, 지목, 면적, 경계 또는 좌표는 토지의 이동이 있을 때 토지소유자의 신청을 받아 누가 결정하는가?

① 토지소유자
② 지적소관청
③ 대한지적공사
④ 지적측량업자

해답 ②

신규등록 신청
토지소유자는 토지의 이동이 있을 시 대통령령으로 정하는 바에 따라 지적소관청에게 신청하여야 하며, 지적소관청의 확인으로 신청서류의 제출을 갈음할 수 있다.

□□□ 04⑤, 14①

34 지적공부에 토지의 소재 · 지번 · 지목 · 면적 · 경계 또는 좌표를 등록한 것을 무엇이라 하는가?

① 토지의 이동   ② 토지표제

③ 토지의 표시   ④ 지적 기록

해답 ③

토지의 표시란 지적공부에 토지의 소재·지번(地番)·지목(地目)·면적·경계 또는 좌표를 등록한 것을 말한다.

□□□ 13⑤

35 다음 중 지적측량을 실시하여야 할 대상이 아닌 것은?

① 지적공부를 복구 하는 경우   ② 토지를 신규등록 하는 경우

③ 토지를 분할하는 경우   ④ 토지를 합병하는 경우

해답 ④

합병, 지목변경은 지적측량을 실시하지 않는다.

□□□ 15⑤

36 지적측량을 필요로 하지 않는 경우는?

① 지적기준점을 정하는 경우   ② 경계점을 지상에 복원하는 경우

③ 지적공부를 복구하는 경우   ④ 토지의 지목을 변경하는 경우

해답 ④

합병, 지목변경은 지적측량을 실시하지 않는다.

□□□ 15①

37 토지의 이동이라고 할 수 없는 것은?

① 토지분할   ② 경계복원

③ 토지합병   ④ 등록전환

해답 ②

토지의 이동(異動)이란 토지의 표시를 새로 정하거나 변경 또는 말소하는 것을 말한다. 즉, 지적공부에 등록된 토지의 소재, 지번, 지목, 면적, 경계 또는 좌표가 변경 또는 말소되는 것이다.
(∵ 경계의 복원은 거리가 멀다.)

□□□ 14①

38 지적측량을 하여야 하는 경우가 아닌 것은?

① 신규등록　　　　② 합병　　　　③ 등록전환　　　　④ 분할

해답 ②
합병, 지목변경은 지적측량을 실시하지 않는다.

□□□ 04①②, 11①, 14⑤

39 다음 중 지적측량을 필요로 하는 토지의 이동과 거리가 먼 것은?

① 등록전환　　　　② 분할　　　　③ 지목변경　　　　④ 신규등록

해답 ③
합병, 지목변경은 지적측량을 실시하지 않는다.

□□□ 08⑤, 10⑤, 15①, 20④

40 다음 중 지적측량을 하여야 하는 경우가 아닌 것은?

① 지적공부를 복구하는 경우
② 경계점을 지상에 복원하는 경우
③ 지적측량 성과를 검사하는 경우
④ 토지대장의 지목을 변경하는 경우

해답 ④
합병, 지목변경은 지적측량을 실시하지 않는다.

□□□ 10⑤, 13⑤, 16①, 19①

41 지번이 105−1, 111, 122, 132−3인 4필지를 합병할 경우 새로이 부여해야 할 지번으로 옳은 것은?

① 105−1　　　　② 111　　　　③ 122　　　　④ 132−3

해답 ②
지번의 구성 및 부여방법

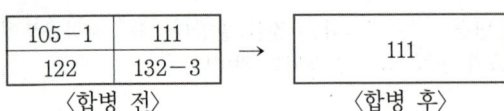

105−1	111
122	132−3

〈합병 전〉　　→　　111　〈합병 후〉

□□□ 06⑤, 10①

42 다음 중 지적측량을 하여야 하는 경우가 아닌 것은?

① 토지를 등록전환하는 경우
② 토지를 분할하는 경우
③ 토지를 합병하는 경우
④ 토지를 신규등록하는 경우

해답 ③

합병, 지목변경은 지적측량을 실시하지 않는다.

□□□ 12⑤, 24④

43 지번이 각각 5-1, 3, 3-1, 2인 필지의 합병 후 지번으로 옳은 것은?

① 1
② 2
③ 3-1
④ 5-1

해답 ②

지번의 구성 및 부여방법

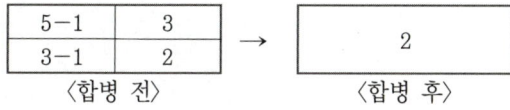

□□□ 11⑤

44 지번이 각각 21, 22-3, 19-2, 137-14인 4필지를 합병하고자 할 때, 합병 후의 지번은 무엇으로 하는가?

① 21
② 19-2
③ 22-3
④ 137-14

해답 ①

지번의 구성 및 부여방법

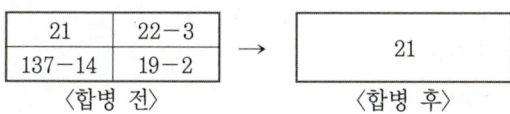

□□□ 13①

45 지적공부에 등록된 2필지 이상을 1필지로 합하여 등록하는 것을 무엇이라 하는가?

① 합병
② 분할
③ 등록전환
④ 지목변경

해답 ①

합병은 지적공부에 등록된 2필지 이상의 토지를 1필지로 합하여 지적공부에 등록하는 것을 말한다.

□□□ 04⑤, 14①, 19①

46 토지대장에 등록된 4필지(1-2, 12, 105, 123-1)를 합병할 경우 부여해야 할 지번은?

① 1-2   ② 12   ③ 105   ④ 123-1

해답 ②
지번의 구성 및 부여방법

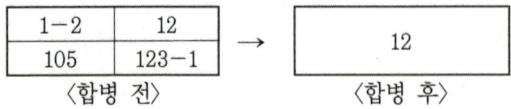

1-2	12
105	123-1
〈합병 전〉 → | 12 | 〈합병 후〉

□□□ 15①

47 필지 합병의 경우 지번부여의 원칙은?

① 합병 대상 지번 중 선순위의 지번으로 한다.
② 합병 대상 지번 중 최종 지번으로 한다.
③ 합병 대상 선순위의 지번에 부번을 부여한다.
④ 합병 대상 최종지번에 부번을 부여한다.

해답 ①
합병의 경우 지번의 부여
합병의 경우에는 합병 대상 지번 중 선순위의 지번을 그 지번으로 하되, 본번으로 된 지번이 있을 때에는 본번 중 선순위의 지번을 합병 후의 지번으로 한다.

□□□ 15①, 16①, 19①

48 축척 1/1200 지적도에서 원면적이 1500m^{2}인 필지를 분할할 때 273번지의 면적이 850m^2, 273-1의 면적이 670m^2 이라면 273-1번지의 결정면적은?

① 661m^2 ② 670m^2
③ 839m^2 ④ 850m^2

해답 ①
분할에 따른 산출면적

$$r = \frac{F}{A} \times a$$

$$= \frac{1500}{850+670} \times 670 = 661.1\text{m}^2$$

∴ 1/1200의 지적도이며, 0.5m^2 미만이므로 결정면적은 661m^{2}이다.

□□□ 04②⑤, 11①
49 다음 중 토지의 합병을 신청할 수 없는 경우가 아닌 것은?

① 합병하려는 토지가 등기된 토지와 등기되지 아니한 토지
② 합병하려는 각 필지의 면적이 서로 다른 경우
③ 합병하려는 토지의 지적도 및 임야도의 축척이 서로 다른 경우
④ 합병하려는 각 필지의 지반이 연속되지 아니한 경우

해답 ②
합병하려는 각 필지의 면적이 서로 다른 경우는 토지의 합병을 신청할 수 없는 경우에 해당하지 않는다.

□□□ 10⑤, 17①
50 다음과 같은 경우에 신청할 수 있는 토지 이동은?

> • 지적공부에 등록된 1필지의 일부가 형질 변경 등으로 용도가 변경된 경우
> • 소유권 이전, 매매 등을 위하여 필요한 경우
> • 토지 이용상 불합리한 지상 경계를 시정하기 위한 경우

① 신규등록　　　② 등록전환　　　③ 분할　　　④ 합병

해답 ③
분할이란 지적공부에 등록된 1필지를 2필지 이상으로 나누어 등록하는 것을 말한다.

□□□ 13①
51 분할의 경우 지번을 부여하는 방법으로 틀린 것은?

① 분할 후의 필지 중 1필지의 지번은 분할 전의 지번으로 한다.
② 지번을 부여한 나머지 필지의 지번은 본번의 최종 부번 다음 순번으로 부번을 부여한다.
③ 주거·사무실 등의 건축물이 있는 필지에 대해서는 분할 전 의 지번을 우선하여 부여한다.
④ 해당 필지가 여러 필지로 분할되는 경우에는 인접 필지의 지번을 공동으로 부여한다.

해답 ④
지번부여방법
분할의 경우에는 분할 후의 필지 중 1필지의 지번은 분할 전의 지번으로 하고, 나머지 필지의 지번은 본번의 최종 부번 다음 순번으로 부번을 부여할 것. 이 경우 주거·사무실 등의 건축물이 있는 필지에 대해서는 분할 전의 지번을 우선하여 부여하여야 한다.

□□□ 14⑤

52 측량·수로조사 및 지적에 관한 법률상 분할의 정의로 옳은 것은?

① 지상에 인위적으로 구획된 토지를 2필지 이상으로 나누는 것
② 지적공부에 등록된 1필지를 2필지 이상으로 나누어 등록하는 것
③ 지적공부에 등록된 2필지 이상을 1필지로 합하여 등록하는 것
④ 지적도에 등록된 경계점의 정밀도를 높이기 위하여 축척을 변경하여 등록하는 것

해답 ②
분할이란 지적공부에 등록된 1필지를 2필지 이상으로 나누어 등록하는 것을 말한다.

□□□ 04①, 04②, 13⑤, 15①

53 지적공부에 등록된 1필지를 2필지로 나누어 등록하는 것을 무엇이라 하는가?

① 분할
② 등록전환
③ 합병
④ 축척변경

해답 ①
분할이란 지적공부에 등록된 1필지를 2필지 이상으로 나누어 등록하는 것을 말한다.

□□□ 13①

54 ( )에 들어갈 말로 옳은 것은?

( )에 따른 경계·좌표 또는 면적은 따로 지적 측량을 하지 아니한다.

① 신규등록
② 합병
③ 등록전환
④ 분할

해답 ②
합병, 지목변경은 지적측량을 실시하지 않는다.

□□□ 13①, 16①

55 새로 조성된 토지와 지적공부에 등록되어 있지 아니한 토지를 지적공부에 등록하는 것을 무엇이라 하는가?

① 등록전환
② 축척변경
③ 수로측량
④ 신규등록

해답 ④
신규등록이란, 새로이 조성된 토지 및 등록이 누락되어 있는 토지를 지적공부에 등록하는 것을 말한다.

□□□ 10⑤, 15⑤, 17④

56 다음 중 분할 후의 각 필지의 면적의 합계와 분할 전 면적과의 오차의 허용범위를 구하는 식으로 옳은 것은? (단, A : 오차허용면적, M : 축척분모, F : 원면적)

① $A = 0.023^2 M \sqrt{F}$

② $A = 0.026^2 M \sqrt{F}$

③ $A = 0.23^2 M \sqrt{F}$

④ $A = 0.26^2 M \sqrt{F}$

해답 ②

분할에 따른 허용범위

$A = 0.026^2 M \sqrt{F}$

□□□ 05①, 06⑤, 08⑤, 10①, 11①, 12⑤, 13①, 14①⑤, 16①

57 축척이 1/6000인 지역에서 토지의 원면적이 1000m²인 경우 분할 후 각 필지의 면적의 합계와 분할 전 면적과의 오차의 허용범위는?

① $\pm 25.6\text{m}^2$

② $\pm 21.4\text{m}^2$

③ $\pm 128.3\text{m}^2$

④ $\pm 64.1\text{m}^2$

해답 ③

분할에 따른 허용범위

$A = 0.026^2 M \sqrt{F}$

$\quad = 0.026^2 \times 6000 \times \sqrt{1000}$

$\quad = 128.26\text{m}^2 \fallingdotseq 128.3\text{m}^2$

□□□ 08⑤, 12⑤

58 토지소유자가 토지의 분할을 신청할 수 있는 경우가 아닌 것은?

① 지적공부에 등록된 1필지의 일부가 형질변경 등으로 용도가 변경된 경우

② 소유권 이전, 매매 등을 위하여 필요한 경우

③ 토지이용상 불합리한 지상경계를 시정하기 위한 경우

④ 공유수면매립으로 토지의 경계를 결정한 경우

해납 ④

분할을 신청할 수 있는 경우

• 소유권이전, 매매 등을 위하여 필요한 경우

• 토지이용상 불합리한 지상경계를 시정하기 위한 경우

• 지적공부에 등록된 1필지의 일부가 형질변경 등으로 용도가 변경된 경우

□□□ 14①, 19⑤

59 세부측량에서 분할 측량 시 원면적이 4529m², 보정면적의 합계 4550m²일 때 하나의 필지에 대한 보정면적이 2033m²이었다면 이 필지의 산출면적은?

① 2010.2m²

② 2023.6m²

③ 2014.4m²

④ 2043.6m²

해답 ②

산출면적(시행령 제19조)

$$r = \frac{F}{A} \times a$$

$$= \frac{4529}{4550} \times 2033 = 2023.6\,\text{m}^2$$

□□□ 05①

60 지목을 변경하는 경우 새로이 설정된 지목의 제도로 틀린 것은?

① 기존 지목의 윗 부분에 제도한다.

② 기존 지목의 윗 부분에 제도하기 곤란한 경우 오른쪽에 제도한다.

③ 기존 지목의 윗 부분에 제도하기 곤란한 경우 아래쪽에 제도한다.

④ 기존 지목의 윗 부분에 제도하기 곤란한 경우 왼쪽에 제도한다.

해답 ④

해당 지번의 변경 전 지목만을 붉은색 2선으로 말소하고 그 윗부분에 새로이 설정된 지목을 정리한다. 다만, 윗부분에 정리하기 곤란할 때에는 오른쪽 또는 아래쪽에 정리할 수 있다.

□□□ 13⑤

61 지목변경 없이 등록전환을 신청할 수 있는 경우가 아닌 것은?

① 임야도에 등록된 토지가 사실상 형질 변경 되었으나 지목변경을 할 수 없을 경우

② 대부분의 토지가 등록전환되어 나머지 토지를 임야도에 계속 존치하는 것이 불합리한 경우

③ 도시·군관리계획선에 따라 토지를 분할하는 경우

④ 토지이용상 불합리한 지상 경계를 시정하기 위한 경우

해답 ④

등록전환 신청

• 대부분의 토지가 등록전환되어 나머지 토지를 임야도에 계속 존치하는 것이 불합리한 경우

• 임야도에 등록된 토지가 사실상 형질변경 되었으나 지목변경을 할 수 없는 경우

• 도시·군관리계획선에 따라 토지를 분할하는 경우

□□□ 14①

62 토지소유자가 지목변경을 할 토지가 있으면 그 사유가 발생한 날부터 최대 얼마 이내에 지적소관청에 지목변경을 신청하여야 하는가?

① 15일 이내　　　　　　　　　② 30일 이내
③ 60일 이내　　　　　　　　　④ 90일 이내

해답 ③

토지소유자는 지목변경을 할 토지가 있으면 대통령령으로 정하는 바에 따라 그 사유가 발생한 날부터 60일 이내에 지적소관청에 지목에 지목변경을 신청하여야 한다.

□□□ 15①

63 신규등록의 대상 토지가 아닌 것은?

① 미등록 공공용 토지　　　　　② 미등록 도서
③ 공유수면매립 준공 토지　　　　④ 토지분할 측량을 실시한 토지

해답 ④

신규등록이란, 새로이 조성된 토지 및 등록이 누락되어 있는 토지를 지적공부에 등록하는 것을 말한다. 토지분할측량을 실시한 토지는 해당되지 않는다.

□□□ 04①, 10①, 11⑤, 13①⑤

64 토지소유자는 신규등록 할 토지가 있으면 그 사유가 발생한 날부터 최대 몇 일 이내에 지적소관청에 신규등록을 신청하여야 하는가?

① 10일　　　　② 15일　　　　③ 40일　　　　④ 60일

해답 ④

신규등록신청
토지소유자는 신규등록 할 토지가 있으면 대통령령으로 정하는 바에 따라 그 사유가 발생한 날부터 60일 이내에 지적소관청에 신규등록을 신청하여야 한다.

□□□ 05①, 10①, 12⑤, 13①⑤

65 임야대장 및 임야도에 등록된 토지를 토지대장 및 지적도에 옮겨 등록하는 것을 무엇이라 하는가?

① 신규등록　　　② 등록전환　　　③ 토지분할　　　④ 지목변경

해답 ②

등록전환이란 임야대장 및 임야도에 등록된 토지를 토지대장 및 지적도에 옮겨 등록하는 것을 말한다.

□□□ 04①, 06⑤, 10⑤, 11①, 15⑤

66 다음 중 등록전환에 대한 설명으로 옳은 것은?

① 임야대장 및 임야도에 등록된 토지를 토지 대장 및 지적도에 옮겨 등록 하는 것
② 지적도에 등록된 토지를 임야도에 옮겨 등록하는 것
③ 토지대장에 등록된 토지를 임야대장에 옮겨 등록하는 것
④ 경계점좌표등록부에 등록된 사항을 임야대장에 옮겨 등록하는 것

해답 ①

등록전환이란 임야대장 및 임야도에 등록된 토지를 토지대장 및 지적도에 옮겨 등록하는 것을 말한다.

□□□ 15①

67 측량·수로조사 및 지적에 관한 법률상 등록전환의 의미로 옳은 것은?

① 형질변경으로 인하여 타지목으로 바꾸는 것
② 소축척을 대축척으로 변경하는 것
③ 미등록지를 지적공부에 등록하는 것
④ 임야대장 및 임야도에 등록된 토지를 토지대장 및 지적도에 옮겨 등록하는 것

해답 ④

등록전환이란 임야대장 및 임야도에 등록된 토지를 토지대장 및 지적도에 옮겨 등록하는 것을 말한다.

□□□ 04⑤, 14①

68 임야대장 및 임야도에 등록된 토지를 토지대장 및 지적도에 옮겨 등록하는 것은?

① 신규등록   ② 지목변경   ③ 등록전환   ④ 임야변경

해답 ③

등록전환이란 임야대장 및 임야도에 등록된 토지를 토지대장 및 지적도에 옮겨 등록하는 것을 말한다.

□□□ 04⑤, 10⑤

69 다음 중 도시개발사업 등의 착수·변경 또는 완료 사실의 신고는 그 사유가 발생한 날부터 최대 몇 일 이내에 지적소관청에 하여야 하는가?

① 10일 이내   ② 15일 이내   ③ 20일 이내   ④ 30일 이내

해답 ②

토지개발사업 등의 범위 및 신고
도시개발사업 등의 착수·변경 또는 완료 사실의 신고는 그 사유가 발생한 날부터 15일 이내에 하여야 한다.

□□□ 13①

70 다음 중 토지소유자가 지적소관청으로부터 통지를 받은 날부터 90일 이내에 해당 내용에 대한 신청을 하지 않는 경우, 지적소관청이 직권으로 그 지적공부의 등록사항을 말소할 수 있는 경우는?

① 토지의 용도가 대지로 변경된 경우
② 홍수에 의하여 토지의 경계를 변경하여야 하는 경우
③ 지형의 변화로 토지가 바다로 되어 원상으로 회복할 수 없는 경우
④ 화재로 인하여 건물이 소실된 경우

해답 ③

바다로 된 토지의 등록말소
지적소관청은 지적공부에 등록된 토지가 지형의 변화 등으로 바다로 된 경우로서 원상(原狀)으로 회복될 수 없거나 다른 지목의 토지로 될 가능성이 없는 경우에는 지적공부에 등록된 토지소유자에게 지적공부의 등록말소 신청을 하도록 통지하여야 한다. 지적소관청은 토지소유자가 통지를 받은 날부터 90일 이내에 등록말소 신청을 하지 아니하면 대통령령으로 정하는 바에 따라 등록을 말소한다.

□□□ 05②

71 지적도의 도곽은 무엇으로 구획하는가?

① 평면직각종횡선 좌표
② 구면좌표
③ 극좌표
④ 지리적 위치좌표

해답 ①

도곽구획
평면직각종횡선으로 구획되는 도곽은 직사각형으로서 새로이 구획하는 때에는 주로 도곽판(도곽 정규)을 사용하며, 필요한 경우에는 3 : 4 : 5법에 의할 수 있다.

□□□ 10⑤

72 다음 중 등록전환에 따른 도면의 제도 방법으로 옳지 않은 것은?

① 등록전환하는 경우 임야도의 그 지번 및 지목을 말소한다.
② 등록전환으로 도면에 경계, 지번 및 지목을 새로이 등록하는 경우에는 이미 비치된 도면에 제도하는 것을 원칙으로 한다.
③ 이미 비치된 도면에 정리할 수 없는 경우에는 새로이 도면을 작성하여야 한다.
④ 등록전환하는 경우 임야도의 당해 필지의 내부를 검은 색으로 엷게 채색한다.

해답 ④

등록전환하는 경우 임야도의 당해 필지의 내부를 붉은색으로 엷게 채색한다.

□□□ 11①, 14⑤, 20④

73 다음 그림에 대한 설명으로 옳은 것은? (단, 도면의 모든 선은 실선으로 간주한다.)

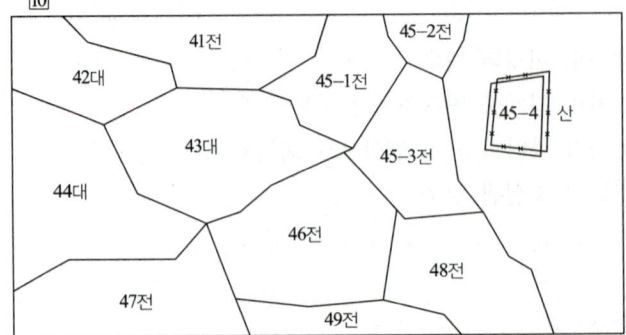

① 주소정정에 따른 도면 정리다.　　② 위치정정에 따른 도면 정리다.
③ 분할에 따른 도면 정리다.　　　　④ 합병에 따른 도면 정리다.

해답 ②
위치정정에 따른 도면정리
지적도 또는 임야도상의 위치가 변경되어 위치를 바르게 정리할 경우에는, 위치 정정 전의 필지 경계는
붉은색의 짧은 교차선으로 말소하고 위치 정정후의 필지 경계는 새로 정리한다.

□□□ 13①, 14⑤

74 축척 1/500 지적도 1매가 포용하는 면적은?

① 10000m^2　　　② 20000m^2　　　③ 30000m^2　　　④ 40000m^2

해답 ③
축척별 포용면적
1/500의 지상길이는 150×200이므로 포용면적은 30000m^{2}이다.

□□□ 04①②, 14①

75 축척 1/600 지역의 일반원점지역에서 지적도 1장에 포용되는 지상 면적은?

① 30000m^2　　　② 50000m^2　　　③ 120000m^2　　　④ 200000m^2

해답 ②
축척별 포용면적
1/600의 지상길이는 200×250이므로 포용면적은 50000m^{2}이다.

□□□ 13①
76 일반 원점 지역에서 축척이 1/1200인 도곽선의 지상 규격은? (단, 종선 × 횡선(m)임)

① 150×200(m)
② 200×250(m)
③ 300×400(m)
④ 400×500(m)

해답 ④
1/1200의 지상길이는 400×500m이다.
1/1200의 도상길이는 333.33×416.67mm이다.

□□□ 12⑤
77 축척이 1000분의 1인 도곽의 도상 규격으로 옳은 것은?

① 300×400(mm)
② 333.33×416.67(mm)
③ 400×500(mm)
④ 500×600(mm)

해답 ①
축척별 도상규격
1/1000의 도상길이는 300×400mm이다.

□□□ 15⑤
78 축척 1/500인 지적도 종선(X)의 도상규격은?

① 400mm
② 333.3mm
③ 300mm
④ 250mm

해답 ③
축척별 포용면적
· 1/500의 지상길이 : 150×200(m)
· 1/500의 도상길이 : 300×400(mm)

□□□ 11⑤
79 임야조사사업 당시 작성된 6000분의 1 지역의 임야도 도곽의 크기로 옳은 것은?

① 남북으로 30cm 동서로 40cm
② 남북으로 35cm 동서로 45cm
③ 남북으로 40cm 동서로 50cm
④ 남북으로 45cm 동서로 55cm

해답 ③
임야조사사업 당시 작성된 1/6000 지역의 임야도 도곽크기는 남북으로 40cm 동서로 50cm이다.

□□□ 10⑤

80 지적기준점의 종선좌표(X)가 450173.40m 횡선좌표(Y)가 203207.93m일 때 상부 종선좌표의 값은? (단, 1/600 도면에서 도곽의 종선길이는 200m이다.)

① 450200m   ② 451200m   ③ 452200m   ④ 453200m

해답 ①

종선좌표 결정
- 500000에서 종선좌표를 빼준다.(제주도 지역은 550000m)
  500000−450173.40=49826.6m
- 떨어진 거리를 도곽선 종선길이로 나눈다. (축척 1/1200은 400, 1/600은 200)
  549826.6÷200=249.13
- 도곽선 종선길이로 나눈 정수를 곱한다.
  5249×200=49800m
- 500000에서 나온 값을 빼준다.
  500000−49800=450200m ← 종선의 상부좌표
- 종선의 상부좌표에서 도곽선 종선길이를 빼준다.
  450200−200=450000m ← 종선의 하부좌표

2 PART

CBT 대비
과년도 기출문제

지적기능사 연습용 답안카드

성 명

종목 및 등급
지적기능사

수험자가 기재
◎문제지형별
( )형
※우측문제지
형별은 마킹

문제지형별 Ⓐ

1	① ② ③ ④	21	① ② ③ ④	41	① ② ③ ④	61	① ② ③ ④	81	① ② ③ ④	101	① ② ③ ④
2	① ② ③ ④	22	① ② ③ ④	42	① ② ③ ④	62	① ② ③ ④	82	① ② ③ ④	102	① ② ③ ④
3	① ② ③ ④	23	① ② ③ ④	43	① ② ③ ④	63	① ② ③ ④	83	① ② ③ ④	103	① ② ③ ④
4	① ② ③ ④	24	① ② ③ ④	44	① ② ③ ④	64	① ② ③ ④	84	① ② ③ ④	104	① ② ③ ④
5	① ② ③ ④	25	① ② ③ ④	45	① ② ③ ④	65	① ② ③ ④	85	① ② ③ ④	105	① ② ③ ④
6	① ② ③ ④	26	① ② ③ ④	46	① ② ③ ④	66	① ② ③ ④	86	① ② ③ ④	106	① ② ③ ④
7	① ② ③ ④	27	① ② ③ ④	47	① ② ③ ④	67	① ② ③ ④	87	① ② ③ ④	107	① ② ③ ④
8	① ② ③ ④	28	① ② ③ ④	48	① ② ③ ④	68	① ② ③ ④	88	① ② ③ ④	108	① ② ③ ④
9	① ② ③ ④	29	① ② ③ ④	49	① ② ③ ④	69	① ② ③ ④	89	① ② ③ ④	109	① ② ③ ④
10	① ② ③ ④	30	① ② ③ ④	50	① ② ③ ④	70	① ② ③ ④	90	① ② ③ ④	110	① ② ③ ④
11	① ② ③ ④	31	① ② ③ ④	51	① ② ③ ④	71	① ② ③ ④	91	① ② ③ ④	111	① ② ③ ④
12	① ② ③ ④	32	① ② ③ ④	52	① ② ③ ④	72	① ② ③ ④	92	① ② ③ ④	112	① ② ③ ④
13	① ② ③ ④	33	① ② ③ ④	53	① ② ③ ④	73	① ② ③ ④	93	① ② ③ ④	113	① ② ③ ④
14	① ② ③ ④	34	① ② ③ ④	54	① ② ③ ④	74	① ② ③ ④	94	① ② ③ ④	114	① ② ③ ④
15	① ② ③ ④	35	① ② ③ ④	55	① ② ③ ④	75	① ② ③ ④	95	① ② ③ ④	115	① ② ③ ④
16	① ② ③ ④	36	① ② ③ ④	56	① ② ③ ④	76	① ② ③ ④	96	① ② ③ ④	116	① ② ③ ④
17	① ② ③ ④	37	① ② ③ ④	57	① ② ③ ④	77	① ② ③ ④	97	① ② ③ ④	117	① ② ③ ④
18	① ② ③ ④	38	① ② ③ ④	58	① ② ③ ④	78	① ② ③ ④	98	① ② ③ ④	118	① ② ③ ④
19	① ② ③ ④	39	① ② ③ ④	59	① ② ③ ④	79	① ② ③ ④	99	① ② ③ ④	119	① ② ③ ④
20	① ② ③ ④	40	① ② ③ ④	60	① ② ③ ④	80	① ② ③ ④	100	① ② ③ ④	120	① ② ③ ④

수험번호
⓪ ① ② ③ ④ ⑤ ⑥ ⑦ ⑧ ⑨
⓪ ① ② ③ ④ ⑤ ⑥ ⑦ ⑧ ⑨
⓪ ① ② ③ ④ ⑤ ⑥ ⑦ ⑧ ⑨
⓪ ① ② ③ ④ ⑤ ⑥ ⑦ ⑧ ⑨
⓪ ① ② ③ ④ ⑤ ⑥ ⑦ ⑧ ⑨
⓪ ① ② ③ ④ ⑤ ⑥ ⑦ ⑧ ⑨

감독위원확인

지적기능사 연습용 답안카드

1	①	②	③	④
2	①	②	③	④
3	①	②	③	④
4	①	②	③	④
5	①	②	③	④
6	①	②	③	④
7	①	②	③	④
8	①	②	③	④
9	①	②	③	④
10	①	②	③	④
11	①	②	③	④
12	①	②	③	④
13	①	②	③	④
14	①	②	③	④
15	①	②	③	④
16	①	②	③	④
17	①	②	③	④
18	①	②	③	④
19	①	②	③	④
20	①	②	③	④
21	①	②	③	④
22	①	②	③	④
23	①	②	③	④
24	①	②	③	④
25	①	②	③	④
26	①	②	③	④
27	①	②	③	④
28	①	②	③	④
29	①	②	③	④
30	①	②	③	④
31	①	②	③	④
32	①	②	③	④
33	①	②	③	④
34	①	②	③	④
35	①	②	③	④
36	①	②	③	④
37	①	②	③	④
38	①	②	③	④
39	①	②	③	④
40	①	②	③	④
41	①	②	③	④
42	①	②	③	④
43	①	②	③	④
44	①	②	③	④
45	①	②	③	④
46	①	②	③	④
47	①	②	③	④
48	①	②	③	④
49	①	②	③	④
50	①	②	③	④
51	①	②	③	④
52	①	②	③	④
53	①	②	③	④
54	①	②	③	④
55	①	②	③	④
56	①	②	③	④
57	①	②	③	④
58	①	②	③	④
59	①	②	③	④
60	①	②	③	④
61	①	②	③	④
62	①	②	③	④
63	①	②	③	④
64	①	②	③	④
65	①	②	③	④
66	①	②	③	④
67	①	②	③	④
68	①	②	③	④
69	①	②	③	④
70	①	②	③	④
71	①	②	③	④
72	①	②	③	④
73	①	②	③	④
74	①	②	③	④
75	①	②	③	④
76	①	②	③	④
77	①	②	③	④
78	①	②	③	④
79	①	②	③	④
80	①	②	③	④
81	①	②	③	④
82	①	②	③	④
83	①	②	③	④
84	①	②	③	④
85	①	②	③	④
86	①	②	③	④
87	①	②	③	④
88	①	②	③	④
89	①	②	③	④
90	①	②	③	④
91	①	②	③	④
92	①	②	③	④
93	①	②	③	④
94	①	②	③	④
95	①	②	③	④
96	①	②	③	④
97	①	②	③	④
98	①	②	③	④
99	①	②	③	④
100	①	②	③	④
101	①	②	③	④
102	①	②	③	④
103	①	②	③	④
104	①	②	③	④
105	①	②	③	④
106	①	②	③	④
107	①	②	③	④
108	①	②	③	④
109	①	②	③	④
110	①	②	③	④
111	①	②	③	④
112	①	②	③	④
113	①	②	③	④
114	①	②	③	④
115	①	②	③	④
116	①	②	③	④
117	①	②	③	④
118	①	②	③	④
119	①	②	③	④
120	①	②	③	④

지적기능사 연습용 답안카드

성 명		종목 및 등급	지적기능사

지적기능사 연습용 답안카드

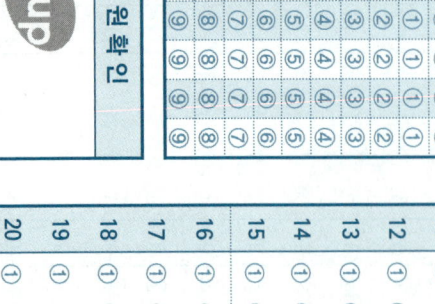

	①	②	③	④		①	②	③	④		①	②	③	④		①	②	③	④		①	②	③	④		①	②	③	④
1	①	②	③	④	21	①	②	③	④	41	①	②	③	④	61	①	②	③	④	81	①	②	③	④	101	①	②	③	④
2	①	②	③	④	22	①	②	③	④	42	①	②	③	④	62	①	②	③	④	82	①	②	③	④	102	①	②	③	④
3	①	②	③	④	23	①	②	③	④	43	①	②	③	④	63	①	②	③	④	83	①	②	③	④	103	①	②	③	④
4	①	②	③	④	24	①	②	③	④	44	①	②	③	④	64	①	②	③	④	84	①	②	③	④	104	①	②	③	④
5	①	②	③	④	25	①	②	③	④	45	①	②	③	④	65	①	②	③	④	85	①	②	③	④	105	①	②	③	④
6	①	②	③	④	26	①	②	③	④	46	①	②	③	④	66	①	②	③	④	86	①	②	③	④	106	①	②	③	④
7	①	②	③	④	27	①	②	③	④	47	①	②	③	④	67	①	②	③	④	87	①	②	③	④	107	①	②	③	④
8	①	②	③	④	28	①	②	③	④	48	①	②	③	④	68	①	②	③	④	88	①	②	③	④	108	①	②	③	④
9	①	②	③	④	29	①	②	③	④	49	①	②	③	④	69	①	②	③	④	89	①	②	③	④	109	①	②	③	④
10	①	②	③	④	30	①	②	③	④	50	①	②	③	④	70	①	②	③	④	90	①	②	③	④	110	①	②	③	④
11	①	②	③	④	31	①	②	③	④	51	①	②	③	④	71	①	②	③	④	91	①	②	③	④	111	①	②	③	④
12	①	②	③	④	32	①	②	③	④	52	①	②	③	④	72	①	②	③	④	92	①	②	③	④	112	①	②	③	④
13	①	②	③	④	33	①	②	③	④	53	①	②	③	④	73	①	②	③	④	93	①	②	③	④	113	①	②	③	④
14	①	②	③	④	34	①	②	③	④	54	①	②	③	④	74	①	②	③	④	94	①	②	③	④	114	①	②	③	④
15	①	②	③	④	35	①	②	③	④	55	①	②	③	④	75	①	②	③	④	95	①	②	③	④	115	①	②	③	④
16	①	②	③	④	36	①	②	③	④	56	①	②	③	④	76	①	②	③	④	96	①	②	③	④	116	①	②	③	④
17	①	②	③	④	37	①	②	③	④	57	①	②	③	④	77	①	②	③	④	97	①	②	③	④	117	①	②	③	④
18	①	②	③	④	38	①	②	③	④	58	①	②	③	④	78	①	②	③	④	98	①	②	③	④	118	①	②	③	④
19	①	②	③	④	39	①	②	③	④	59	①	②	③	④	79	①	②	③	④	99	①	②	③	④	119	①	②	③	④
20	①	②	③	④	40	①	②	③	④	60	①	②	③	④	80	①	②	③	④	100	①	②	③	④	120	①	②	③	④

지적기능사 연습용 답안카드

성 명	

종목 및 등급	
지적기능사	

수험자가 기재
◎문제지형별
( )형
※우측문제지
형별은 마킹

문 제 지 형 별 Ⓐ

번호	①	②	③	④	번호	①	②	③	④	번호	①	②	③	④	번호	①	②	③	④	번호	①	②	③	④	번호	①	②	③	④
1	①	②	③	④	21	①	②	③	④	41	①	②	③	④	61	①	②	③	④	81	①	②	③	④	101	①	②	③	④
2	①	②	③	④	22	①	②	③	④	42	①	②	③	④	62	①	②	③	④	82	①	②	③	④	102	①	②	③	④
3	①	②	③	④	23	①	②	③	④	43	①	②	③	④	63	①	②	③	④	83	①	②	③	④	103	①	②	③	④
4	①	②	③	④	24	①	②	③	④	44	①	②	③	④	64	①	②	③	④	84	①	②	③	④	104	①	②	③	④
5	①	②	③	④	25	①	②	③	④	45	①	②	③	④	65	①	②	③	④	85	①	②	③	④	105	①	②	③	④
6	①	②	③	④	26	①	②	③	④	46	①	②	③	④	66	①	②	③	④	86	①	②	③	④	106	①	②	③	④
7	①	②	③	④	27	①	②	③	④	47	①	②	③	④	67	①	②	③	④	87	①	②	③	④	107	①	②	③	④
8	①	②	③	④	28	①	②	③	④	48	①	②	③	④	68	①	②	③	④	88	①	②	③	④	108	①	②	③	④
9	①	②	③	④	29	①	②	③	④	49	①	②	③	④	69	①	②	③	④	89	①	②	③	④	109	①	②	③	④
10	①	②	③	④	30	①	②	③	④	50	①	②	③	④	70	①	②	③	④	90	①	②	③	④	110	①	②	③	④
11	①	②	③	④	31	①	②	③	④	51	①	②	③	④	71	①	②	③	④	91	①	②	③	④	111	①	②	③	④
12	①	②	③	④	32	①	②	③	④	52	①	②	③	④	72	①	②	③	④	92	①	②	③	④	112	①	②	③	④
13	①	②	③	④	33	①	②	③	④	53	①	②	③	④	73	①	②	③	④	93	①	②	③	④	113	①	②	③	④
14	①	②	③	④	34	①	②	③	④	54	①	②	③	④	74	①	②	③	④	94	①	②	③	④	114	①	②	③	④
15	①	②	③	④	35	①	②	③	④	55	①	②	③	④	75	①	②	③	④	95	①	②	③	④	115	①	②	③	④
16	①	②	③	④	36	①	②	③	④	56	①	②	③	④	76	①	②	③	④	96	①	②	③	④	116	①	②	③	④
17	①	②	③	④	37	①	②	③	④	57	①	②	③	④	77	①	②	③	④	97	①	②	③	④	117	①	②	③	④
18	①	②	③	④	38	①	②	③	④	58	①	②	③	④	78	①	②	③	④	98	①	②	③	④	118	①	②	③	④
19	①	②	③	④	39	①	②	③	④	59	①	②	③	④	79	①	②	③	④	99	①	②	③	④	119	①	②	③	④
20	①	②	③	④	40	①	②	③	④	60	①	②	③	④	80	①	②	③	④	100	①	②	③	④	120	①	②	③	④

수 험 번 호

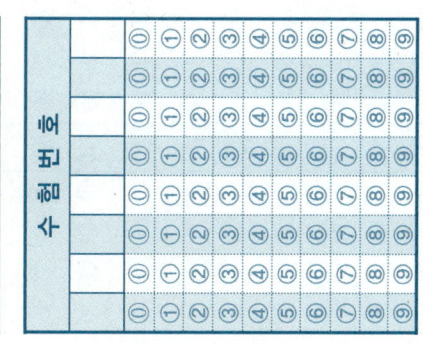

감독위원확인

지적기능사 연습용 답안카드

1	①	②	③	④
2	①	②	③	④
3	①	②	③	④
4	①	②	③	④
5	①	②	③	④
6	①	②	③	④
7	①	②	③	④
8	①	②	③	④
9	①	②	③	④
10	①	②	③	④
11	①	②	③	④
12	①	②	③	④
13	①	②	③	④
14	①	②	③	④
15	①	②	③	④
16	①	②	③	④
17	①	②	③	④
18	①	②	③	④
19	①	②	③	④
20	①	②	③	④
21	①	②	③	④
22	①	②	③	④
23	①	②	③	④
24	①	②	③	④
25	①	②	③	④
26	①	②	③	④
27	①	②	③	④
28	①	②	③	④
29	①	②	③	④
30	①	②	③	④
31	①	②	③	④
32	①	②	③	④
33	①	②	③	④
34	①	②	③	④
35	①	②	③	④
36	①	②	③	④
37	①	②	③	④
38	①	②	③	④
39	①	②	③	④
40	①	②	③	④
41	①	②	③	④
42	①	②	③	④
43	①	②	③	④
44	①	②	③	④
45	①	②	③	④
46	①	②	③	④
47	①	②	③	④
48	①	②	③	④
49	①	②	③	④
50	①	②	③	④
51	①	②	③	④
52	①	②	③	④
53	①	②	③	④
54	①	②	③	④
55	①	②	③	④
56	①	②	③	④
57	①	②	③	④
58	①	②	③	④
59	①	②	③	④
60	①	②	③	④
61	①	②	③	④
62	①	②	③	④
63	①	②	③	④
64	①	②	③	④
65	①	②	③	④
66	①	②	③	④
67	①	②	③	④
68	①	②	③	④
69	①	②	③	④
70	①	②	③	④
71	①	②	③	④
72	①	②	③	④
73	①	②	③	④
74	①	②	③	④
75	①	②	③	④
76	①	②	③	④
77	①	②	③	④
78	①	②	③	④
79	①	②	③	④
80	①	②	③	④
81	①	②	③	④
82	①	②	③	④
83	①	②	③	④
84	①	②	③	④
85	①	②	③	④
86	①	②	③	④
87	①	②	③	④
88	①	②	③	④
89	①	②	③	④
90	①	②	③	④
91	①	②	③	④
92	①	②	③	④
93	①	②	③	④
94	①	②	③	④
95	①	②	③	④
96	①	②	③	④
97	①	②	③	④
98	①	②	③	④
99	①	②	③	④
100	①	②	③	④
101	①	②	③	④
102	①	②	③	④
103	①	②	③	④
104	①	②	③	④
105	①	②	③	④
106	①	②	③	④
107	①	②	③	④
108	①	②	③	④
109	①	②	③	④
110	①	②	③	④
111	①	②	③	④
112	①	②	③	④
113	①	②	③	④
114	①	②	③	④
115	①	②	③	④
116	①	②	③	④
117	①	②	③	④
118	①	②	③	④
119	①	②	③	④
120	①	②	③	④

국가기술자격 CBT 필기시험문제

2012년도 기능사 제5회 필기시험

종 목	시험시간	배 점	수험번호	1회독	2회독	3회독
지적기능사	1시간	60	수험자명			

해 설

□□□ 12⑤

01 토지조사사업의 주된 내용에 해당하지 않는 것은?

① 토지소유권 조사
② 임야와 임야 내 개재지 조사
③ 지가의 조사
④ 지형지모의 조사

01 토지조사사업의 목적(일반적인 사항)
• 지적제도와 등기제도 확립을 위한 토지소유권 조사
• 국토지리를 밝히는 토지의 외모조사
• 지세제도 확립을 위한 토지의 가격 조사

□□□ 11①, 12⑤, 14①, 15⑤

02 축척이 600분의 1인 지역에서 원면적이 $500m^2$인 토지를 분할하는 경우, 분할 후의 각 필지의 면적의 합계와 분할 전 면적과의 오차의 허용범위로 옳은 것은?

① $\pm 7.1m^2$
② $\pm 9.0m^2$
③ $\pm 14.2m^2$
④ $\pm 18.1m^2$

02 분할에 따른 허용범위
$A = 0.026^2 M \sqrt{F}$
$= 0.026^2 \times 600 \times \sqrt{500}$
$= 9.07 \fallingdotseq 9.0m^2$

□□□ 12⑤

03 지번에 대한 설명으로 틀린 것은?

① 지번은 아라비아 숫자로 표기하되, 임야대장 및 임야도에 등록하는 토지의 지번에는 숫자 앞에 "산"자를 붙여야 한다.
② 지번은 본번과 부번으로 구성되어 있다.
③ "-" 표시는 "다시"라고 읽도록 규정하고 있다.
④ 지번은 본번과 부번 사이에 "-"로 표시한다.

04
지번은 본번(本番)과 부번(副番)으로 구성하되, 본번과 부번 사이에 "-" 표시로 연결한다. 이 경우 "-" 표시는 "의"라고 읽는다.

□□□ 04⑤, 05①, 08⑤, 12⑤, 13⑤

04 지적소관청이 지적공부의 등록사항에 잘못이 있는지를 직권으로 조사·측량하여 정정할 수 있는 경우가 아닌 것은?

① 토지이동정리 결의서의 내용과 다르게 정리된 경우
② 경계의 위치가 잘못되어 필지의 면적이 증감된 경우
③ 지적공부의 작성 또는 재작성 당시 잘못 정리된 경우
④ 지적측량성과와 다르게 정리된 경우

04
지적소관청은 지적공부의 등록사항에 잘못이 있음을 발견하면 대통령령으로 정하는 바에 따라 직권으로 조사·측량하여 정정할 수 있다. 다만 필지의 면적이 증감된 경우는 그러하지 아니하다.

□□□ 05①, 06⑤, 10⑤, 12⑤

05 지적도에 등록하는 경계는 얼마의 폭을 기준으로 제도하는가?

① 0.1mm   ② 0.2mm

③ 0.3mm   ④ 0.4mm

□□□ 05②, 12⑤

06 지적공부를 열람하거나 등본을 교부하는 것과 관련한 토지등록의 원리는?

① 등록주의   ② 공개주의

③ 국정주의   ④ 형식주의

□□□ 12⑤

07 다음 중 지적공부에 해당하지 않는 것은?

① 공유지연명부   ② 지번색인표

③ 대지권등록부   ④ 경계점좌표등록부

□□□ 12⑤

08 경위의측량방법에 따라 도선법으로 지적도근점측량을 시행할 경우 사용하는 기준 도선은? (단, 지형상 부득이한 경우는 고려하지 않음)

① 결합도선   ② 폐합도선

③ 왕복도선   ④ 개방도선

□□□ 08⑤, 11①, 12⑤

09 임야조사사업에 대한 내용이 옳은 것은?

① 근거법령 : 지적법   ② 측량기관 : 임시토지조사국

③ 사정기관 : 도지사   ④ 도면축척 : 1/2000

해설 토지조사사업과 임야조사사업의 비교

구 분	토지조사사업	임야조사사업
조사측량기관	임시토지조사국	부와 면
사정권자	임시토지조사국장	도지사(권업과 또는 산림과)
재결기관	고등토지조사위원회	임야심사위원회(1919~1935)
도면축척	1/600, 1/1200, 1/2400	1/3000, 1/6000

05
경계는 0.1밀리미터 폭의 선으로 제도한다.

06 지적공개주의
공개주의란 지적공부에 등록된 모든 사항은 이를 토지 소유자나 이해 관계인 등 일반 국민에게 신속·정확하게 공개하여 정당하게 이용할 수 있도록 하여야 한다는 원칙이다.

07
지적공부란 토지대장, 임야대장, 공유지연명부, 대지권등록부, 지적도, 임야도 및 경계점 좌표등록부 등 지적측량 등을 통하여 조사된 토지의 표시와 해당 토지의 소유자 등을 기록한 대장 및 도면(정보처리시스템을 통하여 기록·저장된 것을 포함한다)을 말한다.

08
경위의측량방법에 따라 도선법으로 지적도근점측량을 할 때에는 도선은 결합도선으로 한다. 다만, 지형상 부득이 한 경우에는 폐합도선 또는 왕복도선에 따를 수 있다.

□□□ 12⑤

10 조선시대의 경국대전에 의하면 몇 년마다 양전을 실시하여 양안을 작성하도록 하였는가?

① 5년
② 10년
③ 20년
④ 30년

□□□ 04①, 12⑤

11 다음 중 지적도근점을 정하기 위한 기초가 될 수 없는 것은?

① 지적삼각점
② 공공수준점
③ 지적삼각보조점
④ 국가기준점

□□□ 12⑤

12 지적측량에 의해 실측한 점간거리가 경사거리일 때에 무엇으로 계산하여야 하는가?

① 수평거리
② 수직거리
③ 지상거리
④ 지표면거리

□□□ 04②, 04⑤, 12⑤, 14⑤, 15⑤, 21④

13 일람도를 작성하는 경우 일람도의 축척은 그 도면 축척의 얼마로 하는 것을 기준으로 하는가?

① $\frac{1}{2}$
② $\frac{1}{5}$
③ $\frac{1}{10}$
④ $\frac{1}{50}$

□□□ 12⑤, 21④, 24④

14 지번이 각각 5-1, 3, 3-1, 2인 필지의 합병 후 지번으로 옳은 것은?

① 1
② 2
③ 3-1
④ 5-1

해설 지번의 구성 및 부여방법

5-1	3
3-1	2

→ | 2 |

〈합병 전〉 〈합병 후〉

해 설

10 양전(量田)

오늘날의 지적측량에 해당된다. 조선시대에 편찬한 경국대전(經國大典)에 의하면 20년에 1회씩 양전을 실시하여 논밭의 소재, 자호, 위치, 등급, 형상, 면적, 사표, 소유자 등을 기록하는 양안을 작성하고, 호조(戶曹), 본도(本道), 본읍(本邑)에 보관하였다.

11 지적도근점(地籍圖根點)

지적측량 시 필지에 대한 수평위치 측량 기준으로 사용하기 위하여 국가기준점, 지적삼각점, 지적삼각보조점 및 다른 지적도근점을 기초로 하여 정한 기준점
(∵ 공공수준점은 기초가 될 수 없다.)

12

일반적으로 실제 측량에서 관측되는 거리는 경사거리이므로, 지도를 제작하거나 면적을 계산할 때에는 실제로 측량에 필요한 수평거리로 환산하여 사용한다.

13

일람도는 주요 지형지물 등의 개황을 표시하고 각 도면의 접합 관계를 쉽게 파악할 수 있도록 작성한 도면으로, 그 축척은 당해 도면 축척의 $\frac{1}{10}$ 로 작성하는 것이 원칙이다. 그러나 도면의 장수가 많아서 1장에 작성할 수 없는 경우에는 축척을 줄여서 작성하고, 도면의 장수가 4장 미만인 경우에는 일람도의 작성을 하지 아니할 수 있다.

정답 10 ③ 11 ② 12 ① 13 ③ 14 ②

CBT 대비 · 2012년 제5회 시행 **2-11**

□□□ 12⑤

15 다음 중 축척변경위원회를 구성하는 위원수로 옳은 것은?

① 5명 이상 10명 이하   ② 10명 이상 15명 이하

③ 15명 이상 20명 이하   ④ 20명 이상 30명 이하

15
축척변경위원회는 5명 이상 10명 이하의 위원으로 구성하되, 위원의 2분의 1 이상을 토지소유자로 하여야 한다. 이 경우 그 축척변경 시행지역의 토지소유자가 5명 이하일 때에는 토지소유자 전원을 위원으로 위촉하여야 한다.

□□□ 12⑤

16 다음 중 지적기준점의 종류에 해당하지 않는 것은?

① 지적삼각점   ② 지적수준점

③ 지적도근점   ④ 지적삼각보조점

16 지적기준점의 종류
• 지적삼각점(地籍三角點)
• 지적삼각보조점
• 지적도근점(地籍圖根點)

□□□ 12⑤

17 실제 면적이 $2500m^2$인 토지를 축척 100분의 1인 지적도에 나타낼 대 도면상의 면적으로 옳은 것은?

① $1000cm^2$ ② $2500cm^2$

③ $5000cm^2$ ④ $10000cm^2$

17
$$\left(\frac{1}{m}\right)^2 = \frac{도상면적}{실제면적}$$
$$\therefore \ 도면상의 \ 면적$$
$$= \frac{실제면적}{축척분모^2} = \frac{2500}{100^2}$$
$$= 0.25m^2 = 2500cm^2$$

□□□ 04②, 12⑤

18 전자면적측정기에 따른 면적측정에서 도상에서 2회 측정한 교차가 허용면적 이하일 때에 면적의 결정 방법으로 옳은 것은?

① 작은 면적을 측정면적으로 한다.
② 큰 면적을 측정면적으로 한다.
③ 평균치를 측정면적으로 한다.
④ 재측정하여야 한다.

18 면적측정의 방법
전자식 구적기라고도하며, 도상에서 2회 측정하여 그 교차가 다음 계산식에 의한 허용면적 이하인 때에는 그 평균치를 측정면적으로 한다.

□□□ 12⑤

19 도면에 등록하는 동·리의 행정구역선은 얼마의 폭을 기준으로 제도하여야 하는가?

① 0.1mm   ② 0.2mm

③ 0.3mm   ④ 0.4mm

19 행정구역선의 제도
도면에 등록할 행정구역선은 0.4밀리미터 폭으로 제도한다. 다만, 동·리의 행정구역선은 0.2밀리미터 폭으로 한다.

정답 15 ①   16 ②   17 ②   18 ③   19 ②

□□□ 12⑤
20 지목으로서 '구거'에 대한 설명으로 옳은 것은?

① 용수 또는 배수를 위하여 일정한 형태를 갖춘 인공정인 수로의 부지
② 물이 고이는 저수지, 소류지 등의 토지
③ 물을 정수하여 공급하기 위한 취수·송수시설의 부지
④ 자연의 유수가 있거나 있을 것으로 예상되는 토지

20 지목의 구분
- 물이 고이는 저수지, 소류지 등의 토지 : 유지
- 물을 정수하여 공급하기 위한 취수·송수시설의 부지 : 수도용지
- 자연의 유수가 있거나 있을 것으로 예상되는 토지 : 하천

□□□ 10①, 12⑤, 13①, 16①
21 다음 중 일반적인 경계 결정의 원칙으로 옳은 것은?

① 축척종대의 원칙   ② 등록선후의 원칙
③ 용도경중의 원칙   ④ 사용목적의 원칙

21 축척종대의 원칙
동일한 경계가 축척이 다른 도면에 각각 등록되어 있는 때에는 대축척을 따른다는 원칙이며 정밀도가 높고 축척이 높은 도면이 우선이 된다.

□□□ 08⑤, 12⑤, 16①
22 수치지적에 대한 설명이 틀린 것은?

① 수학적인 평면직각 종횡선 수치($X \cdot Y$ 좌표)의 형태로 표시한다.
② 도해지적보다 정밀성이 훨씬 떨어진다.
③ 열람용의 별도 도면을 작성하여 보관해야 한다.
④ 우리나라는 1975년부터 수치지적제도를 도입하였다.

22
도해지적보다 훨씬 정밀하게 경계를 표시한다.

□□□ 12⑤
23 수도용지를 지적도면에 등록하는 때에 표기하는 부호로 옳은 것은?

① 도   ② 수도
③ 수   ④ 수지

23
도로 – 도, 수도용지 – 수

□□□ 12⑤
24 다음 중 토지정보시스템의 약호로 옳은 것은?

① GIS(Geographic Information System)
② CIS(Civil Information System)
③ LIS(Land Information System)
④ MIS(Military Information System)

24 토지정보시스템
LIS(Land Information System)

□□□ 12⑤

25 지적도의 축척이 600분의 1인 지역과 경계점 좌표등록부에 등록하는 지역의 토지의 면적 등록 최소단위는?

① $0.001m^2$ ② $0.01m^2$

③ $0.1m^2$ ④ $1m^2$

□□□ 12⑤, 16①

26 지목의 설정원칙에 해당하지 않는 것은?

① 1필지 1지목의 원칙   ② 일시변경 가능의 원칙

③ 주용도 추종의 원칙   ④ 지목 법정주의

□□□ 05②, 12⑤, 16①

27 지적삼각보조점은 직경 몇 mm의 원으로 제도하여 원한에 검은색으로 엷게 채색하여야 하는가?

① 1mm   ② 2mm

③ 3mm   ④ 4mm

해설 지적측량기준점제도

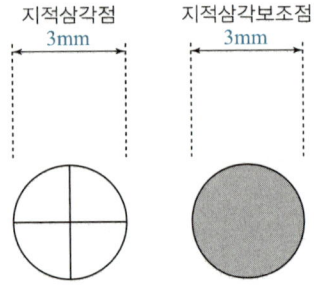

지적삼각점   지적삼각보조점
3mm   3mm

□□□ 12⑤

28 다음 중 지적측량을 하여야 하는 경우로 거리가 먼 것은?

① 멸실된 지적공부를 복구하는 경우
② 지적공부의 등록사항을 정정하는 경우
③ 공공측량성과의 중복을 배제하기 위한 경우
④ 경계점을 지상에 복원하는 경우

25

지적도의 축척이 1/600인 지역과 경계점 좌표등록부에 등록하는 지역의 토지면적은 m^2 이하 한자리 단위, $0.1m^2$로 한다.

26 지목의 설정원칙
• 1필지 1지목의 원칙(일필일목의 원칙)
• 주용도(주지목) 추종의 원칙
• 일시변경 불변의 법칙
• 용도 경중의 원칙
• 등록 선후의 원칙
• 사용목적 추종의 원칙

27 지적측량의 실시
• 지적공부를 복구하는 경우
• 지적공부의 등록사항을 정정하는 경우
• 경계점을 지상에 복원하는 경우
(∵ 공공측량의 성과의 중복을 배제하기 위한 경우는 거리가 멀다.)

정답 25 ③ 26 ② 27 ③ 28 ③

□□□ 05①, 12⑤, 24④

29 지적의 기능과 가장 거리가 먼 것은?

① 토지등기의 기초
② 토지개발의 기준
③ 토지조세의 기초
④ 토지거래의 기준

□□□ 12⑤

30 다음 중 평판측량에 사용되는 기계 및 기구가 아닌 것은?

① 평판
② 앨리데이드
③ 구심기와 추
④ 버니어

□□□ 12⑤

31 토지소유자가 지적소관청에 토지의 분할을 신청하여야 하는 기간 기준으로 옳은 것은?

① 10일 이내
② 15일 이내
③ 30일 이내
④ 60일 이내

□□□ 12⑤

32 다음 중 경계점좌표등록부의 등록사항에 해당하지 않는 것은?

① 지번
② 지목
③ 토지의 소재
④ 좌표

□□□ 08⑤, 12⑤

33 토지소유자가 토지의 분할을 신청할 수 있는 경우가 아닌 것은?

① 지적공부에 등록된 1필지의 일부가 형질변경 등으로 용도가 변경된 경우
② 소유권 이전, 매매 등을 위하여 필요한 경우
③ 토지이용상 불합리한 지상경계를 시정하기 위한 경우
④ 공유수면매립으로 토지의 경계를 결정한 경우

29 실질적 기능(역할)
• 토지등기의 기초
• 토지평가의 기초
• 토지과세의 기초
• 토지거래의 기초
• 토지이용계획의 기초
• 주소표기의 기준
• 각종 토지정보의 제공

30 평판측량의 장비
• 평판   • 삼각
• 앨리데이드   • 구심기와 추
• 나침반(자침함)   • 측량침(측침)
• 측간   • 제도지와 연필

31
토지소유자는 지적공부에 등록된 1필지의 일부가 형질변경 등으로 용도가 변경된 경우에는 대통령령으로 정하는 바에 따라 용도가 변경된 날부터 60일 이내에 지적소관청에 토지의 분할을 신청하여야 한다.

32 경계점좌표등록부의 등록사항
• 토지의 소재
• 지번
• 좌표

33 분할을 신청할 수 있는 경우
• 소유권이전, 매매 등을 위하여 필요한 경우
• 토지이용상 불합리한 지상경계를 시정하기 위한 경우
• 지적공부에 등록된 1필지의 일부가 형질변경 등으로 용도가 변경된 경우

□□□ 04①, 04②, 04⑤, 05①, 12⑤, 14①

34 다음 중 지적도의 축척에 해당하지 않는 것은?

① 1/500

② 1/1000

③ 1/2000

④ 1/3000

34 지적도면의 축척
- 지적도 : 1/500, 1/600, 1/1000, 1/1200, 1/2400, 1/3000, 1/6000
- 임야도 : 1/3000, 1/6000

□□□ 04①, 12⑤

35 세부측량을 하는 경우 필지마다 면적을 측정하여야 하는 경우가 아닌 것은?

① 지적공부를 복구하는 경우

② 축척변경을 하는 경우

③ 토지분할을 하는 경우

④ 토지합병을 하는 경우

35 면적측정의 대상
- 지적공부의 복구·신규등록·등록전환·분할 및 축척변경을 하는 경우
- 면적 또는 경계를 정정하는 경우
- 도시개발사업 등으로 인한 토지의 이동에 따라 토지의 표시를 새로 결정하는 경우
- 경계복원측량 및 지적현황측량에 면적측정이 수반되는 경우

□□□ 12⑤

36 경계의 표시방법에 따른 분류에 해당하는 지적제도는?

① 세지적

② 입체지적

③ 소극적지적

④ 도해지적

36 지적제도의 측량방법(경계점 표시방법)에 따른 분류
- 도해지적
- 수치지적

□□□ 08⑤, 12⑤

37 지번색인표의 등록사항에 해당하지 않는 것은?

① 제명

② 지번

③ 결번

④ 축척

37 지번색인표의 등재사항
- 제명
- 지번·도면번호 및 결번

□□□ 12⑤

38 아래의 설명에서 말하는 이것과 관련이 없는 것은?

> 토지조사령에 의한 조사대상 지목으로서 산림지대에 있는 전, 답, 대 등 지적도에 등록해야 할 토지가 토지조사시행 지역에서 약 200간 이상 떨어진 곳에 위치하여, 지적도에는 등록을 할 수 없거나 지적도를 만들려 해도 많은 노력과 경비가 소요되며 도면의 매수만 늘어나 취급이 불편해지므로 산간벽지 또는 도서지방에서는 임야대장규칙에 따라 이미 비치되어 있는 임야도를 지적도로 간주하여 지목만을 수정하여 임야도에 등록하였다. 이를 이것이라 하였다.

① 산토지대장

② 결연 토지대장

③ 별책 토지대장

④ 을호 토지대장

38 산토지대장
조선지세령에 의해서 임야도를 지적도로 간주하고 이 간주지적도에 등록된 토지는 일반토지대장에 등록하는 것이 아니라 다른 토지대장에 따로 등록하였는데, 이것을 산토지대장, 별책토지대장, 을호토지대장이라 하였다.
(∵ 200간 이상 떨어진 지역을 간주지적도 지역으로 설정하였다.)

정답 34 ③ 35 ④ 36 ④ 37 ④ 38 ②

□□□ 04①, 04⑤, 05①, 12⑤

39 토지를 중심으로 대장을 편성하여 하나의 토지에 하나의 등기용지를 두는 토지 등록 대장의 편성 방법은?

① 인적 편성주의

② 물적 편성주의

③ 인적·물적편성주의

④ 연대적 편성주의

39 물적 편성주의

개개의 토지를 중심으로 지적공부를 편성하는 방법이다. 1토지에 1대장을 두게 되어 있다.

□□□ 12⑤

40 축척이 1000분의 1인 도곽의 도상 규격으로 옳은 것은?

① 300×400(mm)

② 333.33×416.67(mm)

③ 400×500(mm)

④ 500×600(mm)

40 축척별 도상규격

1/1000의 도상길이는 300×400mm 이다.

□□□ 12⑤

41 우리나라에서 지적이란 용어를 최초로 사용하기 시작한 것으로 알려진 시기로 옳은 것은?

① 1875년

② 1885년

③ 1895년

④ 1905년

41 판적국(版籍局)

1895년 칙령 제53호로 내부관제가 공포되었고 5국 중 하나인 판적국에서 "호구적(戶口籍)에 관한 사항"과 "지적에 관한 사항"을 관장하였고, 여기서 지적이라는 용어가 처음 사용한 것으로 알려졌다.

□□□ 12⑤

42 우리나라에서 토지조사사업 이전에 형편상 대삼각측량을 거치지 않고 독립적으로 일부지역에 특별히 11개의 원점을 설정하여 측량을 실시하였는데, 이 때 만들어진 원점을 무엇이라 하는가?

① 일반원점

② 구소삼각원점

③ 특별소감각원점

④ 대삼각본점

42 구(舊)소삼각원점

구한말 정부에서 시간상의 문제로 대삼각측량을 거치지 않고 독립적으로 일부지역에 소삼각측량을 실시하여 경인지역(19개 지역) 및 대구지역(8개 지역) 등 27개 지역에 설치한 11개의 원점

□□□ 12⑤, 15①, 24④

43 다음 중 지적제도의 역사적 변천 과정으로 옳은 것은?

① 세지적 → 다목적지적 → 법지적

② 세지적 → 법지적 → 다목적지적

③ 법지적 → 다목적지적 → 세지적

④ 법지적 → 세지적 → 다목적지적

43

발전단계에 따른 지적제도의 변천과정은 세지적(과세지적) → 법지적(소유지적) → 다목적지적(종합지적) 순이다.

□□□ 05①, 10①, 12⑤, 13⑤, 13①

44 임야대장 및 임야도에 등록된 토지를 토지대장 및 지적도에 옮겨 등록하는 것을 무엇이라 하는가?

① 토지합병　　　　　　② 등록전환
③ 신규등록　　　　　　④ 지목변경

44 등록전환
임야대장 및 임야도에 등록된 토지를 토지대장 및 지적도에 옮겨 등록하는 것을 말한다.

□□□ 12⑤

45 다음 그림에서 $\overline{AB}$의 거리는 얼마인가?

① 565.68m
② 553.55m
③ 540.65m
④ 522.64m

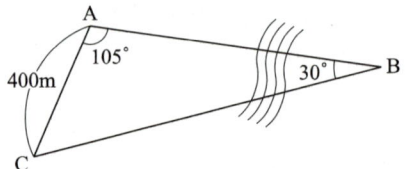

45

$$\frac{a}{\sin A} = \frac{b}{\sin B} = \frac{c}{\sin C} \text{ (sin법칙)}$$

- $\angle C = 180° - (105° + 30°) = 45°$

$$\frac{400}{\sin 30°} = \frac{\overline{AB}}{\sin 45°}$$

$$\therefore \overline{AB} = \frac{400 \times \sin 45°}{\sin 30°}$$

$$= 565.685m \fallingdotseq 565.68m$$

□□□ 08⑤, 12⑤

46 토지에 지목을 부여하는 주된 목적은?

① 토지의 이용 구분　　　② 토지의 특정화
③ 토지의 식별　　　　　④ 토지의 위치 추측

46 용도지목
지목은 토지를 어떤 목적에 따라 종류별로 구분하여 지적공부에 등록하는 명칭으로, 우리나라에서는 토지의 주된 용도에 따라 지목을 정하는 용도지목을 사용하고 있다.

□□□ 12⑤

47 지상 경계를 새로 결정하려는 경우의 기준이 틀린 것은?

① 연접되는 토지 간에 높낮이 차이가 있는 경우 그 구조물의 하단부
② 토지가 해면 또는 수면에 접하는 경우 최대만조위 또는 최대만수위가 되는 선
③ 도로의 토지에 절토된 부분이 있는 경우 그 경사면의 하단부
④ 연접되는 토지 간에 높낮이 차이가 없는 경우 그 구조물 등의 중앙

47 지상경계의 결정
- 연접되는 토지 사이에 높낮이 차이가 없는 경우 : 그 구조물 등의 중앙
- 연접되는 토지 사이에 높낮이 차이가 있는 경우 : 그 구조물 등의 하단부
- 도로·구거 등의 토지에 절토된 부분이 있는 경우에는 그 경사면의 상단부
- 토지가 해면 또는 수면에 접하는 경우에는 최대만조위 또는 최대만수위가 되는 선

□□□ 12⑤

48 우리나라의 지적기록과 관련하여 현존하는 가장 오래된 신라시대의 문서는?

① 문기　　　　　　② 공적
③ 장적　　　　　　④ 기경전

48 신라촌락장적(新羅村落帳籍)
우리나라에서 현존하는 지적자료 중 신라시대에 작성된 신라촌락장적이 가장 오래된 지적자료이다.

정답 44 ② 45 ① 46 ① 47 ③ 48 ③

□□□ 12⑤

49 일필지의 기능으로서 가장 거리가 먼 것은?

① 토지조사의 기본단위　　② 토지상속의 기본단위
③ 토지등록의 기본단위　　④ 토지공시의 기본단위

49 필지의 기능
• 일필지 토지조사의 기본단위
• 토지공시의 단위, 소유권의 단위
• 토지등록의 법적 등록단위

□□□ 12⑤, 16①

50 블록(block)마다 하나의 본번을 부여하고 블록 내 필지마다 부번을 부여하는 지번 설정 방법으로 '블록식'이라고도 하는 것은?

① 단지식　　　　　　　② 사행식
③ 기우식　　　　　　　④ 방사식

50 단지식(Block식)
1단지마다 하나의 지번을 부여하고 단지 내 필지마다 부번을 부여하는 방법을 말하는데 일명, 블록식이라고도 하며 택지개발 및 경지정리사업 시행지역 등에 적합하다.

□□□ 12⑤

51 다음 중 지목에 대한 설명으로 옳지 않은 것은?

① 1필지에는 1개의 지목을 설정하는 것을 원칙으로 한다.
② 토지조사사업 당시에는 지목을 18개로 구분하였다.
③ 현행 지적 관련 법규에서는 지목을 24개로 구분한다.
④ 시대에 따라 용도별로 세분화되는 현상이 있다.

51 지목의 종류
현행 지적 관련 법규에서는 지목을 28개로 구분한다.

□□□ 12⑤

52 지적의 발생설 중 로마시대에 영토를 정복한 지역에서 공납물을 징수하는 수단으로서 사용된 것과 관련이 있는 것은?

① 통치설　　　　　　　② 치수설
③ 과세설　　　　　　　④ 지배설

52 지배설(Rule Theory)
• 국가가 토지를 다스리기 위한 통치 수단
• 토지에 대한 각종 현황을 관리하는 데서 출발한다는 설
• 영토보존의 수단과 통지의 수단으로 구분

□□□ 04①, 04⑤, 11①, 12⑤, 13⑤, 14①, 15⑤

53 각 변의 신축된 차가 각각 $+8mm$, $+9mm$, $+6mm$, $-3mm$인 도곽선의 신축량으로 옳은 것은?

① $+4mm$　　　　　　② $+5mm$
③ $+6mm$　　　　　　④ $+7mm$

53 도곽선의 신축량
$$S = \frac{\triangle X_1 + \triangle X_2 + \triangle Y_1 + \triangle Y_2}{4}$$
$$= \frac{8+9+6+(-3)}{4}$$
$$= +5mm$$

□□□ 05①, 12⑤, 16①, 21④

54 지적의 3요소로 가장 거리가 먼 것은?

① 지물
② 토지
③ 등록
④ 지적공부

54
- 지적의 3요소 : 토지, 등록, 지적공부
- 네덜란드 지적제도의 3대 구성요소 : 소유자, 권리, 필지

□□□ 12⑤

55 토지의 표시사항을 국가가 결정하는 이유로 틀린 것은?

① 모든 토지를 실지와 일치하게 지적공부에 등록하기 위함이다.
② 측량기술의 발달로 인해 토지의 등록사항을 법률에 관계없이 적용하기 위함이다.
③ 등록사항의 결정 방법과 운용이 지역에 따라 차이가 없어야 하기 때문이다.
④ 기술적으로 공시의 내용이 전통성에 의하여 결정되므로 법률에 의한 통제가 필요하기 때문이다.

55
지적법령에 따라 모든 토지를 실체관계와 부합되도록 지적공부에 등록하고 공시하도록 규정하고 있지만, 이를 객관적이고 효율적으로 성실하게 이행할 수 있는 기관은 오직 국가뿐이다. 따라서, 법률관계를 적용하기위해 국가가 토지표시사항을 결정한다.

□□□ 12⑤

56 지적소관청이 축척변경에 관한 측량을 한 결과 측량 전에 비하여 면적의 증감이 있는 경우 그 증감면적에 대한 청산금을 정하는 기준으로 옳은 것은?

① 지번별 평당 금액
② 지번별 제곱미터당 금액
③ 지번별 공시지가의 1.5배
④ 지번별 감정가와 공시지가의 차액

56
청산금은 작성된 축척변경 지번별 조서의 필지별 증감면적에 따라 결정된 지번별 제곱미터당 금액을 곱하여 산정한다.

□□□ 12⑤, 24④

57 다음 중 지적과 등기에 대한 설명으로 옳지 않은 것은?

① 지적은 토지에 대한 사실관계를 공시한다.
② 등기는 토지에 대한 권리관계를 공시한다.
③ 등기에 있어서 토지의 표시에 관하여는 지적을 기초로 한다.
④ 등기의 오류와 지적의 오류는 상관관계가 없다.

58 지적제도와 등기제도의 비교
- 지적은 토지에 대한 사실관계를 공시하고, 등기는 법적 권리관계를 공시한다.
- 지적은 공신력을 인정하고, 등기는 공신력을 인정하지 않고 확정력만을 인정하고 있다.
- 지적제도의 심사는 실질적 심사주의이고, 등기제도의 심사는 형식적 심사주의이다.
- 등기에서 토지표시는 지적을 기초로, 지적에서 소유자의 표시는 등기를 기초로 한다.
  (∵ 지적과 등기의 오류가 모두 상관관계가 없지는 않다. 공부상 토지표시의 오류는 직결된다.)

정답 54 ① 55 ② 56 ② 57 ④

□□□ 12⑤

58 면적을 측정하는 경우 도곽선의 길이에 최소 얼마 이상의 신축이 있을 때에 이를 보정하여야 하는가?

① 0.3mm ② 0.4mm

③ 0.5mm ④ 0.6mm

□□□ 12⑤

59 중세시대 토지기록인 둠즈데이북(Domesday Book)을 작성하여 보관하였던 나라는?

① 프랑스 ② 오스트리아

③ 영국 ④ 이탈리아

□□□ 10⑤, 12⑤, 24④

60 지적의 특성으로 옳지 않은 것은?

① 역사성 ② 폐쇄성

③ 전문성 ④ 공개성

58
면적을 측정하는 경우 도곽선의 길이에 0.5밀리미터 이상의 신축이 있을 때에는 이를 보정하여야 한다.

59 둠즈데이북(Domesday Book)
영국의 윌리엄(William) 1세가 1085년과 1086년 사이에 노르만 전 영토를 대상으로 하여 작성한 지적공부로 이 토지 기록은 최초의 국토자원에 관한 목록으로 평가된다. 국토를 조직적으로 작성한 토지기록으로 영국에서 과세장부로 사용되었다.

60 지적의 특성(성격)
지적의 성격은 지적이 지니고 있는 자체의 성질을 말하는 것으로 역사성과 영구성, 반복적 민원성, 전문성과 기술성, 서비스성과 윤리성, 정보원(공시성) 등이 있다.

국가기술자격 CBT 필기시험문제

2013년도 기능사 제1회 필기시험

종 목	시험시간	배 점	수험번호	1회독	2회독	3회독
지적기능사	1시간	60	수험자명			

해 설

□□□ 13①

01 평판 위에(도상) 표시된 측정점과 지상의 측정점이 같은 연직선 위에 있도록 하는 작업을 무엇이라 하는가?

① 구심　　　　　　② 정위
③ 표정　　　　　　④ 거치

01
구심은 평판위의 측점과 지상의 측점이 동일 연직선상에서 일치되도록 하는 작업이다.

□□□ 05①, 10①, 12⑤, 13①⑤

02 임야대장 및 임야도에 등록된 토지를 토지대장 및 지적도에 옮겨 등록하는 것을 무엇이라 하는가?

① 신규등록　　　　② 등록전환
③ 지목변경　　　　④ 과세지정

02 등록전환
임야대장 및 임야도에 등록된 토지를 토지대장 및 지적도에 옮겨 등록하는 것을 말한다.

□□□ 04②, 13①

03 세부측량을 하는 경우 필지마다 면적을 측정하여야 하는 대상이 아닌 것은?

① 신규등록　　　　② 등록전환
③ 분할　　　　　　④ 등록말소

03 면적측정의 대상
• 지적공부의 복구·신규등록·등록전환·분할 및 축척변경을 하는 경우
• 면적 또는 경계를 정정하는 경우
• 도시개발사업 등으로 인한 토지의 이동에 따라 토지의 표시를 새로 결정하는 경우
• 경계복원측량 및 지적현황측량에 면적측정이 수반되는 경우

□□□ 04⑤, 11⑤, 13①

04 지번색인표에 등재하여야 할 사항이 아닌 것은?

① 축척　　　　　　② 도면번호
③ 지번　　　　　　④ 결번

04 지번색인표의 등재사항
• 제명
• 지번·도면번호 및 결번

□□□ 13①

05 토지에 관한 모든 표시 사항을 지적 공부에 등록해야만 공식적인 효력이 인정되는 것과 관련한 토지 등록의 원리는?

① 국정주의　　　　② 형식주의
③ 공개주의　　　　④ 형식적 심사주의

05
형식주의란, 일정한 법정 형식을 갖추어 등록·공시하는 원칙을 말하고, 모든 토지는 필지마다. 지번, 지목, 경계 또는 좌표와 면적을 확정하여 지적 공부에 등록하여야 공식적인 효력이 인정된다는 것이다.

정답 01 ① 02 ② 03 ④ 04 ① 05 ②

□□□ 13①⑤
06 면적을 측정하는 경우 도곽선의 길이에 최소 얼마 이상의 신축이 있을 때 이를 보정하여야 하는가?

① 0.4mm
② 0.5mm
③ 0.6mm
④ 0.7mm

06
면적을 측정하는 경우 도곽선의 길이에 0.5밀리미터 이상의 신축이 있을 때에는 이를 보정하여야 한다.

□□□ 10⑤, 13①
07 가장 오래된 역사를 가지고 있는 최초의 지적제도로 지적공부의 여러 가지 등록사항 중 세금 결정에 직접 관련이 있는 면적과 토지등급을 정확하게 측정하고 조사 하는 것이 가장 중요시 되었던 지적제도는?

① 세지적
② 법지적
③ 다목적지적
④ 소유지적

07
세지적은 토지에 조세를 부과함에 있어서 그 세액을 결정하는데 가장 큰 목적이 있는 제도로, 국가재정수입의 대부분이 토지세인 농경시대에 개발된 최초의 지적제도로 각 필지에 대한 세액을 정확하게 산정하기 위해 면적과 기준시가 본위(면적본위)로 운영되는 제도이다.

□□□ 10①, 13①
08 신규등록에 의한 토지의 이동이 있어 지적공부를 정리 하여야 하는 경우 지적소관청이 작성하여야 하는 것은?

① 토지이동정리 결의서
② 신규등록정리 결의서
③ 등기부등본정리 결의서
④ 부동산등기부 결의서

08 토지이동정리결의서
• 지적소관청이 토지의 이동이 있는 경우에는 토지이동정리결의서를 작성하여야 한다.
• 토지이동정리결의서는 증감란의 면적과 지번수는 늘어난 경우에는 (+)로, 줄어든 경우에는 (−)로 기재한다.

□□□ 13①
09 지번에 대한 설명으로 틀린 것은?

① 토지의 특정성을 보장하기 위한 요소다.
② 토지의 식별에 쓰인다.
③ 지번은 시·군 또는 이에 준하는 지역 단위로 부여한다.
④ 토지의 지리적 위치의 고정성을 확보하기 위하여 부여한다.

09
지번부여지역이라 함은 지번을 부여하는 단위지역으로서 동, 리 또는 이에 준하는 지역(도서지역)을 말한다.

□□□ 13①
10 다음 중 지적소관청의 정의로 옳은 것은?

① 지적공부를 관리하는 특별자치시장, 시장·군수 또는 구청장을 말한다.
② 시·도의 지역전산본부를 말한다.
③ 지번을 부여하는 단위지역으로 시·군을 말한다.
④ 지적측량을 주관하는 시행·관리 및 감독자를 말한다.

10 지적소관청
지적공부를 관리하는 특별자치시장, 시장·군수 또는 구청장을 말한다.

정답 06 ② 07 ① 08 ① 09 ③ 10 ①

□□□ 13①

11 지적공부에 등록된 사항은 토지 소유자나 이해 관계인 등 일반 국민에게 신속·정확하게 공개하여 정당하게 이용할 수 있도록 해야 한다는 토지 등록의 원리는?

① 국정주의   ② 형식주의

③ 공개주의   ④ 실질적 심사주의

11 공시의 원칙(공개주의)
• 토지등록의 법적 지위에 있어서 토지이동이나 물권의 변동은 반드시 외부에 알려야 한다는 원칙
• 토지소유자는 물론 이해관계자 및 기타 누구나 이용하고 활용할 수 있게 한다는 것
• 지적공부의 열람, 경계복원, 등록사항 불일치 변경등록

□□□ 04②, 05②, 13①

12 도곽선 수치는 원점으로부터 얼마를 가산하는가?
(단, 제주도지역은 고려하지 않는다.)

① 종선 50만m, 횡선 50만m   ② 종선 50만m, 횡선 20만m

③ 종선 20만m, 횡선 50만m   ④ 종선 20만m, 횡선 20만m

12 직각좌표원점
세계측지계에 따르지 아니하는 지적측량의 경우에는 가우스상사이중투영법으로 표시하되, 직각좌표계 투영원점의 가산(加算)수치를 각각 X(N) 500000m(제주도지역 550000m), Y(E) 200000m로 하여 사용할 수 있다.

□□□ 13①

13 축척 1/500 지역의 일반원점지역에서 지적도 한 장에 포용되는 면적은 얼마인가?

① 30000m^2 ② 50000m^2

③ 120000m^2 ④ 300000m^2

13
• 1/500의 지상길이는 150×200m 이다.
∴ 포괄면적은 $150 \times 200 = 30000\text{m}^2$

□□□ 04①, 13①

14 공유지연명부의 등록사항에 해당하지 않는 것은?

① 토지의 소재   ② 토지의 고유번호

③ 소유자의 성명   ④ 대지권 비율

14 공유지연명부의 등록사항
• 토지의 소재
• 지번
• 소유권 지분
• 소유자의 성명 또는 명칭, 주소 및 주민등록번호
(∵ 토지의 고유번호는 국토교통부령으로 정하는 등록사항이다.)

□□□ 13①

15 지목의 설정 방법 및 기준으로 틀린 것은?

① 토지가 일시적으로 사용되는 용도가 바뀐 경우 즉시 지목을 변경하여야 한다.

② 토지이용현황에 의한 지목의 유형은 28가지로 구분하여 정한다.

③ 필지마다 하나의 지목을 설정한다.

④ 필지가 둘 이상의 용도로 활용되는 경우에는 주된 용도에 따라 지목을 설정한다.

15 지목의 설정원칙
• 1필지 1지목의 원칙(일필일목의 원칙)
• 주용도(주지목) 추종의 원칙
• 일시변경 불변의 법칙
• 용도경중의 원칙
• 등록 선후의 원칙
• 사용목적 추종의 원칙

□□□ 13①

16 오늘날의 토지대장과 같은 조선시대의 토지 등록 장부는?

① 도적　　　　　　　② 장적
③ 전적　　　　　　　④ 양안

□□□ 13①

17 지적기준점 중 직경 3mm의 원 안에 십자선을 표시하여 제도하는 것은?

① 1등삼각점　　　　② 지적삼각점
③ 지적삼각보조점　　④ 지적도근점

해설 지적측량기준점제도

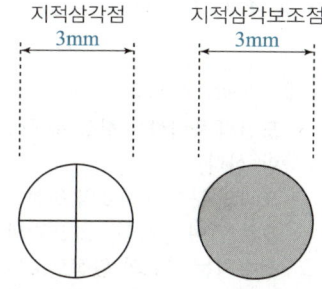

□□□ 04①, 05②, 13①

18 지적공부의 복구 자료가 아닌 것은?

① 지적공부의 등본　　② 측량 결과도
③ 측량 준비도　　　　④ 토지이동정리 결의서

□□□ 13①

19 다음 중 토지소유자가 지적소관청으로부터 통지를 받은 날부터 90일 이내에 해당 내용에 대한 신청을 하지 않는 경우, 지적소관청이 직권으로 그 지적공부의 등록사항을 말소할 수 있는 경우는?

① 토지의 용도가 대지로 변경된 경우
② 홍수에 의하여 토지의 경계를 변경하여야 하는 경우
③ 지형의 변화로 토지가 바다로 되어 원상으로 회복할 수 없는 경우
④ 화재로 인하여 건물이 소실된 경우

---

16 양안(量案)

오늘날의 토지대장에 해당하는 지적공부로 과세징수의 기본 장부이며, 토지의 소재, 위치, 등급, 형상, 면적, 자호, 등을 기재하여, 소유관계 및 토지의 성격, 연혁을 알 수 있는 중요한 장부였다.

18

시행규칙 제72조(지적공부의 복구자료)에 따라 측량준비도는 포함되지 않는다.

19 바다로 된 토지의 등록말소

지적소관청은 지적공부에 등록된 토지가 지형의 변화 등으로 바다로 된 경우로서 원상(原狀)으로 회복될 수 없거나 다른 지목의 토지로 될 가능성이 없는 경우에는 지적공부에 등록된 토지소유자에게 지적공부의 등록말소 신청을 하도록 통지하여야 한다. 지적소관청은 토지소유자가 통지를 받은 날부터 90일 이내에 등록말소 신청을 하지 아니하면 대통령령으로 정하는 바에 따라 등록을 말소한다.

□□□ 13①

20 축척 1/1200 지역에서 원면적이 400m²의 토지를 분할 하는 경우 분할 후의 각 필지의 면적의 합계와 분할 전 면적과의 오차의 허용 범위는?

① ±32m²

② ±18m²

③ ±16m²

④ ±13m²

20 분할에 따른 허용범위

$$A = 0.026^2 M \sqrt{F}$$
$$= 0.026^2 \times 1200 \times \sqrt{400}$$
$$= 16.224m^2 ≒ 16m^2$$

□□□ 05②, 06⑤, 13①

21 다음 중 각 측정에 이용할 수 없는 것은?

① 트랜싯

② 레벨

③ 토탈스테이션

④ 데오드라이트

21

레벨은 x, y, z 좌표에서 높이(z)를 결정하기 위한 것으로 지표면에 있는 여러 점들 사이의 고저차 또는 표고를 관측한다. 일반적으로 자동레벨이 가장 많이 이용된다.

□□□ 13①

22 도곽선의 제도 방법이 옳은 것은?

① 도면에 등록하는 도곽선은 0.3mm 폭으로 제도한다.

② 도곽 좌표를 파선으로 연결한다.

③ 도곽은 붉은색의 직선으로 제도한다.

④ 도면의 아래 방향을 북쪽으로 한다.

22 도곽선의 제도

• 도면의 윗방향은 항상 북쪽이 되어야 한다.

• 도곽의 구획은 좌표의 원점을 기준으로 하여 정하되, 그 도곽의 종횡선수치는 좌표의 원점으로부터 가산하여 종횡선수치를 각각 가산한다.

• 도면에 등록하는 도곽선은 0.1밀리미터의 폭으로, 도곽선의 수치는 도곽선 왼쪽 아래부분과 오른쪽 윗부분의 종횡선교차점 바깥쪽에 2밀리미터 크기의 아라비아숫자로 제도한다.

• 도곽선과 도곽선 수치는 붉은색으로 제도한다.

□□□ 13①

23 일반 원점 지역에서 축척이 1/1200인 도곽선의 지상 규격은? (단, 종선 × 횡선(m)임)

① 150×200(m)

② 200×250(m)

③ 300×400(m)

④ 400×500(m)

해설 축척별 지상길이(지적도)

축척	지상길이(m)
1/500	150×200
1/1000	300×400
1/600	200×250
1/1200	400×500
1/2400	800×1000
1/3000	1200×1500
1/6000	2400×3000

□□□ 13①

24 지적공부에 등록된 2필지 이상을 1필지로 합하여 등록하는 것을 무엇이라 하는가?

① 합병　　　　　　　　② 분할
③ 등록전환　　　　　　④ 지목변경

24
합병은 지적공부에 등록된 2필지 이상의 토지를 1필지로 합하여 지적공부에 등록하는 것을 말한다.

□□□ 04①, 11⑤, 13①⑤

25 신규등록 할 토지가 있는 경우, 그 사유가 발생한 날부터 최대 몇일 이내에 지적소관청에 신규등록을 신청하여야 하는가?

① 7일　　　　　　　　② 15일
③ 30일　　　　　　　④ 60일

25
토지소유자는 신규등록할 토지가 있으면 대통령령으로 정하는 바에 따라 그 사유가 발생한 날부터 60일 이내에 지적소관청에 신규등록을 신청하여야 한다.

□□□ 08⑤, 13①

26 지적도와 임야도에 등록하는 도곽선의 폭은 얼마로 제도 하여야 하는가?

① 0.1mm　　　　　　② 0.2mm
③ 0.3mm　　　　　　④ 0.5mm

26
도면에 등록하는 도곽선은 0.1밀리미터의 폭으로, 도곽선의 수치는 도곽선 왼쪽 아래부분과 오른쪽 윗부분의 종횡선교차점 바깥쪽에 2밀리미터 크기의 아라비아숫자로 제도한다.

□□□ 13①

27 전자면적측정기에 따른 면적측정의 방법 및 기준이 틀린 것은? (단, M : 축척분모, F : 2회 측정한 면적의 합계를 2로 나눈 수)

① 측정면적은 1천분의 1제곱미터까지 계산하여 10분의 1 제곱미터 단위로 정한다.
② 교차의 허용면적(A) 기준은 $0.023^2 \times M \times \sqrt{F}$ 이내이다.
③ 산출면적은 1백분의 1제곱미터까지 계산하여 1제곱미터 단위로 정한다.
④ 도상에서 2회 측정하여 그 교차가 허용면적 이하일 때에는 그 평균치를 측정면적으로 한다.

27 면적측정의 방법
측정면적은 1천분의 1제곱미터까지 계산하여 10분의 1제곱미터 단위로 정할 것

□□□ 04①, 05①②, 06⑤, 08⑤, 10①⑤, 11⑤, 12⑤, 13①⑤, 14①, 15⑤, 16①

28 지적도면에서 등록하는 지목의 부호가 틀린 것은?

① 종교용지 – 교　　　② 유원지 – 원
③ 과수원 – 과　　　　④ 공장용지 – 장

28
종교용지 – 종

□□□ 13①

29 삼각형에서 각 A, B, C의 크기와 변의 길이 a가 주어졌을 때, 변의 길이 b를 구하는 식으로 옳은 것은?

① $\dfrac{a \times \cos B}{\cos A}$

② $\dfrac{a \times \cos A}{\cos B}$

③ $\dfrac{a \times \sin B}{\sin A}$

④ $\dfrac{a \times \sin A}{\sin B}$

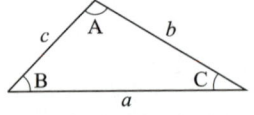

29 정현비례법칙(sin법칙)

$$\frac{a}{\sin A} = \frac{b}{\sin B} = \frac{c}{\sin C}$$

$$\therefore\ b = \frac{a \times \sin B}{\sin A}$$

□□□ 10①, 12⑤, 13①, 16①

30 다음 중 경계의 결정 원칙에 해당하는 것은?

① 축척종대의 원칙

② 주지목추종의 원칙

③ 평등배분의 원칙

④ 일시 변경의 원칙

30 경계설정의 원칙
- 경계불가분의 원칙
- 축척종대의 원칙
- 선 등록 우선의 원칙

□□□ 13①

31 다음의 지번부여 방법 중 부여단위에 따른 분류에 해당하지 않는 것은?

① 지역단위법

② 도엽단위법

③ 단지단위법

④ 북서기번법

31 설정단위(부여단위)에 따른 지번의 분류방법
- 지역단위법
- 도엽단위법
- 단지단위법

□□□ 13①

32 신라의 토지면적 측정에 관한 아래 설명으로 (㉠)에 들어갈 내용으로 옳은 것은?

> 신라는 결부제에 의하여 토지면적을 측정하였는데 사방 1보(步)가 되는 넓이를 1파(把), 10파를 1속(束)으로 하고, 사방 10보(步)를 즉, 10속(束)을 (㉠)로 하는 10진법을 사용하였다.

① 1부(負)

② 1총(總)

③ 1결(結)

④ 1평(坪)

32 결부제
사방 1보(步)가 되는 넓이(1척 제곱)를 1파(把), 10파는 1속(束), 10속은 1부(負), 100부는 1결(結)을 말한다.

□□□ 13①

33 다목적지적에 대한 설명으로 틀린 것은?

① 일필지를 단위로 토지 관련 정보를 종합적으로 등록하는 제도이다.
② 토지에 관한 물리적 현황은 물론 법률적·재정적·경제적 정보를 포괄하는 제도이다.
③ 토지에 관한 많은 자료를 신속·정확하게 토지정보를 제공하고 관리하는 제도이다.
④ 지표면 상의 물리적 현상만을 등록하는 것으로 2차원 지적이라고도 한다.

33 다목적지적(종합지적)
토지에 관한 등록 자료의 용도가 다양해짐에 따라 더 많은 자료를 관리하고 이를 신속하고 정확하게 공급하기 위한 지적 제도를 말하는 것으로, 이 제도에는 토지 소유권, 토지이용, 토지 평가, 그리고 토지 자원 관리에 대한 의사 결정을 하는 데 필요한 정보를 포함한다.
(∵ 2차원지적은 등록대상(등록방법)에 따른 유형이다.)

□□□ 13①

34 지적측량의 계산 및 결과 작성에 사용하는 소프트웨어는 누가 정하는가?

① 행정안전부장관
② 국토교통부장관
③ 국토지리정보원장
④ 지식경제부장관

34
지적전산업무의 처리, 지적전산프로그램의 관리 등 지적전산시스템의 관리·운영 등에 필요한 사항은 국토교통부장관이 정한다.

□□□ 13①

35 지적측량 중 기초측량에 해당하지 않는 것은?

① 지적삼각점측량
② 지적도근점측량
③ 지적도근보조점측량
④ 지적삼각보조점측량

35 지적측량의 구분
지적기준점을 정하기 위한 기초측량에는 지적삼각점측량, 지적삼각보조점측량, 지적도근점측량이 있다.

□□□ 13①

36 다음 중 지적공부에 해당하지 않는 것은?

① 토지대장
② 임야대장
③ 공유지연명부
④ 지번색인도

36 지적공부의 대장
토지대장, 임야대장, 공유지연명부, 대지권등록부, 산토지대장

□□□ 08⑤, 13①

37 축척변경 시행지역의 토지는 언제를 기준으로 토지의 이동이 있는 것으로 보는가?

① 축척변경 시행 공고일
② 축척변경에 따른 청산금 납부통지일
③ 축척변경 확정 공고일
④ 축척변경에 따른 청산금 공고일

37 축척변경 확정공고
청산금의 납부 및 지급이 완료되었을 때에는 지적소관청은 지체 없이 축척변경의 확정공고를 하여야 하며, 축척변경 시행지역의 토지는 확정공고일에 토지의 이동이 있는 것으로 본다.

정답 33 ④ 34 ② 35 ③ 36 ④ 37 ③

□□□ 08⑤, 13①

38 평판측량방법에 따른 세부측량을 교회법으로 하는 경우의 방법 기준으로만 옳게 나열된 것은?

① 도선교회법, 후방교회법

② 후방교회법, 전방교회법

③ 전방교회법, 측방교회법

④ 측방교회법, 도선교회법

38 세부측량의 기준 및 방법
• 평판측량방법에 따른 세부측량은 교회법·도선법 및 방사법(放射法)에 따른다.
• 평판측량방법에 따른 세부측량을 교회법으로 하는 경우에는 전방교회법 또는 측방교회법에 따른다.

□□□ 13①

39 지적도와 임야도의 등록사항이 아닌 것은?

① 토지의 소재

② 소유권 지분

③ 지적도면의 색인도

④ 지적도면의 제명 및 축척

39 지적도 등의 등록사항
• 토지의 소재   • 지번
• 지목   • 경계
(∵ 지적도면의 색인도와 제명, 및 축척은 국토교통부령으로 등록하는 사항이다.)

□□□ 13①

40 새로 조성된 토지와 지적공부에 등록되어 있지 아니한 토지를 지적공부에 등록하는 것을 무엇이라 하는가?

① 등록전환

② 축척변경

③ 수로측량

④ 신규등록

40 신규등록
새로이 조성된 토지 및 등록이 누락되어 있는 토지를 지적공부에 등록하는 것을 말한다.

□□□ 08⑤, 13①

41 다음 중 현행 지적 관련 법규에 따른 임야도의 축척에 해당 하는 것은?

① 1/600

② 1/1000

③ 1/2400

④ 1/3000

41 시행규칙 제69조(지적도면의 축척)
• 지적도 : 1/500, 1/600, 1/1,000, 1/1200, 1/2400, 1/3000, 1/6000
• 임야도 : 1/3000, 1/6000

□□□ 05②, 13①

42 다음 중 1필지로 정할 수 있는 기준이 아닌 것은?

① 종된 용도의 토지의 지목이 "대"인 경우

② 소유자가 동일한 토지인 경우

③ 용도가 동일한 토지인 경우

④ 지반이 연속된 토지인 경우

42 1필지로 정할 수 있는 기준
지번부여지역의 토지로서 소유자와 용도가 같고, 지반이 연속된 토지는 1 필지로 할 수 있다.

정답 38 ③ 39 ② 40 ④ 41 ④ 42 ①

□□□ 13①

43 일람도를 제도할 때 검은색 0.2mm 폭선의 2선으로 제도하여야 하는 것은?

① 구거
② 수도선로
③ 지방도로
④ 철도용지

43 일람도의 제도
지방도로 이상은 검은색 0.2밀리미터의 폭의 2선으로, 그 밖의 도로는 0.1밀리미터의 폭으로 제도한다.

□□□ 13①

44 토지조사사업 당시의 재결기관은?

① 부와 면
② 임시토지조사국
③ 임야조사위원회
④ 고등토지조사위원회

해설 토지조사사업과 임야조사사업의 비교

구 분	토지조사사업
조사측량기관	임시토지조사국
사정권자	임시토지조사국장
재결기관	고등토지조사위원회
도면축척	1/600, 1/1200, 1/2400

□□□ 13①

45 지적제도의 발전 단계별 분류에 해당하지 않는 것은?

① 세지적
② 법지적
③ 다목적지적
④ 수치지적

45

수치지적은 경계점 위치를 경위의 측량 방법으로 측정한 평면 직각 종횡선 수치(x, y)를 경계점 좌표 등록부에 등록·관리하는 지적제도를 말하며, 측량방법(경계점 표시방법)에 따른 유형이다.

□□□ 13①

46 종선차($\triangle x$)가 -138.70m, 횡선차($\triangle y$)가 $+85.40$m 일 때, 거리와 방위각의 계산이 모두 옳은 것은?

① 거리 156.56m, 방위각 31° 37′ 17″
② 거리 159.85m, 방위각 112° 32′ 23″
③ 거리 162.88m, 방위각 148° 22′ 43″
④ 거리 165.68m, 방위각 211° 35′ 57″

46

$$거리 = \sqrt{\triangle x^2 + \triangle y^2}$$
$$= \sqrt{(-138.70)^2 + (85.40)^2}$$
$$= 162.88\text{m}$$

• 방위 $= \tan^{-1}\left(\dfrac{Y}{X}\right)$

$$= \tan^{-1}\left(\dfrac{85.40}{138.70}\right)$$

$$= S\ 31° 37′ 17″\ E(2상한)$$

• 방위각 $= 180° - 31° 37′ 17″$
$$= 148° 22′ 43″$$

□□□ 13①
47 다음 중 지적측량에 사용되는 구소삼각지역의 직각좌표계 원점이 아닌 것은?

① 고초원점　　　　　　② 망산원점
③ 수준원점　　　　　　④ 소라원점

47
구소삼각원점에는 망산(間), 계양(間), 조본(m), 가리(間), 등경(間), 고초(m), 율곡(m), 현창(m), 구암(間), 금산(間), 소라(m) 원점이 있다.

□□□ 13①
48 토지조사사업의 주된 조사 내용과 거리가 먼 것은?

① 토지 소유권 조사　　② 건축물의 권리 조사
③ 지형 지모의 조사　　④ 지가의 조사

48 토지조사사업의 목적(일반적인 사항)
• 지적제도와 등기제도 확립을 위한 토지소유권 조사
• 국토지리를 밝히는 토지의 외모조사
• 지세제도 확립을 위한 토지의 가격 조사

□□□ 13①
49 필지의 배열이 불규칙한 지역에서 진행 순서에 따라 지번을 부여하는 방법으로 농촌지역의 지번설정에 적합한 방법은?

① 기우식　　　　　　　② 단지식
③ 자유부번식　　　　　④ 사행식

49 사행식
뱀이 기어가는 형상으로 지번을 부여하는 것을 말하며, 지번 부여 진행 방법 중 가장 많이 쓰이는 것으로서 우리나라 토지의 대부분이 이 방법에 의하여 지번이 부여되었다.

□□□ 13①
50 지적측량업자가 손해배상책임을 보장하기 위하여 보증보험에 가입하여야 하는 금액 기준이 옳은 것은?

① 5천만원 이상　　　　② 1억원 이상
③ 10억원 이상　　　　④ 20억원 이상

50
지적측량수행자가 법률 제51조에 따라 손해배상책임을 보장하기 위하여 보증보험에 가입하여야 하는 금액은 다음 각 호와 같다.
• 지적측량업자 : 1억원 이상
• 한국국토정보공사(대한지적공사) : 20억원 이상

□□□ 13①
51 수치지적에 비하여 도해지적이 갖는 단점이 아닌 것은?

① 개략적인 토지의 위치와 형태를 현장감 있게 파악하기 어렵다.
② 도면의 신축 방지와 보관 관리가 어렵다.
③ 도면작성, 면적측정 등에 오차를 내포하고 있어 고도의 정밀을 요하기가 어렵다.
④ 축척의 크기에 따라 허용오차가 달라 신뢰도의 문제가 발생한다.

51
도해지적은 토지경계가 도상에 명백히 표현되어 있어 시각적으로 용이하게 파악할 수 있고, 경계분쟁소지지역이 적은 지역에 알맞다.

□□□ 13①⑤

52 축척 1/600 지적도 시행 지역에서 등록하는 면적의 최소 단위는?

① 0.01m^2 ② 0.1m^2

③ 1m^2 ④ 10m^2

□□□ 04⑤, 05①, 06⑤, 13①

53 1필지의 토지소유자가 2인 이상인 경우 그 지분관계를 기록한 것으로, 지적소관청에 의하여 작성되어 비치되는 것은?

① 경계점좌표등록부   ② 결번 대장

③ 공유지연명부   ④ 건축물 대장

□□□ 10①, 11①, 13①

54 다음 중 지적의 기능과 거리가 먼 것은?

① 토지 등기의 기초   ② 토지 감정평가의 기초

③ 토지 이용계획의 기초   ④ 토지 소유권 제한의 기초

□□□ 13①

55 ( )에 들어갈 말로 옳은 것은?

> ( )에 따른 경계·좌표 또는 면적은 따로 지적 측량을 하지 아니한다.

① 신규등록   ② 합병

③ 등록전환   ④ 분할

□□□ 13①

56 분할의 경우 지번을 부여하는 방법으로 틀린 것은?

① 분할 후의 필지 중 1필지의 지번은 분할 전의 지번으로 한다.

② 지번을 부여한 나머지 필지의 지번은 본번의 최종 부번 다음 순번으로 부번을 부여한다.

③ 주거·사무실 등의 건축물이 있는 필지에 대해서는 분할 전의 지번을 우선하여 부여한다.

④ 해당 필지가 여러 필지로 분할되는 경우에는 인접 필지의 지번을 공동으로 부여한다.

해 설

52

지적도의 축척이 1/600인 지역과 경계점좌표등록부에 등록하는 지역의 토지면적은 m^2 이하 한자리 단위, 0.1m^2로 한다.

53 공유지연명부

1필지의 소유자가 2인 이상일 때에는 대장의 소유자란에 등기부상 선순위 공유자의 주소, (주민)등록번호 및 성명 또는 명칭을 정리한 지적공부이다.

54 실질적 기능(역할)
• 토지등기의 기초
• 토지평가의 기초
• 토지과세의 기초
• 토지거래의 기초
• 토지이용계획의 기초
• 주소표기의 기준
• 각종 토지정보의 제공

55

합병, 지목변경은 지적측량을 실시하지 않는다.

56 지번부여방법

분할의 경우에는 분할 후의 필지 중 1필지의 지번은 분할 전의 지번으로 하고, 나머지 필지의 지번은 본번의 최종 부번 다음 순번으로 부번을 부여할 것. 이 경우 주거·사무실 등의 건축물이 있는 필지에 대해서는 분할 전의 지번을 우선하여 부여하여야 한다.

□□□ 13①

57 삼각형의 세 변의 길이가 각각 6cm, 8cm, 10cm 일 때 이 삼각형의 면적은?

① 12cm²

② 24cm²

③ 36cm²

④ 48cm²

57

$A = \sqrt{S(S-a)(S-b)(S-c)}$

(헤론의 공식)

• $S = \dfrac{6+8+10}{2} = 12cm$

∴ $A = \sqrt{12(12-6)(12-8)(12-10)}$

$= 24cm^2$

□□□ 13①

58 도로·구거 등의 토지에 절토된 부분이 있는 경우 지상 경계를 새로 결정하는 기준은?

① 그 경사면의 상단부

② 그 경사면의 하단부

③ 그 구조물 등의 중앙

④ 그 구조물 등의 왼쪽

58 지상경계의 결정(시행령 제55조)

• 연접되는 토지 사이에 높낮이 차이가 없는 경우 : 그 구조물 등의 중앙

• 연접되는 토지 사이에 높낮이 차이가 있는 경우 : 그 구조물 등의 하단부

• 도로·구거 등의 토지에 절토된 부분이 있는 경우에는 그 경사면의 상단부

• 토지가 해면 또는 수면에 접하는 경우에는 최대조위 또는 최대만수위가 되는 선

• 공유수면매립지의 토지 중 제방 등을 토지에 편입하여 등록하는 경우에는 바깥쪽 어깨부분

• 지상경계의 구획을 형성하는 구조물 등의 소유자가 다른 경우에는 그 소유권에 따라 지상 경계를 결정한다.

□□□ 13①

59 지적 관련 법규에 따라 측량(지적)기준점표지를 이전 또는 파손한 자에 대한 벌칙 기준으로 옳은 것은?

① 4년 이하의 징역 또는 3천만원 이하의 벌금

② 3년 이하의 징역 또는 2천만원 이하의 벌금

③ 2년 이하의 징역 또는 2천만원 이하의 벌금

④ 1년 이하의 징역 또는 1천만원 이하의 벌금

59

측량기준점표지를 이전 또는 파손하거나 그 효용을 해치는 행위를 한 자는 2년 이하의 징역 또는 2천만원 이하의 벌금에 처한다.

□□□ 13①, 16①, 20④

60 도곽선의 역할로 틀린 것은?

① 인접 도면과의 접합 기준

② 지적기준점 전개의 기준

③ 도곽 신축량의 측정 기준

④ 필지별 경계를 결정하는 기준

60 도곽선의 역할

• 인접도면의 접합기준(도면접합의 기준)

• 지적기준점 전개시의 기준

• 도곽 신축량을 측정하는 기준(신축량 측정기준)

• 측량준비도와 결과도에서의 북향 향선(종선)(방위 표시의 기준)

• 외업시 측량준비도와 현황의 부합 확인 기준

2013년도 기능사 제5회 필기시험

종 목	시험시간	배 점	수험번호	1회독	2회독	3회독
지적기능사	1시간	60	수험자명			

□□□ 04①⑤, 08⑤, 13⑤

01 두 점의 좌표가 아래와 같을 때, 두 점 사이의 거리는?

점 명	X좌표(m)	Y좌표(m)
A	770.50	130.60
B	950.60	320.20

① 90.60m
② 125.60m
③ 186.50m
④ 261.50m

□□□ 08⑤, 13⑤

02 지번부여방법 중 필지의 배열이 불규칙한 지역에서 진행 순서에 따라 뱀이 기어가는 형상처럼 지번을 부여하는 것은?

① 도엽단위법
② 사행식
③ 기우식
④ 단지식

□□□ 10⑤, 13⑤

03 우리나라 토지대장과 같이 지번 순서에 따라 등록되고 분할되더라도 본번과 관련하여 편철하고 소유자의 변동을 계속 수정하여 관리하는 것으로, 개개의 토지를 중심으로 등록부를 편성하는 방법은?

① 인적 편성주의
② 물적 편성주의
③ 연대적 편성주의
④ 혼합적 편성주의

□□□ 04②, 13⑤

04 다음 중 지적측량의 구분으로 옳은 것은?

① 기준측량, 골조측량
② 기초측량, 일반측량
③ 세부측량, 확정측량
④ 기초측량, 세부측량

해 설

01
AB의 거리
$$= \sqrt{(X_B - X_A)^2 + (Y_B - Y_A)^2}$$
$$= \sqrt{(950.60 - 770.50)^2 + (320.20 - 130.60)^2}$$
$$= 261.50m$$

02 사행식
뱀이 기어가는 형상으로 지번을 부여하는 것을 말하며, 지번 부여 진행 방법 중 가장 많이 쓰이는 것으로서 우리나라 토지의 대부분이 이 방법에 의하여 지번이 부여되었다.

03 물적 편성주의
개개의 토지를 중심으로 지적공부를 편성하는 방법이다. 1토지에 1대장을 두게 되어 있다.

04
지적측량은 지적기준점을 정하기 위한 기초측량과, 1필지의 경계와 면적을 정하는 세부측량으로 구분한다.

정답 01 ④ 02 ② 03 ② 04 ④

□□□ 13⑤

05 지적도근점은 직경 몇 mm의 원으로 제도하는가?

① 0.3mm   ② 0.5mm

③ 1mm   ④ 2mm

해설 지적측량기준점제도
지적 도근점은 직경 2mm의 원으로 제도하여야 한다.

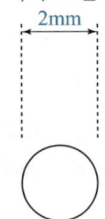

2mm

□□□ 13⑤

06 경계불가분의 원칙에 대한 설명으로 틀린 것은?

① 경계는 유일무이한 것이다.
② 경계는 양쪽 토지에 공통이다.
③ 경계는 기하학상 선과 같다.
④ 경계는 너비가 있다.

06 경계불가분의 원칙
토지의 경계는 중요한 것으로 어느 한 쪽의 필지에만 전속하는 것이 아니고 인접 토지에 공통으로 작용하기 때문에 이를 분리할 수 없다는 것을 말한다. (∵ 경계는 너비가 없다.)

□□□ 13⑤

07 지적측량업의 등록 기준으로 틀린 것은?

① 자동제도장치 1대 이상
② 지적 분야의 초급기능사 1명 이상
③ GPS 1대 이상
④ 중급기술자 2명 이상

해설 지적측량업 등록기준

기술능력
• 특급기술자 1명 또는 고급기술자 2명 이상
• 중급기술자 2명 이상
• 초급 기술자 1명 이상
• 지적 분야의 초급기능사 1명 이상
장비
• 토털스테이션 1대 이상
• 자동제도장치 1대 이상

□□□ 05①, 06⑤, 10①, 13⑤

08 전자면적측정기에 따른 면적측정은 도상에서 몇 회 측정하여 결정하는가?

① 1회

② 2회

③ 3회

④ 4회

08 면적측정의 방법

전자식 구적기라고도하며, 도상에서 2회 측정하여 그 교차가 다음 계산식에 의한 허용면적 이하인 때에는 그 평균치를 측정면적으로 한다.

□□□ 04②, 13⑤

09 지적측량에서 직각좌표계 원점을 사용하기 위하여 종선 수치와 횡선수치에 각각 얼마를 가산하여 사용할 수 있는가?

① 종선수치 − 50만m(제주도는 55만m), 횡선수치 − 30만m

② 종선수치 − 50만m(제주도는 55만m), 횡선수치 − 20만m

③ 종선수치 − 30만m(제주도는 55만m), 횡선수치 − 50만m

④ 종선수치 − 20만m(제주도는 55만m), 횡선수치 − 50만m

09 직각좌표원점

세계측지계에 따르지 아니하는 지적측량의 경우에는 가우스상사이중투영법으로 표시하되, 직각좌표계 투영원점의 가산(加算)수치를 각각 X(N) 500000m(제주도지역 550000m), Y(E) 200000m로 하여 사용할 수 있다.

□□□ 13①⑤

10 지적도의 축척이 600분의 1인 지역에 등록하는 면적의 최소 등록단위는?

① $0.01m^2$

② $0.1m^2$

③ $1m^2$

④ $10m^2$

10

지적도의 축척이 1/600인 지역과 경계점좌표등록부에 등록하는 지역의 토지면적은 m^2 이하 한자리 단위, $0.1m^2$로 한다.

□□□ 13⑤, 16①

11 지번의 기능에 해당되지 않는 것은?

① 토지의 식별

② 위치의 확인

③ 용도의 구분

④ 토지의 고정화

11 지번의 기능

• 토지의 특성화

• 토지의 개별화

• 토지의 고정화

• 토지의 식별

• 위치의 확인

(∵ 용도의 구분은 지목의 기능이다.)

□□□ 13⑤

12 다음 중 지적측량을 실시하여야 할 대상이 아닌 것은?

① 지적공부를 복구 하는 경우

② 토지를 신규등록 하는 경우

③ 토지를 분할하는 경우

④ 토지를 합병하는 경우

12

합병, 지목변경은 지적측량을 실시하지 않는다.

□□□ 05②, 10①⑤, 13⑤, 16①

13 토렌스시스템(Torrens System)의 일반적 이론과 거리가 먼 것은?

① 거울이론   ② 보험이론

③ 커튼이론   ④ 점증이론

13 토렌스시스템
- 거울이론(Mirror Principle)
- 커튼이론(Curtain Principle)
- 보험이론(Insurance Principle)

□□□ 05①, 13⑤

14 축척이 1/1000인 지적도에서 도면상의 길이가 10cm일 때 실제거리는 얼마인가?

① 150m   ② 100m

③ 60m   ④ 10m

14
$$\frac{1}{m} = \frac{도상거리}{실제거리}$$ 에서

∴ 실제거리 = 도상거리 × 축척분모
$$= 10 \times 1000$$
$$= 10000cm$$
$$= 100m$$

□□□ 13⑤

15 일정한 원인이 분명하게 나타나고 항상 일정한 질과 양의 오차가 생기는 것으로, 측정 횟수에 비례하여 오차가 커지는 것은?

① 정오차   ② 우연오차

③ 착오   ④ 허용오차

15 정오차
주로 기계적 원인에 의해 일정하게 발생하며 측정 횟수가 증가함에 따라 그 오차가 누적되는 오차

□□□ 13⑤

16 임야조사사업 당시 사정(査定)에 대하여 불복하는 경우 재결을 신청하였던 곳은?

① 고등토지조사위원회   ② 임야조사위원회

③ 법원   ④ 토지사정위원회

해설 임야조사사업

구 분	임야조사사업
조사측량기관	부와 면
사정권자	도지사(권업과 또는 산림과)
재결기관	임야심사위원회(1919~1935)

□□□ 11①, 13⑤

17 현행 지적 관련 법규에 규정된 지목의 종류는?

① 24종   ② 26종

③ 28종   ④ 32종

17
우리나라의 현행 지적 관련 법규에 규정된 지목의 종류는 28개이다. (제2차 전문개정 지적법제5조)

정답   13 ④   14 ②   15 ①   16 ②   17 ③

□□□ 13⑤
18 토지세를 징수하기 위하여 이동 정리가 완료된 토지 대장 중에서 민유과세지만을 뽑아 각 면마다 소유자 별로 기록한 토지조사사업 당시의 장부는?

① 토지등록부   ② 지세명기장
③ 등기세명부   ④ 입안등록부

18 지세명기장(地稅名寄帳)

지세징수를 목적으로 토지대장 중에서 민유과세지만 뽑아 각 면마다 소유자별로 연기(連記)한 후 합산한 공부이다. 지세령시행규칙 제1조에 의해 1918년경 면에 비치하는 문서로 작성되었다.

□□□ 04①, 05①②, 06⑤, 08⑤, 10①⑤, 11⑤, 12⑤, 13①⑤, 14①, 15⑤, 16①
19 지목을 지적도면에 표기하는 부호의 연결이 옳은 것은?

① 유원지 – 유   ② 유지 – 지
③ 제방 – 방   ④ 묘지 – 묘

19
• 유원지 – 원
• 유지 – 유
• 제방 – 제

□□□ 13⑤
20 지목변경 없이 등록전환을 신청할 수 있는 경우가 아닌 것은?

① 임야도에 등록된 토지가 사실상 형질 변경 되었으나 지목변경을 할 수 없을 경우
② 대부분의 토지가 등록전환되어 나머지 토지를 임야도에 계속 존치하는 것이 불합리한 경우
③ 도시·군관리계획선에 따라 토지를 분할하는 경우
④ 토지이용상 불합리한 지상 경계를 시정하기 위한 경우

20 등록전환 신청
• 대부분의 토지가 등록전환되어 나머지 토지를 임야도에 계속 존치하는 것이 불합리한 경우
• 임야도에 등록된 토지가 사실상 형질변경되었으나 지목변경을 할 수 없는 경우
• 도시·군관리계획선에 따라 토지를 분할하는 경우

□□□ 04②⑤, 06⑤, 13⑤
21 우리나라 토지를 지적공부에 등록할 때 채택하고 있는 기본원칙이 아닌 것은?

① 실질적 심사주의   ② 형식적 심사주의
③ 직권등록주의   ④ 국정주의

21 지적에 관한 법률의 기본이념
• 지적국정주의
• 지적형식주의
• 지적공개주의
• 실질적 심사주의
• 직권등록주의
  (∵ 형식적 심사주의는 거리가 멀다.)

□□□ 13⑤
22 지적도근점측량에서 1등도선의 도선명 표기방법은?

① 가, 나, 다 순   ② ㄱ, ㄴ, ㄷ 순
③ 1, 2, 3 순   ④ Ⅰ, Ⅱ, Ⅲ 순

22 도선의 등급
• 1등도선 : 가, 나, 다 순으로 표기
• 2등도선 : ㄱ, ㄴ, ㄷ 순으로 표기

□□□ 10⑤, 13⑤

23 지목의 설정 원칙으로 옳지 않은 것은?

① 일필일목의 원칙 ② 등록선후의 원칙

③ 주지목추종의 원칙 ④ 일시적변경의 원칙

23 지목의 설정원칙
• 1필지 1지목의 원칙(일필일목의 원칙)
• 주용도(주지목) 추종의 원칙
• 일시변경 불변의 법칙
• 용도경중의 원칙
• 등록 선후의 원칙
• 사용목적 추종의 원칙

□□□ 13⑤

24 평판측량방법으로 세부측량을 할 때에 측량준비 파일에 작성하여야 할 사항이 아닌 것은?

① 측정점의 위치 설명도

② 도곽선과 그 수치

③ 행정구역선과 그 명칭

④ 측량대상 토지의 경계선·지번 및 지목

24

측정점의 위치 설명도는 측량결과도에 작성되는 내용이다.

□□□ 13⑤

25 임야조사사업의 특징이 아닌 것은?

① 임야는 토지와 같이 분쟁이 많았다.

② 축척이 소축척이고 토지조사사업의 기술자 채용으로 시간과 경비를 절약할 수 있었다.

③ 적은 예산으로 사업을 완료하였다.

④ 국유임야 소유권을 확정하는 것을 목적으로 하였다.

25

임야조사사업은 토지에 비해 경제가치가 낮아 분쟁이 적었다.

□□□ 13⑤

26 면적을 측정하는 경우 도곽선의 길이에 최소 얼마이상의 신축이 있을 때에 이를 보정하여야 하는가?

① 1.0mm ② 0.5mm

③ 0.3mm ④ 0.1mm

26

면적을 측정하는 경우 도곽선의 길이에 0.5밀리미터 이상의 신축이 있을 때에는 이를 보정하여야 한다.

□□□ 08⑤, 10①, 13⑤

27 조선시대의 토지 등록 장부로 오늘날의 토지 대장과 같은 양안은 몇 년마다 한 번씩 양전을 실시하여 새로운 양안을 작성하였는가?

① 10년 ② 20년

③ 30년 ④ 50년

27 양전(量田)

오늘날의 지적측량에 해당된다. 조선시대에 편찬한 경국대전(經國大典)에 의하면 20년에 1회씩 양전을 실시하여 논밭의 소재, 자호, 위치, 등급, 형상, 면적, 사표, 소유자 등을 기록하는 양안을 작성하고, 호조(戶曹), 본도(本道), 본읍(本邑)에 보관하였다.

정답 23 ④ 24 ① 25 ① 26 ② 27 ②

□□□ 10⑤, 13⑤, 16①

28 지번이 105－1, 111, 122, 132－3인 4필지를 합병할 경우 새로이 부여해야 할 지번으로 옳은 것은?

① 105－1

② 111

③ 122

④ 132－3

해설 지번의 구성 및 부여방법

105－1	111
122	132－3

⟨합병 전⟩

→

111

⟨합병 후⟩

□□□ 13⑤, 16①

29 다음 중 지적도의 축척이 아닌 것은?

① 1/500

② 1/1500

③ 1/2400

④ 1/3000

29 지적도면의 축척 등
- 지적도 : 1/500, 1/600, 1/1000, 1/1200, 1/2400, 1/3000, 1/6000
- 임야도 : 1/3000, 1/6000

□□□ 13⑤

30 지적삼각점 성과는 누가 관리하여야 하는가?

① 행정안전부장관

② 시·도지사

③ 시장 또는 군수

④ 읍·면장

30 지적기준점 성과 관리
- 지적삼각점 : 시·도지사
- 지적삼각보조점 및 지적도근점 : 지적소관청

□□□ 04⑤, 13⑤

31 둘 이상의 기지점을 측정점으로 하여 미지점의 위치를 결정하는 방법으로, 방향선법과 원호교회법으로 대별되는 것은?

① 방사교회법

② 전방교회법

③ 측방교회법

④ 후방교회법

31 전방교회법
알고 있는 2개 또는 3개의 점에 평판을 세우고 구하는 점을 시준 후 교차하여 점의 위치를 구하는 방법이다.

□□□ 04①⑤, 11①, 12⑤, 13⑤, 14①, 15⑤

32 각 도곽선의 신축된 차가 $\triangle X_1 = -4mm$, $\triangle X_2 = -5mm$, $\triangle Y = +1mm$, $\triangle Y_2 = -4mm$ 일 때 신축량은?

① －3mm

② －4mm

③ －5mm

④ －6mm

32 도곽선의 신축량

$$S = \frac{\triangle X_1 + \triangle X_2 + \triangle Y_1 + \triangle Y_2}{4}$$
$$= \frac{(-4) + (-5) + (+1) + (-4)}{4}$$
$$= -3mm$$

정답 28 ② 29 ② 30 ② 31 ② 32 ①

□□□ 13⑤

33 지적전산자료의 이용 또는 활용에 대한 승인권자의 연결이 틀린 것은?

① 전국 단위의 지적전산자료 : 국토교통부장관
② 전국 단위의 지적전산자료 : 지적소관청
③ 시·도 단위의 지적전산자료 : 지적소관청
④ 시·군·구(자치구가 아닌 구를 포함한다) 단위의 지적 전산자료 : 시·도지사

□□□ 13⑤

34 다음 중 지적도 도곽선의 역할이 아닌 것은?

① 방위 표시의 기준
② 지목 설정의 기준
③ 도면 접합의 기준
④ 기준점 전개의 기준

□□□ 04⑤, 13⑤

35 경계점좌표등록부에 등록하는 지역의 토지의 산출면적이 347.65m^2 일 때 결정면적은?

① 348m^2
② 347.7m^2
③ 347.6m^2
④ 347m^2

□□□ 13⑤

36 토지조사사업 당시 토지 소유자와 경계를 심사하여 확정하는 행정처분을 무엇이라 하는가?

① 토지조사
② 사정
③ 재결
④ 부본

□□□ 04①②, 13⑤

37 지적공부에 등록된 1필지를 2필지로 나누어 등록하는 것을 무엇이라 하는가?

① 분할
② 등록전환
③ 합병
④ 축척변경

33 지적전산자료의 이용

- 전국 단위의 지적전산자료 : 국토교통부장관, 시·도지사 또는 지적소관청
- 시·도 단위의 지적전산자료 : 시·도지사 또는 지적소관청
- 시·군·구(자치구가 아닌 구를 포함한다) 단위의 지적전산자료 : 지적소관청

34 도곽선의 역할

- 인접도면의 접합기준(도면접합의 기준)
- 지적기준점 전개시의 기준
- 도곽 신축량을 측정하는 기준(신축량 측정기준)
- 측량준비도와 결과도에서의 북향 향선(종선)(방위 표시의 기준)
- 외업시 측량준비도와 현황의 부합 확인 기준

35 면적의 결정

경계점좌표등록부에 등록하는 지역이고 구하려는 끝자리의 수가 짝수이므로 $347.65\text{m}^2 \rightarrow 347.6\text{m}^2$이다.

36 토지의 사정

토지조사부 및 지적도에 의하여 토지의 소유자와 강계를 확정하는 행정처분을 말하며 원래의 소유권은 소멸시키고 새로운 소유권을 취득하는 것을 말한다.

37

분할이란 지적공부에 등록된 1필지를 2필지 이상으로 나누어 등록하는 것을 말한다.

정답 33 ④ 34 ② 35 ③ 36 ② 37 ①

□□□ 04①, 11①, 13⑤

38 지번을 순차적으로 부여하는 방향으로 옳은 것은?

① 북동에서 남서
② 북서에서 남동
③ 남동에서 북서
④ 남서에서 북동

□□□ 13⑤, 16①, 20④

39 일필지의 모양이 다음과 같은 경우 토지의 면적은?

① 500m²
② 350m²
③ 200m²
④ 150m²

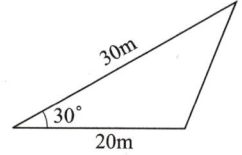

□□□ 13⑤

40 도곽선의 수치는 무슨 색으로 제도하여야 하는가?

① 검은색
② 파랑색
③ 붉은색
④ 노랑색

□□□ 13⑤

41 지적공부의 효율적인 관리 및 활용을 위하여 지적정보전담 관리기구를 설치·운영하는 자는?

① 행정안전부장관
② 국토교통부장관
③ 국토지리정보원장
④ 국가정보원장

□□□ 04⑤, 05①, 08⑤, 12⑤, 13⑤

42 지적소관청이 지적공부의 등록사항에 잘못이 있는지를 직권으로 조사·측량하여 정정할 수 있는 경우가 아닌 것은?

① 토지이동정리 결의서의 내용과 다르게 정리된 경우
② 지적공부의 작성 당시 잘못 정리된 경우
③ 지적도에 등록된 필지의 면적과 경계의 위치가 모두 잘못된 경우
④ 지적측량성과와 다르게 정리된 경우

해 설

38 북서기번법

지번부여지역의 북서쪽에서 번호를 부여하고 순차로 진행하다가 남동쪽에서 끝내도록 하는 방식으로 한글, 영어, 아라비아 숫자 등을 사용하는 국가에서 주로 사용하며, 우리나라에서 북서기번법을 이용한다.

39

$$A = \frac{1}{2}ab\sin\theta \,(\text{이변법})$$
$$= \frac{1}{2} \times 20 \times 30 \times \sin 30°$$
$$= 150m^2$$

40 붉은색으로 표현하는 경우
• 도곽선
• 도곽선 수치
• 말소선
• 2도면 이상 걸친 토지로서 그 일부가 다른 도면에 등록된 토지의 지번, 지목 표기
• 수치지적도의 "측량할 수 없음" 표시 등
• 분할측량성과도의 측량대상토지의 분할선

41 지적정보 전담 관리기구
• 국토교통부장관은 지적공부의 효율적인 관리 및 활용을 위하여 지적정보전담 관리기구를 설치·운영한다.
• 지적정보전담 관리기구의 설치·운영에 관한 세부사항은 대통령령으로 정한다.

42

지적소관청은 지적공부의 등록사항에 잘못이 있음을 발견하면 대통령령으로 정하는 바에 따라 직권으로 조사·측량하여 정정할 수 있다. 다만 필지의 면적이 증감된 경우는 그러하지 아니하다.

□□□ 11①, 13⑤

43 다음 중 지적기준점에 해당하지 않는 것은?

① 지적삼각점
② 지적도근점
③ 지적필계점
④ 지적삼각보조점

43 지적기준점의 종류
• 지적삼각점(地籍三角點)
• 지적삼각보조점
• 지적도근점(地籍圖根點)

□□□ 13⑤

44 지적 관련 법규에 따른 지적공부에 해당하지 않는 것은?

① 임야대장
② 대지권등록부
③ 지적도
④ 일람도

44
지적공부란 토지대장, 임야대장, 공유지연명부, 대지권등록부, 지적도, 임야도 및 경계점좌표등록부 등 지적측량 등을 통하여 조사된 토지의 표시와 해당 토지의 소유자 등을 기록한 대장 및 도면(정보처리시스템을 통하여 기록·저장된 것을 포함한다)을 말한다.

□□□ 10⑤, 13⑤

45 다음 중 1필지로 정할 수 있는 기준이 아닌 것은?

① 동일한 면적
② 동일한 용도
③ 동일한 소유자
④ 연속된 지반

45 필지의 성립기준
• 지반이 연속될 것
• 지목이 같을 것(용도가 동일)
• 지적공부의 축척이 같을 것
• 소유자, 소유권 이외의 권리가 같을 것

□□□ 13⑤

46 우리나라에서 지목을 구분하는 기준은?

① 소유의 형태
② 토지의 등급
③ 토지의 용도
④ 과세의 여부

46 용도지목
(우리나라에서 사용하는 지목제도)
토지의 주된 사용목적에 따라 지목을 결정하는 방법

□□□ 13⑤

47 다음 중 지적삼각점측량의 방법에 해당하지 않는 것은?

① 경위의 측량방법
② 광파기 측량방법
③ 전파기 측량방법
④ 평판 측량방법

47 지적삼각점측량의 종류
• 전파거리측량, 광파거리측량
• 경위의 측량
• 위성측량

□□□ 13⑤

48 지적의 발전단계별 분류 중 토지과세 및 토지거래의 안전을 도모하고, 토지소유권 보호 등을 주요 목적으로 하며 소유 지적이라고도 하는 것은?

① 세지적
② 종합지적
③ 법지적
④ 유사지적

48
법지적은 토지 소유권을 보호하는데 주요 목적이 있으며, 토지 거래의 안전을 보장하기 위하여 권리 관계를 좀 더 상세하게 기록하게 되며, 토지의 평가보다는 소유권의 한계 설정 과 경계복원의 가능성을 더욱 강조하게 된다.

정답 43 ③ 44 ④ 45 ① 46 ③ 47 ④
48 ③

□□□ 13⑤

49 좌표면적계산법에 따른 면적측정 시 산출면적은 얼마의 단위까지 계산하는가?

① 10분의 1제곱미터까지 계산

② 100분의 1제곱미터까지 계산

③ 1000분의 1제곱미터까지 계산

④ 10000분의 1제곱미터까지 계산

49
좌표면적계산법에 따른 산출면적은 1000분의 1제곱미터까지 계산하여 10분의 1제곱미터 단위로 정한다.

□□□ 04①, 11⑤, 13①⑤

50 토지소유자는 신규등록할 토지가 있으면 그 사유가 발생한 날부터 최대 몇 일 이내에 지적소관청에 신규등록을 신청하여야 하는 가?

① 10일

② 15일

③ 40일

④ 60일

50
토지소유자는 신규등록할 토지가 있으면 대통령령으로 정하는 바에 따라 그 사유가 발생한 날부터 60일 이내에 지적소관청에 신규등록을 신청하여야 한다.

□□□ 13⑤

51 평판측량 방법에 있어서 도상에 영향을 미치지 아니하는 지상거리의 축척별 허용범위는? (단 M은 축척 분모)

① $\dfrac{M}{10}\,\text{mm}$

② $\dfrac{M}{100}\,\text{mm}$

③ $\dfrac{M}{10}\,\text{cm}$

④ $M\text{cm}$

51
평판측량방법에 있어서 도상에 영향을 미치지 아니하는 지상거리의 축척별 허용범위는 $\dfrac{M}{10}$ 밀리미터로 한다. 이 경우 M은 축척분모를 말한다.

□□□ 05①, 10①, 12⑤, 13①⑤

52 임야대장 및 임야도에 등록된 토지를 토지대장 및 지적도에 옮겨 등록하는 것을 무엇이라 하는가?

① 신규등록

② 등록전환

③ 토지분할

④ 지목변경

52
등록전환이란 임야대장 및 임야도에 등록된 토지를 토지대장 및 지적도에 옮겨 등록하는 것을 말한다.

□□□ 13⑤

53 임야대장 및 임야도에 등록하는 토지의 지번은 숫자 앞에 어떠한 기호를 표기하는가?

① 산

② 임

③ 토

④ 매

53
지번(地番)은 아라비아숫자로 표기하되, 임야대장 및 임야도에 등록하는 토지의 지번은 숫자 앞에 "산"자를 붙인다.

□□□ 13⑤

54 지적공부의 복구에 관한 관계자료에 해당하지 않는 것은?

① 측량 결과도   ② 지적공부의 등본
③ 지형도   ④ 토지이동정리 결의서

54
시행규칙 제72조(지적공부의 복구자료)에 따라 지형도는 포함되지 않는다.

□□□ 13⑤

55 지적서고의 설치 기준 및 관리에 관한 내용이 틀린 것은?

① 지적서고의 출입자를 지적사무담당공무원으로 한정한다.
② 바닥과 벽은 2중으로 한다.
③ 전기시설을 설치하는 때에는 단독퓨즈를 설치한다.
④ 지적서고의 연중 평균 습도는 20±5%

55 지적서고의 설치기준
온도 및 습도의 자동조절절장치를 설치하고, 연중평균온도는 섭씨 20±5℃를, 연중평균 습도는 65±5%를 유지할 것

□□□ 06⑤, 13⑤

56 토지대장과 임야대장에 등록하여야 할 사항이 아닌 것은?

① 토지의 소재   ② 지번
③ 지목   ④ 경계

56 토지대장 등의 등록사항
• 토지의 소재
• 지번
• 지목
• 면적
• 소유자의 성명 또는 명칭, 주소 및 주민등록번호

□□□ 13⑤

57 연접되는 토지 간에 높낮이 차이가 있는 경우 지상 경계를 새로이 결정하는 기준은?

① 그 구조물 등의 하단부
② 그 구조물 등의 상단부
③ 그 구조물 등의 중앙부
④ 그 구조물 등의 임의의 부분

해설 지상경계의 결정
• 연접되는 토지 사이에 높낮이 차이가 없는 경우 : 그 구조물 등의 중앙
• 연접되는 토지 사이에 높낮이 차이가 있는 경우 : 그 구조물 등의 하단부
• 도로·구거 등의 토지에 절토된 부분이 있는 경우에는 그 경사면의 상단부
• 토지가 해면 또는 수면에 접하는 경우에는 최대만조위 또는 최대만수위가 되는 선
• 공유수면매립지의 토지 중 제방 등을 토지에 편입하여 등록하는 경우에는 바깥쪽 어깨부분
• 지상경계의 구획을 형성하는 구조물 등의 소유자가 다른 경우에는 그 소유권에 따라 지상 경계를 결정한다.

정답 54 ③ 55 ④ 56 ④ 57 ①

□□□ 13⑤

58 우리나라에서 적용해 온 지적의 원리로서 다음 중 형식주의와 가장 관계가 깊은 것은?

① 특정화의 원칙
② 등록의 원칙
③ 신청의 원칙
④ 공시의 원칙

58 등록의 원칙

토지에 관한 모든 표시사항을 지적공부에 반드시 등록하여야 한다는 원칙

□□□ 13⑤

59 지적측량의 측량검사기간 기준으로 옳은 것은? (단, 지적기준점을 설치하여 측량 검사를 하는 경우는 고려하지 않는다.)

① 4일
② 5일
③ 6일
④ 7일

59 지적측량의 의뢰

지적측량의 측량기간은 5일로 하며, 측량검사기간은 4일로 한다.

□□□ 13⑤, 16①

60 방위가 S 20° 20′ W인 측선에 대한 방위각은?

① 110° 20′
② 159° 40′
③ 200° 20′
④ 249° 40′

60

SW는 3상한이다.
∴ 방위각 : $180° + 20° 20′$
$= 200° 20′$

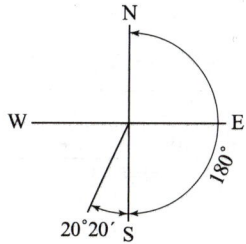

2014년도 기능사 제1회 필기시험

종 목	시험시간	배 점	수험번호	1회독	2회독	3회독
지적기능사	1시간	60	수험자명			

□□□ 06⑤, 14①

01 지적도 도곽선 역할로 틀린 것은?

① 도북표시의 기준이 된다.
② 기준점 전개의 기준이 된다.
③ 인접 도면과의 접합 기준이 된다.
④ 필지 경계선 측정의 기준이 된다.

□□□ 04⑤, 14①, 20④

02 토지대장에 등록된 4필지(1-2, 12, 105, 123-1)를 합병할 경우 부여해야 할 지번은?

① 1-2
② 12
③ 105
④ 123-1

해설 지번의 구성 및 부여방법

1-2	12
105	123-1

〈합병 전〉

12

〈합병 후〉

□□□ 11⑤, 14①

03 일반적인 토지대장의 형식에 해당하지 않는 것은?

① 장부식 대장
② 편철식 대장
③ 카드식 대장
④ 천공식 대장

□□□ 08⑤, 10⑤, 14①, 15⑤

04 자오선의 북방향(북극)을 기준으로 하여 시계 방향(우회)으로 측정한 각을 무엇이라 하는가?

① 도북 방위각
② 자북 방위각
③ 진북 방위각
④ 자오선 수차

해 설

01 도곽선의 역할
• 인접도면의 접합기준(도면접합의 기준)
• 지적기준점 전개시의 기준
• 도곽 신축량을 측정하는 기준(신축량 측정기준)
• 측량준비도와 결과도에서의 북향 향선(종선)(방위 표시의 기준)
• 외업시 측량준비도와 현황의 부합 확인 기준

03 대장의 형식
• 장부식대장(부책식대장)
• 카드식 대장
• 편철식대장

04 진북방위각
자오선의 북방향을 기준으로 시계방향으로 측정한 각

정답 01 ④ 02 ② 03 ④ 04 ③

해　설

□□□ 05②, 06⑤, 14①

05 축척 1/600에 등록할 토지의 면적이 78.445m²로 산출되었을 때 지적공부에 등록하는 결정면적은?

① 78m²

② 78.5m²

③ 78.45m²

④ 78.4m²

05 면적의 결정

지적도 축척이 1/600 지역이고 구하려는 끝자리의 수가 짝수이므로 78.445m² → 78.4m²이다.

□□□ 05①, 14①

06 지상건축물 등의 현황을 지적도 및 임야도에 등록된 경계와 대비하여 표시하는 데에 필요한 측량을 무엇이라 하는가?

① 지상측량

② 지적현황측량

③ 경계측량

④ 지적도근점측량

06 지적현황측량

지상구조물, 지형, 지물의 위치를 도면에 등록된 경계와 대비하여 표시하기 위해 시행하는 지적측량

□□□ 04①, 08⑤, 14①

07 지적공부를 관리하는 지적소관청으로 볼 수 없는 것은?

① 시장

② 군수

③ 구청장

④ 읍·면장

07 지적소관청

지적공부를 관리하는 특별자치시장, 시장·군수 또는 구청장을 말한다.

□□□ 14①

08 지적측량을 하여야 하는 경우가 아닌 것은?

① 신규등록

② 합병

③ 등록전환

④ 분할

08

합병, 지목변경은 지적측량을 실시하지 않는다.

□□□ 14①

09 토지는 국가가 비치하는 지적공부에 등록하여야 공식적 효력이 발생한다는 토지 등록 원리는?

① 국정주의

② 공개주의

③ 실질적 심사주의

④ 형식주의

09 지적형식주의(지적등록주의)

형식주의란, 일정한 법정 형식을 갖추어 등록·공시하는 원칙이며, 지적 공부에 등록하여야 공식적인 효력이 인정된다는 것이다.

□□□ 04①②, 14①

10 축척 1/600 지역의 일반원점지역에서 지적도 1장에 포용되는 지상 면적은?

① 30000m²

② 50000m²

③ 120000m²

④ 200000m²

10 축척별 포용면적

1/600의 지상길이는 200×250이므로 포용면적은 50,000m²이다.

정답 05 ④　06 ②　07 ④　08 ②　09 ④
10 ②

□□□ 05②, 14①⑤

11 소극적 지적에 대한 설명으로 옳은 것은?

① 신고된 사항만을 등록하는 방식이다.
② 신고가 없어도 국가가 직권으로 등록하는 방식이다.
③ 세원을 결정하여 과세하는 지적 제도이다.
④ 일필지의 면적을 측정하는 방법이다.

11 소극적 지적
• 기본적으로 거래와 그에 관한 거래 증서변경기록을 수행하는 것
• 일필지의 소유권이 거래되면서 발생되는 거래증서를 변경등록 하는 것
• 신고 된 사항만을 등록하는 방식

□□□ 10①, 14①

12 지번의 구성에 대한 설명으로 옳은 것은?

① 지번은 본번으로만 구성한다.
② 지번은 부번으로만 구성한다.
③ 지번은 기호로만 구성한다.
④ 지번은 본번과 부번으로 구성한다.

12 지번의 구성 및 부여방법
지번은 본번(本番)과 부번(副番)으로 구성하되, 본번과 부번 사이에 "－" 표시로 연결한다. 이 경우 "－" 표시는 "의"라고 읽는다.

□□□ 10①, 14①

13 다음 중 경계점의 위치를 평면직각좌표(X, Y)를 이용하여 등록·관리하는 지적제도는?

① 도해지적   ② 3차원지적
③ 수치지적   ④ 다목적지적

13 수치지적
경계점 위치를 경위의 측량 방법으로 측정한 평면 직각 종횡선 수치(x, y)를 경계점좌표등록부에 등록·관리하는 지적제도를 말한다. 도해 지적보도 높은 정도로 경계점을 복원할 수 있다.

□□□ 14①

14 1필지의 확정 기준으로 틀린 것은?

① 동일한 지가   ② 동일한 지목
③ 동일한 소유자   ④ 연속된 지반

14 필지의 성립기준
• 지반이 연속될 것
• 지목이 같을 것(용도가 동일)
• 지적공부의 축척이 같을 것
• 소유자, 소유권 이외의 권리가 같을 것

□□□ 14①

15 두 점 간의 거리가 D, 종선차가 $\triangle x$일 때 두 점간의 방위각을 구하는 공식으로 옳은 것은?

① $\theta = \sin^{-1}\dfrac{\triangle x}{D}$ ② $\theta = \cos^{-1}\dfrac{\triangle x}{D}$

③ $\theta = \tan^{-1}\dfrac{\triangle x}{D}$ ④ $\theta = \cot^{-1}\dfrac{\triangle x}{D}$

15
두 점 간의 거리가 D, 종선차가 $\triangle x$일 때 두 점간의 방위각을 구하는 공식
$$\theta = \cos^{-1}\frac{\triangle x}{D}$$
• 두 점 간의 거리가 D, 횡선차가 $\triangle y$일 때 두 점간의 방위각을 구하는 공식
$$\theta = \sin^{-1}\frac{\triangle y}{D}$$

정답 11 ① 12 ④ 13 ③ 14 ① 15 ②

□□□ 05①, 06⑤, 14①

16 축척 1/1200 지적도 상에 1변이 1.5cm인 정사각형으로 등록된 토지의 면적은 몇 m²인가?

① 180m²
② 225m²
③ 270m²
④ 324m²

16

$$\frac{1}{m} = \frac{도상거리}{실제거리} = \frac{1}{1200}$$

• 실제거리＝도상거리×축척분모
        ＝1.5×1200
        ＝1800cm＝18m

∴ 면적(A)＝18×18＝324m²

□□□ 14①

17 지적소관청이 축척변경을 하려면 축척변경위원회의 의결을 거친 후 누구의 승인을 받아야 하는가?

① 대한지적공사
② 중앙지적위원회
③ 행정안전부장관
④ 시·도지사

17 축척변경

지적소관청은 축척변경을 하려면 축척변경 시행지역의 토지소유자 3분의 2 이상의 동의를 받아 축척변경위원회의 의결을 거친 후 시·도지사 또는 대도시 시장의 승인을 받아야 한다.

□□□ 11①, 12⑤, 14①, 15⑤

18 좌표면적계산법에 따른 면적측정 중 전자면적측정기에 따른 허용면적 공식으로 옳은 것은? (단, A는 허용면적, M은 축척분모, F는 2회 측정한 면적의 합계를 2로 나눈수)

① $A = 0.023^2 \times M \times \sqrt{F}$
② $A = 0.026^2 \times M \times \sqrt{F}$
③ $A = 0.023^2 \times F \times \sqrt{M}$
④ $A = 0.026^2 \times F \times \sqrt{M}$

18 면적측정의 방법
$$A = 0.023^2 M \sqrt{F}$$

□□□ 14①

19 세부측량에서 분할 측량 시 원면적이 4529m², 보정면적의 합계 4550m²일 때 하나의 필지에 대한 보정면적이 2033m²이었다면 이 필지의 산출면적은?

① 2010.2m²
② 2023.6m²
③ 2014.4m²
④ 2043.6m²

19 산출면적
$$r = \frac{F}{A} \times a$$
$$= \frac{4529}{4550} \times 2033 = 2023.6\,m^2$$

□□□ 04⑤, 14①

20 임야대장 및 임야도에 등록된 토지를 토지대장 및 지적도에 옮겨 등록하는 것은?

① 신규등록
② 지목변경
③ 등록전환
④ 임야변경

20 등록전환

임야대장 및 임야도에 등록된 토지를 토지대장 및 지적도에 옮겨 등록하는 것을 말한다.

□□□ 14①

21 토지조사사업 당시 사정 사항은?

① 지번　　　　　　　② 지목
③ 면적　　　　　　　④ 소유자

21 토지의 사정
토지조사부 및 지적도에 의하여 토지의 소유자와 강계를 확정하는 행정처분을 말하며 원래의 소유권은 소멸시키고 새로운 소유권을 취득하는 것을 말한다.

□□□ 05②, 14①

22 우리나라의 지번 부여 방향 원칙은?

① 북서→남동　　　　② 남동→북서
③ 북동→남서　　　　④ 남서→북동

22 북서기번법
지번부여지역의 북서쪽에서 번호를 부여하고 순차로 진행하다가 남동쪽에서 끝내도록 하는 방식으로 한글, 영어, 아라비아 숫자 등을 사용하는 국가에서 주로 사용하며, 우리나라에서 북서기번법을 이용한다.

□□□ 14①

23 경계점좌표등록부의 등록사항이 아닌 것은?

① 지번　　　　　　　② 부호 및 부호도
③ 토지의 소재　　　　④ 면적

23 경계점좌표등록부의 등록사항
• 토지의 소재
• 지번
• 좌표

□□□ 14①

24 일자오결제의 지번제도를 시행하였던 시대는?

① 조선시대　　　　　② 신라시대
③ 백제시대　　　　　④ 고구려시대

24 일자오결제도(一字五結制度)
양안에 토지를 표시할 시 양전순서에 의해 1필지마다 천자문(千字文)의 자번호를 부여하는 방법으로 조선시대에 시행되었던 지번제도이다.

□□□ 14①

25 실제거리 12m를 축척 1/1200 도면 상에 표시하면 도상 몇 mm가 되는가?

① 10mm　　　　　　② 12mm
③ 20mm　　　　　　④ 24mm

25

$$\frac{1}{m} = \frac{도상거리}{실제거리} = \frac{1}{1200}$$

$$\therefore \ 도상거리 = \frac{실제거리}{축척분모}$$

$$= \frac{12 \times 1000}{1200}$$

$$= 10mm$$

□□□ 14①

26 모든 토지에 대하여 필지별로 소재 · 지번 · 지목 · 면적 · 경계 또는 좌표 등을 조사 · 측량하여 지적공부에 등록하여야 하는 자는?

① 행정안전부장관　　② 국토교통부장관
③ 기획재정부장관　　④ 시 · 도지사

26
국토교통부장관은 모든 토지에 대하여 필지별로 소재·지번·지목·면적·경계 또는 좌표 등을 조사·측량하여 지적공부에 등록하여야 한다.

정답 21 ④　22 ①　23 ④　24 ①　25 ①
26 ②

□□□ 14①

27 평판측량방법에 따른 세부측량의 방법이 아닌 것은?

① 교회법　　　　　　　② 도선법
③ 방사법　　　　　　　④ 배각법

27 세부측량의 기준
평판측량방법에 따른 세부측량은 교회법·도선법 및 방사법(放射法)에 따른다.

□□□ 14①

28 토지소유자가 지목변경을 할 토지가 있으면 그 사유가 발생한 날부터 최대 얼마 이내에 지저소관청에 지목변경을 신청하여야 하는가?

① 15일 이내　　　　　② 30일 이내
③ 60일 이내　　　　　④ 90일 이내

28
토지소유자는 지목변경을 할 토지가 있으면 대통령령으로 정하는 바에 따라 그 사유가 발생한 날부터 60일 이내에 지적소관청에 지목에 지목변경을 신청하여야 한다.

□□□ 14①

29 지적측량 중 기초측량에 해당하지 않는 것은?

① 지적삼각점측량　　　② 지적삼각보조점측량
③ 지적확정측량　　　　④ 지적도근점측량

29 지적측량의 구분
지적기준점을 정하기 위한 기초측량에는 지적삼각점측량, 지적삼각보조점측량, 지적도근점측량이 있다.

□□□ 04②, 14①

30 조선시대의 토지대장인 양안에 기재되지 않았던 것은?

① 토지소재　　　　　　② 토지등급
③ 토지면적　　　　　　④ 토지연혁

30 양안의 등재내용
• 고려시대 : 지목, 전형(토지형태), 토지소유자, 양전방향, 사표, 결수 등
• 조선시대 : 논밭의 소재지, 지목, 결수부(면적), 자호(지번), 전형(토지형태), 주(토지소유자), 양전방향, 사표(토지의 위치), 토지등급(토지의 비옥도), 진기(경작 여부) 등

□□□ 14①

31 지적공부에 토지의 소재·지번·지목·면적·경계 또는 좌표를 등록한 것을 무엇이라 하는가?

① 토지의 이동　　　　　② 토지표제
③ 토지의 표시　　　　　④ 지적 기록

31
토지의 표시란 지적공부에 토지의 소재·지번(地番)·지목(地目)·면적·경계 또는 좌표를 등록한 것을 말한다.

□□□ 04①, 14①

32 경계점좌표등록부에 등록하는 지역의 토지 면적을 등록하는 최소 단위 기준은?

① 100m^2　　　　　② 10m^2
③ 1m^2　　　　　　④ 0.1m^2

32
지적도의 축척이 1/600인 지역과 경계점좌표등록부에 등록하는 지역의 토지면적은 m^2 이하 한자리 단위, 0.1 m^{2}로 한다.

정답 27 ④　28 ③　29 ③　30 ④　31 ③
32 ④

□□□ 14①
33 토지조사사업 당시 토지조사부의 기록 순서로 옳은 것은?

① 각 동(洞), 리(里) 마다 지번의 순서에 따라
② 각 시(市)마다 지번의 순서에 따라
③ 각 도(道)마다 소유자의 이름 순서에 따라
④ 측량 지역별로 측량 순서에 따라

□□□ 04②, 06⑤, 14①
34 지적도의 축척이 아닌 것은?

① 1/1000
② 1/1200
③ 1/2500
④ 1/3000

□□□ 14①
35 공유지연명부의 등록사항이 아닌 것은?

① 토지의 소재
② 지목
③ 소유권 지분
④ 토지의 고유번호

□□□ 14①
36 경계의 표시 방법별 분류에 의한 지적제도로 옳은 것은?

① 과세지적, 지배지적
② 소유지적, 치수지적
③ 도해지적, 수치지적
④ 입체지적, 다목적지적

□□□ 10①, 11⑤, 14①
37 삼국시대부터 찾아볼 수 있는 오늘날의 지적(地積)과 유사한 토지에 관한 기록과 관계가 없는 것은?

① 도적(圖籍)
② 장적(帳籍)
③ 전적(田籍)
④ 판적(版籍)

□□□ 14①
38 경계는 얼마의 폭을 기준으로 제도하는가?

① 0.1mm
② 0.2mm
③ 0.4mm
④ 0.5mm

---

33 토지조사부 작성
토지조사부(土地調査簿)는 토지소유권에 대한 사정원부(査定原簿)로서 지적도에 의하여 리·동별로 지번순서에 따라 지번·가지번·지목·신고년월일·소유자의 주소·성명 등을 기재하고 적요란에 분쟁과 기타 특수한 사유가 있을 경우 이를 기입하기 위하여 작성하였다.

34 지적도면의 축척
• 지적도 : 1/500, 1/600, 1/1000, 1/1200, 1/2400, 1/3000, 1/6000
• 임야도 : 1/3000, 1/6000

35 공유지연명부의 등록사항
• 토지의 소재
• 지번
• 소유권 지분
• 소유자의 성명 또는 명칭, 주소 및 주민등록번호
(∵ 토지의 고유번호는 국토교통부령으로 등록되는 사항이다.)

36 지적제도의 측량방법(경계점 표시방법)에 따른 분류
• 도해지적
• 수치지적

37 시대별 토지대장
• 백제 : 도적(圖籍)
• 신라 : 신라장적(新羅帳籍)
• 고려 : 도행(導行), 전적(田籍)
• 조선 : 양안(量案) ; 구양안(舊量案), 신양안(新量案)
• 일제 : 토지대장, 임야대장
판적은 관계가 없다.

38
경계는 0.1밀리미터 폭의 선으로 제도한다.

정답 33 ① 34 ③ 35 ② 36 ③ 37 ④ 38 ①

□□□ 14①
39 지적측량에서 사용하지 않는 측량장비는?

① GPS
② 레벨
③ 평판
④ 경위의

□□□ 14①
40 지적공부의 복구에 관한 관계 자료가 아닌 것은?

① 지적공부 등본
② 측량 결과도
③ 토지이동정리 결의서
④ 복구자료 조사서

□□□ 05②, 11⑤, 14①
41 오차의 종류 중 최소제곱법에 의한 확률법칙에 의해 처리가 가능한 것은?

① 누차
② 착오
③ 정오차
④ 우연오차

□□□ 14①
42 일반 공중의 종교의식을 위한 건축물의 부지와 이에 접속된 부속시설물 부지의 지목은?

① 사적지
② 종교용지
③ 대
④ 잡종지

□□□ 04⑤, 05①, 14①
43 세부측량 시 필지마다 면적을 측정하지 않아도 되는 경우는?

① 토지를 분할하는 경우
② 토지를 신규등록하는 경우
③ 토지를 합병하는 경우
④ 토지의 경계를 정정하는 경우

□□□ 06⑤, 14①
44 지적 기초측량의 방법이 아닌 것은?

① 평판 측량방법
② 전파기 측량방법
③ 경위의 측량방법
④ 위성 측량방법

39 지적측량의 구분
지적측량은 평판(平板)측량, 전자평판측량, 경위의(經緯儀)측량, 전파기(電波機) 또는 광파기(光波機)측량, 사진측량 및 위성측량 등의 방법에 따른다.

40
시행규칙 제72조(지적공부의 복구자료)에 따라 복구자료 조사서는 포함되지 않는다.

41 우연오차(Random Error)
일어나는 원인이 확실치 않고 관측할 때 조건이 순간적으로 변화하기 때문에 원인을 찾기 힘들거나 알 수 없는 오차를 말한다. 서로 상쇄되기도 하므로 상차(Compensating Error) 또는 부정오차라고도 한다. 우연오차는 대체로 확률법칙에 의해 처리되는데 최소제곱법이 널리 이용된다.

42 종교용지
일반 공중의 종교의식을 위하여 예배·법요·설교·제사 등을 하기 위한 교회·사찰·향교 등 건축물의 부지와 이에 접속된 부속시설물의 부지

43 면적측정의 대상
• 지적공부의 복구·신규등록·등록전환·분할 및 축척변경을 하는 경우
• 면적 또는 경계를 정정하는 경우
• 도시개발사업 등으로 인한 토지의 이동에 따라 토지의 표시를 새로 결정하는 경우
• 경계복원측량 및 지적현황측량에 면적측정이 수반되는 경우

44
지적기준점을 정하기 위한 기초측량의 방법은 경위의 측량방법, 전파기 또는 광파기 측량방법, 위성 측량방법 등이 있다.

정답 39 ② 40 ④ 41 ④ 42 ② 43 ③ 44 ①

□□□ 14①

45 지적측량업의 등록을 하지 아니하고 지적측량업을 한 자에 대한 벌칙 기준이 옳은 것은?

① 300만원 이하의 과태료
② 1년 이하의 징역 또는 1000만원 이하의 벌금
③ 2년 이하의 징역 또는 2000만원 이하의 벌금
④ 3년 이하의 징역 또는 3000만원 이하의 벌금

45 벌칙
측량업의 등록을 하지 아니하거나 거짓이나 그 밖의 부정한 방법으로 측량업의 등록을 하고 측량업을 한 자는 2년 이하의 징역 또는 2000만원 이하의 벌금에 처한다.

□□□ 14①

46 지적 관련 법령에 규정된 지적공부에 해당하는 것은?

① 지적도　　　　② 지형도
③ 수치도　　　　④ 토양도

46 지적공부
토지대장, 임야대장, 공유지연명부, 대지권등록부, 지적도, 임야도 및 경계점좌표등록부 등 지적측량 등을 통하여 조사된 토지의 표시와 해당 토지의 소유자 등을 기록한 대장 및 도면(정보처리시스템을 통하여 기록·저장된 것을 포함한다)을 말한다.

□□□ 04①⑤, 11①, 12⑤, 13⑤, 14①, 15⑤

47 축척 1/1200 지역에서 종선의 신축오차가 -1.8mm, -0.8mm, 횡선의 신축오차가 -1.2mm, -0.6mm일 때 도곽선 신축은?

① -0.9mm　　　　② -1.0mm
③ -1.1mm　　　　④ -1.2mm

해설 도곽선의 신축량

$$S = \frac{\triangle X_1 + \triangle X_2 + \triangle Y_1 + \triangle Y_2}{4}$$
$$= \frac{(-1.8) + (-0.8) + (-1.2) + (-0.6)}{4} = -1.1\text{mm}$$

□□□ 14①

48 토지 거래의 안전과 개인의 토지 소유권을 보호하기 위해 만들어진 지적 제도는?

① 세지적　　　　② 과세지적
③ 경제지적　　　　④ 법지적

48 법지적
토지 소유권을 보호하는데 주요 목적이 있으며, 토지 거래의 안전을 보장하기 위하여 권리 관계를 좀 더 상세하게 기록하게 되며, 토지의 평가보다는 소유권의 한계 설정과 경계복원의 가능성을 더욱 강조하게 된다.

□□□ 04②, 14①

49 토지가 해면에 접하는 경우 경계를 결정하는 기준은?

① 평균 해수위　　　　② 측정 당시 수위
③ 최대 만조위　　　　④ 중등 수위

49 지상경계의 결정
토지가 해면 또는 수면에 접하는 경우 : 최대만조위 또는 최대만수위가 되는 선

□□□ 10①, 14①

50 도면에 등록하는 동·리의 행정구역선은 얼마의 폭으로 제도하여야 하는가?

① 0.1mm

② 0.2mm

③ 0.3mm

④ 0.4mm

50
도면에 등록할 행정구역선은 0.4밀리미터 폭으로 제도한다. 다만, 동·리의 행정구역선은 0.2밀리미터 폭으로 한다.

□□□ 14①

51 도로·철도용지·하천·제방·구거·수도용지 등의 지목이 서로 중복될 때 먼저 등록된 토지의 사용목적에 따라 지목을 설정하는 원칙을 무엇이라 하는가?

① 용도 경중의 원칙

② 등록 선후의 원칙

③ 주지목 추종의 원칙

④ 일시 변경 불변의 원칙

51 등록 선후의 원칙
지목이 서로 중복될 경우 먼저 등록된 지목을 부여하는 원칙으로 비슷한 규모의 도로, 철도가 교차시 지목설정 원칙이다.

□□□ 04①, 14①

52 진행방향에 따른 지번 부여 방식이 아닌 것은?

① 회전식

② 기우식

③ 단지식

④ 사행식

52 지번의 설정방법
• 진행방향에 따른 분류 : 사행식, 기우식, 단지식
• 설정단위에 따른 분류 : 지역단위법, 도엽단위법, 단지단위법
• 기번위치에 따른 분류 : 북서기번법, 북동기번법

□□□ 11①, 14①

53 3변의 길이가 각각 12m, 16m, 20m인 삼각형 모양의 토지 면적은 얼마인가?

① 60m²

② 96m²

③ 120m²

④ 186m²

해설

$A = \sqrt{S(S-a)(S-b)(S-c)}$ (헤론의 공식)

• $S = \dfrac{12+16+20}{2} = 24\text{m}$

$\therefore A = \sqrt{24(24-12)(24-16)(24-20)} = 96\,\text{m}^2$

□□□ 14①

54 과거 호적에서 사람의 이름과 같은 것으로 토지의 식별과 위치의 추측을 쉽게 하는 것은?

① 소유자

② 지번

③ 지목

④ 경계

54 호적과 지적의 비교
• 지목 : 사람의 성별
• 지번 : 사람의 이름
• 토지의 고유번호 : 사람의 주민등록번호

정답 50 ② 51 ② 52 ① 53 ② 54 ②

□□□ 04②, 14①, 15⑤

55 면적을 측정하는 경우 도곽선의 길이에 최소 얼마 이상의 신축이 있을 때 이를 보정하여야 하는가?

① 0.2mm

② 0.3mm

③ 0.4mm

④ 0.5mm

55
면적을 측정하는 경우 도곽선의 길이에 0.5밀리미터 이상의 신축이 있을 때에는 이를 보정하여야 한다.

□□□ 05①, 08⑤, 14①

56 축척이 1/6000인 지역에서 토지의 원면적이 1000m²인 경우 분할 후 각 필지의 면적의 합계와 분할 전 면적과의 오차의 허용범위는?

① ±25.6m²

② ±21.4m²

③ ±128.3m²

④ ±64.1m²

56 분할에 따른 허용범위
$$A = 0.026^2 M \sqrt{F}$$
$$= 0.026^2 \times 6000 \times \sqrt{1000}$$
$$= 128.26\text{m}^2 ≒ 128.3\text{m}^2$$

□□□ 04②, 08⑤, 14①

57 국토교통부장관이 지적기술자에 대한 측량업무의 수행을 정지시키고자 하는 경우, 심의·의결을 거쳐야 하는 곳은?

① 지방지적위원회

② 중앙인사위원회

③ 중앙지적위원회

④ 노동쟁의위원회

57 중앙지적위원회의 심의·의결사항
• 토지등록업무의 개선 및 지적측량 기술의 연구·개발
• 지적기술자의 양성방안
• 지적기술자의 징계
• 지적측량적부 재심사

□□□ 04①, 05①②, 06⑤, 08⑤, 10①⑤, 11⑤, 12⑤, 13①⑤, 14①, 15⑤, 16①

58 지목의 표기방법이 틀린 것은?

① 공장용지 → 장

② 수도용지 → 수

③ 유원지 → 유

④ 공원 → 공

58
유원지 → 원

□□□ 14①

59 제도 시 붉은색을 사용하지 않는 것은?

① 도곽선

② 도곽선 수치

③ 지방도로

④ 말소선

59 붉은색으로 표현하는 경우
• 도곽선
• 도곽선 수치
• 말소선
• 2도면 이상 걸친 토지로서 그 일부가 다른 도면에 등록된 토지의 지번, 지목 표기
• 수치지적도의 "측량할 수 없음" 표시 등
• 분할측량성과도의 측량대상토지의 분할선

□□□ 14①

60 우리나라에서 규정한 현행 지목의 종류는?

① 28종

② 24종

③ 21종

④ 18종

60 법률 제67조 (지목의 종류)
현행 지적 관련 법규에서는 지목을 28개로 구분한다.

정답 55 ④ 56 ③ 57 ③ 58 ③ 59 ③ 60 ①

국가기술자격 CBT 필기시험문제

2014년도 기능사 제5회 필기시험

종 목	시험시간	배 점	수험번호	1회독	2회독	3회독
지적기능사	1시간	60	수험자명			

□□□ 14⑤

01 지적소관청이 축척변경을 하려면 축척변경위원회의 의결을 거치기 전 축척변경 시행지역의 토지소유자에 대해 얼마 이상의 동의를 얻어야 하는가?

① 2분의 1 이상
② 3분의 1 이상
③ 3분의 2 이상
④ 4분의 3 이상

□□□ 08⑤, 11⑤, 14⑤, 15①

02 수평각, 연직각, 거리를 동시에 관측할 수 있는 측량기계는?

① 경위의
② 광파측거기
③ 평판측량기
④ 토탈스테이션

□□□ 08⑤, 14⑤

03 토지소유자가 바다로 된 토지의 등록말소신청 토지를 받은 날부터 최대 몇 일 이내에 등록말소신청을 하지 아니하는 경우 지적소관청이 등록을 말소하는가?

① 15일
② 30일
③ 60일
④ 90일

□□□ 14⑤

04 축척 1/600 지역에서 지적도 도곽의 신축량을 측정한 결과, $\Delta x_1 = -3mm$, $\Delta x_2 = 2mm$, $\Delta y_1 = -7mm$, $\Delta y_2 = -4mm$이었을 때, 이도면의 도곽신축량은? (단, Δx_1는 왼쪽 종선의 신축된 차, Δx_2는 오른쪽 종선의 신축된 차, Δy_1는 위쪽 횡선의 신축된 차, Δy_2는 아래쪽 횡선의 신축된 차)

① $-2mm$
② $-3mm$
③ $-4mm$
④ $-5mm$

해 설

01 축척변경
지적소관청은 축척변경을 하려면 축척변경 시행지역의 토지소유자 3분의 2 이상의 동의를 받아 축척변경위원회의 의결을 거친 후 시·도지사 또는 대도시 시장의 승인을 받아야 한다.

02
토탈스테이션은 각과 거리를 동시에 측정할 수 있다. 기존의 트랜싯과, 전파거리측정기(EDM)가 일체화 된 형태로 볼 수 있다.

03 바다로 된 토지의 등록말소
바다로 된 토지의 등록말소신청은 토지소유자가 90일 이내에 등록말소 신청을 하지 아니하면 대통령령으로 정하는 바에 따라 지적소관청이 등록을 말소한다.

04 면적측정의 방법(도곽선의 신축량)
$$S = \frac{\Delta X_1 + \Delta X_2 + \Delta Y_1 + \Delta Y_2}{4}$$
$$= \frac{(-3) + 2 + (-7) + (-4)}{4}$$
$$= -3mm$$

정답 01 ③ 02 ④ 03 ④ 04 ②

□□□ 14⑤

05 평판측량방법에 따른 세부측량에서 지적도를 갖춰두는 지역에 대한 거리의 측정단위 기준은?

① 1cm

② 5cm

③ 10cm

④ 50cm

05

평판측량방법에 의한 거리측정단위는 지적도를 갖춰 두는 지역에서는 5cm로 하고, 임야도를 갖춰 두는 지역에서는 50cm로 할 것

□□□ 14⑤

06 지번의 부여 방향 기준이 옳은 것은?

① 북서 → 남동

② 남서 → 북동

③ 남동 → 북서

④ 북동 → 남서

06 지번의 구성 및 부여방법

지번은 북서에서 남동으로 순차적으로 부여할 것

□□□ 14⑤

07 지적제도의 발전단계별 분류에 해당하지 않는 것은?

① 행정지적

② 세지적

③ 다목적지적

④ 법지적

07 지적제도의 설치목적(발전과정)에 따른 분류

• 세지적

• 법지적

• 다목적지적

□□□ 14⑤

08 현행 우리나라의 지적도에 사용하지 않는 축척은?

① 1/500

② 1/600

③ 1/800

④ 1/2400

08 지적도면의 축척

• 지적도 : 1/500, 1/600, 1/1000, 1/1200, 1/2400, 1/3000, 1/6000

• 임야도 : 1/3000, 1/6000

□□□ 14⑤

09 토지조사사업 당시 사정의 대상은?

① 강계, 소유자

② 강계, 면적

③ 지목, 면적

④ 지번, 소유자

09 토지의 사정

토지조사부 및 지적도에 의하여 토지의 소유자와 강계를 확정하는 행정처분을 말하며 원래의 소유권은 소멸시키고 새로운 소유권을 취득하는 것을 말한다.

□□□ 14⑤

10 지번지역으로 옳은 것은?

① 시·도 또는 이에 준하는 지역

② 시·군 또는 이에 준하는 지역

③ 읍·면 또는 이에 준하는 지역

④ 동·리 또는 이에 준하는 지역

10 지번부여지역

지번을 부여하는 단위지역으로서 동·리 또는 이에 준하는 지역을 말한다.

정답 05 ② 06 ① 07 ① 08 ③ 09 ①
10 ④

□□□ 14⑤

11 지상 경계를 결정하는 기준이 틀린 것은?

① 연접되는, 토지 간에 높낮이 차이가 있는 경우 : 그 구조물 등의 하단부

② 토지가 해면 또는 수면에 접하는 경우 : 최대 만조위 또는 최대 만수위가 되는 선

③ 도로 등의 토지에 절토된 부분이 있는 경우 : 그 경사면의 상단부

④ 공유수면매립지의 토지 중 제방을 토지에 편입하여 등록하는 경우 : 안쪽 어깨부분

11 지상경계의 결정
공유수면매립지의 토지 중 제방 등을 토지에 편입하여 등록하는 경우에는 바깥쪽 어깨부분

□□□ 14⑤, 15⑤

12 측량·수로조사 및 지적에 관한 법률에 따른 지번의 정의가 옳은 것은?

① 필지에 부여하여 지적공부에 등록한 번호

② 지목이 동일한 토지에 부여한 번호

③ 경계가 맞닿은 토지에 부여한 번호

④ 소유자가 동일한 토지에 부여한 번호

12 지번
필지에 부여하여 지적공부에 등록한 번호를 말한다.

□□□ 14⑤

13 지적도 및 임야도에 등록할 사항이 아닌 것은?

① 면적　　　　　　　② 지번
③ 경계　　　　　　　④ 토지의 소재

13 지적도 등의 등록사항
• 토지의 소재
• 지번
• 지목
• 경계

□□□ 11①, 14⑤

14 미지점에 측판을 세우고 기지점을 시준한 방향선에 의해 위치를 측정하는 방법은?

① 전방교회법　　　　② 후방교회법
③ 측방교회법　　　　④ 원호교회법

14 후방교회법
도상에 표시되지 않는 미지점에 평판을 세우고, 기지점의 방향선으로 알고 있는 점을 시준하여 현재 세워져 있는 평판의 위치를 구하는 방법이다.

□□□ 14⑤

15 다음 중 지적도면으로만 나열된 것은?

① 지적도, 색인도　　② 지적도, 임야도
③ 임야도, 일람도　　④ 지적도, 수치지형도

15 지적도면의 구분
지적도면에는 지적도와 임야도가 있다.

□□□ 05②, 14①⑤

16 소극적 지적제도에 대한 설명으로 옳은 것은?

① 신고된 사항만을 등록하는 방식이다.
② 일필지의 면적을 측정하는 방법이다.
③ 세원을 결정하여 과세하는 지적 제도이다.
④ 신고가 없어도 국가가 직권등록하는 방식이다.

16 소극적 지적
• 기본적으로 거래와 그에 관한 거래 증서변경기록을 수행하는 것
• 일필지의 소유권이 거래되면서 발생되는 거래증서를 변경등록 하는 것
• 신고 된 사항만을 등록하는 방식이다.

□□□ 14⑤

17 지적도의 도곽 수치가(−)로 표시되는 것을 막기 위한 조치 방법은?

① 종선에 20만m, 횡선에 50만m를 더해준다.
② 종선에 20만m, 횡선에 20만m를 더해준다.
③ 종선에 50만m, 횡선에 20만m를 더해준다.
④ 종선에 50만m, 횡선에 50만m를 더해준다.

17 직각좌표원점
세계측지계에 따르지 아니하는 지적측량의 경우에는 가우스상사이중투영법으로 표시하되, 직각좌표계 투영원점의 가산(加算)수치를 각각 X(N) 500000m(제주도지역 550000m), Y(E) 200000m로 하여 사용할 수 있다.

□□□ 14⑤

18 축척변경위원회의 위원 중 토지소유자는 전체 위원의 얼마 이상이 되도록 구성하는가? (단, 축척변경 시행지역의 토지소유자가 5명 이하인 경우는 고려하지 않음)

① 2분의 1이상
② 3분의 1이상
③ 4분의 1이상
④ 5분의 1이상

18
축척변경위원회는 5명 이상 10명 이하의 위원으로 구성하되, 위원의 2분의 1 이상을 토지소유자로 하여야 한다. 이 경우 그 축척변경 시행지역의 토지소유자가 5명 이하일 때에는 토지소유자 전원을 위원으로 위촉하여야 한다.

□□□ 11①, 14⑤

19 토지 등록 장부로서 오늘날의 토지 대장과 같은 양안이 있었던 시대는?

① 고구려
② 백제
③ 고려
④ 조선

19 시대별 토지대장
• 백제 : 도적(圖籍)
• 신라 : 신라장적(新羅帳籍)
• 고려 : 도행(導行), 전적(田籍), 작(作)
• 조선 : 양안(量案)
• 일제 : 토지대장, 임야대장

□□□ 14⑤

20 지적기준점에 해당하는 것만을 모두 옳게 나열한 것은?

① 지적삼각점
② 지적삼각점, 지적도근점, 지적도근보조점
③ 지적삼각점, 지적삼각보조점, 지적도근점
④ 1등삼각점, 지적삼각점, 지적삼각보조점, 지적도근점

20 지적기준점의 종류
• 지적삼각점(地籍三角點)
• 지적삼각보조점
• 지적도근점(地籍圖根點)

정답 16 ① 17 ③ 18 ① 19 ④ 20 ③

□□□ 05①, 11⑤, 14⑤

21 필지의 배열이 불규칙한 지역에서 진행 순서에 따라 지번을 부여하는 방법은?

① 기우식
② 사행식
③ 단지식
④ 기번식

□□□ 14⑤

22 일필지의 토지소유자가 2인 이상인 때 비치하는 장부는?

① 일람도
② 지번색인표
③ 경계점좌표등록부
④ 공유지연명부

□□□ 11⑤, 14⑤

23 토지조사사업의 목적과 가장 거리가 먼 것은?

① 일본 자본의 토지 점유를 돕기 위해
② 식민지 통치를 위한 조세 수입 체계를 확립하기 위해
③ 한국의 공업화에 따른 노동력 부족을 충당하기 위해
④ 조선총독부가 경작지로 가능한 미개간지를 점유하기 위해

□□□ 14⑤

24 AB의 길이가 25m, ∠B=55°일 때 AC의 길이는?

① 35.1m
② 35.7m
③ 38.3m
④ 40.5m

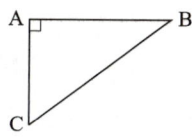

□□□ 14⑤

25 1필지의 면적이 $1m^2$ 미만인 토지의 면적 결정 방법으로 옳은 것은? (단, 지적도의 축척이 600분의 1인 지역과 경계점좌표등록부에 등록하는 지역의 경우는 고려하지 않음)

① $0.5m^2$ 미만이면 등록하지 않는다.
② $0.5m^2$ 이상이면 $0.5m^2$로 등록한다.
③ $1m^2$로 등록한다.
④ $0m^2$로 등록한다.

---

21 사행식

뱀이 기어가는 형상으로 지번을 부여하는 것을 말하며, 지번 부여 진행 방법 중 가장 많이 쓰이는 것으로서 우리나라 토지의 대부분이 이 방법에 의하여 지번이 부여되었다.

22 공유지연명부

1필지의 소유자가 2인 이상일 때에는 대장의 소유자란에 등기부상 선순위 공유자의 주소, (주민)등록번호 및 성명 또는 명칭을 정리한 지적공부이다.

23 토지조사목적(일본의 목적)

• 역둔토를 국유화 하여 일본인들의 토지수탈과 과세의 목적으로 시행
• 일본인 토지점유를 합법화하여 보장하는 법률적 제도를 확립하기 위한 것
• 조선총독부의 소유지를 확보하기 위한 것
• 지세(地勢)수입을 증대하기 위한 조세수입체제를 확립하기 위한 것

24

sin법칙 $\dfrac{a}{\sin A}=\dfrac{b}{\sin B}=\dfrac{c}{\sin C}$

• $∠C=180°-(90°+55°)=35°$

$$\dfrac{25}{\sin 35°}=\dfrac{\overline{AC}}{\sin 55°}$$

$$∴\ \overline{BC}=\dfrac{25×\sin 55°}{\sin 35°}=35.7m$$

25 면적의 결정

1/600지역과 경계점좌표등록부 시행지역을 제외한 다른 지역의 토지의 최소 등록단위는 $1m^2$이다.

□□□ 04①, 10⑤, 14⑤

26 토지조사사업 당시의 조사내용에 해당하지 않는 것은?

① 토지의 소유권　　　② 토지의 가격

③ 토지의 외모　　　　④ 토지의 지질

26 토지조사사업의 목적(일반적인 사항)
- 지적제도와 등기제도 확립을 위한 토지소유권 조사
- 국토지리를 밝히는 토지의 외모조사
- 지세제도 확립을 위한 토지의 가격 조사

□□□ 10⑤, 14⑤

27 수치지적에 비하여 도해지적이 갖는 단점으로 가장 거리가 먼 것은?

① 축척의 크기에 따라 허용오차가 다르다.
② 도면의 신축방지와 보관 및 관리가 어렵다.
③ 축척 및 제도오차의 발생으로 정확도가 낮다.
④ 열람용의 별도 도면을 작성하여 보관해야 한다.

27
도해지적은 토지경계가 도상에 명백히 표현되어 있어 시각적으로 용이하게 파악할 수 있고, 경계분쟁소지지역이 적은 지역에 알맞다.

□□□ 14⑤

28 국가의 모든 토지를 필지 단위로 지적공부에 등록·공시하여야 법률적 효력이 발생한다는 이념은?

① 국정주의　　　　　② 형식주의

③ 공개주의　　　　　④ 신청주의

28 지적형식주의(지적등록주의)
형식주의란, 일정한 법정 형식을 갖추어 등록·공시하는 원칙이며, 지적 공부에 등록하여야 공식적인 효력이 인정된다는 것이다.

□□□ 14⑤

29 축척 1/1000인 지역의 원면적이 900m²인 토지를 분할하는 경우, 분할 후의 각 필지의 면적의 합계와 분할 전 면적과의 오차의 최대 허용범위는 얼마인가?

① ±20m²　　　　　② ±18m²

③ ±24m²　　　　　④ ±36m²

29 분할에 따른 허용범위
$$A = 0.026^2 M \sqrt{F}$$
$$= 0.026^2 \times 1000 \times \sqrt{900}$$
$$= 20\text{m}^2$$

□□□ 14⑤

30 측량·수로조사 및 지적에 관한 법률상 분할의 정의로 옳은 것은?

① 지상에 인위적으로 구획된 토지를 2필지 이상으로 나누는 것
② 지적공부에 등록된 1필지를 2필지 이상으로 나누어 등록하는 것
③ 지적공부에 등록된 2필지 이상을 1필지로 합하여 등록하는 것
④ 지적도에 등록된 경계점의 정밀도를 높이기 위하여 축척을 변경하여 등록하는 것

30 분할
지적공부에 등록된 1필지를 2필지 이상으로 나누어 등록하는 것을 말한다.

정답 26 ④ 27 ④ 28 ② 29 ① 30 ②

□□□ 14⑤

31 지적측량의 기초측량에 사용하는 방법이 아닌 것은?

① 경위의 측량방법　　② 광파기 측량방법
③ 평판 측량방법　　　④ 위성 측량방법

31
지적기준점을 정하기 위한 기초측량의 방법은 경위의 측량방법, 전파기 또는 광파기 측량방법, 위성 측량방법 등이 있다.

□□□ 14⑤

32 지적도나 임야도에 등록된 경계를 현지에 정확히 표시하여 일필지의 한계를 구분하는 것을 목적으로 하는 것은?

① 신규등록측량　　② 경계복원측량
③ 등록전환측량　　④ 지적확정측량

32 경계복원측량
지적도, 임야도에 등록 당시 측량방법을 기초로 하여, 등록된 경계를 현지에 정확히 복원하기 위해 실시하는 지적측량

□□□ 14⑤

33 임야대장의 등록사항이 아닌 것은?

① 토지의 소재　　② 지번
③ 좌표　　　　　④ 지목

33 토지대장 등의 등록사항
• 토지의 소재
• 지번
• 지목
• 면적
• 소유자의 성명 또는 명칭, 주소 및 주민등록번호

□□□ 14⑤

34 자연적인 지형 지물인 담장, 울타리, 도랑, 하천 등으로 이루어진 토지경계로 옳은 것은?

① 보증경계　　② 일반경계
③ 고정경계　　④ 법률적 경계

34 일반경계
토지의 경계가 자연적인 지형지물 즉 도로, 담장, 울타리, 도랑, 하천 등으로 구성된 경계

□□□ 14⑤

35 지적측량의 구분으로 옳은 것은?

① 평판측량, 사진측량　　② 기초측량, 세부측량
③ 일반측량, 공공측량　　④ 기본측량, 세부측량

35 지적측량의 구분
지적측량은 지적기준점을 정하기 위한 기초측량과, 1필지의 경계와 면적을 정하는 세부측량으로 구분한다.

□□□ 14⑤

36 일람도에서 인접 동·리의 명칭은 얼마의 크기로 제도하는가?

① 3mm　　② 4mm
③ 5mm　　④ 6mm

36 일람도의 제도
인접 동·리 명칭은 4mm, 그 밖의 행정구역 명칭은 5mm의 크기로 한다.

정답 31 ③　32 ②　33 ③　34 ②　35 ②
36 ②

□□□ 14⑤

37 경계점좌표등록부의 등록사항이 아닌 것은?

① 토지의 고유번호
② 지적도면의 번호
③ 필지별 경계점좌표등록부의 장번호
④ 삼각점 및 지적기준점의 위치

37 국토교통부령으로 정하는 경계점 좌표등록부의 등록사항

• 토지의 고유번호
• 지적도면의 번호
• 필지별 경계점좌표등록부의 장번호
• 부호 및 부호도

□□□ 14⑤

38 지목의 설정 원칙으로 틀린 것은?

① 일필일목의 원칙 　　② 용도 경중의 원칙
③ 일시 변경 수용의 원칙 　④ 주지목 추종의 원칙

38 지목의 설정원칙
• 1필지 1지목의 원칙
  (일필일목의 원칙)
• 주용도(주지목) 추종의 원칙
• 일시변경 불변의 법칙
• 용도경중의 원칙
• 등록 선후의 원칙
• 사용목적 추종의 원칙

□□□ 14⑤, 15⑤

39 일람도를 작성할 경우 일람도의 축척은 그 도면 축척의 얼마로 하는 것을 기준으로 하는가?

① 1/5 　　　　　② 1/10
③ 1/20 　　　　　④ 1/40

39

일람도를 작성할 경우 일람도의 축척은 그 도면축척의 10분의 1로 한다. 다만, 도면의 장수가 많아서 한 장에 작성할 수 없는 경우에는 축척을 줄여서 작성할 수 있으며, 도면의 장수가 4장 미만인 경우에는 일람도의 작성을 하지 않을 수 있다.

□□□ 14⑤

40 세부측량시 평판측량을 시행함에 있어 측량준비도에 표시하는 사항 중 측량 기하적이 아닌 것은?

① 평판점 위치 표시
② 방향선 표시
③ 측량검사자의 성명·소속·자격등급 표시
④ 측정점 위치 표시

40 기하적

선, 면, 도형, 크기, 상대적인 위치 및 공간의 성질에 대한 수학적인 학문이다. 측량검사자의 성명·소속·자격등급은 기하적과 관련이 없다.

□□□ 04①②, 11①, 14⑤

41 지적측량을 하여야 하는 경우가 아닌 것은?

① 토지를 신규등록하는 경우
② 지적공부를 복구하는 경우
③ 지목을 변경하는 경우
④ 토지를 등록전환하는 경우

41

합병, 지목변경은 지적측량을 실시하지 않는다.

정답 37 ④ 38 ③ 39 ② 40 ③ 41 ③

□□□ 13①, 14⑤
42 축척 1/500 지적도 1매가 포용하는 면적은?

① 10000m²
② 20000m²
③ 30000m²
④ 40000m²

42 축척별 포용면적
1/500의 지상길이는 150×200이므로 포용면적은 30000m²이다.

□□□ 14⑤
43 묘지의 관리를 위한 건축물 부지의 지목은?

① 대
② 묘지
③ 분묘지
④ 임야

43 묘지
사람의 시체나 유골이 매장된 토지, 「도시공원 및 녹지 등에 관한 법률」에 따른 묘지공원으로 결정·고시된 토지 및 「장사 등에 관한 법률」 제2조제9호에 따른 봉안시설과 이에 접속된 부속시설물의 부지. 다만, 묘지의 관리를 위한 건축물의 부지는 "대"로 한다.

□□□ 14⑤
44 측량·수로조사 및 지적에 관한 법령에 따른 지목의 종류는?

① 22지목
② 24지목
③ 26지목
④ 28지목

44 지목의 종류
현행 지적 관련 법규에서는 지목을 28개로 구분한다.

□□□ 14⑤
45 국가 재정의 대부분을 토지에 의존하던 농경기대에 개발된 최초의 지적제도는?

① 법지적
② 경제지적
③ 세지적
④ 소유지적

45
세지적은 토지에 조세를 부과함에 있어서 그 세액을 결정하는데 가장 큰 목적이 있는 제도로, 국가재정수입의 대부분이 토지세인 농경시대에 개발된 최초의 지적제도로 각 필지에 대한 세액을 정확하게 산정하기 위해 면적과 기준시가 본위(면적본위)로 운영되는 제도이다.

□□□ 14⑤
46 일반적인 토지대장의 유형에 해당되지 않는 것은?

① 장부식 대장
② 편철식 대장
③ 공부식 대장
④ 카드식 대장

46 대장의 형식
• 장부식대장(부책식대장)
• 카드식 대장
• 편철식대장

□□□ 14⑤
47 지적삼각점 선점 시 정밀도와 정확도를 위해 고려해야 할 사항으로 옳지 않은 것은?

① 모든 삼각형의 내각은 90°에 가깝도록 한다.
② 땅이 단단한 곳에 선정한다.
③ 간편하고 완전한 망구성이 되어야 한다.
④ 시준선상에 장애물이 없도록 하여야 한다.

47 지적삼각점 선점시 고려사항
삼각형의 형상은 정삼각형에 가깝게 하고, 내각은 30° ~ 120° 범위로 한다.

정답 42 ③ 43 ① 44 ④ 45 ③ 46 ③
47 ①

□□□ 11①, 14⑤

48 다음에서 $\overline{AB}$ 의 거리는 얼마인가? (단, $\overline{AC}$=10m, $\overline{CD}$=5m, $\overline{DE}$=7m, $\overline{AB}$//$\overline{DE}$ 이다.)

① 3.5m
② 14m
③ 21m
④ 28m

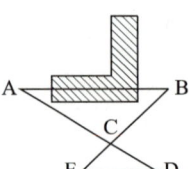

48
$AB : AC = DE : CD$
$$\therefore AB = \frac{AC \times DE}{CD}$$
$$= \frac{10 \times 7}{5} = 14m$$

□□□ 11①, 14⑤

49 다음 그림은 어떤 사유에 따른 도면 정리인가? (단, 도면의 모든 선은 실선으로 간주한다.)

[1 2 3 / 10] 충청북도 청주시 흥덕구 계신동 지적도 23장 중 제2호 축척 600분의1

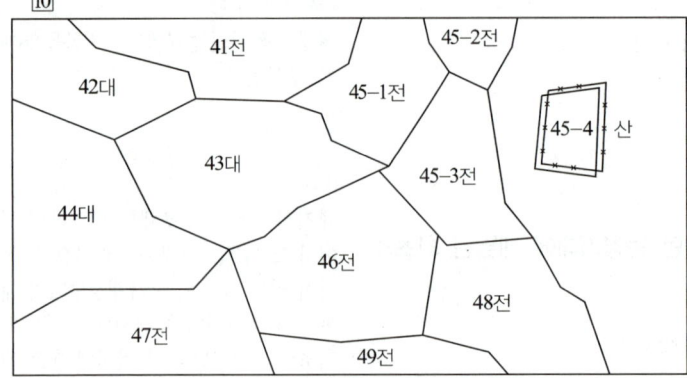

① 주소정정
② 위치정정
③ 분할
④ 합병

49 위치정정에 따른 도면정리
지적도 또는 임야도상의 위치가 변경되어 위치를 바르게 정리할 경우에는, 위치 정정 전의 필지 경계는 붉은색의 짧은 교차선으로 말소하고 위치 정정 후의 필지 경계는 새로 정리한다.

□□□ 14⑤

50 다음 중 임야도의 축척에 해당하는 것은?

① 1/1000
② 1/1200
③ 1/2400
④ 1/3000

50 지적도면의 축척
• 지적도 : 1/500, 1/600, 1/1000, 1/1200, 1/2400, 1/3000, 1/6000
• 임야도 : 1/3000, 1/6000

□□□ 14⑤

51 일필지가 2매 이상의 지적도에 등록되어 있을 경우 접합의 기준이 되는 선은?

① 사정선
② 분할선
③ 도곽선
④ 경계선

51
도곽선은 인접도면의 접합기준(도면 접합의 기준)이 된다.

정답 48 ② 49 ② 50 ④ 51 ③

□□□ 14⑤

52 토지소유자가 지적공부의 등록사항에 대한 정정을 신청할 때, 경계 또는 면적의 변경을 가져오는 경우 정정사유를 적은 신청서와 함께 지적소관청에 제출하여야 하는 것은?

① 등록사항 정정 측량성과도
② 건축물대장등본
③ 주민등록등본
④ 부동산등기부

□□□ 14⑤

53 지적기준점성과의 등본이나 그 측량기록의 사본을 발급받으려는 자는 다음 중 누구에게 그 발급을 신청할 수 있는가?

① 측량업자
② 시·도지사
③ 행정안전부장관
④ 국토교통부장관

53

지적기준점성과의 등본이나 그 측량기록의 사본을 발급받으려는 자는 국토교통부령으로 정하는 바에 따라 시·도지사나 지적소관청에 그 발급을 신청하여야 한다.

□□□ 14⑤

54 지적측량에 사용되는 구소삼각지역의 직각좌표계 원점은 몇 개인가?

① 7개
② 9개
③ 11개
④ 13개

54 구(舊)소삼각원점
구한말 정부에서 시간상의 문제로 대삼각측량을 거치지 않고 독립적으로 일부지역에 소삼각측량을 실시하여 경인지역(19개지역) 및 대구지역(8개지역) 등 27개지역에 설치한 11개의 원점

□□□ 14⑤

55 등록전환할 토지가 있으면 그 사유가 발생한 날부터 며칠 이내에 지적소관청에 등록전환을 신청하여야 하는가?

① 14일
② 45일
③ 60일
④ 90일

55

토지소유자는 등록전환할 토지가 있으면 대통령령으로 정하는 바에 따라 그 사유가 발생한 날부터 60일 이내에 지적소관청에 등록전환을 신청하여야 한다.

□□□ 10⑤, 14⑤

56 임야조사사업의 특징으로 틀린 것은?

① 축척이 대축척이었다.
② 토지조사사업의 기술자를 채용하여 시간과 경비를 절약할 수 있었다.
③ 토지조사사업에 비해 적은 인원으로 업무를 수행하였다.
④ 적은 예산으로 사업을 완성하였다.

56

임야조사는 토지에 비해 경제가치가 낮아 분쟁이 적었고, 적은 인원과 예산으로 사용하였으며, 측량의 정도를 낮게하고 소축척으로 하였다.

정답 52 ① 53 ② 54 ③ 55 ③ 56 ①

□□□ 14⑤

57 지목에 대한 설명으로 틀린 것은?

① 토지의 주된 사용 목적에 따라 토지의 종류를 표시하는 명칭이다.
② 지질 생성의 차이에 따라 지목을 구분하기도 한다.
③ 지목을 통해 토지의 이용 현황을 알 수 있다.
④ 지목은 지적도면에만 기재하는 사항이다.

57
지목은 토지대장, 임야대장, 지적도, 임야도에 기재되는 사항으로 대장에는 정식명칭으로 기재되고, 도면에는 두문자 또는 차문자로 기재된다.

□□□ 14⑤

58 지번 및 지목을 제도할 때, 지번의 글자 간격(㉠)과 지번과 지목의 글자 간격(㉡) 기준이 모두 옳은 것은?

① ㉠ 글자 크기의 1/4 정도   ㉡ 글자 크기의 1/2 정도
② ㉠ 글자 크기의 1/2 정도   ㉡ 글자 크기의 1/4 정도
③ ㉠ 글자 크기의 1/2 정도   ㉡ 글자 크기의 1/2 정도
④ ㉠ 글자 크기의 1/4 정도   ㉡ 글자 크기의 1/4 정도

58
지번 및 지목을 제도할 때에는 지번 다음에 지목을 제도한다. 이 경우 2mm~3mm 크기의 명조체로 하고, 지번의 글자 간격은 글자크기의 4분의1정도, 지번과 지목의 글자 간격은 글자 크기의 2분의 1정도 띄어서 제도한다.

□□□ 14⑤

59 축척이 1/1000인 지적도상에 1변이 3cm로 등록된 정사각형 모양인 토지의 실제면적은 얼마인가?

① 570m²   ② 600m²
③ 750m²   ④ 900m²

59
$$\frac{1}{m} = \frac{도상거리}{실제거리} = \frac{1}{1000} = \frac{3}{x}$$
• 실제거리 = 도상거리 × 축척분모
    = 3 × 1000
    = 3000cm = 30m
∴ 면적(A) = 30 × 30 = 900m²

□□□ 14⑤

60 좌표면적계산법에 따른 면적 측정 시 산출면적은 얼마의 단위까지 계산하여야 하는가?

① 1m²   ② 1/10m²
③ 1/100m²   ④ 1/1000m²

60 면적측정의 방법
좌표면적계산법에 따른 산출면적은 1000분의 1제곱미터까지 계산하여 10분의 1제곱미터 단위로 정한다.

정답 57 ④ 58 ① 59 ④ 60 ④

국가기술자격 CBT 필기시험문제

2015년도 기능사 제1회 필기시험

종 목	시험시간	배 점	수험번호	1회독	2회독	3회독
지적기능사	1시간	60	수험자명			

□□□ 11①, 15①

01 다음 중 지번색인표의 등재사항으로만 나열된 것은?

① 제명, 지번, 도면번호, 결번
② 지번, 지목, 결번, 도면번호
③ 축척, 지번, 본번, 결번
④ 지번, 경계, 결번, 제명

□□□ 15①

02 토지등록의 편성주의가 아닌 것은?

① 물적 편성주의
② 연대적 편성주의
③ 권리적 편성주의
④ 인적 편성주의

□□□ 15①

03 다음 중 지목의 설정원칙에 해당하지 않는 것은?

① 지목불변의 원칙
② 일필 일지목의 원칙
③ 주지목추종의 원칙
④ 등록선후의 원칙

□□□ 15①

04 지번 설정 방법 중 부여 단위에 따른 분류에 속하지 않는 것은?

① 지역 단위법
② 단지 단위법
③ 도엽 단위법
④ 북동 단위법

□□□ 15①

05 경계점좌표등록부의 등록사항이 아닌 것은?

① 지목
② 토지의 소재
③ 좌표
④ 지번

해 설

01 지번색인표의 등재사항
• 제명
• 지번·도면번호 및 결번

02 토지등록의 편성주의
• 물적편성주의
• 인적편성주의
• 연대적편성주의
• 물적·인적편성주의

03 지목의 설정원칙
• 1필지 1지목의 원칙
  (일필일목의 원칙)
• 주용도(주지목) 추종의 원칙
• 일시변경 불변의 법칙
• 용도경중의 원칙
• 등록 선후의 원칙
• 사용목적 추종의 원칙

04 단위에 따른 지번부여방법
• 지역단위법
• 도엽단위법
• 단지단위법법

05 경계점좌표등록부의 등록사항
• 토지의 소재
• 지번
• 좌표

정답 01 ① 02 ③ 03 ① 04 ④ 05 ①

□□□ 15①
06 지적측량성과 결정 사항 중 틀린 것은?

① 지적삼각점 : 0.2m 이내

② 지적삼각보조점 : 0.25m 이내

③ 경계점좌표등록지역의 지적도근점 : 0.10m 이내

④ 경계점좌표등록지역의 경계점 : 0.10m 이내

06 지적측량성과의 결정
경계점좌표등록부 시행지역에서 지적도근점의 지적측량성과 결정기준은 0.15m 이내이다.

□□□ 15①
07 지적측량수행자가 지적측량성과의 정확성을 검사 받기 위하여 지적소관청에 제출해야 할 서류가 아닌 것은?

① 면적측정부　　　　　② 측량결과도

③ 측량의뢰서　　　　　④ 측량성과 파일

07 지적측량성과의 검사방법
지적측량수행자는 측량부·측량결과도·면적측정부, 측량성과 파일 등 측량성과에 관한 자료를 지적소관청에 제출하여 그 성과의 정확성에 관한 검사를 받아야 한다.

□□□ 15①
08 측량·수로조사 및 지적에 관한 법률상 등록전환의 의미로 옳은 것은?

① 형질변경으로 인하여 타지목으로 바꾸는 것

② 소축척을 대축척으로 변경하는 것

③ 미등록지를 지적공부에 등록하는 것

④ 임야대장 및 임야도에 등록된 토지를 토지대장 및 지적도에 옮겨 등록하는 것

08 등록전환
임야대장 및 임야도에 등록된 토지를 토지대장 및 지적도에 옮겨 등록하는 것을 말한다.

09 지목의 종류
지목은 전·답·과수원·목장용지·임야·광천지·염전·대(垈)·공장용지·학교용지·주차장·주유소용지·창고용지·도로·철도용지·제방(堤防)·하천·구거(溝渠)·유지(溜池)·양어장·수도용지·공원·체육용지·유원지·종교용지·사적지·묘지·잡종지로 구분하여 정한다.

□□□ 15①
09 다음 중 법정지목의 명칭이 아닌 것은?

① 체육용지　　　　　② 공장용지

③ 차고용지　　　　　④ 철도용지

□□□ 15①
10 신규등록의 대상 토지가 아닌 것은?

① 미등록 공공용 토지

② 미등록 도서

③ 공유수면매립 준공 토지

④ 토지분할 측량을 실시한 토지

10 신규등록
새로이 조성된 토지 및 등록이 누락되어 있는 토지를 지적공부에 등록하는 것을 말한다. 토지분할측량을 실시한 토지는 해당되지 않는다.

정답 06 ③　07 ③　08 ④　09 ③　10 ④

□□□ 15①
11 토지의 지목을 정리하는 부호로서 옳지 않은 것은?

① 잡종지 – 잡
② 임야 – 임
③ 수도용지 – 용
④ 유지 – 유

11

수도용지 – 수

□□□ 15①
12 지번 및 지목을 제도하는 경우 글자크기는?

① 1mm 이상 2mm 이하
② 2mm 이상 3mm 이하
③ 3mm 이상 4mm 이하
④ 4mm 이상 5mm 이하

12

지번 및 지목을 제도할 때에는 지번 다음에 지목을 제도한다. 이 경우 2mm ~3mm 크기의 명조체로 하고, 지번의 글자 간격은 글자크기의 4분의1정도, 지번과 지목의 글자 간격은 글자크기의 2분의 1정도 띄어서 제도한다.

□□□ 15①
13 두 점간의 방위각이 V이고, 횡선차가 Y일 때 두 점간의 거리 D를 구하는 공식은?

① $D = \dfrac{Y}{\sin V}$

② $D = \dfrac{Y}{\cos V}$

③ $D = \dfrac{Y}{\tan V}$

④ $D = \dfrac{Y}{\cot V}$

13

두 점간의 방위각이 V이고, 횡선차가 Y일 때 두 점간의 거리(D) 산출

$$D = \dfrac{Y}{\sin V}$$

• 두 점간의 방위각이 V이고, 종선차가 X일 때 두 점간의 거리(D) 산출

$$D = \dfrac{X}{\cos V}$$

□□□ 15①
14 지적측량 중 기초측량에 해당하지 않는 것은?

① 지적삼각점측량
② 지적삼각보조점측량
③ 국가수준원점측량
④ 지적도근점측량

14 지적측량의 구분

지적기준점을 정하기 위한 기초측량에는 지적삼각점측량, 지적삼각보조점측량, 지적도근점측량이 있다.

□□□ 15①
15 토지의 합병신청에 관한 설명으로 틀린 것은?

① 토지를 합병하고자 한 때에는 지적소관청에 신청하여야 한다.
② 주택법에 의한 공동주택의 부지로서 합병사유 발생시 합병신청을 해야 한다.
③ 토지합병 사유 발생일로부터 60일 이내 합병신청하지 않은 경우 과태료를 부과한다.
④ 토지의 합병신청이 있는 때에는 지적소관청이 조사하여 사실을 확인한 후에 지적공부를 정리하는 것은 실질적 심사주의이다.

15

토지합병으로 인해 지적공부에 등록된 지번, 면적, 경계 또는 좌표 등의 이동이 있을 때 토지 소유자의 신청을 받아 지적소관청이 결정하지만, 신청이 없으면 지적소관청이 직권으로 조사·측량하여 결정할 수 있다.

□□□ 15①

16 다음 중 임야도의 축척에 해당하는 것은?

① 1/600
② 1/1200
③ 1/2400
④ 1/6000

16 지적도면의 축척
• 지적도 : 1/500, 1/600, 1/1000, 1/1200, 1/2400, 1/3000, 1/6000
• 임야도 : 1/3000, 1/6000

□□□ 15①

17 다음 중 축척변경 시행지역의 토지가 이동이 있는 것으로 보는 시기는?

① 토지공사착수일
② 사업시행공고일
③ 축척변경 확정공고일
④ 청산금 결정공고일

17 축척변경 확정공고
축척변경 시행지역의 토지는 확정공고일에 토지의 이동이 있는 것으로 본다.

□□□ 15①

18 다음 중 토지의 분할을 신청할 수 있는 경우가 아닌 것은?

① 토지이용상 불합리한 지상 경계를 시정하기 위한 경우
② 소유권이전, 매매 등을 위하여 필요한 경우
③ 1필지의 일부가 형질변경 등으로 용도가 변경된 경우
④ 임야도에 등록된 토지가 사실상 형질변경되었으나 지목변경을 할 수 없는 경우

18 분할을 신청할 수 있는 경우
• 소유권이전, 매매 등을 위하여 필요한 경우
• 토지이용상 불합리한 지상경계를 시정하기 위한 경우
• 1필지의 일부가 형질변경 등으로 용도가 변경된 경우
(∵ 형질변경으로 분할을 하는 경우 지목변경신청서가 필요하다.)

□□□ 15①

19 토지소유자가 지적소관청에 신규등록을 신청하고자 할 경우 구비서류가 아닌 것은?

① 법원의 확정판결서 정본 또는 사본
② 소유권을 증명할 수 있는 서류의 사본
③ 공유수면 관리 및 매립에 관한 법률에 따른 준공검사 확인증 사본
④ 토지의 형질변경 준공필증 사본

19 신규등록 신청시 구비서류
• 법원의 확정판결서 정본 또는 사본
• 「공유수면 관리 및 매립에 관한 법률」에 따른 준공검사확인증 사본
• 법률 제6389호 지적법개정법률 부칙 제5조에 따라 도시계획구역의 토지를 그 지방자치단체의 명의로 등록하는 때에는 기획재정부장관과 협의한 문서의 사본
• 그 밖에 소유권을 증명할 수 있는 서류의 사본

□□□ 15①

20 전자면적측정기에 의한 측정 면적은 도상에서 2회 측정하여 그 평균치를 사용하는데 그 허용교차를 구하는 식은? (단, A : 허용교차면적, M : 축척분모, F : 2회 측정한 면적의 합계를 2로 나눈 수)

① $A = 0.023^2 M\sqrt{F}$
② $A = 0.026^2 M\sqrt{F}$
③ $A = 0.023^2 F\sqrt{M}$
④ $A = 0.026^2 F\sqrt{M}$

20 면적측정의 방법
$A = 0.023^2 M\sqrt{F}$

□□□ 15①
21 공유수면 매립준공에 의한 신규등록의 경우 소유자 변동일자는?

① 매립허가일자　　　　② 등기접수일자
③ 매립준공일자　　　　④ 등기교부일자

21 소유자 정리
공유수면 매립준공에 따른 신규 등록의 경우에는 매립준공일자로 정리한다.

□□□ 15①
22 다음 중 공유지연명부의 등록 사항이 아닌 것은?

① 토지의 고유번호　　　② 토지의 소재
③ 소유권 지분　　　　　④ 건물명칭

22 공유지연명부의 등록사항
• 토지의 소재
• 지번
• 소유권 지분
• 소유자의 성명 또는 명칭, 주소 및 주민등록번호

□□□ 08⑤, 11⑤, 14⑤, 15①
23 다음 중 거리와 각을 동시에 관측하여 현장에서 즉시 좌표를 확인함으로써 시공, 계획에 맞추어 신속한 측량을 할 수 있는 기기는?

① 트랜싯　　　　　　　② 토탈스테이션
③ 데오돌라이트　　　　④ 전파거리측량기

23
토탈스테이션은 각과 거리를 동시에 측정할 수 있다. 기존의 트랜싯과, 전파거리측정기(EDM)가 일체화 된 형태로 볼 수 있다.

□□□ 15①
24 지상 경계의 결정기준으로 옳은 것은?

① 토지가 해면에 접하는 경우 – 최대만조위선
② 구거의 토지에 절토된 부분이 있는 경우 – 지물의 중앙부
③ 공유수면매립지의 토지 중 제방을 토지에 편입하여 등록하는 경우 – 안쪽 어깨부분
④ 도로의 토지에 절토된 부분이 있는 경우 – 경사의 하단부

24 지상경계의 결정
• 연접되는 토지 사이에 높낮이 차이가 없는 경우 : 그 구조물 등의 중앙
• 연접되는 토지 사이에 높낮이 차이가 있는 경우 : 그 구조물 등의 하단부
• 도로·구거 등의 토지에 절토된 부분이 있는 경우에는 그 경사면의 상단부
• 토지가 해면 또는 수면에 접하는 경우에는 최대만조위 또는 최대만수위가 되는 선
• 공유수면매립지의 토지 중 제방 등을 토지에 편입하여 등록하는 경우에는 바깥쪽 어깨부분

□□□ 15①
25 일람도의 제도방법을 설명한 것으로 옳은 것은?

① 철도용지는 붉은색 0.1mm폭의 2선으로 제도한다.
② 수도용지 중 선로는 검은색 0.1mm폭의 2선으로 제도한다.
③ 하천·구거·유지는 남색 0.1mm폭의 2선으로 제도하고 그 내부를 남색으로 엷게 채색한다.
④ 취락지·건물 등은 0.1mm폭의 선으로 제도하고 그 내부를 붉은색으로 엷게 채색한다.

25 일람도의 제도
• 철도용지는 붉은색 0.2mm 폭의 2선으로 제도한다.
• 수도용지 중 선로는 남색 0.1mm 폭의 2선으로 제도한다.
• 취락지·건물 등은 검은색 0.1mm의 폭으로 제도하고, 그 내부를 검은색으로 엷게 채색한다.

정답 21 ③ 22 ④ 23 ② 24 ① 25 ③

해 설

□□□ 15①

26 세부측량의 실시 대상이 아닌 것은?

① 신규등록 측량　　② 경계복원 측량
③ 도근 측량　　　　④ 분할 측량

26
1필지의 경계와 면적을 정하는 세부측량의 방법으로는 경위의 측량방법, 평판 측량방법, 위성 측량방법 및 전자평판 측량방법이 있다.

□□□ 15①

27 두 점 간의 거리가 도상에서 2mm이다. 실제 두 점간의 거리가 50m가 되기 위한 축척은 얼마인가?

① 1/1000　　　　　② 1/2500
③ 1/25000　　　　 ④ 1/50000

27
$$\frac{1}{m} = \frac{도상거리}{실제거리}$$

$$\therefore \frac{1}{25000} = \frac{0.002}{50}$$

□□□ 15①

28 등록사항 정정시 지적소관청이 직권으로 조사·측량하여 정정할 수 있는 경우가 아닌 것은?

① 토지이동정리결의서의 내용과 다르게 정리된 경우
② 인접 토지 간 경계분쟁이 발생한 경우
③ 지적측량성과와 다르게 정리된 경우
④ 지적공부의 등록사항이 잘못 입력된 경우

28
지적소관청은 지적공부의 등록사항에 잘못이 있음을 발견하면 대통령령으로 정하는 바에 따라 직권으로 조사·측량하여 정정할 수 있다. 하지만 경계 또는 면적의 변경을 가져오는 경우에는 등록사항 정정 측량성과도에 의해 정정하여야 한다.

□□□ 12⑤, 15①

29 우리나라 지적제도의 발달과정으로 옳은 것은?

① 세지적 → 법지적 → 다목적지적
② 법지적 → 세지적 → 다목적지적
③ 다목적지적 → 법지적 → 세지적
④ 법지적 → 다목적지적 → 세지적

29
발전단계에 따른 지적제도의 변천과정은 세지적(과세지적) → 법지적(소유지적) → 다목적지적(종합지적) 순이다.

□□□ 11①, 15①

30 다음 중 임야조사사업에 대한 설명으로 옳지 않은 것은?

① 임야는 토지에 비하여 경제적 가치가 높지 않아 분쟁은 적었다.
② 토지조사사업에 비해 적은 인원으로 업무를 수행하였다.
③ 역둔토를 국유화하여 공공연한 토지수탈을 감행하였다.
④ 적은 예산으로 사업을 완성하였다.

30
임야조사는 토지에 비해 경제가치가 낮아 분쟁이 적었고, 적은 인원과 예산으로 사용하였으며, 측량의 정도를 낮게하고 소축척으로 하였다.

□□□ 15①

31 지적도의 등록사항이 아닌 것은?

① 토지의 소재
② 지번
③ 도곽선과 그 수치
④ 소유자의 주소

□□□ 15①

32 한 필지의 보정면적이 608.6m², 보정면적 전체의 합계가 1749.2m², 원면적이 1811m²일 때 산출면적은?

① 587.8m²
② 618.6m²
③ 630.1m²
④ 657.2m²

□□□ 15①⑤

33 토지조사사업의 목적에 속하지 않는 것은?

① 토지의 외모조사
② 토지의 이용조사
③ 토지의 가격조사
④ 토지의 소유권조사

□□□ 15①

34 지적도의 축척이 1/600 지역 토지의 등록단위는?

① 1평
② 1홉
③ 0.1m²
④ 1m²

□□□ 15①

35 저수지의 지목은 다음 중 어디에 해당 되는가?

① 유지
② 하천
③ 잡종지
④ 광천지

□□□ 15①

36 다음 중 지적측량의 대상이 아닌 것은?

① 토지를 신규등록하는 경우
② 토지를 분할하는 경우
③ 토지를 지목변경하는 경우
④ 지적공부를 복구하는 경우

---

31 지적도 등의 등록사항
- 토지의 소재
- 지번
- 지목
- 경계
- 도곽선과 그 수치(국토교통부령)

32 산출면적
$$r = \frac{F}{A} \times a$$
$$= \frac{1811}{1749.2} \times 608.6$$
$$= 630.1m^2$$

33 토지조사사업의 목적(일반적인 사항)
- 지적제도와 등기제도 확립을 위한 토지소유권 조사
- 국토지리를 밝히는 토지의 외모조사
- 지세제도 확립을 위한 토지의 가격 조사

34 면적의 결정
지적도의 축척이 1/600인 지역과 경계 점좌표등록부에 등록하는 지역의 토지면적은 m² 이하 한자리 단위, 0.1m²로 한다.

35 유지(溜池)
물이 고이거나 상시적으로 물을 저장하고 있는 댐·저수지·소류지(沼溜地)·호수·연못 등의 토지와 연·왕골 등이 자생하는 배수가 잘 되지 아니하는 토지

36
합병, 지목변경은 지적측량을 실시하지 않는다.

□□□ 15①

37 지적소관청은 시·도지사 또는 대도시 시장으로부터 축척 변경 승인을 받았을 때에는 관련사항을 최소 몇 일 이상 공고하여야 하는가?

① 10일 ② 20일

③ 30일 ④ 40일

37 축척변경 시행공고
지적소관청은 시·도지사 또는 대도시 시장으로부터 축척변경 승인을 받았을 때에는 지체 없이 관련 사항을 20일 이상 공고하여야 한다.

□□□ 15①

38 축척변경위원회의 구성에 필요한 인원수로 옳은 것은?

① 15명 이상 20명 이하 ② 10명 이상 15명 이하

③ 5명 이상 10명 이하 ④ 1명 이상 5명 이하

38
축척변경위원회는 5명 이상 10명 이하의 위원으로 구성하되, 위원의 2분의 1 이상을 토지소유자로 하여야 한다. 이 경우 그 축척변경 시행지역의 토지소유자가 5명 이하일 때에는 토지소유자 전원을 위원으로 위촉하여야 한다.

□□□ 15①

39 평판측량방법에 있어서 1/3000 지역에서 도상에 영향을 미치지 않는 지상거리의 축척별 허용범위는?

① 3cm ② 18cm

③ 30cm ④ 50cm

39 세부측량의 기준
$\frac{M}{10}$[mm]
(도상에 영향을 미치지 않은 축척별 허용범위)
∴ $\frac{3000}{10} = 300mm = 30cm$

□□□ 15①, 20④

40 지적업무처리규정상 지적도의 도곽 크기는?

① 가로 40cm, 세로 25cm ② 가로 40cm, 세로 30cm

③ 가로 45cm, 세로 30cm ④ 가로 50cm, 세로 40cm

40
지적도의 도곽 크기는 가로 40센티미터, 세로 30센티미터의 직사각형으로 한다.

□□□ 15①

41 다음 토지의 지번 앞에 "산"자를 붙여 표기하는 지적공부는?

① 토지대장 ② 임야대장

③ 경계점좌표등록부 ④ 토지대장 부본

41
임야대장 및 임야도에 등록하는 토지의 지번은 숫자 앞에 "산"자를 붙인다.

□□□ 15①

42 축척변경 절차에 있어서 축척변경 시행지역의 토지소유자 또는 점유자는 시행공고가 된 날부터 몇 일 이내에 시행공고일 현재 점유하고 있는 경계에 경계점표지를 설치하여야 하는가?

① 10일 ② 30일

③ 60일 ④ 90일

42 축척변경 시행공고
축척변경 시행지역의 토지소유자 또는 점유자는 시행공고가 된 날부터 30일 이내에 시행공고일 현재 점유하고 있는 경계에 국토교통부령으로 정하는 경계점표지를 설치하여야 한다.

정답 37 ② 38 ③ 39 ③ 40 ② 41 ②
42 ②

□□□ 06⑤, 10①, 15①

43 다음 중 지적의 발생설과 거리가 먼 것은?

① 과세설　　　　　② 치수설
③ 지배설　　　　　④ 권리설

□□□ 15①

44 다음 중 세부측량의 측량결과도에 기재하지 않아도 되는 것은?

① 측정점의 위치
② 측량결과도의 제명
③ 측량 대상 토지의 점유현황선
④ 건물의 명칭

□□□ 15①

45 다음 중 지적공부에 해당하는 것은?

① 가옥대장　　　　② 도로대장
③ 임야대장　　　　④ 하천대장

□□□ 10⑤, 15①

46 다음 중 3차원지적에 대한 설명으로 가장 거리가 먼 것은?

① 입체지적이라고도 한다.
② 지하의 각종 시설물과 지상의 고층화된 건축물을 효율적으로 관리할 수 있다.
③ 다목적 지적으로서 다양한 토지 정보를 제공해 주는 역할을 한다.
④ 경계를 표시하는 방법 및 측량방법에 따른 분류에 해당한다.

□□□ 15①

47 지적측량기준점의 좌표산정을 위하여 원점으로부터 종·횡선수치에 가산하는 거리는 각각 몇 m인가? (단, 제주도 지역은 제외)

① 종선 : 20만m, 횡선 : 5만m
② 종선 : 30만m, 횡선 : 10만m
③ 종선 : 40만m, 횡선 : 15만m
④ 종선 : 50만m, 횡선 : 20만m

43 지적의 발생설
• 과세설 : 지적의 발생설 중 가장 중추적이며 지배적인 학설 세금 징수를 목적
• 치수설 : 토지측량설이라고하며, 홍수피해를 줄이는데 목적
• 지배설 : 영토의 보존 및 통치수단이 목적

44
건물의 명칭은 측량결과도에 기재되지 않는다.

45 지적공부
토지대장, 임야대장, 공유지연명부, 대지권등록부, 지적도, 임야도 및 경계점좌표등록부 등 지적측량 등을 통하여 조사된 토지의 표시와 해당 토지의 소유자 등을 기록한 대장 및 도면(정보처리시스템을 통하여 기록·저장된 것을 포함한다)을 말한다.

46 3차원 지적(입체지적)
• 토지 이용도가 다양한 현대에 필요한 제도로서 입체 지적이라 한다.
• 토지의 지표, 지하, 공중에 형성되는 선, 면, 높이로 구성한다.
• 지상의 건축물과 지하의 상수도, 하수도, 전기, 전화선 등 공공시설물을 효율적으로 등록 관리할 수 있다.

47 직각좌표원점
세계측지계에 따르지 아니하는 지적측량의 경우에는 가우스상사이중투영법으로 표시하되, 직각좌표계 투영원점의 가산(加算)수치를 각각 X(N) 500000m(제주도지역 550000m), Y(E) 200000m로 하여 사용할 수 있다.

□□□ 15①

48 도시개발사업 등에 의하여 지적공부의 작성이 완료된 때에는 새로 지적공부가 확정 시행됨을 몇 일 이상 시·군·구 게시판 또는 홈페이지 등에 게시하여야 하는가?

① 7일　　　　　　　　② 14일
③ 21일　　　　　　　 ④ 30일

48
지적공부의 작성이 완료된 때에는 새로 지적공부가 확정 시행됨을 7일 이상 시·군·구 게시판 또는 홈페이지 등에 게시한다.

□□□ 15①

49 토지의 이동이라고 할 수 없는 것은?

① 토지분할　　　　　　② 경계복원
③ 토지합병　　　　　　④ 등록전환

49 토지의 이동(異動)
토지의 표시를 새로 정하거나 변경 또는 말소하는 것을 말한다. 즉, 지적공부에 등록된 토지의 소재, 지번, 지목, 면적, 경계 또는 좌표가 변경 또는 말소되는 것이다.

□□□ 15①

50 3변의 길이가 각각 20m, 30m, 20m인 삼각형의 면적은 얼마인가?

① 280.6m^2　　　　　 ② 250.4m^2
③ 198.4m^2　　　　　 ④ 152.6m^2

해설

$A = \sqrt{S(S-a)\cdot(S-b)\cdot(S-c)}$ (헤론의 공식)

• $S = \dfrac{20+30+20}{2} = 35\text{m}$

∴ $A = \sqrt{35(35-20)(35-30)(35-20)} = 198.4\text{m}^2$

□□□ 04①②⑤, 05①, 08⑤, 15①

51 문화재로 지정된 역사적인 유적을 보존할 목적으로 구획된 토지의 지목은?

① 사적지　　　　　　　② 잡종지
③ 종교용지　　　　　　④ 공원

51 사적지
문화재로 지정된 역사적인 유적·고적·기념물 등을 보존하기 위하여 구획된 토지. 다만, 학교용지·공원·종교용지 등 다른 지목으로 된 토지에 있는 유적·고적·기념물 등을 보호하기 위하여 구획된 토지는 제외한다.

□□□ 11⑤, 15①

52 다음 중 지번에 대한 설명으로 옳지 않은 것은?

① 필지에 부여하여 지적공부에 등록한 번호다.
② 지번은 호적에서 사람의 이름과 같다.
③ 토지의 종류를 구분·표시하는 명칭을 말한다.
④ 토지의 개별성을 확보하기 위하여 붙이는 번호다.

52
토지를 종류를 구분·표시하는 것은 지목이라 한다.

정답 48 ① 49 ② 50 ③ 51 ① 52 ③

□□□ 10①, 15①

53 다음 중 지번을 부여하는 진행방향에 따른 분류에 해당하지 않는 것은?

① 사행식 　　　　② 기우식

③ 단지식 　　　　④ 방사식

53 진행방향에 따른 부여
- 사행식
- 기우식
- 단지식

□□□ 11⑤, 15①

54 두 점 A와 B의 종선차(Δx)가 $+123.12$m 횡선차(Δy)가 -321.21m 일 때 두 점간의 거리는 얼마인가?

① 약 343.15m 　　　② 약 343.72m

③ 약 344.00m 　　　④ 약 344.48m

54

$$\overline{AB} = \sqrt{\Delta x^2 + \Delta y^2}$$
$$= \sqrt{(123.12)^2 + (-321.21)^2}$$
$$= 344.00\text{m}$$

□□□ 15①

55 바다로 된 토지의 등록사항 말소된 토지를 회복 등록하는 방법으로 옳은 것은? (단, 말소한 토지가 지형의 변화 등으로 다시 토지가 된 경우)

① 지적측량성과 및 등록말소당시의 지적공부 등 관계자료에 따라야 한다.
② 지적소관청의 관계자가 직접 현지 출장 없이 등록한다.
③ 공유수면의 관리청으로부터 관계 증명서류의 사본에 따라야 한다.
④ 토지소유자의 신청에 의하되 확정판결서 정본 또는 사본에 따라야 한다.

55 바다로 된 토지의 등록말소 및 회복
- 토지소유자가 등록말소 신청을 하지 아니하면 지적소관청이 직권으로 그 지적공부의 등록사항을 말소하여야 한다.
- 말소된 토지가 지형의 변화 등으로 인하여 회복되어 회복등록을 하려면 그 지적측량성과 및 등록말소 당시의 지적공부 등 관계 자료에 따라야 한다.

□□□ 15①

56 지적공부를 복구하려는 경우에는 복구하려는 토지의 표시등을 시·군·구 게시판 및 인터넷 홈페이지에 몇 일 이상 게시하여야 하는가?

① 10일 　　　　② 15일

③ 20일 　　　　④ 25일

56 지적공부의 복구절차
지적소관청은 규정에 따른 복구자료의 조사 또는 복구측량 등이 완료되어 지적공부를 복구하려는 경우에는 복구하려는 토지의 표시 등을 시·군·구 게시판 및 인터넷 홈페이지에 15일 이상 게시하여야 한다.

□□□ 15①

57 지적공부에 등록된 1필지를 2필지 이상으로 나누어 등록하는 것을 무엇이라 하는가?

① 지목 　　　　② 경계

③ 분할 　　　　④ 합병

57 분할
지적공부에 등록된 1필지를 2필지 이상으로 나누어 등록하는 것을 말한다.

정답 53 ④ 54 ③ 55 ① 56 ② 57 ③

□□□ 15①

58 도곽선의 보정계수 계산식으로 옳은 것은? (단, Z는 보정계수, X는 도곽선 종선길이, Y는 도곽선 횡선길이 $\triangle X$는 신축된 도곽선 종선길이의 합÷2, $\triangle Y$는 신축된 도곽선 횡선길이의 합÷2)

① $Z = \dfrac{\triangle X + \triangle Y}{X + Y}$

② $Z = \dfrac{X + Y}{\triangle X + \triangle Y}$

③ $Z = \dfrac{\triangle X \cdot \triangle Y}{X \cdot Y}$

④ $Z = \dfrac{X \cdot Y}{\triangle X \cdot \triangle Y}$

58 도곽선의 보정계수

$$Z = \dfrac{X \cdot Y}{\triangle X \cdot \triangle Y}$$

□□□ 15①

59 필지 합병의 경우 지번부여의 원칙은?

① 합병 대상 지번 중 선순위의 지번으로 한다.
② 합병 대상 지번 중 최종 지번으로 한다.
③ 합병 대상 선순위의 지번에 부번을 부여한다.
④ 합병 대상 최종지번에 부번을 부여한다.

59 합병의 경우 지번의 부여

합병의 경우에는 합병 대상 지번 중 선순위의 지번을 그 지번으로 하되, 본번으로 된 지번이 있을 때에는 본번 중 선순위의 지번을 합병 후의 지번으로 한다.

□□□ 15①

60 토지 등록에 대한 설명으로 옳지 않은 것은?

① 국가가 행정목적을 위해 작성한다.
② 토지에 관한 필요한 사항을 공정장부에 기록하는 것이다.
③ 토지소유자의 희망에 의해서만 등록한다.
④ 토지의 변동사항을 지속적으로 수정하여 유지·관리하는 행위이다.

60

토지의 표시사항은 토지소유자의 신청이 없어도 경우 국가가 직권으로 조사·측량하여 국가 공권력으로 결정한다.

정답 58 ④ 59 ① 60 ③

국가기술자격 CBT 필기시험문제

종 목	시험시간	배 점	수험번호	1회독	2회독	3회독
지적기능사	1시간	60	수험자명			

□□□ 15⑤

01 토지 거래의 안전과 국민의 토지 소유권을 보호하기 위해 만들어진 지적제도는?

① 세지적
② 법지적
③ 과세지적
④ 경제지적

해 설

01 법지적(소유지적)
토지 소유권을 보호하는데 주요 목적이 있으며, 토지 거래의 안전을 보장하기 위하여 권리 관계를 좀 더 상세하게 기록하게 된다.

□□□ 15⑤

02 대장에 등록하는 면적의 단위 기준은?

① 제곱킬로미터
② 제곱미터
③ 제곱센티미터
④ 헥타르

02 면적의 결정
대장에는 제곱미터(m^2) 단위로 면적을 등록한다.

□□□ 15⑤

03 토지 소유자가 미등기 토지에 대하여 토지소유자의 성명 또는 명칭, 주민등록번호, 주소 등에 관한 사항의 정정을 신청한 경우로서 그 등록사항이 명백히 잘못된 경우 참고하여야 하는 자료는?

① 등기필증
② 가족관계 기록사항에 관한 증명서
③ 등기완료통지서
④ 등기관서에서 제공한 등기전산정보자료

03 등록사항의 정정
미등기 토지에 대하여 토지소유자의 성명 또는 명칭, 주민등록번호, 주소 등에 관한 사항의 정정을 신청한 경우로서 그 등록사항이 명백히 잘못된 경우에는 가족관계 기록사항에 관한 증명서에 따라 정정하여야 한다.

□□□ 15⑤

04 축척이 1/1000인 지역에서 평판측량방법에 따른 세부측량시 도상에 영향을 미치지 않는 지상거리의 허용범위는?

① 0.01cm
② 0.1cm
③ 1cm
④ 10cm

04
세부측량의 기준(도상에 영향을 미치지 않은 축척별 허용범위)
$$\therefore \frac{M}{10}[\text{mm}] = \frac{1000}{10}$$
$$= 100\text{mm} = 10\text{cm}$$

정답 01 ② 02 ② 03 ② 04 ④

□□□ 15⑤
05 지적제도의 발전과정에 따른 분류에 해당하지 않는 것은?

① 세지적
② 도해지적
③ 법지적
④ 다목적지적

05 지적제도의 설치목적(발전과정)에 따른 분류
• 세지적 • 법지적 • 다목적지적
(∵ 도해지적은 측량방법(경계점표시 방법)에 따른 분류이다.)

□□□ 15⑤
06 국가의 통치권이 미치는 모든 영토를 필지 단위로 구획하여 지번, 지목, 경계 또는 좌표와 면적 등을 결정하여 지적공부에 등록·공시해야만 효력이 인정된다는 이념은?

① 지적국정주의
② 지적형식주의
③ 지적공개주의
④ 실질적 심사주의

06 지적형식주의(지적등록주의)
일정한 법정 형식을 갖추어 등록·공시하는 원칙이며, 지적 공부에 등록하여야 공식적인 효력이 인정된다는 것이다.

□□□ 04②, 14①, 15⑤
07 면적을 측정하는 경우 도곽선의 길이에 몇 mm 이상의 신축이 있을 때 이를 보정하여야 하는가?

① 0.1mm
② 0.2mm
③ 0.3mm
④ 0.5mm

07 면적측정의 방법
면적을 측정하는 경우 도곽선의 길이에 0.5밀리미터 이상의 신축이 있을 때에는 이를 보정하여야 한다.

□□□ 10①, 15⑤
08 전 국토를 대상으로 실시한 토지조사사업의 특징으로 보기 어려운 것은?

① 순수한 우리나라의 측량 기술에 바탕을 둔 사업이었다.
② 도로, 하천, 구거 등을 토지조사사업에서 제외하였다.
③ 우리나라의 근대적 토지제도가 확립되었다.
④ 토지조사사업을 위해 지적의 교육에 주력하였다.

08
토지조사사업은 1910년 일제가 한국을 식민지로 강점한 후 제1차 식민지 정책 사업으로 추진된 것으로 우리나라의 측량 기술에 바탕을 둔 사업과는 거리가 멀다.

□□□ 15⑤
09 지적측량을 필요로 하지 않는 경우는?

① 지적기준점을 정하는 경우
② 경계점을 지상에 복원하는 경우
③ 지적공부를 복구하는 경우
④ 토지의 지목을 변경하는 경우

09
합병, 지목변경은 지적측량을 실시하지 않는다.

□□□ 15⑤
10 지적측량을 크게 2가지로 구분할 때 그 구분이 옳은 것은?

① 도근측량과 세부측량　　② 삼각측량과 세부측량
③ 기초측량과 수준측량　　④ 기초측량과 세부측량

□□□ 15⑤
11 토지조사사업 당시 사정한 사항은?

① 지번　　　　　　　　　② 지목
③ 강계　　　　　　　　　④ 토지의 소재

□□□ 15⑤
12 오늘날의 지적과 유사한 토지의 기록에 관한 것이 아닌 것은?

① 백제의 도적(圖籍)　　　② 신라의 장적(帳籍)
③ 고려의 전적(田籍)　　　④ 조선의 이적(移籍)

□□□ 15⑤
13 토지가 해면에 접하는 경우 지상 경계를 결정하는 기준은?

① 평균중조위선　　　　　② 최대만조위선
③ 최저만조위선　　　　　④ 최고간조위선

□□□ 15⑤, 20④
14 지적측량의 원칙적인 측량기간 기준으로 옳은 것은?

① 4일　　　　　　　　　② 5일
③ 6일　　　　　　　　　④ 7일

□□□ 04①, 10⑤, 15⑤
15 공간정보 구축 및 관리 등에 관한 법률상 등록전환의 정의로 옳은 것은?

① 축척을 바꾸어 등록하는 것
② 면적을 바꾸어 등록하는 것
③ 지적공부에 등록된 지목을 다른 지목으로 바꾸어 등록하는 것
④ 임야대장 및 임야도에 등록된 토지를 토지대장 및 지적도에 옮겨 등록하는 것

해　설

10 지적측량의 구분
지적기준점을 정하기 위한 기초측량과, 1필지의 경계와 면적을 정하는 세부측량으로 구분한다.

11 토지의 사정
토지조사부 및 지적도에 의하여 토지의 소유자와 강계를 확정하는 행정처분을 말하며 원래의 소유권은 소멸시키고 새로운 소유권을 취득하는 것을 말한다.

12 시대별 토지대장
• 백제 : 도적(圖籍)
• 신라 : 신라장적(新羅帳籍)
• 고려 : 도행(導行), 전적(田籍), 작(作)
• 조선 : 양안(量案)
• 일제 : 토지대장, 임야대장

13 지상경계의 결정
토지가 해면 또는 수면에 접하는 경우
: 최대만조위 또는 최대만수위가 되는 선

14 지적측량의 의뢰
지적측량의 측량기간은 5일로 하며, 측량검사기간은 4일로 한다.

15 등록전환
임야대장 및 임야도에 등록된 토지를 토지대장 및 지적도에 옮겨 등록하는 것을 말한다.

정답 10 ④　11 ③　12 ④　13 ②　14 ②
　　　15 ④

□□□ 15⑤

16 등록전환을 하는 경우 임야대장의 면적과 등록전환될 면적의 오차 허용범위를 구하는 계산식으로 옳은 것은? (단, A : 오차 허용면적, M : 임야도 축척분모, F : 등록전환될 면적)

① $A = 0.023 \times M \times \sqrt{F}$
② $A = 0.026 \times M \times \sqrt{F}$
③ $A = 0.023^2 \times M \times \sqrt{F}$
④ $A = 0.026^2 \times M \times \sqrt{F}$

16 등록전환에 따른 허용범위
$A = 0.026^2 M\sqrt{F}$

□□□ 14⑤, 15⑤

17 일람도의 축척은 그 도면축척의 얼마로 하는 것을 기준으로 하는가?

① 1/5
② 1/10
③ 1/20
④ 1/50

17 일람도의 제도
일람도를 작성할 경우 일람도의 축척은 그 도면축척의 10분의 1로 한다.

□□□ 15⑤

18 토지소유자가 지적공부의 등록사항에 대한 정정을 신청할 때, 경계의 변경을 가져오는 경우 정정사유를 적은 신청서와 함께 제출하여야 하는 것은?

① 등록사항 정정 측량성과도
② 경계복원측량성과도
③ 지적도 또는 임야도 사본
④ 토지분할측량성과도

18 등록사항의 정정신청
• 경계 또는 면적의 변경을 가져오는 경우 : 등록사항 정정 측량성과도
• 그 밖의 등록사항을 정정하는 경우 : 변경 사항을 확인할 수 있는 서류

□□□ 15⑤

19 조선시대 토지나 가옥의 매매계약이 성립하기 위하여 매수인, 매도인 쌍방의 합의 외에 대가의 수수목적물의 인도 시 서면으로 작성하는 계약서로, 오늘날 매매계약서와 동일한 기능을 한 것은?

① 입안
② 양안
③ 문기
④ 지권

19 문기(文記)
• 토지 및 가옥을 매매할 때 작성하는 오늘날의 매매계약서를 말한다.
• 매수인과 매도인의 합의 외 수수목적물의 인도가 있는 경우 계약서를 서면으로 작성되는 계약서이다.

□□□ 15⑤

20 토지대장과 지적도를 작성하여 비치하게 된 최초의 근거법령은?

① 토지조사령
② 지세법
③ 지적측량규정
④ 지적법

20 지적관계법령 변천과정
대구시가토지측량규정(1907) → 토지조사법(1910) → 토지조사령(1912) → 지세령(1914) → 토지대장규칙(1914) → 조선임야조사령(1918) → 조선지세령(1943) → 지적법(1950)

정답 16 ④ 17 ② 18 ① 19 ③ 20 ①

□□□ 15①⑤

21 토지조사사업 당시 조사 내용이 아닌 것은?

① 토지소유권 조사　　② 토지이용권 조사
③ 지가의 조사　　　　④ 지형지모의 조사

· 지적제도와 등기제도 확립을 위한 토지소유권 조사
· 국토지리를 밝히는 토지의 외모 조사
· 지세제도 확립을 위한 토지의 가격 조사

□□□ 15⑤

22 어떤 도면에 1변의 길이가 2cm로 등록된 정사각형 토지의 면적이 900m²이라면 이도면의 축척은 얼마인가?

① 1/1500　　　　　② 1/3000
③ 1/4500　　　　　④ 1/6000

22

$$\left(\frac{1}{m}\right)^2 = \frac{도상면적}{실제면적}$$

$$\left(\frac{1}{m}\right)^2 = \frac{0.02 \times 0.02}{900}$$

$$\therefore \frac{1}{1500}$$

□□□ 15⑤

23 지적제도의 등록 성질별 분류에서 토지를 지적공부에 등록하는 것을 의무화하지 않고 당사자가 신고할 때 신고된 사항만을 등록하는 것은?

① 적극적 지적　　　② 토렌스 시스템
③ 강제적 등록　　　④ 소극적 지적

23 소극적 지적
· 기본적으로 거래와 그에 관한 거래증서변경기록을 수행하는 것
· 일필지의 소유권이 거래되면서 발생되는 거래증서를 변경등록 하는 것
· 즉, 신고 된 사항만을 등록하는 방식이다.

□□□ 06⑤, 11①, 15⑤

24 경위의 측량방법으로 세부측량을 하는 경우 측량결과도에 기재하여야 할 사항이 아닌 것은?

① 지상에서 측정한 거리 및 방위각
② 측량 대상 토지의 경계점 간 실측거리
③ 지적도의 도면번호
④ 도곽선의 신축량 및 보정계수

24
도곽선의 신축량과 보정계수는 평판측량방법으로 세부측량을 할 경우 측량준비파일에 해당된다.

□□□ 15⑤

25 행정구역선이 2종 이상 겹치는 경우의 제도방법은?

① 최상급 행정구역선만 제도한다.
② 최상급 행정구역선과 최하급 행정구역선을 경계선 양쪽에 제도한다.
③ 최하급 행정구역선만 제도한다.
④ 최상급 행정구역선과 최하급 행정구역선을 교대로 제도한다.

25 행정구역선의 제도
행정구역선이 2종 이상 겹치는 경우에는 최상급 행정구역선만 제도한다.

정답 21 ② 22 ① 23 ④ 24 ④ 25 ①

☐☐☐ 15⑤

26 다음 중 각을 측정할 수 없는 장비는?

① 트랜싯 ② 데오도라이트
③ 광파 앨리데이드 ④ 토털스테이션

☐☐☐ 15⑤

27 지적공부의 정리 시 검은색을 사용할 수 없는 사항은?

① 경계 ② 행정구역선
③ 지번, 지목의 말소 ④ 지번, 지목의 주기

27 붉은색으로 표현하는 경우
• 도곽선
• 도곽선 수치
• 말소선
• 2도면 이상 걸친 토지로서 그 일부가 다른 도면에 등록된 토지의 지번, 지목 표기
• 수치지적도의 "측량할 수 없음" 표시 등
• 분할측량성과도의 측량대상토지의 분할선

☐☐☐ 10⑤, 15⑤

28 경위의의 시준축과 수평축이 직교하지 않아 생기는 오차의 처리 방법으로 옳은 것은?

① 망원경을 정위, 반위로 측정하여 평균값을 취한다.
② 시독의 위치를 변경하여 측정한 값의 평균값을 취한다.
③ 두 점 사이의 높이를 같게 하여 측정한다.
④ 연직축과 수평 기포관축과의 직교를 조정한다.

해설 각관측의 오차 및 소거법

오차의 종류	원인	처리 방법
시준축 오차	시준축과 수평축이 직교하지 않는다.	망원경을 정위, 반위로 측정하여 평균값을 취한다.
수평축 오차	수평축이 연직축에 직교하지 않는다.	
연직축 오차	연직축이 평반수준기축과 직교하지 않을 때	소거 불가

☐☐☐ 15⑤

29 제주도 지역은 직각좌표계 투영원점에 종선 및 횡선을 각각 얼마씩 가산하여 정하는가?

① 종선 50만m, 횡선 20만m
② 종선 20만m, 횡선 50만m
③ 종선 55만m, 횡선 25만m
④ 종선 55만m, 횡선 20만m

정답 26 ③ 27 ③ 28 ① 29 ④

□□□ 15⑤

30 지적공부의 복구자료로 활용할 수 없는 것은?

① 측량 결과도
② 공시지가전산자료
③ 부동산등기부 등본
④ 토지이동정리 결의서

30 지적공부의 복구자료
• 지적공부의 등본
• 측량 결과도
• 토지이동정리 결의서
• 부동산등기부 등본 등 등기 사실을 증명하는 서류
• 지적소관청이 작성하거나 발행한 지적공부의 등록 내용을 증명하는 서류
• 법 제69조 제3항에 따라 복제된 지적공부
• 법원의 확정판결서 정본 또는 사본

□□□ 15⑤

31 임야조사사업 당시의 재결기관은?

① 도지사
② 임야조사위원회
③ 고등토지조사위원회
④ 임시토지조사국

해설 토지조사사업과 임야조사사업의 비교

구 분	토지조사사업	임야조사사업
조사측량기관	임시토지조사국	부와 면
사정권자	임시토지조사국장	도지사(권업과 또는 산림과)
재결기관	고등토지조사위원회	임야심사위원회(1919~1935)

□□□ 15⑤

32 우리나라에서 채택하고 있는 지목결정 방식은?

① 용도 지목
② 토성 지목
③ 지형 지목
④ 지질 지목

32
용도지목(우리나라에서 사용하는 지목제도) : 토지의 주된 사용목적에 따라 지목을 결정하는 방법

□□□ 15⑤

33 지목을 지적도면에 등록하는 부호가 틀린 것은?

① 목장용지 – 목
② 종교용지 – 종
③ 공장용지 – 공
④ 철도용지 – 철

33
공장용지 – 장

□□□ 15⑤

34 토지를 신규등록하는 경우 면적의 결정은 누가 하는가?

① 토지소유자
② 측량 대행사
③ 한국국토정보공사
④ 지적소관청

34
지적공부에 등록하는 지번·지목·면적·경계 또는 좌표는 토지의 이동이 있을 때 토지소유자(법인이 아닌 사단이나 재단의 경우에는 그 대표자나 관리인을 말한다. 이하 같다)의 신청을 받아 지적소관청이 결정한다.

□□□ 15⑤

35 토지이동 신청에 관한 특례와 관련하여 사업의 착수·변경 및 완료 사실을 지적소관청에 신고하여야 하는 대통령령으로 정하는 토지개발사업이 아닌 것은?

① 「주택법」에 따른 주택건설사업

② 「산업입지 및 개발에 관한 법률」에 따른 산업단지개발사업

③ 「공유수면 관리 및 매립에 관한 법률」에 따른 매립사업

④ 「국토의 계획 및 이용에 관한 법률」에 따른 토지형질변경사업

35 대통령령으로 정하는 토지개발사업 (시행령 제83조)

• 「주택법」에 따른 주택건설사업

• 「산업입지 및 개발에 관한 법률」에 따른 산업단지개발사업

• 「공유수면 관리 및 매립에 관한 법률」에 따른 매립사업

□□□ 15⑤

36 $\angle ABC = 90°$, $\angle CAB = 30°$ AB의 거리가 100.0m일 경우 BC의 거리는?

① 50.0m

② 57.7m

③ 86.6m

④ 100.0m

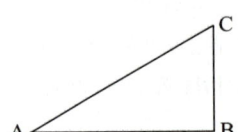

36

sin법칙 $\dfrac{a}{\sin A} = \dfrac{b}{\sin B} = \dfrac{c}{\sin C}$

• $\angle C = 180° - (90° + 30°) = 60°$

• $\dfrac{100}{\sin 60°} = \dfrac{\overline{BC}}{\sin 30°}$

∴ $\overline{BC} = \dfrac{100 \times \sin 30°}{\sin 60°} = 57.7m$

□□□ 15⑤

37 지적소관청이 지적공부를 정리하여야 하는 경우가 아닌 것은?

① 지적공부를 복구하는 경우

② 토지의 이동이 있는 경우

③ 지번을 변경하는 경우

④ 토지대장의 등본을 교부하는 경우

37

토지대장의 등본을 교부하는 것과 지적공부의 정리는 거리가 멀다.

□□□ 14⑤, 15⑤

38 지번에 대한 설명으로 옳은 것은?

① 필지에 부여하여 지적공부에 등록한 번호이다.

② 지번의 부여단위는 읍·면이다.

③ 지번제도는 우리나라에서만 사용하고 있다.

④ 지번은 토지의 소유자에 따라 표시한다.

38

지번이란 필지에 부여하여 지적공부에 등록한 번호를 말한다.

정답 35 ④ 36 ② 37 ④ 38 ①

□□□ 15⑤

39 공간정보의 구축 및 관리 등에 관한 법률의 법규상 임야도의 축척은 모두 몇 종인가?

① 2종　　　　　　② 3종
③ 4종　　　　　　④ 5종

39 지적도면의 축척
· 지적도 : 1/500, 1/600, 1/1000, 1/1200, 1/2400, 1/3000, 1/6000
· 임야도 : 1/3000, 1/6000

□□□ 15⑤

40 토지대장과 임야대장에 등록할 사항이 아닌 것은?

① 토지의 소재　　　② 소유권 지분
③ 지번　　　　　　④ 면적

40 토지대장 등의 등록사항
· 토지의 소재　· 지번
· 지목　　　　· 면적
· 소유자의 성명 또는 명칭, 주소 및 주민등록번호

□□□ 15⑤

41 일필지로 정할 수 있는 기준으로 틀린 것은?

① 토지소유자가 동일하여야 한다.
② 토지의 가격이 동일하여야 한다.
③ 지번부여지역의 토지이어야 한다.
④ 토지의 용도가 동일하여야 한다.

41 일필지로 정할 수 있는 기준
지번부여지역의 토지로서 소유자와 용도가 같고 지반이 연속된 토지는 1필지로 할 수 있다.

□□□ 15⑤

42 경계점좌표등록부 시행지역에서 산출한 면적이 319.36m²일 때 결정면적은?

① 319m²　　　　　② 319.3m²
③ 319.4m²　　　　④ 319.36m²

42 면적의 결정
경계점좌표등록부에 등록하는 지역이고 구하려는 끝자리의 수가 0.05 이상이므로 319.4m²이다.

□□□ 05②, 08⑤, 15⑤

43 토지소유자는 등록전환할 토지가 있으면 대통령령으로 정하는 바에 따라 그 사유가 발생한 날부터 며칠 이내에 지적소관청에 등록전환을 신청하여야 하는가?

① 15일 이내　　　② 20일 이내
③ 30일 이내　　　④ 60일 이내

43 등록전환 신청
토지소유자는 등록전환할 토지가 있으면 대통령령으로 정하는 바에 따라 그 사유가 발생한 날부터 60일 이내에 지적소관청에 등록전환을 신청하여야 한다.

해 설

□□□ 15⑤

44 다음 중 공유지연명부의 등록사항이 아닌 것은?

① 건물의 명칭　　　② 소유자의 주민등록번호
③ 소유권 지분　　　④ 소유자의 주소

44 공유지연명부의 등록사항
• 토지의 소재
• 지번
• 소유권 지분
• 소유자의 성명 또는 명칭, 주소 및 주민등록번호

□□□ 15⑤

45 지번의 부여 방법으로 옳은 것은?

① 남동에서 북서로 순차적으로 부여한다.
② 북서에서 남동으로 순차적으로 부여한다.
③ 남서에서 북동으로 순차적으로 부여한다.
④ 북동에서 남서로 순차적으로 부여한다.

45 지번의 구성 및 부여방법
지번은 북서에서 남동으로 순차적으로 부여할 것

□□□ 15⑤

46 토지의 경계가 자연적인 지형지물 즉 도로, 담장, 울타리, 도랑, 하천 등으로 이루어진 것을 무엇이라 하는가?

① 보증경계　　　② 고정경계
③ 일반경계　　　④ 확정경계

46 일반경계
토지의 경계가 자연적인 지형지물 즉 도로, 담장, 울타리, 도랑, 하천 등으로 구성된 경계

□□□ 08⑤, 10⑤, 14①, 15⑤

47 자오선의 북방향(북극)을 기준으로 하여 시계방향(우회)으로 측정한 각은?

① 도북방위각　　　② 자북방위각
③ 진북방위각　　　④ 편방위각

47 진북방위각
자오선의 북방향을 기준으로 시계방향으로 측정한 각

□□□ 15⑤

48 도곽선의 역할과 거리가 먼 것은?

① 지적측량 기준점 전개시의 기준
② 측량준비도에서의 북방향 표시의 기준
③ 인접 도면과의 접합 기준
④ 행정구역 결정의 기준

48 도곽선의 역할
• 인접도면의 접합기준(도면접합의 기준)
• 지적기준점 전개시의 기준
• 도곽 신축량을 측정하는 기준(신축량 측정기준)
• 측량준비도와 결과도에서의 북향 향선(종선)(방위 표시의 기준)
• 외업시 측량준비도와 현황의 부합 확인 기준

정답 44 ①　45 ②　46 ③　47 ③　48 ④

□□□ 15⑤

49 지적도 도곽선의 신축량이 각각 $\Delta X_1 = +0.4mm$, $\Delta X_2 = -0.1mm$, $\Delta Y_1 = -2.0mm$, $\Delta Y_2 = +2.1mm$일 때, 이 지적도의 신축량은? (단, ΔX_1은 왼쪽 종선의 신축된 차, ΔX_2는 오른쪽 종선의 신축된 차, ΔY_1은 위쪽 횡선의 신축된 차, ΔY_2는 아래쪽 횡선의 신축된 차)

① $-0.4mm$
② $-0.2mm$
③ $+0.1mm$
④ $+2.1mm$

49 도곽선의 신축량
$$S = \frac{\Delta X_1 + \Delta X_2 + \Delta Y_1 + \Delta Y_2}{4}$$
$$= \frac{0.4 + (-0.1) + (-2.0) + 2.1}{4}$$
$$= +0.1mm$$

□□□ 15⑤

50 다음 중 지적도의 등록사항이 아닌 것은?

① 지적도면의 색인도
② 지적도면의 제명
③ 도곽선과 그 수치
④ 토지 소유자

50 국토교통부령으로 정하는 지적도의 등록사항
• 지적도면의 색인도
• 지적도면의 제명 및 축척
• 도곽선(圖廓線)과 그 수치

□□□ 15⑤

51 두 점간의 경사거리가 50m, 연직각이 30°인 경우 수평거리는 얼마인가?

① 24.20m
② 25.00m
③ 28.87m
④ 43.30m

51
수평거리
$L = L_o \cos\alpha = 50 \times \cos 30°$
$\quad = 43.30m$

□□□ 15⑤

52 둘 이상의 기지점을 측정점으로 하여 미지점의 위치를 결정하는 방법은?

① 전방교회법
② 후방교회법
③ 복전진법
④ 단전진법

52 전방교회법
이미 알고 있는 2개 또는 3개의 점에 평판을 세우고 구하는 점을 시준 후 교차하여 점의 위치를 구하는 방법이다.

□□□ 15⑤

53 다음 중 지적공부가 아닌 것은?

① 공유지연명부
② 경계점좌표등록부
③ 대지권등록부
④ 일람도

53 지적공부
토지대장, 임야대장, 공유지연명부, 대지권등록부, 지적도, 임야도 및 경계점좌표등록부 등 지적측량 등을 통하여 조사된 토지의 표시와 해당 토지의 소유자 등을 기록한 대장 및 도면을 말한다.

□□□ 15⑤
54 일람도의 제도 방법으로 틀린 것은?

① 도면번호는 3mm의 크기로 한다.
② 인접 동리 명칭은 4mm의 크기로 한다.
③ 지방도로 이상은 검은색 0.2mm 폭의 2선으로 제도한다.
④ 철도용지는 검은색 0.3mm폭의 선으로 제도한다.

54 일람도의 제도
철도용지는 붉은색 0.2밀리미터 폭의 2선으로 제도한다.

□□□ 15⑤
55 고의로 지적측량성과를 사실과 다르게 한 지적측량수행자에 대한 벌칙 기준이 옳은 것은?

① 300만원 이하의 과태료
② 1년 이하의 징역 또는 1천만원 이하의 벌금
③ 2년 이하의 징역 또는 2천만원 이하의 벌금
④ 3년 이하의 징역 또는 3천만원 이하의 벌금

55 벌칙
고의로 측량성과 또는 수로조사성과를 사실과 다르게 한 자는 2년 이하의 징역 또는 2천만원 이하의 벌금에 처한다.

□□□ 15⑤
56 두 점 A(492400m, 187300m)와 B(492000m, 187000m) 사이의 거리는?

① 350m　　　　　　　② 400m
③ 450m　　　　　　　④ 500m

해설 AB의 거리
$$= \sqrt{(X_B - X_A)^2 + (Y_B - Y_A)^2}$$
$$= \sqrt{(492000 - 492400)^2 + (187000 - 187300)^2}$$
$$= 500\text{m}$$

□□□ 15⑤
57 지적기준점에 해당하지 않는 것은?

① 지적도근점　　　　　② 지적삼각점
③ 지적삼각보조점　　　④ 수준점

57 지적측량의 구분
지적기준점을 정하기 위한 기초측량에는 지적삼각점측량, 지적삼각보조점측량, 지적도근점측량이 있다.

정답 54 ④　55 ③　56 ④　57 ④

□□□ 15⑤

58 축척 1/500인 지적도 종선(X)의 도상규격은?

① 400mm   ② 333.3mm

③ 300mm   ④ 250mm

58 축척별 포용면적
- 1/500의 지상길이: 150×200(m)
- 1/500의 도상길이: 300×400(mm)

□□□ 15⑤

59 지적소관청이 시·도지사로부터 축척변경 승인을 받았을 때 관련 사항을 며칠 이상 공고하여야 하는가?

① 60일 이상   ② 40일 이상

③ 30일 이상   ④ 20일 이상

59 축척변경 시행공고
지적소관청은 시·도지사 또는 대도시 시장으로부터 축척변경 승인을 받았을 때에는 지체 없이 관련 사항을 20일 이상 공고하여야 한다.

□□□ 15⑤

60 3cm가 늘어난 50m 길이의 줄자로 거리를 측정한 값이 500m일 때 실제거리는 얼마인가?

① 499.3m   ② 501.5m

③ 500.3m   ④ 550.5m

60
$$L_0 = L\left(1 \pm \frac{\triangle l}{l}\right)$$
(테이프의 특성값)
$$= 500\left(1 + \frac{0.03}{50}\right)$$
$$= 500.3m$$

국가기술자격 CBT 필기시험문제

2016년도 기능사 제1회 필기시험

종 목	시험시간	배 점	수험번호	1회독	2회독	3회독
지적기능사	1시간	60	수험자명			

□□□ 16①

01 경위의 측량방법으로 세부측량을 한 지역의 필지별 면적측정 방법으로 옳은 것은?

① 전자면적측정기법　　② 좌표면적계산법
③ 축척자삼사법　　　　④ 방안지조사법

□□□ 16①

02 목장용지의 부호 표기로 옳은 것은?

① 전　　　　　　　② 장
③ 목　　　　　　　④ 용

□□□ 16①

03 평판측량방법에 따른 세부측량을 교회법으로 시행한 결과 시오삼각형이 생긴 경우의 처리 기준으로 옳은 것은?

① 내접원의 지름이 1mm 이하일 때에는 그 중심을 점의 위치로 한다.
② 내접원의 지름이 2mm 이하일 때에는 그 중심을 점의 위치로 한다.
③ 내접원의 지름이 3mm 이하일 때에는 그 중심을 점의 위치로 한다.
④ 내접원의 지름이 5mm 이하일 때에는 그 중심을 점의 위치로 한다.

□□□ 16①

04 다음 중 축척변경 시행지역의 토지는 언제를 기준으로 토지의 이동이 있는 것으로 보는가?

① 축척변경 승인신청공고일
② 축척변경 확정공고일
③ 축척변경 청산금정산일
④ 축척변경 이의신청통지일

해 설

01 면적측정의 방법
경위의 측량방법으로 세부측량을 한 지역의 필지별 면적측정은 경계점좌표에 따르며, 좌표면적계산법에 의한다.

02
• 목장용지 – 목
• 전 – 전
• 공장용지 – 장

03 세부측량의 기준
측량결과 시오(示誤)삼각형이 생긴 경우 내접원의 지름이 1mm 이하일 때에는 그 중심을 점의 위치로 할 것

04 축척변경 확정공고
축척변경 시행지역의 토지는 확정공고일에 토지의 이동이 있는 것으로 본다.

정답 01 ② 02 ③ 03 ① 04 ②

□□□ 16①

05 전자면적측정기에 따른 면적측정을 하는 경우 교차를 구하기 위한 $A = 0.023^2 M\sqrt{F}$ 공식 중 M의 값으로 옳은 것은?

① 허용면적   ② 축척분모
③ 산출면적   ④ 보정계수

□□□ 16①

06 일람도 제도에서 붉은색 0.2mm 폭의 2선으로 제도하는 것은?

① 수도용지   ② 기타도로
③ 철도용지   ④ 하천

□□□ 16①

07 경위의 측량방법에 따른 세부측량을 시행할 때 거리측정의 단위로 옳은 것은?

① 0.1cm   ② 1cm
③ 5cm   ④ 10cm

□□□ 16①

08 새로 조성·완료된 토지를 지적공부에 등록하는 경우 어떤 신청을 하는가?

① 신규등록   ② 축척변경
③ 토지분할   ④ 등록전환

□□□ 16①

09 지적공부의 열람 및 등본발급은 어떤 이념에 의한 것인가?

① 공신의 원칙   ② 공시의 원칙
③ 직권등록주의   ④ 사실심사주의

□□□ 13①, 16①

10 지번색인표의 등재사항이 아닌 것은?

① 제명   ② 지번
③ 면적   ④ 결번

---

05 면적측정의 방법

$$A = 0.023^2 M\sqrt{F}$$

여기서, A : 허용면적
     M : 축척분모
     F : 2회 측정한 면적의 합계
       를 2로 나눈 수

06 일람도의 제도
• 수도용지 중 선로는 남색 0.1mm 폭의 2선으로 제도
• 지방도로 이상은 검은색 0.2mm 폭의 2선으로 제도
• 철도용지는 붉은색 0.2mm 폭의 2선으로 제도
• 하천·구거·유지는 남색 0.1mm의 폭의 2선으로 제도

07 경위의 측량방법에 따른 세부측량
거리측정 단위는 1센티미터로 할 것

08 신규등록
새로이 조성된 토지 및 등록이 누락되어 있는 토지를 지적공부에 등록하는 것을 말한다.

09 공시의 원칙(공개주의)
토지등록의 법적 지위에 있어서 토지이동이나 물권의 변동은 반드시 외부에 알려야 한다는 원칙으로 지적공부의 열람 및 등본발급과 관련이 있다.

10 지번색인표의 등재사항
• 제명
• 지번·도면번호 및 결번

정답 05 ② 06 ③ 07 ② 08 ① 09 ②
10 ③

□□□ 13①, 16①

11 축척 1/1200 지역에서 원면적이 400m²의 토지를 분할하는 경우 분할 후의 각 필지의 면적의 합계와 분할 전 면적과의 오차의 허용범위는?

① ±32m²

② ±18m²

③ ±16m²

④ ±13m²

11 분할에 따른 허용범위

$A = 0.026^2 M \sqrt{F}$

$\quad = 0.026^2 \times 1200 \times \sqrt{400}$

$\quad = 16.224 \, m^2$

□□□ 16①

12 지적도에 등록하는 행정구역선의 제도 폭은?

① 0.1mm

② 0.2mm

③ 0.3mm

④ 0.4mm

12 행정구역선의 제도

• 도면에 등록할 행정구역선은 0.4밀리미터 폭으로 다음 각 호와 같이 제도한다.

• 다만, 동·리의 행정구역선은 0.2밀리미터 폭으로 한다.

□□□ 16①

13 토지에 지목을 부여하는 주된 목적은?

① 토지의 이용 구분

② 토지의 특정화

③ 토지의 식별

④ 토지의 위치 추측

13

지목은 토지를 어떤 목적에 따라 종류별로 구분하여 지적공부에 등록하는 명칭으로 토지의 이용구분이 주된 목적이다.

□□□ 16①

14 면적을 측정하는 경우 도곽선의 길이에 최소 얼마 이상의 신축이 있을 때에 이를 보정해 주어야 하는가?

① 0.5mm

② 0.1mm

③ 1mm

④ 5mm

14 면적측정의 방법

면적을 측정하는 경우 도곽선의 길이에 0.5밀리미터 이상의 신축이 있을 때에는 이를 보정하여야 한다.

□□□ 16①

15 다음 중 지적기준점이 아닌 것은?

① 지적삼각점

② 공공수준점

③ 지적보조삼각점

④ 지적도근점

15 지적기준점의 종류

• 지적삼각점

• 지적삼각보조점

• 지적도근점

□□□ 16①

16 다음 중 간주지적도에 등록된 토지의 대장을 토지 대장과는 별도로 작성하여 사용하였던 것에 해당하지 않는 것은?

① 별책 토지대장

② 을호 토지대장

③ 산 토지대장

④ 지세 명기장

16

간주지적도에 등록된 토지에 대하여 별책토지대장, 을호토지대장, 산토지대장이라 하여 별도 작성되었다.

정답 11 ③ 12 ④ 13 ① 14 ① 15 ②
16 ④

□□□ 16①

17 지적삼각보조점의 제도시 원의 크기로 맞는 것은?

① 직경 1.5mm
② 직경 2mm
③ 직경 2.5mm
④ 직경 3mm

해설 지적기준점 등의 제도

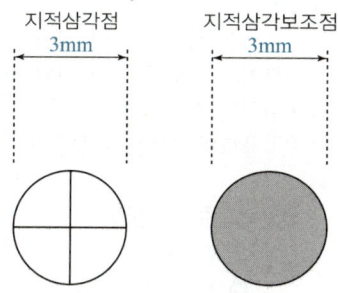

지적삼각점 지적삼각보조점
3mm   3mm

□□□ 16①

18 다음 중 토지합병을 신청할 수 없는 경우가 아닌 것은?

① 합병하려는 토지의 지번부여지역이 서로 다른 경우
② 합병하려는 토지에 전세권의 등기가 있는 경우
③ 합병하려는 토지의 지목이 서로 다른 경우
④ 합병하려는 토지의 지적도 및 임야도의 축척이 서로 다른 경우

18

합병 신청을 할 수 없다.
• 합병하려는 토지의 지번부여지역, 지목 또는 소유자가 서로 다른 경우
• 그 밖에 합병하려는 토지의 지적도 및 임야도의 축척이 서로 다른 경우 등 대통령령으로 정하는 경우

□□□ 13⑤, 16①

19 방위가 S 20° 20′ W인 측선에 대한 방위각은?

① 110° 20′
② 159° 40′
③ 200° 20′
④ 249° 40′

19

방위가 S 20° 20′ W인 측선(3상한)
∴ 방위각 : 180° + 20° 20′
= 200° 20′

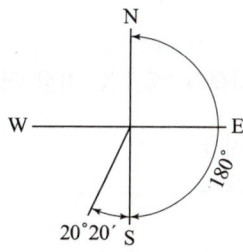

□□□ 08⑤, 12⑤, 16①

20 수치지적에 대한 설명이 틀린 것은?

① 수학적인 평면직각 종횡선 수치(X·Y좌표)의 형태로 표시한다.
② 도해지적보다 정밀성이 훨씬 떨어진다.
③ 열람용의 별도 도면을 작성하여 보관해야 한다.
④ 우리나라는 1975년부터 수치지적제도를 도입 하였다.

20

도해지적보다 훨씬 정밀하게 경계를 표시한다.

□□□ 12⑤, 16①

21 블록(block)마다 하나의 본번을 부여하고 블록 내 필지마다 부번을 부여하는 지번 설정 방법으로 '블록식' 이라고도 하는 것은?

① 단지식　　　　　　② 사행식
③ 기우식　　　　　　④ 방사식

□□□ 13⑤, 16①

22 지번의 기능에 해당되지 않는 것은?

① 토지의 식별　　　　② 위치의 확인
③ 용도의 구분　　　　④ 토지의 고정화

□□□ 16①

23 축척 1/1000 도면에서 도곽선의 신축량이 가로, 세로 각각 +2.0mm일 때 면적보정계수는?

① 1.0017　　　　　　② 0.9884
③ 1.0035　　　　　　④ 0.9965

□□□ 16①

24 경계점좌표등록부의 등록사항이 아닌 것은?

① 지번　　　　　　　② 좌표
③ 부호 및 부호도　　　④ 면적

□□□ 05①, 12⑤, 16①

25 지적의 3요소로 가장 거리가 먼 것은?

① 지물　　　　　　　② 토지
③ 등록　　　　　　　④ 지적공부

□□□ 13⑤, 16①

26 다음 중 지적도의 축척이 아닌 것은?

① 1/500　　　　　　② 1/1500
③ 1/2400　　　　　　④ 1/3000

21 단지식(Block식)

1단지마다 하나의 지번을 부여하고 단지 내 필지마다 부번을 부여하는 방법을 말한다.

22 지번의 기능
• 토지의 특성화　• 토지의 개별화
• 토지의 고정화　• 토지의 식별
• 위치의 확인
(∵ 용도의 구분은 지목의 기능이다.

23 면적측정의 방법

$$Z = \frac{X \cdot Y}{\triangle X \cdot \triangle Y}$$

$$= \frac{300 \times 400}{(300+2.0) \times (400+2.0)}$$

$$= 0.9884$$

축척	도상길이(mm)
1/500	300×400
1/1000	300×400
1/600	333.33×416.67
1/1200	333.33×416.67
1/2400	333.33×416.67
1/3000	400×500
1/6000	400×500

24 경계점좌표등록부의 등록사항
• 토지의 소재
• 지번
• 좌표

25 지적의 3요소
토지, 등록, 지적공부

26 지적도면의 축척
• 지적도 : 1/500, 1/600, 1/1000, 1/1200, 1/2400, 1/3000, 1/6000
• 임야도 : 1/3000, 1/6000

정답 | 21 ① 22 ③ 23 ② 24 ④ 25 ①
26 ②

□□□ 16①

27 토지이동이 있을 때 토지소유자가 하여야 하는 신청을 대위할 수 있는 사람이 아닌 것은?

① 구획정리 사업을 시행하는 토지의 주민

② 공공사업 등으로 인하여 하천, 구거, 제방 등의 지목으로 되는 토지의 경우 그 사업시행자

③ 지방자치단체가 매입 등으로 취득하는 토지의 경우 지방자치단체의 장

④ 국가가 매입 등으로 취득하는 토지의 경우 국가기관의 장

□□□ 16①

28 지적공부에 등록하는 면적이란?

① 지구 구면상의 면적

② 필지의 수평면상 넓이

③ 토지의 경사면상 넓이

④ 필지의 입체적 지표상 넓이

□□□ 11①, 16①

29 축척변경위원회의 심의·의결사항이 아닌 것은?

① 축척변경 시행계획에 관한 사항

② 청산금의 이의신청에 관한 사항

③ 지번별 제곱미터당 금액의 결정에 관한 사항

④ 지번별 측량방법에 관한 사항

□□□ 16①

30 지적소관청은 1필지의 토지소유자가 최소 몇 인 이상일 때 공유지연명부를 비치하는가?

① 2인

② 3인

③ 4인

④ 5인

□□□ 08⑤, 10①, 16①

31 지적측량 중 세부측량은 위성기준점, 통합기준점, 지적기준점 및 경계점을 기초로 하여 어떤 방법에 따라야하는가?

① 레벨 측량방법

② 평판 측량방법

③ 전파기 측량방법

④ 사진 측량방법

---

27 신청의 대위

• 공공사업 등에 따라 학교용지·도로·철도용지·제방·하천·구거·유지·수도용지 등의 지목으로 되는 토지인 경우 : 해당 사업의 시행자

• 국가나 지방자치단체가 취득하는 토지인 경우 : 해당 토지를 관리하는 행정기관의 장 또는 지방자치단체의 장

• 「주택법」에 따른 공동주택의 부지인 경우 : 「집합건물의 소유 및 관리에 관한 법률」에 따른 관리인(관리인이 없는 경우에는 공유자가 선임한 대표자) 또는 해당 사업의 시행자

• 「민법」 제404조에 따른 채권자

28 면적

지적공부에 등록된 필지의 수평면상 넓이를 말한다.

29 축척변경위원회의 심의·의결사항

• 축척변경 시행계획에 관한 사항

• 지번별 제곱미터당 금액의 결정과 청산금의 산정에 관한 사항

• 청산금의 이의 신청에 관한 사항

• 그 밖에 축척변경과 관련하여 지적소관청이 회의에 부치는 사항

30 공유지연명부

1필지의 소유자가 2인 이상일 때에는 대장의 소유자란에 등기부상 선순위 공유자의 주소, (주민)등록번호 및 성명 또는 명칭을 정리한 지적공부이다.

31

1필지의 경계와 면적을 정하는 세부측량의 방법으로는 경위의 측량방법, 평판 측량방법, 위성 측량방법 및 전자평판 측량방법이 있다.

정답 27 ① 28 ② 29 ④ 30 ① 31 ②

□□□ 16①

32 축척 1/1200지역에서 도곽선을 측정한바 +1.0m, +0.8m, +0.9m, +0.8m이고 도상거리가 8cm일 때 보정거리는?

① 95.00m

② 95.61m

③ 96.00m

④ 96.81m

해설 $Z = \dfrac{X \cdot Y}{\triangle X \cdot \triangle Y}$

$= \dfrac{400 \times 500}{\left(400 + \dfrac{1.0 + 0.8}{2}\right) \times \left(500 + \dfrac{0.9 + 0.8}{2}\right)} = 0.9960$

$\dfrac{1}{m} = \dfrac{\text{도상거리}}{\text{실제거리}}$

$\dfrac{1}{1200} = \dfrac{0.08}{\text{실제거리}}$　　실제거리 = 96m

∴ 보정거리 = $Z \times$ 실제거리

$= 0.9960 \times 96 = 95.61$m

축척	지상길이(m)	포용면적(m^2)
1/500	150×200	30000
1/1000	300×400	120000
1/600	200×250	50000
1/1200	400×500	20000
1/2400	800×1000	800000
1/3000	1200×1500	1800000
1/6000	2400×3000	7200000

□□□ 06⑤, 10⑤, 16①

33 지적제도를 세지적, 법지적, 다목적지적으로 분류하는 기준으로 옳은 것은?

① 등록사항의 차원에 의한 분류

② 발전 단계에 의한 분류

③ 등록의무의 강약에 의한 분류

④ 경계의 표시방법에 의한 분류

□□□ 16①

34 다음 중 지적공부가 아닌 것은?

① 토지대장

② 공유지연명부

③ 대지권등록부

④ 도로대장

33 지적제도의 설치목적(발전과정)에 따른 분류

• 세지적

• 법지적

• 다목적지적

34 지적공부

토지대장, 임야대장, 공유지연명부, 대지권등록부, 지적도, 임야도 및 경계점좌표등록부 등 지적측량 등을 통하여 조사된 토지의 표시와 해당 토지의 소유자 등을 기록한 대장 및 도면

정답 32 ② 33 ② 34 ④

□□□ 16①
35 현행 지적 관련 법률에서 규정하고 있는 지목의 종류는?

① 16개
② 20개
③ 24개
④ 28개

35 지목의 종류

현행 지적 관련 법규에서는 지목을 28개로 구분

□□□ 16①
36 다음 중 토지대장의 등록사항이 아닌 것은?

① 지번
② 지목
③ 경계
④ 면적

36 토지대장 등의 등록사항
- 토지의 소재 • 지번
- 지목   • 면적
- 소유자의 성명 또는 명칭, 주소 및 주민등록번호

□□□ 13①, 16①
37 도곽선의 역할과 가장 거리가 먼 것은?

① 인접 도면과의 접합 기준
② 지적기준점 전개의 기준
③ 도곽 신축량의 측정 기준
④ 필지별 경계를 결정하는 기준

37 도곽선의 역할
- 인접도면의 접합기준(도면접합의 기준)
- 지적기준점 전개시의 기준
- 도곽 신축량을 측정하는 기준(신축량 측정기준)
- 측량준비도와 결과도에서의 북향 향선(종선)(방위 표시의 기준)
- 외업시 측량준비도와 현황의 부합 확인 기준

□□□ 16①
38 물권이 미치는 권리의 객체로서 지적공부에 등록하는 토지의 등록단위는?

① 택지
② 필지
③ 대지
④ 획지

38

필지란 대통령령으로 정하는 바에 따라 구획되는 토지의 등록단위를 말한다.

□□□ 04⑤, 05②, 06⑤, 11①, 16①
39 축척이 1/1000인 지적도의 포용면적 규격은 얼마인가?

① 30000m^2
② 50000m^2
③ 80000m^2
④ 120000m^2

39 축척별 포용면적

1/1000의 지상길이는 300×400이므로 포용면적은 120000m^{2}이다.

□□□ 16①
40 대한제국시대에 양전을 위해 설치된 최초의 지적행정 관청은?

① 지계아문
② 양지아문
③ 양안
④ 토지조사국

40

양지아문은 1898년 양전 사업 담당을 목적으로 최초 설립된 기관으로 전국의 양지사무를 정리하였다.

정답 35 ④ 36 ③ 37 ④ 38 ② 39 ④
40 ②

□□□ 08⑤, 16①

41 지적공부를 멸실하여 이를 복구하고자 하는 경우, 지적소관청은 멸실 당시의 지적공부와 가장 부합된다고 인정되는 관계자료에 의하여 토지의 표시에 관한 사항을 복구하여야 한다. 이 때의 복구자료에 해당하지 않는 것은?

① 지적공부의 등록   ② 임대계약서
③ 토지이동정리결의서   ④ 측량결과도

41 지적공부의 복구자료
• 지적공부의 등본
• 측량 결과도
• 토지이동정리 결의서
• 부동산등기부 등본 등 등기 사실을 증명하는 서류
• 지적소관청이 작성하거나 발행한 지적공부의 등록 내용을 증명하는 서류
• 법 제69조 제3항에 따라 복제된 지적공부
• 법원의 확정판결서 정본 또는 사본

□□□ 16①

42 지적소관청은 바다로 된 등록말소 토지의 대상이 있는 때에는 토지소유자에게 등록말소 신청을 하도록 통지하여야 하는데, 이 때 토지소유자의 등록말소 신청기간 기준은?

① 통지받은 날부터 15일 이내
② 통지받은 날부터 30일 이내
③ 통지받은 날부터 60일 이내
④ 통지받은 날부터 90일 이내

42
바다로 된 토지의 등록말소신청은 토지소유자가 90일 이내에 등록말소 신청을 하지 아니하면 대통령령으로 정하는 바에 따라 지적소관청이 등록을 말소한다.

□□□ 16①

43 지적공부의 정리시 검은 색으로 하는 것은?

① 도곽선   ② 도곽선수치
③ 말소사항   ④ 문자정리사항

43 붉은색으로 표현하는 경우
• 도곽선
• 도곽선 수치
• 말소선
• 2도면 이상 걸친 토지로서 그 일부가 다른 도면에 등록된 토지의 지번, 지목 표기
• 수치지적도의 "측량할 수 없음" 표시 등
• 분할측량성과도의 측량대상토지의 분할선

□□□ 10①, 12⑤, 13①, 16①

44 다음 중 경계의 결정 원칙에 해당하는 것은?

① 축척종대의 원칙   ② 주지목추종의 원칙
③ 평등배분의 원칙   ④ 일시 변경의 원칙

44 경계설정의 원칙
• 경계불가분의 원칙
• 축척종대의 원칙
• 선 등록 우선의 원칙

□□□ 05②, 10①⑤, 13⑤, 16①

45 토렌스시스템(Torrens System)의 일반적 이론과 거리가 먼 것은?

① 거울이론   ② 보험이론
③ 커튼이론   ④ 점증이론

45 토렌스시스템
• 거울이론(Mirror Principle)
• 커튼이론(Curtain Principle)
• 보험이론(Insurance Principle)

정답 41 ② 42 ④ 43 ④ 44 ① 45 ④

□□□ 11①, 16①

46 다음 중 임야도의 축척 구분이 옳은 것은?

① 1/1000, 1/3000
② 1/1200, 1/3000
③ 1/1200, 1/6000
④ 1/3000, 1/6000

46 지적도면의 축척
• 지적도 : 1/500, 1/600, 1/1000, 1/1200, 1/2400, 1/3000, 1/6000
• 임야도 : 1/3000, 1/6000

□□□ 16①

47 공유지연명부의 등록사항에 해당하지 않는 것은?

① 토지의 소재
② 지번
③ 소유자의 성명
④ 대지권 비율

47 공유지연명부의 등록사항
• 토지의 소재
• 지번
• 소유권 지분
• 소유자의 성명 또는 명칭, 주소 및 주민등록번호

□□□ 12⑤, 16①

48 지목의 설정원칙에 해당하지 않는 것은?

① 1필지 1지목의 원칙
② 일시변경 가능의 원칙
③ 주용도 추종의 원칙
④ 지목 법정주의

48 지목의 설정원칙
• 1필지 1지목의 원칙 (일필일목의 원칙)
• 주용도(주지목) 추종의 원칙
• 일시변경 불변의 법칙
• 용도경중의 원칙
• 등록 선후의 원칙
• 사용목적 추종의 원칙

□□□ 08⑤, 10①, 16①

49 다음 중 일람도에 등재하여야 하는 사항에 해당 하지 않는 것은?

① 도면의 제명 및 축척
② 지번부여지역의 경계
③ 도곽선과 그 수치
④ 지번과 결번

49 일람도의 등재사항
• 지번부여지역의 경계 및 인접지역의 행정구역명칭
• 도면의 제명 및 그 축척
• 도곽선과 그 수치
• 도면번호
• 도로·철도·하천·구거·유지·취락 등 주요 지형·지물의 표시

□□□ 16①

50 다음 중 우리나라 지적측량에 사용하는 구소삼각원점이 아닌 것은?

① 망산원점
② 현창원점
③ 고성원점
④ 금산원점

50
구소삼각원점에는 망산(間), 계양(間), 조본(m), 가리(間), 등경(間), 고초(m), 율곡(m), 현창(m), 구암(間), 금산(間), 소라(m) 원점이 있다.

□□□ 16①, 20④

51 현행 지적업무처리규정에 의한 지적도의 도곽 크기는?

① 가로 30cm, 세로 20cm
② 가로 40cm, 세로 30cm
③ 가로 30cm, 세로 40cm
④ 가로 40cm, 세로 50cm

51 도곽선의 제도
지적도의 도곽 크기는 가로 40센티미터, 세로 30센티미터의 직사각형으로 한다.

정답 46 ④ 47 ④ 48 ② 49 ④ 50 ③ 51 ②

□□□ 16①

52 경계를 기하학적으로 표시하여 위치나 형태를 파악하기 쉬운 지적제도는?

① 경제지적
② 유사지적
③ 도해지적
④ 3차원지적

52 도해지적의 특징
• 기하학적으로 폐합된 다각형의 형태로 표시하여 등록한다.
• 토지경계가 도상에 명백히 표현되어 있어 시각적으로 용의하게 파악할 수 있고, 경계분쟁 소지 지역이 적은 지역에 알맞다.

□□□ 16①

53 신규등록할 토지가 있을 때는 발생한 날부터 최대 며칠 이내에 지적소관청에 신청하여야 하는가?

① 30일
② 40일
③ 50일
④ 60일

53 신규등록 신청
토지소유자는 신규등록할 토지가 있으면 대통령령으로 정하는 바에 따라 그 사유가 발생한 날부터 60일 이내에 지적소관청에 신규등록을 신청하여야 한다.

□□□ 16①

54 지적소관청이 토지소유자에게 지적정리 등을 통지하여야 하는 시기는 그 등기완료의 통지서를 접수한 날부터 며칠 이내에 하여야 하는가? (단, 토지의 표시에 관한 변경등기가 필요한 경우)

① 60일
② 30일
③ 15일
④ 7일

54 지적정리 등의 통지
• 토지의 표시에 관한 변경등기가 필요한 경우 : 그 등기완료의 통지서를 접수한 날부터 15일 이내
• 토지의 표시에 관한 변경등기가 필요하지 아니한 경우 : 지적공부에 등록한 날부터 7일 이내

□□□ 13⑤, 16①, 20④

55 일필지의 모양이 다음과 같은 경우 토지의 면적은?

① 500m^2
② 350m^2
③ 200m^2
④ 150m^2

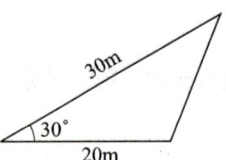

55
$A = \dfrac{1}{2}ab\sin\theta$ (이변법)

$= \dfrac{1}{2} \times 20 \times 30 \times \sin 30°$

$= 150\,\text{m}^2$

□□□ 16①

56 축척 1/1200 지적도에서 원면적이 1500m^{2}인 필지를 분할할 때 273번지의 면적이 850m^2, 273−1의 면적이 670m^{2}이라면 273−1번지의 결정면적은?

① 661m^2
② 670m^2
③ 839m^2
④ 850m^2

56 분할에 따른 결정면적
$r = \dfrac{F}{A} \times a$

$= \dfrac{1500}{850+670} \times 670$

$= 661\,\text{m}^2$

□□□ 16①

57 지적측량 방법에 속하지 않는 것은?

① 위성측량
② 전파기측량
③ 사진측량
④ 천문측량

57 지적측량의 구분

지적측량은 평판측량, 전자평판측량, 경위의 측량, 전파기 또는 광파기측량, 사진측량 및 위성측량 등의 방법에 따른다.

□□□ 06⑤, 10①, 16①

58 다음 일반적인 경계의 구분 중 측량사에 의하여 측량이 행해지고 지적 관리청의 사정에 의하여 확정된 토지 경계는?

① 고정경계
② 지상경계
③ 보증경계
④ 인공경계

58 보증경계

측량사에 의하여 정밀지적측량이 수행되고 지적관리청의 사정에 의해 행정처리가 완료되어 확정된 토지 경계

□□□ 16①

59 결번발생으로 결번대장에 등록할 사유에 해당 되지 않는 것은?

① 행정구역변경
② 도시개발사업
③ 지번변경
④ 토지분할

59 결번사유
• 행정구역변경 • 도시개발사업
• 지번변경 • 축척변경
• 지번정정 등

□□□ 10⑤, 13⑤, 16①

60 지번이 105-1, 111, 122, 132-3인 4필지를 합병할 경우 새로이 부여해야 할 지번으로 옳은 것은?

① 105-1
② 111
③ 122
④ 132-3

해설 지번의 구성 및 부여방법

105-1	111
122	132-3

〈합병 전〉

→

111

〈합병 후〉

3 PART

CBT 대비
복원 기출문제

【CBT 필기복원문제 실전테스트】
홈페이지(www.bestbook.co.kr)에서 일부 기출문제를 CBT (컴퓨터기반) 실전테스트로 체험하실 수 있습니다.

지적기능사 연습용 답안카드

성명	

종목 및 등급

지적기능사

수험자가 기재

◎문제지형별
( )형
※우측문제지
형별은 마킹

문제지형별 Ⓐ

수험번호

감독위원확인

1	① ② ③ ④	21	① ② ③ ④	41	① ② ③ ④	61	① ② ③ ④	81	① ② ③ ④	101	① ② ③ ④
2	① ② ③ ④	22	① ② ③ ④	42	① ② ③ ④	62	① ② ③ ④	82	① ② ③ ④	102	① ② ③ ④
3	① ② ③ ④	23	① ② ③ ④	43	① ② ③ ④	63	① ② ③ ④	83	① ② ③ ④	103	① ② ③ ④
4	① ② ③ ④	24	① ② ③ ④	44	① ② ③ ④	64	① ② ③ ④	84	① ② ③ ④	104	① ② ③ ④
5	① ② ③ ④	25	① ② ③ ④	45	① ② ③ ④	65	① ② ③ ④	85	① ② ③ ④	105	① ② ③ ④
6	① ② ③ ④	26	① ② ③ ④	46	① ② ③ ④	66	① ② ③ ④	86	① ② ③ ④	106	① ② ③ ④
7	① ② ③ ④	27	① ② ③ ④	47	① ② ③ ④	67	① ② ③ ④	87	① ② ③ ④	107	① ② ③ ④
8	① ② ③ ④	28	① ② ③ ④	48	① ② ③ ④	68	① ② ③ ④	88	① ② ③ ④	108	① ② ③ ④
9	① ② ③ ④	29	① ② ③ ④	49	① ② ③ ④	69	① ② ③ ④	89	① ② ③ ④	109	① ② ③ ④
10	① ② ③ ④	30	① ② ③ ④	50	① ② ③ ④	70	① ② ③ ④	90	① ② ③ ④	110	① ② ③ ④
11	① ② ③ ④	31	① ② ③ ④	51	① ② ③ ④	71	① ② ③ ④	91	① ② ③ ④	111	① ② ③ ④
12	① ② ③ ④	32	① ② ③ ④	52	① ② ③ ④	72	① ② ③ ④	92	① ② ③ ④	112	① ② ③ ④
13	① ② ③ ④	33	① ② ③ ④	53	① ② ③ ④	73	① ② ③ ④	93	① ② ③ ④	113	① ② ③ ④
14	① ② ③ ④	34	① ② ③ ④	54	① ② ③ ④	74	① ② ③ ④	94	① ② ③ ④	114	① ② ③ ④
15	① ② ③ ④	35	① ② ③ ④	55	① ② ③ ④	75	① ② ③ ④	95	① ② ③ ④	115	① ② ③ ④
16	① ② ③ ④	36	① ② ③ ④	56	① ② ③ ④	76	① ② ③ ④	96	① ② ③ ④	116	① ② ③ ④
17	① ② ③ ④	37	① ② ③ ④	57	① ② ③ ④	77	① ② ③ ④	97	① ② ③ ④	117	① ② ③ ④
18	① ② ③ ④	38	① ② ③ ④	58	① ② ③ ④	78	① ② ③ ④	98	① ② ③ ④	118	① ② ③ ④
19	① ② ③ ④	39	① ② ③ ④	59	① ② ③ ④	79	① ② ③ ④	99	① ② ③ ④	119	① ② ③ ④
20	① ② ③ ④	40	① ② ③ ④	60	① ② ③ ④	80	① ② ③ ④	100	① ② ③ ④	120	① ② ③ ④

수험번호 칸: ⓪ ① ② ③ ④ ⑤ ⑥ ⑦ ⑧ ⑨

inup

지적기능사 연습용 답안카드

문번	①	②	③	④	문번	①	②	③	④	문번	①	②	③	④	문번	①	②	③	④	문번	①	②	③	④	문번	①	②	③	④
1	①	②	③	④	21	①	②	③	④	41	①	②	③	④	61	①	②	③	④	81	①	②	③	④	101	①	②	③	④
2	①	②	③	④	22	①	②	③	④	42	①	②	③	④	62	①	②	③	④	82	①	②	③	④	102	①	②	③	④
3	①	②	③	④	23	①	②	③	④	43	①	②	③	④	63	①	②	③	④	83	①	②	③	④	103	①	②	③	④
4	①	②	③	④	24	①	②	③	④	44	①	②	③	④	64	①	②	③	④	84	①	②	③	④	104	①	②	③	④
5	①	②	③	④	25	①	②	③	④	45	①	②	③	④	65	①	②	③	④	85	①	②	③	④	105	①	②	③	④
6	①	②	③	④	26	①	②	③	④	46	①	②	③	④	66	①	②	③	④	86	①	②	③	④	106	①	②	③	④
7	①	②	③	④	27	①	②	③	④	47	①	②	③	④	67	①	②	③	④	87	①	②	③	④	107	①	②	③	④
8	①	②	③	④	28	①	②	③	④	48	①	②	③	④	68	①	②	③	④	88	①	②	③	④	108	①	②	③	④
9	①	②	③	④	29	①	②	③	④	49	①	②	③	④	69	①	②	③	④	89	①	②	③	④	109	①	②	③	④
10	①	②	③	④	30	①	②	③	④	50	①	②	③	④	70	①	②	③	④	90	①	②	③	④	110	①	②	③	④
11	①	②	③	④	31	①	②	③	④	51	①	②	③	④	71	①	②	③	④	91	①	②	③	④	111	①	②	③	④
12	①	②	③	④	32	①	②	③	④	52	①	②	③	④	72	①	②	③	④	92	①	②	③	④	112	①	②	③	④
13	①	②	③	④	33	①	②	③	④	53	①	②	③	④	73	①	②	③	④	93	①	②	③	④	113	①	②	③	④
14	①	②	③	④	34	①	②	③	④	54	①	②	③	④	74	①	②	③	④	94	①	②	③	④	114	①	②	③	④
15	①	②	③	④	35	①	②	③	④	55	①	②	③	④	75	①	②	③	④	95	①	②	③	④	115	①	②	③	④
16	①	②	③	④	36	①	②	③	④	56	①	②	③	④	76	①	②	③	④	96	①	②	③	④	116	①	②	③	④
17	①	②	③	④	37	①	②	③	④	57	①	②	③	④	77	①	②	③	④	97	①	②	③	④	117	①	②	③	④
18	①	②	③	④	38	①	②	③	④	58	①	②	③	④	78	①	②	③	④	98	①	②	③	④	118	①	②	③	④
19	①	②	③	④	39	①	②	③	④	59	①	②	③	④	79	①	②	③	④	99	①	②	③	④	119	①	②	③	④
20	①	②	③	④	40	①	②	③	④	60	①	②	③	④	80	①	②	③	④	100	①	②	③	④	120	①	②	③	④

지적기능사 연습용 답안카드

성 명	
성	
명	

종목 및 등급	
지적기능사	

수험자가 기재

문제지형별
( )형 Ⓐ

◎문제지형별
( )형
※우측문제지
형별을 마킹

수험번호

| 0 | 1 | 2 | 3 | 4 | 5 | 6 | 7 | 8 | 9 |

감독위원확인

1	① ② ③ ④	21	① ② ③ ④	41	① ② ③ ④	61	① ② ③ ④	81	① ② ③ ④	101	① ② ③ ④
2	① ② ③ ④	22	① ② ③ ④	42	① ② ③ ④	62	① ② ③ ④	82	① ② ③ ④	102	① ② ③ ④
3	① ② ③ ④	23	① ② ③ ④	43	① ② ③ ④	63	① ② ③ ④	83	① ② ③ ④	103	① ② ③ ④
4	① ② ③ ④	24	① ② ③ ④	44	① ② ③ ④	64	① ② ③ ④	84	① ② ③ ④	104	① ② ③ ④
5	① ② ③ ④	25	① ② ③ ④	45	① ② ③ ④	65	① ② ③ ④	85	① ② ③ ④	105	① ② ③ ④
6	① ② ③ ④	26	① ② ③ ④	46	① ② ③ ④	66	① ② ③ ④	86	① ② ③ ④	106	① ② ③ ④
7	① ② ③ ④	27	① ② ③ ④	47	① ② ③ ④	67	① ② ③ ④	87	① ② ③ ④	107	① ② ③ ④
8	① ② ③ ④	28	① ② ③ ④	48	① ② ③ ④	68	① ② ③ ④	88	① ② ③ ④	108	① ② ③ ④
9	① ② ③ ④	29	① ② ③ ④	49	① ② ③ ④	69	① ② ③ ④	89	① ② ③ ④	109	① ② ③ ④
10	① ② ③ ④	30	① ② ③ ④	50	① ② ③ ④	70	① ② ③ ④	90	① ② ③ ④	110	① ② ③ ④
11	① ② ③ ④	31	① ② ③ ④	51	① ② ③ ④	71	① ② ③ ④	91	① ② ③ ④	111	① ② ③ ④
12	① ② ③ ④	32	① ② ③ ④	52	① ② ③ ④	72	① ② ③ ④	92	① ② ③ ④	112	① ② ③ ④
13	① ② ③ ④	33	① ② ③ ④	53	① ② ③ ④	73	① ② ③ ④	93	① ② ③ ④	113	① ② ③ ④
14	① ② ③ ④	34	① ② ③ ④	54	① ② ③ ④	74	① ② ③ ④	94	① ② ③ ④	114	① ② ③ ④
15	① ② ③ ④	35	① ② ③ ④	55	① ② ③ ④	75	① ② ③ ④	95	① ② ③ ④	115	① ② ③ ④
16	① ② ③ ④	36	① ② ③ ④	56	① ② ③ ④	76	① ② ③ ④	96	① ② ③ ④	116	① ② ③ ④
17	① ② ③ ④	37	① ② ③ ④	57	① ② ③ ④	77	① ② ③ ④	97	① ② ③ ④	117	① ② ③ ④
18	① ② ③ ④	38	① ② ③ ④	58	① ② ③ ④	78	① ② ③ ④	98	① ② ③ ④	118	① ② ③ ④
19	① ② ③ ④	39	① ② ③ ④	59	① ② ③ ④	79	① ② ③ ④	99	① ② ③ ④	119	① ② ③ ④
20	① ② ③ ④	40	① ② ③ ④	60	① ② ③ ④	80	① ② ③ ④	100	① ② ③ ④	120	① ② ③ ④

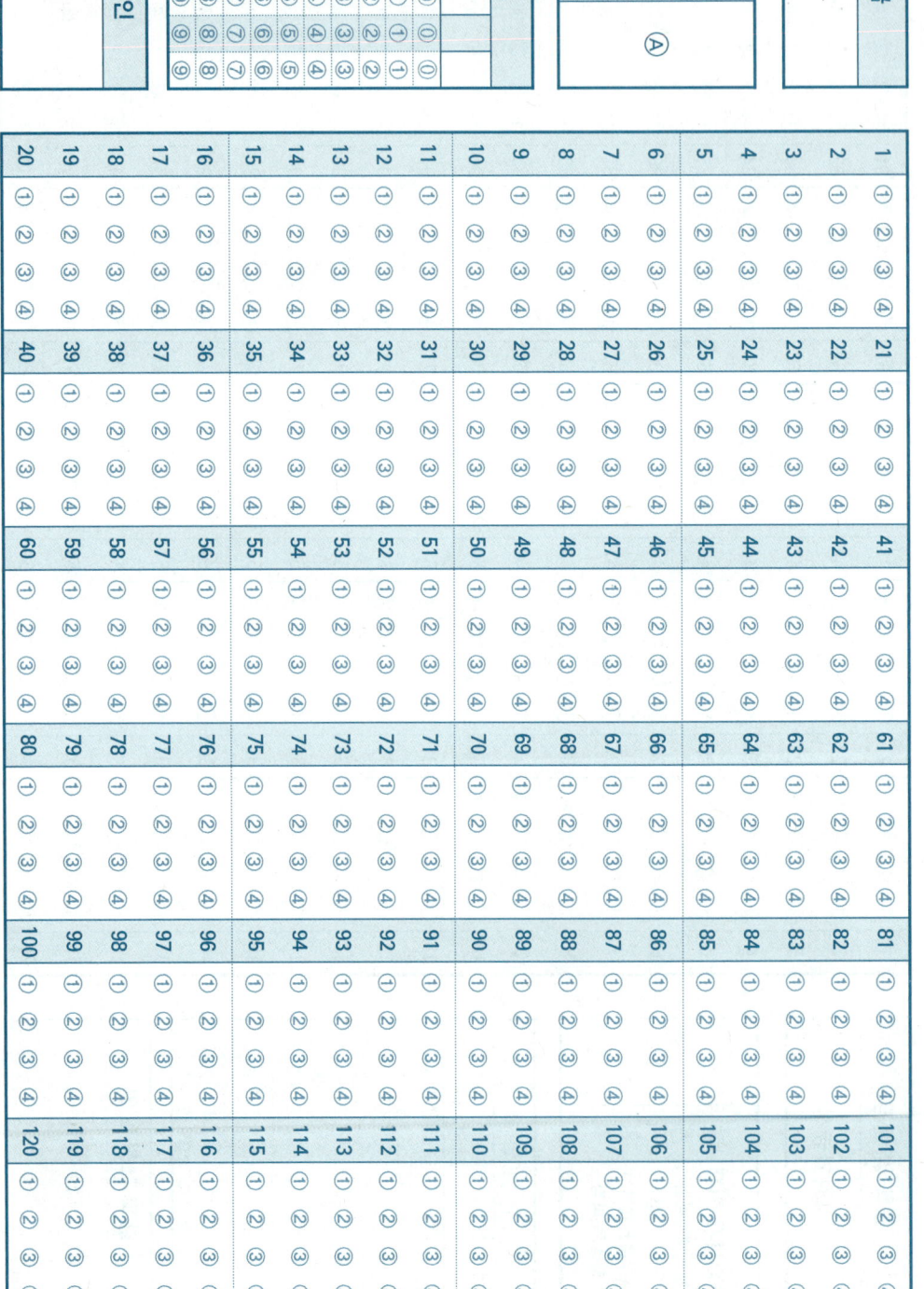

지적기능사 연습용 답안카드

지적기능사 연습용 답안카드

| 성 명 | | 종목 및 등급 | | 수험자가 기재 | | 수험번호 | | 감독위원확인 |

지적기능사 연습용 답안카드

1	① ② ③ ④
2	① ② ③ ④
3	① ② ③ ④
4	① ② ③ ④
5	① ② ③ ④
6	① ② ③ ④
7	① ② ③ ④
8	① ② ③ ④
9	① ② ③ ④
10	① ② ③ ④
11	① ② ③ ④
12	① ② ③ ④
13	① ② ③ ④
14	① ② ③ ④
15	① ② ③ ④
16	① ② ③ ④
17	① ② ③ ④
18	① ② ③ ④
19	① ② ③ ④
20	① ② ③ ④
21	① ② ③ ④
22	① ② ③ ④
23	① ② ③ ④
24	① ② ③ ④
25	① ② ③ ④
26	① ② ③ ④
27	① ② ③ ④
28	① ② ③ ④
29	① ② ③ ④
30	① ② ③ ④
31	① ② ③ ④
32	① ② ③ ④
33	① ② ③ ④
34	① ② ③ ④
35	① ② ③ ④
36	① ② ③ ④
37	① ② ③ ④
38	① ② ③ ④
39	① ② ③ ④
40	① ② ③ ④
41	① ② ③ ④
42	① ② ③ ④
43	① ② ③ ④
44	① ② ③ ④
45	① ② ③ ④
46	① ② ③ ④
47	① ② ③ ④
48	① ② ③ ④
49	① ② ③ ④
50	① ② ③ ④
51	① ② ③ ④
52	① ② ③ ④
53	① ② ③ ④
54	① ② ③ ④
55	① ② ③ ④
56	① ② ③ ④
57	① ② ③ ④
58	① ② ③ ④
59	① ② ③ ④
60	① ② ③ ④
61	① ② ③ ④
62	① ② ③ ④
63	① ② ③ ④
64	① ② ③ ④
65	① ② ③ ④
66	① ② ③ ④
67	① ② ③ ④
68	① ② ③ ④
69	① ② ③ ④
70	① ② ③ ④
71	① ② ③ ④
72	① ② ③ ④
73	① ② ③ ④
74	① ② ③ ④
75	① ② ③ ④
76	① ② ③ ④
77	① ② ③ ④
78	① ② ③ ④
79	① ② ③ ④
80	① ② ③ ④
81	① ② ③ ④
82	① ② ③ ④
83	① ② ③ ④
84	① ② ③ ④
85	① ② ③ ④
86	① ② ③ ④
87	① ② ③ ④
88	① ② ③ ④
89	① ② ③ ④
90	① ② ③ ④
91	① ② ③ ④
92	① ② ③ ④
93	① ② ③ ④
94	① ② ③ ④
95	① ② ③ ④
96	① ② ③ ④
97	① ② ③ ④
98	① ② ③ ④
99	① ② ③ ④
100	① ② ③ ④
101	① ② ③ ④
102	① ② ③ ④
103	① ② ③ ④
104	① ② ③ ④
105	① ② ③ ④
106	① ② ③ ④
107	① ② ③ ④
108	① ② ③ ④
109	① ② ③ ④
110	① ② ③ ④
111	① ② ③ ④
112	① ② ③ ④
113	① ② ③ ④
114	① ② ③ ④
115	① ② ③ ④
116	① ② ③ ④
117	① ② ③ ④
118	① ② ③ ④
119	① ② ③ ④
120	① ② ③ ④

국가기술자격 CBT 필기시험문제

2018년도 기능사 제4회 필기시험 복원문제

종 목	시험시간	배 점	수험번호	1회독	2회독	3회독
지적기능사	1시간	60	수험자명			

※ 본 기출문제는 수험자의 기억을 바탕으로 하여 복원한 문제이므로 실제 문제와 다를 수 있음을 미리 알려드립니다.

해 설

□□□ 04①, 10⑤, 14⑤, 18④
01 토지조사사업 당시의 조사내용에 해당하지 않는 것은?

① 토지의 소유권　　② 토지의 가격
③ 토지의 외모　　④ 토지의 지질

01 토지조사사업의 목적(일반적인 사항)
• 국토지리를 밝히는 토지의 외모조사
• 지세제도 확립을 위한 토지의 가격 조사
• 지적제도와 등기제도 확립을 위한 토지소유권 조사

□□□ 04②⑤, 06⑤, 13⑤, 18④
02 우리나라 토지를 지적공부에 등록할 때 채택하고 있는 기본원칙이 아닌 것은?

① 실질적 심사주의　　② 형식적 심사주의
③ 직권등록주의　　④ 국정주의

02 지적에 관한 법률의 기본이념
• 지적국정주의
• 지적형식주의
• 지적공개주의
• 실질적 심사주의
• 직권등록주의
　(∵ 형식적 심사주의는 거리가 멀다.)

□□□ 05②, 10①⑤, 13⑤, 16①, 18④, 20④
03 토렌스시스템의 일반적 이론과 가장 거리가 먼 것은?

① 거울이론　　② 보험이론
③ 커튼이론　　④ 점증이론

03 토렌스시스템
• 거울이론(Mirror Principle)
• 커튼이론(Curtain Principle)
• 보험이론(Insurance Principle)

□□□ 15①⑤, 18④
04 토지조사사업 당시 조사 내용이 아닌 것은?

① 토지소유권 조사　　② 토지이용권 조사
③ 지가의 조사　　④ 지형지모의 조사

04 토지조사사업의 목적(일반적인 사항)
• 국토지리를 밝히는 토지의 외모조사
• 지세제도 확립을 위한 토지의 가격 조사
• 지적제도와 등기제도 확립을 위한 토지소유권 조사

□□□ 12⑤, 18④
05 수도용지를 지적도면에 등록하는 때에 표기해는 부호로 옳은 것은?

① 도　　② 수도
③ 수　　④ 수지

05
도로-도, 수도용지-수

□□□ 13⑤, 18④

06 임야조사사업의 특징이 아닌 것은?

① 임야는 토지와 같이 분쟁이 많았다.
② 축척이 소축척이고 토지조사사업의 기술자 채용으로 시간과 경비를 절약할 수 있었다.
③ 적은 예산으로 사업을 완료하였다.
④ 국유임야 소유권을 확정하는 것을 목적으로 하였다.

06
임야조사사업은 토지에 비해 경제가치가 낮아 분쟁이 적었다.

□□□ 08⑤, 11⑤, 15①, 18④

07 다음 중 거리와 각을 동시에 관측하여 현장에서 즉시 좌표를 확인함으로써 시공, 계획에 맞추어 신속한 측량을 할 수 있는 기기는?

① 트랜싯   ② 토탈스테이션
③ 데오돌라이트   ④ 전파거리측량기

07 토탈스테이션(Total Station)
토탈스테이션은 각과 거리를 동시에 측정할 수 있다. 기존의 트랜싯과, 전파거리측정기(EDM)가 일체화 된 형태로 볼 수 있다.

□□□ 08⑤, 10⑤, 18④

08 다음 중 원칙적으로 축척변경위원회의 위원을 위촉하는 자는?

① 행정안전부장관   ② 도지사
③ 지적소관청   ④ 국토지리정보원장

08 축척변경위원회의 구성(시행령 제79조)
위원은 다음 각 호의 사람 중에서 지적소관청이 위촉한다.
• 해당 축척변경 시행지역의 토지소유자로서 지역 사정에 정통한 사람
• 지적에 관하여 전문지식을 가진 사람

□□□ 16①, 18④

09 축척 1/1200 지적도에서 원면적이 1500m²인 필지를 분할할 때 273번지의 면적이 850m², 273-1의 면적이 670m²이라면 273-1번지의 결정면적은?

① 661m²   ② 670m²
③ 839m²   ④ 850m²

09 분할에 따른 결정면적(시행령 제19조)
$$r = \frac{F}{A} \times a$$
$$= \frac{1500}{850+670} \times 670$$
$$= 661\,\text{m}^2$$
(r은 각 필지의 산출면적, F는 원면적, A는 측정면적 합계 또는 보정면적 합계, a는 각 필지의 측정면적 또는 보정면적)

□□□ 04①, 10⑤, 15⑤, 18④

10 다음 중 "등록전환"의 정의로 옳은 것은?

① 축척을 바꾸어 등록하는 것
② 지적공부에 등록된 지목을 다른 지목으로 바꾸어 등록하는 것
③ 면적을 바꾸어 등록하는 것
④ 임야대장에 등록된 토지를 토지대장에 옮겨 등록하는 것

10 정의(법률 제2조)
"등록전환"이란 임야대장 및 임야도에 등록된 토지를 토지대장 및 지적도에 옮겨 등록하는 것을 말한다.

□□□ 16①, 18④
11 다음 중 우리나라 지적측량에 사용하는 구소삼각원점이 아닌 것은?

① 망산원점

② 현창원점

③ 고성원점

④ 금산원점

11 구(舊)소삼각원점

구소삼각원점에는 망산(間), 계양(間), 조본(m), 가리(間), 등경(間), 고초(m), 율곡(m), 현창(m), 구암(間), 금산(間), 소라(m) 원점이 있다.

□□□ 14⑤, 18④
12 AB의 길이가 25m, ∠B=55°일 때 AC의 길이는?

① 35.1m

② 35.7m

③ 38.3m

④ 40.5m

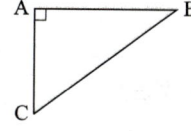

12 ∠C 산출

• $\angle C = 180° - (90° + 55°) = 35°$

$$\frac{a}{\sin A} = \frac{b}{\sin B} = \frac{c}{\sin C}$$

(정현비례법칙(sin법칙))

$$\frac{25}{\sin 35°} = \frac{\overline{AC}}{\sin 55°}$$

$$\therefore \overline{BC} = \frac{25 \times \sin 55°}{\sin 35°} = 35.7m$$

□□□ 16①, 18④
13 현행 지적업무처리규정에 의한 지적도의 도곽 크기는?

① 가로 30cm, 세로 20cm

② 가로 40cm, 세로 30cm

③ 가로 30cm, 세로 40cm

④ 가로 40cm, 세로 50cm

13 도곽선의 제도(업무처리규정 제43조)

지적도의 도곽 크기는 가로 40센티미터, 세로 30센티미터의 직사각형으로 한다.

□□□ 11①, 14⑤, 18④
14 다음에서 $\overline{AB}$의 거리는 얼마인가? (단, $\overline{AC}=10m$, $\overline{CD}=5m$, $\overline{DE}=7m$, $\overline{AB}//\overline{DE}$ 이다.)

① 3.5m

② 14m

③ 21m

④ 28m

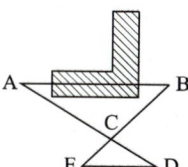

14

$AB : AC = DE : CD$

$$\therefore AB = \frac{AC \times DE}{CD}$$

$$= \frac{10 \times 7}{5} = 14m$$

□□□ 10①, 18④
15 축척이 1/1200인 지적도상에 1변이 2cm로 등록된 정사각형 모양인 토지의 실제면적은 얼마인가?

① 144m²

② 288m²

③ 480m²

④ 576m²

15

$$\frac{1}{m} = \frac{도상거리}{실제거리}, \quad \frac{1}{1200} = \frac{0.02}{x}$$

$x = 24m$

∴ 면적(A) $= 24 \times 24 = 576m^2$

(∵ m : 축척분모)

□□□ 10①, 18④

16 다음 중 지상경계를 새로이 결정하려는 경우의 그 기준이 옳은 것은?

① 토지가 해면 또는 수면에 접하는 경우 : 평균 조위면
② 공유수면매립지의 토지 중 제방을 토지에 편입하여 등록하는 경우
　 : 바깥쪽 어깨부분
③ 연접되는 토지 간에 높낮이 차이가 있는 경우 : 그 구조물 등의 상단부
④ 도로에 절토된 부분이 있는 경우 : 그 경사면의 하단부

□□□ 11①, 15①, 18④

17 다음 중 지번 색인표의 등재사항으로만 나열된 것은?

① 제명, 지번, 도면번호, 결번　② 지번, 지목, 결번, 도면번호
③ 축척, 지번, 본번, 결번　④ 지번, 경계, 결번, 제명

□□□ 15⑤, 18④

18 어떤 도면에 1변의 길이가 2cm로 등록된 정사각형 토지의 면적이 900m²이라면 이도면의 축척은 얼마인가?

① 1/1500　② 1/3000
③ 1/4500　④ 1/6000

□□□ 14①, 18④

19 일자오결제의 지번제도를 시행하였던 시대는?

① 조선시대　② 신라시대
③ 백제시대　④ 고구려시대

□□□ 04①②, 11①, 14⑤, 18④

20 다음 중 지적측량을 필요로 하는 토지의 이동과 거리가 먼 것은?

① 등록전환　② 분할
③ 지목변경　④ 신규등록

16 지상경계의 결정(시행령 제 55조)
• 연접되는 토지 사이에 높낮이 차이가 없는 경우 : 그 구조물 등의 중앙
• 연접되는 토지 사이에 높낮이 차이가 있는 경우 : 그 구조물 등의 하단부
• 도로·구거 등의 토지에 절토된 부분이 있는 경우에는 그 경사면의 상단부
• 토지가 해면 또는 수면에 접하는 경우에는 최대만조위 또는 최대만수위가 되는 선
• 공유수면매립지의 토지 중 제방 등을 토지에 편입하여 등록하는 경우에는 바깥쪽 어깨부분

17 지번색인표의 등재사항(업무처리규정 제40조)
• 제명
• 지번·도면번호 및 결번

18
$$\left(\frac{1}{m}\right)^2 = \frac{도상면적}{실제면적}$$
$$\left(\frac{1}{m}\right)^2 = \frac{0.02 \times 0.02}{900}$$
$$\therefore \frac{1}{1500}$$

19 일자오결제도(一字五結制度)
양안에 토지를 표시할 시 양전순서에 의해 1필지마다 천자문(千字文)의 자번호를 부여하는 방법으로 조선시대에 시행되었던 지번제도이다.

20
합병, 지목변경은 지적측량을 실시하지 않는다.

정답　16 ②　17 ①　18 ①　19 ①　20 ③

□□□ 10①, 18④

21 다음 중 도곽선의 역할로 보기 어려운 것은?

① 인접 도면과의 접합 기준선
② 지적 측량 준비도에서 북방향의 기준
③ 지적측량 기준점 전개시의 기준선
④ 경계점좌표등록부의 접합기준

21 도곽선의 역할
• 인접도면의 접합기준(도면접합의 기준)
• 지적기준점 전개시의 기준
• 도곽 신축량을 측정하는 기준(신축량 측정기준)
• 측량준비도와 결과도에서의 북향 향선(종선)(방위 표시의 기준)
• 외업시 측량준비도와 현황의 부합 확인 기준

□□□ 04⑤, 05②, 06⑤, 11①, 16①, 18④

22 축척이 1/1000인 지적도의 포용면적 규격은 얼마인가?

① $30000m^2$
② $50000m^2$
③ $80000m^2$
④ $120000m^2$

22 축척별 포용면적
1/1000의 지상길이는 300×400이므로 포용면적은 $120000m^2$이다.

□□□ 10⑤, 18④

23 다음 중 지적공부의 열람 및 등본 발급 신청에 대한 수수료 납부 방법으로 가장 거리가 먼 것은?

① 수입인지
② 수입증지
③ 대법원우표
④ 현금

23 수수료(시행규칙 제115조)
수수료는 수입인지, 수입증지 또는 현금으로 내야 한다.

□□□ 15⑤, 18④

24 지적제도의 등록 성질별 분류에서 토지를 지적공부에 등록하는 것을 의무화하지 않고 당사자가 신고할 때 신고된 사항만을 등록하는 것은?

① 적극적 지적
② 토렌스 시스템
③ 강제적 등록
④ 소극적 지적

24 소극적 지적
• 기본적으로 거래와 그에 관한 거래 증서변경기록을 수행하는 것이다.
• 일필지의 소유권이 거래되면서 발생되는 거래증서를 변경등록 하는 것
• 신고 된 사항만을 등록하는 방식이다.

□□□ 11⑤, 14①, 18④

25 다음 중 토지대장의 형식에 해당하지 않는 것은?

① 장부식대장
② 편철식대장
③ 카드식대장
④ 천공식대장

25 대장의 형식
• 장부식대장(부책식대장)
• 카드식 대장
• 편철식대장

□□□ 14①, 18④

26 평판측량방법에 따른 세부측량의 방법이 아닌 것은?

① 교회법   ② 도선법
③ 방사법   ④ 배각법

□□□ 05①②, 10①, 18④

27 다음 중 지적도 및 임야도에 등록하여야 할 사항에 해당하지 않는 것은?

① 지적도면의 제명   ② 도곽선과 그 수치
③ 일람도   ④ 지번 및 지목

□□□ 15⑤, 18④

28 다음 중 각을 측정할 수 없는 장비는?

① 트랜싯   ② 데오도라이트
③ 광파 앨리데이드   ④ 토털스테이션

□□□ 11①, 18④

29 다음 중 중앙지적위원회의 구성 기준에 대한 아래 설명에서 ①~③에 들어갈 내용이 모두 옳은 것은?

> 중앙지적위원회는 위원장(㉠)과 부위원장(㉡)을 포함하여 (㉢)의 위원으로 구성한다.

① ㉠ 1명   ㉡ 1명   ㉢ 5명 이상 10명 이하
② ㉠ 1명   ㉡ 1명   ㉢ 7명 이상 11명 이하
③ ㉠ 1명   ㉡ 2명   ㉢ 7명 이상 11명 이하
④ ㉠ 1명   ㉡ 2명   ㉢ 15명 이상 20명 이하

□□□ 16①, 18④

30 결번발생으로 결번대장에 등록할 사유에 해당 되지 않는 것은?

① 행정구역변경   ② 도시개발사업
③ 지번변경   ④ 토지분할

---

26 세부측량의 기준(지적측량시행규칙 제18조)

평판측량방법에 따른 세부측량은 교회법·도선법 및 방사법(放射法)에 따른다.

27 지적도 등의 등록사항(법률 제72조)
• 토지의 소재   • 지번
• 지목   • 경계
(∵ 지적도면의 도곽선과 그 수치, 제명은 국토교통부령으로 등록하는 사항이다.)

28 광파 앨리데이드
고도의 센서를 이용해 수평거리와 축척을 계산할 수 있으며 소형 광파거리계가 앨리데이드에 조립된 형태이다.

29 중앙지적위원회의 구성(시행령 제20조)

중앙지적위원회(이하 "중앙지적위원회"라 한다)는 위원장 1명과 부위원장 1명을 포함하여 5명 이상 10명 이하의 위원으로 구성한다.

30 결번사유(시행규칙 제63조)
• 행정구역변경
• 도시개발사업
• 지번변경
• 축척변경
• 지번정정 등

정답 26 ④ 27 ③ 28 ③ 29 ① 30 ④

□□□ 13①, 18④

31 도곽선의 제도 방법이 옳은 것은?

① 도면에 등록하는 도곽선은 0.3mm 폭으로 제도한다.
② 도곽 좌표를 파선으로 연결한다.
③ 도곽은 붉은색의 직선으로 제도한다.
④ 도면의 아래 방향을 북쪽으로 한다.

□□□ 04②, 10⑤, 18④

32 다음 중 직경 3mm크기의 원 안에 검은색으로 엷게 채색하여 제도하는 지적측량기준점은?

① 3등 삼각점
② 4등 삼각점
③ 지적삼각점
④ 지적삼각보조점

해설 지적측량기준점제도(업무처리규정 제46조)

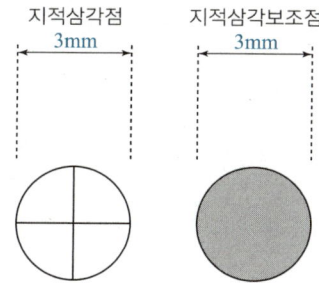

□□□ 04①, 11⑤, 13①⑤, 18④

33 토지소유자는 신규등록할 토지가 있으면 그 사유가 발생한 날부터 몇 일 이내에 지적소관청에 신규등록을 신청하여야 하는가?

① 15일
② 30일
③ 45일
④ 60일

□□□ 11⑤, 18④

34 축척 1/1200 지역에서 면적을 결정하는 최소 단위는?

① $0.01m^2$
② $0.1m^2$
③ $1m^2$
④ $10m^2$

31 도곽선의 제도(업무처리규정 제43조)
• 도면의 윗방향은 항상 북쪽이 되어야 한다.
• 도곽의 구획은 좌표의 원점을 기준으로 하여 정하되, 그 도곽의 종횡선수치는 좌표의 원점으로부터 가산하여 종횡선수치를 각각 가산한다.
• 도면에 등록하는 도곽선은 0.1밀리미터의 폭으로, 도곽선의 수치는 도곽선 왼쪽 아래부분과 오른쪽 윗부분의 종횡선교차점 바깥쪽에 2밀리미터 크기의 아라비아숫자로 제도한다.
• 도곽선과 도곽선 수치는 붉은색으로 제도한다.

33 신규등록신청(법률 제77조)
토지소유자는 신규등록할 토지가 있으면 대통령령으로 정하는 바에 따라 그 사유가 발생한 날부터 60일 이내에 지적소관청에 신규등록을 신청하여야 한다.

34 면적의 결정(시행령 제60조)
지적도의 축척이 1/600인 지역과 경계점좌표등록부에 등록하는 지역의 토지면적을 제외하고 나머지는 $1m^2$이다.

□□□ 10⑤, 18④

35 다음 중 지적삼각점을 관측하는 경우 연직각의 관측 방법기준으로 옳은 것은?

① 각 측점에서 정반(正反)으로 각 1회 관측할 것
② 각 측점에서 정반(正反)으로 각 2회 관측할 것
③ 각 측점에서 정반(正反)으로 각 3회 관측할 것
④ 각 측점에서 정반(正反)으로 각 5회 관측할 것

35 연직각(鉛直角)의 관측 및 계산
연직각은 각 측점에서 정·반으로 각 2회 관측하고 관측값의 최대값과 최소값의 교차가 30초 이내인 때에는 그 평균값을 연직각으로 한다.

□□□ 06⑤, 10①, 16①, 18④

36 다음 일반적인 경계의 구분 중 측량사에 의하여 측량이 행해지고 지적 관리청의 사정에 의하여 확정된 토지 경계는?

① 고정경계
② 지상경계
③ 보증경계
④ 인공경계

36 보증경계
측량사에 의하여 정밀지적측량이 수행되고 지적관리청의 사정에 의해 행정처리가 완료되어 확정된 토지 경계

□□□ 12⑤, 18④

37 임야조사사업에 대한 내용이 옳은 것은?

① 근거법령 : 지적법
② 측량기관 : 임시토지조사국
③ 사정기관 : 도지사
④ 도면축척 : 1/2000

해설 임야조사사업

근거법령	조선임야조사령(1918/05/01)
조사기간	1916~1924(9년)
조사측량기관	부와 면
사정권자	도지사(권업과 또는 산림과)
재결기관	임야심사위원회(1919~1935)
도면축척	1/3000, 1/6000

□□□ 04①, 11⑤, 13①⑤, 18④

38 신규등록할 토지가 있는 경우, 그 사유가 발생한 날부터 최대 몇 일 이내에 지적소관청에 신규등록을 신청하여야 하는가?

① 7일
② 15일
③ 30일
④ 60일

38 신규등록신청(법률 제77조)
토지소유자는 신규등록할 토지가 있으면 대통령령으로 정하는 바에 따라 그 사유가 발생한 날부터 60일 이내에 지적소관청에 신규등록을 신청하여야 한다.

정답 35 ② 36 ③ 37 ③ 38 ④

□□□ 11⑤, 18④

39 조선시대 논, 밭의 소재 및 면적을 기록했던 장부로서 현재의 토지대장에 해당하는 것은?

① 결수연명부
② 지세명기장
③ 토지조정부
④ 양안

□□□ 05①, 06⑤, 14①, 18④

40 축척 1/1200 지적도 상에 1변이 1.5cm인 정사각형으로 등록된 토지의 면적은 몇 m²인가?

① 180m²
② 225m²
③ 270m²
④ 324m²

□□□ 05①, 12⑤, 18④

41 지적의 기능과 가장 거리가 먼 것은?

① 토지등기의 기초
② 토지개발의 기준
③ 토지조세의 기초
④ 토지거래의 기준

□□□ 11⑤, 18④

42 지번이 각각 21, 22-3, 19-2, 137-14인 4필지를 합병하고자 할 때, 합병 후의 지번은 무엇으로 하는가?

① 21
② 19-2
③ 22-3
④ 137-14

해설 지번의 구성 및 부여방법(시행령 제56조)

21	22-3
137-14	19-2

→

21

〈합병 전〉　　〈합병 후〉

□□□ 13⑤, 18④

43 평판측량방법으로 세부측량을 할 때에 측량준비 파일에 작성하여야 할 사항이 아닌 것은?

① 측정점의 위치 설명도
② 도곽선과 그 수치
③ 행정구역선과 그 명칭
④ 측량대상 토지의 경계선·지번 및 지목

해 설

39 양안(量案)
- 오늘날의 토지대장에 해당하는 지적공부로 과세징수의 기본 장부이다.
- 토지의 소재, 위치, 등급, 형상, 면적, 자호, 등을 기재한다.
- 소유관계 및 토지의 성격, 연혁을 알 수 있는 중요한 장부였다.

40

$$\frac{1}{m} = \frac{도상거리}{실제거리} = \frac{1}{1200}$$

- 실제거리 = 도상거리 × 축척분모
$$= 1.5 \times 1200$$
$$= 1800cm = 18m$$
∴ 면적(A) = 18 × 18 = 324m²

41 실질적 기능(역활)
- 토지등기의 기초
- 토지평가의 기초
- 토지과세의 기초
- 토지거래의 기초
- 토지이용계획의 기초
- 주소표기의 기준
- 각종 토지정보의 제공

43
측정점의 위치 설명도는 측량결과도에 작성되는 내용이다.

□□□ 12⑤, 18④
44 지적도의 축척이 600분의 1인 지역과 경계점좌표등록부에 등록하는 지역의 토지의 면적 등록 최소단위는?

① 0.001m² ② 0.01m²
③ 0.1m² ④ 1m²

44 면적의 결정(시행령 제60조)
지적도의 축척이 1/600인 지역과 경계점좌표등록부에 등록하는 지역의 토지면적은 m² 이하 한자리 단위, 0.1m²로 한다.

□□□ 14⑤, 18④
45 지적기준점에 해당하는 것만을 모두 옳게 나열한 것은?

① 지적삼각점
② 지적삼각점, 지적도근점, 지적도근보조점
③ 지적삼각점, 지적삼각보조점, 지적도근점
④ 1등삼각점, 지적삼각점, 지적삼각보조점, 지적도근점

45 지적기준점의 종류
• 지적삼각점(地籍三角點)
• 지적삼각보조점
• 지적도근점(地籍圖根點)

□□□ 14①, 18④
46 경계점좌표등록부의 등록사항이 아닌 것은?

① 지번 ② 부호 및 부호도
③ 토지의 소재 ④ 면적

46 경계점좌표 등록부의 등록사항
• 일반적인 기재사항
  토지의 소재, 지번, 좌표
• 국토 교통부령으로 정하는 경우
  부호 및 부호도

□□□ 13①, 18④
47 지적공부에 등록된 2필지 이상을 1필지로 합하여 등록하는 것을 무엇이라 하는가?

① 합병 ② 분할
③ 등록전환 ④ 지목변경

47 정의(법률 제2조)
합병은 지적공부에 등록된 2필지 이상의 토지를 1필지로 합하여 지적공부에 등록하는 것을 말한다.

□□□ 11⑤, 14⑤, 18④
48 토지조사사업의 목적과 가장 거리가 먼 것은?

① 일본 자본의 토지 점유를 돕기 위해
② 식민지 통치를 위한 조세 수입 체계를 확립하기 위해
③ 한국의 공업화에 따른 노동력 부족을 충당하기 위해
④ 조선총독부가 경작지로 가능한 미개간지를 점유하기 위해

48 토지조사목적(일본의 목적)
• 조선총독부의 소유지를 확보하기 위한 것
• 지세(地勢)수입을 증대하기 위한 조세수입체제를 확립하기 위한 것
• 역둔토를 국유화 하여 일본인들의 토지수탈과 과세의 목적으로 시행
• 일본인 토지점유를 합법화하여 보장하는 법률적 제도를 확립하기 위한 것

□□□ 13①, 18④

49 다음 중 토지소유자가 지적소관청으로부터 통지를 받은 날부터 90일 이내에 해당 내용에 대한 신청을 하지 않는 경우, 지적소관청이 직권으로 그 지적공부의 등록사항을 말소할 수 있는 경우는?

① 토지의 용도가 대지로 변경된 경우
② 홍수에 의하여 토지의 경계를 변경하여야 하는 경우
③ 지형의 변화로 토지가 바다로 되어 원상으로 회복할 수 없는 경우
④ 화재로 인하여 건물이 소실된 경우

□□□ 15①, 18④

50 다음 중 공유지연명부의 등록 사항이 아닌 것은?

① 토지의 고유번호   ② 토지의 소재
③ 소유권 지분   ④ 건물명칭

□□□ 10⑤, 13⑤, 18④

51 지목의 설정 원칙으로 옳지 않은 것은?

① 일필일목의 원칙   ② 등록선후의 원칙
③ 주지목추종의 원칙   ④ 일시적변경의 원칙

□□□ 13①, 18④

52 일반 원점 지역에서 축척이 1/1200인 도곽선의 지상 규격은? (단, 종선×횡선(m)임)

① 150×200(m)   ② 200×250(m)
③ 300×400(m)   ④ 400×500(m)

해설 축척별 지상길이(지적도)

축척	지상길이(m)
1/500	150×200
1/1000	300×400
1/600	200×250
1/1200	400×500
1/2400	800×1000
1/3000	1200×1500
1/6000	2400×3000

49 바다로 된 토지의 등록말소(법률 제82조)

지적소관청은 지적공부에 등록된 토지가 지형의 변화 등으로 바다로 된 경우로서 원상(原狀)으로 회복될 수 없거나 다른 지목의 토지로 될 가능성이 없는 경우에는 지적공부에 등록된 토지소유자에게 지적공부의 등록말소 신청을 하도록 통지하여야 한다. 지적소관청은 토지소유자가 통지를 받은 날부터 90일 이내에 등록말소 신청을 하지 아니하면 대통령령으로 정하는 바에 따라 등록을 말소한다.

50 공유지연명부의 등록사항(법률 제71조)
• 토지의 소재
• 지번
• 소유권 지분
• 소유자의 성명 또는 명칭, 주소 및 주민등록번호

51 지목의 설정원칙
• 1필지 1지목의 원칙(일필일목의 원칙)
• 주용도(주지목) 추종의 원칙
• 일시변경 불변의 법칙
• 용도경중의 원칙
• 등록 선후의 원칙
• 사용목적 추종의 원칙

□□□ 15①, 18④

53 지상 경계의 결정기준으로 옳은 것은?

① 토지가 해면에 접하는 경우 – 최대만조위선
② 구거의 토지에 절토된 부분이 있는 경우 – 지물의 중앙부
③ 공유수면매립지의 토지 중 제방을 토지에 편입하여 등록하는 경우
　 – 안쪽 어깨부분
④ 도로의 토지에 절토된 부분이 있는 경우 – 경사의 하단부

53 지상경계의 결정(시행령 제55조)
• 연접되는 토지 사이에 높낮이 차이가 없는 경우 : 그 구조물 등의 중앙
• 연접되는 토지 사이에 높낮이 차이가 있는 경우 : 그 구조물 등의 하단부
• 도로·구거 등의 토지에 절토된 부분이 있는 경우에는 그 경사면의 상단부
• 토지가 해면 또는 수면에 접하는 경우에는 최대만조위 또는 최대만수위가 되는 선
• 공유수면매립지의 토지 중 제방 등을 토지에 편입하여 등록하는 경우에는 바깥쪽 어깨부분

□□□ 04①⑤, 11①, 12⑤, 13⑤, 14①, 15⑤, 18④

54 축척 1/1200 지역에서 종선의 신축오차가 −1.8mm, −0.8mm, 횡선의 신축오차가 −1.2mm, −0.6mm일 때 도곽선 신축은?

① −0.9mm
② −1.0mm
③ −1.1mm
④ −1.2mm

54 도곽선의 신축량

$$S = \frac{\triangle X_1 + \triangle X_2 + \triangle Y_1 + \triangle Y_2}{4}$$
$$= \frac{(-1.8) + (-0.8) + (-1.2) + (-0.6)}{4}$$
$$= -1.1\text{mm}$$

□□□ 14⑤, 18④

55 일필지의 토지소유자가 2인 이상인 때 비치하는 장부는?

① 일람도
② 지번색인표
③ 경계점좌표등록부
④ 공유지연명부

55 공유지연명부
1필지의 소유자가 2인 이상일 때에는 대장의 소유자란에 등기부상 선순위 공유자의 주소, (주민)등록번호 및 성명 또는 명칭을 정리한 지적공부이다.

□□□ 15①, 18④

56 세부측량의 실시 대상이 아닌 것은?

① 신규등록 측량
② 경계복원 측량
③ 도근 측량
④ 분할 측량

56 세부측량의 실시 대상
• 신규등록측량
• 경계복원측량
• 분할측량
• 지적복구측량

□□□ 12⑤, 16①, 18④

57 지목의 설정원칙에 해당하지 않는 것은?

① 1필지 1지목의 원칙
② 일시변경 가능의 원칙
③ 주용도 추종의 원칙
④ 지목 법정주의

57 지목의 설정원칙
• 1필지 1지목의 원칙(일필일목의 원칙)
• 주용도(주지목) 추종의 원칙
• 일시변경 불변의 법칙
• 용도경중의 원칙
• 등록 선후의 원칙
• 사용목적 추종의 원칙

정답 53 ① 54 ③ 55 ④ 56 ③ 57 ②

□□□ 13⑤, 18④

58 지적도근점측량에서 1등도선의 도선명 표기방법은?

① 가, 나, 다 순   ② ㄱ, ㄴ, ㄷ 순
③ 1, 2, 3 순   ④ Ⅰ, Ⅱ, Ⅲ 순

58 도선의 등급(지적측량시행규칙 제12조)
• 1등도선 : 가, 나, 다 순으로 표기
• 2등도선 : ㄱ, ㄴ, ㄷ 순으로 표기

□□□ 11①, 18④

59 토지조사사업 당시 시정한 사항을 재심사하여 확정한 처분을 무엇이라 하는가?

① 결정   ② 재결
③ 재사정   ④ 토지조사

59 재결(裁決)
• 제3자의 입장으로 형성적 행정처분을 내리는 것을 말한다.
• 토지의 사정 후 60일 이내에 고등토지조사위원회(高等土地調査委員會)에 이의를 제기할 수 있다.
• 고등토지조사위원회는 이의신청에 대해 재결이라는 행정처분을 취하였다.

□□□ 16①, 18④

60 축척 1/1000 도면에서 도곽선의 신축량이 가로, 세로 각각 +2.0mm일 때 면적보정계수는?

① 1.0017   ② 0.9884
③ 1.0035   ④ 0.9965

해설 면적측정의 방법(지적측량시행규칙 제20조)

$$Z = \frac{X \cdot Y}{\triangle X \cdot \triangle Y} \text{(도곽선의 보정계수)}$$

$$= \frac{300 \times 400}{(300+2.0) \times (400+2.0)} = 0.9884$$

(∵ Z는 보정계수, X는 도곽선종선길이, Y는 도곽선횡선길이, $\triangle X$는 신축된 도곽선종선길이의 합/2, $\triangle Y$는 신축된 도곽선횡선길이의 합/2)

구분	축척	도상길이(mm)
	1/500	300×400
	1/1000	300×400
	1/600	333.33×416.67
지적도	1/1200	333.33×416.67
	1/2400	333.33×416.67
	1/3000	400×500
	1/6000	400×500

국가기술자격 CBT 필기시험문제

2019년도 기능사 제4회 필기시험 복원문제

종 목	시험시간	배 점	수험번호	1회독	2회독	3회독
지적기능사	1시간	60	수험자명			

※ 본 기출문제는 수험자의 기억을 바탕으로 하여 복원한 문제이므로 실제 문제와 다를 수 있음을 미리 알려드립니다.

□□□ 10①, 14①, 19⑤

01 다음 중 경계점의 위치를 평면직각좌표(X, Y)를 이용하여 등록 관리하는 지적제도는?

① 도해지적
② 3차원지적
③ 수치지적
④ 다목적지적

□□□ 04②, 05②, 11①, 19⑤

02 다음 중 지적 관련 법률에 따른 경계의 의미로 옳은 것은?

① 담장, 둑·철조망 등 인위적으로 설치한 경계
② 계곡, 능선 등 자연적으로 형성된 경계
③ 눈으로 식별할 수 있는 형태를 갖는 선
④ 지적공부에 등록한 선

□□□ 13⑤, 19⑤

03 지적전산자료의 이용 또는 활용에 대한 승인권자의 연결이 틀린 것은?

① 전국 단위의 지적전산자료 : 국토교통부장관
② 전국 단위의 지적전산자료 : 지적소관청
③ 시·도 단위의 지적전산자료 : 지적소관청
④ 시·군·구(자치구가 아닌 구를 포함한다) 단위의 지적 전산자료 : 시·도지사

□□□ 05②, 14①, 19⑤

04 우리나라의 지번 부여 방향 원칙은?

① 북서 → 남동
② 남동 → 북서
③ 북동 → 남서
④ 남서 → 북동

해 설

01 수치지적
경계점 위치를 경위의 측량 방법으로 측정한 평면 직각 종횡선 수치(x, y)를 경계점좌표등록부에 등록·관리하는 지적제도를 말한다.

02 경계의 정의
토지의 경계는 필지별로 경계점 간을 직선으로 연결하여 지적 공부에 등록한 선을 말한다.

03 지적전산자료의 이용
시·군·구(자치구가 아닌 구를 포함한다) 단위의 지적전산자료 : 지적소관청

04 북서기번법
• 지번부여지역의 북서쪽에서 번호를 부여하고 순차로 진행하다가 남동쪽에서 끝내도록 하는 방식
• 우리나라에서 북서기번법을 이용한다.

정답 01 ③ 02 ④ 03 ④ 04 ①

□□□ 10①, 15①, 19⑤

05 다음 중 지번을 부여하는 진행방향에 따른 분류에 해당하지 않는 것은?

① 사행식   ② 기우식

③ 단지식   ④ 방사식

□□□ 10①, 19⑤

06 다음 중 지적삼각 보조점 측량의 망 형태에 해당하는 것은?

① 삽입망   ② 폐합망

③ 왕복망   ④ 교회망

□□□ 11①, 12⑤, 14①, 15⑤, 19⑤

07 등록전환을 하는 경우 임야대장의 면적과 등록전환될 면적의 오차 허용범위를 구하는 계산식으로 옳은 것은? (단, A : 오차 허용 면적, M : 임야도 축척분모, F : 등록전환될 면적)

① $A = 0.023 \times M \times \sqrt{F}$ ② $A = 0.026 \times M \times \sqrt{F}$

③ $A = 0.023^2 \times M \times \sqrt{F}$ ④ $A = 0.026^2 \times M \times \sqrt{F}$

□□□ 06⑤, 11①, 15⑤, 19⑤

08 경위의 측량방법으로 세부측량을 하는 경우 측량결과도에 기재하여야 할 사항이 아닌 것은?

① 지상에서 측정한 거리 및 방위각

② 측량 대상 토지의 경계점 간 실측거리

③ 지적도의 도면번호

④ 도곽선의 신축량 및 보정계수

□□□ 14⑤, 19⑤

09 지목에 대한 설명으로 틀린 것은?

① 토지의 주된 사용 목적에 따라 토지의 종류를 표시하는 명칭이다.

② 지질 생성의 차이에 따라 지목을 구분하기도 한다.

③ 지목을 통해 토지의 이용 현황을 알 수 있다.

④ 지목은 지적도면에만 기재하는 사항이다.

05 진행방향에 따른 부여
• 사행식
• 기우식
• 단지식

06 지적측량시행규칙 제10조
지적삼각보조점은 교회망 또는 교점 다각망으로(交點多角網) 구성하여야 한다.

07 등록전환에 따른 허용범위
$A = 0.026^2 M \sqrt{F}$

08
도곽선의 신축량과 보정계수는 평판 측량방법으로 세부측량을 할 경우 측량준비파일에 해당된다.

09
지목은 토지대장, 임야대장, 지적도, 임야도에 기재되는 사항으로 대장에는 정식명칭으로 기재되고, 도면에는 두문자 또는 차문자로 기재된다.

□□□ 15⑤, 19⑤

10 토지이동 신청에 관한 특례와 관련하여 사업의 착수·변경 및 완료 사실을 지적소관청에 신고하여야 하는 대통령령으로 정하는 토지개발사업이 아닌 것은?

① 「주택법」에 따른 주택건설사업
② 「산업입지 및 개발에 관한 법률」에 따른 산업단지개발사업
③ 「공유수면 관리 및 매립에 관한 법률」에 따른 매립사업
④ 「국토의 계획 및 이용에 관한 법률」에 따른 토지형질변경사업

10 대통령령으로 정하는 토지개발사업(시행령 제83조)
• 「주택법」에 따른 주택건설사업
• 「산업입지 및 개발에 관한 법률」에 따른 산업단지개발사업
• 「공유수면 관리 및 매립에 관한 법률」에 따른 매립사업

□□□ 06⑤, 11①, 15⑤, 19⑤

11 경위의 측량방법으로 세부측량을 하는 경우 측량결과도에 기재하여야 할 사항이 아닌 것은?

① 지상에서 측정한 거리 및 방위각
② 측량 대상 토지의 경계점 간 실측거리
③ 지적도의 도면번호
④ 도곽선의 신축량 및 보정계수

11
도곽선의 신축량과 보정계수는 평판측량방법으로 세부측량을 할 경우 측량준비파일에 해당된다.

□□□ 10①, 19⑤

12 다음 중 1필지로 정할 수 있는 기준이 옳지 않는 것은?

① 지번부여지역의 토지
② 동일한 소유자
③ 연속된 지반
④ 서로 다른 용도

12 필지의 성립기준
• 지반이 연속될 것
• 지번설정지역이 같을 것
• 지목이 같을 것(용도가 동일)
• 소유자, 소유권 이외의 권리가 같을 것

□□□ 08⑤, 10①, 13⑤, 19⑤

13 조선시대의 토지 등록 장부로 오늘날의 토지대장과 같은 양안은 몇 년마다 한 번씩 양전을 실시하여 새로운 양안을 작성하였는가?

① 10년
② 20년
③ 30년
④ 50년

13 양전(量田)
• 오늘날의 지적측량에 해당된다.
• 조선시대에 편찬한 경국대전(經國大典)에 의하면 20년에 1회씩 양전을 실시한다.

□□□ 10⑤, 19⑤

14 다음 중 구분 소유단위별로 소유자에 관한 등기 사항을 등록한 지적공부는?

① 공유지연명부
② 토지대장
③ 대지권등록부
④ 건축물 관리대장

14 대지권등록부
아파트, 연립주택 등 집합건물의 구분소유 단위로 대지권을 등록·공시하기 위해 작성된 지적공부이다.

정답 10 ④ 11 ④ 12 ④ 13 ② 14 ③

□□□ 12⑤, 19⑤

15 지번이 각각 5-1, 3, 3-1, 2인 필지의 합병 후 지번으로 옳은 것은?

① 1 ② 2

③ 3-1 ④ 5-1

해설 지번의 구성 및 부여방법

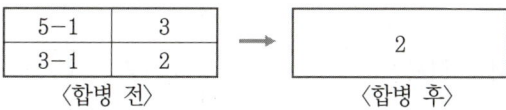

5-1	3
3-1	2

〈합병 전〉 → 2 〈합병 후〉

□□□ 04⑤, 06⑤, 10⑤, 19⑤

16 다음 중 직각좌표계 원점에 해당하지 않는 것은?

① 중부좌표계 ② 수준좌표계

③ 서부좌표계 ④ 동부좌표계

16 지적측량에서 사용하는 직각좌표계 원점
• 서부좌표계
• 중부좌표계
• 동부좌표계
• 동해좌표계

□□□ 10⑤, 19⑤

17 다음 중 토지소유자가 토지의 분할을 신청할 때 분할 사유를 적은 신청서에 첨부하여야 하는 서류에 해당하는 것은?

① 법원의 확정판결서 정본 ② 등기부등본

③ 지적도등본 ④ 토지분할신청대행지시서

17 분할신청 서류(시행규칙 제83조)
• 분할사유를 적은 신청서
• 분할 허가 대상인 토지의 경우에는 그 허가서 사본
• 법원의 확정판결에 따라 토지를 분할하는 경우 확정판결서 정본 또는 사본

□□□ 10⑤, 19⑤

18 다음 중 전자면적측정기에 따른 면적의 측정은 도상에서 몇 회 측정하여 그 교차가 허용면적 이하일 때 평균 몇 회를 측정면적으로 하는가?

① 2회 ② 3회

③ 4회 ④ 5회

18 면적측정의 방법
전자식 구적기라고도 하며, 도상에서 2회 측정하여 그 교차가 다음 계산식에 의한 허용면적 이하인 때에는 그 평균치를 측정면적으로 한다.

□□□ 11①, 19⑤

19 다음 중 토지조사사업 당시 작성된 지적도의 축척이 아닌 것은?

① 1/600 ② 1/1000

③ 1/1200 ④ 1/2400

19
토지조사사업 당시 작성된 지적도의 축척은 1/600, 1/1200, 1/2400이다.

□□□ 11①, 19⑤

20 각 도곽선의 신축된 차가 $\triangle X_1 = -3$mm, $\triangle X_2 = -4$mm, $\triangle Y_1 = -4$mm, $\triangle Y_2 = -5$mm일 때 신축량은?

① -3mm
② -4mm
③ -5mm
④ -6mm

20 지적측량시행규칙 제20조(면적측정의 방법)

$$S = \frac{\triangle X_1 + \triangle X_2 + \triangle Y_1 + \triangle Y_2}{4}$$
$$= \frac{(-3) + (-4) + (-4) + (-5)}{4}$$
$$= -4\text{mm}$$

□□□ 08⑤, 11①, 19⑤

21 다음 중 공유지연명부에 등록하여야 할 사항이 아닌 것은?

① 소유자의 성명
② 소유자의 주소
③ 소유자의 주민등록번호
④ 소유면적과 지목

21 공유지연명부의 등록사항
• 토지의 소재
• 지번
• 소유권 지분
• 소유자의 성명 또는 명칭, 주소 및 주민등록번호

□□□ 11①, 16①, 19⑤

22 다음 중 축척변경위원회의 심의·의결사항이 아닌 것은?

① 축척변경 시행계획에 관한 사항
② 청산금의 이의 신청에 관한 사항
③ 지번별 제곱미터당 금액의 결정에 관한 사항
④ 지번별 측량방법에 관한 사항

22 축척변경위원회의 심의·의결사항
• 축척변경 시행계획에 관한 사항
• 지번별 제곱미터당 금액의 결정과 청산금의 산정에 관한 사항
• 청산금의 이의 신청에 관한 사항
• 그 밖에 축척변경과 관련하여 지적소관청이 회의에 부치는 사항

□□□ 11①, 13⑤, 19⑤

23 다음 중 지적기준점에 해당하지 않는 것은?

① 지적삼각점
② 지적삼각보조점
③ 공간삼각점
④ 지적도근점

23 지적기준점의 종류
• 지적삼각점(地籍三角點)
• 지적삼각보조점
• 지적도근점(地籍圖根點)

□□□ 16①, 19⑤

24 다음 중 토지합병을 신청할 수 없는 경우가 아닌 것은?

① 합병하려는 토지의 지번부여지역이 서로 다른 경우
② 합병하려는 토지에 전세권의 등기가 있는 경우
③ 합병하려는 토지의 지목이 서로 다른 경우
④ 합병하려는 토지의 지적도 및 임야도의 축척이 서로 다른 경우

24 합병신청할 수 없는 경우
• 합병하려는 토지에 소유권·지상권·진세권 또는 임차권의 등기, 승역지(承役地)에 대한 지역권의 등기
• 합병하려는 토지 전부에 대한 등기원인(登記原因) 및 그 연월일과 접수번호가 같은 저당권의 등기 외의 등기가 있는 경우

정답 20 ② 21 ④ 22 ④ 23 ③ 24 ②

☐☐☐ 11⑤, 19⑤

25 임야조사사업 당시 작성된 6000분의 1 지역의 임야도 도곽의 크기로 옳은 것은?

① 남북으로 30cm 동서로 40cm

② 남북으로 35cm 동서로 45cm

③ 남북으로 40cm 동서로 50cm

④ 남북으로 45cm 동서로 55cm

25
임야조사사업 당시 작성된 1/6000 지역의 임야도 도곽크기는 남북으로 40cm 동서로 50cm이다.

☐☐☐ 04①, 12⑤, 19⑤

26 세부측량을 하는 경우 필지마다 면적을 측정하여야 하는 경우가 아닌 것은?

① 지적공부를 복구하는 경우

② 축척변경을 하는 경우

③ 토지분할을 하는 경우

④ 토지합병을 하는 경우

26 면적측정의 대상
• 지적공부의 복구·신규등록·등록전환·분할 및 축척변경을 하는 경우
• 면적 또는 경계를 정정하는 경우

☐☐☐ 12⑤, 19⑤

27 경계의 표시방법에 따른 분류에 해당하는 지적제도는?

① 세지적

② 입체지적

③ 소극적지적

④ 도해지적

27 지적제도의 측량방법(경계점 표시방법)에 따른 분류
• 도해지적
• 수치지적

☐☐☐ 05②, 10①, 19⑤

28 다음 중 토지의 이동에 따라 경계선을 말소하는 경우의 제도 작업 기준으로 옳은 것은? (단, 경계의 길이가 짧은 경우는 고려하지 않음)

① 검은색의 짧은 교차선을 약 3mm 간격으로 제도한다.

② 검은색의 짧은 교차선을 약 3cm 간격으로 제도한다.

③ 붉은색의 짧은 교차선을 약 3mm 간격으로 제도한다.

④ 붉은색의 짧은 교차선을 약 3cm 간격으로 제도한다.

28
경계를 말소하는 경우에는 붉은색의 짧은 교차선을 약 3cm 간격으로 제도한다.

☐☐☐ 04①, 11⑤, 19⑤

29 토지의 표시사항인 토지의 소재, 지번, 지목, 경계 등을 국가만이 결정할 수 있는 권한을 가진다는 지적의 기본 이념은?

① 지적국정주의

② 지적공개주의

③ 지적형식주의

④ 실질적 심사주의

29 지적국정주의
국정주의란 지적 공부의 등록 사항인 토지의 소재, 지번, 지목, 경계 또는 좌표와 면적의 결정은 국가 공권력으로써 결정한다는 원칙이다.

정답 25 ③ 26 ④ 27 ④ 28 ④ 29 ①

□□□ 11⑤, 19⑤

30 다음 중 일람도 작성(제도) 방법 및 기준으로 옳은 것은?

① 지번지역의 지적도상의 필지별 경계가 나타난다.
② 도면의 매수가 3매 이상인 경우 작성하지 아니할 수 있다.
③ 일람도의 축척은 지적도 축척의 10분의 1로 한다.
④ 일람도에 도곽선의 수치는 제도하지 않는다.

30 일람도의 제도
일람도를 작성할 경우 일람도의 축척은 그 도면축척의 10분의 1로 한다. 다만, 도면의 장수가 많아서 한 장에 작성할 수 없는 경우에는 축척을 줄여서 작성할 수 있으며, 도면의 장수가 4장 미만인 경우에는 일람도의 작성을 하지 않을 수 있다.

□□□ 08⑤, 12⑤, 19⑤

31 지번색인표의 등록사항에 해당하지 않는 것은?

① 제명   ② 지번
③ 결번   ④ 축척

31 지번색인표의 등재사항
• 제명
• 지번 · 도면번호 및 결번

□□□ 15⑤, 19⑤

32 토지를 신규등록하는 경우 면적의 결정은 누가 하는가?

① 토지소유자   ② 측량 대행사
③ 한국국토정보공사   ④ 지적소관청

32 토지의 조사·등록 등
지적공부에 등록하는 지번·지목·면적·경계 또는 좌표는 토지의 이동이 있을 때 토지소유자의 신청을 받아 지적소관청이 결정한다.

□□□ 13①, 19⑤

33 신라의 토지면적 측정에 관한 아래 설명으로 (㉠)에 들어갈 내용으로 옳은 것은?

> 신라는 결부제에 의하여 토지면적을 측정하였는데 사방 1보(步)가 되는 넓이를 1파(把), 10파를 1속(束)으로 하고, 사방 10보(步)를 즉, 10속(束)을 (㉠)로 하는 10진법을 사용하였다.

① 1부(負)   ② 1총(總)
③ 1결(結)   ④ 1평(坪)

33 결부제
사방 1보(步)가 되는 넓이(1척 제곱)를 1파(把), 10파는 1속(束), 10속은 1부(負), 100부는 1결(結)을 말한다.

□□□ 13①, 19⑤, 19⑤

34 지적측량 중 기초측량에 해당하지 않는 것은?

① 지적삼각점측량   ② 지적도근점측량
③ 지적도근보조점측량   ④ 지적삼각보조점측량

34 지적측량의 구분
지적기준점을 정하기 위한 기초측량에는 지적삼각점측량, 지적삼각보조점측량, 지적도근점측량이 있다.

정답 30 ③   31 ④   32 ④   33 ①   34 ③

□□□ 04①, 04⑤, 05①, 12⑤, 19⑤

35 토지를 중심으로 대장을 편성하여 하나의 토지에 하나의 등기용지를 두는 토지 등록 대장의 편성 방법은?

① 인적 편성주의
② 물적 편성주의
③ 인적·물적편성주의
④ 연대적 편성주의

35 물적 편성주의
개개의 토지를 중심으로 지적공부를 편성하는 방법이다. 1토지에 1대장을 두게 되어 있다.

□□□ 13①, 19⑤

36 다음의 지번부여 방법 중 부여단위에 따른 분류에 해당하지 않는 것은?

① 지역단위법
② 도엽단위법
③ 단지단위법
④ 북서기번법

36 설정단위(부여단위)에 따른 지번의 분류방법
• 지역단위법
• 도엽단위법
• 단지단위법

□□□ 13①, 19⑤

37 지적측량의 계산 및 결과 작성에 사용하는 소프트웨어는 누가 정하는가?

① 행정안전부장관
② 국토교통부장관
③ 국토지리정보원장
④ 지식경제부장관

37 지적전산시스템의 운영방법
지적전산업무의 처리, 지적전산프로그램의 관리 등 지적전산시스템의 관리·운영 등에 필요한 사항은 국토교통부장관이 정한다.

□□□ 13①, 19⑤

38 다목적지적에 대한 설명으로 틀린 것은?

① 일필지를 단위로 토지 관련 정보를 종합적으로 등록하는 제도이다.
② 토지에 관한 물리적 현황은 물론 법률적·재정적·경제적 정보를 포괄하는 제도이다.
③ 토지에 관한 많은 자료를 신속·정확하게 토지정보를 제공하고 관리하는 제도이다.
④ 지표면 상의 물리적 현상만을 등록하는 것으로 2차원 지적이라고도 한다.

38
2차원지적은 등록대상(등록방법)에 따른 유형이다.

□□□ 13⑤, 19⑤

39 지목을 지적도면에 표기하는 부호의 연결이 옳은 것은?

① 유원지 – 유
② 유지 – 지
③ 제방 – 방
④ 묘지 – 묘

39
유원지 – 원, 유지 – 유, 제방 – 제

□□□ 04⑤, 13⑤, 19⑤

40 둘 이상의 기지점을 측정점으로 하여 미지점의 위치를 결정하는 방법으로, 방향선법과 원호교회법으로 대별되는 것은?

① 방사교회법　　　　② 전방교회법
③ 측방교회법　　　　④ 후방교회법

40 전방교회법
알고 있는 2개 또는 3개의 점에 평판을 세우고 구하는 점을 시준 후 교차하여 점의 위치를 구하는 방법이다.

□□□ 15①, 19⑤

41 다음 중 토지의 분할을 신청할 수 있는 경우가 아닌 것은?

① 토지이용상 불합리한 지상 경계를 시정하기 위한 경우
② 소유권이전, 매매 등을 위하여 필요한 경우
③ 1필지의 일부가 형질변경 등으로 용도가 변경된 경우
④ 임야도에 등록된 토지가 사실상 형질변경되었으나 지목변경을 할 수 없는 경우

41 분할을 신청할 수 있는 경우
• 소유권이전, 매매 등을 위하여 필요한 경우
• 토지이용상 불합리한 지상경계를 시정하기 위한 경우
• 1필지의 일부가 형질변경 등으로 용도가 변경된 경우
(∵ 형질변경으로 분할을 하는 경우 지목변경신청서가 필요하다.)

□□□ 04①, 14①, 19⑤

42 경계점좌표등록부에 등록하는 지역의 토지 면적을 등록하는 최소 단위 기준은?

① $100m^2$　　　　② $10m^2$
③ $1m^2$　　　　④ $0.1m^2$

42 면적의 결정(시행령 제60조)
지적도의 축척이 1/600인 지역과 경계점좌표등록부에 등록하는 지역의 토지면적은 m^2 이하 한자리 단위, $0.1m^2$로 한다.

□□□ 14⑤, 19⑤

43 일필지의 토지소유자가 2인 이상인 때 비치하는 장부는?

① 일람도　　　　② 지번색인표
③ 경계점좌표등록부　　　　④ 공유지연명부

43 공유지연명부
1필지의 소유자가 2인 이상일 때에는 대장의 소유자란에 등기부상 선순위 공유자의 주소, (주민)등록번호 및 성명 또는 명칭을 정리한 지적공부이다.

□□□ 11①, 19⑤

44 도면에 등록하는 지적측량기준의 명칭과 번호는 얼마의 크기로 제도하여야 하는가?

① 1.5mm 내지 2.0mm　　　　② 2.0mm 내지 3.0mm
③ 2.5mm 내지 4.0mm　　　　④ 2.5mm 내지 5.0mm

44
지적 측량 기준점의 명칭과 번호는 당해 지적 측량 기준점의 윗부분에 명조체의 2mm 또는 3mm의 크기로 제도한다.

정답 40 ② 41 ④ 42 ④ 43 ④ 44 ②

□□□ 05①, 06⑤, 10①, 13⑤, 19⑤

45 전자면적측정기에 따른 면적측정은 도상에서 몇 회 측정하여 결정하는가?

① 1회 ② 2회

③ 3회 ④ 4회

45 면적측정의 방법

전자식 구적기라고도하며, 도상에서 2회 측정하여 그 교차가 다음 계산식에 의한 허용면적 이하인 때에는 그 평균치를 측정면적으로 한다.

□□□ 14⑤, 19⑤

46 축척 1/1000인 지역의 원면적이 900m²인 토지를 분할하는 경우, 분할 후의 각 필지의 면적의 합계와 분할 전 면적과의 오차의 최대 허용범위는 얼마인가?

① ±20m² ② ±18m²

③ ±24m² ④ ±36m²

46 분할에 따른 허용범위

$$A = 0.026^2 M\sqrt{F}$$
$$= 0.026^2 \times 1000 \times \sqrt{900}$$
$$= 20m^2$$

□□□ 14①, 19⑤

47 토지조사사업 당시 토지조사부의 기록 순서로 옳은 것은?

① 각 동(洞), 리(里) 마다 지번의 순서에 따라

② 각 시(市)마다 지번의 순서에 따라

③ 각 도(道)마다 소유자의 이름 순서에 따라

④ 측량 지역별로 측량 순서에 따라

47 토지조사부 작성

토지조사부(土地調査簿)는 토지소유권에 대한 사정원부(査定原簿)로서 지적도에 의하여 리·동별로 지번순서에 따라 지번·가지번·지목·신고년월일·소유자의 주소·성명등을 기재한다.

□□□ 14①, 19⑤

48 지적공부에 토지의 소재·지번·지목·면적·경계 또는 좌표를 등록한 것을 무엇이라 하는가?

① 토지의 이동 ② 토지표제

③ 토지의 표시 ④ 지적 기록

48 법률 제2조(정의)

"토지의 표시"란 지적공부에 토지의 소재·지번(地番)·지목(地目)·면적·경계 또는 좌표를 등록한 을 말한다.

□□□ 04⑤, 13⑤, 19⑤

49 경계점좌표등록부에 등록하는 지역의 토지의 산출면적이 347.65m²일 때 결정면적은?

① 348m² ② 347.7m²

③ 347.6m² ④ 347m²

49 면적의 결정

경계점좌표등록부에 등록하는 지역이고 구하려는 끝자리의 수가 짝수이므로 347.65m² → 347.6m²이다.

□□□ 04②, 06⑤, 14①, 19⑤

50 지적도의 축척이 아닌 것은?

① 1/1000　　　　② 1/1200

③ 1/2500　　　　④ 1/3000

□□□ 14⑤, 19⑤

51 자연적인 지형 지물인 담장, 울타리, 도랑, 하천 등으로 이루어진 토지경계로 옳은 것은?

① 보증경계　　　　② 일반경계

③ 고정경계　　　　④ 법률적 경계

51 일반경계
토지의 경계가 자연적인 지형지물 즉 도로, 담장, 울타리, 도랑, 하천 등으로 구성된 경계

□□□ 15①, 19⑤

52 한 필지의 보정면적이 608.6m², 보정면적 전체의 합계가 1749.2m², 원면적이 1811m²일 때 산출면적은?

① 587.8m²　　　　② 618.6m²

③ 630.1m²　　　　④ 657.2m²

52 산출면적

$$r = \frac{F}{A} \times a$$

$$= \frac{1811}{1749.2} \times 608.6$$

$$= 630.1m^2$$

□□□ 15⑤, 19⑤

53 지적측량의 원칙적인 측량기간 기준으로 옳은 것은?

① 4일　　　　② 5일

③ 6일　　　　④ 7일

53 지적측량의 의뢰
지적측량의 측량기간은 5일로 하며, 측량검사기간은 4일로 한다.

□□□ 15①, 15⑤, 19⑤

54 토지조사사업의 목적에 속하지 않는 것은?

① 토지의 외모조사　　　　② 토지의 이용조사

③ 토지의 가격조사　　　　④ 토지의 소유권조사

54 토지조사사업의 목적(일반적인 사항)
- 지적제도와 등기제도 확립을 위한 토지소유권 조사
- 국토지리를 밝히는 토지의 외모조사
- 지세제도 확립을 위한 토지의 가격 조사

□□□ 14⑤, 19⑤

55 일람도에서 인접 동리의 명칭은 얼마의 크기로 제도하는가?

① 3mm　　　　② 4mm

③ 5mm　　　　④ 6mm

55 일람도의 제도
인접 동·리 명칭은 4mm, 그 밖의 행정구역 명칭은 5mm의 크기로 한다.

정답 50 ③ 51 ② 52 ③ 53 ② 54 ② 55 ②

□□□ 11①, 14⑤, 19⑤

56 다음 중 토지 등록 장부로서 오늘날의 토지 대장과 같은 양안이 있었던 시대는?

① 고구려　　　　　　　② 백제
③ 고려　　　　　　　　④ 조선

56 시대별 토지대장
• 백제 : 도적(圖籍)
• 신라 : 신라장적(新羅帳籍)
• 고려 : 도행(導行), 전적(田籍), 작(作)
• 조선 : 양안(量案)
• 일제 : 토지대장, 임야대장

□□□ 14⑤, 19⑤

57 지적측량의 구분으로 옳은 것은?

① 평판측량, 사진측량　　② 기초측량, 세부측량
③ 일반측량, 공공측량　　④ 기본측량, 세부측량

57 지적측량의 구분
지적측량은 지적기준점을 정하기 위한 기초측량과 1필지의 경계와 면적을 정하는 세부측량으로 구분한다.

□□□ 15⑤, 19⑤

58 제주도 지역은 직각좌표계 투영원점에 종선 및 횡선을 각각 얼마씩 가산하여 정하는가?

① 종선 50만m, 횡선 20만m
② 종선 20만m, 횡선 50만m
③ 종선 55만m, 횡선 25만m
④ 종선 55만m, 횡선 20만m

58 직각좌표원점
직각좌표계 투영원점의 가산(加算)수치를 각각 X(N) 500000m(제주도지역 550000m), Y(E) 200000m로 하여 사용할 수 있다.

□□□ 14⑤, 19⑤

59 경계점좌표등록부의 등록사항이 아닌 것은?

① 토지의 고유번호
② 지적도면의 번호
③ 필지별 경계점좌표등록부의 장번호
④ 삼각점 및 지적기준점의 위치

59 국토교통부령으로 정하는 경계점좌표등록부의 등록사항
• 토지의 고유번호
• 지적도면의 번호
• 필지별 경계점좌표등록부의 장번호
• 부호 및 부호도

□□□ 08⑤, 19⑤

60 다음 중 제도기구가 아닌 것은?

① 오구　　　　　　　　② 스프링콤파스
③ 플라니미터　　　　　④ 레터링펜

60 플라니미터
면적측정시 이용되는 기구로 불규칙한 경계선을 갖는 도상(圖上) 면적을 측정하는 데 사용된다.

국가기술자격 CBT 필기시험문제

2020년도 기능사 제4회 필기시험 복원문제

종 목	시험시간	배 점	수험번호	1회독	2회독	3회독
지적기능사	1시간	60	수험자명			

※ 본 기출문제는 수험자의 기억을 바탕으로 하여 복원한 문제이므로 실제 문제와 다를 수 있음을 미리 알려드립니다.

☐☐☐ 05①, 10①, 12⑤, 13①⑤, 20④

01 임야대장 및 임야도에 등록된 토지를 토지대장 및 지적도에 옮겨 등록하는 것을 무엇이라 하는가?

① 신규등록
② 등록전환
③ 지목변경
④ 과세지정

해 설

01 등록전환

임야대장 및 임야도에 등록된 토지를 토지대장 및 지적도에 옮겨 등록하는 것을 말한

☐☐☐ 04⑤, 11⑤, 13①, 20④

02 지번색인표에 등재하여야 할 사항이 아닌 것은?

① 축척
② 도면번호
③ 지번
④ 결번

02 지번색인표의 등재사항
• 제명
• 지번·도면번호 및 결번

☐☐☐ 13①, 20④

03 토지에 관한 모든 표시 사항을 지적 공부에 등록해야만 공식적인 효력이 인정되는 것과 관련한 토지 등록의 원리는?

① 국정주의
② 형식주의
③ 공개주의
④ 형식적 심사주의

03 형식주의

일정한 법정 형식을 갖추어 등록·공시하는 원칙을 말하고, 모든 토지는 필지마다. 지번, 지목, 경계 또는 좌표와 면적을 확정하여 지적 공부에 등록하여야 공식적인 효력이 인정된다는 것이다.

☐☐☐ 13①, 20④

04 삼각형에서 각 A, B, C의 크기와 변의 길이 a가 주어졌을 때, 변의 길이 b를 구하는 식으로 옳은 것은?

① $\dfrac{a \times \cos B}{\cos A}$

② $\dfrac{a \times \cos A}{\cos B}$

③ $\dfrac{a \times \sin B}{\sin A}$

④ $\dfrac{a \times \sin A}{\sin B}$

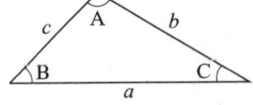

04 정현비례법칙(sin법칙)

$$\frac{a}{\sin A} = \frac{b}{\sin B} = \frac{c}{\sin C}$$

$$\therefore \ b = \frac{a \times \sin B}{\sin A}$$

정답 01 ② 02 ① 03 ② 04 ③

□□□ 13①, 20④

05 축척 1/1200 지역에서 원면적이 400m²의 토지를 분할하는 경우 분할 후의 각 필지의 면적의 합계와 분할 전 면적과의 오차의 허용범위는?

① ±32m²
② ±18m²
③ ±16m²
④ ±13m²

05 분할에 따른 허용범위
$A = 0.026^2 M \sqrt{F}$
$= 0.026^2 \times 1200 \times \sqrt{400}$
$= 16.224m^2 ≒ 16m^2$

2020년 4회

□□□ 13①, 20④

06 지적공부에 등록된 2필지 이상을 1필지로 합하여 등록하는 것을 무엇이라 하는가?

① 합병
② 분할
③ 등록전환
④ 지목변경

06 합병
지적공부에 등록된 2필지 이상의 토지를 1필지로 합하여 지적공부에 등록하는 것을 말한다.

□□□ 13①, 20④

07 지적측량 중 기초측량에 해당하지 않는 것은?

① 지적삼각점측량
② 지적도근점측량
③ 지적도근보조점측량
④ 지적삼각보조점측량

07 지적측량의 구분
지적기준점을 정하기 위한 기초측량에는 지적삼각점측량, 지적삼각보조점측량, 지적도근점측량이 있다.

□□□ 08⑤, 13①, 20④

08 축척변경 시행지역의 토지는 언제를 기준으로 토지의 이동이 있는 것으로 보는가?

① 축척변경 시행 공고일
② 축척변경에 따른 청산금 납부통지일
③ 축척변경 확정 공고일
④ 축척변경에 따른 청산금 공고일

08 축척변경 확정공고
청산금의 납부 및 지급이 완료되었을 때에는 지적소관청은 지체 없이 축척변경의 확정공고를 하여야 하며, 축척변경 시행지역의 토지는 확정공고일에 토지의 이동이 있는 것으로 본다.

□□□ 04②, 13⑤, 20④

09 지적측량에서 직각좌표계 원점을 사용하기 위하여 종선 수치와 횡선수치에 각각 얼마를 가산하여 사용할 수 있는가?

① 종선수치 − 50만m(제주도는 55만m), 횡선수치 − 30만m
② 종선수치 − 50만m(제주도는 55만m), 횡선수치 − 20만m
③ 종선수치 − 30만m(제주도는 55만m), 횡선수치 − 50만m
④ 종선수치 − 20만m(제주도는 55만m), 횡선수치 − 50만m

09 직각좌표원점
세계측지계에 따르지 아니하는 지적측량의 경우에는 가우스상사이중투영법으로 표시하되, 직각좌표계 투영원점의 가산(加算)수치를 각각 X(N) 500000m(제주도지역 550000m), Y(E) 200000m로 하여 사용할 수 있다.

□□□ 13①, 20④

10 지적 관련 법규에 따라 측량(지적)기준점표지를 이전 또는 파손한 자에 대한 벌칙 기준으로 옳은 것은?

① 4년 이하의 징역 또는 3천만원 이하의 벌금
② 3년 이하의 징역 또는 2천만원 이하의 벌금
③ 2년 이하의 징역 또는 2천만원 이하의 벌금
④ 1년 이하의 징역 또는 1천만원 이하의 벌금

10
측량기준점표지를 이전 또는 파손하거나 그 효용을 해치는 행위를 한 자는 2년 이하의 징역 또는 2천만원 이하의 벌금에 처한다.

□□□ 05②, 10①⑤, 13⑤, 16①, 20④

11 토렌스시스템(Torrens System)의 일반적 이론과 거리가 먼 것은?

① 거울이론
② 보험이론
③ 커튼이론
④ 점증이론

11 토렌스시스템
• 거울이론(Mirror Principle)
• 커튼이론(Curtain Principle)
• 보험이론(Insurance Principle)

□□□ 13⑤, 20④

12 일정한 원인이 분명하게 나타나고 항상 일정한 질과 양의 오차가 생기는 것으로, 측정 횟수에 비례하여 오차가 커지는 것은?

① 정오차
② 우연오차
③ 착오
④ 허용오차

12 정오차
주로 기계적 원인에 의해 일정하게 발생하며 측정 횟수가 증가함에 따라 그 오차가 누적되는 오차

□□□ 11①, 13⑤, 20④

13 현행 지적 관련 법규에 규정된 지목의 종류는?

① 24종
② 26종
③ 28종
④ 32종

13
우리나라의 현행 지적 관련 법규에 규정된 지목의 종류는 28개이다.
(제2차 전문개정 지적법 제5조)

□□□ 10⑤, 13⑤, 16①, 20④

14 지번이 105−1, 111, 122, 132−3인 4필지를 합병할 경우 새로이 부여해야 할 지번으로 옳은 것은?

① 105−1
② 111
③ 122
④ 132−3

해설 지번의 구성 및 부여방법

105−1	111
122	132−3

〈합병 전〉 → | 111 | 〈합병 후〉

□□□ 13⑤, 20④

15 임야조사사업의 특징이 아닌 것은?

① 임야는 토지와 같이 분쟁이 많았다.
② 축척이 소축척이고 토지조사사업의 기술자 채용으로 시간과 경비를 절약할 수 있었다.
③ 적은 예산으로 사업을 완료하였다.
④ 국유임야 소유권을 확정하는 것을 목적으로 하였다.

15
임야조사사업은 토지에 비해 경제가치가 낮아 분쟁이 적었다.

□□□ 13⑤, 20④

16 면적을 측정하는 경우 도곽선의 길이에 최소 얼마이상의 신축이 있을 때에 이를 보정하여야 하는가?

① 1.0mm
② 0.5mm
③ 0.3mm
④ 0.1mm

16
면적을 측정하는 경우 도곽선의 길이에 0.5밀리미터 이상의 신축이 있을 때에는 이를 보정하여야 한다.

□□□ 04⑤, 13⑤, 20④

17 둘 이상의 기지점을 측정점으로 하여 미지점의 위치를 결정하는 방법으로, 방향선법과 원호교회법으로 대별되는 것은?

① 방사교회법
② 전방교회법
③ 측방교회법
④ 후방교회법

17 전방교회법
알고 있는 2개 또는 3개의 점에 평판을 세우고 구하는 점을 시준 후 교차하여 점의 위치를 구하는 방법이다.

□□□ 04①⑤, 11①, 12⑤, 13⑤, 14①, 15⑤, 20④

18 각 도곽선의 신축된 차가 $\triangle X_1 = -4\text{mm}$, $\triangle X_2 = -5\text{mm}$, $\triangle Y = +1\text{mm}$, $\triangle Y_2 = -4\text{mm}$ 일 때 신축량은?

① −3mm
② −4mm
③ −5mm
④ −6mm

18 도곽선의 신축량
$$S = \frac{\triangle X_1 + \triangle X_2 + \triangle Y_1 + \triangle Y_2}{4}$$
$$= \frac{(-4)+(-5)+(+1)+(-4)}{4}$$
$$= -3\text{mm}$$

□□□ 04①②, 13⑤, 20④

19 지적공부에 등록된 1필지를 2필지로 나누어 등록하는 것을 무엇이라 하는가?

① 분할
② 등록전환
③ 합병
④ 축척변경

19
분할이란 지적공부에 등록된 1필지를 2필지 이상으로 나누어 등록하는 것을 말한다.

□□□ 04⑤, 05①, 08⑤, 12⑤, 13⑤, 20④

20 지적소관청이 지적공부의 등록사항에 잘못이 있는지를 직권으로 조사·측량하여 정정할 수 있는 경우가 아닌 것은?

① 토지이동정리 결의서의 내용과 다르게 정리된 경우
② 지적공부의 작성 당시 잘못 정리된 경우
③ 지적도에 등록된 필지의 면적과 경계의 위치가 모두 잘못된 경우
④ 지적측량성과와 다르게 정리된 경우

20

지적소관청은 지적공부의 등록사항에 잘못이 있음을 발견하면 대통령령으로 정하는 바에 따라 직권으로 조사·측량하여 정정할 수 있다. 다만 필지의 면적이 증감된 경우는 그러하지 아니하다.

□□□ 13⑤, 20④

21 지적측량의 측량검사기간 기준으로 옳은 것은? (단, 지적기준점을 설치하여 측량 검사를 하는 경우는 고려하지 않는다.)

① 4일   ② 5일
③ 6일   ④ 7일

21 지적측량의 의뢰

지적측량의 측량기간은 5일로 하며, 측량검사기간은 4일로 한다.

□□□ 11⑤, 14①, 20④

22 일반적인 토지대장의 형식에 해당하지 않는 것은?

① 장부식 대장   ② 편철식 대장
③ 카드식 대장   ④ 천공식 대장

22 대장의 형식
• 장부식대장(부책식대장)
• 카드식 대장
• 편철식대장

□□□ 05②, 14①⑤, 20④

23 소극적 지적에 대한 설명으로 옳은 것은?

① 신고된 사항만을 등록하는 방식이다.
② 신고가 없어도 국가가 직권으로 등록하는 방식이다.
③ 세원을 결정하여 과세하는 지적 제도이다.
④ 일필지의 면적을 측정하는 방법이다.

23 소극적 지적
• 기본적으로 거래와 그에 관한 거래증서변경기록을 수행하는 것
• 일필지의 소유권이 거래되면서 발생되는 거래증서를 변경등록 하는 것
• 신고 된 사항만을 등록하는 방식

□□□ 10①, 14①, 20④

24 지번의 구성에 대한 설명으로 옳은 것은?

① 지번은 본번으로만 구성한다.
② 지번은 부번으로만 구성한다.
③ 지번은 기호로만 구성한다.
④ 지번은 본번과 부번으로 구성한다.

24 지번의 구성 및 부여방법
지번은 본번(本番)과 부번(副番)으로 구성하되, 본번과 부번 사이에 "－" 표시로 연결한다. 이 경우 "－" 표시는 "의"라고 읽는다.

정답 20 ③ 21 ① 22 ④ 23 ① 24 ④

□□□ 14①, 20④

25 1필지의 확정 기준으로 틀린 것은?

① 동일한 지가　　　　② 동일한 지목

③ 동일한 소유자　　　④ 연속된 지반

25 필지의 성립기준
• 지반이 연속될 것
• 지목이 같을 것(용도가 동일)
• 지적공부의 축척이 같을 것
• 소유자, 소유권 이외의 권리가 같을 것

□□□ 11①, 14⑤, 20④

26 다음 그림은 어떤 사유에 따른 도면 정리인가? (단, 도면의 모든 선은 실선으로 간주한다.)

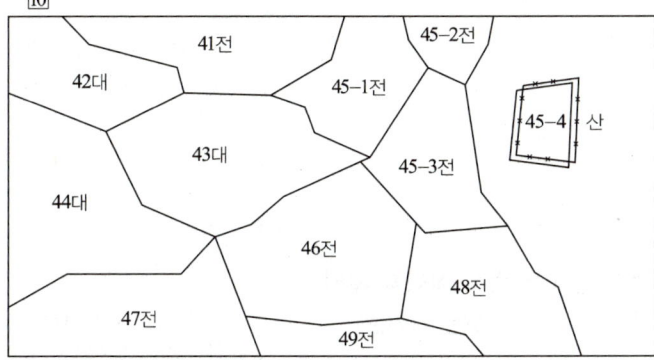

123 10 충청북도 청주시 흥덕구 계신동 지적도 23장 중 제2호 축척 600분의1

① 주소정정　　　　　② 위치정정

③ 분할　　　　　　　④ 합병

26 위치정정에 따른 도면정리
지적도 또는 임야도상의 위치가 변경되어 위치를 바르게 정리할 경우에는, 위치 정정 전의 필지 경계는 붉은색의 짧은 교차선으로 말소하고 위치 정정 후의 필지 경계는 새로 정리한다.

□□□ 14⑤, 15⑤, 20④

27 일람도를 작성할 경우 일람도의 축척은 그 도면 축척의 얼마로 하는 것을 기준으로 하는가?

① 1/5　　　　　　　② 1/10

③ 1/20　　　　　　　④ 1/40

27
일람도를 작성할 경우 일람도의 축척은 그 도면축척의 10분의 1로 한다. 다만, 도면의 장수가 많아서 한 장에 작성할 수 없는 경우에는 축척을 줄여서 작성할 수 있으며, 도면의 장수가 4장 미만인 경우에는 일람도의 작성을 하지 않을 수 있다.

□□□ 14⑤, 20④

28 지적측량의 구분으로 옳은 것은?

① 평판측량, 사진측량　　② 기초측량, 세부측량

③ 일반측량, 공공측량　　④ 기본측량, 세부측량

28 지적측량의 구분
지적측량은 지적기준점을 정하기 위한 기초측량과, 1필지의 경계와 면적을 정하는 세부측량으로 구분한다.

□□□ 15①, 20④

29 다음 중 축척변경 시행지역의 토지가 이동이 있는 것으로 보는 시기는?

① 토지공사착수일　　② 사업시행공고일
③ 축척변경 확정공고일　　④ 청산금 결정공고일

29 축척변경 확정공고
축척변경 시행지역의 토지는 확정공고일에 토지의 이동이 있는 것으로 본다.

□□□ 15①, 20④

30 지상 경계의 결정기준으로 옳은 것은?

① 토지가 해면에 접하는 경우 – 최대만조위선
② 구거의 토지에 절토된 부분이 있는 경우 – 지물의 중앙부
③ 공유수면매립지의 토지 중 제방을 토지에 편입하여 등록하는 경우 – 안쪽 어깨부분
④ 도로의 토지에 절토된 부분이 있는 경우 – 경사의 하단부

30 지상경계의 결정
• 연접되는 토지 사이에 높낮이 차이가 없는 경우 : 그 구조물 등의 중앙
• 연접되는 토지 사이에 높낮이 차이가 있는 경우 : 그 구조물 등의 하단부
• 도로·구거 등의 토지에 절토된 부분이 있는 경우에는 그 경사면의 상단부
• 토지가 해면 또는 수면에 접하는 경우에는 최대만조위 또는 최대만수위가 되는 선
• 공유수면매립지의 토지 중 제방 등을 토지에 편입하여 등록하는 경우에는 바깥쪽 어깨부분

□□□ 08⑤, 11⑤, 14⑤, 15①, 20④

31 다음 중 거리와 각을 동시에 관측하여 현장에서 즉시 좌표를 확인함으로써 시공, 계획에 맞추어 신속한 측량을 할 수 있는 기기는?

① 트랜싯　　② 토탈스테이션
③ 데오돌라이트　　④ 전파거리측량기

31
토탈스테이션은 각과 거리를 동시에 측정할 수 있다. 기존의 트랜싯과, 전파거리측정기(EDM)가 일체화 된 형태로 볼 수 있다.

□□□ 15⑤, 20④

32 다음 중 지적도의 등록사항이 아닌 것은?

① 지적도면의 색인도　　② 지적도면의 제명
③ 도곽선과 그 수치　　④ 토지 소유자

32 국토교통부령으로 정하는 지적도의 등록사항
• 지적도면의 색인도
• 지적도면의 제명 및 축척
• 도곽선(圖廓線)과 그 수치

□□□ 10⑤, 15①, 20④

33 다음 중 3차원지적에 대한 설명으로 가장 거리가 먼 것은?

① 입체지적이라고도 한다.
② 지하의 각종 시설물과 지상의 고층화된 건축물을 효율적으로 관리할 수 있다.
③ 다목적 지적으로서 다양한 토지 정보를 제공해 주는 역할을 한다.
④ 경계를 표시하는 방법 및 측량방법에 따른 분류에 해당한다.

33 3차원 지적(입체지적)
• 토지 이용도가 다양한 현대에 필요한 제도로서 입체지적이라 한다.
• 토지의 지표, 지하, 공중에 형성되는 선, 면, 높이로 구성한다.
• 지상의 건축물과 지하의 상수도, 하수도, 전기, 전화선 등 공공시설물을 효율적으로 등록 관리할 수 있다.

정답 29 ③　30 ①　31 ②　32 ④　33 ④

해   설

□□□ 15①, 20④

34 일람도의 제도방법을 설명한 것으로 옳은 것은?

① 철도용지는 붉은색 0.1mm폭의 2선으로 제도한다.
② 수도용지 중 선로는 검은색 0.1mm폭의 2선으로 제도한다.
③ 하천·구거·유지는 남색 0.1mm폭의 2선으로 제도하고 그 내부를 남색으로 엷게 채색한다.
④ 취락지·건물 등은 0.1mm폭의 선으로 제도하고 그 내부를 붉은색으로 엷게 채색한다.

34 일람도의 제도
• 철도용지는 붉은색 0.2mm 폭의 2선으로 제도한다.
• 수도용지 중 선로는 남색 0.1mm 폭의 2선으로 제도한다.
• 취락지·건물 등은 검은색 0.1mm의 폭으로 제도하고, 그 내부를 검은색으로 엷게 채색한다.

□□□ 15①, 20④

35 필지 합병의 경우 지번부여의 원칙은?

① 합병 대상 지번 중 선순위의 지번으로 한다.
② 합병 대상 지번 중 최종 지번으로 한다.
③ 합병 대상 선순위의 지번에 부번을 부여한다.
④ 합병 대상 최종지번에 부번을 부여한다.

35 합병의 경우 지번의 부여
합병의 경우에는 합병 대상 지번 중 선순위의 지번을 그 지번으로 하되, 본번으로 된 지번이 있을 때에는 본번 중 선순위의 지번을 합병 후의 지번으로 한다.

□□□ 15⑤, 20④

36 도곽선의 역할과 거리가 먼 것은?

① 지적측량 기준점 전개시의 기준
② 측량준비도에서의 북방향 표시의 기준
③ 인접 도면과의 접합 기준
④ 행정구역 결정의 기준

36 도곽선의 역할
• 인접도면의 접합기준(도면접합의 기준)
• 지적기준점 전개시의 기준
• 도곽 신축량을 측정하는 기준(신축량 측정기준)
• 측량준비도와 결과도에서의 북향향선(종선)(방위 표시의 기준)
• 외업시 측량준비도와 현황의 부합 확인 기준

□□□ 15⑤, 20④

37 고의로 지적측량성과를 사실과 다르게 한 지적측량수행자에 대한 벌칙 기준이 옳은 것은?

① 300만원 이하의 과태료
② 1년 이하의 징역 또는 1천만원 이하의 벌금
③ 2년 이하의 징역 또는 2천만원 이하의 벌금
④ 3년 이하의 징역 또는 3천만원 이하의 벌금

37 벌칙
고의로 측량성과 또는 수로조사성과를 사실과 다르게 한 자는 2년 이하의 징역 또는 2천만원 이하의 벌금에 처한다.

□□□ 15①, 20④

38 축척변경위원회의 구성에 필요한 인원수로 옳은 것은?

① 15명 이상 20명 이하　　② 10명 이상 15명 이하

③ 5명 이상 10명 이하　　④ 1명 이상 5명 이하

38
축척변경위원회는 5명 이상 10명 이하의 위원으로 구성하되, 위원의 2분의 1 이상을 토지소유자로 하여야 한다. 이 경우 그 축척변경 시행지역의 토지소유자가 5명 이하일 때에는 토지소유자 전원을 위원으로 위촉하여야 한다.

□□□ 10①, 15⑤, 17①, 20④

39 전 국토를 대상으로 실시한 토지조사사업의 특징으로 보기 어려운 것은?

① 순수한 우리나라의 측량 기술에 바탕을 둔 사업이었다.
② 도로, 하천, 구거 등을 토지조사사업에서 제외하였다.
③ 우리나라의 근대적 토지제도가 확립되었다.
④ 토지조사사업을 위해 지적의 교육에 주력하였다.

39
토지조사사업은 1910년 일제가 한국을 식민지로 강점한 후 제1차 식민지 정책 사업으로 추진된 것으로 우리나라의 측량 기술에 바탕을 둔 사업과는 거리가 멀다.

□□□ 16①, 20④

40 경위의측량방법으로 세부측량을 한 지역의 필지별 면적측정 방법으로 옳은 것은?

① 전자면적측정기법　　② 좌표면적계산법
③ 축척자삼사법　　④ 방안지조사법

40 지적측량시행규칙 제20조(면적측정의 방법)
경위의측량방법으로 세부측량을 한 지역의 필지별 면적측정은 경계점좌표에 따르며, 좌표면적계산법에 의한다.

□□□ 04②, 08⑤, 10⑤, 13①, 15①, 16①, 20④

41 축척변경 시행지역의 토지는 언제를 기준으로 토지의 이동이 있는 것으로 보는가?

① 축척변경 시행 공고일
② 축척변경에 따른 청산금 납부통지일
③ 축척변경 확정 공고일
④ 축척변경에 따른 청산금 공고일

41
청산금의 납부 및 지급이 완료되었을 때에는 지적소관청은 지체 없이 축척변경의 확정공고를 하여야 하며, 축척변경 시행지역의 토지는 확정공고일에 토지의 이동이 있는 것으로 본다.

□□□ 16①, 20④

42 다음 중 지적기준점이 아닌 것은?

① 지적삼각점　　② 공공수준점
③ 지적보조삼각점　　④ 지적도근점

42 지적기준점의 종류
• 지적삼각점(地籍三角點)
• 지적삼각보조점
• 지적도근점(地籍圖根點)

정답 38 ③　39 ①　40 ②　41 ③　42 ②

□□□ 11①, 16①, 20④
43 다음 중 임야도의 축척 구분이 옳은 것은?

① 1/1000, 1/3000
② 1/1200, 1/3000
③ 1/1200, 1/3000
④ 1/3000, 1/6000

43 지적도면의 축척(시행규칙 제69조)
• 지적도 : 1/500, 1/600, 1/1000, 1/1200, 1/2400, 1/3000, 1/6000
• 임야도 : 1/3000, 1/6000

□□□ 16①, 20④
44 다음 중 우리나라 지적측량에 사용하는 구소삼각원점이 아닌 것은?

① 망산원점
② 현창원점
③ 고성원점
④ 금산원점

44 구(舊)소삼각원점
구소삼각원점에는 망산(間), 계양(間), 조본(m), 가리(間), 등경(間), 고초(m), 율곡(m), 현창(m), 구암(間), 금산(間), 소라(m) 원점이 있다.

□□□ 13⑤, 16①, 20④
45 일필지의 모양이 다음과 같은 경우 토지의 면적은?

① 500m²
② 350m²
③ 200m²
④ 150m²

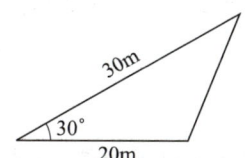

45
$$A = \frac{1}{2}ab\sin\theta \text{(이변법)}$$
$$= \frac{1}{2} \times 20 \times 30 \times \sin 30°$$
$$= 150\text{m}^2$$

□□□ 06⑤, 10①, 16①, 20④
46 다음 일반적인 경계의 구분 중 측량사에 의하여 측량이 행해지고 지적 관리청의 사정에 의하여 확정된 토지 경계는?

① 고정경계
② 지상경계
③ 보증경계
④ 인공경계

46 보증경계
측량사에 의하여 정밀지적측량이 수행되고 지적관리청의 사정에 의해 행정처리가 완료되어 확정된 토지 경계

□□□ 08⑤, 10⑤, 15①, 20④
47 다음 중 지적측량을 하여야 하는 경우가 아닌 것은?

① 지적공부를 복구하는 경우
② 경계점을 지상에 복원하는 경우
③ 지적측량 성과를 검사하는 경우
④ 토지대장의 지목을 변경하는 경우

47
합병, 지목변경은 지적측량을 실시하지 않는다.

□□□ 16①, 20④

48 현행 지적업무처리규정에 의한 지적도의 도곽 크기는?

① 가로 30cm, 세로 20cm

② 가로 40cm, 세로 30cm

③ 가로 30cm, 세로 40cm

④ 가로 40cm, 세로 50cm

48 도곽선의 제도

지적도의 도곽 크기는 가로 40센티미터, 세로 30센티미터의 직사각형으로 한다.

□□□ 15⑤, 20④

49 토지이동 신청에 관한 특례와 관련하여 사업의 착수·변경 및 완료 사실을 지적소관청에 신고하여야 하는 대통령령으로 정하는 토지개발 사업이 아닌 것은?

① 「주택법」에 따른 주택건설사업

② 「산업입지 및 개발에 관한 법률」에 따른 산업단지개발사업

③ 「공유수면 관리 및 매립에 관한 법률」에 따른 매립사업

④ 「국토의 계획 및 이용에 관한 법률」에 따른 토지형질변경사업

49 대통령령으로 정하는 토지개발사업

• 「주택법」에 따른 주택건설사업

• 「산업입지 및 개발에 관한 법률」에 따른 산업단지개발사업

• 「공유수면 관리 및 매립에 관한 법률」에 따른 매립사업

□□□ 08⑤, 10⑤, 20④

50 다음 중 방위각법에 의한 지적도근점측량에서 연결 오차를 구하는 식이 옳은 것은?

① $\sqrt{f_x + f_y}$

② $\sqrt{(f_x)^2 + (f_y)^2}$

③ $f_x + f_y$

④ $f_x{}^2 + f_y{}^2$

50 지적도근점측량의 연결오차

연결오차 $= \sqrt{(f_x)^2 + (f_y)^2}$

($\because f_x$: 종선오차, f_y : 횡선오차)

□□□ 04⑤, 13⑤, 20④

51 측판측량방법에 있어서 도상에 영향을 미치지 아니하는 지상거리의 축척별 허용범위는?(단 M은 축척의 분모임)

① $\dfrac{M}{10}$mm

② $\dfrac{M}{100}$mm

③ $\dfrac{M}{10}$m

④ $\dfrac{M}{100}$m

51

평판(측판)측량방법에 있어서 도상에 영향을 미치지 아니하는 지상거리의 축척별 허용범위는 $\dfrac{M}{10}$ 밀리미터로 한다. 이 경우 M은 축척분모를 말한다.

□□□ 20④

52 지목을 지적도면에 등록하는 부호가 틀린 것은?

① 목장용지 – 목

② 종교용지 – 종

③ 공장용지 – 공

④ 철도용지 – 철

52

공장용지 – 장

해 설

□□□ 11①, 15①, 16④, 20④

53 다음 중 지번색인표의 등재사항으로만 나열된 것은?

① 제명, 지번, 도면번호, 결번 ② 지번, 지목, 결번, 도면번호
③ 축척, 지번, 본번, 결번 ④ 지번, 경계, 결번, 제명

53 지번색인표의 등재사항(업무처리규정 제40조)
- 제명
- 지번·도면번호 및 결번

□□□ 04⑤, 05②, 06⑤, 20④

54 축척 $\frac{1}{1000}$ 인 지적도 1도곽의 실제 포용면적은?

① $30000m^2$ ② $60000m^2$
③ $90000m^2$ ④ $120000m^2$

해설 축척별 포용면적

구분	축척	지상길이(m)	포용면적(m^2)
지적도	1/500	150×200	30,000
	1/1000	300×400	120,000
	1/600	200×250	50,000
	1/1200	400×500	20,000
	1/2400	800×1000	800,000
	1/3000	1200×1500	1,800,000
	1/6000	2400×3000	7,200,000

□□□ 10①, 11⑤, 20④

55 다음 중 토지정보시스템의 약호로 옳은 것은?

① GIS ② CIS
③ LIS ④ MIS

55
토지정보시스템 :
LIS(Land Information System)

□□□ 10①, 20④

56 우리나라 지적관련 법령의 변천과정을 순서대로 바르게 나열한 것은?

1. 토지조사법	2. 토지조사령
3. 조선지세령	4. 조선임야조사령
5. 지적법	

① 1－2－3－4－5 ② 1－3－2－4－5
③ 1－4－2－3－5 ④ 1－2－4－3－5

56
토지조사법(1910) → 토지조사령(1912) → 조선임야조사령(1918) → 조선지세령(1943) → 지적법(1950)

정답 53 ① 54 ④ 55 ③ 56 ④

□□□ 05②, 06⑤, 14①, 20④

57 축척 1/600에 등록할 토지의 면적이 78.445m²로 산출되었을 때 지적공부에 등록하는 면적은?

① 78m²

② 78.5m²

③ 78.45m²

④ 78.4m²

□□□ 08⑤, 11①, 20④

58 다음 중 공유지연명부에 등록하여야 할 사항이 아닌 것은?

① 소유자의 성명

② 소유자의 주소

③ 소유자의 주민등록번호

④ 소유면적과 지목

□□□ 11①, 20④

59 다음 중 도면에 실선과 허선을 각각 3mm로 연결하고, 허선에 0.3mm의 점 2개를 제도하는 행정구역선은?

① 시·도계

② 시·군계

③ 읍·면계

④ 동·리계

해설 업무처리규정 제47조(행정구역선의 제도)
시·군계는 실선과 허선을 각각 3밀리미터로 연결하고, 허선에 0.3밀리미터의 점 2개를 제도한다.

□□□ 10⑤, 20④

60 다음 중 지적의 특성으로 가장 거리가 먼 것은?

① 역사성

② 정확성

③ 안전성

④ 가치성

정답 57 ④ 58 ④ 59 ② 60 ④

국가기술자격 CBT 필기시험문제

2021년도 기능사 제4회 필기시험 복원문제

종 목	시험시간	배 점	수험번호	1회독	2회독	3회독
지적기능사	1시간	60	수험자명			

※ 본 기출문제는 수험자의 기억을 바탕으로 하여 복원한 문제이므로 실제 문제와 다를 수 있음을 미리 알려드립니다.

해 설

□□□ 14①⑤, 15⑤, 21④

01 토지는 국가가 비치하는 지적공부에 등록하여야 공식적 효력이 발생한다는 토지 등록 원리는?

① 국정주의　　　　　② 공개주의
③ 실질적 심사주의　　④ 형식주의

01 지적형식주의(지적등록주의)
형식주의란, 일정한 법정 형식을 갖추어 등록·공시하는 원칙이며, 지적 공부에 등록하여야 공식적인 효력이 인정된다는 것이다.

□□□ 10⑤, 13①, 14⑤, 21④

02 가장 오래된 역사를 가지고 있는 최초의 지적제도로 지적공부의 여러 가지 등록사항 중 세금 결정에 직접 관련이 있는 면적과 토지등급을 정확하게 측정하고 조사 하는 것이 가장 중요시 되었던 지적제도는?

① 세지적　　　　　　② 법지적
③ 다목적지적　　　　④ 소유지적

02 세지적
토지에 조세를 부과함에 있어서 그 세액을 결정하는데 가장 큰 목적이 있는 제도로, 국가재정수입의 대부분이 토지세인 농경시대에 개발된 최초의 지적제도로 각 필지에 대한 세액을 정확하게 산정하기 위해 면적과 기준시가 본위(면적본위)로 운영되는 제도이다.

□□□ 10①, 14①, 16①, 21④

03 다음 중 경계점의 위치를 평면직각좌표(X, Y)를 이용하여 등록 관리하는 지적제도는?

① 도해지적　　　　　② 3차원지적
③ 수치지적　　　　　④ 다목적지적

03 수치지적
경계점 위치를 경위의 측량 방법으로 측정한 평면 직각 종횡선 수치(x, y)를 경계점좌표등록부에 등록·관리하는 지적제도를 말한다. 도해 지적보다 높은 정도로 경계점을 복원할 수 있다.

□□□ 05②, 14①⑤, 21④

04 소극적 지적에 대한 설명으로 옳은 것은?

① 신고된 사항만을 등록하는 방식이다.
② 신고가 없어도 국가가 직권으로 등록하는 방식이다.
③ 세원을 결정하여 과세하는 지적 제도이다.
④ 일필지의 면적을 측정하는 방법이다.

04 소극적 지적
• 기본적으로 거래와 그에 관한 거래 증서변경기록을 수행하는 것이다.
• 일필지의 소유권이 거래되면서 발생되는 거래증서를 변경등록 하는 것이다.
• 즉, 신고 된 사항만을 등록하는 방식이다.

□□□ 15⑤, 21④

05 조선시대 토지나 가옥의 매매계약이 성립하기 위하여 매수인, 매도인 쌍방의 합의 외에 대가의 수수목적물의 인도 시 서면으로 작성하는 계약서로, 오늘날 매매계약서와 동일한 기능을 한 것은?

① 입안   ② 양안
③ 문기   ④ 지권

05 문기(文記)
문기는 토지 및 가옥을 매매할 때 작성하는 오늘날의 매매계약서를 말한다. 매수인과 매도인의 합의 외 수수목적물의 인도가 있는 경우 계약서를 서면으로 작성되는 계약서이다.

□□□ 04②, 14①, 21④

06 조선시대의 토지대장인 양안에 기재되지 않은 것은?

① 토지 지목   ② 토지 등급
③ 토지 면적   ④ 토지 연혁

06 양안의 등재내용
• 조선시대 : 논밭의 소재지, 지목, 결수부(면적), 자호(지번), 전형(토지형태), 주(토지소유자), 양전방향, 사표(토지의 위치), 토지등급(토지의 비옥도), 진기(경작 여부) 등

□□□ 10⑤, 14⑤, 21④

07 다음 중 임야조사사업의 특징으로 옳지 않은 것은?

① 축척이 대축척이었다.
② 토지조사사업의 기술자를 채용하여 시간과 경비를 절약 할 수 있었다.
③ 토지조사사업에 비해 적은 인원으로 업무를 수행하였다.
④ 적은 예산으로 이 사업을 완성하였다.

07
임야조사사업은 측량의 정도를 낮게 하고 소축척으로 하였다.

□□□ 14⑤, 15⑤, 21④

08 토지의 경계가 자연적인 지형지물 즉 도로, 담장, 울타리, 도랑, 하천 등으로 이루어진 것을 무엇이라 하는가?

① 보증경계   ② 고정경계
③ 일반경계   ④ 확정경계

08 일반경계
토지의 경계가 자연적인 지형지물 즉 도로, 담장, 울타리, 도랑, 하천 등으로 구성된 경계

□□□ 15①, 21④

09 지상 경계의 결정기준으로 옳은 것은?

① 토지가 해면에 접하는 경우 – 최대만조위선
② 구거의 토지에 절토된 부분이 있는 경우 – 지물의 중앙부
③ 공유수면매립지의 토지 중 제방을 토지에 편입하여 등록하는 경우 – 안쪽 어깨부분
④ 도로의 토지에 절토된 부분이 있는 경우 – 경사의 하단부

09
• 구거의 토지에 절토된 부분이 있는 경우 – 그 경사면의 상단부
• 공유수면매립지의 토지 중 제방을 토지에 편입하여 등록하는 경우 – 바깥쪽 어깨부분
• 도로의 토지에 절토된 부분이 있는 경우 – 그 경사면의 상단부

□□□ 05①, 12⑤, 16①, 21④

10 지적의 3요소로 가장 거리가 먼 것은?

① 지물   ② 토지

③ 등록   ④ 지적공부

10
- 지적의 3요소 : 토지, 등록, 지적공부
- 네덜란드 지적제도의 3대 구성요소
  : 소유자, 권리, 필지

□□□ 14⑤, 15⑤, 21④

11 지번에 대한 설명으로 옳은 것은?

① 필지에 부여하여 지적공부에 등록한 번호이다.

② 지번의 부여단위는 읍·면이다.

③ 지번제도는 우리나라에서만 사용하고 있다.

④ 지번은 토지의 소유자에 따라 표시한다.

11 법률 제2조(정의)
지번이란 필지에 부여하여 지적공부에 등록한 번호를 말한다.

□□□ 13①, 15①, 21④

12 다음의 지번부여 방법 중 부여단위에 따른 분류에 해당하지 않는 것은?

① 지역단위법   ② 도엽단위법

③ 단지단위법   ④ 북서기번법

12 설정단위(부여단위)에 따른 지번의 분류방법
지역단위법, 도엽단위법, 단지단위법

□□□ 06⑤, 10①, 14⑤, 21④

13 일반적인 토지대장의 유형에 해당되지 않는 것은?

① 장부식 대장   ② 편철식 대장

③ 공부식 대장   ④ 카드식 대장

13 대장의 형식
장부식대장(부책식대장), 카드식 대장, 편철식대장

□□□ 15⑤, 21④

14 토지를 신규등록하는 경우 면적의 결정은 누가 하는가?

① 토지소유자   ② 측량 대행사

③ 한국국토정보공사   ④ 지적소관청

14 토지의 조사·등록 등(법률 제64조)
지적공부에 등록하는 지번·지목·면적·경계 또는 좌표는 토지의 이동이 있을 때 토지소유자의 신청을 받아 지적소관청이 결정한다.

□□□ 05②, 10①⑤, 13⑤, 16①, 21④

15 토렌스시스템(Torrens System)의 일반적 이론과 거리가 먼 것은?

① 거울이론   ② 보험이론

③ 커튼이론   ④ 점증이론

15 토렌스시스템
- 거울이론(Mirror Principle)
- 커튼이론(Curtain Principle)
- 보험이론(Insurance Principle)

정답 10 ① 11 ① 12 ④ 13 ③ 14 ④ 15 ④

□□□ 14①, 21④

16 도로·철도용지·하천·제방·구거·수도용지 등의 지목이 서로 중복 될 때 먼저 등록된 토지의 사용목적에 따라 지목을 설정하는 원칙을 무엇이라 하는가?

① 용도 경중의 원칙　　　② 등록 선후의 원칙
③ 주지목 추종의 원칙　　④ 일시 변경 불변의 원칙

16 등록 선후의 원칙
지목이 서로 중복될 경우 먼저 등록된 지목을 부여하는 원칙으로 비슷한 규모의 도로, 철도가 교차시 지목설정 원칙이다.

□□□ 05①, 13⑤, 14①, 21④

17 축척이 1/1000인 지적도에서 도면상의 길이가 10cm일 때 실제거 리는 얼마인가?

① 150m　　　　　② 100m
③ 60m　　　　　 ④ 10m

17
$\dfrac{1}{m} = \dfrac{도상거리}{실제거리}$ 에서 $\dfrac{1}{1000} = \dfrac{0.1}{x}$

∴ $x = 0.1 \times 1000 = 100\text{m}$
(∵ m : 축척분모)

□□□ 14⑤, 21④

18 지번지역으로 옳은 것은?

① 시·도 또는 이에 준하는 지역
② 시·군 또는 이에 준하는 지역
③ 읍·면 또는 이에 준하는 지역
④ 동·리 또는 이에 준하는 지역

18
"지번부여지역"이란 지번을 부여하는 단위지역으로서 동·리 또는 이에 준하는 지역을 말한다.

□□□ 16①, 21④

19 물권이 미치는 권리의 객체로서 지적공부에 등록하는 토지의 등 록단위는?

① 택지　　　　　② 필지
③ 대지　　　　　④ 획지

19
"필지"란 대통령령으로 정하는 바에 따라 구획되는 토지의 등록단위를 말한다.

□□□ 15⑤, 21④

20 일필지로 정할 수 있는 기준으로 틀린 것은?

① 토지소유자가 동일하여야 한다.
② 토지의 가격이 동일하여야 한다.
③ 지번부여지역의 토지이어야 한다.
④ 토지의 용도가 동일하여야 한다.

20 1필지로 정할 수 있는 기준(시행령 제5조)
지번부여지역의 토지로서 소유자와 용도가 같고 지반이 연속된 토지는 1필지로 할 수 있다.

정답 16 ② 17 ② 18 ④ 19 ② 20 ②

□□□ 15①, 21④

21 저수지의 지목은 다음 중 어디에 해당 되는가?

① 유지   ② 하천

③ 잡종지   ④ 광천지

21 유지(溜地)
물이 고이거나 상시적으로 물을 저장하고 있는 댐·저수지·소류지(沼溜地)·호수·연못 등의 토지와 연·왕골 등이 자생하는 배수가 잘 되지 아니하는 토지

□□□ 08⑤, 13①, 14⑤, 15①, 21④

22 다음 중 임야도의 축척에 해당하는 것은?

① 1/600   ② 1/1200

③ 1/2400   ④ 1/6000

22 지적도면의 축척(시행규칙 제69조)
• 지적도 : 1/500, 1/600, 1/1000, 1/1200, 1/2400, 1/3000, 1/6000
• 임야도 : 1/3000, 1/6000

□□□ 05②, 06⑤, 08⑤, 10①, 15⑤, 21④

23 다음 중 지목과 지적도면에 등록하는 때에 표기하는 부호의 연결이 옳지 않는 것은?

① 잡종지 - 잡   ② 하천 - 천

③ 제방 - 제   ④ 공장용지 - 공

23
공장용지 - 장

□□□ 11⑤, 14⑤, 15⑤, 21④

24 토지소유자가 지적공부의 등록사항에 대한 정정을 신청할 때, 경계 또는 면적의 변경을 가져오는 경우 정정사유를 적은 신청서와 함께 지적소관청에 제출하여야 하는 것은?

① 등록사항 정정 측량성과도   ② 건축물대장등본

③ 주민등록등본   ④ 부동산등기부

24 등록사항의 정정신청
• 경계 또는 면적의 변경을 가져오는 경우 : 등록사항 정정 측량성과도
• 그 밖의 등록사항을 정정하는 경우 : 변경 사항을 확인할 수 있는 서류

□□□ 16①, 21④

25 축척 1/1000 도면에서 도곽선의 신축량이 가로, 세로 각각 + 2.0mm일 때 면적보정계수는?

① 1.0017   ② 0.9884

③ 1.0035   ④ 0.9965

해설 면적측정의 방법(지적측량시행규칙 제20조)

$$Z = \frac{X \cdot Y}{\Delta X \cdot \Delta Y} \text{(도곽선의 보정계수)}$$

$$= \frac{300 \times 400}{(300 + 2.0) \times (400 + 2.0)} = 0.9884$$

□□□ 15①, 21④

26 지적측량수행자가 지적측량성과의 정확성을 검사 받기 위하여 지적소관청에 제출해야 할 서류가 아닌 것은?

① 면적측정부   ② 측량결과도

③ 측량의뢰서   ④ 측량성과 파일

26
지적측량수행자는 측량부·측량결과도·면적측정부, 측량성과 파일 등 측량성과에 관한 자료(전자파일 형태로 저장한 매체 또는 인터넷 등 정보통신망을 이용하여 제출하는 자료를 포함한다)를 지적소관청에 제출하여 그 성과의 정확성에 관한 검사를 받아야 한다.

□□□ 04②⑤, 12⑤, 14⑤, 15⑤, 21④

27 일람도의 축척은 그 도면축척의 얼마로 하는 것을 기준으로 하는가?

① 1/5   ② 1/10

③ 1/20   ④ 1/50

27 일람도의 제도(업무처리규정 제41조)
일람도를 작성할 경우 일람도의 축척은 그 도면축척의 10분의 1로 한다.

□□□ 13①, 16①, 21④

28 일람도 제도에서 붉은색 0.2mm 폭의 2선으로 제도하는 것은?

① 수도용지   ② 기타도로

③ 철도용지   ④ 하천

28 일람도의 제도(지적업무처리규정 제38조)
• 수도용지 중 선로는 남색 0.1mm 폭의 2선으로 제도
• 지방도로 이상은 검은색 0.2mm 폭의 2선으로, 그 밖의 도로는 0.1mm의 폭으로 제도
• 철도용지는 붉은색 0.2mm 폭의 2선으로 제도

□□□ 04①, 05①②, 08⑤, 15①, 21④

29 지번 및 지목을 제도하는 경우 글자크기는?

① 1mm 이상 2mm 이하   ② 2mm 이상 3mm 이하

③ 3mm 이상 4mm 이하   ④ 4mm 이상 5mm 이하

29
지번 및 지목을 제도할 때에는 지번 다음에 지목을 제도한다.
• 이 경우 2mm~3mm 크기의 명조체로 한다.
• 지번의 글자 간격은 글자크기의 4분의1 정도이다.

□□□ 16①, 21④

30 지적도에 등록하는 행정구역선의 제도 폭은?

① 0.1mm   ② 0.2mm

③ 0.3mm   ④ 0.4mm

30 행정구역선의 제도(업무처리규정 제47조)
도면에 등록할 행정구역선은 0.4밀리미터 폭으로 다음 각 호와 같이 제도한다. 다만, 동·리의 행정구역선은 0.2밀리미터 폭으로 한다.

□□□ 15⑤, 21④

31 행정구역선이 2종 이상 겹치는 경우의 제도방법은?

① 최상급 행정구역선만 제도한다.
② 최상급 행정구역선과 최하급 행정구역선을 경계선 양쪽에 제도한다.
③ 최하급 행정구역선만 제도한다.
④ 최상급 행정구역선과 최하급 행정구역선을 교대로 제도한다.

31 행정구역선의 제도(지적업무처리규정 제47조)
행정구역선이 2종 이상 겹치는 경우에는 최상급 행정구역선만 제도한다.

정답 26 ③ 27 ② 28 ③ 29 ② 30 ④ 31 ①

□□□ 04②, 13⑤, 14⑤, 21④

32 지적측량에서 직각좌표계 원점을 사용하기 위하여 종선수치와 횡선수치에 각각 얼마를 가산하여 사용할 수 있는가?

① 종선수치 − 50만m(제주도는 55만m), 횡선수치 − 30만m
② 종선수치 − 50만m(제주도는 55만m), 횡선수치 − 20만m
③ 종선수치 − 30만m(제주도는 55만m), 횡선수치 − 50만m
④ 종선수치 − 20만m(제주도는 55만m), 횡선수치 − 50만m

□□□ 04①, 12⑤, 14①, 21④

33 축척 1/1200 지역에서 종선의 신축오차가 −1.8mm, −0.8mm, 횡선의 신축오차가 −1.2mm, −0.6mm일 때 도곽선 신축은?

① −0.9mm
② −1.0mm
③ −1.1mm
④ −1.2mm

□□□ 15⑤, 21④

34 지적기준점에 해당하지 않는 것은?

① 지적도근점
② 지적삼각점
③ 지적삼각보조점
④ 수준점

□□□ 19①, 21④

35 앨리데이드를 사용하여 평판 설치점에서 측점까지의 경사거리를 30m, 경사 측점눈금 15일 때 수평거리는?

① 29.56m
② 29.89m
③ 29.78m
④ 29.67m

□□□ 14⑤, 15⑤, 21④

36 ∠ABC=90°, ∠CAB=30° AB의 거리가 100.0m일 경우 BC의 거리는?

① 50.0m
② 57.7m
③ 86.6m
④ 100.0m

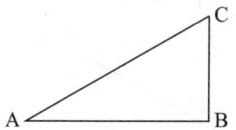

32 직각좌표원점

세계측지계에 따르지 아니하는 지적측량의 경우에는 가우스상사이중투영법으로 표시하되, 직각좌표계 투영원점의 가산(加算)수치를 각각 X(N) 500000m(제주도지역 550000m), Y(E) 200000m로 하여 사용할 수 있다.

33 면적측정의 방법(지적측량시행규칙 제20조)

$$S=\frac{\Delta X_1 + \Delta X_2 + \Delta Y_1 + \Delta Y_2}{4}$$
(도곽선의 신축량)
$$=\frac{(-1.8)+(-0.8)+(-1.2)+(-0.6)}{4}$$
$$=-1.1mm$$

(∵ S는 신축량, ΔX_1는 왼쪽 종선의 신축된 차, ΔX_2는 오른쪽 종선의 신축된 차, ΔY_1은 윗쪽 횡선의 신축된 차, ΔY_2은 아래쪽 횡선의 신축된 차)

34 지적측량시행규칙 제5조(지적측량의 구분)

지적기준점을 정하기 위한 기초측량에는 지적삼각점측량, 지적삼각보조점측량, 지적도근점측량이 있다.

35

$$D=\frac{100L}{\sqrt{100^2+n^2}}$$
$$=\frac{100\times30}{\sqrt{100^2+15^2}}=29.67m$$

36

$$\frac{a}{\sin A}=\frac{b}{\sin B}=\frac{c}{\sin C}\ (\sin 법칙)$$

• ∠C=180°−(90°+30°)=60°

• $\frac{100}{\sin 60°}=\frac{\overline{BC}}{\sin 30°}$

∴ $\overline{BC}=\frac{100\times \sin 30°}{\sin 60°}=57.7m$

정답 **32** ② **33** ③ **34** ④ **35** ① **36** ②

□□□ 14⑤, 21④
37 지적측량의 구분으로 옳은 것은?

① 평판측량, 사진측량　　② 기초측량, 세부측량
③ 일반측량, 공공측량　　④ 기본측량, 세부측량

37
지적측량은 지적기준점을 정하기 위한 기초측량과, 1필지의 경계와 면적을 정하는 세부측량으로 구분한다.

□□□ 06⑤, 14⑤, 21④
38 지적 기초측량의 방법이 아닌 것은?

① 평판 측량방법　　② 전파기 측량방법
③ 경위의 측량방법　　④ 위성 측량방법

38
지적기준점을 정하기 위한 기초측량의 방법은 경위의 측량방법, 전파기 또는 광파기 측량방법, 위성 측량방법 등이 있다.

□□□ 13①, 21④
39 전자면적측정기에 따른 면적측정의 방법 및 기준이 틀린 것은? (단, M : 축척분모, F : 2회 측정한 면적의 합계를 2로 나눈 수)

① 측정면적은 1천분의 1제곱미터까지 계산하여 10분의 1 제곱미터 단위로 정한다.
② 교차의 허용면적(A) 기준은 $0.023^2 \times M \times \sqrt{F}$ 이내이다.
③ 산출면적은 1백분의 1제곱미터까지 계산하여 1제곱미터 단위로 정한다.
④ 도상에서 2회 측정하여 그 교차가 허용면적 이하일 때에는 그 평균치를 측정면적으로 한다.

39 면적측정의 방법
측정면적은 1천분의 1제곱미터까지 계산하여 10분의 1제곱미터 단위로 정할 것

□□□ 11①, 21④
40 두점간의 거리가 96m이고 종선차가 34m일 때 방위각은?

① 20° 44′ 33″　　② 69° 15′ 27″
③ 200° 44′ 33″　　④ 249° 15′ 27″

40
• 거리 $= \sqrt{\triangle x^2 + \triangle y^2}$
$\quad\quad = \sqrt{34^2 + \triangle y^2} = 96\text{m}$
$\quad \therefore \ \triangle y = 90\text{m}$
• 방위 $= \tan^{-1}\left(\dfrac{Y}{X}\right)$
$\quad\quad = \tan^{-1}\left(\dfrac{90}{34}\right)$
$\quad\quad = \text{N}69° 18′ 16″ \text{E(1상한)}$
$\quad \therefore \ 방위각 = 69° 18′ 16″$
$\quad\quad\quad\quad \fallingdotseq 69° 15′ 27″$

□□□ 13⑤, 16①, 20④, 21④
41 일필지의 모양이 다음과 같은 경우 토지의 면적은?

① 500m²
② 350m²
③ 200m²
④ 150m²

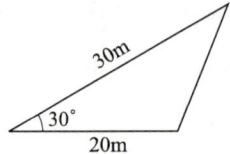

41
$A = \dfrac{1}{2}ab\sin\theta$ (이변법)
$\quad = \dfrac{1}{2} \times 20 \times 30 \times \sin 30°$
$\quad = 150\text{m}^2$

□□□ 16①, 21④
42 지적측량 방법에 속하지 않는 것은?

① 위성측량
② 전파기측량
③ 사진측량
④ 천문측량

□□□ 04①, 14①, 15①, 21④
43 경계점좌표등록부에 등록하는 지역의 토지 면적을 등록하는 최소 단위 기준은?

① 100m²
② 10m²
③ 1m²
④ 0.1m²

□□□ 14⑤, 21④
44 좌표면적계산법에 따른 면적 측정 시 산출면적은 얼마의 단위까지 계산하여야 하는가?

① 1m²
② 1/10m²
③ 1/100m²
④ 1/1000m²

□□□ 05②, 08⑤, 14①, 21④
45 제도 시 붉은색을 사용하지 않는 것은?

① 도곽선
② 도곽선 수치
③ 지방도로
④ 말소선

□□□ 13⑤, 21④
46 다음 중 지적도 도곽선의 역할이 아닌 것은?

① 방위 표시의 기준
② 지목 설정의 기준
③ 도면 접합의 기준
④ 기준점 전개의 기준

□□□ 04⑤, 05①, 06⑤, 13①, 14⑤, 21④
47 1필지의 토지소유자가 2인 이상인 경우 그 지분관계를 기록한 것으로, 지적소관청에 의하여 작성되어 비치되는 것은?

① 경계점좌표등록부
② 결번 대장
③ 공유지연명부
④ 건축물 대장

□□□ 10⑤, 12⑤, 13①, 14①, 15⑤, 16①, 21④
48 다음 중 지적공부가 아닌 것은?

① 토지대장   ② 공유지연명부

③ 대지권등록부   ④ 도로대장

48 지적공부
토지대장, 임야대장, 공유지연명부, 대지권등록부, 지적도, 임야도 및 경계점좌표등록부 등 지적측량 등을 통하여 조사된 토지의 표시와 해당 토지의 소유자 등을 기록한 대장 및 도면을 말한다.

□□□ 04②, 06⑤, 10①⑤, 11⑤, 13⑤, 14①, 16①, 21④
49 다음 중 지적도의 축척이 아닌 것은?

① 1/500   ② 1/1500

③ 1/2400   ④ 1/3000

49 지적도면의 축척
• 지적도 : 1/500, 1/600, 1/1000, 1/1200, 1/2400, 1/3000, 1/6000
• 임야도 : 1/3000, 1/6000

□□□ 15⑤, 21④
50 대장에 등록하는 면적의 단위 기준은?

① 제곱킬로미터   ② 제곱미터

③ 제곱센티미터   ④ 헥타르

50 면적의 결정
대장에는 제곱미터(m²) 단위로 면적을 등록한다.

□□□ 04②, 10⑤, 14⑤, 15⑤, 21④
51 토지대장과 임야대장에 등록할 사항이 아닌 것은?

① 토지의 소재   ② 소유권 지분

③ 지번   ④ 면적

51 토지대장 등의 등록사항
• 토지의 소재
• 지번
• 지목
• 면적
• 소유자의 성명 또는 명칭, 주소 및 주민등록번호

□□□ 04⑤, 14①, 21④
52 지적공부에 토지의 소재·지번·지목·면적·경계 또는 좌표를 등록한 것을 무엇이라 하는가?

① 토지의 이동   ② 토지표제

③ 토지의 표시   ④ 지적 기록

52
토지의 표시란 지적공부에 토지의 소재·지번(地番)·지목(地目)·면적·경계 또는 좌표를 등록한 것을 말한다.

□□□ 04①, 04②, 13⑤, 15①, 21④
53 지적공부에 등록된 1필지를 2필지로 나누어 등록하는 것을 무엇이라 하는가?

① 분할   ② 등록전환

③ 합병   ④ 축척변경

53
분할이란 지적공부에 등록된 1필지를 2필지 이상으로 나누어 등록하는 것을 말한다.

정답   48 ④   49 ②   50 ②   51 ②   52 ③   53 ①

□□□ 05①②, 10①, 13①, 14①⑤, 15①, 16①, 21④

54 경계점좌표등록부의 등록사항이 아닌 것은?

① 지번
② 부호 및 부호도
③ 토지의 소재
④ 면적

54 경계점좌표등록부의 등록사항
• 토지의 소재
• 지번
• 좌표

□□□ 12⑤, 21④, 24④

55 지번이 각각 5−1, 3, 3−1, 2인 필지의 합병 후 지번으로 옳은 것은?

① 1
② 2
③ 3−1
④ 5−1

해설 지번의 구성 및 부여방법

5−1	3
3−1	2

⟨합병 전⟩ → 2 ⟨합병 후⟩

□□□ 10⑤, 15⑤, 21④

56 다음 중 분할 후의 각 필지의 면적의 합계와 분할 전 면적과의 오차의 허용범위를 구하는 식으로 옳은 것은? (단, A : 오차허용면적, M : 축척분모, F : 원면적)

① $A = 0.023^2 M \sqrt{F}$
② $A = 0.026^2 M \sqrt{F}$
③ $A = 0.23^2 M \sqrt{F}$
④ $A = 0.26^2 M \sqrt{F}$

56 분할에 따른 허용범위
$A = 0.026^2 M \sqrt{F}$

□□□ 15①, 21④

57 신규등록의 대상 토지가 아닌 것은?

① 미등록 공공용 토지
② 미등록 도서
③ 공유수면매립 준공 토지
④ 토지분할 측량을 실시한 토지

57
신규등록이란, 새로이 조성된 토지 및 등록이 누락되어 있는 토지를 지적공부에 등록하는 것을 말한다. 토지분할 측량을 실시한 토지는 해당되지 않는다.

□□□ 14①, 21④

58 세부측량에서 분할 측량 시 원면적이 4529m², 보정면적의 합계 4550m²일 때 하나의 필지에 대한 보정면적이 2033m²이었다면 이 필지의 산출면적은?

① 2010.2m²
② 2023.6m²
③ 2014.4m²
④ 2043.6m²

58 산출면적(시행령 제19조)
$r = \dfrac{F}{A} \times a$
$= \dfrac{4529}{4550} \times 2033 = 2023.6 \, m^2$

정답 54 ④ 55 ② 56 ② 57 ④ 58 ②

□□□ 13①, 21④

59 일반 원점 지역에서 축척이 1/1200인 도곽선의 지상 규격은?
(단, 종선 × 횡선(m)임)

① 150×200(m)　　　　　② 200×250(m)

③ 300×400(m)　　　　　④ 400×500(m)

59
1/1200의 지상길이는 400×500m이다.
1/1200의 도상길이는 333.33×416.67mm이다.

□□□ 15⑤, 21④

60 3cm가 늘어난 50m 길이의 줄자로 거리를 측정한 값이 500m일 때 실제거리는 얼마인가?

① 499.3m　　　　　② 501.5m

③ 500.3m　　　　　④ 550.5m

60
$$L_0 = L\left(1 \pm \frac{\triangle l}{l}\right)$$
(테이프의 특성값)
$$= 500\left(1 + \frac{0.03}{50}\right)$$
$$= 500.3\text{m}$$

국가기술자격 CBT 필기시험문제

2022년도 기능사 제4회 필기시험 복원문제

종 목	시험시간	배 점	수험번호	1회독	2회독	3회독
지적기능사	1시간	60	수험자명			

※ 본 기출문제는 수험자의 기억을 바탕으로 하여 복원한 문제이므로 실제 문제와 다를 수 있음을 미리 알려드립니다.

해 설

□□□ 14①⑤, 15⑤, 22④

01 토지는 국가가 비치하는 지적공부에 등록하여야 공식적 효력이 발생한다는 토지 등록 원리는?

① 국정주의   ② 공개주의
③ 실질적 심사주의   ④ 형식주의

01 지적형식주의(지적등록주의)
형식주의란, 일정한 법정 형식을 갖추어 등록·공시하는 원칙이며, 지적 공부에 등록하여야 공식적인 효력이 인정된다는 것이다.

□□□ 05②, 06⑤, 11①, 12⑤, 22④

02 다음 중 지적공부를 열람하거나 등본에 의하여 외부에서 알 수 있도록 하는 것과 가장 관계가 밀접한 것은?

① 지적공개주의   ② 지적형식주의
③ 일필일목의 원칙   ④ 경계불가분의 원칙

02 지적공개주의
지적공부에 등록된 모든 사항은 이를 토지 소유자나 이해 관계인 등 일반 국민에게 신속·정확하게 공개하여 정당하게 이용할 수 있도록 하여야 한다는 원칙이다.

□□□ 11①, 22④

03 다음 중 지적의 일반적인 특성과 가장 거리가 먼 것은?

① 역사성   ② 공개성
③ 개발성   ④ 전문성

03 지적의 특성(성격)
지적의 성격은 지적이 지니고 있는 자체의 성질을 말하는 것으로 역사성과 영구성, 반복적 민원성, 전문성과 기술성, 서비스성과 윤리성, 정보원(공시성) 등이 있다.

□□□ 14⑤, 15⑤, 22④

04 지적제도의 발전단계별 분류에 해당하지 않는 것은?

① 행정지적   ② 세지적
③ 다목적지적   ④ 법지적

04
지적제도의 설치목적(발전과정)에 따른 분류 : 세지적, 법지적, 다목적지적

□□□ 13①, 15①, 22④

05 다음의 지번부여 방법 중 부여단위에 따른 분류에 해당하지 않는 것은?

① 지역단위법   ② 도엽단위법
③ 단지단위법   ④ 북서기번법

05
설정단위(부여단위)에 따른 지번의 분류방법 : 지역단위법, 도엽단위법, 단지단위법

정답 01 ④ 02 ① 03 ③ 04 ① 05 ④

□□□ 10⑤, 15①, 19①, 22④

06 다음 중 3차원지적에 대한 설명으로 가장 거리가 먼 것은?

① 입체지적이라고도 한다.
② 지하의 각종 시설물과 지상의 고층화된 건축물을 효율적으로 관리할 수 있다.
③ 다목적 지적으로서 다양한 토지 정보를 제공해 주는 역할을 한다.
④ 경계를 표시하는 방법 및 측량방법에 따른 분류에 해당한다.

06 3차원 지적(입체지적)
• 토지 이용도가 다양한 현대에 필요한 제도로서 입체 지적이라 한다.
• 토지의 지표, 지하, 공중에 형성되는 선, 면, 높이로 구성한다.
• 지상의 건축물과 지하의 상수도, 하수도, 전기, 전화선 등 공공시설물을 효율적으로 등록 관리할 수 있다.

□□□ 15⑤, 22④

07 지적제도의 등록 성질별 분류에서 토지를 지적공부에 등록하는 것을 의무화하지 않고 당사자가 신고할 때 신고된 사항만을 등록하는 것은?

① 적극적 지적
② 토렌스 시스템
③ 강제적 등록
④ 소극적 지적

07 소극적 지적
기본적으로 거래와 그에 관한 거래증서변경기록을 수행하는 것이며 일필지의 소유권이 거래되면서 발생되는 거래증서를 변경등록 하는 것 즉, 신고 된 사항만을 등록하는 방식이다.

□□□ 13⑤, 22④

08 토지세를 징수하기 위하여 이동 정리가 완료된 토지 대장 중에서 민유과세지만을 뽑아 각 면마다 소유자 별로 기록한 토지조사사업 당시의 장부는?

① 토지등록부
② 지세명기장
③ 등기세명부
④ 입안등록부

08 지세명기장(地稅名寄帳)
지세징수를 목적으로 토지대장 중에서 민유과세지만 뽑아 각 면마다 소유자별로 연기(連記) 한 후 합산한 공부이다. 지세령시행규칙 제1조에 의해 1918년경 면에 비치하는 문서로 작성되었다.

□□□ 05②, 06⑤, 11⑤, 13①, 22④

09 조선시대 논, 밭의 소재 및 면적을 기록했던 장부로서 현재의 토지대장에 해당하는 것은?

① 결수연명부
② 지세명기장
③ 토지조정부
④ 양안

09 양안(量案)
오늘날의 토지대장에 해당하는 지적공부로 과세징수의 기본 장부이며, 토지의 소재, 위치, 등급, 형상, 면적, 자호, 등을 기재하여, 소유관계 및 토지의 성격, 연혁을 알 수 있는 중요한 장부였다.

□□□ 12⑤, 22④

10 우리나라의 지적기록과 관련하여 현존하는 가장 오래된 신라시대의 문서는?

① 문기
② 공적
③ 장적
④ 기경전

10 신라촌락장적(新羅村落帳籍)
우리나라에서 현존하는 지적자료 중 신라시대에 작성된 신라촌락장적이 가장 오래된 지적자료이다.

정답 06 ④ 07 ④ 08 ② 09 ④ 10 ③

□□□ 10①, 11⑤, 22④

11 우리나라에서 최초로 지적이라는 용어가 공식적으로 쓰인 것은?

① 토지조사령
② 내부관제
③ 토지조사법
④ 삼림법

11 판적국(版籍局)
1985년 칙령 제53호로 내부관제가 공포되었고 5국 중 하나인 판적국에서 "호구적(戶口籍)에 관한 사항"과 "지적에 관한 사항"을 관장하였고, 여기서 지적이라는 용어가 처음 사용한 것으로 알려졌다.

□□□ 10①, 22④

12 우리나라 지적관련 법령의 변천과정을 순서대로 바르게 나열한 것은?

㉠ 토지조사법	㉡ 토지조사령
㉢ 조선지세령	㉣ 조선임야조사령
㉤ 지적법	

① ㉠ – ㉡ – ㉢ – ㉣ – ㉤
② ㉠ – ㉢ – ㉡ – ㉣ – ㉤
③ ㉠ – ㉣ – ㉡ – ㉢ – ㉤
④ ㉠ – ㉡ – ㉣ – ㉢ – ㉤

12 법령의 변천과정
토지조사법(1910) → 토지조사령(1912) → 조선임야조사령(1918) → 조선지세령(1943) → 지적법(1950)

□□□ 13⑤, 22④

13 토지조사사업 당시 토지 소유자와 경계를 심사하여 확정하는 행정처분을 무엇이라 하는가?

① 토지조사
② 사정
③ 재결
④ 부본

13 토지의 사정
토지조사부 및 지적도에 의하여 토지의 소유자와 강계를 확정하는 행정처분을 말하며 원래의 소유권은 소멸시키고 새로운 소유권을 취득하는 것을 말한다.

□□□ 10①, 22④

14 다음 중 토지조사사업 당시의 조사 내용에 해당하지 않는 것은?

① 토지소유권
② 토지가격
③ 지질
④ 지형, 지모

14 토지조사사업의 목적(일반적인 사항)
• 지적제도와 등기제도 확립을 위한 토지소유권 조사
• 국토지리를 밝히는 토지의 외모조사
• 지세제도 확립을 위한 토지의 가격조사

□□□ 13⑤, 22④

15 임야조사사업의 특징이 아닌 것은?

① 임야는 토지와 같이 분쟁이 많았다.
② 축척이 소축척이고 토지조사사업의 기술자 채용으로 시간과 경비를 절약할 수 있었다.
③ 적은 예산으로 사업을 완료하였다.
④ 국유임야 소유권을 확정하는 것을 목적으로 하였다.

15 임야조사사업의 특징
임야조사사업은 토지에 비해 경제가치가 낮아 분쟁이 적었다.

□□□ 14⑤, 22④

16 토지조사사업 당시 사정의 대상은?

① 강계, 소유자   ② 강계, 면적

③ 지목, 면적   ④ 지번, 소유자

16 토지의 사정
토지조사부 및 지적도에 의하여 토지의 소유자와 강계를 확정하는 행정처분을 말하며 원래의 소유권은 소멸시키고 새로운 소유권을 취득하는 것을 말한다.

□□□ 08⑤, 10①, 22④

17 다음 중 1필지로 정할 수 있는 기준이 옳지 않는 것은?

① 지번부여지역의 토지   ② 동일한 소유자

③ 연속된 지반   ④ 서로 다른 용도

17 필지의 성립기준
• 지반이 연속될 것
• 지번설정지역이 같을 것
• 지목이 같을 것(용도가 동일)
• 소유자, 소유권 이외의 권리가 같을 것

□□□ 12⑤, 22④

18 일필지의 기능으로서 가장 거리가 먼 것은?

① 토지조사의 기본단위   ② 토지상속의 기본단위

③ 토지등록의 기본단위   ④ 토지공시의 기본단위

18 필지의 기능
• 일필지 토지조사의 기본단위
• 토지공시의 단위, 소유권의 단위
• 토지등록의 법적 등록단위

□□□ 04①, 04⑤, 08⑤, 13⑤, 15⑤, 22④

19 두 점의 좌표가 아래와 같을 때, 두 점 사이의 거리는?

점 명	X좌표(m)	Y좌표(m)
A	770.50	130.60
B	950.60	320.20

① 90.60m   ② 125.60m

③ 186.50m   ④ 261.50m

해설 $\overline{AB} = \sqrt{(X_B - X_A)^2 + (Y_B - Y_A)^2}$
$= \sqrt{(950.60 - 770.50)^2 + (320.20 - 130.60)^2}$
$= 261.50m$

□□□ 08⑤, 12⑤, 16①, 22④

20 토지에 지목을 부여하는 주된 목적은?

① 토지의 이용 구분   ② 토지의 특정화

③ 토지의 식별   ④ 토지의 위치 추측

20 지목을 부여하는 목적
지목은 토지를 어떤 목적에 따라 종류별로 구분하여 지적공부에 등록하는 명칭으로, 우리나라에서는 토지의 주된 용도에 따라 지목을 정하는 용도지목을 사용하고 있다.

정답 16 ①   17 ④   18 ②   19 ④   20 ①

□□□ 11⑤, 12⑤, 22④

21 지상 경계를 새로 결정하려는 경우의 기준이 틀린 것은?

① 연접되는 토지 간에 높낮이 차이가 있는 경우 그 구조물의 하단부

② 토지가 해면 또는 수면에 접하는 경우 최대만조위 또는 최대만수위가 되는 선

③ 도로의 토지에 절토된 부분이 있는 경우 그 경사면의 하단부

④ 연접되는 토지 간에 높낮이 차이가 없는 경우 그 구조물 등의 중앙

21
도로·구거 등의 토지에 절토된 부분이 있는 경우에는 그 경사면의 상단부

□□□ 05①, 08⑤, 10⑤, 11①⑤, 13①⑤, 14⑤, 22④

22 다음 필지의 배열이 불규칙한 지역에서 진행 순서에 따라 지번을 부여하여, 진행 방향으로 지번이 순차적으로 연속되는 지번 부여 방법은?

① 사행식 ② 단지식
③ 부번식 ④ 합병식

22 사행식
뱀이 기어가는 형상으로 지번을 부여하는 것을 말하며, 지번 부여 진행 방법 중 가장 많이 쓰이는 것으로서 우리나라 토지의 대부분이 이 방법에 의하여 지번이 부여되었다.

□□□ 16①, 22④

23 물권이 미치는 권리의 객체로서 지적공부에 등록하는 토지의 등록단위는?

① 택지 ② 필지
③ 대지 ④ 획지

23 필지
"필지"란 대통령령으로 정하는 바에 따라 구획되는 토지의 등록단위를 말한다.

□□□ 04⑤, 10⑤, 22④

24 두 점 간의 실제거리 50m을 도상에서 2mm로 나타낼 때의 축척은 얼마인가?

① 1/1000 ② 1/2500
③ 1/25000 ④ 1/50000

24 축척
$$\frac{1}{m} = \frac{도상거리}{실제거리} \text{에서}$$
$$\frac{0.002}{50} = \frac{1}{25000}$$
(∵ m : 축척분모)

□□□ 05②, 10⑤, 22④

25 다음 중 경계의 법률적 정의로 옳은 것은?

① 담장 및 울타리 ② 지적도상 경계
③ 지상의 경계표시 ④ 논두렁 및 밭둑

25 경계의 정의
토지의 경계는 필지별로 경계점 간을 직선으로 연결하여 지적 공부에 등록한 선을 말하며, 한 지역과 다른 지역을 구분하는 외적 표시이고 토지의 소유권 등 사법상의 권리의 범위를 표시하는 구획선이다.

정답 21 ③ 22 ① 23 ② 24 ③ 25 ②

□□□ 16①, 22④

26 지적공부의 열람 및 등본발급은 어떤 이념에 의한 것인가?

① 공신의 원칙　　　　　② 공시의 원칙

③ 직권등록주의　　　　④ 사실심사주의

26 공시의 원칙(공개주의)
토지등록의 법적 지위에 있어서 토지이동이나 물권의 변동은 반드시 외부에 알려야 한다는 원칙으로 지적공부의 열람 및 등본발급과 관련이 있다.

□□□ 13⑤, 22④

27 지목을 지적도면에 표기하는 부호의 연결이 옳은 것은?

① 유원지 - 유　　　　② 유지 - 지

③ 제방 - 방　　　　　④ 묘지 - 묘

27 지목의 표기 방법(시행규칙 제64조)
• 유원지 - 원
• 유지 - 유
• 제방 - 제
• 묘지 - 묘

□□□ 06⑤, 08⑤, 11⑤, 22④

28 지적공부에 등록된 토지소유자의 변경사항을 정리할 때의 근거
자료로 적합하지 않은 것은?

① 등기필증통지서　　　② 등기필증

③ 조사자의 복명서　　　④ 등기부등본

28
지적공부에 등록된 토지소유자의 변경사항은 등기관서에서 등기한 것을 증명하는 등기필통지서, 등기필증, 등기부 등본·초본 또는 등기관서에서 제공한 등기전산정보자료에 따라 정리한다.

□□□ 15①, 22④

29 저수지의 지목은 다음 중 어디에 해당 되는가?

① 유지　　　　　　　② 하천

③ 잡종지　　　　　　④ 광천지

29 유지(溜池)
물이 고이거나 상시적으로 물을 저장하고 있는 댐·저수지·소류지(沼溜地)·호수·연못 등의 토지와 연·왕골 등이 자생하는 배수가 잘 되지 아니하는 토지

□□□ 14①, 22④

30 일반 공중의 종교의식을 위한 건축물의 부지와 이에 접속된 부속
시설물 부지의 지목은?

① 사적지　　　　　　② 종교용지

③ 대　　　　　　　　④ 잡종지

30 종교용지
일반 공중의 종교의식을 위하여 예배·법요·설교·제사 등을 하기 위한 교회·사찰·향교 등 건축물의 부지와 이에 접속된 부속시설물의 부지

□□□ 05②, 06⑤, 08⑤, 10①, 15⑤, 22④

31 다음 중 지목과 지적도면에 등록하는 때에 표기하는 부호의 연결
이 옳지 않은 것은?

① 잡종지 - 잡　　　　② 하천 - 천

③ 제방 - 제　　　　　④ 공장용지 - 공

31
공장용지 - 장

정답 26 ② 27 ④ 28 ③ 29 ① 30 ②
31 ④

□□□ 10⑤, 16①, 22④

32 다음 중 합병신청을 할 수 없는 경우에 해당하지 않는 것은?

① 합병하려는 토지에 임차권의 등기가 있는 경우
② 합병하려는 토지의 지번부여지역이 서로 다른 경우
③ 합병하려는 지목이 서로 다른 경우
④ 합병하려는 소유자가 서로 다른 경우

32
합병하려는 토지에 소유권·지상권·전세권 또는 임차권의 등기, 승역지(承役地)에 대한 지역권의 등기, 합병하려는 토지 전부에 대한 등기원인(登記原因) 및 그 연월일과 접수번호가 같은 저당권의 등기 외의 등기가 있는 경우는 합병신청을 할 수 없다.

□□□ 12⑤, 22④

33 수도용지를 지적도면에 등록하는 때에 표기하는 부호로 옳은 것은?

① 도
② 수도
③ 수
④ 수지

33
• 수도용지 – 수
• 도로 – 도
• 유지 – 유

□□□ 11①, 15①, 22④

34 다음 중 지번 색인표의 등재사항으로만 나열된 것은?

① 제명, 지번, 도면번호, 결번
② 지번, 지목, 결번, 도면번호
③ 축척, 지번, 본번, 결접
④ 지번, 경계, 결번, 제명

34 지번색인표의 등재사항(업무처리규정 제40조)
• 제명
• 지번·도면번호 및 결번

□□□ 04②, 08⑤, 22④

35 다음 중 지적법의 목적으로 가장 알맞은 것은?

① 합리적인 토지이용
② 능률적인 지가관리
③ 합법적인 토지개발
④ 효율적인 토지관리

35 지적법의 목적
측량 및 수로조사의 기준 및 절차와 지적공부(地籍公簿)·부동산종합공부(不動産綜合公簿)의 작성 및 관리 등에 관한 사항을 규정함으로써 국토의 효율적 관리와 해상교통의 안전 및 국민의 소유권 보호에 기여함을 목적으로 한다.

□□□ 15⑤, 22④

36 일필지로 정할 수 있는 기준으로 틀린 것은?

① 토지소유자가 동일하여야 한다.
② 토지의 가격이 동일하여야 한다.
③ 지번부여지역의 토지이어야 한다.
④ 토지의 용도가 동일하여야 한다.

36 1필지로 정할 수 있는 기준(시행령 제5조)
지번부여지역의 토지로서 소유자와 용도가 같고 지반이 연속된 토지는 1필지로 할 수 있다.

□□□ 14⑤, 22④

37 다음 중 지적도면으로만 나열된 것은?

① 지적도, 색인도　　　② 지적도, 임야도

③ 임야도, 일람도　　　④ 지적도, 수치지형도

37 지적도면의 구분(시행규칙 제69조)
지적도면에는 지적도와 임야도가 있다.

□□□ 04②⑤, 05②, 10⑤, 11⑤, 12⑤, 13①⑤, 14①, 15⑤, 16①, 22④

38 면적을 측정하는 경우 도곽선의 길이에 최소 얼마 이상의 신축이 있을 때에 이를 보정해 주어야 하는가?

① 0.5mm　　　② 0.1mm

③ 1mm　　　④ 5mm

38
면적을 측정하는 경우 도곽선의 길이에 0.5밀리미터 이상의 신축이 있을 때에는 이를 보정하여야 한다.

□□□ 04①⑤, 11⑤, 22④

39 도면에 등록하는 도곽선의 수치는 얼마의 크기로 제도하여야 하는가?

① 2mm　　　② 3mm

③ 4mm　　　④ 5mm

39 도곽선의 수치
도곽선 왼쪽 아래부분과 오른쪽 윗부분의 종횡선교차점 바깥쪽에 2밀리미터 크기의 아라비아숫자로 제도한다.

□□□ 16①, 22④

40 지적도에 등록하는 행정구역선의 제도 폭은?

① 0.1mm　　　② 0.2mm

③ 0.3mm　　　④ 0.4mm

40 행정구역선의 제도(업무처리규정 제47조)
도면에 등록할 행정구역선은 0.4밀리미터 폭으로 다음 각 호와 같이 제도한다. 다만, 동·리의 행정구역선은 0.2밀리미터 폭으로 한다.

□□□ 16①, 20④, 22④

41 다음 중 우리나라 지적측량에 사용하는 구소삼각원점이 아닌 것은?

① 망산원점　　　② 현창원점

③ 고성원점　　　④ 금산원점

41 구(舊)소삼각원점
구소삼각원점에는 망산(間), 계양(間), 조본(m), 가리(間), 등경(間), 고초(m), 율곡(m), 현창(m), 구암(間), 금산(間), 소라(m) 원점이 있다.

□□□ 10⑤, 13⑤, 22④

42 다음 중 지적삼각점측량의 방법에 해당하지 않는 것은?

① 경위의측량방법　　　② 광파기측량방법

③ 전파기측량방법　　　④ 평판측량방법

42 지적삼각점측량의 종류
• 전파거리측량, 광파거리측량
• 경위의 측량
• 위성측량

정답 37 ② 38 ① 39 ① 40 ④ 41 ③ 42 ④

□□□ 15⑤, 22④

43 행정구역선이 2종 이상 겹치는 경우의 제도방법은?

① 최상급 행정구역선만 제도한다.
② 최상급 행정구역선과 최하급 행정구역선을 경계선 양쪽에 제도한다.
③ 최하급 행정구역선만 제도한다.
④ 최상급 행정구역선과 최하급 행정구역선을 교대로 제도한다.

43 행정구역선의 제도(지적업무처리규정 제47조)
행정구역선이 2종 이상 겹치는 경우에는 최상급 행정구역선만 제도한다.

□□□ 04⑤, 13⑤, 15⑤, 22④

44 둘 이상의 기지점을 측정점으로 하여 미지점의 위치를 결정하는 방법으로, 방향선법과 원호교회법으로 대별되는 것은?

① 방사교회법
② 전방교회법
③ 측방교회법
④ 후방교회법

44 전방교회법
알고 있는 2개 또는 3개의 점에 평판을 세우고 구하는 점을 시준 후 교차하여 점의 위치를 구하는 방법이다.

□□□ 11①, 22④

45 두점간의 거리가 96m이고 종선차가 34m일 때 방위각은?

① 20° 44′ 33″
② 69° 15′ 27″
③ 200° 44′ 33″
④ 249° 15′ 27″

해설 • 거리 $= \sqrt{\triangle x^2 + \triangle y^2}$
　　　 $= \sqrt{34^2 + \triangle y^2} = 96\text{m}$ ∴ $\triangle y = 90\text{m}$

• 방위 $= \tan^{-1}\left(\dfrac{Y}{X}\right)$

　　　 $= \tan^{-1}\left(\dfrac{90}{34}\right) = \text{N}69° 18′ 16″ \text{E}(1상한)$

∴ 방위각 $= 69° 18′ 16″ ≑ 69° 15′ 27″$

□□□ 10⑤, 13⑤, 16①, 22④

46 지번이 105−1, 111, 122, 132−3인 4필지를 합병할 경우 새로이 부여해야 할 지번으로 옳은 것은?

① 105−1
② 111
③ 122
④ 132−3

해설 지번의 구성 및 부여방법

105−1	111
122	132−3

〈합병 전〉

→

111

〈합병 후〉

□□□ 12⑤, 22④

47 우리나라에서 토지조사사업 이전에 형편상 대삼각측량을 거치지 않고 독립적으로 일부지역에 특별히 11개의 원점의 설정하여 측량을 실시하였는데, 이 때 만들어진 원점을 무엇이라 하는가?

① 일반원점
② 구소삼각원점
③ 특별소감각원점
④ 대삼각본점

47 구(舊)소삼각원점
구한말 정부에서 시간상의 문제로 대삼각측량을 거치지 않고 독립적으로 일부지역에 소삼각측량을 실시하여 경인지역(19개지역) 및 대구지역(8개지역) 등 27개지역에 설치한 11개의 원점

□□□ 05①, 14①, 22④

48 지상건축물 등의 현황을 지적도 및 임야도에 등록된 경계와 대비하여 표시하는 데에 필요한 측량을 무엇이라 하는가?

① 지상측량
② 지적현황측량
③ 경계측량
④ 지적도근점측량

48 지적현황측량
지상구조물, 지형, 지물의 위치를 도면에 등록된 경계와 대비하여 표시하기 위해 시행하는 지적측량

□□□ 04②, 14①, 15①, 22④

49 좌표면적계산법에 따른 면적측정 중 전자면적측정기에 따른 허용면적 공식으로 옳은 것은? (단, A는 허용면적, M은 축척분모, F는 2회 측정한 면적의 합계를 2로 나눈수)

① $A = 0.023^2 \times M \times \sqrt{F}$
② $A = 0.026^2 \times M \times \sqrt{F}$
③ $A = 0.023^2 \times F \times \sqrt{M}$
④ $A = 0.026^2 \times F \times \sqrt{M}$

49 면적측정의 방법
전자식 구적기라고도 하며, 도상에서 2회 측정하여 그 교차가 다음 계산식에 의한 허용면적 이하인 때에는 그 평균치를 측정면적으로 한다.
$$\therefore A = 0.023^2 M\sqrt{F}$$

□□□ 14①, 22④

50 세부측량에서 분할 측량 시 원면적이 4529m^2, 보정면적의 합계 4550m^2일 때 하나의 필지에 대한 보정면적이 2033m^2이었다면 이 필지의 산출면적은?

① 2010.2m^2
② 2023.6m^2
③ 2014.4m^2
④ 2043.6m^2

50 산출면적(시행령 제19조)
$$r = \frac{F}{A} \times a$$
$$= \frac{4529}{4550} \times 2033 = 2023.6\text{m}^2$$

□□□ 04②, 13⑤, 22④

51 다음 중 지적측량의 구분으로 옳은 것은?

① 기준측량, 골조측량
② 기초측량, 일반측량
③ 세부측량, 확정측량
④ 기초측량, 세부측량

51 지적측량
지적기준점을 정하기 위한 기초측량과, 1필지의 경계와 면적을 정하는 세부측량으로 구분한다.

정답 47 ② 48 ② 49 ① 50 ② 51 ④

□□□ 04⑤, 05①, 06⑤, 10⑤, 11①, 22④

52 다음 중 일람도에 등재하여야 하는 사항이 아닌 것은?

① 도곽선   ② 기초점
③ 도면번호   ④ 도면의 축척

□□□ 13⑤, 16①, 22④

53 방위가 S 20° 20′ W인 측선에 대한 방위각은?

① 110° 20′   ② 159° 40′
③ 200° 20′   ④ 249° 40′

해설 180° + 20° 20′ = 200° 20′ (3상한)

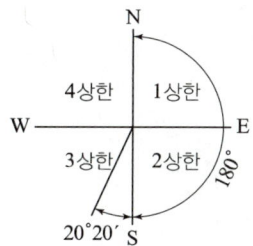

□□□ 13①, 15①, 22④

54 지적측량 중 기초측량에 해당하지 않는 것은?

① 지적삼각점측량   ② 지적도근점측량
③ 지적도근보조점측량   ④ 지적삼각보조점측량

□□□ 15⑤, 22④

55 축척 1/500인 지적도 종선(X)의 도상규격은?

① 400mm   ② 333.3mm
③ 300mm   ④ 250mm

□□□ 15⑤, 22④

56 경계점좌표등록부 시행지역에서 산출한 면적이 319.36m2일 때 결정면적은?

① $319m^2$ ② $319.3m^2$
③ $319.4m^2$ ④ $319.36m^2$

52 일람도의 등재사항(업무처리규정 제40조)
• 지번부여지역의 경계 및 인접지역의 행정구역명칭
• 도면의 제명 및 그 축척
• 도곽선과 그 수치
• 도면번호
• 도로·철도·하천·구거·유지·취락 등 주요 지형·지물의 표시

54 기초측량
지적기준점을 정하기 위한 기초측량에는 지적삼각점측량, 지적삼각보조점측량, 지적도근점측량이 있다.

55 축척별 포용면적
• 1/500의 지상길이 : 150×200(m)
• 1/500의 도상길이 : 300×400(mm)

56 면적의 결정
경계점좌표등록부에 등록하는 지역이고 구하려는 끝자리의 수가 0.05 이상이므로 $319.4m^2$이다.

□□□ 08⑤, 11⑤, 15①, 22④

57 다음 중 거리와 각을 동시에 관측하여 현장에서 즉시 좌표를 확인함으로써 시공 계획에 맞추어 신속한 측량을 할 수 있는 기기는?

① 트랜싯 ② 토탈스테이션

③ 데오돌라이트 ④ 전파거리측량기

□□□ 04⑤, 11①, 12⑤, 13⑤,14⑤, 15①②, 22④

58 각 도곽선의 신축된 차가 $\Delta X_1 = -4$mm, $\Delta X_2 = -5$mm, $\Delta Y = +1$mm, $\Delta Y_2 = -4$mm일 때 신축량은?

① -3mm ② -4mm

③ -5mm ④ -6mm

해설 면적측정의 방법(지적측량시행규칙 제20조)

$$S = \frac{\Delta X_1 + \Delta X_2 + \Delta Y_1 + \Delta Y_2}{4}$$
(도곽선의 신축량)

$$= \frac{(-4) + (-5) + (+1) + (-4)}{4}$$

$= -3$mm

(∵ S는 신축량, ΔX_1는 왼쪽 종선의 신축된 차, ΔX_2는 오른쪽 종선의 신축된 차, ΔY_1은 윗쪽 횡선의 신축된 차, ΔY_2은 아래쪽 횡선의 신축된 차)

□□□ 15⑤, 20①

59 ∠ABC=90°, ∠CAB=30° AB의 거리가 100.0m일 경우 BC의 거리는?

① 50.0m

② 57.7m

③ 86.6m

④ 100.0m

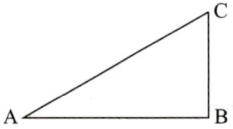

---

57 토탈스테이션(Total Station)
토탈스테이션은 각과 거리를 동시에 측정할 수 있다. 기존의 트랜싯과, 전파거리측정기(EDM)가 일체화 된 형태로 볼 수 있다.

59
$$\frac{AB}{\sin C} = \frac{BC}{\sin A}$$

• ∠C=180°−(90°+30°)=60°

∴ $BC = \dfrac{AB \times \sin A}{\sin C}$

$= \dfrac{100 \times \sin 30°}{\sin 60°}$

$= 57.7$m

□□□ 08⑤, 11⑤, 22④

60 다음 중 토지의 고저에 관계없이 수평면 상의 투영만을 가상하여 각 필지의 경계를 등록·공시하는 지적은?

① 평면지적 ② 3차원지적

③ 입체지적 ④ 공간지적

60 2차원지적(평면지적)
• 2차원 지적은 토지의 고저에는 관계없이 수평면상의 사영(그림자)만을 가상하여 그 경계를 등록하는 제도로서 평면 지적이라 한다.
• 선과 면으로 구성된다.
• 지표의 물리적 현황만을 등록하며 세계 각국에서 가장 많이 채택하는 제도이다.

 정답 57 ② 58 ① 59 ② 60 ①

2023년도 기능사 제2회 필기시험 복원문제

종 목	시험시간	배 점	수험번호	1회독	2회독	3회독
지적기능사	1시간	60	수험자명			

※ 본 기출문제는 수험자의 기억을 바탕으로 하여 복원한 문제이므로 실제 문제와 다를 수 있음을 미리 알려드립니다.

해 설

□□□ 10①, 23②

01 다음 중 우리나라에서 적용해 온 지적의 원리로서 형식주의와 가장 관계가 깊은 것은?

① 특정화의 원칙
② 등록의 원칙
③ 신청의 원칙
④ 공시의 원칙

01 지적형식주의(지적등록주의)
일정한 법정 형식을 갖추어 등록·공시하는 원칙이며, 지적 공부에 등록하여야 공식적인 효력이 인정된다는 것이다.

□□□ 14⑤, 23②

02 국가의 모든 토지를 필지 단위로 지적공부에 등록·공시하여야 법률적 효력이 발생한다는 이념은?

① 국정주의
② 형식주의
③ 공개주의
④ 신청주의

02 지적형식주의(지적등록주의)
형식주의란, 일정한 법정 형식을 갖추어 등록·공시하는 원칙이며, 지적 공부에 등록하여야 공식적인 효력이 인정된다는 것이다.

□□□ 10⑤, 23②

03 다음 중 지적의 특성으로 가장 거리가 먼 것은?

① 역사성
② 정확성
③ 안전성
④ 가치성

03 지적의 특성(성격)
지적의 성격은 지적이 지니고 있는 자체의 성질을 말하는 것으로 역사성과 영구성, 반복적 민원성, 전문성과 기술성, 서비스성과 윤리성, 정보원(공시성) 등이 있다. 지적의 특징으로 가치성은 거리가 멀다.

□□□ 13⑤, 23②

04 지적의 발전단계별 분류 중 토지과세 및 토지거래의 안전을 도모하고, 토지소유권 보호 등을 주요 목적으로 하며 소유 지적이라고도 하는 것은?

① 세지적
② 종합지적
③ 법지적
④ 유사지적

04 법지적(소유지적)
법지적은 토지 소유권을 보호하는데 주요 목적이 있으며, 토지 거래의 안전을 보장하기 위하여 권리 관계를 좀 더 상세하게 기록하게 되며, 토지의 평가보다는 소유권의 한계 설정 과 경계 복원의 가능성을 더욱 강조하게 된다.

□□□ 14⑤, 23②

05 자연적인 지형 지물인 담장, 울타리, 도랑, 하천 등으로 이루어진 토지경계로 옳은 것은?

① 보증경계
② 일반경계
③ 고정경계
④ 법률적 경계

05 일반경계
토지의 경계가 자연적인 지형지물 즉 도로, 담장, 울타리, 도랑, 하천 등으로 구성된 경계

정답 01 ② 02 ② 03 ④ 04 ③ 05 ②

□□□ 15⑤, 17④, 23②

06 토지조사사업 당시 사정 사항은?

① 지번 ② 지목
③ 강계 ④ 토지의 소재

토지조사부 및 지적도에 의하여 토지의 소유자와 강계를 확정하는 행정처분을 말하며 원래의 소유권은 소멸시키고 새로운 소유권을 취득하는 것을 말한다.

□□□ 13①, 23②

07 다목적지적에 대한 설명으로 틀린 것은?

① 일필지를 단위로 토지 관련 정보를 종합적으로 등록하는 제도이다.
② 토지에 관한 물리적 현황은 물론 법률적·재정적·경제적 정보를 포괄하는 제도이다.
③ 토지에 관한 많은 자료를 신속·정확하게 토지정보를 제공하고 관리하는 제도이다.
④ 지표면 상의 물리적 현상만을 등록하는 것으로 2차원 지적이라고도 한다.

토지에 관한 등록 자료의 용도가 다양해짐에 따라 더 많은 자료를 관리하고 이를 신속하고 정확하게 공급하기 위한 지적 제도를 말하는 것으로, 이 제도에는 토지 소유권, 토지이용, 토지평가, 그리고 토지 자원 관리에 대한 의사 결정을 하는 데 필요한 정보를 포함한다.

□□□ 15⑤, 23②

08 조선시대 토지나 가옥의 매매계약이 성립하기 위하여 매수인, 매도인 쌍방의 합의 외에 대가의 수수목적물의 인도 시 서면으로 작성하는 계약서로, 오늘날 매매계약서와 동일한 기능을 한 것은?

① 입안 ② 양안
③ 문기 ④ 지권

문기는 토지 및 가옥을 매매할 때 작성하는 오늘날의 매매계약서를 말한다. 매수인과 매도인의 합의 외 수수목적물의 인도가 있는 경우 계약서를 서면으로 작성되는 계약서이다.

□□□ 12⑤, 23②

09 조선시대의 경국대전에 의하면 몇 년마다 양전을 실시하여 양안을 작성하도록 하였는가?

① 5년 ② 10년
③ 20년 ④ 30년

오늘날의 지적측량에 해당된다. 조선시대에 편찬한 경국대전(經國大典)에 의하면 20년에 1회씩 양전을 실시하여 논밭의 소재, 자호, 위치, 등급, 형상, 면적, 사표, 소유자 등을 기록하는 양안을 작성하고, 호조(戶曹), 본도(本道), 본읍(本邑)에 보관하였다.

□□□ 11①, 23②

10 지번부여지역 안의 토지로서 토지에 대한 물권의 효력이 미치는 범위를 정하고 거래 단위로서 개별화시키기 위하여 인위적으로 구획한 법적 등록 단위를 무엇이라고 하는가?

① 필지 ② 대지
③ 확지 ④ 택지

"필지"란 대통령령으로 정하는 바에 따라 구획되는 토지의 등록단위를 말한다.

정답 06 ③ 07 ④ 08 ③ 09 ③ 10 ①

□□□ 14①, 23②

11 토지조사사업 당시 토지조사부의 기록 순서로 옳은 것은?

① 각 동(洞), 리(里) 마다 지번의 순서에 따라
② 각 시(市)마다 지번의 순서에 따라
③ 각 도(道)마다 소유자의 이름 순서에 따라
④ 측량 지역별로 측량 순서에 따라

□□□ 10①, 12⑤, 13①, 16①, 23②

12 다음 중 경계의 결정 원칙에 해당하는 것은?

① 축척종대의 원칙
② 주지목추종의 원칙
③ 평등배분의 원칙
④ 일시 변경의 원칙

□□□ 04①, 14①, 23②

13 다음 지번의 설정방식 중 현재 사용하지 않는 방법은?

① 회전식
② 기우식
③ 단지식
④ 사행식

□□□ 08⑤, 13⑤, 23②

14 지번부여방법 중 필지의 배열이 불규칙한 지역에서 진행 순서에 따라 뱀이 기어가는 형상처럼 지번을 부여하는 것은?

① 도엽단위법
② 사행식
③ 기우식
④ 단지식

□□□ 05①, 13⑤, 14①, 17④, 23②

15 축척이 1/1000인 지적도에서 도면상의 길이가 10cm일 때 실제거리는 얼마인가?

① 150m
② 100m
③ 60m
④ 10m

□□□ 11①, 23②

16 지적의 지목은 사람의 신분에 관한 기록인 호적의 무엇과 비교할 수 있는가?

① 본관
② 성명
③ 성별
④ 호주

해 설

11 토지조사부 작성

토지조사부(土地調査簿)는 토지소유권에 대한 사정원부(査定原簿)로서 지적도에 의하여 리·동별로 지번순서에 따라 지번·가지번·지목·신고년월일·소유자의 주소·성명 등을 기재하고 적요란에 분쟁과 기타 특수한 사유가 있을 경우 이를 기입하기 위하여 작성하였다.

12 경계설정의 원칙
• 경계불가분의 원칙
• 축척종대의 원칙
• 선 등록 우선의 원칙

13 지번의 설정방법
• 진행방향에 따른 분류 : 사행식, 기우식, 단지식
• 설정단위에 따른 분류 : 지역단위법, 도엽단위법, 단지단위법
• 기번위치에 따른 분류 : 북서기번법, 북동기번법

14 사행식
뱀이 기어가는 형상으로 지번을 부여하는 것을 말하며, 지번 부여 진행 방법 중 가장 많이 쓰이는 것으로서 우리나라 토지의 대부분이 이 방법에 의하여 지번이 부여되었다.

15

$$\frac{1}{m} = \frac{도상거리}{실제거리}$$ 에서 $\frac{1}{1000} = \frac{0.1}{x}$

$\therefore\ x = 0.1 \times 1000 = 100m$

$(\because\ m : 축척분모)$

16 호적과 지적의 비교
• 지목 : 사람의 성별
• 지번 : 사람의 이름
• 토지의 고유번호 : 사람의 주민등록번호

정답 11 ① 12 ① 13 ① 14 ② 15 ② 16 ③

□□□ 14①, 23②

17 두 점 간의 거리가 D, 종선차가 $\triangle x$일 때 두 점간의 방위각을 구하는 공식으로 옳은 것은?

① $\theta = \sin^{-1}\dfrac{\triangle x}{D}$　　　② $\theta = \cos^{-1}\dfrac{\triangle x}{D}$

③ $\theta = \tan^{-1}\dfrac{\triangle x}{D}$　　　④ $\theta = \cot^{-1}\dfrac{\triangle x}{D}$

17
두 점 간의 거리가 D, 종선차가 $\triangle x$일 때 두 점간의 방위각을 구하는 공식
$$\theta = \cos^{-1}\dfrac{\triangle x}{D}$$
• 두 점 간의 거리가 D, 횡선차가 $\triangle y$일 때 두 점간의 방위각을 구하는 공식
$$\theta = \sin^{-1}\dfrac{\triangle y}{D}$$

□□□ 13⑤, 16①, 23②

18 지번의 기능에 해당되지 않는 것은?

① 토지의 식별　　　② 위치의 확인
③ 용도의 구분　　　④ 토지의 고정화

18 지번의 기능
• 토지의 특성화
• 토지의 개별화
• 토지의 고정화
• 토지의 식별
• 위치의 확인
($\because$ 용도의 구분은 지목의 기능이다.)

□□□ 04②, 14①, 15⑤, 20④, 23②

19 토지가 해면에 접하는 경우 경계를 결정하는 기준은?

① 평균 해수위　　　② 측정 당시 수위
③ 최대 만조위　　　④ 중등 수위

19 지상경계의 결정(시행령 제55조)
토지가 해면 또는 수면에 접하는 경우 : 최대만조위 또는 최대만수위가 되는 선

□□□ 15①, 23②

20 다음 중 지목의 설정원칙에 해당하지 않는 것은?

① 지목불변의 원칙　　　② 일필 일지목의 원칙
③ 주지목추종의 원칙　　　④ 등록선후의 원칙

20 지목의 설정원칙
• 1필지 1지목의 원칙(일필일목의 원칙)
• 주용도(주지목) 추종의 원칙
• 일시변경 불변의 법칙
• 용도경중의 원칙
• 등록 선후의 원칙
• 사용목적 추종의 원칙

□□□ 15⑤, 23②

21 토지를 신규등록하는 경우 면적의 결정은 누가 하는가?

① 토지소유자　　　② 측량 대행사
③ 한국국토정보공사　　　④ 지적소관청

21 토지의 조사·등록 등(법률 제64조)
지적공부에 등록하는 지번·지목·면적·경계 또는 좌표는 토지의 이동이 있을 때 토지소유자(법인이 아닌 사단이나 재단의 경우에는 그 대표자나 관리인을 말한다. 이하 같다)의 신청을 받아 지적소관청이 결정한다.

□□□ 15⑤, 23②

22 지적소관청이 시·도지사로부터 축척변경 승인을 받았을 때 관련 사항을 며칠 이상 공고하여야 하는가?

① 60일 이상　　　② 40일 이상
③ 30일 이상　　　④ 20일 이상

22
지적소관청은 시·도지사 또는 대도시 시장으로부터 축척변경 승인을 받았을 때에는 지체 없이 관련 사항을 20일 이상 공고하여야 한다.

정답 17 ② 18 ③ 19 ③ 20 ① 21 ④ 22 ④

□□□ 16①, 23②

23 다음 중 토지합병을 신청할 수 없는 경우가 아닌 것은?

① 합병하려는 토지의 지번부여지역이 서로 다른 경우
② 합병하려는 토지에 전세권의 등기가 있는 경우
③ 합병하려는 토지의 지목이 서로 다른 경우
④ 합병하려는 토지의 지적도 및 임야도의 축척이 서로 다른 경우

23 법률 제80조(합병신청)
합병하려는 토지에 소유권·지상권·전세권 또는 임차권의 등기, 승역지(承役地)에 대한 지역권의 등기, 합병하려는 토지 전부에 대한 등기원인(登記原因) 및 그 연월일과 접수번호가 같은 저당권의 등기 외의 등기가 있는 경우는 합병신청을 할 수 없다.

□□□ 14⑤, 23②

24 지적소관청이 축척변경을 하려면 축척변경위원회의 의결을 거치기 전 축척변경 시행지역의 토지소유자에 대해 얼마 이상의 동의를 얻어야 하는가?

① 2분의 1 이상
② 3분의 1 이상
③ 3분의 2 이상
④ 4분의 3 이상

24
지적소관청은 축척변경을 하려면 축척변경 시행지역의 토지소유자 3분의 2 이상의 동의를 받아 축척변경위원회의 의결을 거친 후 시·도지사 또는 대도시 시장의 승인을 받아야 한다.

□□□ 05②, 13①, 23②

25 다음 중 1필지로 정할 수 있는 기준이 아닌 것은?

① 종된 용도의 토지의 지목이 "대"인 경우
② 소유자가 동일한 토지인 경우
③ 용도가 동일한 토지인 경우
④ 지반이 연속된 토지인 경우

25 1필지로 정할 수 있는 기준(시행령 제5조)
지번부여지역의 토지로서 소유자와 용도가 같고, 지반이 연속된 토지는 1필지로 할 수 있다.

□□□ 10①, 14①, 23②

26 다음 중 지번의 구성에 대한 설명으로 가장 옳은 것은?

① 지번은 본번으로만 구성한다.
② 지번은 부번으로만 구성한다.
③ 지번은 기호로만 구성한다.
④ 지번은 본번과 부번으로 구성한다.

26
지번은 본번(本番)과 부번(副番)으로 구성하되, 본번과 부번 사이에 "-" 표시로 연결한다.
이 경우 "-" 표시는 "의"라고 읽는다.

□□□ 15①, 23②

27 다음 중 축척변경 시행지역의 토지가 이동이 있는 것으로 보는 시기는?

① 토지공사착수일
② 사업시행공고일
③ 축척변경 확정공고일
④ 청산금 결정공고일

27
축척변경 시행지역의 토지는 확정공고일에 토지의 이동이 있는 것으로 본다.

정답 23 ② 24 ③ 25 ① 26 ④ 27 ③

□□□ 04①, 10⑤, 23②

28 다음 중 지목과 표기하는 부호의 연결이 옳지 않은 것은?

① 전 – 전   ② 답 – 답

③ 잡종지 – 잡   ④ 유원지 – 유

28
유원지 – 원

□□□ 16①, 23②

29 지적소관청이 토지소유자에게 지적정리 등을 통지하여야 하는 시기는 그 등기완료의 통지서를 접수한 날부터 며칠 이내에 하여야 하는가? (단, 토지의 표시에 관한 변경등기가 필요한 경우)

① 60일   ② 30일

③ 15일   ④ 7일

29 지적정리 등의 통지
• 토지의 표시에 관한 변경등기가 필요한 경우 : 그 등기완료의 통지서를 접수한 날부터 15일 이내
• 토지의 표시에 관한 변경등기가 필요하지 아니한 경우 : 지적공부에 등록한 날부터 7일 이내

□□□ 14⑤, 23②

30 현행 우리나라의 지적도에 사용하지 않는 축척은?

① 1/500   ② 1/600

③ 1/800   ④ 1/2400

30 지적도면의 축척
• 지적도 : 1/500, 1/600, 1/1,000, 1/1,200, 1/2,400, 1/3,000, 1/6,000
• 임야도 : 1/3,000, 1/6,000

□□□ 12⑤, 15①, 23②

31 축척변경위원회의 구성에 필요한 인원수로 옳은 것은?

① 15명 이상 20명 이하

② 10명 이상 15명 이하

③ 5명 이상 10명 이하

④ 1명 이상 5명 이하

31
축척변경위원회는 5명 이상 10명 이하의 위원으로 구성하되, 위원의 2분의 1 이상을 토지소유자로 하여야 한다. 이 경우 그 축척변경 시행지역의 토지소유자가 5명 이하일 때에는 토지소유자 전원을 위원으로 위촉하여야 한다.

□□□ 05①②, 11⑤, 18①, 23②

32 도곽선의 신축량(S)을 구하는 식으로 옳은 것은?

① $S = \dfrac{(\Delta X_1 + X_2) - (\Delta Y_1 + \Delta Y_2)}{4}$

② $S = \dfrac{(\Delta X_1 - X_2) + (\Delta Y_1 - \Delta Y_2)}{4}$

③ $S = \dfrac{\Delta X_1 + \Delta X_2 + \Delta Y_1 + \Delta Y_2}{4}$

④ $S = \dfrac{\Delta X_1 - \Delta X_2 - \Delta Y_1 - \Delta Y_2}{4}$

32
도곽선의 신축량
$$S = \dfrac{\Delta X_1 + \Delta X_2 + \Delta Y_1 + \Delta Y_2}{4}$$
($\because$ S는 신축량, ΔX_1는 왼쪽 종선의 신축된 차, ΔX_2는 오른쪽 종선의 신축된 차, ΔY_1은 윗쪽 횡선의 신축된 차, ΔY_2은 아래쪽 횡선의 신축된 차)

정답 28 ④ 29 ③ 30 ③ 31 ③ 32 ③

33 지번색인표의 등록사항에 해당하지 않는 것은?

① 제명
② 지번
③ 결번
④ 축척

34 일람도의 제도방법을 설명한 것으로 옳은 것은?

① 철도용지는 붉은색 0.1mm 폭의 2선으로 제도한다.
② 수도용지 중 선로는 검은색 0.1mm 폭의 2선으로 제도한다.
③ 하천·구거·유지는 남색 0.1mm 폭의 2선으로 제도하고 그 내부를 남색으로 엷게 채색한다.
④ 취락지·건물 등은 0.1mm 폭의 선으로 제도하고 그 내부를 붉은색으로 엷게 채색한다.

35 지목을 지적도면에 표기하는 부호의 연결이 옳은 것은?

① 유원지 – 유
② 유지 – 지
③ 제방 – 방
④ 묘지 – 묘

36 방위가 S 20° 20′ W인 측선에 대한 방위각은?

① 110° 20′
② 159° 40′
③ 200° 20′
④ 249° 40′

37 지적도근점은 직경 몇 mm의 원으로 제도하는가?

① 0.3mm
② 0.5mm
③ 1mm
④ 2mm

해설 지적측량기준점제도(업무처리규정 제46조)
지적 도근점은 직경 2mm의 원으로 제도하여야 한다.

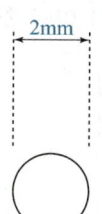

---

33 지번색인표의 등재사항(업무처리규정 제40조)
• 제명
• 지번·도면번호 및 결번

34 일람도의 제도(업무처리규정 제41조)
• 철도용지는 붉은색 0.2mm 폭의 2선으로 제도한다.
• 수도용지 중 선로는 남색 0.1mm 폭의 2선으로 제도한다.
• 취락지·건물 등은 검은색 0.1mm의 폭으로 제도하고, 그 내부를 검은색으로 엷게 채색한다.

35
• 유원지 – 원
• 유지 – 유
• 제방 – 제

36
SW는 3상한이다.
∴ 방위각 : 180° + 20° 20′
       = 200° 20′

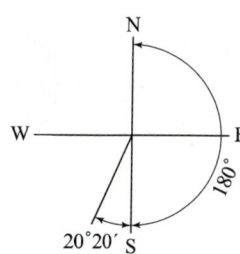

□□□ 05①, 06⑤, 10⑤, 12⑤, 14①, 23②

38 경계는 얼마의 폭을 기준으로 제도하는가?

① 0.1mm

② 0.2mm

③ 0.4mm

④ 0.5mm

38
경계는 0.1밀리미터 폭의 선으로 제도
한다. (업무처리규정 제44조)

□□□ 08⑤, 10①, 11⑤, 15⑤, 16①, 23②

39 지적공부를 멸실하여 이를 복구하고자 하는 경우, 소관청은 멸실 당시의 지적공부와 가장 부합된다고 인정되는 관계자료에 의하여 토지의 표시에 관한 사항을 복구하여야 한다. 이때의 복구자료에 해당하지 않는 것은?

① 지적공부의 등본

② 임대계약서

③ 토지이동정리결의서

④ 측량결과도

39 지적공부의 복구자료(시행규칙 제72조)
• 지적공부의 등본
• 측량 결과도
• 토지이동정리 결의서
• 부동산등기부 등본 등 등기 사실을 증명하는 서류
• 지적소관청이 작성하거나 발행한 지적공부의 등록 내용을 증명하는 서류
• 법 제69조 제3항에 따라 복제된 지적공부
• 법원의 확정판결서 정본 또는 사본

□□□ 04⑤, 10①, 12⑤, 14①, 19①, 23②

40 다음 중 도면에 등록하는 동·리의 행정구역선은 얼마의 폭으로 제도하여야 하는가?

① 0.1mm

② 0.2mm

③ 0.3mm

④ 0.4mm

해설 행정구역선의 제도(업무처리규정 제47조)

도면에 등록할 행정구역선은 0.4밀리미터 폭으로 제도한다. 다만, 동·리의 행정구역선은 0.2밀리미터 폭으로 한다.

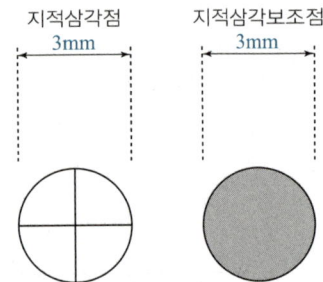

지적삼각점 3mm   지적삼각보조점 3mm

□□□ 08⑤, 11⑤, 23②

41 다음 중 지적측량에 사용하는 좌표의 원점이 아닌 것은?

① 동부원점

② 중부원점

③ 남부원점

④ 서부원점

41 지적측량에서 사용하는 직각좌표계 원점
• 서부좌표계
• 중부좌표계
• 동부좌표계
• 동해좌표계

정답 38 ① 39 ② 40 ② 41 ③

□□□ 15①, 23②

42 토지소유자가 지적소관청에 신규등록을 신청하고자 할 경우 구비서류가 아닌 것은?

① 법원의 확정판결서 정본 또는 사본

② 소유권을 증명할 수 있는 서류의 사본

③ 공유수면 관리 및 매립에 관한 법률에 따른 준공검사 확인증 사본

④ 토지의 형질변경 준공필증 사본

□□□ 11①, 23②

43 다음 중 도면에 실선과 허선을 각각 3mm로 연결하고, 허선에 0.3mm의 점 2개를 제도하는 행정구역선은?

① 시·도계
② 시·군계
③ 읍·면계
④ 동·리계

해설 행정구역선의 제도(업무처리규정 제47조)

시·군계는 실선과 허선을 각각 3밀리미터로 연결하고, 허선에 0.3밀리미터의 점 2개를 제도한다.

□□□ 15⑤, 23②

44 지적기준점에 해당하지 않는 것은?

① 지적도근점
② 지적삼각점
③ 지적삼각보조점
④ 수준점

□□□ 14⑤, 23②

45 지적삼각점 선점 시 정밀도와 정확도를 위해 고려해야 할 사항으로 옳지 않은 것은?

① 모든 삼각형의 내각은 90°에 가깝도록 한다.

② 땅이 단단한 곳에 선정한다.

③ 간편하고 완전한 망구성이 되어야 한다.

④ 시준선상에 장애물이 없도록 하여야 한다.

42 신규등록 신청시 구비서류

• 법원의 확정판결서 정본 또는 사본
• 「공유수면 관리 및 매립에 관한 법률」에 따른 준공검사확인증 사본
• 법률 제6389호 지적법개정법률 부칙 제5조에 따라 도시계획구역의 토지를 그 지방자치단체의 명의로 등록하는 때에는 기획재정부장관과 협의한 문서의 사본
• 그 밖에 소유권을 증명할 수 있는 서류의 사본

44 지적측량시행규칙 제5조(지적측량의 구분)

지적기준점을 정하기 위한 기초측량에는 지적삼각점측량, 지적삼각보조점측량, 지적도근점측량이 있다.

45

삼각형의 형상은 정삼각형에 가깝게 하고, 내각은 30°~120° 범위로 한다.

□□□ 15⑤, 23②

46 지적측량을 크게 2가지로 구분할 때 그 구분이 옳은 것은?

① 도근측량과 세부측량　　② 삼각측량과 세부측량

③ 기초측량과 수준측량　　④ 기초측량과 세부측량

46
지적측량은 지적기준점을 정하기 위한 기초측량과, 1필지의 경계와 면적을 정하는 세부측량으로 구분한다.

□□□ 06⑤, 11①, 15⑤, 23②

47 경위의 측량방법으로 세부측량을 하는 경우 측량결과도에 기재하여야 할 사항이 아닌 것은?

① 지상에서 측정한 거리 및 방위각

② 측량 대상 토지의 경계점 간 실측거리

③ 지적도의 도면번호

④ 도곽선의 신축량과 보정계수

47
도곽선의 신축량과 보정계수는 평판측량방법으로 세부측량을 할 경우 측량준비파일에 해당된다.

□□□ 15⑤, 23②

48 지적측량의 원칙적인 측량기간 기준으로 옳은 것은?

① 4일　　　　　　　　　② 5일

③ 6일　　　　　　　　　④ 7일

48 공간정보의 구축 및 관리등에 관한 시행규칙 제25조(지적측량의 의뢰)
지적측량의 측량기간은 5일로 하며, 측량검사기간은 4일로 한다.

□□□ 15⑤, 23②

49 두 점 A(492400m, 187300m)와 B(492000m, 187000m) 사이의 거리는?

① 350m　　　　　　　　② 400m

③ 450m　　　　　　　　④ 500m

해설 AB의 거리

$$= \sqrt{(X_B - X_A)^2 + (Y_B - Y_A)^2}$$
$$= \sqrt{(492000 - 492400)^2 + (187000 - 187300)^2}$$
$$= 500m$$

□□□ 08⑤, 10⑤, 14①, 15⑤, 19①, 23②

50 다음 중 자오선의 북방향(북극)을 기준으로 하여 시계방향(우회)으로 측정한 각을 무엇이라 하는가?

① 도북 방위각　　　　　② 자북 방위각

③ 진북 방위각　　　　　④ 자오선 수차

50 진북방위각
자오선의 북방향을 기준으로 시계방향으로 측정한 각

정답 46 ④　47 ④　48 ②　49 ④　50 ③

□□□ 10⑤, 15⑤, 18①, 23②

51 지적세부측량시 두 점 간의 경사거리가 100m이고 연직각이 20°인 경우 수평거리는 얼마인가?

① 90.12m
② 91.18m
③ 93.97m
④ 95.08m

51

수평거리 $L_o = L\cos\theta$
$= 100 \times \cos(20°)$
$= 93.97m$

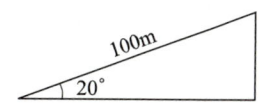

□□□ 04⑤, 05①, 14①, 23②

52 세부측량 시 필지마다 면적을 측정하지 않아도 되는 경우는?

① 토지를 분할하는 경우
② 토지를 신규등록하는 경우
③ 토지를 합병하는 경우
④ 토지의 경계를 정정하는 경우

52 면적측정의 대상
• 지적공부의 복구·신규등록·등록전환·분할 및 축척변경을 하는 경우
• 면적 또는 경계를 정정하는 경우
• 도시개발사업 등으로 인한 토지의 이동에 따라 토지의 표시를 새로 결정하는 경우
• 경계복원측량 및 지적현황측량에 면적측정이 수반되는 경우

□□□ 10⑤, 11①, 13①, 14①, 15①, 23②

53 3변의 길이가 각각 12m, 16m, 20m인 삼각형 모양의 토지 면적은 얼마인가?

① 60m²
② 96m²
③ 120m²
④ 186m²

> [해설]
> $A = \sqrt{S(S-a)(S-b)(S-c)}$ (헤론의 공식)
> • $S = \dfrac{12+16+20}{2} = 24m$
> ∴ $A = \sqrt{24(24-12)(24-16)(24-20)}$
> $= 96m^2$

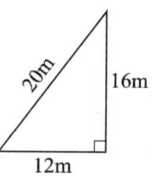

□□□ 16①, 17④, 23②

54 다음 중 간주지적도에 등록된 토지의 대장을 토지 대장과는 별도로 작성하여 사용하였던 것에 해당하지 않는 것은?

① 별책 토지대장
② 을호 토지대장
③ 산 토지대장
④ 지세 명기장

54

간주지적도에 등록된 토지에 대하여 별책토지대장, 을호토지대장, 산토지대장이라 하여 별도 작성되었다.

□□□ 04①, 05②, 13①, 23②

55 지적공부의 복구 자료가 아닌 것은?

① 지적공부의 등본
② 측량 결과도
③ 측량 준비도
④ 토지이동정리 결의서

55

지적공부의 복구자료에 따라 측량준비도는 포함되지 않는다.

□□□ 12⑤, 23②

56 축척이 1,000분의 1인 도곽의 도상 규격으로 옳은 것은?

① 300×400(mm)

② 333.33×416.67(mm)

③ 400×500(mm)

④ 500×600(mm)

56 축척별 도상규격

1/1,000의 도상길이는 300×400mm 이다.

□□□ 15①, 23②

57 필지 합병의 경우 지번부여의 원칙은?

① 합병 대상 지번 중 선순위의 지번으로 한다.

② 합병 대상 지번 중 최종 지번으로 한다.

③ 합병 대상 선순위의 지번에 부번을 부여한다.

④ 합병 대상 최종지번에 부번을 부여한다.

57 합병의 경우 지번의 부여

합병의 경우에는 합병 대상 지번 중 선순위의 지번을 그 지번으로 하되, 본번으로 된 지번이 있을 때에는 본번 중 선순위의 지번을 합병 후의 지번으로 한다.

□□□ 16①, 23②

58 축척 1/1,000 도면에서 도곽선의 신축량이 가로, 세로 각각 +2.0mm 일 때 면적보정계수는?

① 1.0017

② 0.9884

③ 1.0035

④ 0.9965

해설 지적측량시행규칙 제20조(면적측정의 방법)

• $Z = \dfrac{X \cdot Y}{\triangle X \cdot \triangle Y}$ (도곽선의 보정계수)

$= \dfrac{300 \times 400}{(300 + 2.0) \times (400 + 2.0)} = 0.9884$

(∵ Z는 보정계수, X는 도곽선종선길이, Y는 도곽선횡선길이, $\triangle X$는 신축된 도곽선종선길이의 합/2, $\triangle Y$는 신축된 도곽선횡선길이의 합/2)

□□□ 15①, 23②

59 다음 중 토지의 분할을 신청할 수 있는 경우가 아닌 것은?

① 토지이용상 불합리한 지상 경계를 시정하기 위한 경우

② 소유권이전, 매매 등을 위하여 필요한 경우

③ 1필지의 일부가 형질변경 등으로 용도가 변경된 경우

④ 임야도에 등록된 토지가 사실상 형질변경되었으나 지목변경을 할 수 없는 경우

59 분할을 신청할 수 있는 경우(시행령 제65조)

• 소유권이전, 매매 등을 위하여 필요한 경우

• 토지이용상 불합리한 지상경계를 시정하기 위한 경우

• 1필지의 일부가 형질변경 등으로 용도가 변경된 경우

(∵ 형질변경으로 분할을 하는 경우 지목변경신청서가 필요하다.)

정답 56 ① 57 ① 58 ② 59 ④

□□□ 13⑤, 23②

60 다음 중 지적도 도곽선의 역할이 아닌 것은?

① 방위 표시의 기준　　② 지목 설정의 기준
③ 도면 접합의 기준　　④ 기준점 전개의 기준

60 도곽선의 역할
- 인접도면의 접합기준(도면접합의 기준)
- 지적기준점 전개시의 기준
- 도곽 신축량을 측정하는 기준(신축량 측정기준)
- 측량준비도와 결과도에서의 북향 향선(종선)(방위 표시의 기준)
- 외업시 측량준비도와 현황의 부합 확인 기준

국가기술자격 CBT 필기시험문제

2024년도 기능사 제4회 필기시험 복원문제

종 목	시험시간	배 점	수험번호	1회독	2회독	3회독
지적기능사	1시간	60	수험자명			

※ 본 기출문제는 수험자의 기억을 바탕으로 하여 복원한 문제이므로 실제 문제와 다를 수 있음을 미리 알려드립니다.

해 설

□□□ 04①, 05①, 11①, 24④

01 토지등록의 원리로 우리나라에서 적용해 온 지적의 원리에 해당하지 않는 것은?

① 자유주의
② 형식주의
③ 공개주의
④ 국정주의

01 지적에 관한 법률의 기본이념
• 지적국정주의
• 지적형식주의
• 지적공개주의
• 실질적 심사주의
• 직권등록주의
(∵ 자유주의는 거리가 멀다.)

□□□ 10①, 24④

02 우리나라 지적관련 법령의 변천과정을 순서대로 바르게 나열한 것은?

> ㉠ 토지조사법
> ㉡ 토지조사령
> ㉢ 조선지세령
> ㉣ 조선임야조사령
> ㉤ 지적법

① ㉠ – ㉡ – ㉢ – ㉣ – ㉤
② ㉠ – ㉢ – ㉡ – ㉣ – ㉤
③ ㉠ – ㉣ – ㉡ – ㉢ – ㉤
④ ㉠ – ㉡ – ㉣ – ㉢ – ㉤

02
토지조사법(1910) → 토지조사령(1912)
→ 조선임야조사령(1918) → 조선지세령(1943) → 지적법(1950)

□□□ 10①, 24④

03 다음 중 법지적에 대한 설명으로 옳은 것은?

① 지적제도의 발전 단계 중 가장 오래된 것이다.
② 토지의 활용 정보를 제공하는 것이 주요 목적이다.
③ 면적 본위로 운영되는 지적제도이다.
④ 토지소유권의 한계 설정이 강조되는 지적제도이다.

03 법지적(소유지적)
• 토지 소유권을 보호하는데 주요 목적이 있다.
• 토지 거래의 안전을 보장하기 위하여 권리 관계를 좀 더 상세하게 기록하게 된다.
• 토지의 평가보다는 소유권의 한계 설정과 경계복원의 가능성을 더욱 강조하게 된다.

□□□ 10①, 24④

04 다음 중 우리나라에서 적용해 온 지적의 원리로서 형식주의와 가장 관계가 깊은 것은?

① 특정화의 원칙
② 등록의 원칙
③ 신청의 원칙
④ 공시의 원칙

04 지적형식주의(지적등록주의)
일정한 법정 형식을 갖추어 등록·공시하는 원칙이며, 지적 공부에 등록하여야 공식적인 효력이 인정된다는 것이다.

정답 01 ① 02 ④ 03 ④ 04 ②

□□□ 10⑤, 12⑤, 24④

05 지적의 특성으로 옳지 않은 것은?

① 역사성　　　　　　② 폐쇄성
③ 전문성　　　　　　④ 공개성

□□□ 10①, 24④

06 다음 중 필지의 정의에 대한 설명으로 옳지 않은 것은?

① 지적공부에 등록하는 토지의 등록단위이다.
② 법률에 의해 정해지는 토지의 등록단위이다.
③ 자연현상을 기준으로 구획한 지리학적 단위다.
④ 국가가 인위적으로 정하는 토지의 등록단위이다.

□□□ 13①, 24④

07 수치지적에 비하여 도해지적이 갖는 단점이 아닌 것은?

① 개략적인 토지의 위치와 형태를 현장감 있게 파악하기 어렵다.
② 도면의 신축 방지와 보관 관리가 어렵다.
③ 도면작성, 면적측정 등에 오차를 내포하고 있어 고도의 정밀을 요하기가 어렵다.
④ 축척의 크기에 따라 허용오차가 달라 신뢰도의 문제가 발생한다.

□□□ 14①, 19⑤, 24④

08 세부측량에서 분할 측량 시 원면적이 4529m², 보정면적의 합계 4550m²일 때 하나의 필지에 대한 보정면적이 2033m²이었다면 이 필지의 산출면적은?

① 2010.2m²　　　　② 2023.6m²
③ 2014.4m²　　　　④ 2043.6m²

□□□ 14①, 24④

09 경계의 표시 방법별 분류에 의한 지적제도로 옳은 것은?

① 과세지적, 지배지적　　② 소유지적, 수치지적
③ 도해지적, 수치지적　　④ 입체지적, 다목적지적

---

05 지적의 특성(성격)

지적의 성격은 지적이 지니고 있는 자체의 성질을 말하는 것으로 역사성과 영구성, 반복적 민원성, 전문성과 기술성, 서비스성과 윤리성, 정보원(공시성) 등이 있다.

06 필지의 기능
• 일필지 토지조사의 기본단위
• 토지공시의 단위, 소유권의 단위
• 토지등록의 법적 등록단위
  (∵ 필지는 자연현상을 기준으로 구획하지 않는다.)

07 도해지적의 특징
• 도면의 신축 방지와 보관 관리가 어렵다.
• 축척 및 제도오차의 발생으로 정확도가 낮다.
• 축척의 크기에 따라 허용오차가 달라 신뢰도의 문제가 발생한다.
• 도면작성, 면적측정 등에 오차를 내포하고 있어 고도의 정밀을 요하기가 어렵다.
• 토지경계가 도상에 명백히 표현되어 있어 시각적으로 용의하게 파악할 수 있다.
• 경계분쟁소지지역이 적은 지역에 알맞다.

08 산출면적(시행령 제19조)
$$r = \frac{F}{A} \times a$$
$$= \frac{4529}{4550} \times 2033 = 2023.6\text{m}^2$$

09 지적제도의 측량방법(경계점 표시 방법)에 따른 분류
도해지적, 수치지적

□□□ 05①, 12⑤, 24④

10 지적의 기능과 가장 거리가 먼 것은?

① 토지등기의 기초　　　② 토지개발의 기준
③ 토지조세의 기초　　　④ 토지거래의 기준

10 실질적 기능(역할)
• 토지등기의 기초
• 토지평가의 기초
• 토지과세의 기초
• 토지거래의 기초
• 토지이용계획의 기초
• 주소표기의 기준
• 각종 토지정보의 제공

□□□ 10①, 24④

11 다음 중 지상경계를 새로이 결정하려는 경우의 그 기준이 옳은 것은?

① 토지가 해면 또는 수면에 접하는 경우 : 평균 조위면
② 공유수면매립지의 토지 중 제방을 토지에 편입하여 등록하는 경우
　: 바깥쪽 어깨부분
③ 연접되는 토지 간에 높낮이 차이가 있는 경우 : 그 구조물 등의
　상단부
④ 도로에 절토된 부분이 있는 경우 : 그 경사면의 하단부

11
• 토지가 해면 또는 수면에 접하는 경우 : 최대조위 또는 최대만수위가 되는 선
• 연접되는 토지 간에 높낮이 차이가 있는 경우 : 그 구조물 등의 하단부
• 도로에 절토된 부분이 있는 경우 : 그 경사면의 상단부

□□□ 11①, 14⑤, 24④

12 다음 중 토지 등록 장부로서 오늘날의 토지 대장과 같은 양안이 있었던 시대는?

① 고구려　　　② 백제
③ 고려　　　　④ 조선

12 시대별 토지대장
• 백제 : 도적(圖籍)
• 신라 : 신라장적(新羅帳籍)
• 고려 : 도행(導行), 전적(田籍), 작(作)
• 조선 : 양안(量案)
• 일제 : 토지대장, 임야대장

□□□ 08⑤, 11①⑤, 16①, 24④

13 다음 중 공유지연명부에 등록하여야 할 사항이 아닌 것은?

① 소유자의 성명　　　② 소유자의 주소
③ 소유자의 주민등록번호　④ 소유면적과 지목

13 공유지연명부의 등록사항
• 토지의 소재
• 지번
• 소유권 지분
• 소유자의 성명 또는 명칭, 주소 및 주민등록번호

□□□ 10⑤, 15⑤, 17④, 24④

14 다음 중 분할 후의 각 필지의 면적의 합계와 분할 전 면적과의 오차의 허용범위를 구하는 식으로 옳은 것은? (단, A : 오차허용면적, M : 축척분모, F : 원면적)

① $A = 0.023^2 M \sqrt{F}$　　② $A = 0.026^2 M \sqrt{F}$
③ $A = 0.23^2 M \sqrt{F}$　　④ $A = 0.26^2 M \sqrt{F}$

14 분할에 따른 허용범위
$A = 0.026^2 M \sqrt{F}$

정답 10 ② 11 ② 12 ④ 13 ④ 14 ②

□□□ 11①, 24④

15 토지조사사업 당시 확정된 소유자가 다른 토지 간의 사정된 경계선을 뜻하는 것으로 사정선이라고 하는 것은?

① 강계선 ② 지계선
③ 구획선 ④ 지역선

□□□ 10⑤, 13①, 24④

16 다음 중 지적소관청의 정의로 옳은 것은?

① 지적공부를 관리하는 특별자치시장, 시장·군수 또는 구청장을 말한다.
② 시·도의 지역전산본부를 말한다.
③ 지번을 부여하는 단위지역으로 시·군을 말한다.
④ 지적측량을 주관하는 시행·관리 및 감독자를 말한다.

□□□ 15⑤, 24④

17 임야조사사업 당시의 재결기관은?

① 도지사 ② 임야조사위원회
③ 고등토지조사위원회 ④ 임시토지조사국

□□□ 14⑤, 15⑤, 24④

18 토지의 경계가 자연적인 지형지물 즉 도로, 담장, 울타리, 도랑, 하천 등으로 이루어진 것을 무엇이라 하는가?

① 보증경계 ② 고정경계
③ 일반경계 ④ 확정경계

□□□ 12⑤, 24④

19 다음 중 지적측량을 하여야 하는 경우로 거리가 먼 것은?

① 멸실된 지적공부를 복구하는 경우
② 지적공부의 등록사항을 정정하는 경우
③ 공공측량성과의 중복을 배제하기 위한 경우
④ 경계점을 지상에 복원하는 경우

해 설

15 강계선
강계선은 사정선이라고도 하며, 토지조사사업 당시 확정된 소유자가 다른 토지 간의 사정된 경계선 또는 임시토지조사국장의 사정을 거친 경계선을 말한다. 토지조사사업 당시에는 강계선(사정선)이라 불렸으나 임야조사사업 시행 당시에는 사정한 선을 경계선이라 불렀다.

16 지적소관청의 정의
지적공부를 관리하는 특별자치시장, 시장·군수 또는 구청장을 말한다.

17 토지조사사업과 임야조사사업의 재결기관

토지조사사업	임야조사사업
고등토지조사위원회	임야심사위원회 (1919~1935)

18 일반경계
토지의 경계가 자연적인 지형지물 즉 도로, 담장, 울타리, 도랑, 하천 등으로 구성된 경계

19 지적측량의 실시
• 지적공부를 복구하는 경우
• 지적공부의 등록사항을 정정하는 경우
• 경계점을 지상에 복원하는 경우
  (∵ 공공측량의 성과의 중복을 배제하기 위한 경우는 거리가 멀다.)

□□□ 10①, 15①, 24④

20 다음 중 지번을 부여하는 진행방향에 따른 분류에 해당하지 않는 것은?

① 사행식   ② 기우식
③ 단지식   ④ 방사식

20 진행방향에 따른 부여
사행식, 기우식, 단지식

□□□ 06⑤, 08⑤, 10①, 14①, 24④

21 사람의 신분에 관한 기록으로 정의되는 호적을 지적과 비교할 때, 호적의 성명에 해당하는 역할을 하는 지적의 기재사항은?

① 토지소재   ② 지번
③ 면적   ④ 지목

21 호적과 지적의 비교
• 지목 : 사람의 성별
• 지번 : 사람의 이름
• 토지의 고유번호 : 사람의 주민등록 번호

□□□ 14①, 24④

22 도로·철도용지·하천·제방·구거·수도용지 등의 지목이 서로 중복될 때 먼저 등록된 토지의 사용목적에 따라 지목을 설정하는 원칙을 무엇이라 하는가?

① 용도 경중의 원칙   ② 등록 선후의 원칙
③ 주지목 추종의 원칙   ④ 일시 변경 불변의 원칙

22 등록 선후의 원칙
지목이 서로 중복될 경우 먼저 등록된 지목을 부여하는 원칙으로 비슷한 규모의 도로, 철도가 교차시 지목설정 원칙이다.

□□□ 12⑤, 24④

23 실제 면적이 2500m²인 토지를 축척 100분의 1인 지적도에 나타낼 때 도면상의 면적으로 옳은 것은?

① 1000cm²   ② 2500cm²
③ 5000cm²   ④ 10000cm²

23
$\left(\dfrac{1}{m}\right)^2 = \dfrac{\text{도상면적}}{\text{실제면적}}$ 에서
$\left(\dfrac{1}{100}\right)^2 = \dfrac{x}{2500}$
∴ $x = 0.25\,\text{m}^2 = 2500\,\text{cm}^2$
(∵ m : 축척분모)

□□□ 10⑤, 16①, 24④

24 다음 중 합병신청을 할 수 없는 경우에 해당하지 않는 것은?

① 합병하려는 토지에 임차권의 등기가 있는 경우
② 합병하려는 토지의 지번부여지역이 서로 다른 경우
③ 합병하려는 지목이 서로 다른 경우
④ 합병하려는 소유자가 서로 다른 경우

24
합병하려는 토지에 소유권·지상권·전세권 또는 임차권의 등기, 승역지(承役地)에 대한 지역권의 등기, 합병하려는 토지 전부에 대한 등기원인(登記原因) 및 그 연월일과 접수번호가 같은 저당권의 등기 외의 등기가 있는 경우는 합병신청을 할 수 없다.

□□□ 05②, 06⑤, 14①

25 축척 1/600에 등록할 토지의 면적이 78.445m² 로 산출되었을 때 지적공부에 등록하는 면적은?

① 78m²
② 78.5m²
③ 78.45m²
④ 78.4m²

25 면적의 결정
지적도 축척이 1/600 지역이고 구하려는 끝자리의 수가 짝수이므로 78.445m² → 78.4m² 이다.

□□□ 15①, 24④

26 다음 중 토지의 분할을 신청할 수 있는 경우가 아닌 것은?

① 토지이용상 불합리한 지상 경계를 시정하기 위한 경우
② 소유권이전, 매매 등을 위하여 필요한 경우
③ 1필지의 일부가 형질변경 등으로 용도가 변경된 경우
④ 임야도에 등록된 토지가 사실상 형질변경 되었으나 지목변경을 할 수 없는 경우

26 분할을 신청할 수 있는 경우
• 소유권이전, 매매 등을 위하여 필요한 경우
• 토지이용상 불합리한 지상경계를 시정하기 위한 경우
• 1필지의 일부가 형질변경 등으로 용도가 변경된 경우
(∵ 형질변경으로 분할을 하는 경우 지목변경신청서가 필요하다.)

□□□ 11⑤, 24④

27 다음 중 효율적인 토지관리와 소유권의 보호에 이바지할 목적으로 제정되었던 것은?

① 지적법
② 부동산등기법
③ 도시개발법
④ 지세법

27
지적법의 목적은 국토의 효율적 관리와 해상교통의 안전 및 국민의 소유권 보호에 기여함을 목적으로 한다.

□□□ 14①, 24④

28 지적소관청이 축척변경을 하려면 축척변경위원회의 의결을 거친 후 누구의 승인을 받아야 하는가?

① 대한지적공사
② 중앙지적위원회
③ 행정안전부장관
④ 시·도지사

28
지적소관청은 축척변경을 하려면 축척변경 시행지역의 토지소유자 3분의 2 이상의 동의를 받아 축척변경위원회의 의결을 거친 후 시·도지사 또는 대도시 시장의 승인을 받아야 한다.

□□□ 06⑤, 08⑤, 11⑤, 24④

29 지적공부에 등록된 토지소유자의 변경사항을 정리할 때의 근거 자료로 적합하지 않은 것은?

① 등기필증통지서
② 등기필증
③ 조사자의 복명서
④ 등기부등본

29
지적공부에 등록된 토지소유자의 변경사항은 등기관서에서 등기한 것을 증명하는 등기필통지서, 등기필증, 등기부 등본·초본 또는 등기관서에서 제공한 등기전산정보자료에 따라 정리한다.

□□□ 05②, 10①⑤, 13⑤, 16①, 18④, 24④

30 토렌스시스템(Torrens System)의 일반적 이론과 거리가 먼 것은?

① 거울이론　　　　　② 보험이론
③ 커튼이론　　　　　④ 점증이론

30 토렌스시스템
• 거울이론(Mirror Principle)
• 커튼이론(Curtain Principle)
• 보험이론(Insurance Principle)

□□□ 15⑤, 24④

31 일필지로 정할 수 있는 기준으로 틀린 것은?

① 토지소유자가 동일하여야 한다.
② 토지의 가격이 동일하여야 한다.
③ 지번부여지역의 토지이어야 한다.
④ 토지의 용도가 동일하여야 한다.

31 1필지로 정할 수 있는 기준(시행령 제5조)
지번부여지역의 토지로서 소유자와 용도가 같고 지반이 연속된 토지는 1필지로 할 수 있다.

□□□ 10①, 14①, 24④

32 다음 중 지번의 구성에 대한 설명으로 가장 옳은 것은?

① 지번은 본번으로만 구성한다.
② 지번은 부번으로만 구성한다.
③ 지번은 기호로만 구성한다.
④ 지번은 본번과 부번으로 구성한다.

32
지번은 본번(本番)과 부번(副番)으로 구성하되, 본번과 부번 사이에 "-" 표시로 연결한다.
이 경우 "-" 표시는 "의"라고 읽는다.

□□□ 10①, 11⑤, 24④

33 다음 중 연·왕골 등이 자생하는 배수가 잘 되지 아니하는 토지의 지목은 무엇인가?

① 전　　　　　② 답
③ 지소　　　　④ 유지

33 유지(溜地)
물이 고이거나 상시적으로 물을 저장하고 있는 댐·저수지·소류지(沼溜地)·호수·연목 등의 토지와 연·왕골 등이 자생하는 배수가 잘 되지 아니하는 토지

□□□ 08⑤, 12⑤, 24④

34 지적소관청이 축척변경에 관한 측량을 한 결과 측량 전에 비하여 면적의 증감이 있는 경우 그 증감면적에 대한 청산금을 정하는 기준으로 옳은 것은?

① 지번별 평당 금액
② 지번별 제곱미터당 금액
③ 지번별 공시지가의 1.5배
④ 지번별 감정가와 공시지가의 차액

34
청산금은 작성된 축척변경 지번별 조서의 필지별 증감면적에 따라 결정된 지번별 제곱미터당 금액을 곱하여 산정한다.

정답 30 ④　31 ②　32 ④　33 ④　34 ②

35 축척변경 시행지역의 토지는 언제를 기준으로 토지의 이동이 있는 것으로 보는가?

① 축척변경 시행 공고일
② 축척변경에 따른 청산금 납부통지일
③ 축척변경 확정 공고일
④ 축척변경에 따른 청산금 공고일

36 다음 중 지적도면으로만 나열된 것은?

① 지적도, 색인도　　　② 지적도, 임야도
③ 임야도, 일람도　　　④ 지적도, 수치지형도

37 축척이 1/1200인 도면에서 도곽선의 신축량이 $X_1 = -0.6mm$, $X_2 = -0.8mm$, $y_1 = -0.8mm$, $y_2 = -1.0mm$인 경우 도곽신축에 대한 면적보정 계수는?

① 1.0083　　　　　② 1.0043
③ 0.9947　　　　　④ 0.9887

해설 면적측정의 방법(지적측량시행규칙 제20조)

$$Z = \frac{X \cdot Y}{\Delta X \cdot \Delta Y} \text{(도곽선의 보정계수)}$$

$$= \frac{333.33 \times 416.67}{(333.33 - 0.7) \times (416.67 - 0.9)} = 1.0043$$

(∵ Z는 보정계수, X는 도곽선 종선길이, Y는 도곽선 횡선길이, ΔX는 신축된 도곽선 종선길이의 합/2, ΔY는 신축된 도곽선 횡선길이의 합/2)

• 지적측량시행규칙, 제20조, 면적측정의 방법 등

구분	축척	도상길이(mm)
지적도	1/500	300×400
	1/1000	300×400
	1/600	333.33×416.67
	1/1200	333.33×416.67
	1/2400	333.33×416.67
	1/3000	400×500
	1/6000	400×500

해 설

35
청산금의 납부 및 지급이 완료되었을 때에는 지적소관청은 지체 없이 축척변경의 확정공고를 하여야 하며, 축척변경 시행지역의 토지는 확정공고일에 토지의 이동이 있는 것으로 본다.

36 지적도면의 구분(시행규칙 제69조)
지적도면에는 지적도와 임야도가 있다.

□□□ 13①, 24④

38 지적도면에서 등록하는 지목의 부호가 틀린 것은?

① 종교용지 – 교　　　② 유원지 – 원
③ 과수원 – 과　　　④ 공장용지 – 장

38
종교용지 – 종

□□□ 11⑤, 14⑤, 15⑤, 24④

39 토지소유자가 지적공부의 등록사항에 대한 정정을 신청할 때, 경계 또는 면적의 변경을 가져오는 경우 정정사유를 적은 신청서와 함께 지적소관청에 제출하여야 하는 것은?

① 등록사항 정정 측량성과도
② 건축물대장등본
③ 주민등록등본
④ 부동산등기부

39 등록사항의 정정신청
• 경계 또는 면적의 변경을 가져오는 경우 : 등록사항 정정 측량성과도
• 그 밖의 등록사항을 정정하는 경우 : 변경 사항을 확인할 수 있는 서류

□□□ 13①, 24④

40 도곽선의 제도 방법이 옳은 것은?

① 도면에 등록하는 도곽선은 0.3mm 폭으로 제도한다.
② 도곽 좌표를 파선으로 연결한다.
③ 도곽은 붉은색의 직선으로 제도한다.
④ 도면의 아래 방향을 북쪽으로 한다.

40 도곽선의 제도(업무처리규정 제43조)
• 도면의 윗방향은 항상 북쪽이 되어야 한다.
• 도곽의 구획은 좌표의 원점을 기준으로 하여 정하되, 그 도곽의 종횡선수치는 좌표의 원점으로부터 가산하여 종횡선수치를 각각 가산한다.
• 도면에 등록하는 도곽선은 0.1밀리미터의 폭으로, 도곽선의 수치는 도곽선 왼쪽 아래부분과 오른쪽 윗부분의 종횡선교차점 바깥쪽에 2밀리미터 크기의 아라비아숫자로 제도한다.
• 도곽선과 도곽선 수치는 붉은색으로 제도한다.

□□□ 04⑤, 05①, 12⑤, 24④

41 경위의 측량방법에 따라 도선법으로 지적도근점측량을 시행할 경우 사용하는 기준 도선은? (단, 지형상 부득이한 경우는 고려하지 않음)

① 결합도선　　　② 폐합도선
③ 왕복도선　　　④ 개방도선

41
경위의 측량방법에 따라 도선법으로 지적도근점측량을 할 때에는 도선은 결합도선으로 한다. 다만, 지형상 부득이 한 경우에는 폐합도선 또는 왕복도선에 따를 수 있다.

□□□ 16①, 24④

42 지번색인표의 등재사항이 아닌 것은?

① 제명　　　② 지번
③ 면적　　　④ 결번

42 지번색인표의 등재사항(업무처리규정 제40조)
• 제명
• 지번·도면번호 및 결번

정답 38 ① 39 ① 40 ③ 41 ① 42 ③

□□□ 04⑤, 11①, 12⑤, 13⑤,14⑤, 15①②, 24④

43 각 도곽선의 신축된 차가 $\Delta X_1 = -4mm$, $\Delta X_2 = -5mm$, $\Delta Y = +1mm$, $\Delta Y_2 = -4mm$일 때 신축량은?

① $-3mm$
② $-4mm$
③ $-5mm$
④ $-6mm$

43 면적측정의 방법(지적측량시행규칙 제20조)

$$S = \frac{\Delta X_1 + \Delta X_2 + \Delta Y_1 + \Delta Y_2}{4}$$

(도곽선의 신축량)

$$= \frac{(-4)+(-5)+(+1)+(-4)}{4}$$

$$= -3mm$$

($\because$ S는 신축량, ΔX_1는 왼쪽 종선의 신축된 차, ΔX_2는 오른쪽 종선의 신축된 차, ΔY_1은 윗쪽 횡선의 신축된 차, ΔY_2은 아래쪽 횡선의 신축된 차)

□□□ 11①, 24④

44 다음 중 도면에 실선과 허선을 각각 3mm로 연결하고, 허선에 0.3mm의 점 2개를 제도하는 행정구역선은?

① 시·도계
② 시·군계
③ 읍·면계
④ 동·리계

해설 행정구역선의 제도(업무처리규정 제47조)
시·군계는 실선과 허선을 각각 3밀리미터로 연결하고, 허선에 0.3밀리미터의 점 2개를 제도한다.

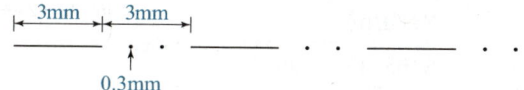

□□□ 14⑤, 19①, 24④

45 지번 및 지목을 제도할 때, 지번의 글자 간격(㉠)과 지번과 지목의 글자 간격(㉡) 기준이 모두 옳은 것은?

① ㉠ 글자 크기의 1/4 정도 ㉡ 글자 크기의 1/2 정도
② ㉠ 글자 크기의 1/2 정도 ㉡ 글자 크기의 1/4 정도
③ ㉠ 글자 크기의 1/2 정도 ㉡ 글자 크기의 1/2 정도
④ ㉠ 글자 크기의 1/4 정도 ㉡ 글자 크기의 1/4 정도

45
지번 및 지목을 제도할 때에는 지번 다음에 지목을 제도한다.
• 이 경우 2mm~3mm 크기의 명조체로 한다.
• 지번의 글자 간격은 글자크기의 4분의1 정도이다.
• 지번과 지목의 글자 간격은 글자크기의 2분의 1정도 띄어서 제도한다.

□□□ 13⑤, 24④

46 토지세를 징수하기 위하여 이동 정리가 완료된 토지 대장 중에서 민유과세지만을 뽑아 각 면마다 소유자 별로 기록한 토지조사사업 당시의 장부는?

① 토지등록부
② 지세명기장
③ 등기세명부
④ 입안등록부

46 지세명기장(地稅名奇帳)
지세징수를 목적으로 토지대장 중에서 민유과세지만 뽑아 각 면마다 소유자별로 연기(連記) 한 후 합산한 공부이다. 지세령시행규칙 제1조에 의해 1918년경 면에 비치하는 문서로 작성되었다.

□□□ 08⑤, 11⑤, 24④

47 다음 중 지적측량에 사용하는 좌표의 원점이 아닌 것은?

① 동부원점　　　　② 중부원점

③ 남부원점　　　　④ 서부원점

47 지적측량에서 사용하는 직각좌표계 원점
- 서부좌표계　　· 중부좌표계
- 동부좌표계　　· 동해좌표계

□□□ 11①, 13⑤, 24④

48 다음 중 지적기준점에 해당하지 않는 것은?

① 지적삼각점　　　② 지적도근점

③ 지적필계점　　　④ 지적삼각보조점

48 지적기준점의 종류
- 지적삼각점(地籍三角點)
- 지적삼각보조점
- 지적도근점(地籍圖根點)

□□□ 10①, 17④, 24④

49 교회법에 따른 지적삼각보조점을 관측한 결과가 아래와 같을 때 연결교차는 얼마인가?

점 명	X좌표(m)	Y좌표(m)
A	1357.46	2468.35
B	1357.35	2468.42

① 0.11m　　　　　② 0.13m

③ 0.15m　　　　　④ 0.17m

49 연결교차
$$= \sqrt{(종선교차)^2 + (횡선교차)^2}$$
$$= \sqrt{\{(1357.35 - 1357.46)^2 + (2468.42 - 2468.35)^2\}}$$
$$= 0.13m$$

□□□ 04①, 12⑤, 24④

50 다음 중 지적도근점을 정하기 위한 기초가 될 수 없는 것은?

① 지적삼각점　　　② 공공수준점

③ 지적삼각보조점　④ 국가기준점

50 지적도근점(地籍圖根點)
지적측량 시 필지에 대한 수평위치 측량 기준으로 사용하기 위하여 국가기준점, 지적삼각점, 지적삼각보조점 및 다른 지적도근점을 기초로 하여 정한 기준점
(∵ 공공수준점은 기초가 될 수 없다.)

□□□ 15①, 24④

51 다음 중 세부측량의 측량결과도에 기재하지 않아도 되는 것은?

① 측정점의 위치

② 측량결과도의 제명

③ 측량 대상 토지의 점유현황선

④ 건물의 명칭

51 세부측량의 측량결과도에 기재사항
- 측정점의 위치, 측량결과도의 제명 및 번호, 측량대상 토지의 점유현황선, 신규등록 또는 등록전환하려는 경계선 및 분할선
- 건물의 명칭은 측량결과도에 기재되지 않는다.

정답 47 ③　48 ③　49 ②　50 ②　51 ④

□□□ 13①, 15①, 24④

52 지적측량 중 기초측량에 해당하지 않는 것은?

① 지적삼각점측량　　　　② 지적도근점측량
③ 지적도근보조점측량　　④ 지적삼각보조점측량

52
지적기준점을 정하기 위한 기초측량에는 지적삼각점측량, 지적삼각보조점측량, 지적도근점측량이 있다.

□□□ 12⑤, 24④

53 지번이 각각 5-1, 3, 3-1, 2인 필지의 합병 후 지번으로 옳은 것은?

① 1　　　　　　　　　　② 2
③ 3-1　　　　　　　　　④ 5-1

해설 지번의 구성 및 부여방법

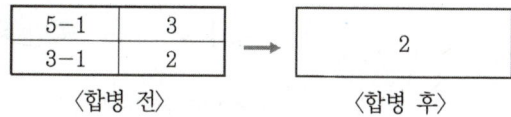

| 5-1 | 3 |
| 3-1 | 2 |

〈합병 전〉 → 〈합병 후〉 [2]

□□□ 13⑤, 16①, 24④

54 방위가 S 20°20′W인 측선에 대한 방위각은?

① 110°20′　　　　　　　② 159°40′
③ 200°20′　　　　　　　④ 249°40′

54
$180° + 20°20′ = 200°20′$(3상한)

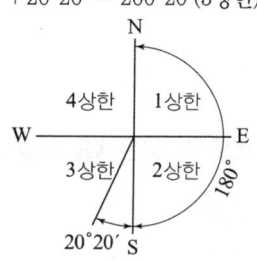

□□□ 04①, 14①, 15①, 24④

55 경계점좌표등록부에 등록하는 지역의 토지 면적을 등록하는 최소 단위 기준은?

① 100m²　　　　　　　　② 10m²
③ 1m²　　　　　　　　　④ 0.1m²

55 면적의 결정
지적도의 축척이 1/600인 지역과 경계점좌표등록부에 등록하는 지역의 토지면적은 m² 이하 한자리 단위, 0.1m²로 한다.

□□□ 04⑤, 05①, 06⑤, 13①, 14⑤, 24④

56 1필지의 토지소유자가 2인 이상인 경우 그 지분관계를 기록한 것으로, 지적소관청에 의하여 작성되어 비치되는 것은?

① 경계점좌표등록부　　　② 결번 대장
③ 공유지연명부　　　　　④ 건축물 대장

56 공유지연명부
1필지의 소유자가 2인 이상일 때에는 대장의 소유자란에 등기부상 선순위 공유자의 주소, (주민)등록번호 및 성명 또는 명칭을 정리한 지적공부이다.

정답 52 ③ 53 ② 54 ③ 55 ④ 56 ③

□□□ 10①, 24④

57 다음 중 도면 제도시 붉은색으로 제도하여야 하는 것은? (단, 토지의 이동에 따른 도면을 정리하는 경우는 고려하지 않음)

① 도곽선　　　　　　② 지번

③ 지목　　　　　　　④ 제명

□□□ 04②, 10⑤, 18④, 24④

58 다음 중 직경 3mm크기의 원 안에 검은색으로 엷게 채색하여 제도하는 지적측량기준점은?

① 3등 삼각점　　　　② 4등 삼각점

③ 지적삼각점　　　　④ 지적삼각보조점

□□□ 13①, 14⑤, 24④

59 축척 1/500 지적도 1매가 포용하는 면적은?

① 10000m^2　　　　② 20000m^2

③ 30000m^2　　　　④ 40000m^2

□□□ 05②, 08⑤, 14①, 24④

60 제도 시 붉은색을 사용하지 않는 것은?

① 도곽선　　　　　　② 도곽선 수치

③ 지방도로　　　　　④ 말소선

57

도면에 등록하는 도곽선은 0.1mm 선으로 하고 도곽 좌표점을 직선으로 연결하여 붉은색으로 제도한다.

58 지적측량기준점제도(업무처리규정 제46조)

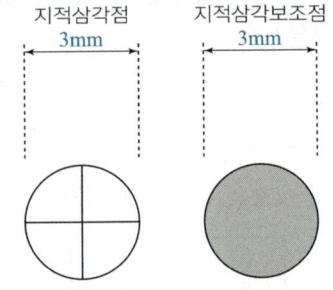

59 축척별 포용면적

1/500의 지상길이는 150×200이므로 포용면적은 30000m^{2}이다.

60 붉은색으로 표현하는 경우

• 도곽선
• 도곽선 수치
• 말소선
• 2도면 이상 걸친 토지로서 그 일부가 다른 도면에 등록된 토지의 지번, 지목 표기
• 수치지적도의 "측량할 수 없음" 표시 등
• 분할측량성과도의 측량대상토지의 분할선

국가기술자격 CBT 필기시험문제

2025년도 기능사 제4회 필기시험 복원문제

종 목	시험시간	배 점	수험번호	1회독	2회독	3회독
지적기능사	1시간	60	수험자명			

※ 본 기출문제는 수험자의 기억을 바탕으로 하여 복원한 문제이므로 실제 문제와 다를 수 있음을 미리 알려드립니다.

해 설

□□□ 15①, 25④
01 토지 등록에 대한 설명으로 옳지 않은 것은?

① 국가가 행정목적을 위해 작성한다.
② 토지에 관한 필요한 사항을 공정장부에 기록하는 것이다.
③ 토지소유자의 희망에 의해서만 등록한다.
④ 토지의 변동사항을 지속적으로 수정하여 유지·관리하는 행위이다.

01
토지의 표시사항은 토지소유자의 신청이 없어도 국가가 직권으로 조사·측량하여 국가 공권력으로 결정한다.

□□□ 11①, 13①, 17①, 25④
02 지적제도의 발전 단계별 분류에 해당하지 않는 것은?

① 세지적
② 법지적
③ 다목적지적
④ 수치지적

02
• 지적제도의 설치목적(발전과정)에 따른 분류 : 세지적, 법지적, 다목적지적
• 수치지적은 측량방법(경계점표시 방법)에 따른 분류이다.

□□□ 10①, 25④
03 다음 중 법지적에 대한 설명으로 옳은 것은?

① 지적제도의 발전 단계 중 가장 오래된 것이다.
② 토지의 활용 정보를 제공하는 것이 주요 목적이다.
③ 면적 본위로 운영되는 지적제도이다.
④ 토지소유권의 한계 설정이 강조되는 지적제도이다.

03 법지적(소유지적)
• 토지 소유권을 보호하는데 주요 목적이 있다.
• 토지 거래의 안전을 보장하기 위하여 권리 관계를 좀 더 상세하게 기록하게 된다.
• 토지의 평가보다는 소유권의 한계 설정과 경계복원의 가능성을 더욱 강조하게 된다.

□□□ 11⑤, 25④
04 다음 중 지번의 구성 및 부여방법 등에 관한 설명으로 옳지 않은 것은?

① 지번은 아라비아 숫자로 표기한다.
② 임야도에 등록하는 토지의 지번은 숫자 앞에 "임"자를 붙인다.
③ 지번은 본번과 부번으로 구성한다.
④ 지번은 북서에서 남동으로 순차적으로 부여한다.

04
지번(地番)은 아라비아숫자로 표기하되, 임야대장 및 임야도에 등록하는 토지의 지번은 숫자 앞에 "산"자를 붙인다.

□□□ 12⑤, 25④

05 우리나라의 지적기록과 관련하여 현존하는 가장 오래된 신라시대의 문서는?

① 문기 　　　　　② 공적

③ 장적 　　　　　④ 기경전

05 신라촌락장적(新羅村落帳籍)
우리나라에서 현존하는 지적자료 중 신라시대에 작성된 신라촌락장적이 가장 오래된 지적자료이다.

□□□ 13①, 16①, 25④

06 축척 1/1200 지역에서 원면적이 400m²의 토지를 분할하는 경우 분할 후의 각 필지의 면적의 합계와 분할 전 면적과의 오차의 허용범위는?

① ±32m² 　　　　② ±18m²

③ ±16m² 　　　　④ ±13m²

06 분할에 따른 허용범위
$$A = 0.026^2 M \sqrt{F}$$
$$= 0.026^2 \times 1200 \times \sqrt{400}$$
$$= 16.224 \, m^2$$

□□□ 14⑤, 25④

07 토지조사사업 당시 사정의 대상은?

① 강계, 소유자 　　② 강계, 면적

③ 지목, 면적 　　　④ 지번, 소유자

07 토지의 사정
토지조사부 및 지적도에 의하여 토지의 소유자와 강계를 확정하는 행정처분을 말하며 원래의 소유권은 소멸시키고 새로운 소유권을 취득하는 것을 말한다.

□□□ 11①, 15①, 25④

08 다음 중 임야조사사업에 대한 설명으로 옳지 않은 것은?

① 임야는 토지에 비하여 경제적 가치가 높지 않아 분쟁은 적었다.
② 토지조사사업에 비해 적은 인원으로 업무를 수행하였다.
③ 역둔토를 국유화하여 공공연한 토지수탈을 강행하였다.
④ 적은 예산으로 사업을 완성하였다.

08
임야조사는 토지에 비해 경제가치가 낮아 분쟁이 적었고, 적은 인원과 예산으로 사용하였으며, 측량의 정도를 낮게 하고 소축척으로 하였다.

□□□ 11⑤, 12⑤, 25④

09 지상 경계를 새로 결정하려는 경우의 기준이 틀린 것은?

① 연접되는 토지 간에 높낮이 차이가 있는 경우 그 구조물의 하단부
② 토지가 해면 또는 수면에 접하는 경우 최대만조위 또는 최대만수위가 되는 선
③ 도로의 토지에 절토된 부분이 있는 경우 그 경사면의 하단부
④ 연접되는 토지 간에 높낮이 차이가 없는 경우 그 구조물 등의 중앙

09
도로·구거 등의 토지에 절토된 부분이 있는 경우에는 그 경사면의 상단부

정답 05 ③ 06 ③ 07 ① 08 ③ 09 ③

☐☐☐ 05①, 12⑤, 16①, 25④
10 지적의 3요소로 가장 거리가 먼 것은?

① 지물　　　　　　② 토지
③ 등록　　　　　　④ 지적공부

☐☐☐ 11⑤, 15①, 25④
11 다음 중 지번에 대한 설명으로 옳지 않은 것은?

① 필지에 부여하여 지적공부에 등록한 번호다.
② 지번은 호적에서 사람의 이름과 같다.
③ 토지의 종류를 구분·표시하는 명칭을 말한다.
④ 토지의 개별성을 확보하기 위하여 붙이는 번호다.

☐☐☐ 13⑤, 25④
12 우리나라에서 지목을 구분하는 기준은?

① 소유의 형태　　　　② 토지의 등급
③ 토지의 용도　　　　④ 과세의 여부

☐☐☐ 10⑤, 13⑤, 25④
13 우리나라 토지대장과 같이 지번 순서에 따라 등록되고 분할되더라도 본번과 관련하여 편철하고 소유자의 변동을 계속 수정하여 관리하는 것으로, 개개의 토지를 중심으로 등록부를 편성하는 방법은?

① 인적 편성주의　　　　② 물적 편성주의
③ 연대적 편성주의　　　　④ 혼합적 편성주의

☐☐☐ 05①, 11⑤, 25④
14 다음 중 지목변경에 대한 설명으로 옳은 것은?

① 임야대장 및 임야도에 등록된 토지를 토지대장 및 지적도에 옮겨 등록하는 것
② 지적공부에 등록된 1필지를 2필지 이상으로 나누어 등록하는 것
③ 지적공부에 등록된 2필지 이상을 1필지로 합하여 등록하는 것
④ 지적공부에 등록된 지목을 다른 지목으로 바꾸어 등록하는 것

해　설

10
• 지적의 3요소 : 토지, 등록, 지적공부
• 네덜란드 지적제도의 3대 구성요소
　: 소유자, 권리, 필지

11
토지를 종류를 구분·표시하는 것을 지목이라 한다.

12
용도지목(우리나라에서 사용하는 지목제도) : 토지의 주된 사용목적에 따라 지목을 결정하는 방법

13 물적 편성주의
• 개개의 토지를 중심으로 지적공부를 편성하는 방법이다.
• 1토지에 1대장을 두게 되어 있다.

14
"지목변경"이란 지적공부에 등록된 지목을 다른 지목을 바꾸어 등록하는 것을 말한다.

□□□ 16①, 25④

15 물권이 미치는 권리의 객체로서 지적공부에 등록하는 토지의 등록 단위는?

① 택지　　　　　　　② 필지
③ 대지　　　　　　　④ 획지

15
"필지"란 대통령령으로 정하는 바에 따라 구획되는 토지의 등록단위를 말한다.

□□□ 10⑤, 16①, 25④

16 다음 중 합병신청을 할 수 없는 경우에 해당하지 않는 것은?

① 합병하려는 토지에 임차권의 등기가 있는 경우
② 합병하려는 토지의 지번부여지역이 서로 다른 경우
③ 합병하려는 지목이 서로 다른 경우
④ 합병하려는 소유자가 서로 다른 경우

16
합병하려는 토지에 소유권·지상권·전세권 또는 임차권의 등기, 승역지(承役地)에 대한 지역권의 등기, 합병하려는 토지 전부에 대한 등기원인(登記原因) 및 그 연월일과 접수번호가 같은 저당권의 등기 외의 등기가 있는 경우는 합병신청을 할 수 없다.

□□□ 14⑤, 25④

17 지적소관청이 축척변경을 하려면 축척변경위원회의 의결을 거치기 전 축척변경 시행지역의 토지소유자에 대해 얼마 이상의 동의를 얻어야 하는가?

① 2분의 1 이상　　　② 3분의 1 이상
③ 3분의 2 이상　　　④ 4분의 3 이상

17
지적소관청은 축척변경을 하려면 축척변경 시행지역의 토지소유자 3분의 2 이상의 동의를 받아 축척변경위원회의 의결을 거친 후 시·도지사 또는 대도시 시장의 승인을 받아야 한다.

□□□ 05②, 13①, 25④

18 다음 중 1필지로 정할 수 있는 기준이 아닌 것은?

① 종된 용도의 토지의 지목이 "대"인 경우
② 소유자가 동일한 토지인 경우
③ 용도가 동일한 토지인 경우
④ 지반이 연속된 토지인 경우

18 1필지로 정할 수 있는 기준 (시행령 제5조)
지번부여지역의 토지로서 소유자와 용도가 같고, 지반이 연속된 토지는 1필지로 할 수 있다.

□□□ 08⑤, 12⑤, 16①, 25④

19 수치지적에 대한 설명이 틀린 것은?

① 수학적인 평면직각 종횡선 수치($X \cdot Y$ 좌표)의 형태로 표시한다.
② 도해지적보다 정밀성이 훨씬 떨어진다.
③ 열람용의 별도 도면을 작성하여 보관해야 한다.
④ 우리나라는 1975년부터 수치지적제도를 도입하였다.

19
도해지적보다 훨씬 정밀하게 경계를 표시한다.

정답 15 ② 16 ① 17 ③ 18 ① 19 ②

□□□ 13⑤, 25④

20 다음 중 지적도 도곽선의 역할이 아닌 것은?

① 방위 표시의 기준　　② 지목 설정의 기준
③ 도면 접합의 기준　　④ 기준점 전개의 기준

□□□ 11⑤, 14⑤, 15⑤, 25④

21 토지소유자가 지적공부의 등록사항에 대한 정정을 신청할 때, 경계 또는 면적의 변경을 가져오는 경우 정정사유를 적은 신청서와 함께 지적소관청에 제출하여야 하는 것은?

① 등록사항 정정 측량성과도　　② 건축물대장등본
③ 주민등록등본　　④ 부동산등기부

□□□ 04①, 12⑤, 14①, 18④, 25④

22 축척 1/1200 지역에서 종선의 신축오차가 −1.8mm, −0.8mm, 횡선의 신축오차가 −1.2mm, −0.6mm일 때 도곽선 신축은?

① −0.9mm　　② −1.0mm
③ −1.1mm　　④ −1.2mm

□□□ 08⑤, 11⑤, 25④

23 다음 중 지적측량에 사용하는 좌표의 원점이 아닌 것은?

① 동부원점　　② 중부원점
③ 남부원점　　④ 서부원점

□□□ 11⑤, 25④

24 아래의 설명에 해당하는 것은?

> 지적도나 임야도에 등록된 경계를 현지에 정확히 표시하여 일필지의 한계를 구분하여 주는 측량이다.

① 신규등록측량　　② 경계복원측량
③ 등록전환측량　　④ 지적확정측량

20 도곽선의 역할
• 인접도면의 접합기준(도면접합의 기준)
• 지적기준점 전개시의 기준
• 도곽 신축량을 측정하는 기준(신축량 측정기준)
• 측량준비도와 결과도에서의 북향 향선(종선)(방위 표시의 기준)
• 외업시 측량준비도와 현황의 부합 확인 기준

21 등록사항의 정정신청
• 경계 또는 면적의 변경을 가져오는 경우 : 등록사항 정정 측량성과도
• 그 밖의 등록사항을 정정하는 경우 : 변경 사항을 확인할 수 있는 서류

22 면적측정의 방법(지적측량시행규칙 제20조)

$$S = \frac{\Delta X_1 + \Delta X_2 + \Delta Y_1 + \Delta Y_2}{4}$$

(도곽선의 신축량)

$$= \frac{(-1.8) + (-0.8) + (-1.2) + (-0.6)}{4}$$

$$= -1.1mm$$

23 지적측량에서 사용하는 직각좌표계 원점
• 서부좌표계
• 중부좌표계
• 동부좌표계
• 동해좌표계

24 경계복원측량
경계복원측량은 지적공부에 등록된 경계점의 위치를 지상에 복원하기 위해 실시하는 측량으로 지적이나 임야도에 등록된 토지경계를 정확히 표시하여 1필지의 한계를 구분해 준다.

□□□ 15⑤, 25④

25 지적기준점에 해당하지 않는 것은?

① 지적도근점

② 지적삼각점

③ 지적삼각보조점

④ 수준점

지적측량시행규칙 제5조
(지적측량의 구분)
지적기준점을 정하기 위한 기초측량
에는 지적삼각점측량, 지적삼각보조
점측량, 지적도근점측량이 있다.

□□□ 14⑤, 25④

26 일람도에서 인접 동·리의 명칭은 얼마의 크기로 제도하는가?

① 3mm

② 4mm

③ 5mm

④ 6mm

26

인접 동·리 명칭은 4mm, 그 밖의 행
정구역 명칭은 5mm의 크기로 한다.

□□□ 08⑤, 05①, 11①, 13①, 25④

27 지적도와 임야도에 등록하는 도곽선의 폭은 얼마로 제도하여야 하는가?

① 0.1mm

② 0.2mm

③ 0.3mm

④ 0.5mm

27

도면에 등록하는 도곽선은 0.1밀리미
터의 폭으로, 도곽선의 수치는 도곽선
왼쪽 아래부분과 오른쪽 윗부분의 종
횡선교차점 바깥쪽에 2밀리미터 크기
의 아라비아숫자로 제도한다.

□□□ 12⑤, 25④

28 우리나라에서 토지조사사업 이전에 형편상 대삼각측량을 거치지 않고 독립적으로 일부지역에 특별히 11개의 원점의 설정하여 측량을 실시하였는데, 이 때 만들어진 원점을 무엇이라 하는가?

① 일반원점

② 구소삼각원점

③ 특별소감각원점

④ 대삼각본점

28 구(舊)소삼각원점

구한말 정부에서 시간상의 문제로 대
삼각측량을 거치지 않고 독립적으로
일부지역에 소삼각측량을 실시하여
경인지역(19개지역) 및 대구지역(8개
지역) 등 27개지역에 설치한 11개의
원점

□□□ 04⑤, 14①, 20④, 25④

29 토지대장에 등록된 4필지(1-2, 12, 105, 123-1)를 합병할 경우 부여해야 할 지번은?

① 1-2

② 12

③ 105

④ 123-1

해설 지번의 구성 및 부여방법

1-2	12		12
105	123-1	→	

〈합병 전〉   〈합병 후〉

□□□ 12⑤, 25④

30 지적측량에 의해 실측한 점간거리가 경사거리일 때에 무엇으로 계산하여야 하는가?

① 수평거리   ② 수직거리

③ 지상거리   ④ 지표면거리

□□□ 13⑤, 16①, 25④

31 방위가 S 20°20′W인 측선에 대한 방위각은?

① 110°20′   ② 159°40′

③ 200°20′   ④ 249°40′

□□□ 16①, 25④

32 축척 1/1000 도면에서 도곽선의 신축량이 가로, 세로 각각 +2.0mm일 때 면적보정계수는?

① 1.0017   ② 0.9884

③ 1.0035   ④ 0.9965

해설 면적측정의 방법

$$Z = \frac{X \cdot Y}{\triangle X \cdot \triangle Y}$$

$$= \frac{300 \times 400}{(300+2.0) \times (400+2.0)} = 0.9884$$

축척	도상길이(mm)
1/500	300×400
1/1000	300×400
1/600	333.33×416.67
1/1200	333.33×416.67
1/2400	333.33×416.67
1/3000	400×500
1/6000	400×500

□□□ 11⑤, 15①, 21①, 25④

33 두 점 A와 B의 종선차($\triangle x$)가 +123.12m, 횡선차($\triangle y$)가 −321.21m일 때 두 점 간의 거리는 얼마인가?

① 343.15m   ② 343.72m

③ 344.00m   ④ 344.48m

해 설

30

일반적으로 실제 측량에서 관측되는 거리는 경사거리이므로, 지도를 제작하거나 면적을 계산할 때에는 실제로 측량에 필요한 수평거리로 환산하여 사용한다.

31

$180° + 20°20′ = 200°20′$(3상한)

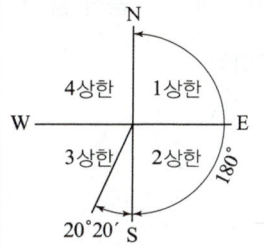

33

$$\overline{AB} = \sqrt{\triangle x^2 + \triangle y^2}$$
$$= \sqrt{(123.12)^2 + (-321.21)^2}$$
$$= 344.00m$$

□□□ 08⑤, 11⑤, 15①, 25④

34 다음 중 거리와 각을 동시에 관측하여 현장에서 즉시 좌표를 확인함으로써 시공 계획에 맞추어 신속한 측량을 할 수 있는 기기는?

① 트랜싯
② 토탈스테이션
③ 데오돌라이트
④ 전파거리측량기

34 토탈스테이션(Total Station)
토탈스테이션은 각과 거리를 동시에 측정할 수 있다. 기존의 트랜싯과, 전파거리측정기(EDM)가 일체화 된 형태로 볼 수 있다.

□□□ 16①, 20④, 25④

35 전자면적측정기에 따른 면적측정을 하는 경우 교차를 구하기 위한 $A = 0.023^2 M \sqrt{F}$ 공식 중 M 의 값으로 옳은 것은?

① 허용면적
② 축척분모
③ 산출면적
④ 보정계수

35 면적측정의 방법
$A = 0.023^2 M \sqrt{F}$
(A : 허용면적, M : 축척분모, F : 2회 측정한 면적의 합계를 2로 나눈 수)

□□□ 14①, 25④

36 세부측량에서 분할 측량 시 원면적이 4529m^2, 보정면적의 합계 4550m^2일 때 하나의 필지에 대한 보정면적이 2033m^2이었다면 이 필지의 산출면적은?

① 2010.2m^2
② 2023.6m^2
③ 2014.4m^2
④ 2043.6m^2

36 산출면적
$r = \dfrac{F}{A} \times a$
$= \dfrac{4529}{4550} \times 2033 = 2023.6\,\text{m}^2$

□□□ 13⑤, 25④

37 경계불가분의 원칙에 대한 설명으로 틀린 것은?

① 경계는 유일무이한 것이다.
② 경계는 양쪽 토지에 공통이다.
③ 경계는 기하학상 선과 같다.
④ 경계는 너비가 있다.

37 경계불가분의 원칙
토지의 경계는 중요한 것으로 어느 한쪽의 필지에만 전속하는 것이 아니고 인접 토지에 공통으로 작용하기 때문에 이를 분리할 수 없다는 것을 말한다. (∵ 경계는 너비가 없다.)

□□□ 13⑤, 16①, 20④, 25④

38 일필지의 모양이 다음과 같은 경우 토지의 면적은?

① 500m^2
② 350m^2
③ 200m^2
④ 150m^2

38
$A = \dfrac{1}{2} ab \sin\theta$ (이변법)
$= \dfrac{1}{2} \times 20 \times 30 \times \sin 30°$
$= 150\text{m}^2$

정답 34 ② 35 ② 36 ② 37 ④ 38 ④

□□□ 14⑤, 25④

39 좌표면적계산법에 따른 면적 측정 시 산출면적은 얼마의 단위까지 계산하여야 하는가?

① $1m^2$
② $1/10m^2$
③ $1/100m^2$
④ $1/1000m^2$

39 면적측정의 방법
좌표면적계산법에 따른 산출면적은 1000분의 1제곱미터까지 계산하여 10분의 1제곱미터 단위로 정한다.

□□□ 16①, 17④, 25④

40 다음 중 간주지적도에 등록된 토지의 대장을 토지 대장과는 별도로 작성하여 사용하였던 것에 해당하지 않는 것은?

① 별책 토지대장
② 을호 토지대장
③ 산 토지대장
④ 지세 명기장

40
간주지적도에 등록된 토지에 대하여 별책토지대장, 을호토지대장, 산토지대장이라 하여 별도 작성되었다.

□□□ 10①, 13①, 25④

41 신규등록에 의한 토지의 이동이 있어 지적공부를 정리하여야 하는 경우 지적소관청이 작성하여야 하는 것은?

① 토지이동정리 결의서
② 신규등록정리 결의서
③ 등기부등본정리 결의서
④ 부동산등기부 결의서

41 토지이동정리결의서
지적소관청은 토지의 이동이 있는 경우에는 토지이동정리결의서를 작성하여야 한다. 토지이동정리결의서는 증감란의 면적과 지번수는 늘어난 경우에는 (+)로, 줄어든 경우에는 (−)로 기재한다.

□□□ 04①, 11①, 13⑤, 25④

42 지번을 순차적으로 부여하는 방향으로 옳은 것은?

① 북동에서 남서
② 북서에서 남동
③ 남동에서 북서
④ 남서에서 북동

42 북서기번법
지번부여지역의 북서쪽에서 번호를 부여하고 순차로 진행하다가 남동쪽에서 끝내도록 하는 방식으로 한글, 영어, 아라비아 숫자 등을 사용하는 국가에서 주로 사용하며, 우리나라에서 북서기번법을 이용한다.

□□□ 05①, 06⑤, 11⑤, 25④

43 다음 중 도면의 작성 방법에 해당하지 않는 것은?

① 직접자사법
② 간접자사법
③ 전자자동제도법
④ 투사지법

43 도면의 작성 기준
도면은 직접 자사법, 간접 자사법, 전자 자동 제도법에 의하여 작성하여야 한다.

□□□ 04①②, 11①, 14⑤, 25④

44 다음 중 지적측량을 필요로 하는 토지의 이동과 거리가 먼 것은?

① 등록전환
② 분할
③ 지목변경
④ 신규등록

44
합병, 지목변경은 지적측량을 실시하지 않는다.

정답 39 ④ 40 ④ 41 ① 42 ② 43 ④
44 ③

□□□ 13⑤, 14①, 25④

45 지적공부의 복구에 관한 관계자료에 해당하지 않는 것은?

① 측량 결과도　　　　　② 지적공부의 등본
③ 지형도　　　　　　　④ 토지이동정리 결의서

45
지적공부의 복구자료에 따라 지형도는 포함되지 않는다.

□□□ 13①, 25④

46 지적공부에 등록된 2필지 이상을 1필지로 합하여 등록하는 것을 무엇이라 하는가?

① 합병　　　　　　　　② 분할
③ 등록전환　　　　　　④ 지목변경

46
합병은 지적공부에 등록된 2필지 이상의 토지를 1필지로 합하여 지적공부에 등록하는 것을 말한다.

□□□ 06⑤, 13⑤, 16①, 25④

47 토지대장과 임야대장에 등록하여야 할 사항이 아닌 것은?

① 토지의 소재　　　　　② 지번
③ 지목　　　　　　　　④ 경계

47 토지대장 등의 등록사항
• 토지의 소재
• 지번
• 지목
• 면적
• 소유자의 성명 또는 명칭, 주소 및 주민등록번호

□□□ 04⑤, 13⑤, 25④

48 경계점좌표등록부에 등록하는 지역의 토지의 산출면적이 $347.65m^2$ 일 때 결정면적은?

① $348m^2$　　　　　　② $347.7m^2$
③ $347.6m^2$　　　　　④ $347m^2$

48 면적의 결정
경계점좌표등록부에 등록하는 지역이고 구하려는 끝자리의 수가 짝수이므로 $347.65m^2 \rightarrow 347.6m^2$이다.

□□□ 04②, 05②, 14①, 15①, 25④

49 공유지연명부의 등록사항이 아닌 것은?

① 토지의 소재　　　　　② 지목
③ 소유권 지분　　　　　④ 토지의 고유번호

49 공유지연명부의 등록사항
• 토지의 소재
• 지번
• 소유권 지분
• 소유자의 성명 또는 명칭, 주소 및 주민등록번호
• 토지의 고유번호는 국토교통부령으로 등록되는 사항이다.

□□□ 04①, 05①②, 06⑤, 08⑤, 10①⑤, 11⑤, 12⑤, 13①⑤, 14①, 15⑤, 16①, 25④

50 지목을 지적도면에 표기하는 부호의 연결이 옳은 것은?

① 유원지 – 유　　　　　② 유지 – 지
③ 제방 – 방　　　　　　④ 묘지 – 묘

50
• 유원지 – 원
• 유지 – 유
• 제방 – 제

□□□ 04②, 11①, 25④

51 다음 중 지적 도근점 측량의 도선 구분이 가장 옳은 것은?

① ㄱ도선과 ㄴ도선　　② 가도선과 나도선
③ 1등도선과 2등 도선　　④ A도선과 B도선

51 도선의 등급(지적측량시행규칙 제2조)
도선은 1등도선과 2등도선으로 구분한다.
(∵ 1등도선 : 가, 나, 다, 순으로 표기,
2등도선 : ㄱ, ㄴ, ㄷ, 순으로 표기)

□□□ 14⑤, 25④

52 지적도나 임야도에 등록된 경계를 현지에 정확히 표시하여 일필지의 한계를 구분하는 것을 목적으로 하는 것은?

① 신규등록측량　　② 경계복원측량
③ 등록전환측량　　④ 지적확정측량

52 경계복원측량
지적도, 임야도에 등록 당시 측량방법을 기초로 하여, 등록된 경계를 현지에 정확히 복원하기 위해 실시하는 지적측량

□□□ 16①, 25④

53 경위의측량방법에 따른 세부측량을 시행할 때 거리측정의 단위로 옳은 것은?

① 0.1cm　　② 1cm
③ 5cm　　④ 10cm

53 경위의측량방법에 따른 세부측량
거리측정 단위는 1센티미터로 할 것

54 지적측량기준점제도
(업무처리규정 제46조)

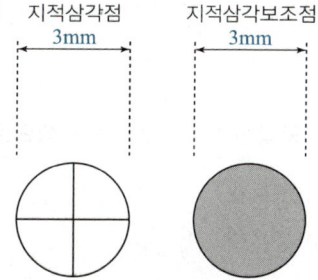

지적삼각점 3mm　　지적삼각보조점 3mm

□□□ 11⑤, 13①, 19①, 25④

54 직경 3mm의 원 안에 십자선(+) 표시를 하여 제도하는 것은?

① 위성기준점　　② 지적도근점
③ 지적삼각점　　④ 지적삼각보조점

□□□ 08⑤, 13⑤, 25④

55 지번부여방법 중 필지의 배열이 불규칙한 지역에서 진행 순서에 따라 뱀이 기어가는 형상처럼 지번을 부여하는 것은?

① 도엽단위법　　② 사행식
③ 기우식　　④ 단지식

55 사행식
뱀이 기어가는 형상으로 지번을 부여하는 것을 말하며, 지번 부여 진행 방법 중 가장 많이 쓰이는 것으로서 우리나라 토지의 대부분이 이 방법에 의하여 지번이 부여되었다.

□□□ 13⑤, 25④

56 일정한 원인이 분명하게 나타나고 항상 일정한 질과 양의 오차가 생기는 것으로, 측정 횟수에 비례하여 오차가 커지는 것은?

① 정오차　　② 우연오차
③ 착오　　④ 허용오차

56 정오차
주로 기계적 원인에 의해 일정하게 발생하며 측정 횟수가 증가함에 따라 그 오차가 누적되는 오차

정답 51 ③ 52 ② 53 ② 54 ③ 55 ②
56 ①

□□□ 04⑤, 05①, 06⑤, 13①, 25④

57 1필지의 토지소유자가 2인 이상인 경우 그 지분관계를 기록한 것으로, 지적소관청에 의하여 작성되어 비치되는 것은?

① 경계점좌표등록부　　　② 결번 대장
③ 공유지연명부　　　　　④ 건축물 대장

57 공유지연명부
1필지의 소유자가 2인 이상일 때에는 대장의 소유자란에 등기부상 선순위 공유자의 주소, (주민)등록번호 및 성명 또는 명칭을 정리한 지적공부이다.

□□□ 04①, 14①, 15①, 25④

58 경계점좌표등록부에 등록하는 지역의 토지 면적을 등록하는 최소 단위 기준은?

① 100m^2　　　　　　　② 10m^2
③ 1m^2　　　　　　　　④ 0.1m^2

58 면적의 결정
지적도의 축척이 1/600인 지역과 경계점좌표등록부에 등록하는 지역의 토지면적은 m^2 이하 한자리 단위, 0.1m^{2}로 한다.

□□□ 05②, 06⑤, 08⑤, 10①, 15⑤, 25④

59 다음 중 지목과 지적도면에 등록하는 때에 표기하는 부호의 연결이 옳지 않은 것은?

① 잡종지 - 잡　　　　　② 하천 - 천
③ 제방 - 제　　　　　　④ 공장용지 - 공

59
공장용지 - 장

□□□ 13⑤, 25④

60 도곽선의 수치는 무슨 색으로 제도하여야 하는가?

① 검은색　　　　　　　② 파랑색
③ 붉은색　　　　　　　④ 노랑색

60 붉은색으로 표현하는 경우
• 도곽선
• 도곽선 수치
• 말소선
• 2도면 이상 걸친 토지로서 그 일부가 다른 도면에 등록된 토지의 지번, 지목 표기
• 수치지적도의 "측량할 수 없음" 표시 등
• 분할측량성과도의 측량대상토지의 분할선

정답 57 ③　58 ④　59 ④　60 ③

PART 4

Pick Remember
작업형 실기문제

|연도별 출제문제 경향|

출제년도	축척	필지 분할	출제년도	축척	필지 분할
2025년 2회	600분의 1	필지 2분할	2022년 4회	600분의 1	필지 3분할
2025년 1회	1200분의 1	필지 2분할	2022년 1회	1000분의 1	필지 2분할
2024년 4회	1200분의 1	필지 2분할	2021년 4회	500분의 1	필지 2분할
2024년 2회	1000분의 1	필지 2분할	2021년 1회	1000분의 1	필지 3분할
2024년 1회	600분의 1	필지 3분할	2020년 4회	500분의 1	필지 3분할
2023년 4회	1200분의 1	필지 2분할	2020년 1회	600분의 1	필지 3분할
2023년 2회	600분의 1	필지 3분할	2019년 4회	600분의 1	필지 3분할
2023년 1회	500분의 1	필지 3분할	2019년 1회	1200분의 1	필지 3분할
			2018년 4회	1200분의 1	필지 2분할

※ 플롯의 축척은 수험자 유의사항을 반드시 확인할 것

01 CAD 화면 이해하기

① Auto CAD를 실행한다.

1 우측하단 톱니바퀴 모양을 클릭하여 CAD모
드를 설정할 수 있다.

2 우측하단에 톱니바퀴 모양을 클릭하여
'Auto CAD 클래식' 모드로 설정한다.
 • 사용자가 편한 모드로 설정하면 된다.

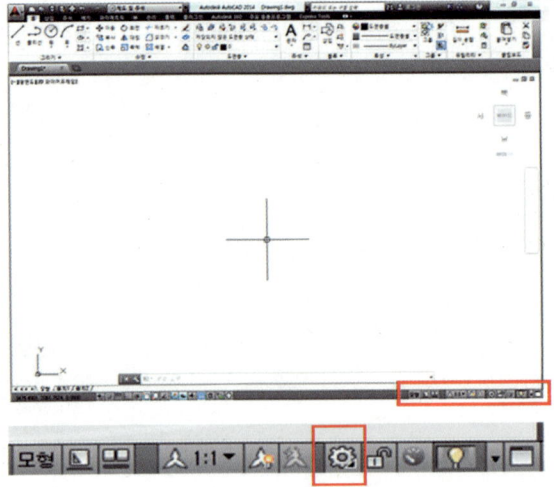

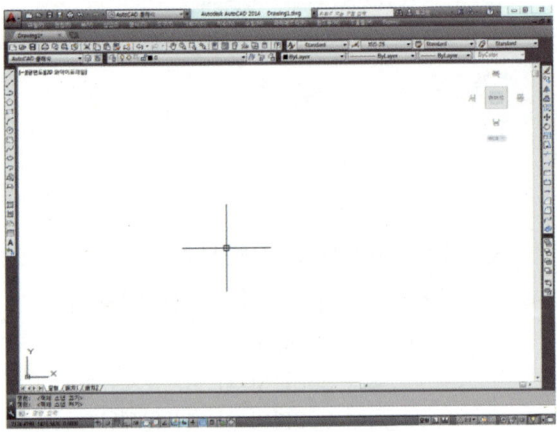

② Auto CAD 화면구성

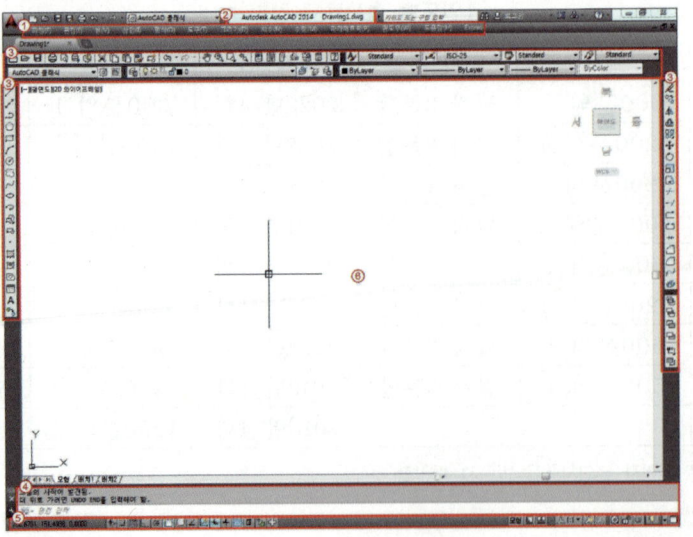

❶ 풀 다운 메뉴(Pull Down Menu)
- '메뉴막대'라고도 한다.
- 'Menubar' 명령어를 이용하며 풀 다운 메뉴를 숨기거나 나타낼 수 있다.
- CAD화면에서 가장 상단에 위치한 메뉴이다.

❷ 제목표시줄
- 파일의 이름 및 버전을 표시해 준다.
- 저장을 하게 되면 최초의 파일이름인 'Drawing1.dwg'는 이름이 바뀌게 된다.

❸ 도구막대
- 명령에 대한 도구가 아이콘으로 표현되어 있다.
- 마우스 조작을 통해 원하는 위치로 도구막대를 이동시킬 수 있다.

❹ 명령창
- 작업자가 명령어를 입력하여 작업을 수행할 수 있도록 한다.
- Auto CAD의 프롬프트 및 지시사항을 표시한다.

❺ 상태막대
- 화면의 하단부분에 위치한다.
- 스냅, 그리드, 직교 등 현재 작업 상태를 표시한다.

❻ 도면영역
- 실제 도면이 제도되는 공간으로, 도면용지와 같은 역할이다.

③ Auto CAD의 단축키 및 기능키 □□□

１ 단축키
- F1 : 도움말
- F2 : 문자 윈도우 창
- F3 : 객체 스냅 ON/OFF
- F4 : 3D 오스냅 ON/OFF
- F5 : 등각평면 평면도/우측면도/좌측면도
- F6 : 동적UCS ON/OFF
- F7 : 그리드 ON/OFF
- F8 : 직교 ON/OFF
- F9 : 스냅 ON/OFF
- F10 : 극좌표 ON/OFF
- F11 : 객체스냅추척 ON/OFF
- F12 : 동적입력 ON/OFF

２ 기능키
- Ctrl + 1 : 객체특성 편집하기
- Ctrl + C : 객체 복사하기
- Ctrl + V : 객체 붙여넣기
- Ctrl + O : 도면 불러오기
- Ctrl + Q : 도면 닫기
- Ctrl + S : 도면 저장하기
- Ctrl + N : 새 도면 열기
- Ctrl + P : 도면 출력하기
- Ctrl + Z : 명령 취소하기
- Ctrl + Y : 명령 복구하기

① 도면 작업 시 사용자가 원하는 작업설정

1 명령어: OP(Options) Enter
- 화면표시, 제도, 선택사항을 설정한다.

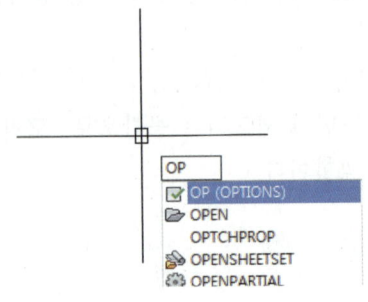

2 화면표시
- 호 및 원 부드럽게(A): 10000
  ↳ 값이 클수록 도면에 제도되는 호와 원이 부드럽게 제도된다.
- 십자선 크기(Z): 80
  ↳ 십자선의 크기를 조절할 수 있다.
- 색상: 도면영역의 색상을 설정할 수 있다.

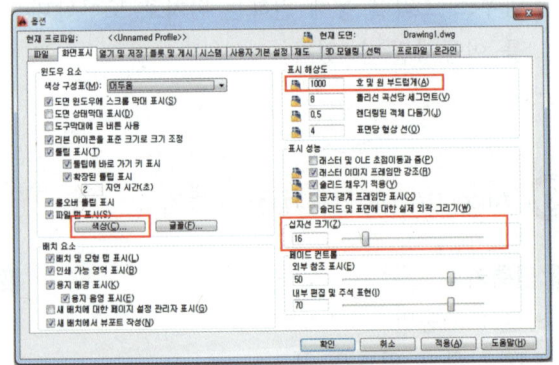

3 제도
- 조준창 크기(Z): 조준창의 크기를 조절할 수 있다.
- AutoSnap 표식기 크기(S) 오토스냅의 크기를 조절할 수 있다.
- 색상: AutoSnap 표식기의 색상을 선택할 수 있다.
  (※ 조준창 크기 및 오토스냅의 크기는 적당한 크기가 좋다.)

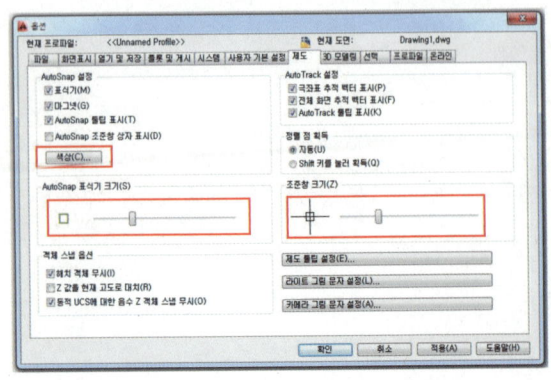

4 선택
- 그립 크기(Z): 그립(맞물림)크기를 조절할 수 있다.
- 확인란 크기(P): 확인란(선택상자)의 크기를 조절할 수 있다.
  (※ 그립 크기와, 확인란 크기는 보통보다 조금 작은 것이 좋다.)

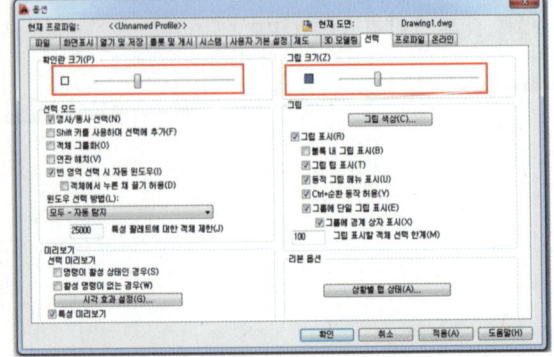

 **OSNAP 설정**

1 명령어: OS(OSnap) [Enter]
- 화면표시, 제도, 선택사항을 설정한다.

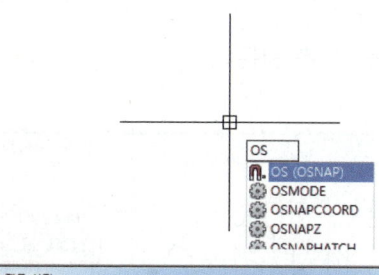

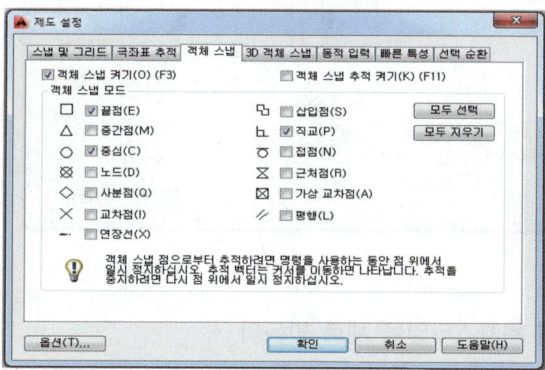

2 도면영역에서 [Ctrl]+마우스 우클릭
- [Ctrl]+마우스 우클릭을 이용하여 원하는 점을 잡을 수 있다.

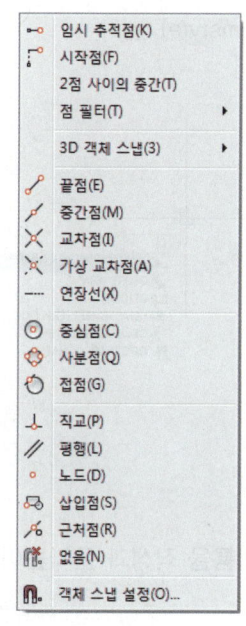

3 Osnap의 옵션
- 끝점(E): 객체의 끝점을 선택할 수 있다.
- 중간점(M): 객체의 중간점을 선택할 수 있다.
- 교차점(I): 두 객체가 교차되는 지점을 선택할 수 있다.
- 중심점(C): 원, 호의 중심점을 선택할 수 있다.
- 직교(P): 선이 어느 객체에 수직으로 만나는 점을 선택할 수 있다.
- 근처점(R): 가장 가까운 물체점을 선택할 수 있다.

03 문자 스타일 설정하기

① 문자글꼴 및 문자높이 설정

1 명령어: D(Dimstyle) ⏎

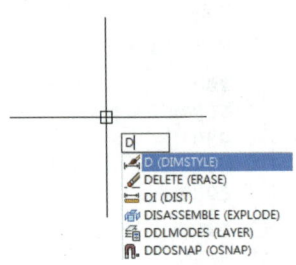

2 치수스타일을 새로 만든다.

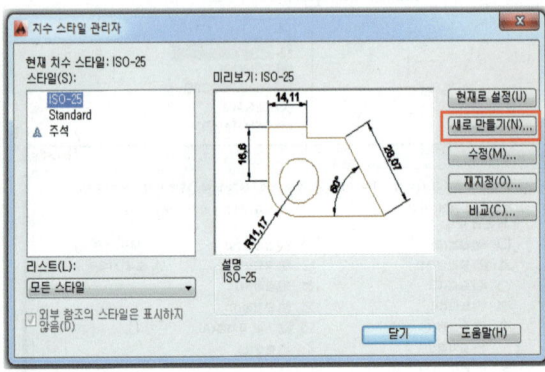

3 새 스타일 이름을 작성과 문자높이를 설정한다. **4** 문자스타일을 새로 만든다.

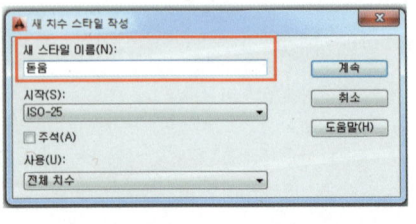

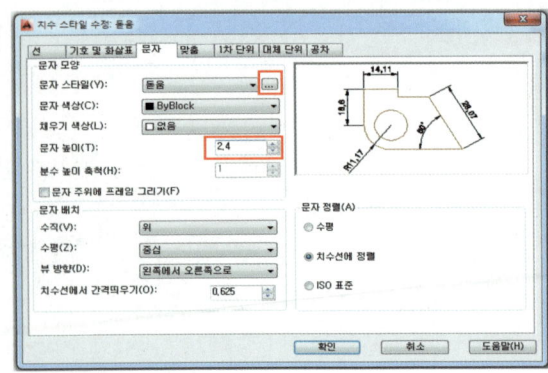

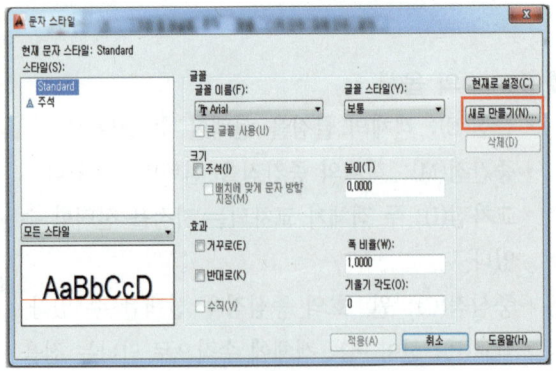

5 원하는 글꼴을 선택한다.

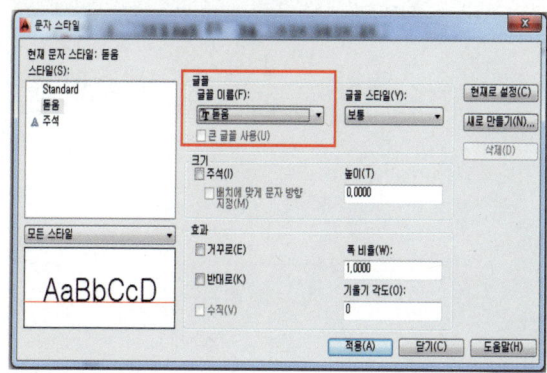

6 적용 후 문자스타일을 새로 만든 스타일로 변경한다.

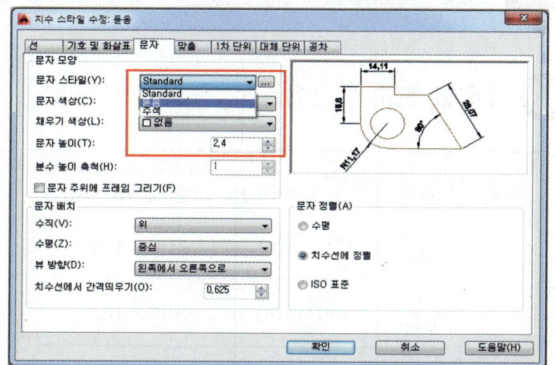

※ 문자스타일을 설정을 통해 도면에서 문자 작성을 편하게
할 수 있다.

04 AutoCAD의 명령어

명령어	약어	내용
Area	AA	면적의 크기를 계산한다.
Circle	C	지름을 가지는 원을 제도한다.
Copy	CO	원하는 객체를 다중복사 한다.
DDEDIT	DDED	작성된 문자를 수정한다.
Dimstyle	D	치수스타일, 문자스타일 등을 설정한다.
Erase	E	불필요한 객체를 삭제한다.
Extend	EX	객체를 어느 객체까지 연장한다.
Hatch	H	선택영역에 원하는 패턴을 입력한다.
ID	ID	지점의 좌표 값을 표시한다.
Join	J	서로 나눠진 객체를 하나로 결합한다.
Layer	LA	레이어를 설정한다.
Line	L	선을 제도한다.
Move	M	객체를 이동한다.
MText	T	다중행 문자를 기입한다.
Offset	O	일정한 간격을 띄워준다.
Options	OP	도면환경을 설정한다.
Pline	PL	폴리라인을 제도한다.
Plot	–	도면을 출력한다.
Rectang	REC	정사각형 및 직사각형을 제도한다.
Regen	RE	화면을 정리해서 다시 표시한다.
Rotate	RO	객체를 회전시킨다.
Scale	SC	객체의 크기를 축소 및 확대시킨다.
Text	DT	문자열을 기입한다.
Trim	TR	선택한 객체의 일부분을 잘라낸다.
Units	UN	도면의 단위를 설정한다.
Zoom	Z	화면에 나타나는 도면을 확대 및 축소한다.

① 축척별 도곽선 크기

종류	축척	지상길이(m)	도상길이(mm)
지적도	$\frac{1}{500}$	150×200	300×400
	$\frac{1}{1000}$	300×400	300×400
	$\frac{1}{600}$	200×250	333.33×416.67
	$\frac{1}{1200}$	400×500	333.33×416.67
	$\frac{1}{2400}$	800×1000	333.33×416.67
임야도	$\frac{1}{3000}$	1200×1500	400×500
	$\frac{1}{6000}$	2400×3000	400×500

② 면적분할측량

1 도곽선의 보정계수

$$Z = \frac{X \cdot Y}{\triangle X \cdot \triangle Y}$$

여기서 Z는 보정계수

X는 도곽선 종선길이

Y는 도곽선 횡선길이

$\triangle X$는 $\dfrac{\text{신축된 도곽선 종선길이의 합}}{2}$

$\triangle Y$는 $\dfrac{\text{신축된 도곽선 횡선길이의 합}}{2}$

보정계수는 소수점 넷째자리까지 구한다.

2 신구면적 허용오차

$$A = \pm 0.026^2 M \sqrt{F}$$

여기서 A는 허용오차

M은 축척분모

F는 원면적

단, 축척분모가 3000일 경우 6000으로 하여 오차를 산출한다.

3 보정면적

측정면적×보정계수

$$\text{측정면적} = \frac{\text{2회 측정된 면적}}{2}$$

4 산출면적

$$\frac{\text{원면적}}{\Sigma \text{보정면적}} \times \text{그 측선의 보정면적}$$

5 결정면적

구 분	$\frac{1}{500} \sim \frac{1}{600}$ + 경계점좌표등록부 시행지역	$\frac{1}{1,000} \sim \frac{1}{6,000}$
최소면적	0.1m^2	1m^2
소수처리 방법 (오사오입)	0.05m^2 미만 → 버림 0.05m^2 초과 → 올림 0.05m^2일 때 구하고자 하는 수가 홀수 → 올림 짝수 → 버림	0.5m^2 미만 → 버림 0.5m^2 초과 → 올림 0.5m^2일 때 구하고자 하는 수가 홀수 → 올림 짝수 → 버림
예제	■ 소수 첫 번째 자리까지 산출하는 경우 ① 123.25m^2 → 123.2m^2 ② 123.35m^2 → 123.4m^2	■ 자연수까지 산출하는 경우 ① 122.5m^2 → 122m^2 ② 123.5m^2 → 124m^2

③ 지번부여방법

❶ 지번은 본번과 부번으로 구성하고, 본번과 부번 사이에 "–" 표시로 연결한다. 이 경우 "–"는 "의"라고 읽는다.

❷ 지번은 북서에서 남동으로 순차적으로 부여할 것

❸ 분할의 경우에는 분할 후의 필지 중 1필지의 지번은 분할 전의 지번으로 하고, 나머지 필지의 지번은 본번의 최종부번 다음 순번으로 부번을 부여할 것

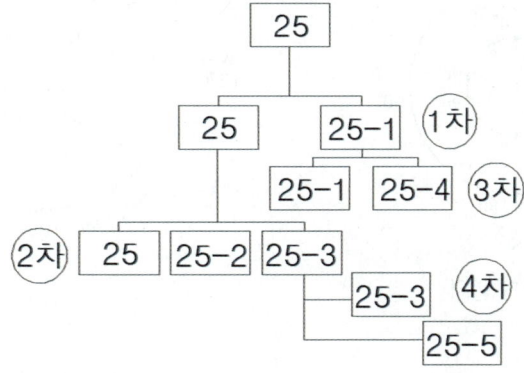

1 방위각

　　방위각은 자오선의 북(진북 자오선 : N)을 기준으로 하여 시계 방향으로 $0 \sim 360°$로 나타낸 각

■ 방위각 계산시 주의점

　① 어느 방위각이든 $360°$를 넘으면 $-360°$, 음(−)의 각이 나오면 $360°$를 더(+)한다.

　② 방위각과 역방위각의 위상차는 $180°$이다.

　③ 방위각은 $0 \sim 360°$까지 나타낸다.

2 방위

　(1) 방위는 4개의 상한으로 나누어 NS선을 기준으로 $90°$ 이하의 각도를 나타낸다.

　(2) 북(N)과 남(S)을 0로 하고 동(E)과 서(W)로 향하여 $90°$까지의 각도로 나타낸다.

　■ 방위각과 방위 관계

상 한	$\dfrac{경거(\Delta y)}{위거(\Delta x)}$ 의 부호	방위각(α)	방위
제1상한	$\dfrac{+}{+}$	$0° \sim 90°$	NαE
제2상한	$\dfrac{+}{-}$	$90° \sim 180°$	S$(180° - \alpha)$E
제3상한	$\dfrac{-}{-}$	$180° \sim 270°$	S$(\alpha - 180°)$W
제4상한	$\dfrac{-}{+}$	$270° \sim 360°$	N$(360° - \alpha)$W

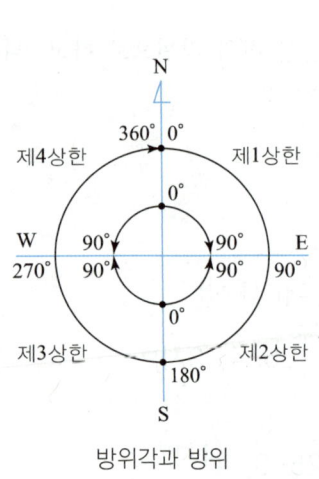

방위각과 방위

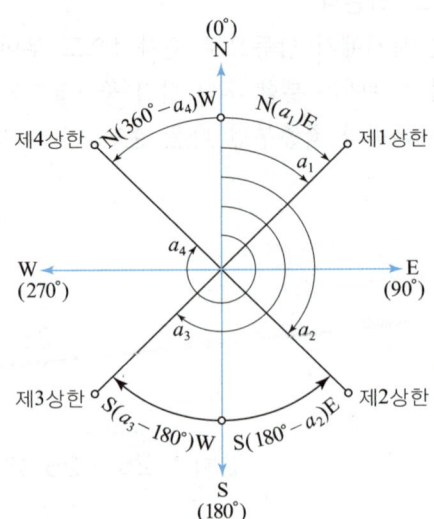

3 기준점의 방위각과 거리를 이용하여 경계점 좌표 산출

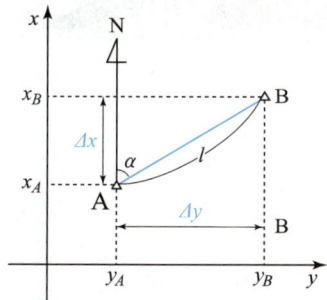

① 좌표 $x_B = x_A + 거리\cos$ 방위각

② 좌표 $y_B = y_A + 거리\sin$ 방위각

4 지적기준점간 방위각과 거리 계산

① 방위 α

$$\alpha = \tan^{-1}\frac{\Delta y}{\Delta x} = \tan^{-1}\frac{(y_B - y_A)}{(x_B - x_A)}$$

• 상한에 따라 방위각으로 환산한다.

② 방위각

- $\theta = \alpha\,(1상한)$
- $\theta = 180° - \alpha\,(2상한)$
- $\theta = 180° + \alpha\,(3상한)$
- $\theta = 360° - \alpha\,(4상한)$

③ AB측선의 길이

$$\overline{AB} = l = \sqrt{(x_B - x_A)^2 + (y_B - y_A)^2} = \sqrt{\Delta x^2 + \Delta y^2}$$

수험자 유의사항

1 다음의 유의사항을 고려하여 요구사항을 완성

- 수험자 인적사항 및 답안작성은 반드시 검정색 필기구(유색, 연필류 제외)만 사용하여야 한다.
- 답안 정정 시에는 정정하고자 하는 단어에 두 줄(=)을 긋고 다시 작성하거나 수정테이프(수정액 제외)를 사용하여 정정하여야 한다.
- 명시되지 않은 조건은 지적 관련 법규 및 규정에 따른다.
- 정전 및 기계고장 등에 의한 자료손실을 방지하기 위하여 수시로 저장한다.
- 시험 시작 전 바탕화면에 본인 수험번호로 폴더를 생성하고, 폴더 안에 작업내용을 저장한다.
- 시험 시작 후 서식 좌측 상단에 수험번호, 성명을 기재한다.
- 작업이 끝나면 감독위원의 확인을 받은 후 파일과 문제지 및 답안지를 제출
  - 본부 요원 입회하에 본인이 직접 최종 지적측량결과도를 출력
  - 최종 지적측량결과도의 출력작업은 2회에 한하여 출력 가능
  - 최종 지적측량결과도의 출력작업을 시작한 후에는 다시 작업 내용을 수정할 수 없음
  - 출력한 최종 지적측량결과도는 수험자 본인이 직접 확인한 후 최종 제출
  - 출력시간 20분을 초과한 경우 실격처리됨

2 최종지적측량결과도의 출력

- 용지 크기는 'A3' 크기로 한다.
- 플롯 영역의 대상은 '윈도우'로 하여 시험문제의 출력영역을 선택한다.
  - 주어진 서식의 좌측상단 끝과 우측하단 끝
- 플롯의 간격은 '플롯의 중심'으로 한다.
- 플롯의 축척은 '사용자', 1 : 0.0(⑩ 1 : 1.8, 1 : 0.75)로 하고 단위는 mm로 한다.
  - 채점 시 편의를 위한 것으로 파일의 축척에 상관없이 지적 축척에 따라 출력
- 플롯 옵션에서 다음 항목을 체크
  - ☐ 객체의 선가중치 플롯
  - ☐ 플롯 스타일로 플롯
- 도면 방향을 '가로'로 하시오.
- 반드시 컬러(Color)를 적용하여 출력하시오.
- 지급된 저장매체(USB, CD 등) 및 출력물은 반드시 제출
  - 시험 장소에 따라 저장매체를 대신하여 해당 전산망을 통해 제출할 수 있음

국가기술자격 실기시험문제

자격종목	지적기능사	과제명	지적제도 및 면적측정

시험시간 : 작업시간(2시간 30분)

※ 시행 시 요구사항 및 도면의 유형은 변경될 수 있습니다.
- 2020년 4회 지적실기 출제문제유형(축척 500분의 1 : 필지 3분할)
- 2021년 4회 지적실기 출제문제유형(축척 500분의 1 : 필지 2분할)
- 2023년 1회 지적실기 출제문제유형(축척 500분의 1 : 필지 3분할)

01 요구사항

※ 지급된 재료(CAD 파일)를 보고 CAD프로그램을 이용하여 아래 요구사항에 맞게 답안지를 작성하고 최종 지적측량결과도를 완성하여 파일을 *.dxf 파일형식으로 저장한 후 감독위원의 지시에 따라 지급된 용지에 본인이 직접 컬러로 출력하시오.

※ 플롯의 축척은 '사용자', '1 : 0.75'로 하고 단위는 mm로 하시오.
(채점 시 편의를 위한 것으로 파일의 축척에 상관없이 지정 축척에 따라 출력합니다.)

01 [답안지 2-1]에 지적도근점 265를 이용하여 도곽선 좌표를 계산하고, 주어진 파일에 도곽을 구획하여 지적기준점을 규정에 맞게 전개 및 제도하시오.
(단, 축척 500분의 1이며, 원점의 가산수치는 X=500,000m, Y=200,000m이다.)

지적기준점	좌표		비고
	X [m]	Y [m]	
251	460326.25	180900.92	
260	460288.82	180866.69	
265	460343.80	180847.04	

02 [답안지 2-1]에 지적기준점에서 관측된 경계점의 좌표를 계산하고, 주어진 파일에 제도(결선)하여 필지(서울특별시 서초구 양재동 4)를 완성하시오.
(단, 좌표결정은 m 단위로 소수 둘째 자리까지 구하시오.)

측점	관측점	방위각	거리 [m]	비고
260	1	17° 31′ 4.05″	51.76	
	2	35° 57′ 16.81″	29.55	
	3	338° 41′ 13.96″	15.24	
	4	326° 45′ 31.38″	41.43	
	5	350° 37′ 53.11″	56.27	

03 [답안지 2-2]에 주어진 방위각과 거리를 이용하여 관측점의 좌표를 계산하고, 주어진 파일에 '요구사항 02'에서 작성된 필지와 교차되는 지점을 최종 분할점으로 결정하여 분할필지를 완성하시오.
(단, 분할점 및 최종분할좌표결정은 m단위로 소수점 둘째 자리까지 구하며, 관측점 표식은 주어진 서식의 '十' 표식을 활용하시오.)

측점	관측점	방위각	거리 [m]	비고
260	분 1	37° 52′ 38.33″	43.11	
	분 2	331° 27′ 58.31″	54.28	
	분 3	34° 2′ 39.07″	21.99	
	분 4	322° 2′ 6.64″	34.12	

04 주어진 파일에 완성된 필지를 대상으로 원면적이 1120.0m²인 서울특별시 서초구 양재동 4(지목: 대)를 계산된 분할선을 이용하여 3필지로 분할하고 지적 관련 법규 및 규정 등에 맞게 면적측정부를 작성하시오.
(단, 당해 지번의 최종 종번은 4-1, 도곽신축보정계수는 1.0000, 분할필지의 측정 면적은 CAD기능을 이용하고, [답안지 2-2]에 공차, 산출면적 및 결정면적을 계산하시오.

05 지적 관련 법규 및 규정 등에 따라 최종 지적측량결과도(색인표, 제명, 축척, 기준점, 기준점 명칭, 도곽선, 필지경계선, 분할선, 지번, 지목, 도곽선 수치 등)를 작성하여 주어진 서식을 이동시켜 파선 안쪽에 최종 지적측량결과도를 넣고 계산된 경계점 및 관측점, 최종 분할점의 좌표는 각 점 우측에 기재하시오.
(단, 당해 지적도는 16호이고 용도지역은 일반주거지역이며, 도곽선, 필지경계선, 분할선, 지적기준점의 선가중치는 0.00mm이다.)

문제번호	답 안	채점란
문제번호 01	○계산과정: ① 종선 상부좌표: ② 종선 하부좌표: ③ 횡선 우측좌표: ④ 횡선 좌측좌표: ○답: ① 종선 상부좌표: ② 종선 하부좌표: ③ 횡선 우측좌표: ④ 횡선 좌측좌표:	득점
문제번호 02	○계산과정: ① 1번 X좌표= 　　1번 Y좌표= ② 2번 X좌표= 　　2번 Y좌표= ③ 3번 X좌표= 　　3번 Y좌표= ④ 4번 X좌표= 　　4번 Y좌표= ○답: ① : X좌표 =　　　　　　, Y좌표 = ② : X좌표 =　　　　　　, Y좌표 = ③ : X좌표 =　　　　　　, Y좌표 = ④ : X좌표 =　　　　　　, Y좌표 =	득점

문제번호	답 안	채점란
문제번호 03	○계산과정: 　① 관측점 분1 X좌표 = 　　관측점 분1 Y좌표 = 　② 관측점 분2 X좌표 = 　　관측점 분2 Y좌표 = 　③ 관측점 분3 X좌표 = 　　관측점 분3 Y좌표 = 　④ 관측점 분4 X좌표 = 　　관측점 분4 Y좌표 = ○답: ※ 최종 분할점은 교차지점의 좌표를 독취하여 작성	득점
문제번호 04	○계산과정: 　① 신구면적 허용오차 계산 　　○ 계산과정: 　② 산출면적 계산 　　○ 계산과정: 　　○ 계산과정: 　○ 답 : ① 공차= ± 　　　　② 산출면적 및 결정면적 　　　　　㉠ 산출면적 : 　　　　　㉡ 결정면적 :	득점

문제번호 03 답:

관측점 번호	X 좌표[m]	Y좌표[m]
분1		
분2		
분3		
분4		

최종 분할점 번호	X 좌표[m]	Y좌표[m]
분1		
분2		
분3		
분4		

01 지적기준점(265)을 이용하여 도곽 구획

※ 1/500의 지상길이는 150×200 이다.
※ 지적기준점 265의 좌표는 X=460343.80m, Y=180847.04m 이다

1 종선좌표 산출

① $460343.80-500000 = -39656.20m$

② $-39656.20 \div 150 = -264.37$ ·············· (소수점은 절삭한다.)

③ $-264 \times 150 = -39600m$

④ $-39600+500000 = 460400m$ → 종선 상부좌표 (가)

⑤ $460400-150 = 460250m$ → 종선 하부좌표 (다)

2 횡선좌표 산출

① $180847.04-200000 = -19152.96m$

② $-19152.96 \div 200 = -95.76$ ·············· (소수점은 절삭한다.)

③ $-95 \times 200 = -19000m$

④ $-19000+200000 = 181000m$ → 우측횡선좌표 (나)

⑤ $181000-200 = 180800m$ → 좌측횡선좌표 (라)

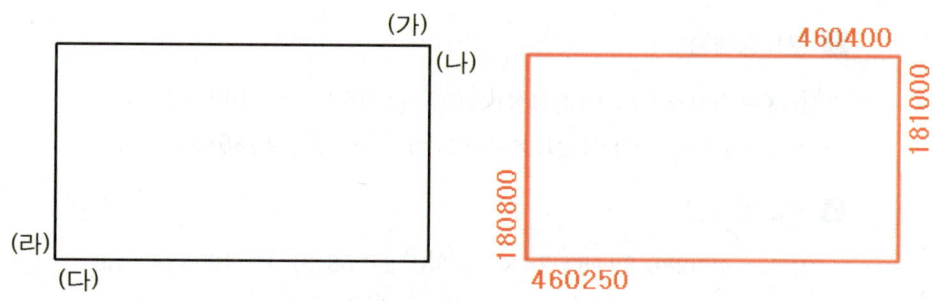

02 260 기준점의 방위각과 거리를 이용하여 경계점 좌표 산출

※ 지적기준점 260의 좌표는 X=460288.82m, Y=180866.69m 이다.

1 1번 경계점

① $X = 460288.82+51.76 \times \cos(17° 31' 4.05'') = 460338.18m$

② $Y = 180866.69+51.76 \times \sin(17° 31' 4.05'') = 180882.27m$

2 2번 경계점

① X = 460288.82+29.55×cos(35° 57′ 16.81″) = 460312.74m

② Y = 180866.69+29.55×sin(35° 57′ 16.81″) = 180884.04m

3 3번 경계점

① X = 460288.82+15.24×cos(338° 41′ 13.96″) = 460303.02m

② Y = 180866.69+15.24×sin(338° 41′ 13.96″) = 180861.15m

4 4번 경계점

① X = 460288.82+41.43×cos(326° 45′ 31.38″) = 460323.47m

② Y = 180866.69+41.43×sin(326° 45′ 31.38″) = 180843.98m

5 5번 경계점

① X = 460288.82+56.27×cos(350° 37′ 53.11″) = 460344.34m

② Y = 180866.69+56.27×sin(350° 37′ 53.11″) = 180857.53m

03 260 기준점의 방위각과 거리를 이용하여 분할점 좌표 산출

※ 지적기준점 260의 좌표는 X=460288.82m, Y=180866.69m 이다.

1 분1 경계점

① X = 460288.82+43.11×cos(37° 52′ 38.33″) = 460322.85m

② Y = 180866.69+43.11×sin(37° 52′ 38.33″) = 180893.16m

2 분2 경계점

① X = 460288.82+54.28×cos(331° 27′ 58.31″) = 460336.51m

② Y = 180866.69+54.28×sin(331° 27′ 58.31″) = 180840.76m

3 분3 경계점

① X = 460288.82+21.99×cos(34° 2′ 39.07″) = 460307.04m

② Y = 180866.69+21.99×sin(34° 2′ 39.07″) = 180879.00m

4 분4 경계점

① X = 460288.82+34.12×cos(322° 2′ 6.64″) = 460315.72m

② Y = 180866.69+34.12×sin(322° 2′ 6.64″) = 180845.70m

04 신구면적 허용오차, 산출면적, 결정면적 계산

1 지적공부상의 면적과 측정면적의 허용오차면적을 말한다.

- $A = 0.026^2 \times M \times \sqrt{F}$ ·························· (M : 축척분모, F : 원면적)

  $= 0.026^2 \times 500 \times \sqrt{1120}$

  $= \pm 11\text{m}^2$ ·· (소수점은 절삭한다.)

2 측정면적 계산

① 계산된 경계점을 이용하며 작성된(CAD도면상) 필지면적을 'Area' 명령어를 이용하여 측정한다.

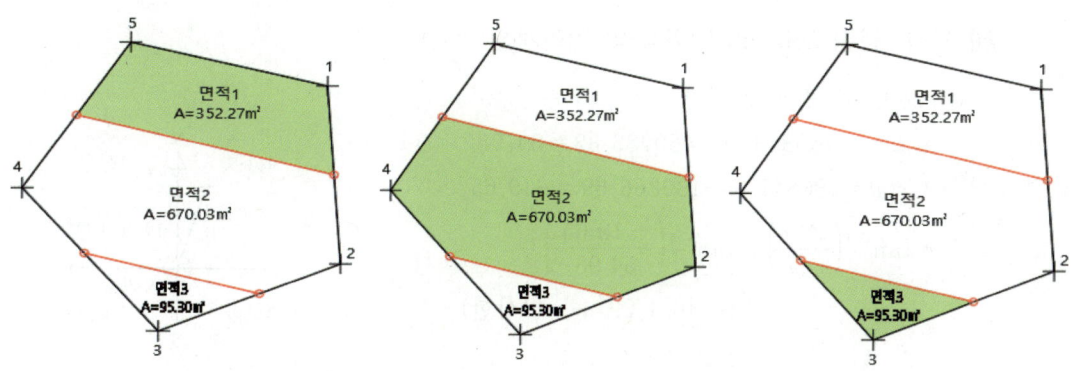

② 4대 측정면적1 = 352.27m²

4-2대 측정면적2 = 670.03m²

4-3대 측정면적3 = 95.30m²

(∵ 최종부번이 4-1이므로 지번부여는 4-2와 4-3으로 한다.)

3 산출면적 계산

① $r = \dfrac{F}{A} \times a$

여기서, r : 각필지의 산출면적

$\quad\quad F$: 원면적

$\quad\quad A$: 측정면적 합계 또는 보정면적 합계

$\quad\quad a$: 각 필지의 측정면적 또는 보정면적

② $4대 = \dfrac{1120}{352.27 + 670.03 + 95.30} \times 352.27 = 353.03\text{m}^2$

③ $4\text{-}2대 = \dfrac{1120}{352.27 + 670.03 + 95.30} \times 670.03 = 671.47\text{m}^2$

④ $4\text{-}3대 = \dfrac{1120}{352.27 + 670.03 + 95.30} \times 95.30 = 95.50\text{m}^2$

◢ 결정면적 계산

① 결정면적은 1/500은 0.1m² 까지 결정, 1/1000~1/6000은 1m² 까지 결정한다.

② 축척 1/500이므로 결정면적은

- 4대 = 353.03m² → 353.0m²
- 4-2대 = 671.47m² → 671.5m²
- 4-3대 = 95.50m² → 95.5m²

05 지적기준점간, 최종분할점 방위각 및 거리계산

◢ 지적기준점 260,265 방위각 및 거리계산

① 260,265 방위각 계산

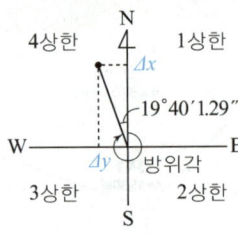

- $\triangle x = 460343.80 - 460288.82 = 54.98$
- $\triangle y = 180847.04 - 180866.69 = -19.65$
- $\tan^{-1}\left(\dfrac{\triangle y}{\triangle x}\right) = \tan^{-1}\left(\dfrac{-19.65}{54.98}\right)$

$$= 19° \, 40' \, 1.29'' \rightarrow (4상한)$$

$$\therefore \ V_{260}{}^{265} = 340° \, 19' \, 59''$$

② 260,265 거리계산

- $L = \sqrt{(54.98)^2 + (-19.65)^2} = 58.39\text{m}$

◢ 지적기준점 260,251 방위각 및 거리계산

① 260,251 방위각 계산

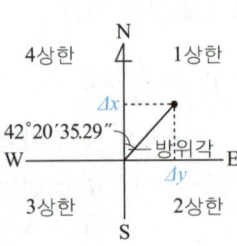

- $\triangle x = 460326.25 - 460288.82 = 37.43$
- $\triangle y = 180900.92 - 180866.69 = 34.23$
- $\tan^{-1}\left(\dfrac{\triangle y}{\triangle x}\right) = \tan^{-1}\left(\dfrac{34.23}{37.43}\right)$

$$= 42° \, 26' \, 35.29'' \rightarrow (1상한)$$

$$\therefore \ V_{260}{}^{251} = 42° \, 26' \, 35''$$

② 260,251 거리계산

- $L = \sqrt{37.43^2 + 34.23^2} = 50.72\text{m}$

3 지적기준점260, 최종분할점6 방위각 및 거리계산

① 260, 최종6 방위각 계산

- $\triangle x = 460325.46 - 460288.82 = 36.64$

- $\triangle y = 180883.15 - 180866.69 = 16.46$

- $\tan^{-1}\left(\dfrac{\triangle y}{\triangle x}\right) = \tan^{-1}\left(\dfrac{16.46}{36.64}\right)$

  $\qquad\qquad\qquad = 24° 11' 28.76'' \rightarrow (1상한)$

- $\therefore\ V_{260}^{\ 최종6} = 24° 11' 29''$

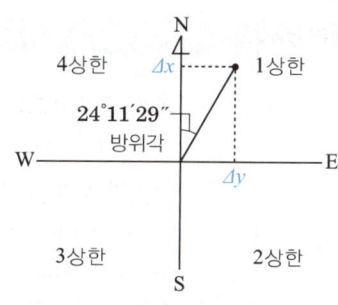

② 260, 최종6 거리계산

- $L = \sqrt{36.64^2 + 16.46^2} = 40.17m$

4 위와같은 방법으로 나머지 최종분할점의 방위각과 거리를 계산한다.

① 260, 최종7 방위각 및 거리

- $V_{260}^{\ 최종7} = 340° 31' 51''$

- $L = 47.82m$

② 260, 최종8 방위각 및 거리

- $V_{260}^{\ 최종8} = 19° 57' 60''$

- $L = 20.82m$

③ 260, 최종9 방위각 및 거리

- $V_{260}^{\ 최종9} = 329° 34' 19''$

- $L = 29.34m$

※ 답안은 반드시 검은색 필기구(유색, 연필류 제외)만을 사용하여야 하며, 기타의 필기구를 사용해 작성한 답항은 0점 처리됩니다. [답안지2-1]　

문제번호	답 안	채점란
문제번호 01	○계산과정: ① 종선 상부좌표: 　• 460343.80−500000 = −39656.20m 　• −39656.20÷150 = −264.37 　• −264×150 = −39600m 　• −39600+500000 = 460400m ② 종선 하부좌표: 　• 460400−150 = 460250m ③ 횡선 우측좌표: 　• 180847.04−200000 = −19152.96m 　• −19152.96÷200 = −95.76 　• −95×200 = −19000m 　• −19000+200000 = 181000m ④ 횡선 좌측좌표: 　• 181000−200 = 180800m ○답: ① 종선 상부좌표: 460400m ② 종선 하부좌표: 460250m ③ 횡선 우측좌표: 181000m ④ 횡선 좌측좌표: 180800m	득점
문제번호 02	○계산과정: ① 1번 X좌표 = $460288.82+51.76\times\cos(17°31'4.05'')$ = 460338.18m 　1번 Y좌표 = $180866.69+51.76\times\sin(17°31'4.05'')$ = 180882.27m ② 2번 X좌표 = $460288.82+29.55\times\cos(35°57'16.81'')$ = 460312.74m 　2번 Y좌표 = $180866.69+29.55\times\sin(35°57'16.81'')$ = 180884.04m ③ 3번 X좌표 = $460288.82+15.24\times\cos(338°41'13.96'')$ = 460303.02m 　3번 Y좌표 = $180866.69+15.24\times\sin(338°41'13.96'')$ = 180861.15m ④ 4번 X좌표 = $460288.82+41.43\times\cos(326°45'31.38'')$ = 460323.47m 　4번 Y좌표 = $180866.69+41.43\times\sin(326°45'31.38'')$ = 180843.98m ⑤ 5번 X좌표 = $460288.82+56.27\times\cos(350°37'53.11'')$ = 460344.34m 　5번 Y좌표 = $180866.69+56.27\times\sin(350°37'53.11'')$ = 180857.53m ○답: ① : X좌표 = 460338.18m　　, Y좌표 = 180882.27m ② : X좌표 = 460312.74m　　, Y좌표 = 180884.04m ③ : X좌표 = 460303.02m　　, Y좌표 = 180861.15m ④ : X좌표 = 460323.47m　　, Y좌표 = 180843.98m ⑤ : X좌표 = 460344.34m　　, Y좌표 = 180857.53m	득점

문제번호	답 안	채점란
문제번호 03	○계산과정: ① 관측점 분1X좌표 = 460288.82+43.11×cos(37° 52′ 38.33″) = 460322.85m 　관측점 분1Y좌표 = 180866.69+43.11×sin(37° 52′ 38.33″) = 180893.16m ② 관측점 분2X좌표 = 460288.82+54.28×cos(331° 27′ 58.31″) = 460336.51m 　관측점 분2Y좌표 = 180866.69+54.28×sin(331° 27′ 58.31″) = 180840.76m ③ 관측점 분3X좌표 = 460288.82+21.99×cos(34° 2′ 39.07″) = 460307.04m 　관측점 분3Y좌표 = 180866.69+21.99×sin(34° 2′ 39.07″) = 180879.00m ④ 관측점 분4X좌표 = 460288.82+34.12×cos(322° 2′ 6.64″) = 460315.72m 　관측점 분4Y좌표 = 180866.69+34.12×sin(322° 2′ 6.64″) = 180845.70m ○답:	득점

관측점 번호	X좌표[m]	Y좌표[m]
분1	460322.85	180893.16
분2	460336.51	180840.76
분3	460307.04	180879.00
분4	460315.72	180845.70

※최종 분할점은 교차지점의 좌표를 독취하여 작성

최종 분할점 번호	X좌표[m]	Y좌표[m]
분1	460325.46	180883.15
분2	460333.91	180850.75
분3	460308.39	180873.80
분4	460314.12	180851.83

문제번호	답 안	채점란
문제번호 04	○계산과정: ① 신구면적 허용오차 계산 　○ 계산과정: $A = 0.026^2 \times M \times \sqrt{F} = 0.026^2 \times 500 \times \sqrt{1120} = \pm 11㎡$ ② 산출면적 계산 　○ 계산과정: • 4대 $= \dfrac{1120}{352.27+670.03+95.30} \times 352.27 = 353.03㎡$ 　　　　　　　• 4-2대 $= \dfrac{1120}{352.27+670.03+95.30} \times 670.03 = 671.47㎡$ 　　　　　　　• 4-3대 $= \dfrac{1120}{352.27+670.03+95.30} \times 95.30 = 95.50㎡$ 　○ 계산과정: • 4대 = 353.03㎡ → 353.0㎡ 　　　　　　　• 4-2대 = 671.47㎡ → 671.5㎡ 　　　　　　　• 4-3대 = 95.50㎡ → 95.5㎡ ○ 답 : ① 공차= ±11㎡ 　　　　② 산출면적 및 결정면적 　　　　　㉠ 산출면적 : 　　　　　　• 4대: 353.03㎡　• 4-2대: 671.47㎡　• 4-3대: 95.50㎡ 　　　　　㉡ 결정면적 : 　　　　　　• 4대: 353.0㎡　• 4-2대: 671.5㎡　• 4-3대: 95.5㎡	득점

① Layer 설정

1 제도할 도곽선의 선가중치 및 색상을 지정하기 위해 설정한다.

❶ 명령어: LA(Layer) [Enter]

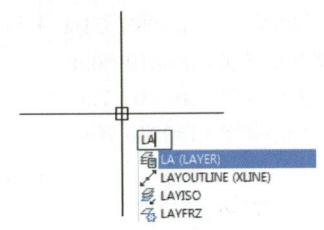

❷ 새 도면층 만들기

- 빨간색 원으로 표시된 부분을 클릭하면 새로운 도면층이 생성된다.

❸ 도면층 이름 설정

- 새로운 도면층을 선택한 후 F2키를 클릭하면 도면층의 이름을 바꿀 수 있다.
- 새로운 도면층 이름을 도곽선으로 변경한다.

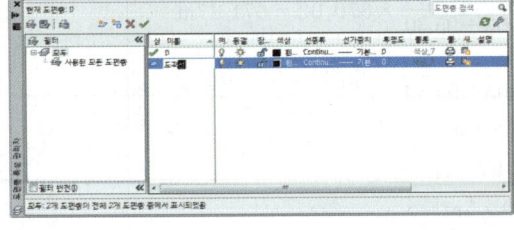

❹ 색상설정

- 빨간색 박스로 표시된 부분을 클릭하면 아래와 같은 창이 나오며 색상을 선택할 수 있다.
- 도곽선의 색상은 빨간색으로 한다.

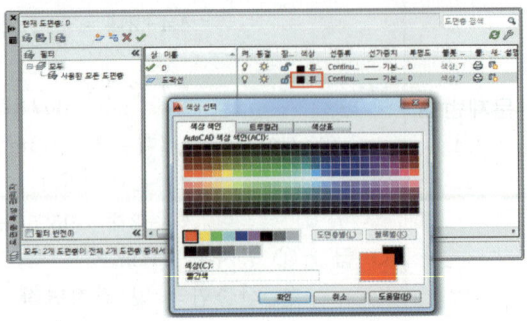

❺ 선가중치 설정

- 빨간색 사각형으로 표시된 부분을 클릭하면 아래와 같은 창이 나오며 선가중치를 설정할 수 있다.
- '요구사항 05'에 제시된 선가중치 0.00mm를 적용한다.

❻ 설정된 모습

---

② 도곽선 제도 ▫▫▫

▮ '요구사항 01'에서 계산한 도곽선 좌표를 이용하여 도곽선을 제도한다.

❶ 명령어: C(Circle) ⏎

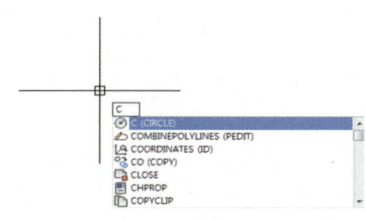

❷ 종선상부 좌표 값과 횡선우측 좌표 값을 입력한다.

- 181000, 460400 입력 ⏎

※ 지적과 CAD의 X축, Y축이 반대이므로 계산된 횡선좌표는 X값, 종선좌표는 Y값으로 입력해야 한다.

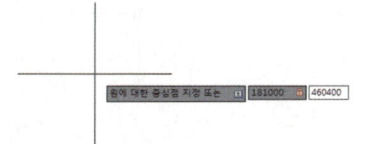

❸ 원의 반지름 값을 입력한다.

- 임의 값 4 입력 ⏎

※ 입력한 좌표의 위치를 찾기 위해 원을 제도한다.

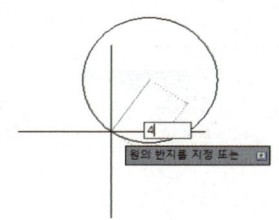

❹ 명령어: C(Circle) ⏎

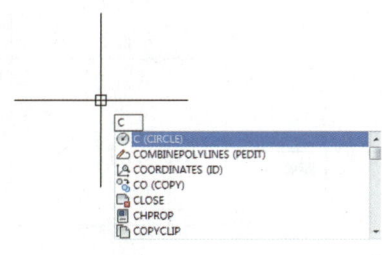

❺ 종선하부 좌표 값과 횡선좌측 좌표 값을 입력한다.
- 180800,460250 입력 [Enter]
※ 위와 마찬가지로 종선 좌표 값과 횡선 좌표 값을 반대로 입력해준다.

❻ 원의 반지름 값을 입력한다.
- 임의 값 4 입력 [Enter]
※ 입력한 좌표의 위치를 찾기 위해 원을 제도한다.

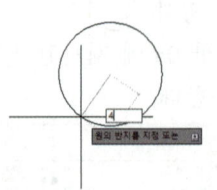

❼ 명령어: Z(Zoom) [Enter] , e(Extents) [Enter]
- Zoom 명령어를 이용하여 도면에 제도된 원을 표시한다.

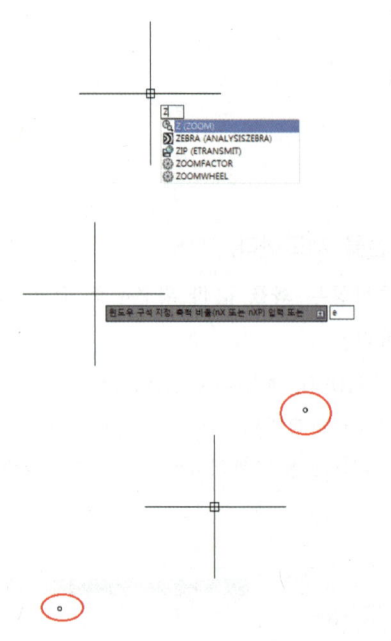

❽ 명령어 Rec(Rectang) [Enter]

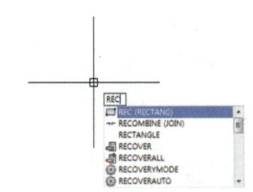

❾ 원의 중심점과 중심점을 선택하여 도곽선을 제도한다.

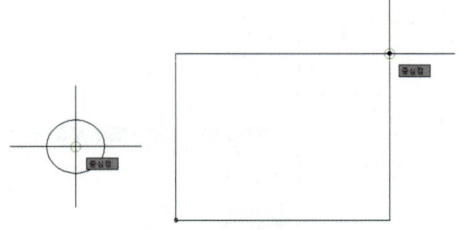

❿ 명령어: e(Erase) [Enter]
- 도곽선이 제도된 후 원을 삭제한다.

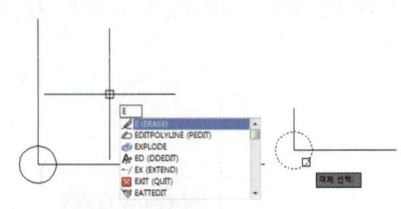

⑪ Layer를 변경한다.

- 변경할 객체를 선택한 후 layer창은 클릭, 원하는 layer로 바꿔주면 된다.

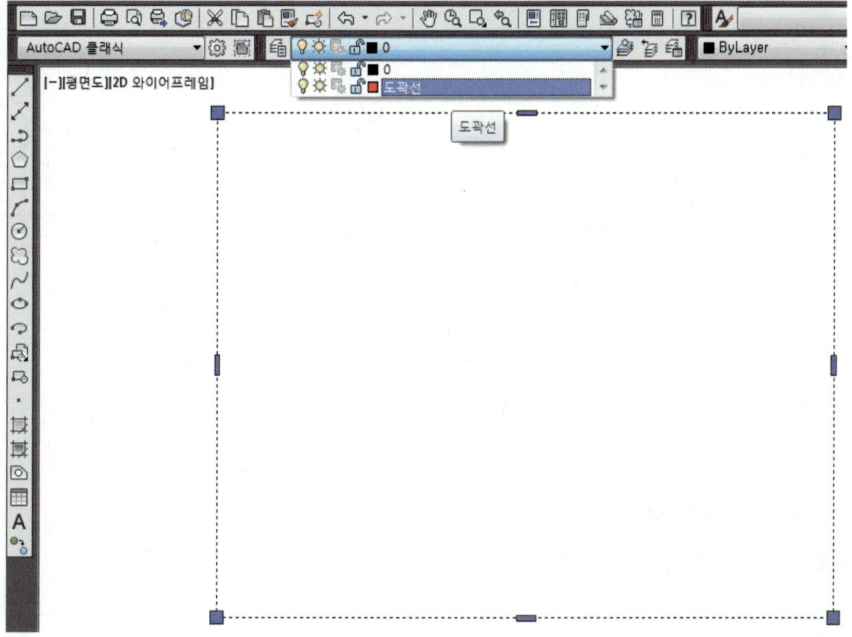

---

③ **필지경계 및 분할선 제도** ☐☐☐

1 '요구사항 02'에서 계산된 경계점좌표를 이용하여 필지를 제도한다.

- 먼저 경계점1번부터 입력한다. (180882.27 , 460338.18)

※ 위의 도곽선 제도방법과 마찬가지로 X값과 Y값을 반대로 기입한다.

❶ 명령어: C(Circle) Enter

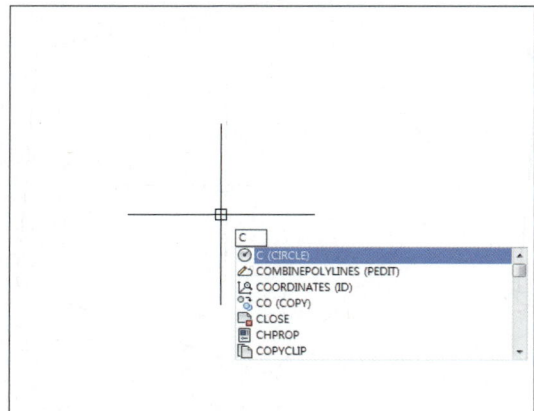

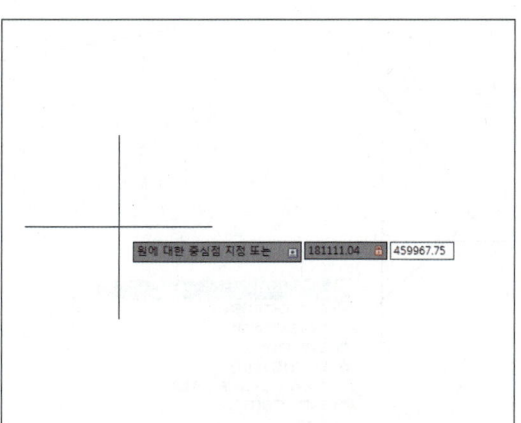

❷ 원의 반지름 값을 입력한다.

• 임의 값 1 입력 Enter

※ 입력한 좌표의 위치를 찾기 위해 원을 제도한다.

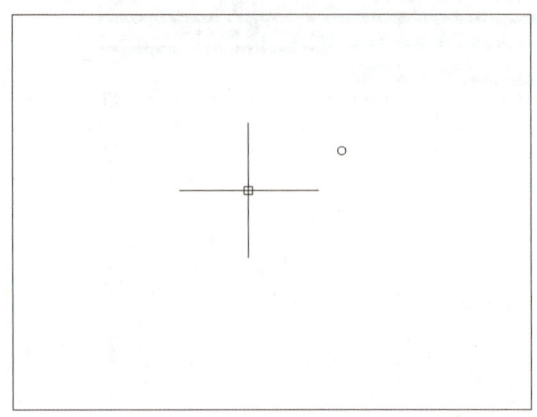

❸ 위와 같은 방법으로 나머지 경계점도 입력하여 제도한다.

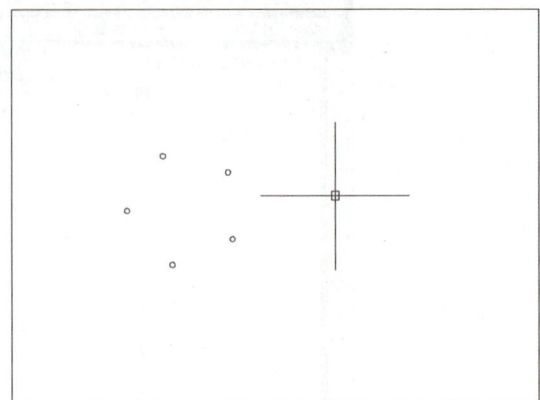

❹ 명령어: PL(Pline) Enter

• 제도된 경계점을 연결해준다.

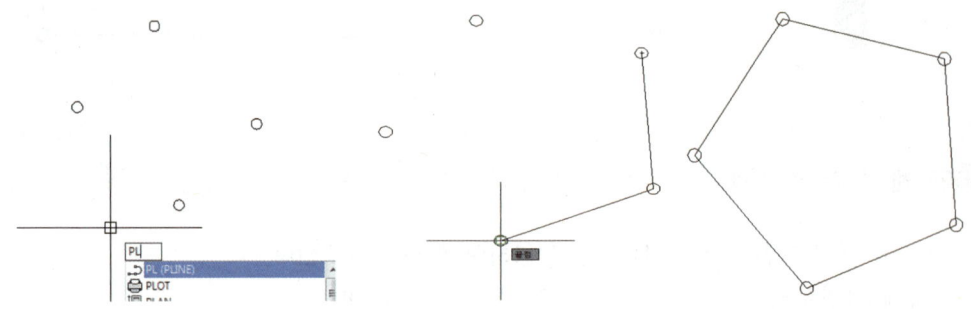

❺ 명령어: e(Erase) Enter

• 필지 제도가 완성된 후 제도된 원을 삭제한다.

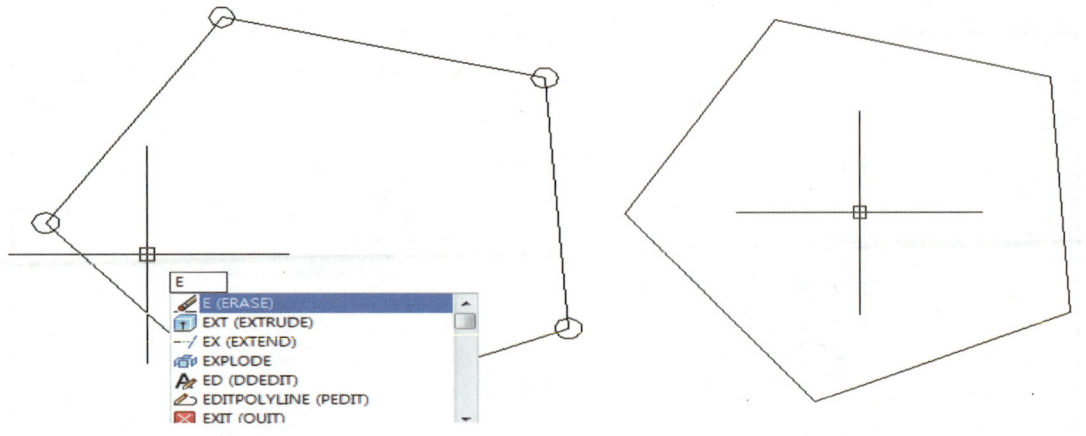

2 '요구사항 03'에서 계산된 분할점 좌표를 입력하여 분할선을 제도한다.

※ 위의 제도방법과 마찬가지로 X값과 Y값을 반대로 기입한다.

❶ 명령어: C(Circle) [Enter]

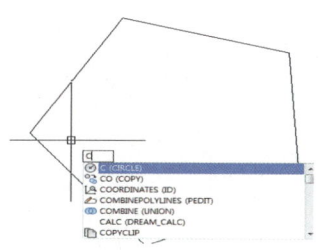

❷ 분할점 1좌표 180893.16, 460322.85 입력 [Enter]

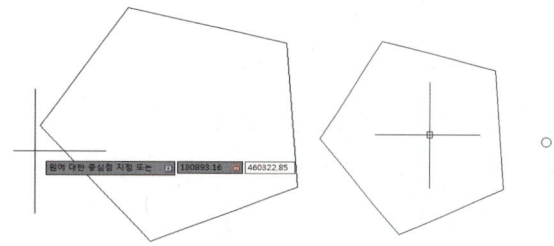

❸ 위와 같은 방법으로 나머지 분할점도 제도한다.

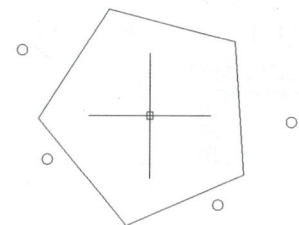

❹ 명령어: L(line) [Enter]

• 제도된 분할점을 연결해준다.

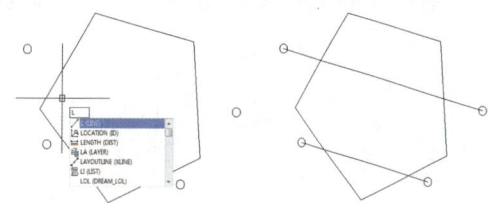

❺ 명령어: TR(Trim) [Enter]

　　1) 필지 밖의 분할선을 잘라낸다.

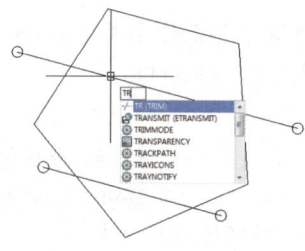

　　2) 경계선을 선택한다. [Enter]

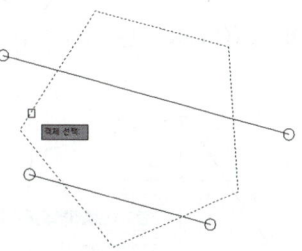

　　3) 잘라내고자 하는 경계선을 선택한다.

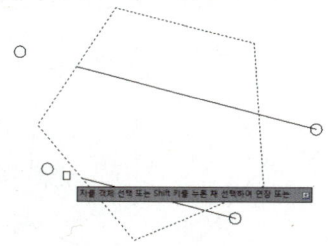

　　4) 나머지 경계선도 잘라낸다.

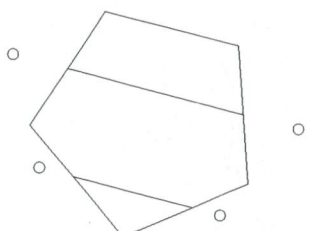

1 주어진 서식을 이용하여 경계점, 분할점, 분할측정점에 관측점표식을 제도한다.

❶ 명령어: CO(Copy) Enter

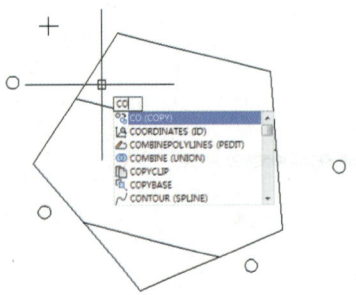

❷ 관측점표식의 교차지점을 선택한 후 Copy를 한다.

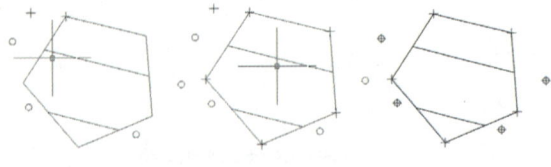

❸ 명령어: e(Erase) Enter

• 관측점표식을 제도 한 후 원을 삭제한다.

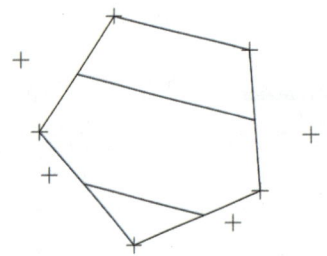

❹ 분할선 색상 변경

• 제도된 분할선은 빨간색으로 변경한다.

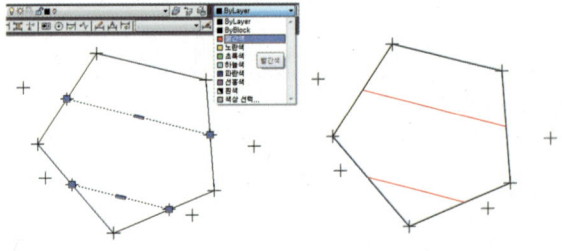

2 결정된 최종분할점 위치표시

❶ 명령어: C(Circle) Enter

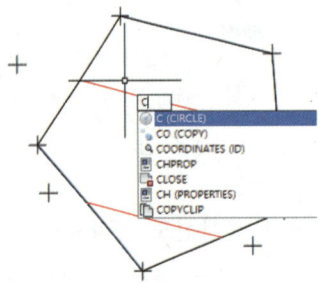

❷ 결정된 최종분할점 위치에 2mm 크기의 빨간색 원으로 제도한다.

• 지적도 **축척이 1/500**이므로 직경을 **2×0.5=1.0mm** 크기로 제도한다.

※ 여기서, 지름으로 설정이 잘 되어있는지 확인한 후 값을 입력해야 한다.

```
명령: CIRCLE
원에 대한 중심점 지정 또는 [3점(3P)/2점(2P)/Ttr - 접선 접선 반지름(T)]:
⊘▸ CIRCLE 원의 반지름 지정 또는 [지름(D)] <0.30>: d

명령: C CIRCLE
원에 대한 중심점 지정 또는 [3점(3P)/2점(2P)/Ttr - 접선 접선 반지름(T)]:
⊘▸ CIRCLE 원의 반지름 지정 또는 [지름(D)] <1.00>: d 원의 지름을 지정함 <2.00>: 1.0
```

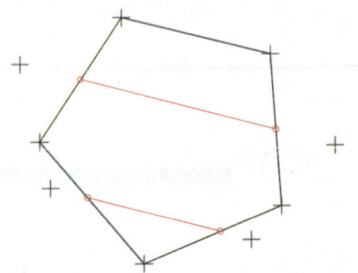

1 '요구사항 01'에 표시되어 있는 지적도근점 좌표를 이용하여 제도한다.

※ 지적과 CAD의 X축, Y축이 반대이므로 계산된 횡선좌표는 X값, 종선좌표는 Y값으로 입력해야 한다.

❶ 명령어: C(Circle) [Enter]

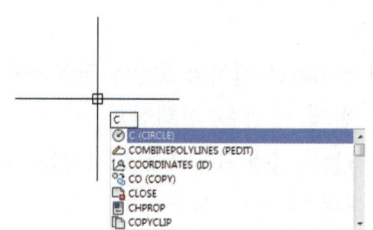

❷ 도근점 260 좌표 입력

• 180866.69, 460288.82 [Enter]

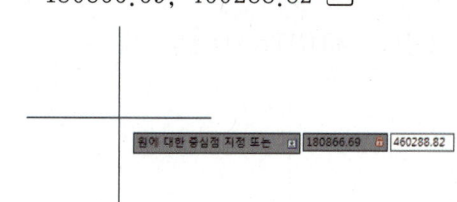

❸ 지적도근점의 직경은 2mm 크기로 제도하여
야 한다.

• 지적도 **축척이 1/500**이므로 지적도근점의
직경을 **2×0.5=1.0mm** 크기로 제도한다.

※ 여기서, 지름으로 설정이 잘 되어있는지 확인
한 후 값을 입력해야 한다.

```
명령: CIRCLE
원에 대한 중심점 지정 또는 [3점(3P)/2점(2P)/Ttr - 접선 접선 반지름(T)]:
⊘▾ CIRCLE 원의 반지름 지정 또는 [지름(D)] <0.30>: d

명령: C CIRCLE
원에 대한 중심점 지정 또는 [3점(3P)/2점(2P)/Ttr - 접선 접선 반지름(T)]:
⊘▾ CIRCLE 원의 반지름 지정 또는 [지름(D)] <1.00>: d 원의 지름을 지정함 <2.00>: 1.0
```

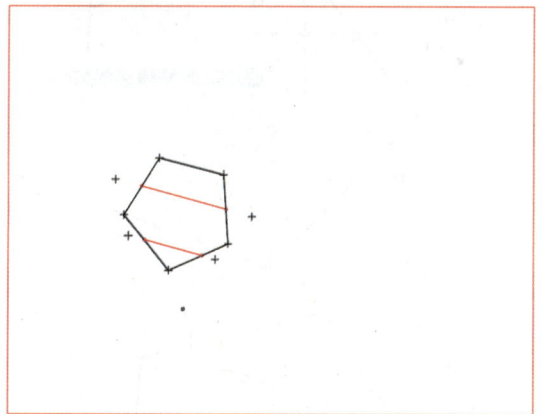

❹ 위와 같은 방법으로 나머지 지적도근점도 제
도한다.

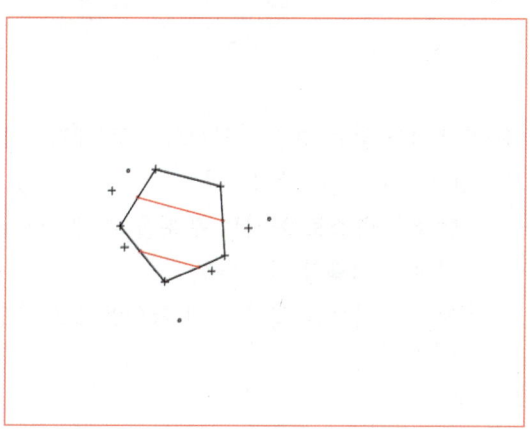

1 분할된 면적에 지번과 지목을 작성한다.

- 최종부번이 4-1이므로 지번부여는 4-2와 4-3으로 한다.
- 지번 및 지목은 2mm~3mm의 크기의 명조체로 해야 한다.
- 지적도 축척이 1/500이므로 글자크기 $2 \times 0.5 = 1.0$mm로 제도한다.

❶ 명령어: MT(MTtext) [Enter]

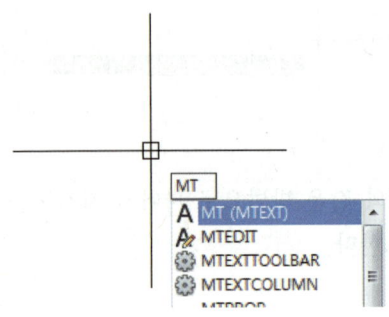

❷ 지번과 지목은 필지의 중앙에 작성하여야 한다.

- 첫 번째 구석을 선택한다.
- 문자높이설정 H를 누르고 1.0를 입력한다.
- 반대편 구석을 선택한다.

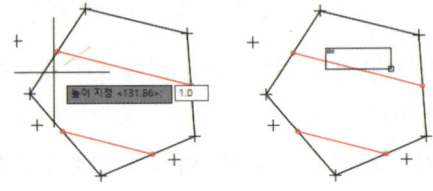

❸ 명조체가 없는 경우 고딕체로, 고딕체가 없는 경우 돋움으로 작성한다.

- 빨간색 박스로 표시된 부분을 클릭하면 글씨체를 선택할 수 있다.
- 지번과 지목을 입력할 때 확인을 클릭하면 된다.

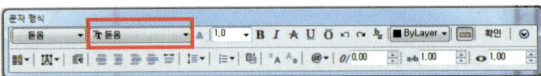

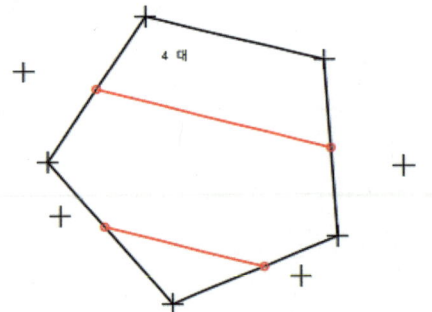

❹ 명령어: M(Move) [Enter]

- 작성된 지번과 지목을 필지중앙으로 이동한다.

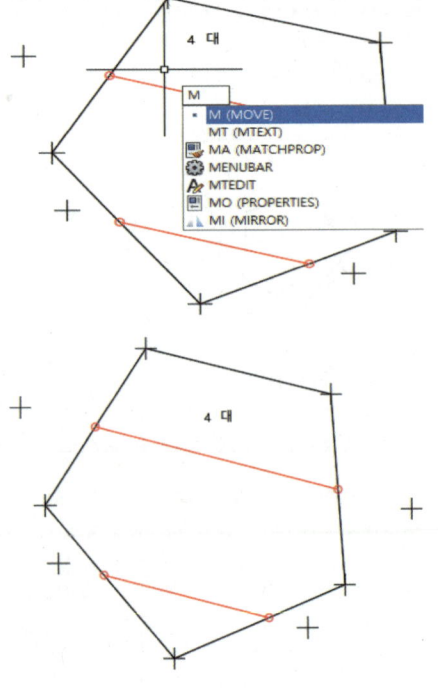

❺ 명령어: CO(Copy) ⏎
 • 작성된 지번과 지목을 Copy하여 나머지 지번과 지목을 작성한다.

❻ 명령어: L(Line), O(Offset) ⏎
 • 빨간색 두 줄(양홍평행쌍선)로 원래의 지번을 말소한다.
 • 빨간색 선을 먼저 제도한 후 O(Offset) 명령어를 이용하여 적당한 간격을 띄워 작성한다.

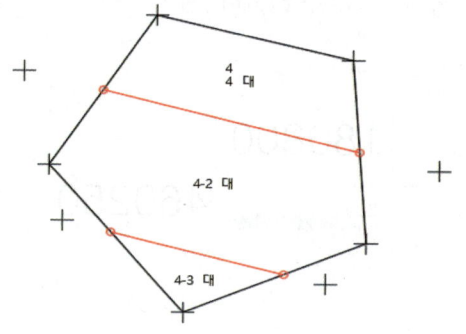

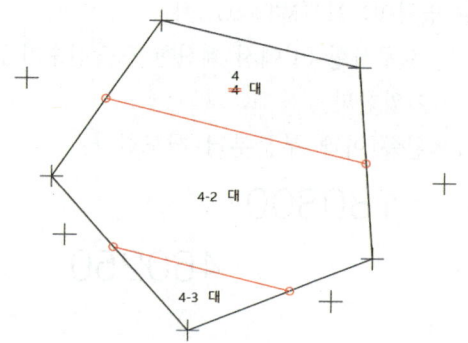

2 지적도근점번호 제도

 • 지적도 **축척이 1/500**이므로 글자크기 $3 \times 0.5 = 1.5mm$로 제도한다.
 • 위와 같은 방법으로 제도한다.

❶ 명령어: MT(MTtext) ⏎

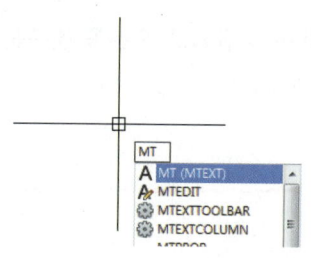

❷ 지적도근점 중앙에 제도한다.

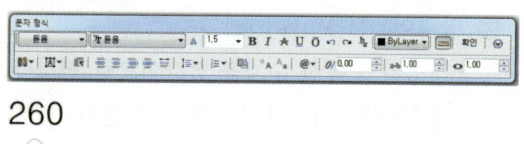

260

❸ 같은 방법으로 나머지 지적도 근점번호도 제도한다.

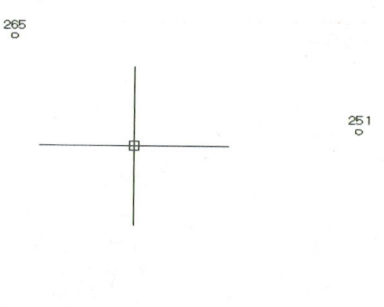

3 도곽선수치 제도
- 도곽선수치는 빨간색으로 제도한다.
- 도곽선수치는 2mm의 아라비아숫자로 제도한다.
- 도면의 **축척이 500분의 1**이므로 **2mm×0.5=1.0mm**로 제도한다.
- 도곽선수치는 도곽선 왼쪽 아랫부분과 오른쪽 윗부분의 종횡선교차점 바깥쪽에 제도한다.

❶ 명령어: MT(MText) [Enter]
- '요구사항 01'에서 계산한 도곽선수치 값을 기입한다.
- 왼쪽 아래 부분부터 제도한다.

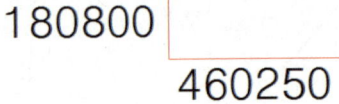

❷ 명령어: RO(Rotate) [Enter]

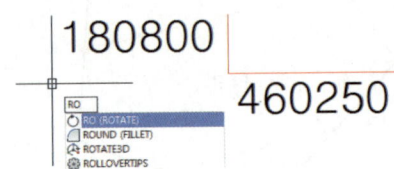

❸ 기입된 횡선좌표를 선택한다. [Enter]

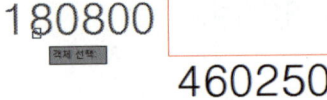

❹ 회전할 기준점을 지정한 후 회전각도 90을 입력한다.(회전각도는 반시계방향이다.)

❺ 명령어: M(Move) [Enter]
- 작성된 도곽선 수치를 빨간색으로 변경하고, 종횡선교차점 바깥쪽에 위치한다.

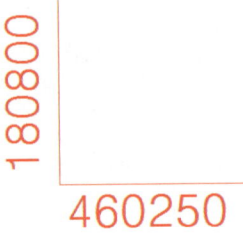

❻ 위와 같은 방법으로 오른쪽 윗부분 도곽선수치도 제도한다.

1 '요구사항 02, 03'에서 계산된 경계점과 관측점(분1,분2)의 번호와 좌표를 기입한다.

❶ 명령어: MT(MText) [Enter]

• MText 명령어를 이용하여 경계점번호와 좌표를 기입한다.

• Copy 명령어를 이용하여 경계점번호와 좌표를 기입해도 된다.

❷ 위와 같은 방법으로 나머지 경계점과 관측점 (분1,분2)의 번호와 좌표를 기입한다.

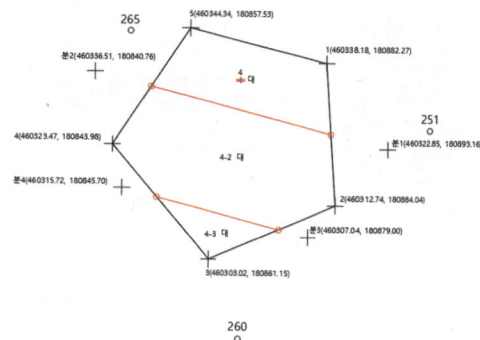

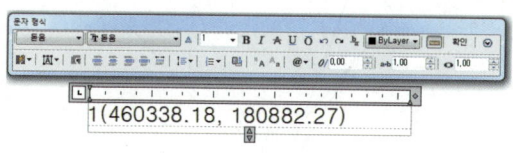

2 최종분할점 번호와 좌표를 기입한다.

❶ 명령어: ID [Enter]

• ID명령어를 이용하여 선택지점의 좌표값을 확인한다.

• MT명령어를 이용하여 확인한 좌표값을 기입한다.

• 최종분할점 번호는 6번, 7번, 8번 9번으로 기입한다.

• 최종분할점 번호와 좌표값을 빨간색으로 변경한다.

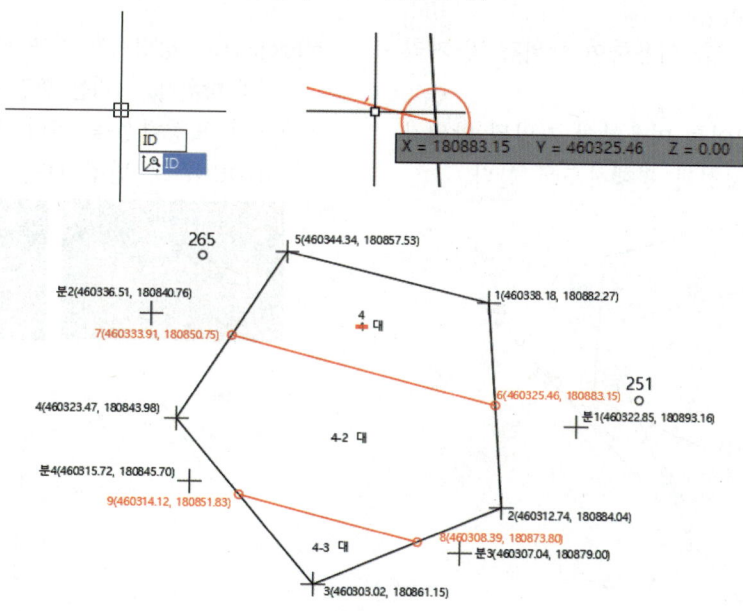

■ 표정결선, 방위각 및 거리를 기입한다.

❶ 명령어: LT(Linetype) [Enter]

- Linetype 명령어를 이용하여 'HIDDEN2'를 로드한다.

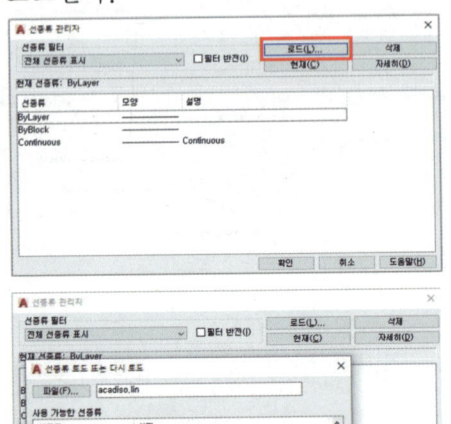

❸ 명령어: MT(MText) [Enter] ,
  명령어: RO(Rotate) [Enter]

- MText 명령어를 이용하여 방위각 및 거리를 기입한다.
- Rotate 명령어를 이용하여 기입된 방위각 및 거리를 결선과 평행하도록 한다.

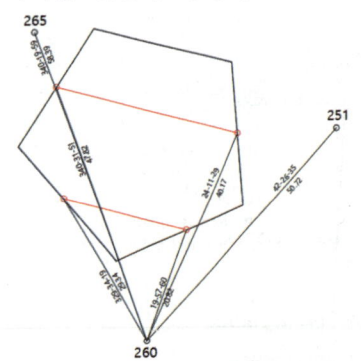

❷ 명령어: L(line) [Enter]

- line 명령어를 이용하여 지적도근점과 최종분할점의 표정결선을 제도한다.

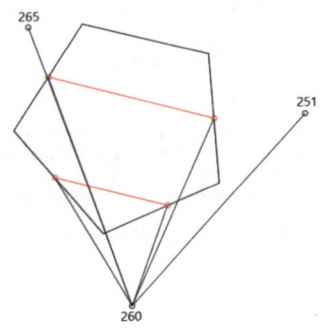

❹ 명령어: PR(Properties) [Enter]

- Properties 명령어를 이용하여 지적도근점간 결선과 방위각, 거리는 빨간색으로 변경한다.
- 제도된 표정결선을 선택 후 선종류를 'HIDDEN2'로 변경한다.

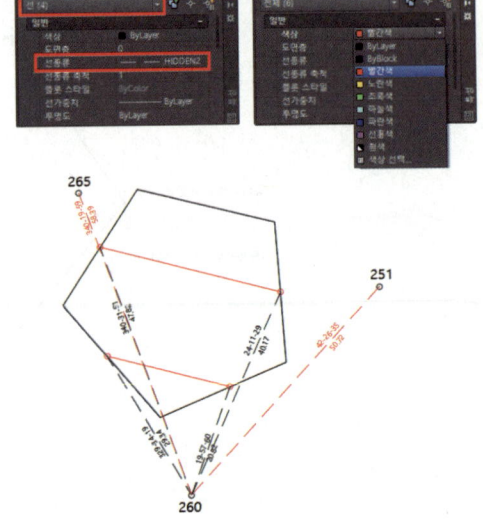

1 색인도는 도면 중앙에 가로 7mm, 세로 6mm 크기로 제도한다.

❶ 명령어: Rec(Rectang), CO(Copy), SC(Scale) [Enter]

1) Rectang 명령어를 이용하며 가로7, 세로6 의 사각형을 제도한다.

2) 제도된 사각형을 Copy 명령어를 이용하여 색인도를 제도한다.

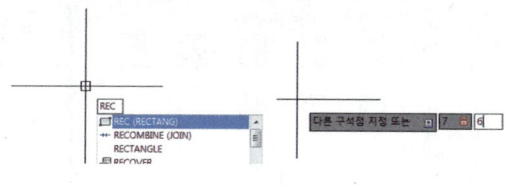 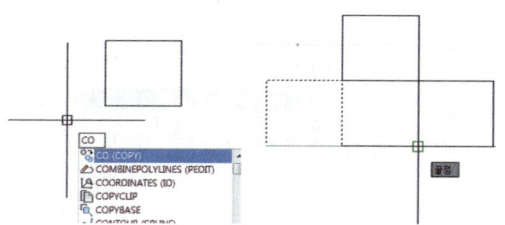

3) Scale 명령어를 이용하여 작도된 색인도 를 0.5배 확대한다. (도면 축척이 1/500이 므로)

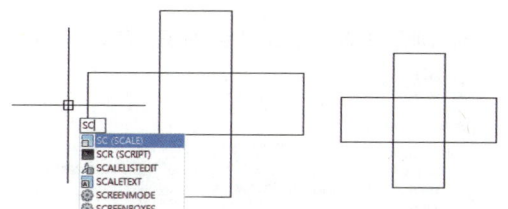

2 제명 및 축척 제도

❶ 명령어: MT(MText) [Enter]

1) 글자의 크기는 5mm로 제도한다.

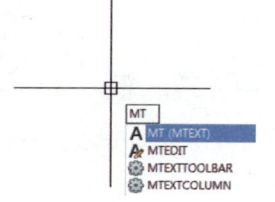

2) 축척이 1/500이므로 5mm×0.5=2.5mm 로 제도한다.

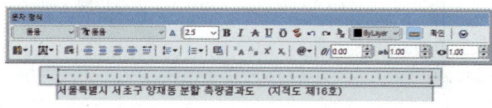

❷ 축척은 제명끝에서 10mm를 띄어 쓴다.

• 도면 축척이 1/500이므로

10mm×0.5=5mm를 띄어 쓴다.

❸ 작성 완료된 모습

⊞ 서울특별시 서초구 양재동 분할 측량결과도 (지적도 제16호) 축척 500분의 1

3 색인도 안에 지적도번호 및 해치를 제도한다.

❶ 명령어 H(Hatch) Enter

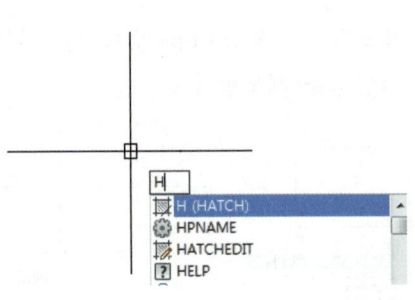

❷ 해치타입은 ANSI31을 사용한다.

❸ 해치를 넣을 공간을 클릭하면 해치가 제도된다.

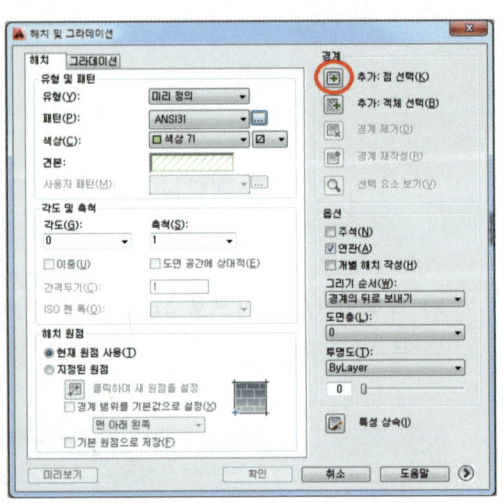

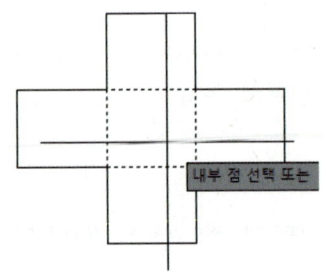

❹ 해치패턴축척은 0.15으로 하고, 각도는 90도로 설정한다.

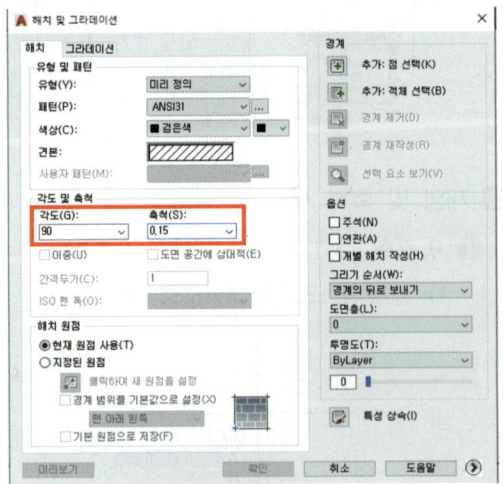

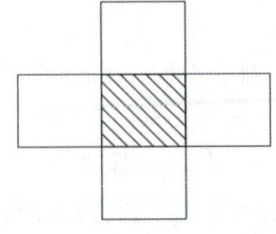

⑤ 해치제도가 완성되면 지적도번호를 기입한다.

- MTtext 명령어를 이용하여 기입한다.

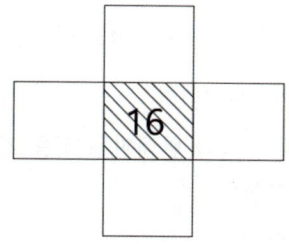

4 명령어: M(Move) [Enter]

- 제도된 색인도와 제명 및 축척을 도면 중앙에 위치한다.

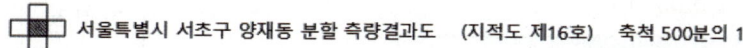
서울특별시 서초구 양재동 분할 측량결과도   (지적도 제16호)   축척 500분의 1

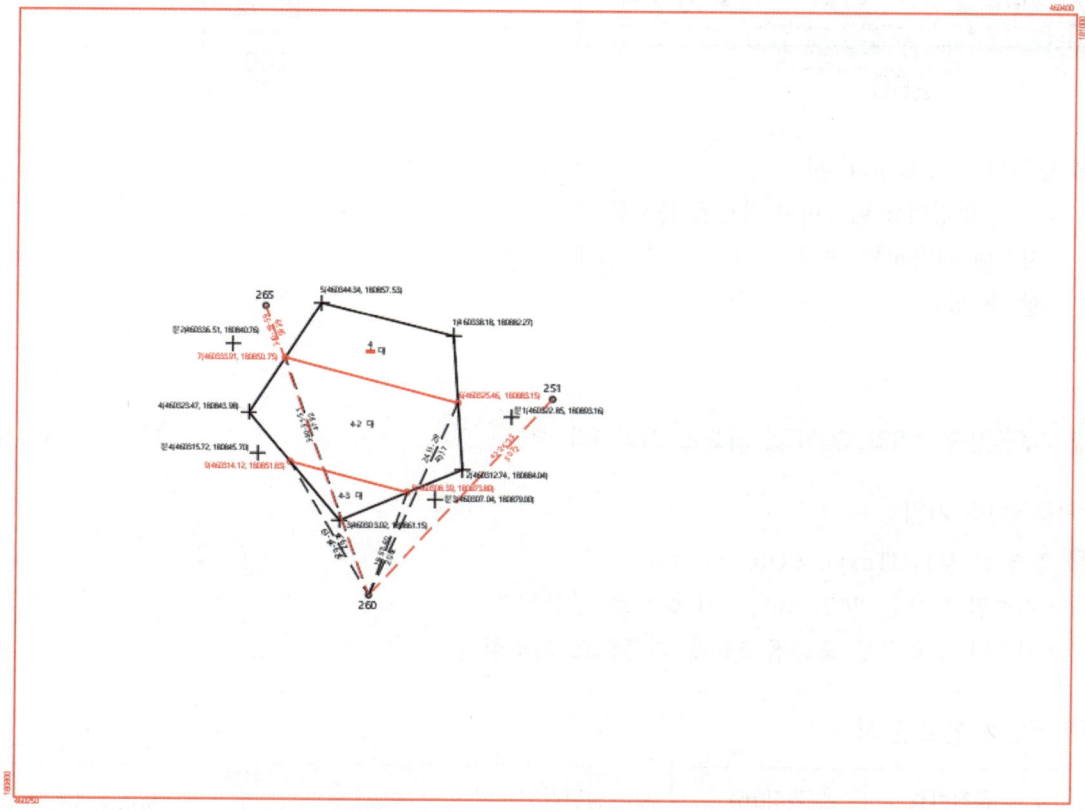

① 서식에 있는 면적측정부를 작성한다.

1 '요구사항 01, 02, 03'에서 계산된 값을 이용하여 면적측정부를 작성한다.

❶ 명령어: MT(MText) Enter

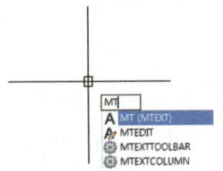

❷ 첫 번째 구석과 반대편 구석을 지정하여 글씨를 작성한다.

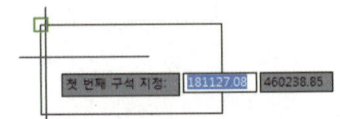

❸ 문자높이설정 'H'를 누른 후 문자높이 1.0를 입력한다.
  • 지적도의 **축척이 1/500**이므로
    2mm×0.5=1.0mm 이다.

260

❹ 명령어: M(Move) Enter
  • Move 명령어를 이용하여 문자를 중앙으로 위치한다.

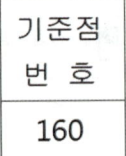

| 기준점 |
| 번 호 |
| 160 |

❺ 명령어: CO(Copy) Enter
  • Copy 명령어를 이용하여 작성된 문자를 복사하여 사용하면 면적측정부 작성을 쉽게 할 수 있다.

② 기준점번호, 거리, 방위각, 좌표를 기입한다.

1 기준점번호 기입

❶ 명령어: MT(MText), CO(Copy) Enter
  • 기준점 번호는 260, 265, 251 순으로 기입한다.
  • 거리와 방위각은 도근점 260을 기준으로 기입한다.

❷ 기입이 완료된 모습

기준점번호	거리(m)	방위각	좌표	
			X(m)	Y(m)
260			460288.82	180866.69
265	58.39	340-19-59	460343.80	180847.04
251	50.72	42-26-35	460326.25	180900.92

2 동리명, 지번, 측정면적, 산출면적, 결정면적 기입

  ① 명령어: MT(MText), CO(Copy) ⏎

- 동리명은 '양재동'으로 기입한다.
- 지번은 분할된 지번을 먼저 작성한 후 마지막에 빨간색으로 원지번을 기입한다.
- 측정방법은 '전산'이라 작성한다.
- 측정회수면적은 CAD도면에서 산출한 값을 기입한다. (동일한 값 2회 기입)
- 측정면적과, 산출면적, 결정면적은 계산된 값을 기입한다.
- 원면적은 '1120.0'를 빨간색으로 기입한다.
- 비고란에 공차값과 오차값을 기입한다.
- 공차는 계산된 값을 기입하고, 오차는 문제지에 출제된 원면적에서 CAD도면의 원면적의 차를 말한다.
- 면적측정부 작성이 완료되면 마지막 줄에 '아래빈칸'이라 작성해야 된다.

동리명	지번	측정 방법	횟수 또는 산출수		측정 면적㎡	도곽신축 보정계수	보정 면적㎡	원면적 ㎡	산출 면적㎡	결정 면적㎡	비고
			제1회	제2회							
양재동	4	전산	352.27	352.27	352.27	1.0000			353.03	353.0	공차=±11㎡ 오차=2.4㎡
	4-2	전산	670.03	670.03	670.03				671.47	671.5	
	4-3	전산	95.30	95.30	95.30				95.50	95.5	
	4				1117.60			1120.0	1120.00	1120.0	
						아래빈칸					

05 용도지역, 신축량, 보정계수 및 수험번호란 작성

① 서식에 있는 용도지역을 작성한다. □□□

1 '요구사항 05'에서 제시된 용도지역은 일반주거지역이므로, 주거지역을 기입한다.

❶ 명령어: MT(MText) [Enter]

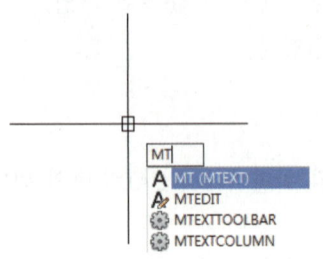

❷ 첫 번째 구석과 반대편 구석을 지정하여 글씨를 작성한다.

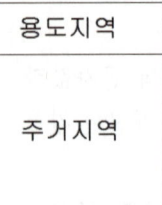

② 신축량과 보정계수를 작성한다. □□□

1 '요구사항 04'에서 제시된 도곽신축보정계수는 1.0000 이다.

• 도곽신축보정계수와 신축량은 빨간색으로 기입한다.

❶ 명령어: MT(MText) [Enter]

❷ 명령어: M(Move) [Enter]

• Move 명령어를 이용하여 문자를 중앙으로 위치한다.

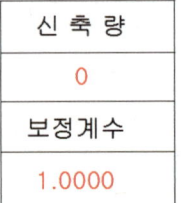

2 신축량을 상하좌우에 빨간색으로 기입한다.

❶ 명령어: MT(MText) [Enter]

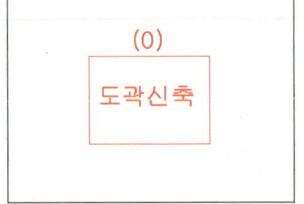

❷ 명령어: CO(Copy) [Enter]

• Copy 명령어를 이용하여, 나머지 부분도 기입한다.

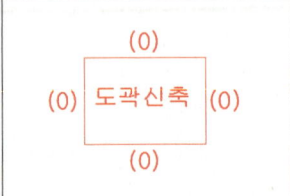

❸ 용도지역과 신축량, 도곽신축보정계수의 작성이 완료된 모습

	신 축 량	용도지역
(0)	0	
(0) 도곽신축 (0)	보정계수	주거지역
(0)	1.0000	

---

③ 수험번호 작성한다. ▢▢▢

1 자격종목, 비번호, 성명을 작성한다.

❶ 명령어: MT(MText) [Enter]

자격종목	지적기능사
수험번호	123456
성 명	홍길동
감독확인	

---

06 출력하기

---

① 완성된 최종지적측량결과도 출력 ▢▢▢

1 Plot(출력) 설정하기

❶ 명령어: PLOT [Enter]
- 프린터 기종과 용지크기를 선택한다.
- 용지크기는 A3로 한다.
- 플롯영역은 윈도우로 설정한다.
- 플롯의 중심을 설정한다.
- 축척은 1 : 0.75로 하고 단위는 밀리미터로 한다.(파일축척과 관계없이 지정축척을 적용)
- 우측하단의 화살표를 클릭한다.

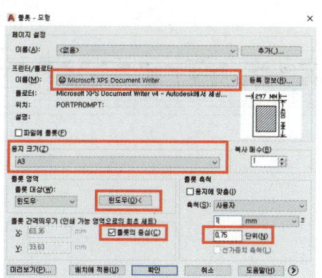

❷ 플롯영역 대상은 윈도우로 설정한다.
- 주어진 서식의 좌측상단 끝과 우측하단 끝을 클릭하여 영역을 설정한다.

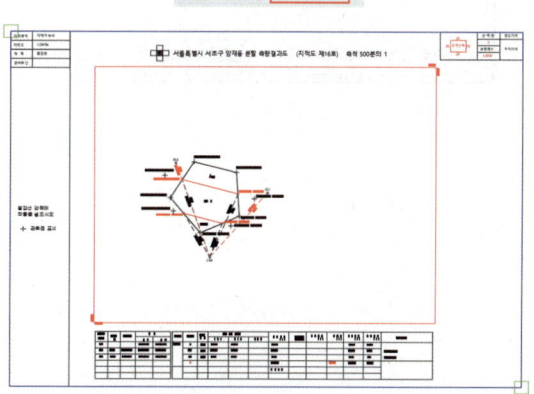

❸ 플롯스타일, 플롯옵션 도면방향을 설정한다.
- 플롯스타일은 acad를 설정한다.(플롯스타일 acad는 칼라출력을 할 수 있다.)
- 플롯옵션은 '객체의 선가중치 플롯', '플롯 스타일로 플롯'을 설정한다.
- 도면방향은 '가로'를 설정한다.

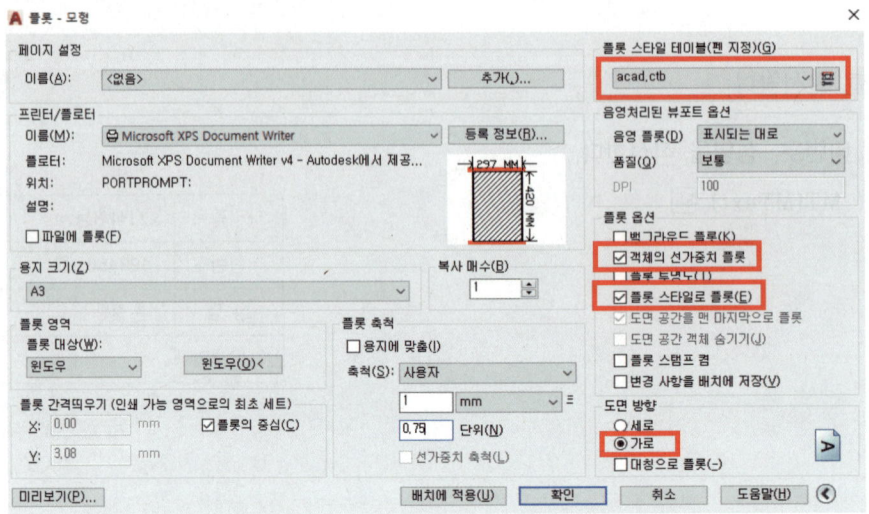

2 Plot(출력) 하기

❶ 설정이 완료되면 미리보기를 클릭한다.
- 아래와 같은 창이 뜨면 계속 버튼을 클릭한다.

❷ 미리보기 확인 후 출력하기
- 출력횟수가 2회에 한하여 가능하므로 미리보기를 한 후 출력을 한다.

【도면 출력 후 제출 3】

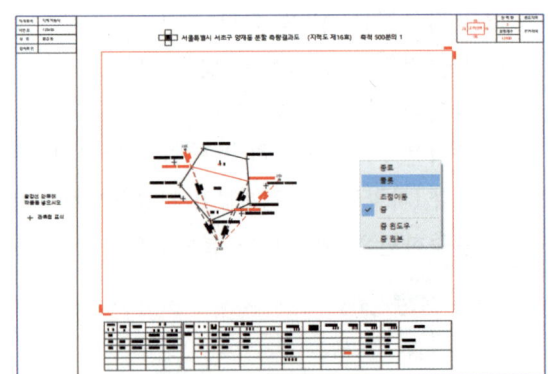

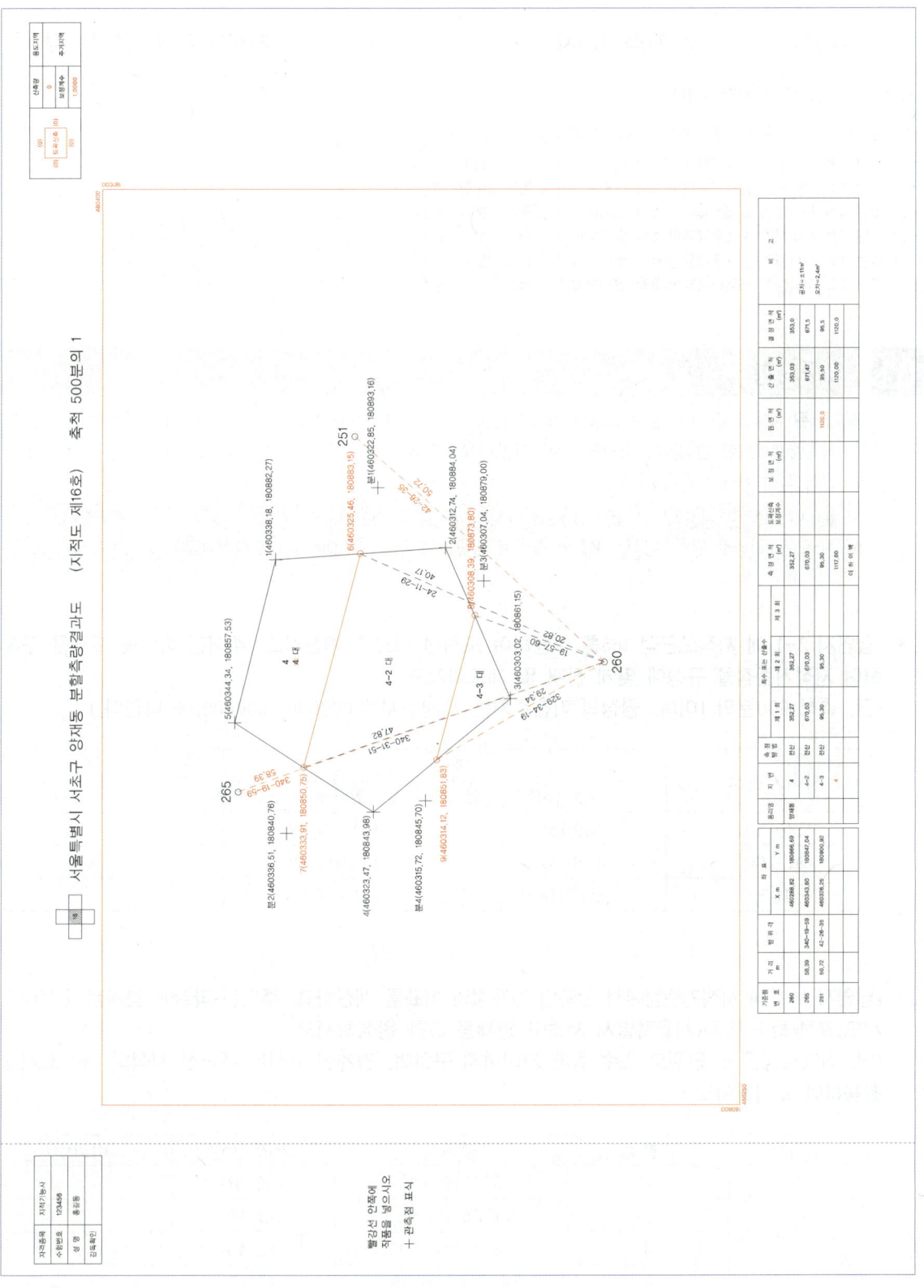

국가기술자격 실기시험문제

자격종목	지적기능사	과제명	지적제도 및 면적측정

시험시간 : 작업시간(2시간 30분)

※ 시행 시 요구사항 및 도면의 유형은 변경될 수 있습니다.

- 2019년 1회 지적실기 출제문제유형(축척 600분의 1 : 필지 3분할, 결선)
- 2020년 1회 지적실기 출제문제유형(축척 600분의 1 : 필지 3분할, 결선)
- 2022년 4회 지적실기 출제문제유형(축척 600분의 1 : 필지 3분할, 결선)
- 2023년 2회 지적실기 출제문제유형(축척 600분의 1 : 필지 3분할, 결선)
- 2024년 1회 지적실기 출제문제유형(축척 600분의 1 : 필지 3분할, 결선)
- 2025년 2회 지적실기 출제문제유형(축척 600분의 1 : 필지 2분할, 결선)

01 요구사항

※ 지급된 재료(CAD 파일)를 보고 CAD프로그램을 이용하여 아래 요구사항에 맞게 답안지를 작성하고 최종 지적측량결과도를 완성하여 파일을 *.dxf 파일형식으로 저장한 후 감독위원의 지시에 따라 지급된 용지에 본인이 직접 컬러로 출력하시오.

※ 플롯의 축척은 '사용자', '1 : 0.9'로 하고 단위는 mm로 하시오.
(채점 시 편의를 위한 것으로 파일의 축척에 상관없이 지정 축척에 따라 출력합니다.)

01 [답안지 2-1]에 지적도근점 165를 이용하여 도곽선 좌표를 계산하고, 주어진 파일에 도곽을 구획하여 지적기준점을 규정에 맞게 전개 및 제도하시오.
(단, 축척 600분의 1이며, 원점의 가산수치는 세계측지계(600000, 200000)에 따른다.)

지적기준점	좌표		비고
	X [m]	Y [m]	
서울 151	459935.47	181175.38	
보 160	459862.77	181101.63	
165	459911.97	181047.88	

02 [답안지 2-1]에 지적기준점에서 관측된 경계점의 좌표를 계산하고, 주어진 파일에 경계점 순서대로 제도(결선)하여 필지(서울특별시 서초구 양재동 5)를 완성하시오.
(단, 좌표결정은 m 단위로 소수 둘째 자리까지 구하며, 경계점 표식은 주어진 서식의 '十' 표식을 활용하여 표시하시오.)

측점	관측점	방위각	거리 [m]	비고
보 160	1	5°7′19.50″	105.40	
	2	34°55′36.25″	83.40	
	3	26°17′14.59″	42.45	
	4	345°20′26.55″	77.17	

03 [답안지 2-2]에 주어진 방위각과 거리를 이용하여 관측점의 좌표를 계산하고, 주어진 파일에 '요구사항 2)'에서 작성된 필지와 교차되는 지점을 최종 분할점으로 결정하여 분할필지를 완성하시오.
(단, 관측점 및 최종분할좌표결정은 m단위로 소수점 둘째 자리까지 구하며, 관측점 표식은 주어진 서식의 '+' 표식을 활용하시오.)

측점	관측점	방위각	거리 [m]	비고
보 160	분 1	21°17′42.45″	113.69	결선
	분 2	335°55′23.98″	47.38	
	분 3	28°34′21.60″	108.89	결선
	분 4	344°46′16.83″	32.28	

04 주어진 파일에 완성된 필지를 대상으로 원면적이 2220.0m²인 서울특별시 서초구 양재동 5(지목 : 대)를 계산된 분할선을 이용하여 3필지로 분할하고 지적 관련 법규 및 규정 등에 맞게 면적측정부를 작성하시오.
(단, 당해 지번의 최종 종번은 5-1, 도곽신축보정계수는 1.0000, 신축량은 0.0mm이며, 분할필지의 측정면적은 CAD기능을 이용하고, [답안지 2-2]에 공차, 산출면적 및 결정 면적을 계산하며, 공차는 소수 첫째자리까지 계산하시오.)

05 지적 관련 법규 및 규정 등에 따라 최종 지적측량결과도(색인표, 제명, 축척, 기준점, 기준점 명칭, 도곽선, 필지경계선, 분할선, 지번, 지목, 도곽선 수치 등)를 작성하여 주어진 서식을 이동시켜 선 안쪽에 최종 지적측량결과도를 넣고 계산된 경계점 및 관측점, 최종 분할점의 좌표는 각 점 우측에 기재하시오.
(단, 당해 지적도는 16호 이고 용도지역은 일반주거지역이며, 도곽선, 필지경계선, 분할선, 지적기준점의 선가중치는 0.00mm이다.)

※ 답안은 반드시 검은색 필기구(유색, 연필류 제외)만을 사용하여야 하며, 기타의 필기구를 사용해 작성한 답항은 0점 처리됩니다. [답안지2-1]

문제번호	답 안	채점란
문제번호 01	○계산과정: ① 종선 상부좌표: ② 종선 하부좌표: ③ 횡선 우측좌표: ④ 횡선 좌측좌표: ○답: ① 종선 상부좌표: ② 종선 하부좌표: ③ 횡선 우측좌표: ④ 횡선 좌측좌표:	득점
문제번호 02	○계산과정: ① 1번 X좌표= 　1번 Y좌표= ② 2번 X좌표= 　2번 Y좌표= ③ 3번 X좌표= 　3번 Y좌표= ④ 4번 X좌표= 　4번 Y좌표= ○답: ① : X좌표 =　　　　　, Y좌표 = ② : X좌표 =　　　　　, Y좌표 = ③ : X좌표 =　　　　　, Y좌표 = ④ : X좌표 =　　　　　, Y좌표 =	득점

※ 답안은 반드시 검은색 필기구(유색, 연필류 제외)만을 사용하여야 하며, 기타의 필기구를 사용해 작성한 답항은 0점 처리됩니다. [답안지2-2]

문제번호	답 안	채점란
문제번호 03	○계산과정: 　① 관측점 분1 X좌표 = 　　　관측점 분1 Y좌표 = 　② 관측점 분2 X좌표 = 　　　관측점 분2 Y좌표 = 　③ 관측점 분3 X좌표 = 　　　관측점 분3 Y좌표 = 　④ 관측점 분4 X좌표 = 　　　관측점 분4 Y좌표 = ○답:	득점

관측점 번호	X 좌표[m]	Y좌표[m]
분1		
분2		
분3		
분4		

※ 최종 분할점은 교차지점의 좌표를 독취하여 작성

최종 분할점 번호	X 좌표[m]	Y좌표[m]
분1 (5)		
분2 (6)		
분3 (7)		
분4 (8)		

문제번호	답 안	채점란
문제번호 04	○계산과정: 　① 신구면적 허용오차 계산 　　○ 계산과정: 　② 산출면적 계산 　　○ 계산과정: ○ 답 : ① 공차= 　　　② 산출면적 및 결정면적 　　　　㉠ 산출면적 : 　　　　㉡ 결정면적 :	득점

01 지적기준점(165)을 이용하여 도곽 구획

※ 1/600의 지상길이는 200×250이다.

※ 지적기준점 165의 좌표는 X = 459911.97m, Y = 181047.88m이다.

※ 세계측지계에 따르는 직각좌표계 원점은 X = 600000m, Y = 200000m이다.

1 종선좌표 산출

① 459911.97 − 600000 = −140088.03m

② −140088.03 ÷ 200 = −700.44 ⋯⋯⋯⋯⋯⋯⋯⋯⋯⋯⋯ (소수점은 절삭한다.)

③ −700 × 200 = −140000m

④ −140000 + 600000 = 460,000m → 종선 상부좌표 (가)

⑤ 460000 − 200 = 459,800m → 종선 하부좌표 (다)

2 횡선좌표 산출

① 181047.88 − 200000 = −18952.12m

② −18952.12 ÷ 250 = −75.81 ⋯⋯⋯⋯⋯⋯⋯⋯⋯⋯⋯ (소수점은 절삭한다.)

③ −75 × 250 = −18750m

④ −18750 + 200000 = 181,250m → 우측횡선좌표 (나)

⑤ 181250 − 250 = 181,000m → 좌측횡선좌표 (라)

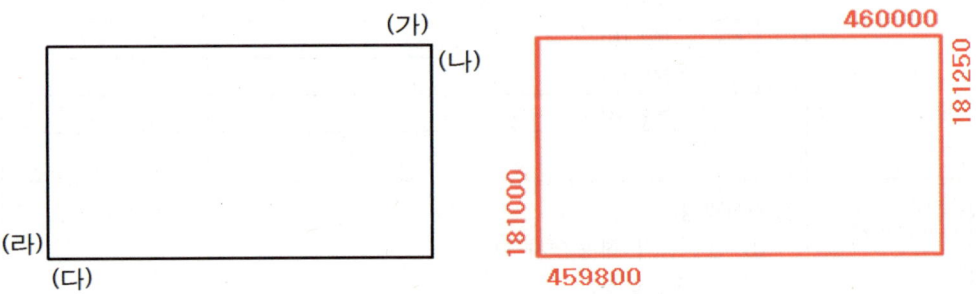

02 보 160 기준점의 방위각과 거리를 이용하여 경계점 좌표 산출

※ 지적기준점 160의 좌표는 X = 459862.77m, Y = 181101.63m이다.

1 1번 경계점

① $X = 459862.77 + 105.40 \times \cos(5°7'19.50'') = 459967.75m$

② $Y = 181101.63 + 105.40 \times \sin(5°7'19.50'') = 181111.04m$

2 2번 경계점

① X = 459862.77 + 83.40 × cos(34°55′36.25″) = 459931.15m

② Y = 181101.63 + 83.40 × sin(34°55′36.25″) = 181149.38m

3 3번 경계점

① X = 459862.77 + 42.45 × cos(26°17′14.59″) = 459900.83m

② Y = 181101.63 + 42.45 × sin(26°17′14.59″) = 181120.43m

4 4번 경계점

① X = 459862.77 + 77.17 × cos(345°20′26.55″) = 459937.43m

② Y = 181101.63 + 77.17 × sin(345°20′26.55″) = 181082.10m

03 보 160 기준점의 방위각과 거리를 이용하여 분할점 좌표 산출

※ 지적기준점 160의 좌표는 X = 459862.77m, Y = 181101.63m이다.

1 분1 경계점

① X = 459862.77 + 113.69 × cos(21°17′42.45″) = 459968.70m

② Y = 181101.63 + 113.69 × sin(21°17′42.45″) = 181142.92m

2 분2 경계점

① X = 459862.77 + 47.38 × cos(335°55′23.98″) = 459906.03m

② Y = 181101.63 + 47.38 × sin(335°55′23.98″) = 181082.30m

3 3번 경계점

① X = 459862.77 + 108.89 × cos(28°34′21.60″) = 459958.40m

② Y = 181101.63 + 108.89 × sin(28°34′21.60″) = 181153.71m

4 4번 경계점

① X = 459862.77 + 32.28 × cos(344°46′16.83″) = 459893.92m

② Y = 181101.63 + 32.28 × sin(344°46′16.83″) = 181093.15m

04 신구면적 허용오차, 산출면적, 결정면적 계산

1 지적공부상의 면적과 측정면적의 허용오차면적을 말한다.

- $A = 0.026^2 \times M \times \sqrt{F}$　·················· (M : 축척분모, F : 원면적)

  $= 0.026^2 \times 600 \times \sqrt{2220}$

  $= \pm 19.1\text{㎡}$　·················· (소수점 첫째자리까지 산출한다.)

2 측정면적 계산

① 계산된 경계점을 이용하며 작성된(CAD도면상) 필지면적을 'Area' 명령어를 이용하여 측정한다.

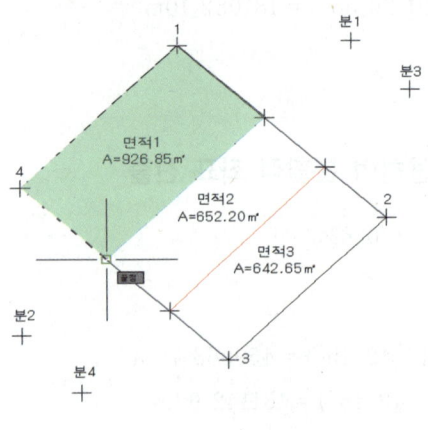
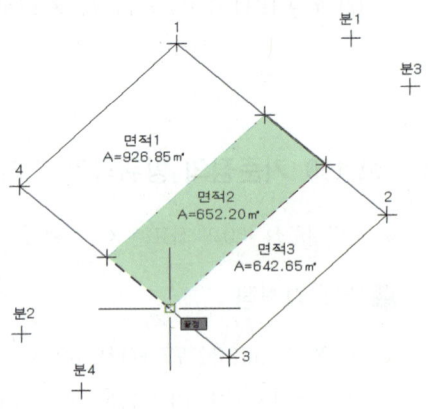

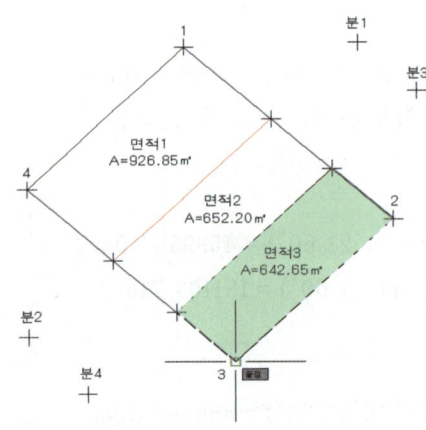

② 5번지 측정면적1＝926.85㎡

　5-2번지 측정면적2＝652.20㎡

　5-3번지 측정면적3＝642.65㎡

　(∵ 최종부번이 5-1이므로 지번부여는 5-2와 5-3으로 한다.)

3 산출면적 계산

① $r = \dfrac{F}{A} \times a$

여기서, r : 각필지의 산출면적

$\quad\quad\quad F$: 원면적

$\quad\quad\quad A$: 측정면적 합계 또는 보정면적 합계

$\quad\quad\quad a$: 각 필지의 측정면적 또는 보정면적

② 5번지 = $\dfrac{2220}{926.85 + 652.20 + 642.65} \times 926.85 = 926.14\,\text{㎡}$

③ 5-2번지 = $\dfrac{2220}{926.85 + 652.20 + 642.65} \times 652.20 = 651.70\,\text{㎡}$

④ 5-3번지 = $\dfrac{2220}{926.85 + 652.20 + 642.65} \times 642.65 = 642.16\,\text{㎡}$

4 결정면적 계산

① 결정면적은 1/600은 0.1㎡까지 결정, 1/1000~1/6000은 1㎡까지 결정한다.

② 축척 1/600이므로 결정면적은

   • 5번지 = 926.14㎡ → 926.1㎡

   • 5-2번지 = 651.70㎡ → 651.7㎡

   • 5-3번지 = 642.16㎡ → 642.2㎡

05 지적기준점간, 최종분할점 방위각 및 거리계산

1 지적기준점 160,165 방위각 및 거리계산

① 160,165 방위각 계산

   • $\triangle x = 459911.97 - 459862.77 = 49.20$

   • $\triangle y = 181047.88 - 181101.63 = -53.75$

   • $\tan^{-1}\left(\dfrac{\triangle y}{\triangle x}\right) = \tan^{-1}\left(\dfrac{-53.75}{49.20}\right)$

   $\quad\quad\quad\quad = 47° 31' 50.19'' \rightarrow$ (4상한)

   $\therefore V_{160}^{165} = 312° 28' 10''$

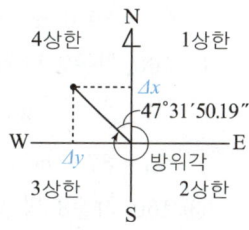

② 160,165 거리계산

   • $L = \sqrt{(49.20)^2 + (-53.75)^2} = 72.87\,\text{m}$

2 지적기준점 160, 151 방위각 및 거리계산

① 160, 165 방위각 계산

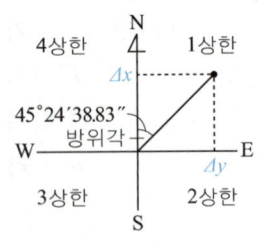

- $\triangle x = 459935.47 - 459862.77 = 72.70$
- $\triangle y = 181175.38 - 181101.63 = 73.75$
- $\tan^{-1}\left(\dfrac{\triangle y}{\triangle x}\right) = \tan^{-1}\left(\dfrac{73.75}{72.70}\right)$
  $= 45°\ 24'\ 38.83'' \longrightarrow$ (1상한)

∴ $V_{160}^{\ 151} = 45°\ 24'\ 39''$

② 160, 165 거리계산

- $L = \sqrt{72.70^2 + 73.75^2} = 103.56m$

3 지적기준점 160, 최종5 방위각 및 거리계산

① 160, 최종5 방위각 계산

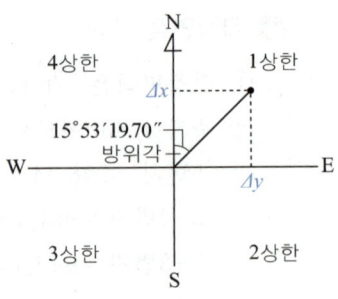

- $\triangle x = 459952.39 - 459862.77 = 89.62$
- $\triangle y = 181127.14 - 181101.63 = 25.51$
- $\tan^{-1}\left(\dfrac{\triangle y}{\triangle x}\right) = \tan^{-1}\left(\dfrac{25.51}{89.62}\right)$
  $= 15°\ 53'\ 19.70'' \longrightarrow$ (1상한)

∴ $V_{160}^{\ 최종5} = 15°\ 53'\ 20''$

② 160, 최종5 거리계산

- $L = \sqrt{89.62^2 + 25.51^2} = 93.18m$

4 위와같은 방법으로 나머지 최종분할점의 방위각과 거리를 계산한다.

① 160, 최종6 방위각 및 거리

- $V_{160}^{\ 최종6} = 356°\ 29'\ 55''$
- $L = 59.60m$

② 160, 최종7 방위각 및 거리

- $V_{160}^{\ 최종7} = 24°\ 47'\ 60''$
- $L = 87.11m$

③ 160, 최종8 방위각 및 거리

- $V_{160}^{\ 최종8} = 9°\ 10'\ 37''$
- $L = 49.16m$

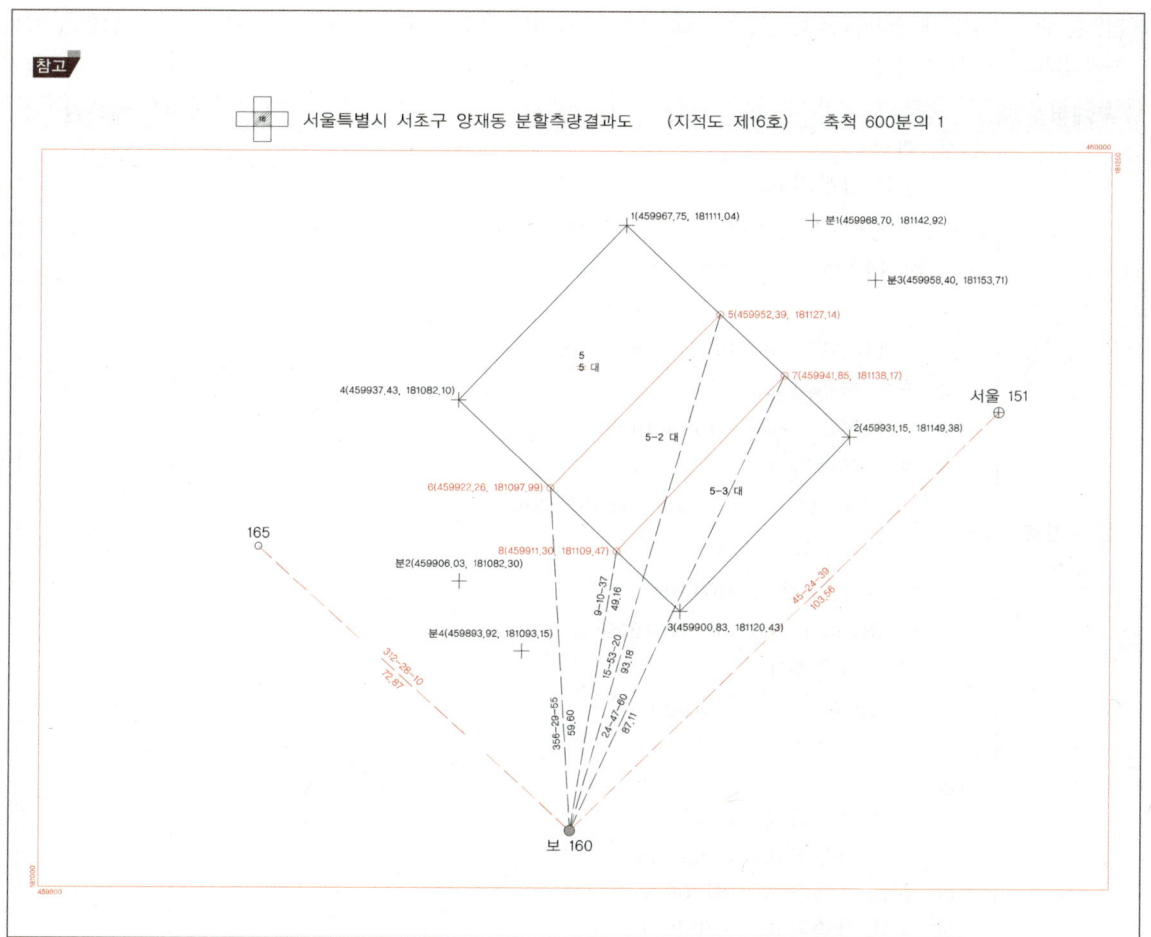

서울특별시 서초구 양재동 분할측량결과도   (지적도 제16호)   축척 600분의 1

문제번호	답 안	채점란
문제번호 01	○계산과정: ① 종선 상부좌표: 　• $459911.97 - 600000 = -140088.03\text{m}$ 　• $-140088.03 \div 200 = -700.44$ 　• $-700 \times 200 = -140000\text{m}$ 　• $-140000 + 600000 = 460000\text{m}$ ② 종선 하부좌표: 　• $460000 - 200 = 459800\text{m}$ ③ 횡선 우측좌표: 　• $181047.88 - 200000 = -18952.12\text{m}$ 　• $-18952.12 \div 250 = -75.81$ 　• $-75 \times 250 = -18750\text{m}$ 　• $-18750 + 200000 = 181250\text{m}$ ④ 횡선 좌측좌표: 　• $181250 - 250 = 181000\text{m}$ ○답: ① 종선 상부좌표: 460000m ② 종선 하부좌표: 459800m ③ 횡선 우측좌표: 181250m ④ 횡선 좌측좌표: 181000m	득점
문제번호 02	○계산과정: ① 1번 X좌표 $= 459862.77 + 105.40 \times \cos(5°7'19.50'') = 459967.75\text{m}$ 　1번 Y좌표 $= 181101.63 + 105.40 \times \sin(5°7'19.50'') = 181111.04\text{m}$ ② 2번 X좌표 $= 459862.77 + 83.40 \times \cos(34°55'36.25'') = 459931.15\text{m}$ 　2번 Y좌표 $= 181101.63 + 83.40 \times \sin(34°55'36.25'') = 181149.38\text{m}$ ③ 3번 X좌표 $= 459862.77 + 42.45 \times \cos(26°17'14.59'') = 459900.83\text{m}$ 　3번 Y좌표 $= 181101.63 + 42.45 \times \sin(26°17'14.59'') = 181120.43\text{m}$ ④ 4번 X좌표 $= 459862.77 + 77.17 \times \cos(345°20'26.55'') = 459937.43\text{m}$ 　4번 Y좌표 $= 181101.63 + 77.17 \times \sin(345°20'26.55'') = 181082.10\text{m}$ ○답: ① : X좌표 = 459967.75m ，Y좌표 = 181111.04m ② : X좌표 = 459931.15m ，Y좌표 = 181149.38m ③ : X좌표 = 459900.83m ，Y좌표 = 181120.43m ④ : X좌표 = 459937.43m ，Y좌표 = 181082.10m	득점

문제번호	답 안	채점란
문제번호 03	○계산과정: ① 관측점 분1X좌표 = 459862.77+113.69×cos(21°17′42.45″) = 459968.70m 　관측점 분1Y좌표 = 181101.63+113.69×sin(21°17′42.45″) = 181142.92m ② 관측점 분2X좌표 = 459862.77+47.38×cos(335°55′23.98″) = 459906.03m 　관측점 분2Y좌표 = 181101.63+47.38×sin(335°55′23.98″) = 181082.30m ③ 관측점 분3X좌표 = 459862.77+108.89×cos(28°34′21.60″) = 459958.40m 　관측점 분3Y좌표 = 181101.63+108.89×sin(28°34′21.60″) = 181153.71m ④ 관측점 분4X좌표 = 459862.77+32.28×cos(344°46′16.83″) = 459893.92m 　관측점 분4Y좌표 = 181101.63+32.28×sin(344°46′16.83″) = 181093.15m ○답:	득점

○답:

관측점 번호	X 좌표[m]	Y좌표[m]
분1	459968.70	181142.92
분2	459906.03	181082.30
분3	459958.40	181153.71
분4	459893.92	181093.15

※최종 분할점은 교차지점의 좌표를 독취하여 작성

관측점 번호	X 좌표[m]	Y좌표[m]
분1	459952.39	181127.14
분2	459922.26	181097.99
분3	459941.85	181138.17
분4	459911.30	181109.47

○계산과정:
① 신구면적 허용오차 계산
　○ 계산과정: $A = 0.026^2 \times M \times \sqrt{F} = 0.026^2 \times 600 \times \sqrt{2220} = \pm 19.1\text{m}^2$
② 산출면적 계산
　○ 계산과정:
　　• 5번지 $= \dfrac{2220}{926.85+652.20+642.65} \times 926.85 = 926.14\text{m}^2$

　　• 5-2번지 $= \dfrac{2220}{926.85+652.20+642.65} \times 652.20 = 651.70\text{m}^2$

　　• 5-3번지 $= \dfrac{2220}{926.85+652.20+642.65} \times 642.65 = 642.16\text{m}^2$

○ 답 : ① 공차 $= \pm 19.1\text{m}^2$
　　　② 산출면적 및 결정면적
　　　　㉠ 산출면적 :
　　　　　• 5번지: 926.14㎡　　• 5-2번지: 651.70㎡
　　　　　• 5-3번지: 642.16㎡
　　　　㉡ 결정면적 :
　　　　　• 5번지: 926.1㎡　　• 5-2번지: 651.7㎡
　　　　　• 5-3번지: 642.2㎡

03 CAD도면 작성

① Layer 설정

1 제도할 도곽선의 선가중치 및 색상을 지정하기 위해 설정한다.

❶ 명령어: LA(Layer) [Enter]

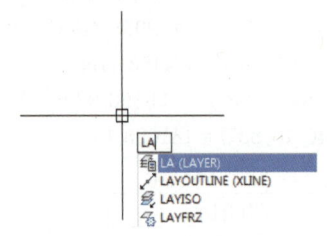

❷ 새 도면층 만들기
- 빨간색 원으로 표시된 부분을 클릭하면 새로운 도면층이 생성된다.

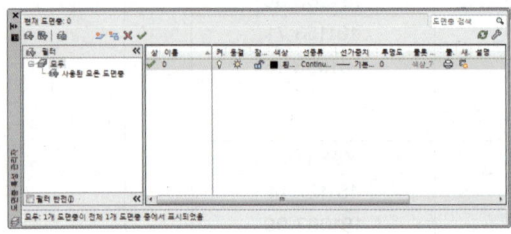

❸ 도면층 이름 설정
- 새로운 도면층을 선택한 후 F2키를 클릭하면 도면층의 이름을 바꿀 수 있다.
- 새로운 도면층 이름을 도곽선으로 변경한다.

❹ 색상설정
- 빨간색 박스로 표시된 부분을 클릭하면 아래와 같은 창이 나오며 색상을 선택할 수 있다.
- 도곽선의 색상은 빨간색으로 한다.

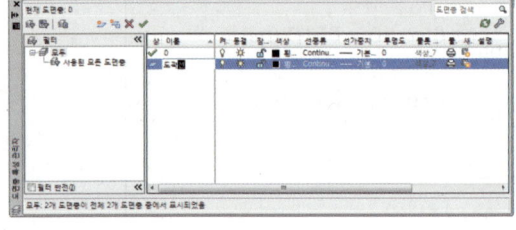

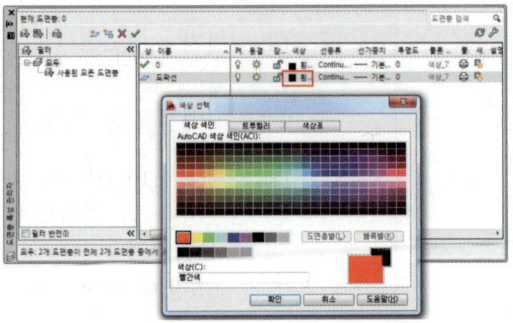

⑤ 선가중치 설정

• 빨간색 사각형으로 표시된 부분을 클릭하면 아래와 같은 창이 나오며 선가중치를 설정할 수 있다.

• '요구사항 05'에 제시된 선가중치 0.00mm를 적용한다.

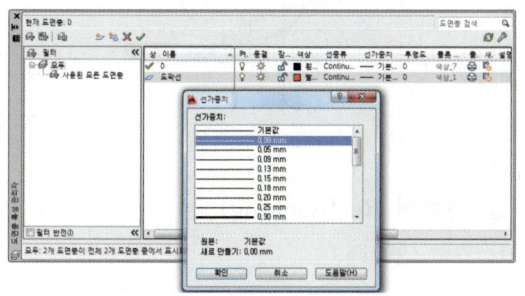

⑥ 설정된 모습

---

② 도곽선 제도

■ '요구사항 1)'에서 계산한 도곽선 좌표를 이용하여 도곽선을 제도한다.

❶ 명령어: C(Circle) [Enter]

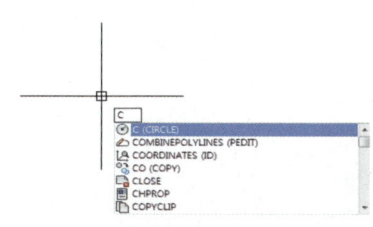

❷ 종선상부좌표값과 횡선우측좌표값을 입력한다.

• 181250, 460000 입력 [Enter]

※ 지적과 CAD의 X축,Y축이 반대이므로 계산된 횡선좌표는 X값, 종선좌표는 Y값으로 입력해야 한다.

❸ 원의 반지름 값을 입력한다.

• 임의 값 4 입력 [Enter]

※ 입력한 좌표의 위치를 찾기 위해 원을 제도한다.

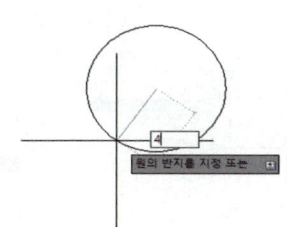

❹ 명령어: C(Circle) [Enter]

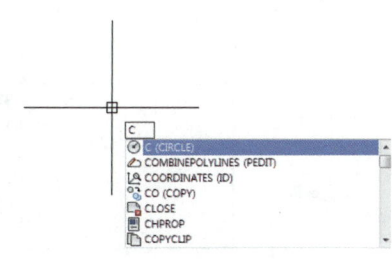

❺ 종선하부좌표값과 횡선좌측좌표값을 입력
한다.

• 181000,459800 입력 `Enter`

※ 위와 마찬가지로 종선좌표값과 횡선좌표값을 반
대로 입력해준다.

❻ 원의 반지름 값을 입력한다.

• 임의 값 4 입력 `Enter`

※ 입력한 좌표의 위치를 찾기 위해 원을 제도한다.

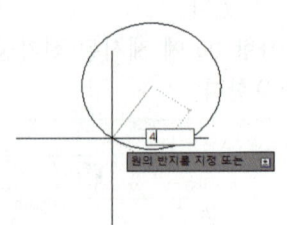

❼ 명령어: Z(Zoom) `Enter` , e(Extents) `Enter`

• Zoom 명령어를 이용하여 도면에 제도된 원
을 표시한다.

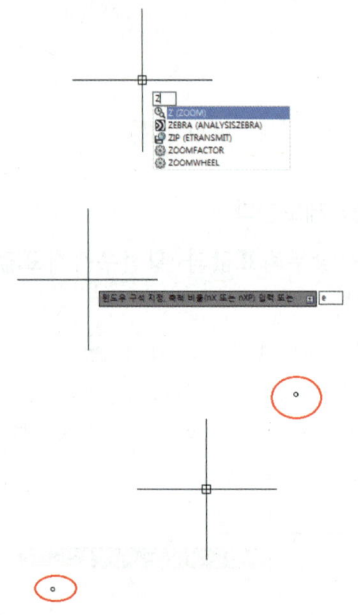

❽ 명령어 Rec(Rectang) `Enter`

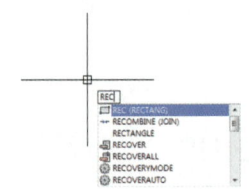

❾ 원의 중심점과 중심점을 선택하여 도곽선을
제도한다.

❿ 명령어: e(Erase) `Enter`

• 도곽선이 제도된 후 원을 삭제한다.

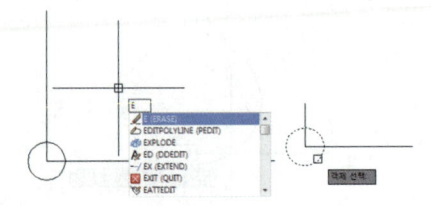

⓫ Layer를 변경한다.

• 변경할 객체를 선택한 후 layer창은 클릭, 원하는 layer로 바꿔주면 된다.

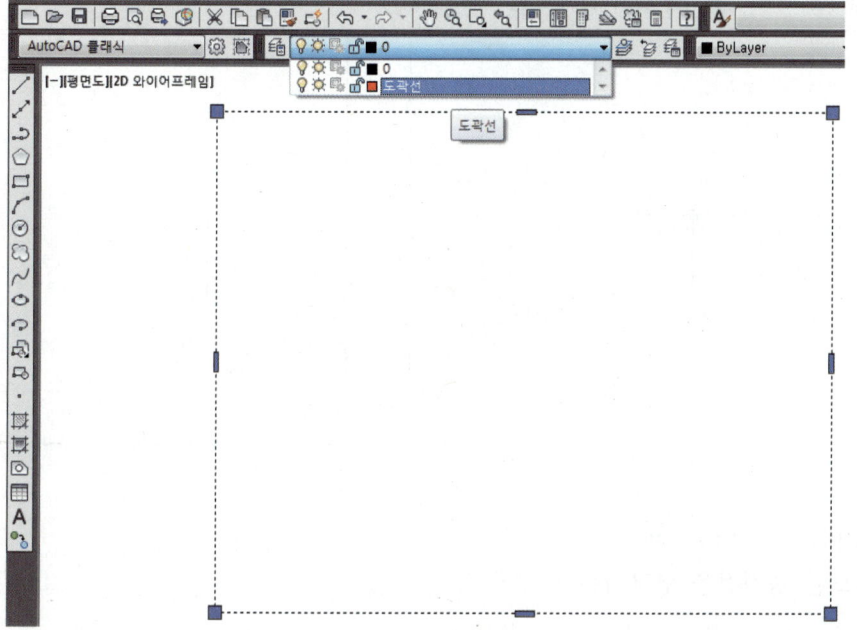

---

③ **필지경계 및 분할선 제도**

① '요구사항 02'에서 계산된 경계점좌표를 이용하여 필지를 제도한다.

• 먼저 경계점1부터 입력한다. (181111.04, 459967.75)

※ 위의 도곽선 제도방법과 마찬가지로 X값과 Y값을 반대로 기입한다.

❶ 명령어: C(Circle) ⏎

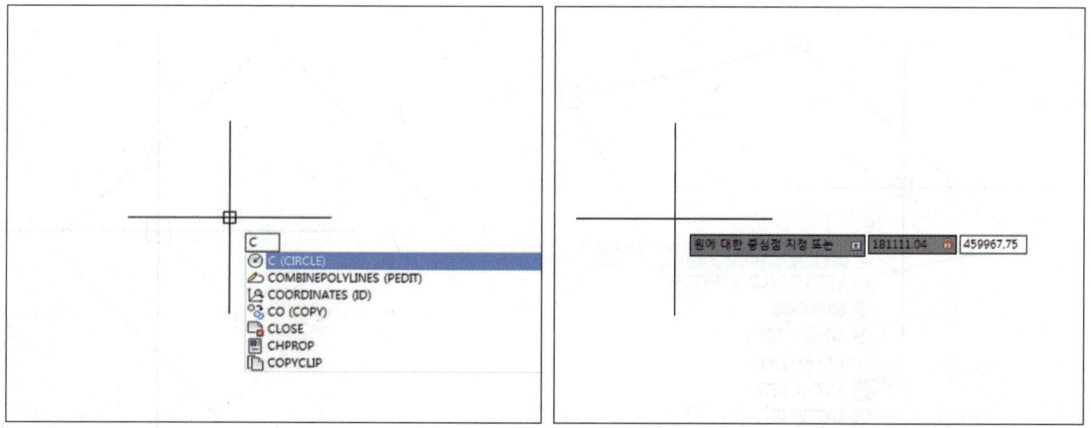

❷ 원의 반지름 값을 입력한다.

• 임의 값 4 입력 Enter

※ 입력한 좌표의 위치를 찾기 위해 원을 제도한다.

❸ 위와 같은 방법으로 나머지 경계점도 입력하여 제도한다.

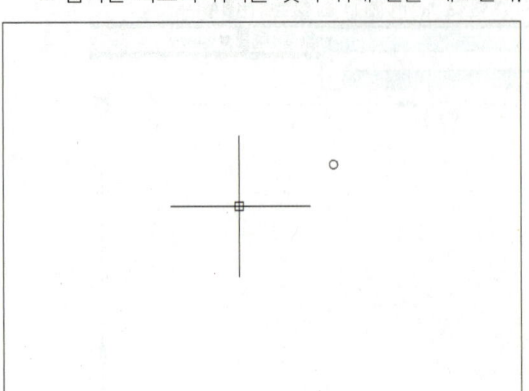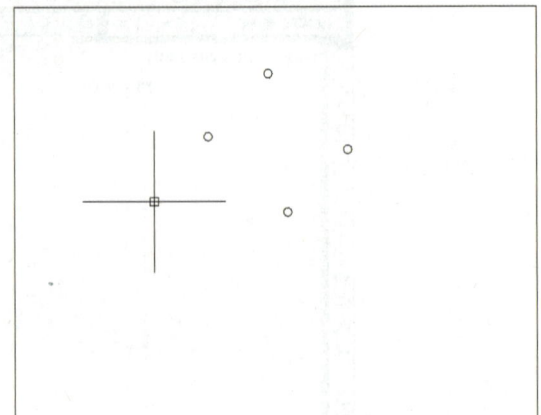

❹ 명령어: PL(Pline) Enter

• 제도된 경계점을 연결해준다.

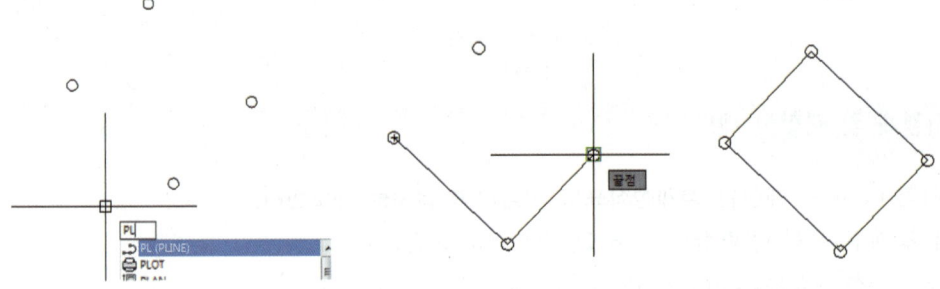

❺ 명령어: e(Erase) Enter

• 필지 제도가 완성된 후 제도된 원을 삭제한다.

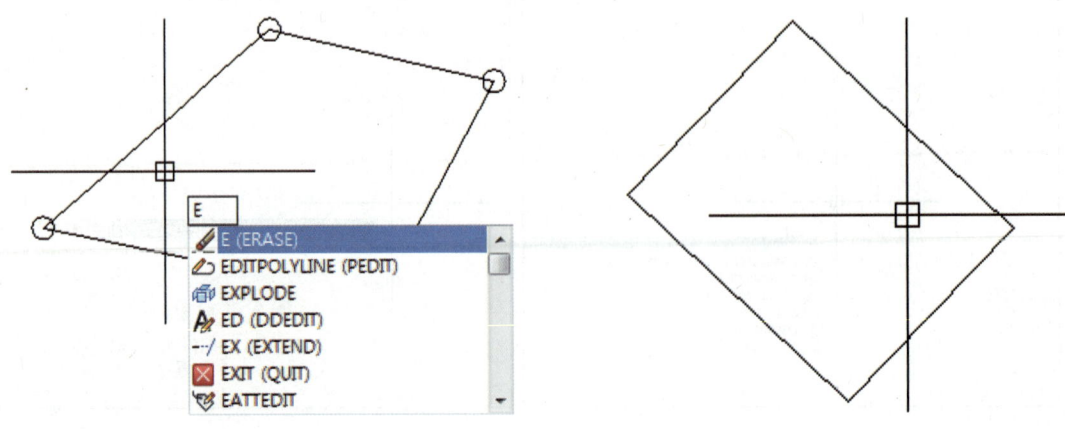

2 '요구사항 03'에서 계산된 분할점 좌표를 입력하여 분할선을 제도한다.

※ 위의 제도방법과 마찬가지로 X값과 Y값을 반대로 기입한다.

❶ 명령어: C(Circle) Enter

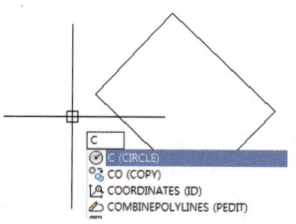

❷ 분할점1좌표 181142.92, 459968.70 입력 Enter

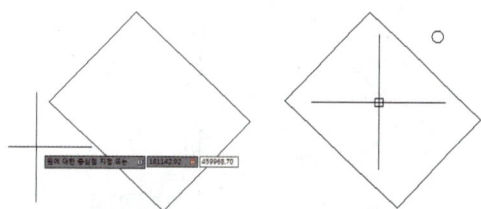

❸ 위와 같은 방법으로 나머지 분할점도 제도한다.

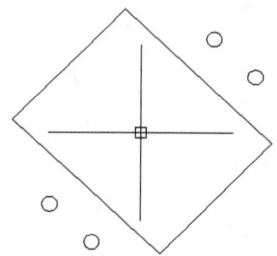

❹ 명령어: L(line) Enter

• 제도된 분할점을 연결해준다.

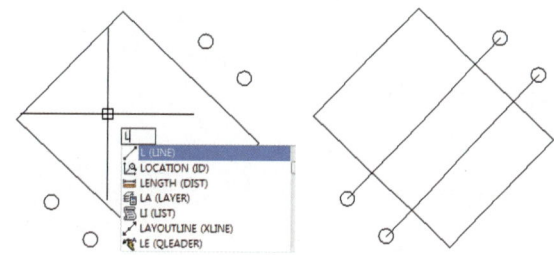

❺ 명령어: TR(Trim) Enter

1) 필지 밖의 분할선을 잘라낸다.

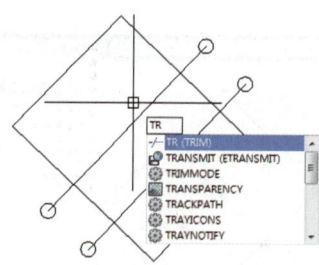

2) 경계선을 선택한다. Enter

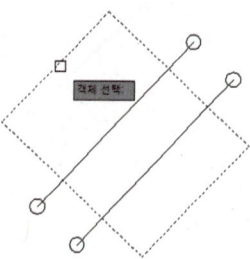

3) 잘라내고자 하는 경계선을 선택한다.

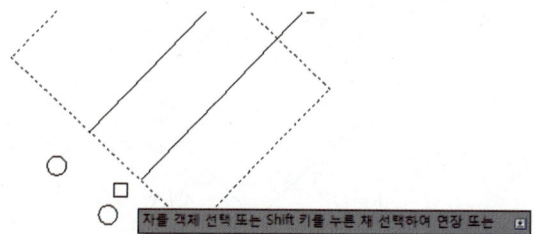

4) 나머지 경계선도 잘라낸다.

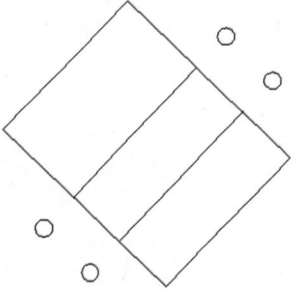

1 주어진 서식을 이용하여 경계점, 분할점, 분할측정점에 관측점표식을 제도한다.

❶ 명령어: CO(Copy) Enter

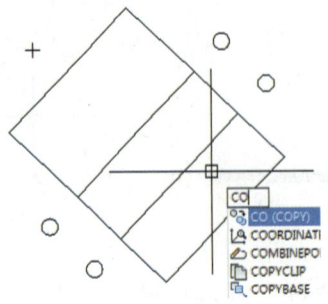

❷ 관측점표식의 교차지점을 선택한 후 Copy를 한다.

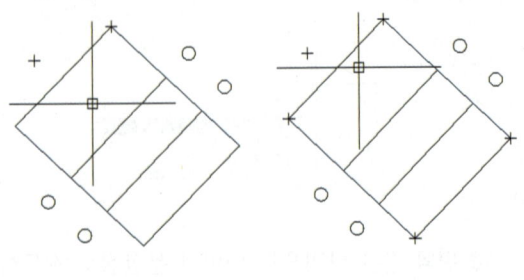

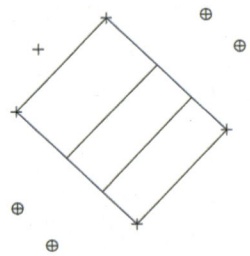

❸ 명령어: e(Erase) Enter

• 관측점표식을 제도 한 후 원을 삭제한다.

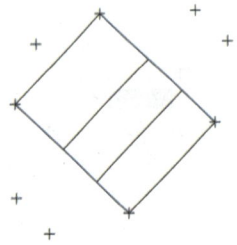

❹ 분할선 색상 변경

• 제도된 분할선은 빨간색으로 변경한다.

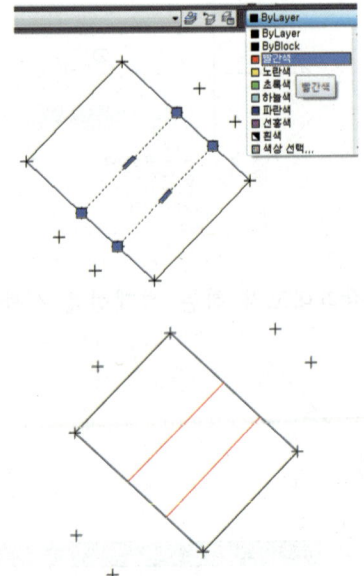

2 결정된 최종분할점 위치표시

1 명령어: C(Circle) Enter

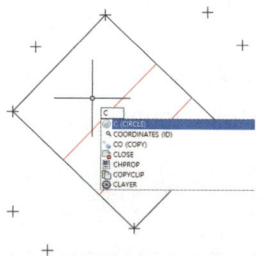

2 결정된 최종분할점 위치에 2mm 크기의 빨간 색 원으로 제도한다.

- 지적도 **축척이 1/600**이므로 직경을 $2 \times 0.6 = 1.2mm$ 크기로 제도한다.

※ 여기서, 지름으로 설정이 잘 되어있는지 확인한 후 값을 입력해야 한다.

```
명령: CIRCLE
원에 대한 중심점 지정 또는 [3점(3P)/2점(2P)/Ttr - 접선 접선 반지름(T)]:
⊘ ▾ CIRCLE 원의 반지름 지정 또는 [지름(D)] <0.30>: d
```

```
명령: C CIRCLE
원에 대한 중심점 지정 또는 [3점(3P)/2점(2P)/Ttr - 접선 접선 반지름(T)]:
⊘ ▾ CIRCLE 원의 반지름 지정 또는 [지름(D)] <0.60>: d 원의 지름을 지정함 <1.20>: 1.2
```

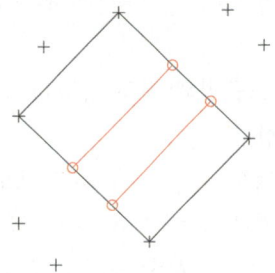

1 '요구사항 01'에 표시되어 있는 지적도근점 좌표를 이용하여 제도한다.

　※ 지적과 CAD의 X축, Y축이 반대이므로 계산된 횡선좌표는 X값, 종선좌표는 Y값으로 입력해야 한다.

❶ 명령어: C(Circle) [Enter]

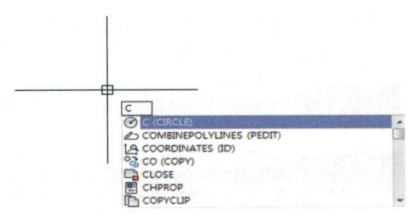

❷ 지적삼각보조점 "보 160" 좌표 입력
　• 181101.63, 459862.77 [Enter]

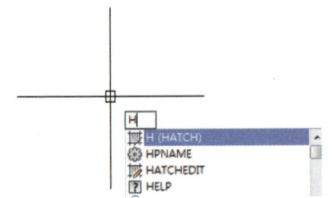

❸ 지적도근점의 직경은 3mm 크기로 제도하여야 한다.
　• 지적도 **축척이 1/600**이므로 지적도근점의 직경을 **3×0.6=1.8mm** 크기로 제도한다.
　　※ 여기서, 지름으로 설정이 잘 되어있는지 확인한 후 값을 입력해야 한다.
　　※ 지적삼각보조점은 시·군·구별로 일련번호를 부여하고, 일련번호 앞에 "보"자를 붙인다.

```
명령: CIRCLE
원에 대한 중심점 지정 또는 [3점(3P)/2점(2P)/Ttr - 접선 접선 반지름(T)]:
⊙ · CIRCLE 원의 반지름 지정 또는 [지름(D)] <0.30>: d
```

```
명령: c CIRCLE
원에 대한 중심점 지정 또는 [3점(3P)/2점(2P)/Ttr - 접선 접선 반지름(T)]:
⊙ · CIRCLE 원의 반지름 지정 또는 [지름(D)] <0.90>: d 원의 지름을 지정함 <1.80>: 1.8
```

❹ 명령어: h(Hatch) [Enter]
　• 지적삼각보조점은 원안에 검은색으로 엷게 채색한다.

❺ 해치타입은 SOLID을 사용한다.

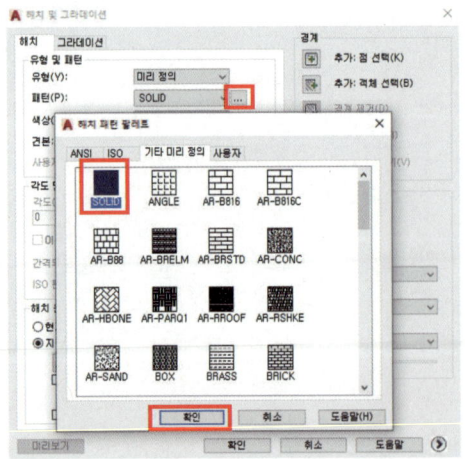

❻ 해치를 넣을 공간을 클릭하면 해치가 제도된다.

2 지적삼각점을 제도한다.

- 지적삼각점은 원안에 십자선을 표시한다.

※ 지적삼각점의 명칭은 측량지역이 소재하고 있는 명칭 중 두 글자를 선택하고 시·도 단위로 일련번호를 붙여서 정한다.

❶ 명령어: C(Circle) [Enter]

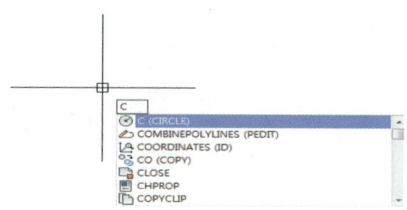

❷ 지적삼각점 "서울 151" 좌표 입력

- 181175.38, 459935.47 [Enter]

❸ 지적도근점의 직경은 3mm 크기로 제도하여야 한다.

- 지적도 **축척이 1/600**이므로 지적도근점의 직경을 **3×0.6=1.8mm** 크기로 제도한다.

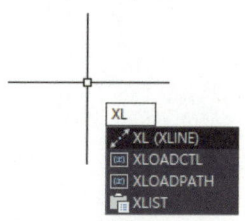

❹ 지적삼각점의 원안에 십자선을 표시한다.

- 명령어: XL(Xline) [Enter]

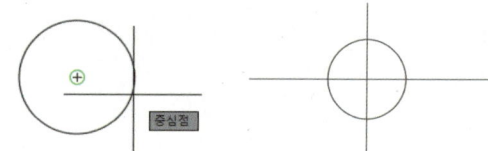

- 원의 중심점을 기준으로 십자선을 제도한다.

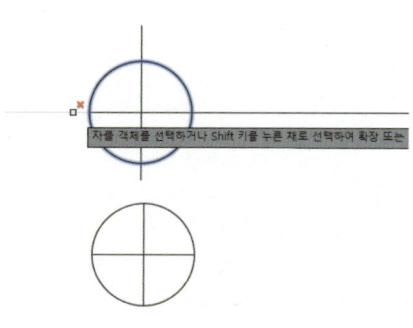

❺ 명령어: TR(Circle) [Enter]

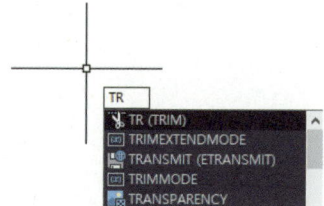

- 원 밖의 선을 잘라낸다.

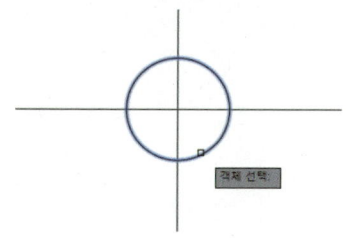

3 위와 같은 방법으로 지적도근점도 제도한다.

- 지적도근점은 2mm의 직경으로 제도한다.
- 지적도축척이 1/600 이므로 지적도근점의 직경을 2×0.6=1.2mm 크기로 제도한다.

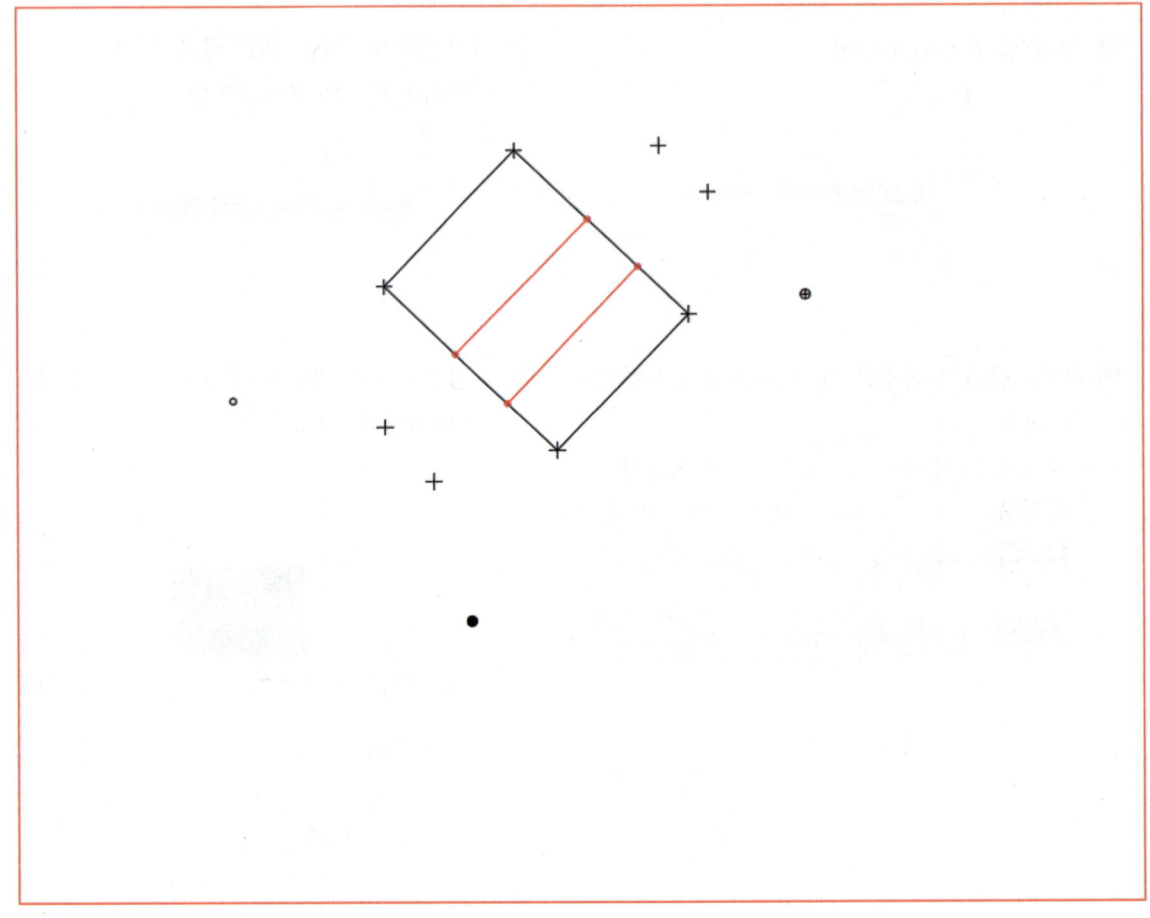

1 분할된 면적에 지번과 지목을 작성한다.

• 최종부번이 5-1이므로 지번부여는 5-2, 5-3으로 한다.

• 지번 및 지목은 2mm~3mm의 크기의 명조체로 해야 한다.

• 지적도 **축척이 1/600**이므로 글자크기 **2×0.6=1.2mm**로 제도한다.

❶ 명령어: MT(MTtext) Enter

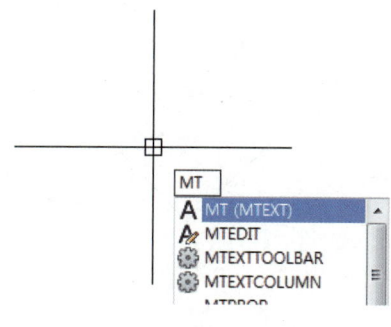

❷ 지번과 지목은 필지의 중앙에 작성하여야 한다.

• 첫 번째 구석을 선택한다.

• 문자높이설정 H를 누르고 1.2를 입력한다.

• 반대편 구석을 선택한다.

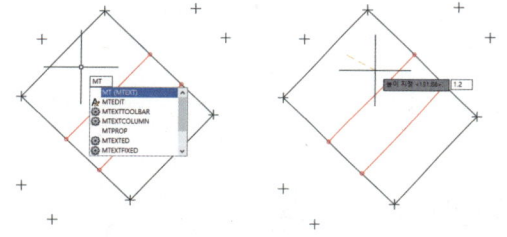

❸ 명조체가 없는 경우 고딕체로, 고딕체가 없는 경우 돋움으로 작성한다.

• 빨간색 박스로 표시된 부분을 클릭하면 글씨체를 선택할 수 있다.

• 지번과 지목을 입력할 때 확인을 클릭하면 된다.

❹ 명령어: M(Move) Enter

• 작성된 지번과 지목을 필지중앙으로 이동한다.

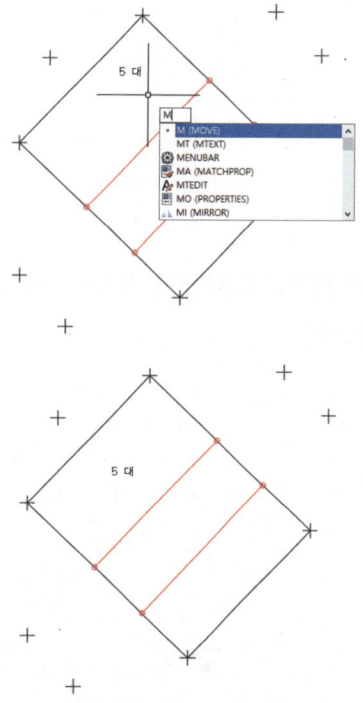

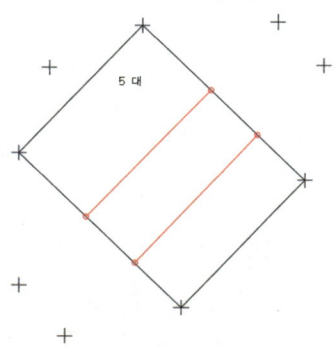

❺ 명령어: CO(Copy) ⏎

• 작성된 지번과 지목을 Copy하여 나머지 지
  번과 지목을 작성한다.

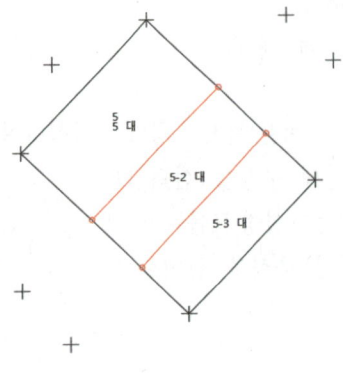

❻ 명령어: L(Line), O(Offset) ⏎

• 빨간색 두 줄(양홍평행쌍선)로 원래의 지번
  을 말소한다.

• 빨간색 선을 먼저 제도한 후 O(Offset) 명
  령어를 이용하여 적당한 간격을 띄워 작성
  한다.

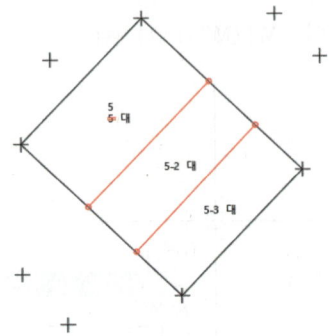

2 지적도근점번호 제도

• 지적도 **축척이 1/600**이므로 글자크기 **3×0.6=1.8mm**로 제도한다.
• 위와 같은 방법으로 제도한다.

❶ 명령어: MT(MTtext) ⏎

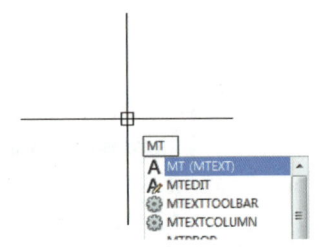

❷ 지적도근점 중앙에 제도한다.

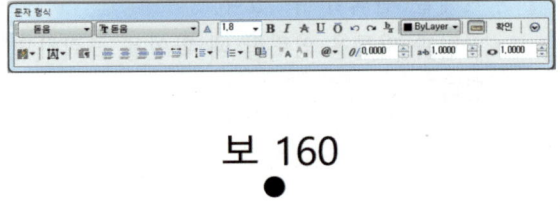

보 160

**❸ 같은 방법으로 나머지 지적도 근점번호도 제
  도한다.**

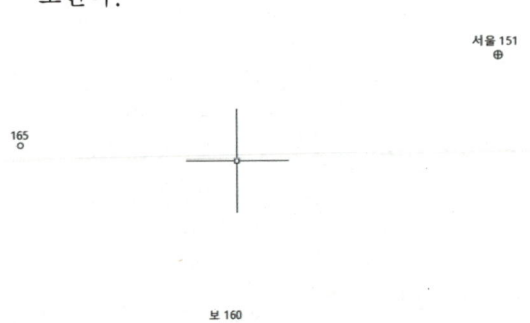

3 도곽선수치 제도

- 도곽선수치는 빨간색으로 제도한다.
- 도곽선수치는 2mm의 아라비아숫자로 제도한다.
- 도면의 **축척이 600분의** 1이므로 **2mm×0.6=1.2mm**로 제도한다.
- 도곽선수치는 도곽선 왼쪽 아랫부분과 오른쪽 윗부분의 종횡선교차점 바깥쪽에 제도한다.

❶ 명령어: MT(MText) [Enter]

- '요구사항 01'에서 계산한 도곽선수치 값을 기입한다.
- 왼쪽 아래 부분부터 제도한다.

❷ 명령어: RO(Rotate) [Enter]

❸ 기입된 횡선좌표를 선택한다. [Enter]

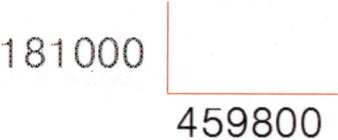

❹ 회전할 기준점을 지정한 후 회전각도 90을 입력한다.(회전각도는 반시계방향이다.)

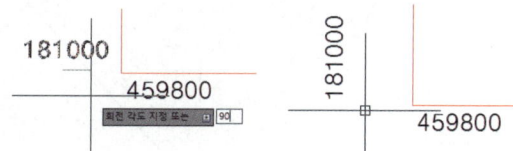

❺ 명령어: M(Move) [Enter]

- 작성된 도곽선 수치를 빨간색으로 변경하고, 종횡선교차점 바깥쪽에 위치한다.

❻ 위와 같은 방법으로 오른쪽 윗부분 도곽선 수치도 제도한다.

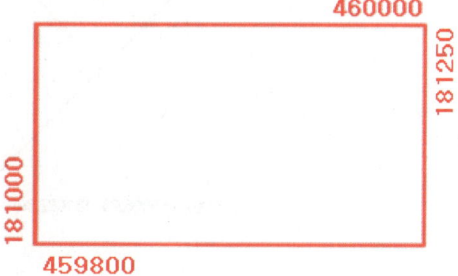

■ '요구사항 02, 03'에서 계산된 경계점과 관측점(분1, 분2)의 번호와 좌표를 기입한다.

❶ 명령어: MT(MTtext) [Enter]
  • MText 명령어를 이용하여 경계점번호와 좌표를 기입한다.
  • Copy 명령어를 이용하여 경계점번호와 좌표를 기입해도 된다.

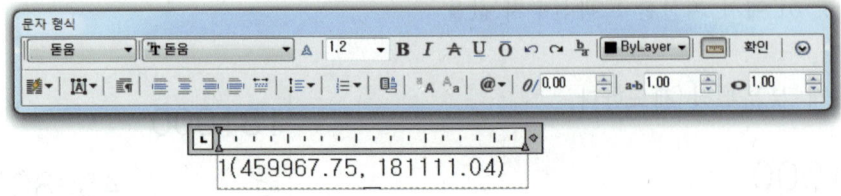

❷ 위와같은 방법으로 나머지 경계점, 관측점(분1, 분2), 최종분할점 번호와 좌표를 기입한다.

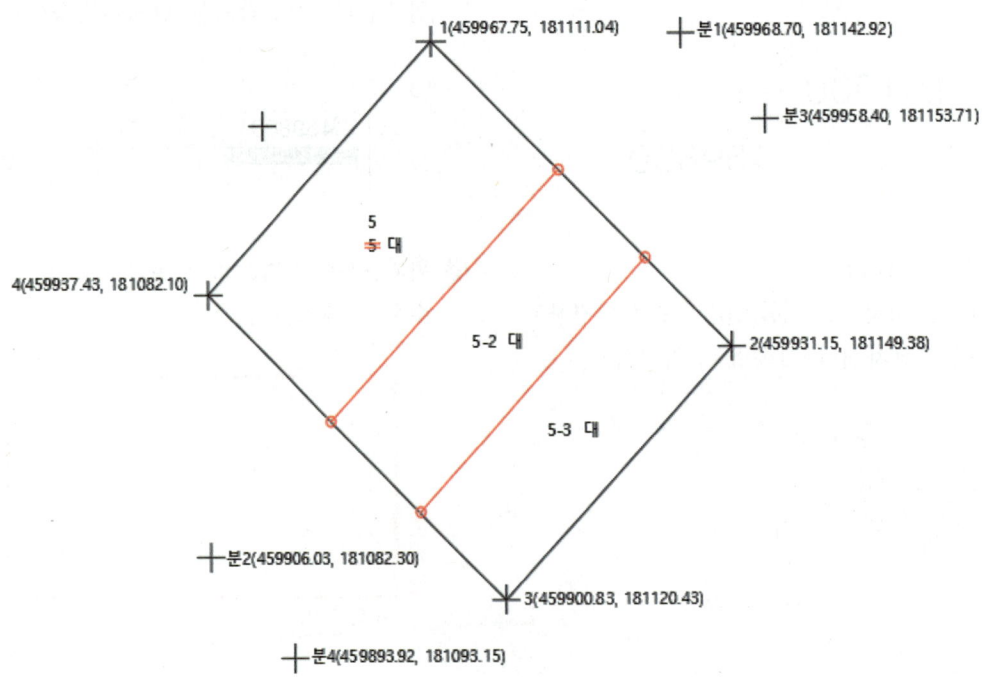

2 최종분할점 번호와 좌표을 기입한다.

❶ 명령어: ID Enter

- ID명령어를 이용하여 선택지점의 좌표값을 확인한다.
- MT명령어를 이용하여 확인한 좌표값을 기입한다.
- 최종분할점 번호는 5번, 6번, 7번, 8번으로 기입한다.
- 최종분할점 번호와 좌표값을 붉은색으로 변경한다.

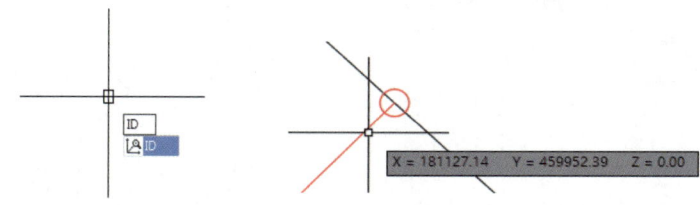

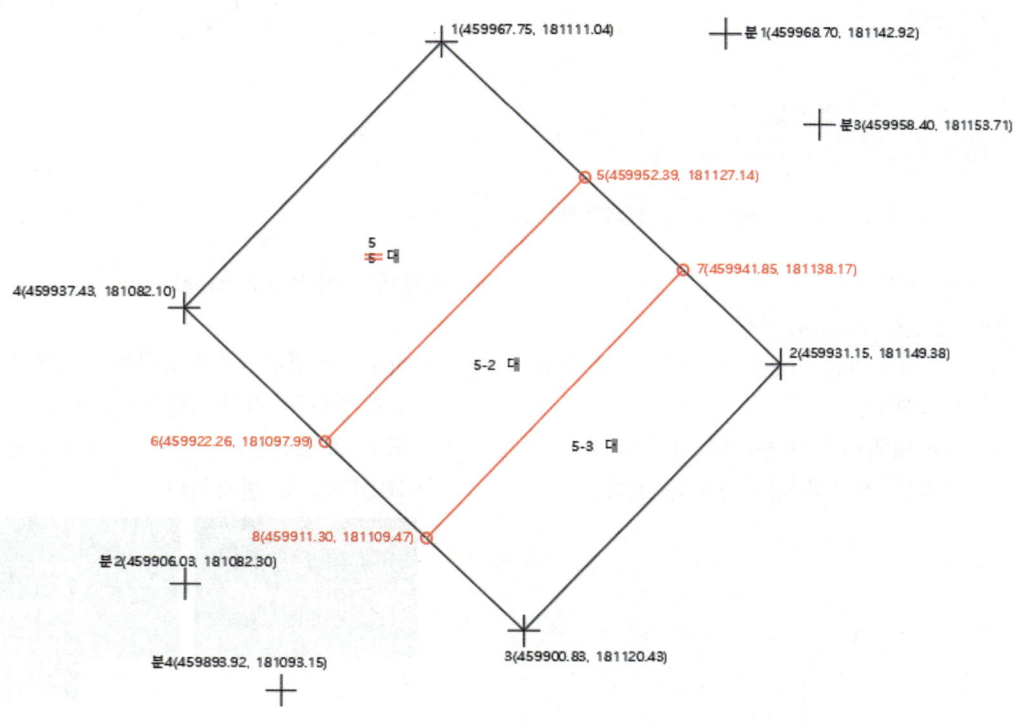

1 표정결선, 방위각 및 거리를 기입한다.

❶ 명령어: LT(Linetype) ⏎

• Linetype 명령어를 이용하여 'HIDDEN2'를 로드한다.

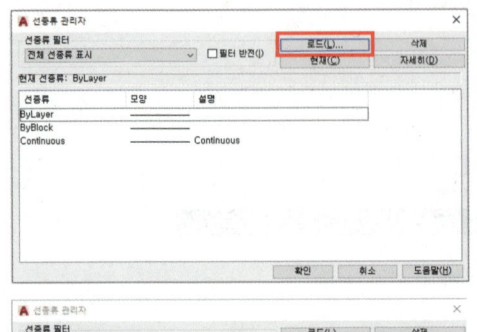

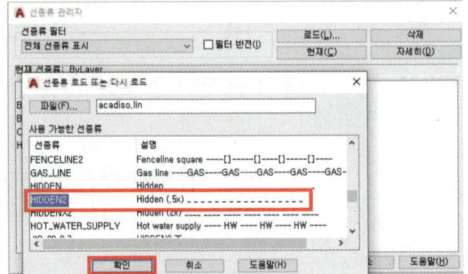

❷ 명령어: L(line) ⏎

• line 명령어를 이용하여 지적도근점과 최종 분할점의 표정결선을 제도한다.

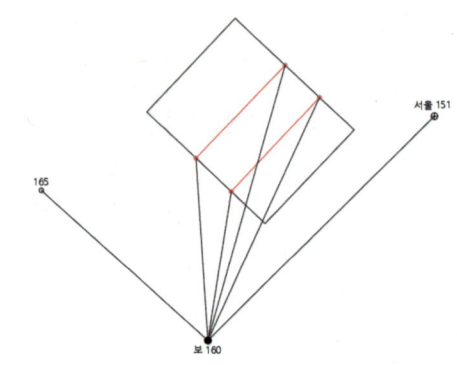

❸ 명령어: MT(MText) ⏎ ,
  명령어: RO(Rotate) ⏎

• MText 명령어를 이용하여 방위각 및 거리 를 기입한다.
• Rotate 명령어를 이용하여 기입된 방위각 및 거리를 결선과 평행하도록 한다.

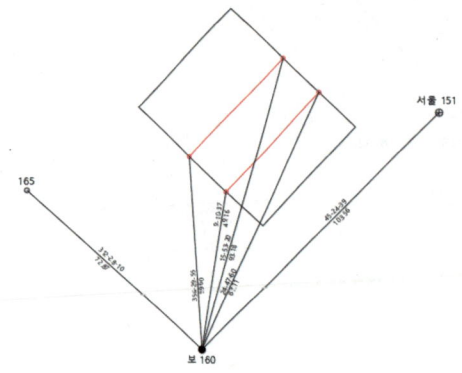

❹ 명령어: PR(Properties) ⏎

• Properties 명령어를 이용하여 지적도근점간 결선과 방위각, 거리는 빨간색으로 변경한다.
• 제도된 표정결선을 선택 후 선종류를 'HIDDEN2'로 변경한다.

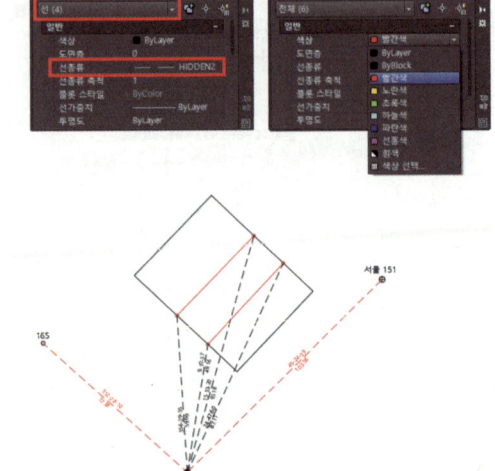

1 색인도는 도면 중앙에 가로 7mm, 세로 6mm 크기로 제도한다.

❶ 명령어: Rec(Rectang), CO(Copy), SC(Scale) [Enter]

1) Rectang 명령어를 이용하며 가로7, 세로6 의 사각형을 제도한다.

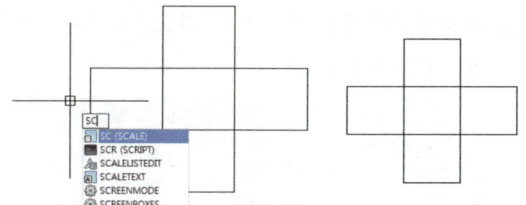

2) 제도된 사각형을 Copy 명령어를 이용하여 색인도를 제도한다.

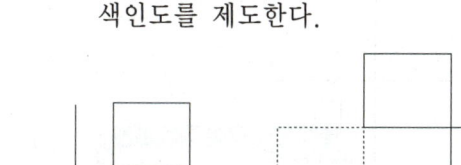

3) Scale 명령어를 이용하여 작도된 색인도 를 0.6배 확대한다. (도면 축척이 1/600 이므로)

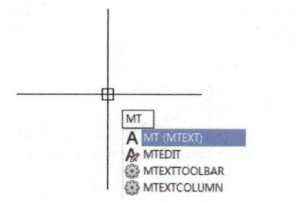

2 제명 및 축척 제도

❶ 명령어: MT(MText) [Enter]

1) 글자의 크기는 5mm로 제도한다.

2) 축척이 1/600이므로 5mm×0.6=3mm로 제도한다.

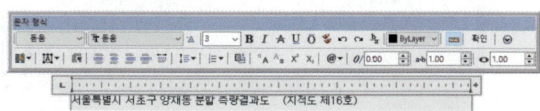

❷ 축척은 제명끝에서 10mm를 띄어 쓴다.
  • 도면 축척이 1/600이므로
    10mm×0.6=6mm를 띄어 쓴다.

❸ 작성 완료된 모습

┼ 서울특별시 서초구 양재동 분할측량결과도 (지적도 제16호) 축척 600분의 1

3 색인도 안에 지적도번호 및 해치를 제도한다.

❶ 명령어 H(Hatch) ⏎

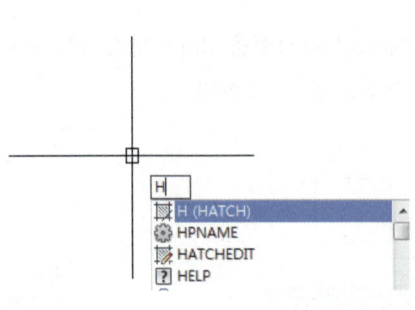

❷ 해치타입은 ANSI31을 사용한다.

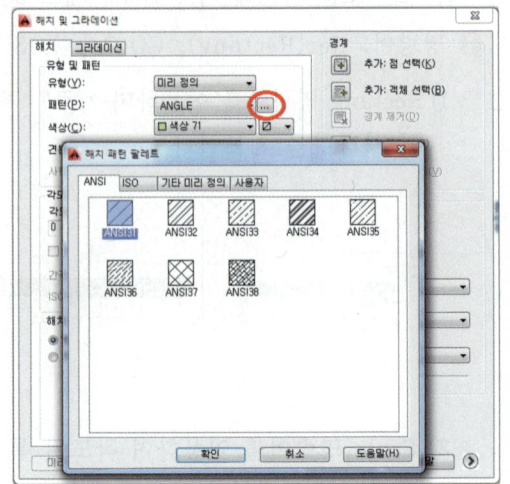

❸ 해치를 넣을 공간을 클릭하면 해치가 제도된다.

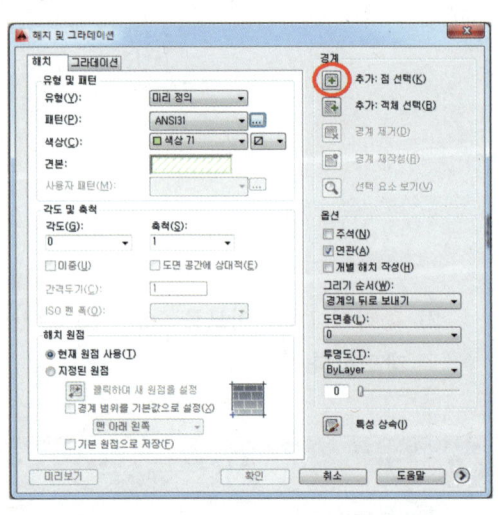

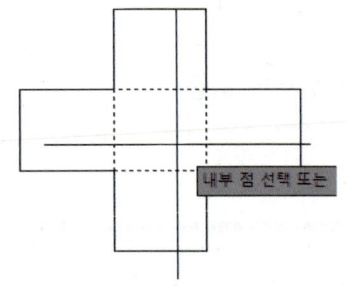

❹ 해치패턴축척은 0.15으로 하고, 각도는 90도로 설정한다.

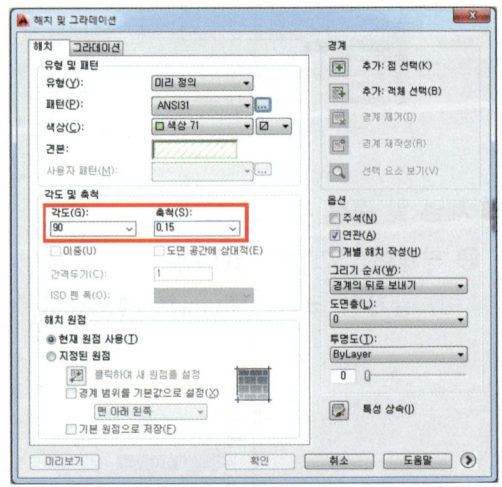

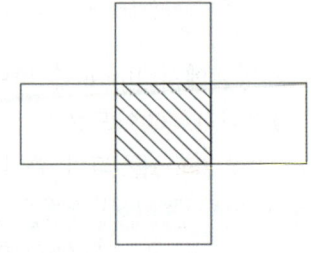

❺ 해치제도가 완성되면 지적도번호를 기입한다.

- MTtext 명령어를 이용하여 기입한다.

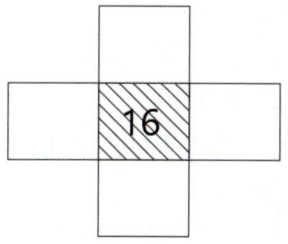

4 명령어: M(Move) Enter

- 제도된 색인도와 제명 및 축척을 도면 중앙에 위치한다.

서울특별시 서초구 양재동 분할측량결과도　　(지적도 제16호)　　축척 600분의 1

1(459967.75, 181111.04)　　＋분1(459968.70, 181142.92)

＋분3(459958.40, 181153.71)

5(459952.39, 181127.14)

5
5 대

9.7(459941.85, 181138.17)

4(459937.43, 181082.10)

서울 151

2(459931.15, 181149.38)

5-2 대

5-3 대

6(459922.26, 181097.99)

8(459911.30, 181109.47)

165

분2(459906.03, 181082.30)

45-24-39
103.56

9-10-37
49.16

3(459900.83, 181120.43)

분4(459893.92, 181093.15)

15-53-20
93.18

312-28-10
72.67

24-47-60
87.11

356-29-55
59.60

보 160

04 면적측정부 작성

① 서식에 있는 면적측정부를 작성한다.

1 '요구사항 01, 02, 03'에서 계산된 값을 이용하여 면적측정부를 작성한다.

❶ 명령어: MT(MText) [Enter]

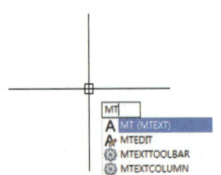

❸ 문자높이설정 'H'를 누른 후 문자높이 1.2를 입력한다.

- 지적도의 **축척이 1/600**이므로
  2mm×0.6=1.2mm 이다.

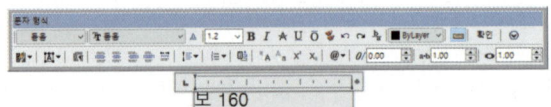

❷ 첫 번째 구석과 반대편 구석을 지정하여 글씨를 작성한다.

❹ 명령어: M(Move) [Enter]

- Move 명령어를 이용하여 문자를 중앙으로 위치한다.

기준점 번 호
보 160

❺ 명령어: CO(Copy) [Enter]

- Copy 명령어를 이용하여 작성된 문자를 복사하여 사용하면 면적측정부 작성을 쉽게 할 수 있다.

② 기준점번호, 거리, 방위각, 좌표를 기입한다.

1 기준점번호 기입

❶ 명령어: MT(MText), CO(Copy) [Enter]

- 기준점 번호는 "보 160", "165", "서울 151" 순으로 기입한다.
- 거리와 방위각은 지적삼각보조점 "보 160"을 기준으로 기입한다.

❷ 기입이 완료된 모습

기준점번호	거리(m)	방위각	좌표	
			X(m)	Y(m)
보 160			459862.77	181101.63
165	72.87	312-28-10	459911.97	181047.88
서울 151	103.56	45-24-39	459935.47	181175.38

2 동리명, 지번, 측정면적, 산출면적, 결정면적 기입

❶ 명령어: MT(MText), CO(Copy) [Enter]

- 동리명은 '양재동'으로 기입한다.
- 지번은 분할된 지번을 먼저 작성한 후 마지막에 빨간색으로 원지번을 기입한다.
- 측정방법은 '전산'이라 작성한다.
- 측정회수면적은 CAD도면에서 산출한 값을 기입한다. (동일한 값 2회 기입)
- 측정면적과, 산출면적, 결정면적은 계산된 값을 기입한다.
- 원면적은 '2220.0'을 빨간색으로 기입한다.
- 비고란에 공차값과 오차값을 기입한다.
- 공차는 계산된 값을 기입하고, 오차는 문제지에 출제된 원면적에서 CAD도면의 원면적의 차를 말한다.
- 면적측정부 작성이 완료되면 마지막 줄에 '아래빈칸'이라 작성해야 된다.

동리명	지번	측정 방법	횟수 또는 산출수		측정 면적㎡	도곽신축 보정계수	보정 면적㎡	원면적 ㎡	산출 면적㎡	결정 면적㎡	비고
			제1회	제2회							
양재동	5	전산	926.85	926.85	926.85	1.0000			926.14	926.1	공차= ±19.1㎡ 오차= 1.7㎡
	5-2	전산	652.20	652.20	652.20				651.70	651.7	
	5-3	전산	642.65	642.65	642.65				642.16	642.2	
	5				2221.70			2220.0	2220.00	2220.0	
						아래빈칸					

- 공차 : ±19.1㎡(공차의 소수점 처리는 문제 제시에 따라 결정)
- 오차 : 2220.0 – 2221.70 = 1.7㎡

참고 결정면적

구 분	$\dfrac{1}{500} \sim \dfrac{1}{600}$ +경계점좌표등록부 시행지역	$\dfrac{1}{1,000} \sim \dfrac{1}{6,000}$
최소면적	0.1m^2	1m^2
소수처리 방법 (오사오입)	0.05m^2 미만 → 버림 0.05m^2 초과 → 올림 0.05m^2일 때 구하고자 하는 수가 홀수 → 올림 짝수 → 버림	0.5m^2 미만 → 버림 0.5m^2 초과 → 올림 0.5m^2일 때 구하고자 하는 수가 홀수 → 올림 짝수 → 버림
[예제]	■ 소수 첫 번째 자리까지 산출하는 경우 ① $123.25\text{m}^2 \to 123.2\text{m}^2$ ② $123.35\text{m}^2 \to 123.4\text{m}^2$	■ 자연수까지 산출하는 경우 ① $122.5\text{m}^2 \to 122\text{m}^2$ ② $123.5\text{m}^2 \to 124\text{m}^2$

05 용도지역, 신축량, 보정계수 및 수험번호란 작성

① 서식에 있는 용도지역을 작성한다. □□□

1 '요구사항 05'에서 제시된 용도지역은 일반공업지역이므로, 공업지역을 기입한다.

❶ 명령어: MT(MText) [Enter]

❷ 첫 번째 구석과 반대편 구석을 지정하여 글씨를 작성한다.

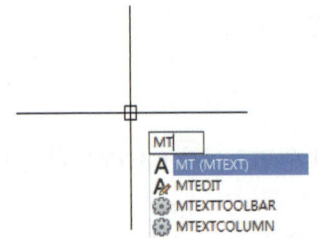

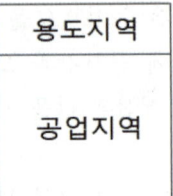

용도지역
공업지역

② 신축량과 보정계수를 작성한다. □□□

1 '요구사항 04'에서 제시된 도곽신축보정계수는 1.0000 이다.

• 도곽신축보정계수와 신축량은 빨간색으로 기입한다.

❶ 명령어: MT(MText) [Enter]

❷ 명령어: M(Move) [Enter]

• Move 명령어를 이용하여 문자를 중앙으로 위치한다.

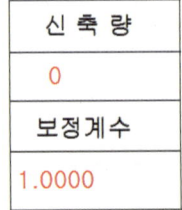

신 축 량
0
보정계수
1.0000

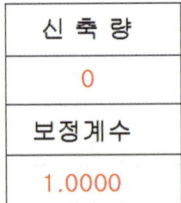

신 축 량
0
보정계수
1.0000

2 신축량을 상하좌우에 빨간색으로 기입한다.

❶ 명령어: MT(MText) [Enter]

❷ 명령어: CO(Copy) [Enter]

• Copy 명령어를 이용하여, 나머지 부분도 기입한다.

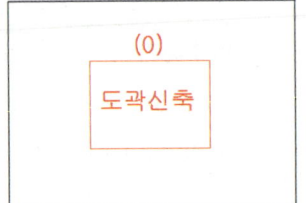

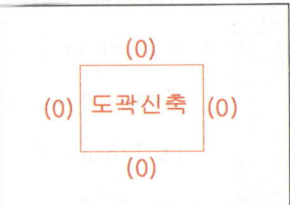

❸ 용도지역과 신축량, 도곽신축보정계수의
작성이 완료된 모습

	신 축 량	용도지역
(0)	0	
(0) 도곽신축 (0)	보정계수	주거지역
(0)	1.0000	

③ 수험번호 작성한다. ☐☐☐

1 자격종목, 비번호, 성명을 작성한다.

❶ 명령어: MT(MText) [Enter]

자격종목	지적기능사
수험번호	123456
성 명	홍길동
감독확인	

06 출력하기

① 완성된 최종지적측량결과도 출력 ☐☐☐

1 Plot(출력) 설정하기

❶ 명령어: PLOT [Enter]
- 프린터 기종과 용지크기를 선택한다.
- 용지크기는 A3로 한다.
- 플롯영역은 윈도우로 설정한다.
- 플롯의 중심을 설정한다.
- 축척은 0.90으로 하고 단위는 밀리미터로
  한다.(파일축척과 관계없이 지정축척을 적용)
- 우측하단의 화살표를 클릭한다.

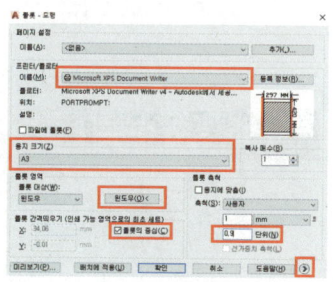

❷ 플롯영역 대상은 윈도우로 설정한다.
- 주어진 서식의 좌측상단 끝과 우측하단 끝
  을 클릭하여 영역을 설정한다.

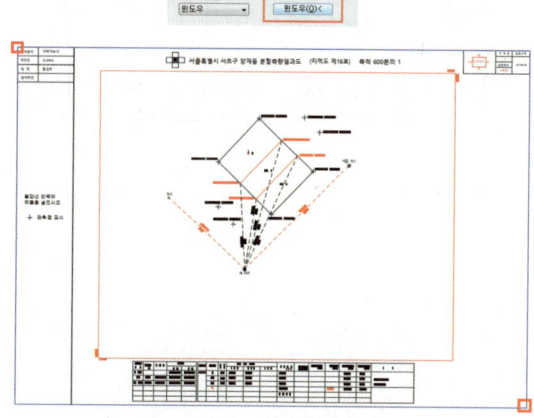

❸ 플롯스타일, 플롯옵션 도면방향을 설정한다.
- 플롯스타일은 acad를 설정한다.(플롯스타일 acad는 칼라출력을 할 수 있다.)
- 플롯옵션은 '객체의 선가중치 플롯', '플롯 스타일로 플롯'을 설정한다.
- 도면방향은 '가로'를 설정한다.

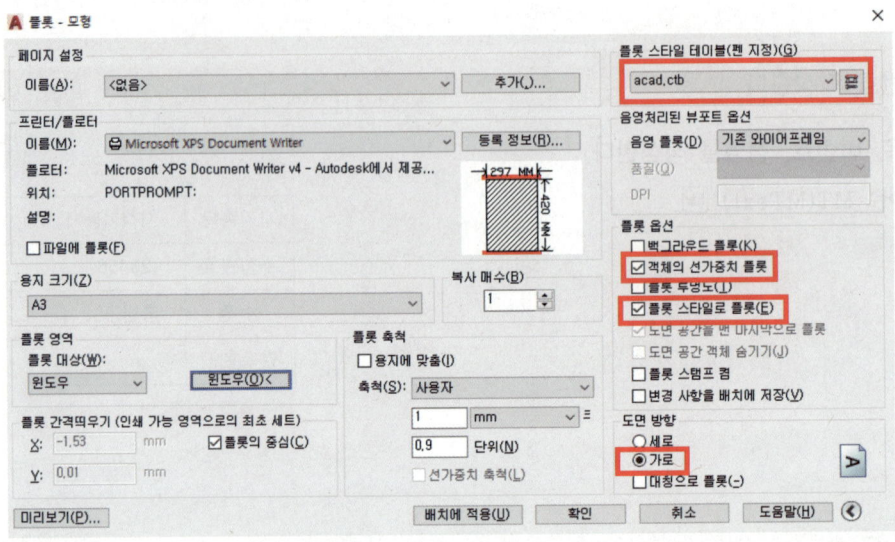

2 Plot(출력) 하기

❶ 설정이 완료되면 미리보기를 클릭한다.
- 아래와 같은 창이 뜨면 계속 버튼을 클릭한다.

❷ 미리보기 확인 후 출력하기
- 출력횟수가 2회에 한하여 가능하므로 미리보기를 한 후 출력을 한다.

【도면 출력 후 제출 3】

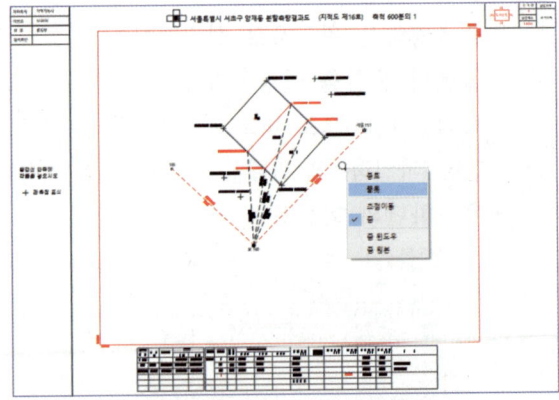

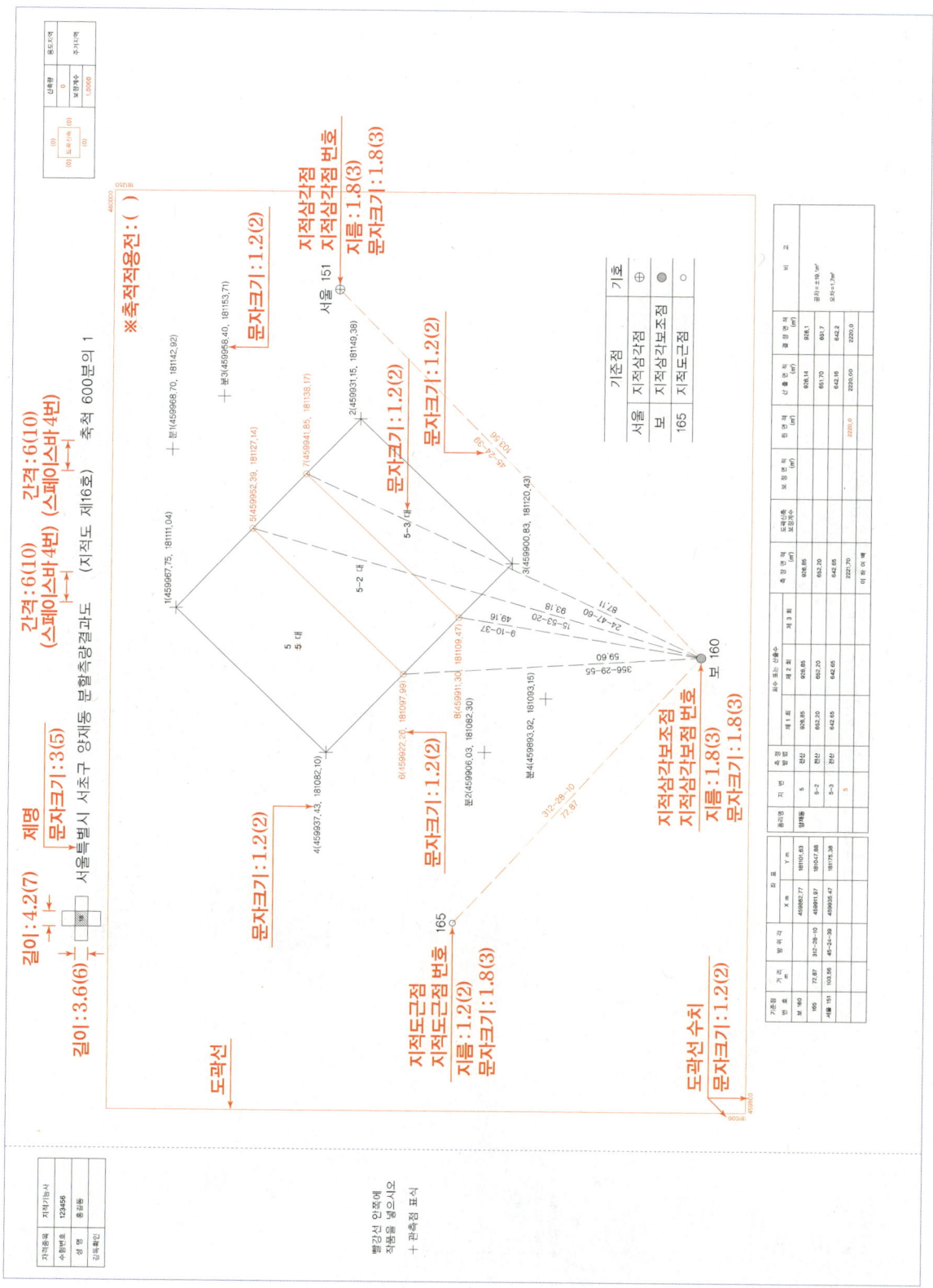

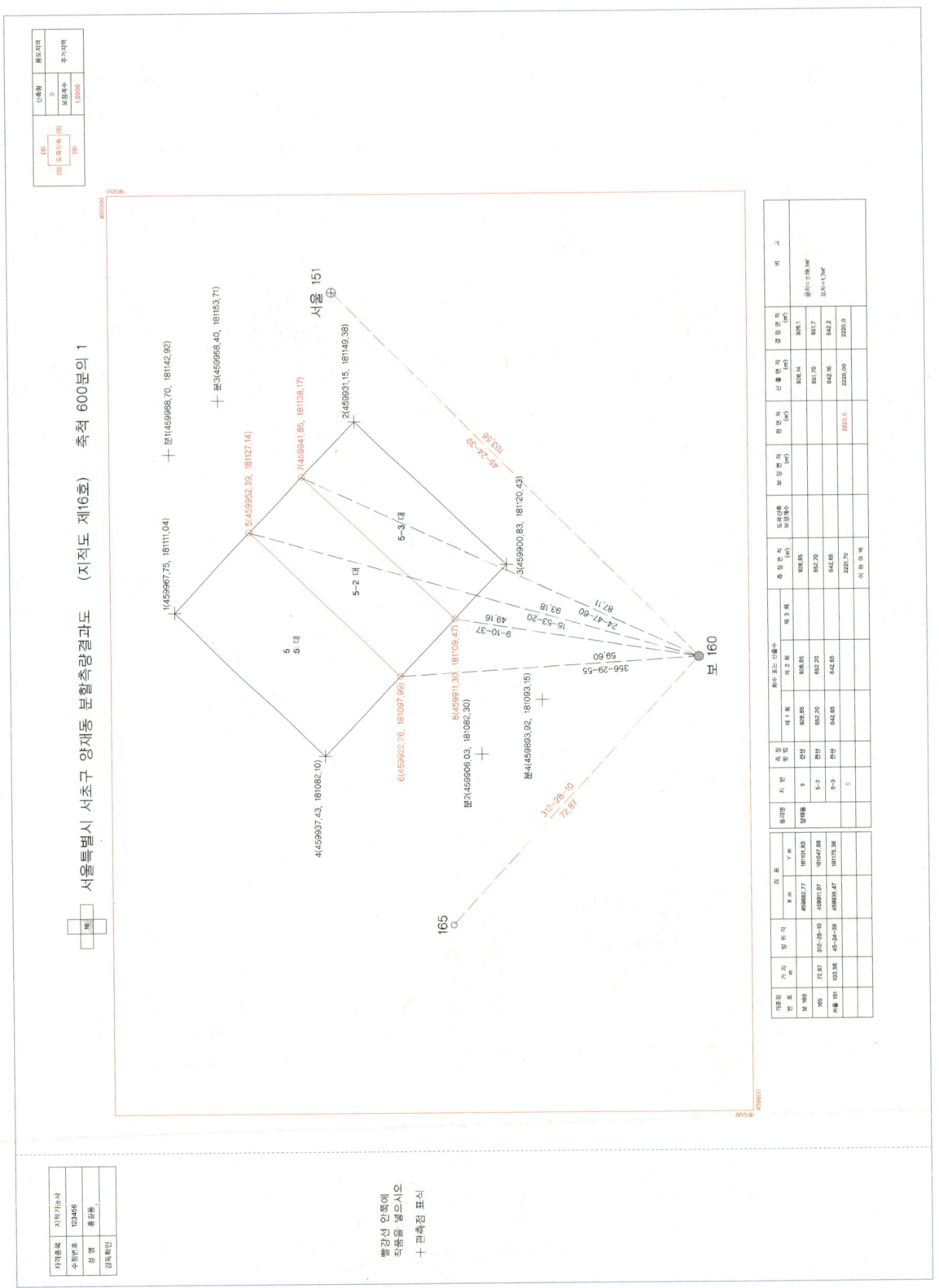

국가기술자격 실기시험문제

자격종목	지적기능사	과제명	지적제도 및 면적측정

시험시간 : 작업시간(2시간 30분)

※ 시행 시 요구사항 및 도면의 유형은 변경될 수 있습니다.

• 2021년 1회 지적실기 출제문제유형(축척 1000분의 1 : 필지 3분할)
• 2022년 1회 지적실기 출제문제유형(축척 1000분의 1 : 필지 2분할)
• 2024년 2회 지적실기 출제문제유형(축척 1000분의 1 : 필지 2분할)

01 요구사항

※ 지급된 재료(CAD 파일)를 보고 CAD프로그램을 이용하여 아래 요구사항에 맞게 답안지를 작성하고 최종 지적측량결과도를 완성하여 파일을 *.dxf 파일형식으로 저장한 후 감독위원의 지시에 따라 지급된 용지에 본인이 직접 컬러로 출력하시오.

※ 플롯의 축척은 '사용자', '1 : 1.5'로 하고 단위는 mm로 하시오.
(채점 시 편의를 위한 것으로 파일의 축척에 상관없이 지정 축척에 따라 출력합니다.)

01 [답안지 2-1]에 지적도근점 365를 이용하여 도곽선 좌표를 계산하고, 주어진 파일에 도곽을 구획하여 지적기준점을 규정에 맞게 전개 및 제도하시오.
(단, 축척 1,000분의 1이며, 원점의 가산수치는 X=500,000m, Y=200,000m이다.)

지적기준점	좌표		비고
	X [m]	Y [m]	
351	460031.79	180677.82	
360	460003.63	180552.77	
365	459939.59	180446.81	

02 [답안지 2-1]에 지적기준점에서 관측된 경계점의 좌표를 계산하고, 주어진 파일에 제도(결선)하여 필지(서울특별시 마포구 중동 1070)를 완성하시오.
(단, 좌표결정은 m 단위로 소수 둘째 자리까지 구하시오.)

측점	관측점	방위각	거리 [m]	비고
360	1	117° 32′ 29.82″	53.27	
	2	94° 37′ 3.56″	119.62	
	3	112° 42′ 50.5″	159.61	
	4	168° 24′ 31.77″	100.68	

03 [답안지 2-2]에 주어진 방위각과 거리를 이용하여 관측점의 좌표를 계산하고, 주어진 파일에 '요구사항 2)'에서 작성된 필지와 교차되는 지점을 최종 분할점으로 결정하여 분할필지를 완성하시오.
(단, 분할점 및 최종분할좌표결정은 m단위로 소수점 둘째 자리까지 구하며, 관측점 표식은 주어진 서식의 '十' 표식을 활용하시오.)

측점	관측점	방위각	거리 [m]	비고
360	분 1	96° 8′ 22.05″	80.69	결선
	분 2	126° 38′ 0.05″	153.56	

04 주어진 파일에 완성된 필지를 대상으로 원면적이 6290m²인 서울특별시 마포구 중동 1070(지목: 대)를 계산된 분할선을 이용하여 2필지로 분할하고 지적 관련 법규 및 규정 등에 맞게 면적측정부를 작성하시오.
(단, 당해 지번의 최종 부번은 1070-10, 도곽신축보정계수는 1.0000, 분할필지의 측정 면적은 CAD기능을 이용하고, [답안지 2-2]에 공차, 산출면적 및 결정면적을 계산하시오. 공차는 소수 둘째자리까지 구하시오.)

05 지적 관련 법규 및 규정 등에 따라 최종 지적측량결과도(색인표, 제명, 축척, 기준점, 기준점명칭, 도곽선, 필지경계선, 분할선, 지번, 지목, 도곽선 수치 등)를 작성하여 주어진 서식을 이동시켜 선 안쪽에 최종 지적측량결과도를 넣고 계산된 경계점 및 관측점, 최종 분할점의 좌표는 각 점 우측에 기재하시오.
(단, 당해 지적도는 16호 이고 용도지역은 일반주거지역이며, 도곽선, 필지경계선, 분할선, 지적기준점의 선가중치는 무시한다.)

※ 답안은 반드시 검은색 필기구(유색, 연필류 제외)만을 사용하여야 하며, 기타의 필기구를 사용해 작성한 답항은 0점 처리됩니다. [답안지2-1]

문제번호	답 안	채점란
문제번호 01	○계산과정: 　① 종선 상부좌표: 　② 종선 하부좌표: 　③ 횡선 우측좌표: 　④ 횡선 좌측좌표: ○답: 　① 종선 상부좌표: 　② 종선 하부좌표: 　③ 횡선 우측좌표: 　④ 횡선 좌측좌표:	득점
문제번호 02	○계산과정: 　① 1번 X좌표= 　　1번 Y좌표= 　② 2번 X좌표= 　　2번 Y좌표= 　③ 3번 X좌표= 　　3번 Y좌표= 　④ 4번 X좌표= 　　4번 Y좌표= ○답: 　① : X좌표 =　　　　　　　　, Y좌표 = 　② : X좌표 =　　　　　　　　, Y좌표 = 　③ : X좌표 =　　　　　　　　, Y좌표 = 　④ : X좌표 =　　　　　　　　, Y좌표 =	득점

※ 답안은 반드시 검은색 필기구(유색, 연필류 제외)만을 사용하여야 하며, 기타의 필기구를 사용해 작성한 답항은 0점 처리됩니다. [답안지2-2]

문제번호	답 안	채점란
문제번호 03	○계산과정: 　① 관측점 분1 X좌표 = 　　관측점 분1 Y좌표 = 　② 관측점 분2 X좌표 = 　　관측점 분2 Y좌표 = ○답: 	관측점 번호	X 좌표[m]	Y좌표[m]
분1		
분2		| ※ 최종 분할점은 교차지점의 좌표를 독취하여 작성 | 최종 분할점 번호	X 좌표[m]	Y좌표[m]
분1		
분2				득점
문제번호 04	○계산과정: 　① 신구면적 허용오차 계산 　　○ 계산과정: 　② 산출면적 계산 　　○ 계산과정: 　　○ 계산과정: ○ 답 : ① 공차= ± 　　　② 산출면적 및 결정면적 　　　　㉠ 산출면적 : 　　　　㉡ 결정면적 :	득점

01 지적기준점(365)을 이용하여 도곽 구획

※ 1/1000의 지상길이는 300×400이다.

※ 지적기준점 365의 좌표는 X=459939.59m, Y=180446.81m이다

1 종선좌표 산출

① 459939.59−500000 = −40060.41m

② −40060.41÷300 = −133.53 ··· (소수점은 절삭한다.)

③ −133×300 = −39900m

④ −39900+500000 = 460100m → 종선 상부좌표 (가)

⑤ 460100−300 = 459800m → 종선 하부좌표 (다)

2 횡선좌표 산출

① 180446.81−200000 = −19553.19m

② −19553.19÷400 = −48.88 ··· (소수점은 절삭한다.)

③ −48×400 = −19200m

④ −19200+200000 = 180800m → 우측횡선좌표 (나)

⑤ 180800−400 = 180400m → 좌측횡선좌표 (라)

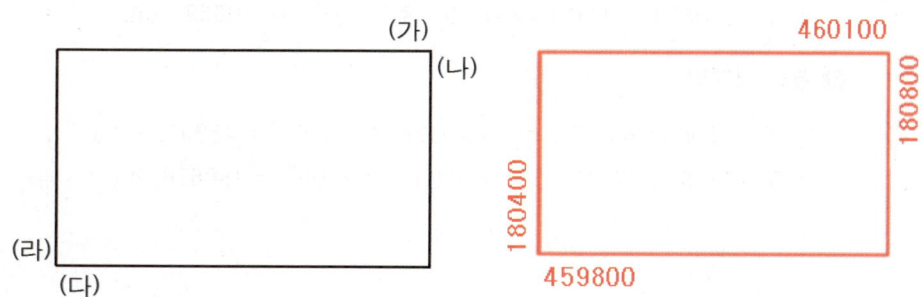

02 360 기준점의 방위각과 거리를 이용하여 경계점 좌표 산출

※ 지적기준점 360의 좌표는 X=460003.63m, Y=180552.77m이다.

1 1번 경계점

① X = 460003.63+53.27×cos(117° 32′ 29.82″) = 459979.00m

② Y = 180552.77+53.27×sin(117° 32′ 29.82″) = 180600.00m

2 2번 경계점

① X = 460003.63+119.62×cos(94° 37′ 3.56″) = 459994.00m

② Y = 180552.77+119.62×sin(94° 37′ 3.56″) = 180672.00m

3 3번 경계점

① X = 460003.63+159.61×cos(112° 42′ 50.5″) = 459942.00m

② Y = 180552.77+159.61×sin(112° 42′ 50.5″) = 180700.00m

4 4번 경계점

① X = 460003.63+100.68×cos(168° 24′ 31.77″) = 459905.00m

② Y = 180552.77+100.68×sin(168° 24′ 31.77″) = 180573.00m

03 360 기준점의 방위각과 거리를 이용하여 분할점 좌표 산출

※ 지적기준점 360의 좌표는 X=460003.63m, Y=180552.77m이다.

1 분1 경계점

① X = 460003.63+80.69×cos(96° 8′ 22.05″) = 459995.00m

② Y = 180552.77+80.69×sin(96° 8′ 22.05″) = 180633.00m

2 분2 경계점

① X = 460003.63+153.56×cos(126° 38′ 0.05″) = 459912.00m

② Y = 180552.77+153.56×sin(126° 38′ 0.05″) = 180676.00m

04 신구면적 허용오차, 산출면적, 결정면적 계산

1 지적공부상의 면적과 측정면적의 허용오차면적을 말한다.

• $A = 0.026^2 \times M \times \sqrt{F}$ ··· (M : 축척분모, F : 원면적)

$= 0.026^2 \times 1000 \times \sqrt{6290}$

$= \pm 53.61㎡$ ······························· (공차는 소수둘째자리까지 구함(문제에서 제시))

2 측정면적 계산

① 계산된 경계점을 이용하며 작성된(CAD도면상) 필지면적을 'Area' 명령어를 이용하여 측정한다.

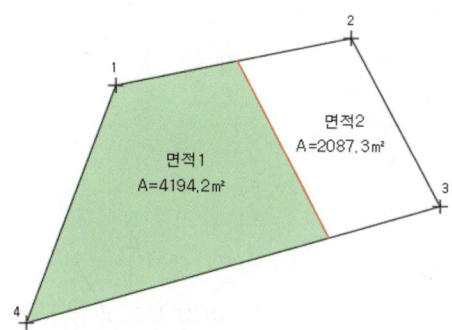 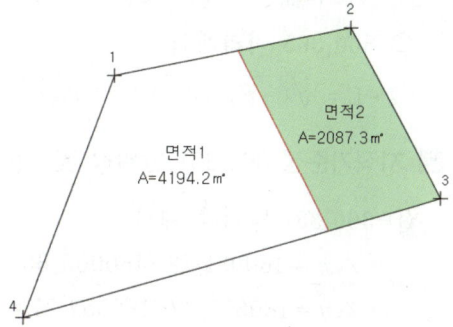

② 1070대 측정면적1 = 4194.2㎡

1070-11대 측정면적2 = 2087.3㎡

(∵ 최종부번이 1070-10이므로 지번부여는 1070-11으로 한다.)

3 산출면적 계산

① $r = \dfrac{F}{A} \times a$

여기서, r : 각필지의 산출면적

F : 원면적

A : 측정면적 합계 또는 보정면적 합계

a : 각 필지의 측정면적 또는 보정면적

② 1070대 $= \dfrac{6290}{4194.2 + 2087.3} \times 4194.2 = 4199.9㎡$

③ 1070-11대 $= \dfrac{6290}{4194.2 + 2087.3} \times 2087.3 = 2090.1㎡$

4 결정면적 계산

① 결정면적은 1/500은 0.1㎡까지 결정, 1/1000~1/6000은 1㎡까지 결정한다.

② 축척 1/1000이므로 결정면적은

• 1070대 = 4199.9㎡ → 4200㎡

• 1070-11대 = 2090.1㎡ → 2090㎡

05 지적기준점간 방위각 및 거리계산

1 지적기준점 360,365 방위각 및 거리계산

① 360,365 방위각 계산

- $\triangle x = 459939.59 - 460003.63 = -64.04$
- $\triangle y = 180446.81 - 180552.77 = -105.96$
- $\tan^{-1}\left(\dfrac{\triangle y}{\triangle x}\right) = \tan^{-1}\left(\dfrac{-105.96}{-64.04}\right)$

$\qquad\qquad = 58° 51' 7.62'' \rightarrow (3상한)$

∴ $V_{360}^{365} = 180° + 58° 51' 7.62'' = 238° 51' 8''$

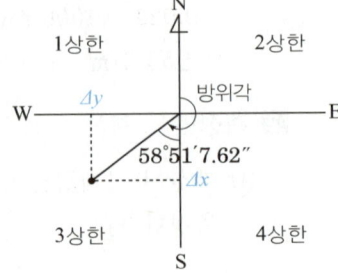

② 360,365 거리계산

- $L = \sqrt{(-64.04)^2 + (-105.96)^2} = 123.81m$

2 지적기준점 360,351 방위각 및 거리계산

① 360,351 방위각 계산

- $\triangle x = 460031.79 - 460003.63 = 28.16$
- $\triangle y = 180677.82 - 180552.77 = 125.05$
- $\tan^{-1}\left(\dfrac{\triangle y}{\triangle x}\right) = \tan^{-1}\left(\dfrac{28.16}{125.05}\right)$

$\qquad\qquad = 77° 18' 33.33'' \rightarrow (1상한)$

∴ $V_{360}^{351} = 77° 18' 33''$

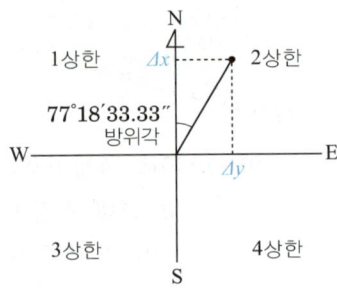

② 360,351 거리계산

- $L = \sqrt{28.16^2 + 125.05^2} = 128.18m$

3 지적기준점 360,최종5 방위각 및 거리계산

① 360,최종5 방위각 계산

- $\triangle x = 459986.76 - 460003.63 = -16.87$
- $\triangle y = 180637.27 - 180552.77 = 84.5$
- $\tan^{-1}\left(\dfrac{\triangle y}{\triangle x}\right) = \tan^{-1}\left(\dfrac{84.5}{-16.87}\right)$

$\qquad\qquad = 78° 42' 34.66'' \rightarrow (2상한)$

∴ $V_{360}^{최종5} = 180° - 78° 42' 34.66'' = 101° 17' 25''$

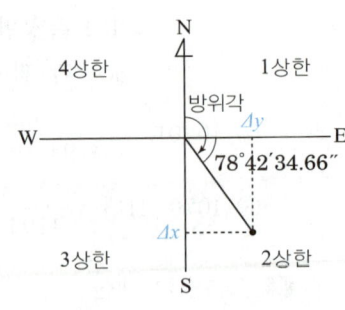

② 360,최종5 거리계산

- $L = \sqrt{(-16.87)^2 + 84.5^2} = 86.17m$

4 지적기준점 360,최종6 방위각 및 거리계산

① 360,최종6 방위각 계산
- $\triangle x = 459931.99 - 460003.63 = -71.64$
- $\triangle y = 180665.64 - 180552.77 = 112.87$
- $\tan^{-1}\left(\dfrac{\triangle y}{\triangle x}\right) = \tan^{-1}\left(\dfrac{112.87}{-71.64}\right)$
  $= 57° \, 35' \, 46.30'' \rightarrow$ (2상한)
- $\therefore V_{360}^{최종5} = 180° - 57° \, 35' \, 46.30'' = 122° \, 24' \, 14''$

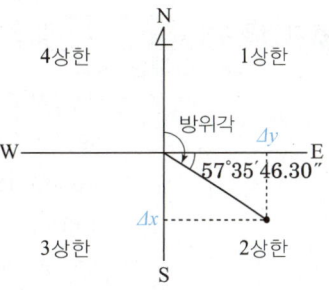

② 360,최종6 거리계산
- $L = \sqrt{(-71.64)^2 + 112.87^2} = 133.69\text{m}$

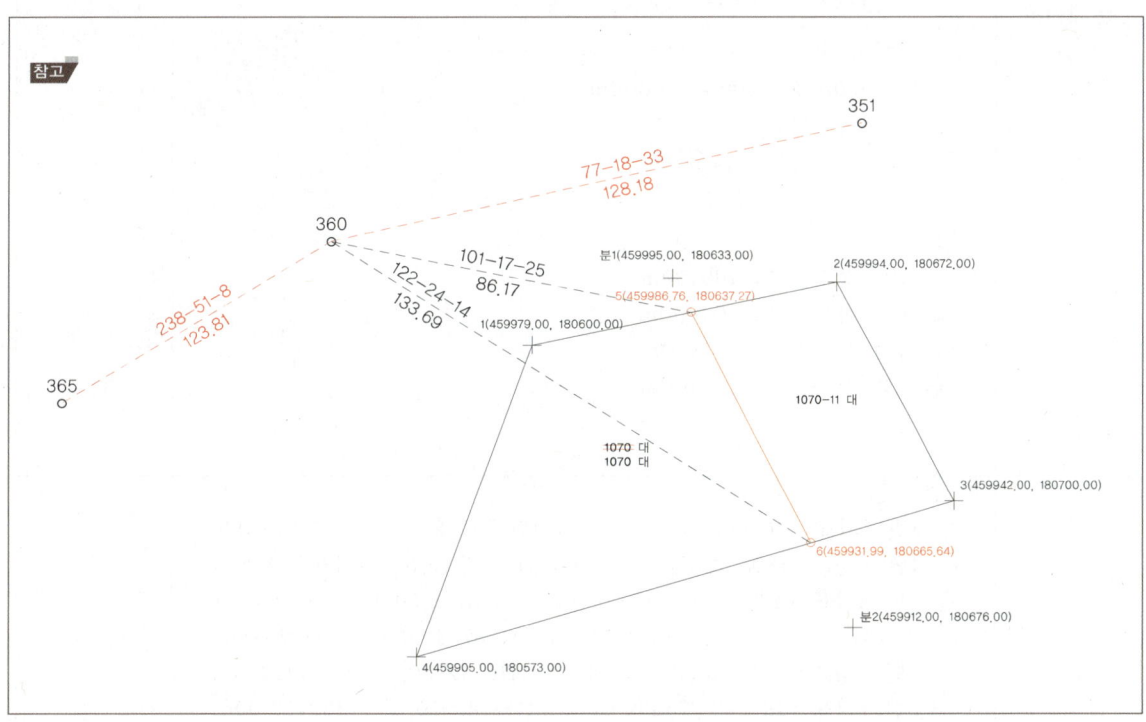

문제번호	답 안	채점란
문제번호 01	○계산과정: 　① 종선 상부좌표: 　　• $459939.59-500000 = -40060.41$m 　　• $-40060.41÷300 = -133.53$ 　　• $-133×300 = -39900$m 　　• $-39900+500000 = 460100$m 　② 종선 하부좌표: 　　• $460100-300 = 459800$m 　③ 횡선 우측좌표: 　　• $180446.81-200000 = -19553.19$m 　　• $-19553.19÷400 = -48.88$ 　　• $-48×400 = -19200$m 　　• $-19200+200000 = 180800$m 　④ 횡선 좌측좌표: 　　• $180800-400 = 180400$m ○답: 　① 종선 상부좌표: 460100m 　② 종선 하부좌표: 459800m 　③ 횡선 우측좌표: 180800m 　④ 횡선 좌측좌표: 180400m	득점
문제번호 02	○계산과정: 　① 1번 X좌표 = $460003.63+53.27×\cos(117° 32′ 29.82″) = 459979.00$m 　　 1번 Y좌표 = $180552.77+53.27×\sin(117° 32′ 29.82″) = 180600.00$m 　② 2번 X좌표 = $460003.63+119.62×\cos(94° 37′ 3.56″) = 459994.00$m 　　 2번 Y좌표 = $180552.77+119.62×\sin(94° 37′ 3.56″) = 180672.00$m 　③ 3번 X좌표 = $460003.63+159.61×\cos(112° 42′ 50.5″) = 459942.00$m 　　 3번 Y좌표 = $180552.77+159.61×\sin(112° 42′ 50.5″) = 180700.00$m 　④ 4번 X좌표 = $460003.63+100.68×\cos(168° 24′ 31.77″) = 459905.00$m 　　 4번 Y좌표 = $180552.77+100.68×\sin(168° 24′ 31.77″) = 180573.00$m ○답: 　① : X좌표 = 459979.00m　　, Y좌표 = 180600.00m 　② : X좌표 = 459994.00m　　, Y좌표 = 180672.00m 　③ : X좌표 = 459942.00m　　, Y좌표 = 180700.00m 　④ : X좌표 = 459905.00m　　, Y좌표 = 180573.00m	득점

※ 답안은 반드시 검은색 필기구(유색, 연필류 제외)만을 사용하여야 하며, 기타의 필기구를 사용해 작성한 답항은 0점 처리됩니다. [답안지2-2]　

문제번호	답 안	채점란
문제번호 03	○계산과정: 　① 관측점 분1 X좌표 　　= 460003.63+80.69×cos(96° 8′ 22.05″) = 459995.00m 　　관측점 분1 Y좌표 　　= 180552.77+80.69×sin(96° 8′ 22.05″) = 180633.00m 　② 관측점 분2 X좌표 　　= 460003.63+153.56×cos(126° 38′ 0.05″) = 459912.00m 　　관측점 분2 Y좌표 　　= 180552.77+153.56×sin(126° 38′ 0.05″) = 180676.00m ○답: （표） ※최종 분할점은 교차지점의 좌표를 독취하여 작성 （표）	득점
문제번호 04	○계산과정: 　① 신구면적 허용오차 계산 　　○ 계산과정: $A = 0.026^2 \times M \times \sqrt{F} = 0.026^2 \times 1000 \times \sqrt{6290} = \pm53.61\text{m}^2$ 　② 산출면적 계산 　　○ 계산과정: • $1070대 = \dfrac{6290}{4194.2+2087.3} \times 4194.2 = 4199.9\text{m}^2$ 　　　　　　　• $1070{-}11대 = \dfrac{6290}{4194.2+2087.3} \times 2087.3 = 2090.1\text{m}^2$ 　　○ 계산과정: • 1070대 = 4199.9m² → 4200m² 　　　　　　　• 1070-11대 = 2090.1m² → 2090m² ○ 답 : ① 공차= ±53.61m² 　　　　② 산출면적 및 결정면적 　　　　　㉠ 산출면적 : 　　　　　　• 1070대: 4199.9m² 　　　　　　• 1070-11대: 2090.1m² 　　　　　㉡ 결정면적 : 　　　　　　• 1070대: 4200m² 　　　　　　• 1070-11대: 2090m²	득점

문제번호 03 표:

관측점 번호	X좌표[m]	Y좌표[m]
분1	459995.00	180633.00
분2	459912.00	180676.00

최종 분할점 번호	X좌표[m]	Y좌표[m]
분1	459986.76	180637.27
분2	459931.99	180665.64

03 CAD도면 작성

① Layer 설정

1 제도할 도곽선의 선가중치 및 색상을 지정하기 위해 설정한다.

❶ 명령어: LA(Layer) [Enter]

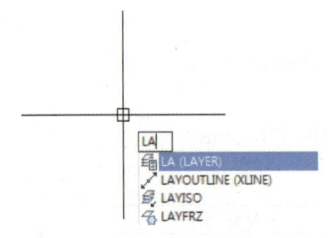

❷ 새 도면층 만들기
- 빨간색 원으로 표시된 부분을 클릭하면 새로운 도면층이 생성된다.

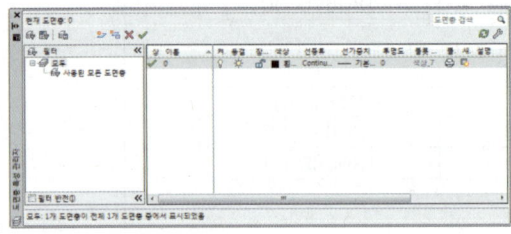

❸ 도면층 이름 설정
- 새로운 도면층을 선택한 후 F2키를 클릭하면 도면층의 이름을 바꿀 수 있다.
- 새로운 도면층 이름을 도곽선으로 변경한다.

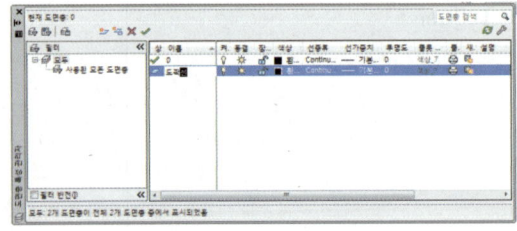

❹ 색상설정
- 빨간색 박스로 표시된 부분을 클릭하면 아래와 같은 창이 나오며 색상을 선택할 수 있다.
- 도곽선의 색상은 빨간색으로 한다.

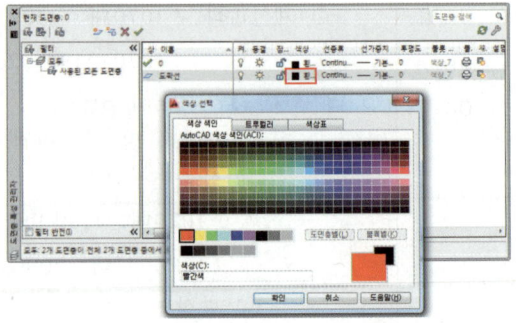

❺ 선가중치 설정

- 빨간색 사각형으로 표시된 부분을 클릭하면 아래와 같은 창이 나오며 선가중치를 설정할 수 있다.
- '요구사항 05'에 제시된 선가중치 0.00mm를 적용한다.

❻ 설정된 모습

---

② 도곽선 제도

1 '요구사항 1)'에서 계산한 도곽선 좌표를 이용하여 도곽선을 제도한다.

❶ 명령어: C(Circle) [Enter]

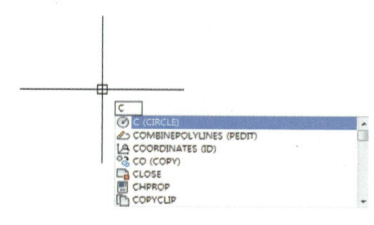

❷ 종선상부좌표값과 횡선우측좌표값을 입력한다.

- 180800, 460100 입력 [Enter]

※ 지적과 CAD의 X축, Y축이 반대이므로 계산된 횡선 좌표는 X값, 종선좌표는 Y값으로 입력해야 한다.

❸ 원의 반지름 값을 입력한다.

- 임의 값 4 입력 [Enter]

※ 입력한 좌표의 위치를 찾기 위해 원을 제도한다.

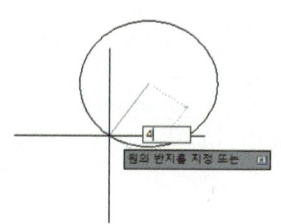

❹ 명령어: C(Circle) [Enter]

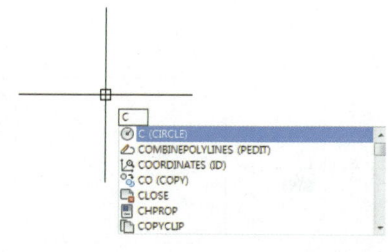

❺ 종선하부좌표값과 횡선좌측좌표값을 입력
한다.

• 180400, 459800 입력 Enter

※ 위와 마찬가지로 종선좌표값과 횡선좌표값을 반
대로 입력해준다.

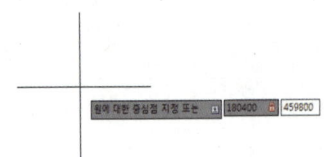

❻ 원의 반지름 값을 입력한다.

• 임의 값 4 입력 Enter

※ 입력한 좌표의 위치를 찾기 위해 원을 제도한다.

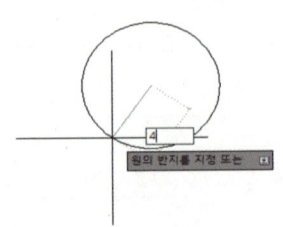

❼ 명령어: Z(Zoom) Enter , e(Extents) Enter

• Zoom 명령어를 이용하여 도면에 제도된 원
을 표시한다.

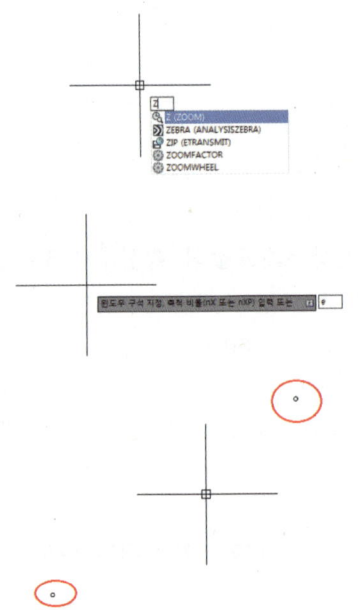

❽ 명령어 Rec(Rectang) Enter

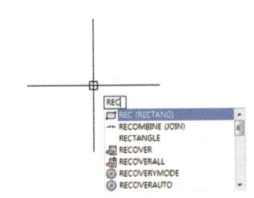

❾ 원의 중심점과 중심점을 선택하여 도곽선을
제도한다.

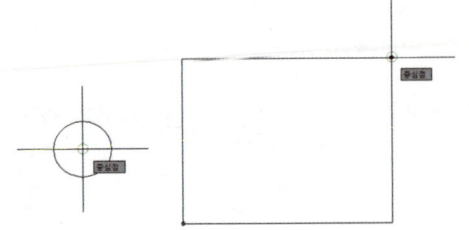

❿ 명령어: e(Erase) Enter

• 도곽선이 제도된 후 원을 삭제한다.

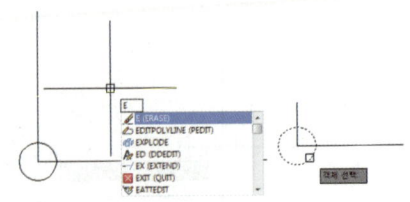

⓫ Layer를 변경한다.

- 변경할 객체를 선택한 후 layer창은 클릭, 원하는 layer로 바꿔주면 된다.

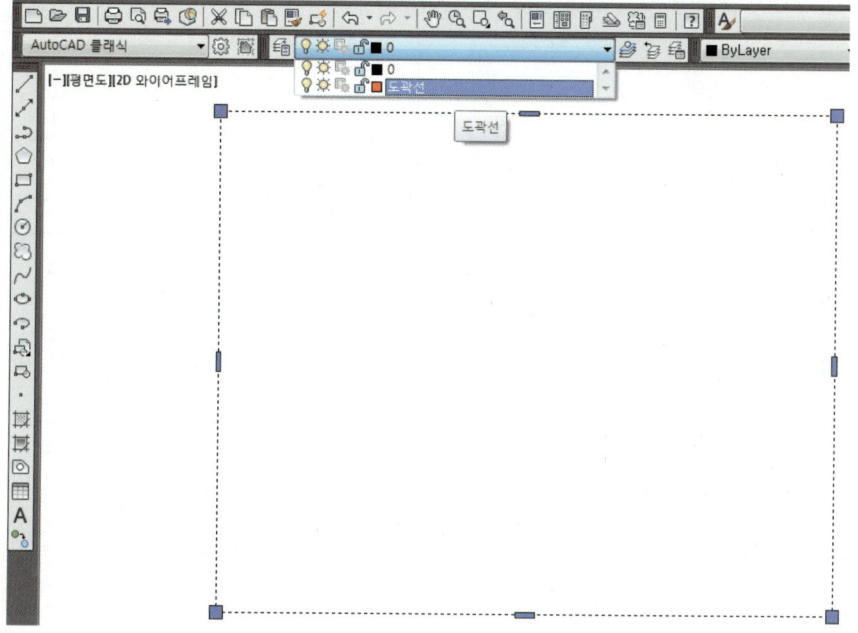

---

③ 필지경계 및 분할선 제도 □□□

1 '요구사항 02'에서 계산된 경계점좌표를 이용하여 필지를 제도한다.

- 먼저 경계점1부터 입력한다. (180600.00 , 459979.00)

※ 위의 도곽선 제도방법과 마찬가지로 X값과 Y값을 반대로 기입한다.

❶ 명령어: C(Circle) Enter

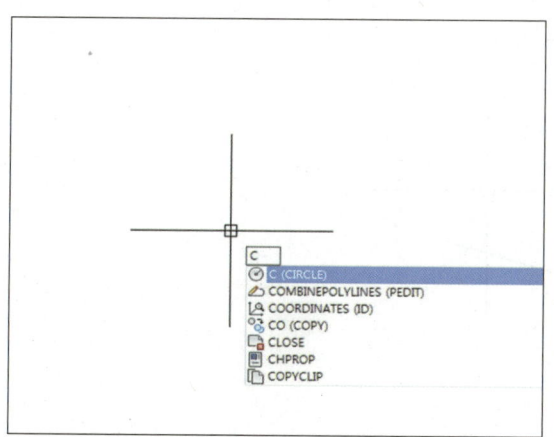 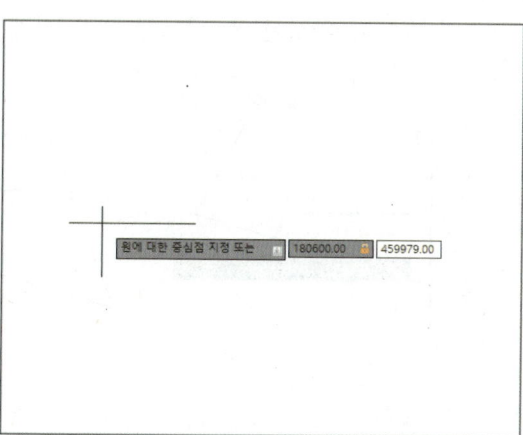

❷ 원의 반지름 값을 입력한다.
- 임의 값 1 입력 Enter

※ 입력한 좌표의 위치를 찾기 위해 원을 제도한다.

❸ 위와 같은 방법으로 나머지 경계점도 입력하여 제도한다.

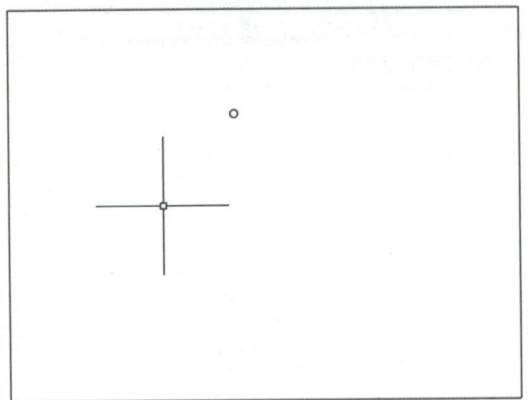
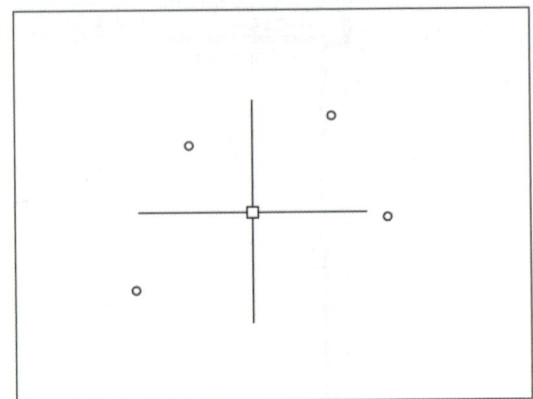

❹ 명령어: PL(Pline) Enter
- 제도된 경계점을 연결해준다.

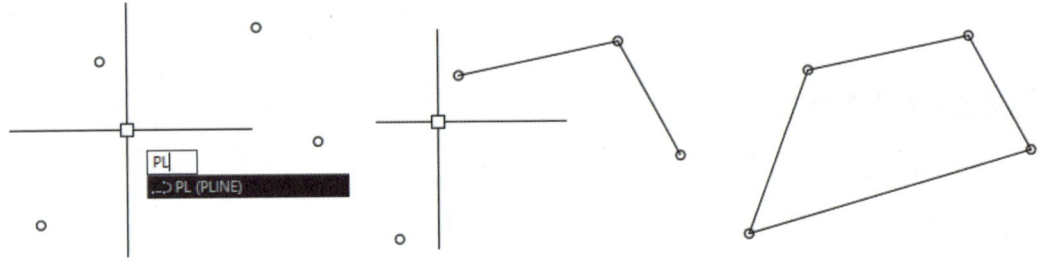

❺ 명령어: e(Erase) Enter
- 필지 제도가 완성된 후 제도된 원을 삭제한다.

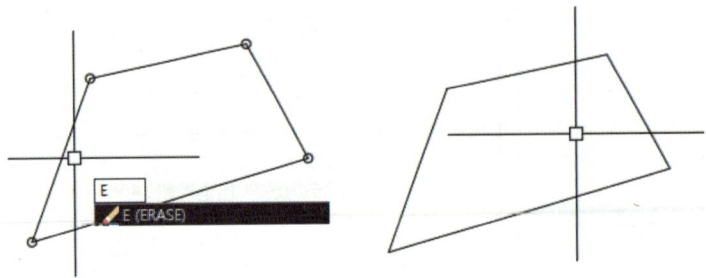

2 '요구사항 03'에서 계산된 분할점 좌표를 입력하여 분할선을 제도한다.

※ 위의 제도방법과 마찬가지로 X값과 Y값을 반대로 기입한다.

❶ 명령어: C(Circle) [Enter]

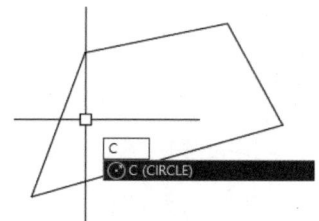

❷ 분할점1좌표 180633.00, 459995.00 입력 [Enter]

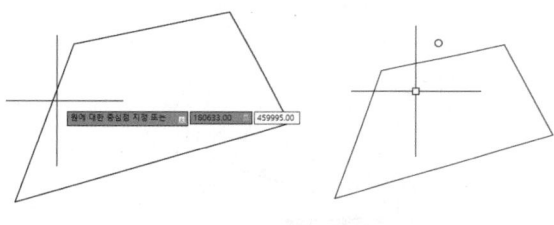

❸ 위와 같은 방법으로 나머지 분할점도 제도한다.

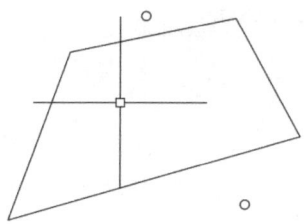

❹ 명령어: L(line) [Enter]

• 제도된 분할점을 연결해준다.

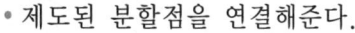
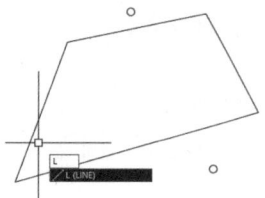
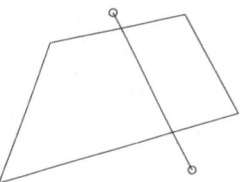

❺ 명령어: TR(Trim) [Enter]

1) 필지 밖의 분할선을 잘라낸다.

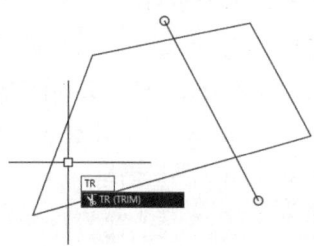

2) 경계선을 선택한다. [Enter]

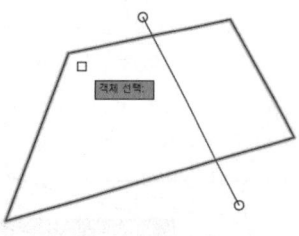

3) 잘라내고자 하는 경계선을 선택한다.

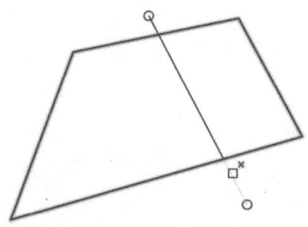

4) 나머지 경계선도 잘라낸다.

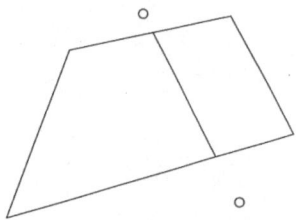

1 주어진 서식을 이용하여 경계점, 분할점, 분할측정점에 관측점표식을 제도한다.

❶ 명령어: CO(Copy) [Enter]

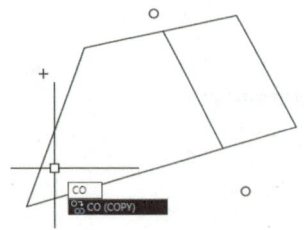

❷ 관측점표식의 교차지점을 선택한 후 Copy를 한다.

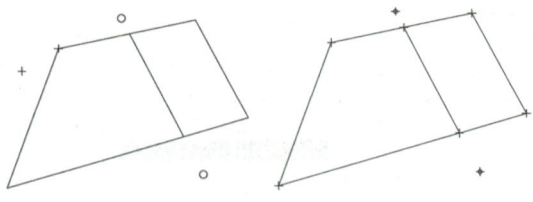

❸ 명령어: e(Erase) [Enter]

• 관측점표식을 제도 한 후 원을 삭제한다.

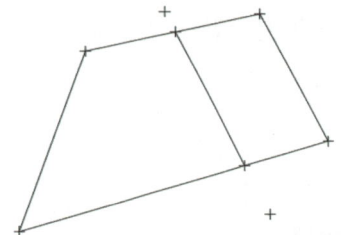

❹ 분할선 색상 변경

• 제도된 분할선은 빨간색으로 변경한다.

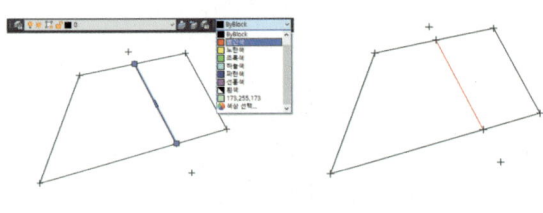

2 결정된 최종분할점 위치표시

❶ 명령어: C(Circle) [Enter]

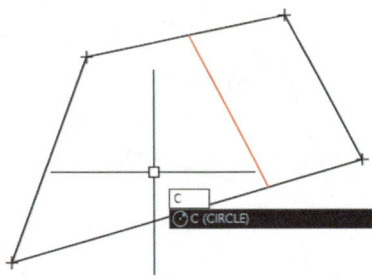

❷ 결정된 최종분할점 위치에 2mm 크기의 빨간색 원으로 제도한다.

• 지적도 축척이 1/1000이므로 직경을 $2 \times 1.0 = 2.0$mm 크기로 제도한다.

※ 여기서, 지름으로 설정이 잘 되어있는지 확인한 후 값을 입력해야 한다.

```
명령: CIRCLE
원에 대한 중심점 지정 또는 [3점(3P)/2점(2P)/Ttr - 접선 접선 반지름(T)]:
⊙ ▾ CIRCLE 원의 반지름 지정 또는 [지름(D)] <0.30>: d
```

```
명령: C CIRCLE
원에 대한 중심점 지정 또는 [3점(3P)/2점(2P)/Ttr - 접선 접선 반지름(T)]: 2
⊙ ▾ CIRCLE 원의 반지름 지정 또는 [지름(D)] <1.00>: d 원의 지름을 지정함 <2.00>: 2.0
```

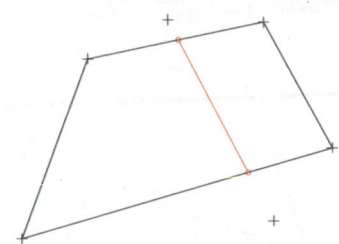

1 '요구사항 01'에 표시되어 있는 지적도근점 좌표를 이용하여 제도한다.

※ 지적과 CAD의 X축, Y축이 반대이므로 계산된 횡선좌표는 X값, 종선좌표는 Y값으로 입력해야 한다.

❶ 명령어: C(Circle) [Enter]

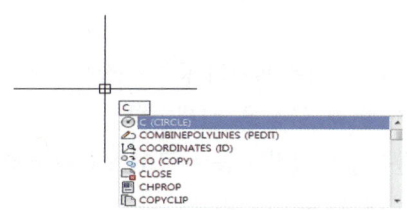

❷ 도근점 360 좌표 입력

• 180552.77, 460003.63 [Enter]

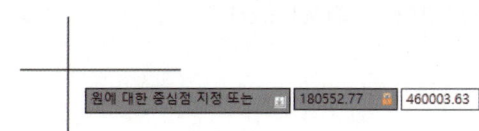

❸ 지적도근점의 직경은 2mm 크기로 제도하여야 한다.

• 지적도 **축척이 1/1000**이므로 지적도근점의 직경을 **2×1.0=2.0mm** 크기로 제도한다.

※ 여기서, 지름으로 설정이 잘 되어있는지 확인한 후 값을 입력해야 한다.

```
명령: CIRCLE
원에 대한 중심점 지정 또는 [3점(3P)/2점(2P)/Ttr - 접선 접선 반지름(T)]:
⊕ ▾ CIRCLE 원의 반지름 지정 또는 [지름(D)] <0.30>: d

명령: C CIRCLE
원에 대한 중심점 지정 또는 [3점(3P)/2점(2P)/Ttr - 접선 접선 반지름(T)]: 2
⊕ ▾ CIRCLE 원의 반지름 지정 또는 [지름(D)] <1.00>: d 원의 지름을 지정함 <2.00>: 2.0
```

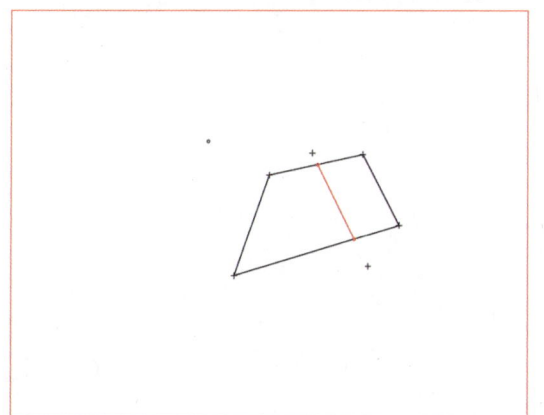

❹ 위와 같은 방법으로 나머지 지적도근점도 제도한다.

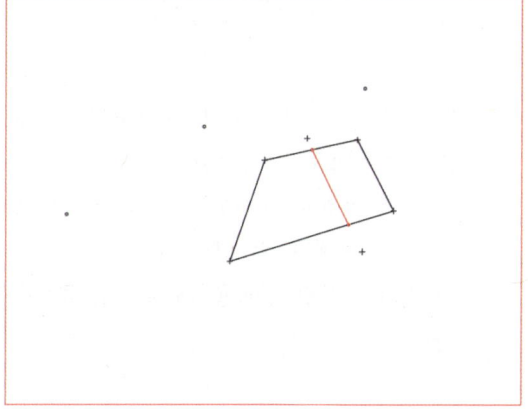

1 분할된 면적에 지번과 지목을 작성한다.

- 최종부번이 1070-10이므로 지번부여는 1070-11으로 한다.
- 지번 및 지목은 2mm~3mm의 크기의 명조체로 해야 한다.
- 지적도 **축척이 1/1000**이므로 글자크기 $2 \times 1.0 = 2.0mm$로 제도한다.

❶ 명령어: MT(MTtext) [Enter]

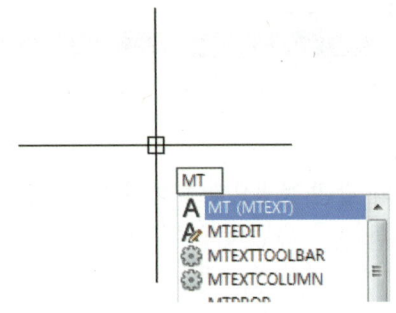

❷ 지번과 지목은 필지의 중앙에 작성하여야 한다.

- 첫 번째 구석을 선택한다.
- 문자높이설정 H를 누르고 2.0를 입력한다.
- 반대편 구석을 선택한다.

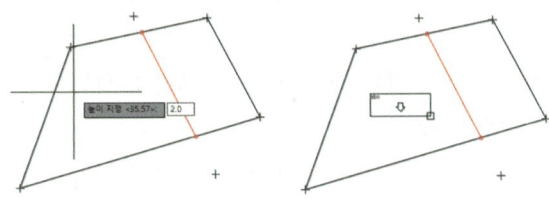

❸ 명조체가 없는 경우 고딕체로, 고딕체가 없는 경우 돋움으로 작성한다.

- 빨간색 박스로 표시된 부분을 클릭하면 글씨체를 선택할 수 있다.
- 지번과 지목을 입력할 때 확인을 클릭하면 된다.

❹ 명령어: M(Move) [Enter]

- 작성된 지번과 지목을 필지중앙으로 이동한다.

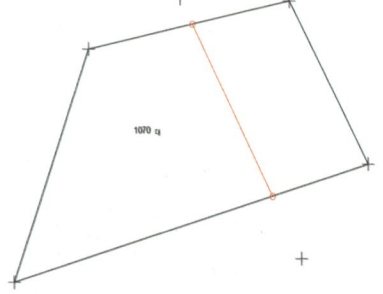

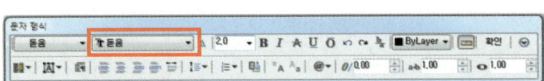

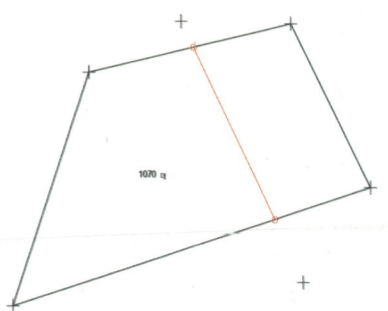

⑤ 명령어: CO(Copy) `Enter`
  • 작성된 지번과 지목을 Copy하여 나머지 지
    번과 지목을 작성한다.

⑥ 명령어: L(Line), O(Offset) `Enter`
  • 빨간색 두 줄(양홍평행쌍선)로 원래의 지번
    을 말소한다.
  • 빨간색 선을 먼저 제도한 후 O(Offset) 명
    령어를 이용하여 적당한 간격을 띄워 작성
    한다.

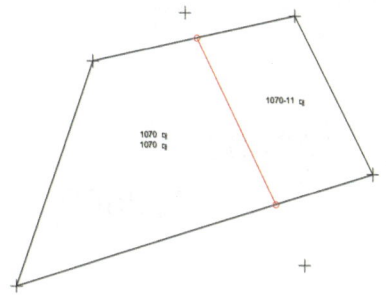

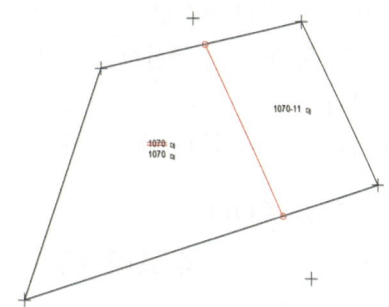

2 지적도근점번호 제도
  • 지적도 **축척이 1/1000**이므로 글자크기 **3×1.0=3mm**로 제도한다.
  • 위와 같은 방법으로 제도한다.

❶ 명령어: MT(MTtext) `Enter`

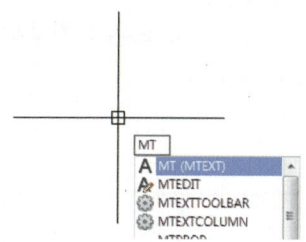

❷ 지적도근점 중앙에 제도한다.

360

❸ 같은 방법으로 나머지 지적도 근점번호도 제
  도한다.

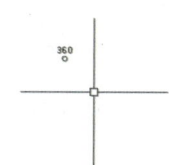

3 도곽선수치 제도

- 도곽선수치는 빨간색으로 제도한다.
- 도곽선수치는 2mm의 아라비아숫자로 제도한다.
- 도면의 **축척이 1000분의 1**이므로 **2mm×1.0=2.0mm**로 제도한다.
- 도곽선수치는 도곽선 왼쪽 아랫부분과 오른쪽 윗부분의 종횡선교차점 바깥쪽에 제도한다.

❶ 명령어: MT(MText) Enter

- '요구사항 01'에서 계산한 도곽선수치 값을 기입한다.
- 왼쪽 아래 부분부터 제도한다.

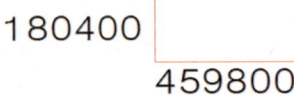

❷ 명령어: RO(Rotate) Enter

❸ 기입된 횡선좌표를 선택한다. Enter

❹ 회전할 기준점을 지정한 후 회전각도 90을 입력한다. (회전각도는 반시계방향이다.)

❺ 명령어: M(Move) Enter

- 작성된 도곽선 수치를 빨간색으로 변경하고, 종횡선교차점 바깥쪽에 위치한다.

❻ 위와 같은 방법으로 오른쪽 윗부분 도곽선수치도 제도한다.

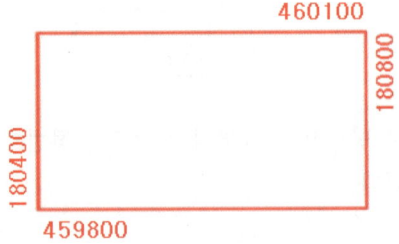

■1 '요구사항 02, 03'에서 계산된 경계점과 관측점(분1,분2) 그리고 최종분할점의 번호와 좌표를 기입한다.

❶ 명령어: ID [Enter], 명령어: MT(MTtext) [Enter]

- • ID명령어를 이용하여 선택지점의 좌표값을 확인한다.
- • MText 명령어를 이용하여 경계점번호와 좌표를 기입한다.
- • Copy 명령어를 이용하여 경계점번호와 좌표를 기입해도 된다.
- • 최종분할점 번호는 5번, 6번으로 기입한다.
- • 최종분할점 번호와 좌표값을 붉은색으로 변경한다.

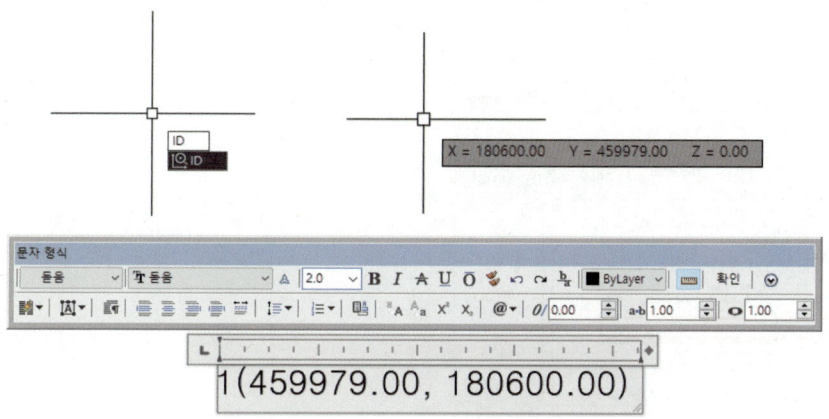

❷ 위와같은 방법으로 나머지 경계점, 관측점(분1,분2), 최종분할점 번호와 좌표를 기입한다.

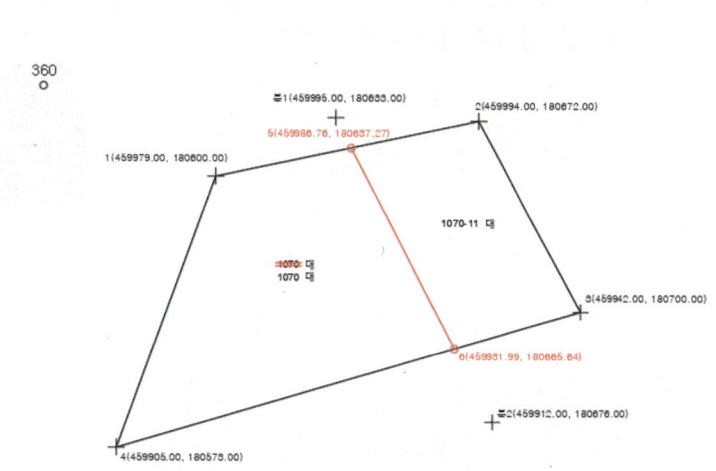

■ 표정결선, 방위각 및 거리를 기입한다.

❶ 명령어: LT(Linetype) Enter

• Linetype 명령어를 이용하여 'HIDDEN2'를 로드한다.

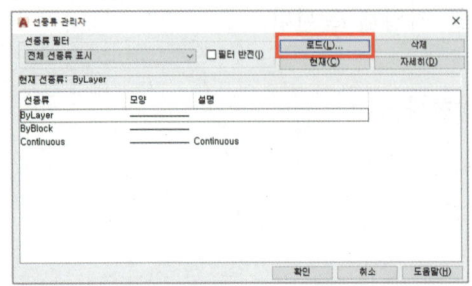

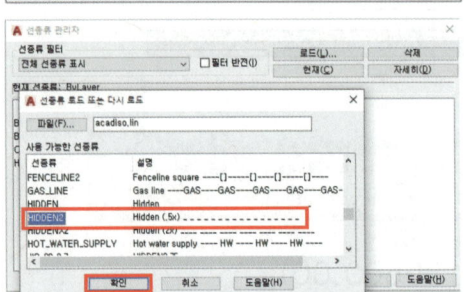

❷ 명령어: L(line) Enter

• line 명령어를 이용하여 지적도근점과 최종 분할점의 표정결선을 제도한다.

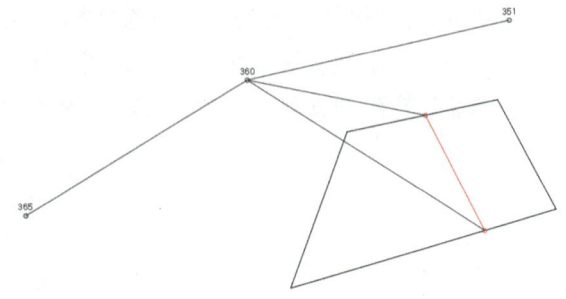

❸ 명령어: MT(MText) Enter ,
   명령어: RO(Rotate) Enter

• MText 명령어를 이용하여 방위각 및 거리를 기입한다.
• Rotate 명령어를 이용하여 기입된 방위각 및 거리를 결선과 평행하도록 한다.

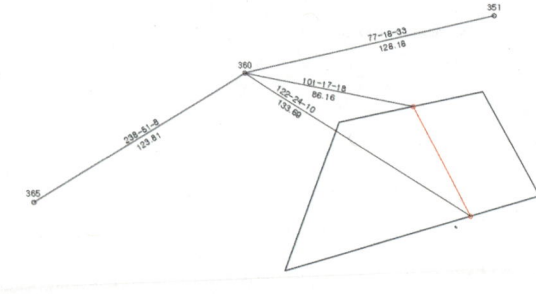

❹ 명령어: PR(Properties) Enter

• Properties 명령어를 이용하여 지적도근점간 결선과 방위각, 거리는 빨간색으로 변경한다.
• 제도된 표정결선을 선택 후 선종류를 'HIDDEN2'로 변경한다.

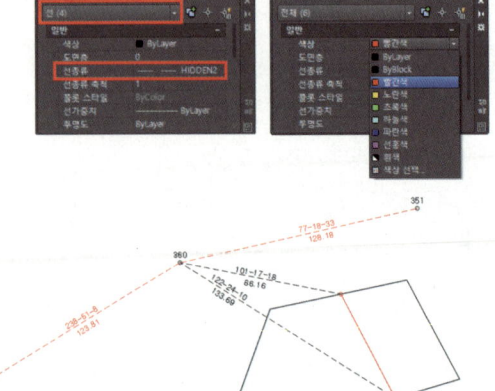

1 색인도는 도면 중앙에 가로 7mm, 세로 6mm 크기로 제도한다.

❶ 명령어: Rec(Rectang), CO(Copy), SC(Scale) [Enter]

1) Rectang 명령어를 이용하며 가로7, 세로6 의 사각형을 제도한다.

2) 제도된 사각형을 Copy 명령어를 이용하여 색인도를 제도한다.

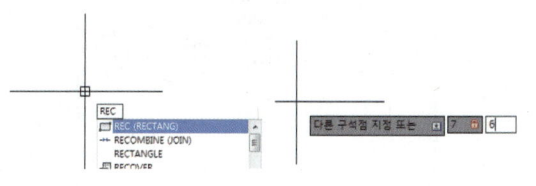

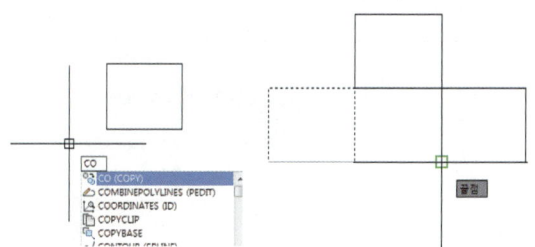

3) Scale 명령어를 이용하여 작도된 색인도 를 1.0배 확대한다. (도면 축척이 1/1000 이므로)

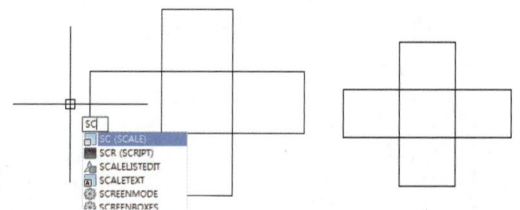

2 제명 및 축척 제도

❶ 명령어: MT(MText) [Enter]

1) 글자의 크기는 5mm로 제도한다.

2) **축척이 1/1000**이므로 **5mm×1.0=5mm**로 제도한다.

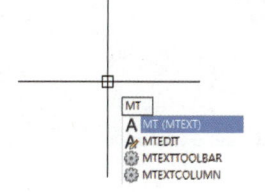

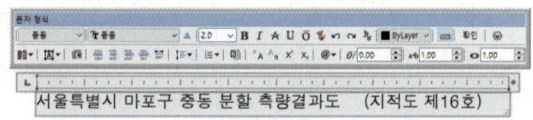

❷ 축척은 제명끝에서 10mm를 띄어 쓴다.

• 도면 **축척이 1/1000**이므로

10mm×1.0=10mm를 띄어 쓴다.

❸ 작성 완료된 모습

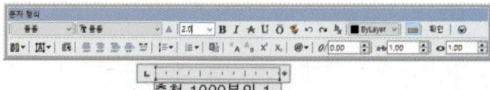

서울특별시 마포구 중동 분할측량결과도 (지적도 제16호) 축척 1000분의 1

3 색인도 안에 지적도번호 및 해치를 제도한다.

❶ 명령어 H(Hatch) [Enter]

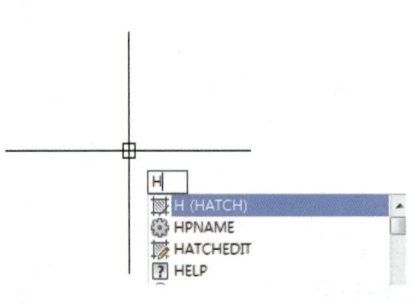

❷ 해치타입은 ANSI31을 사용한다.

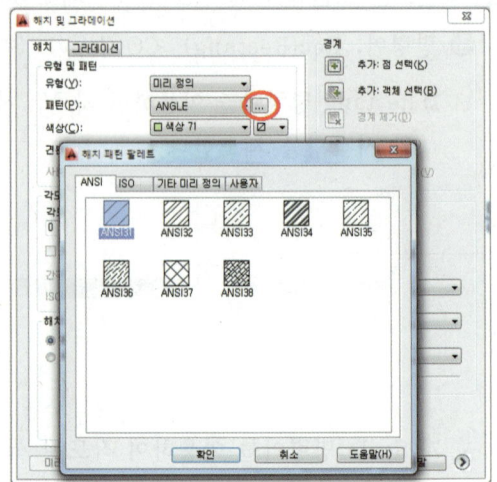

❸ 해치를 넣을 공간을 클릭하면 해치가 제도된다.

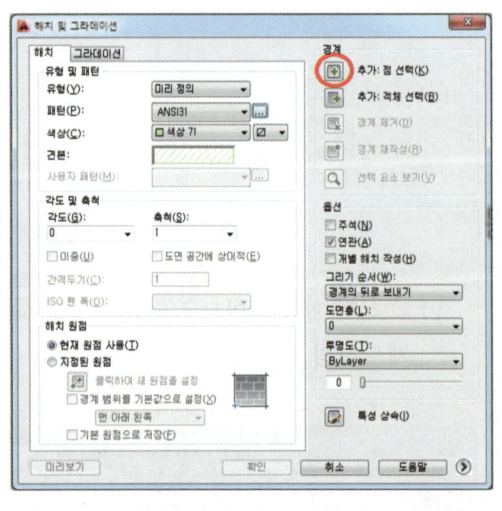

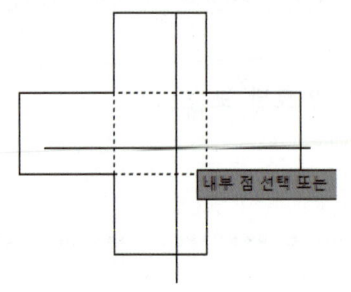

❹ 해치패턴축척은 0.15으로 하고, 각도는 90도로 설정한다.

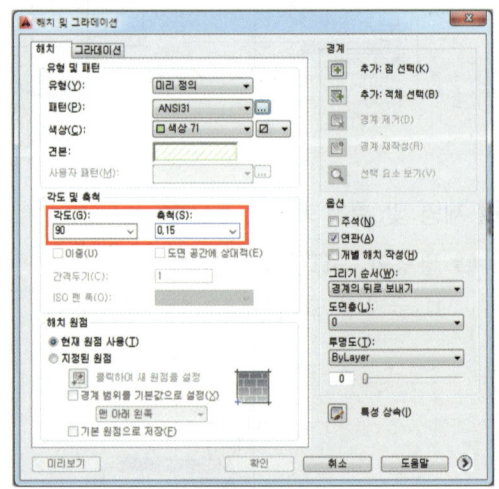

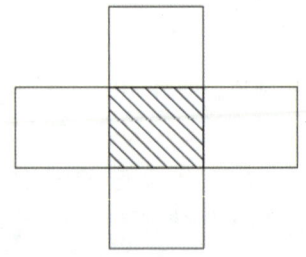

❺ 해치제도가 완성되면 지적도번호를 기입한다.
- MTtext 명령어를 이용하여 기입한다.

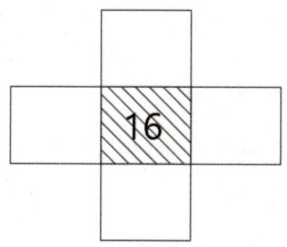

4 명령어: M(Move) [Enter]
- 제도된 색인도와 제명 및 축척을 도면 중앙에 위치한다.

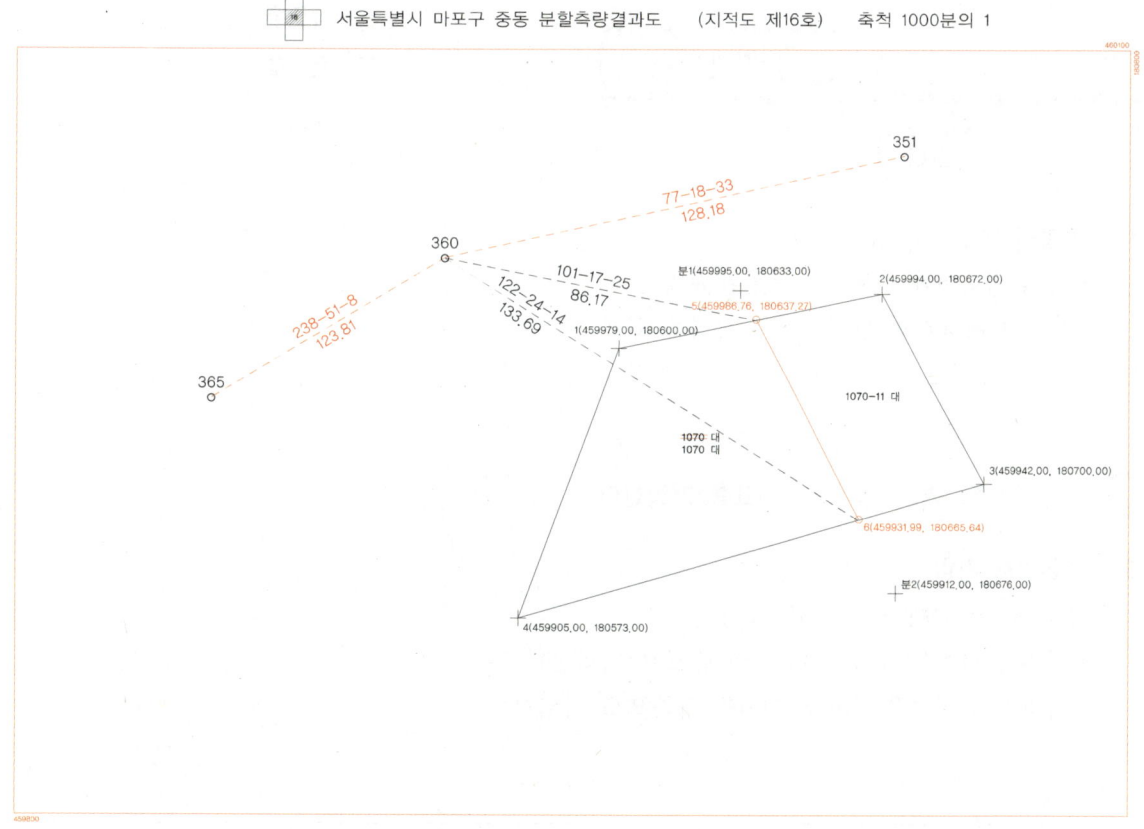

서울특별시 마포구 중동 분할측량결과도　(지적도 제16호)　축척 1000분의 1

① 서식에 있는 면적측정부를 작성한다. □□□

1 '요구사항 01, 02, 03'에서 계산된 값을 이용하여 면적측정부를 작성한다.

❶ 명령어: MT(MText) 〔Enter〕

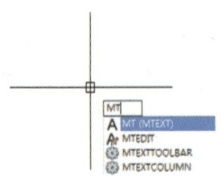

❷ 첫 번째 구석과 반대편 구석을 지정하여 글씨를 작성한다.

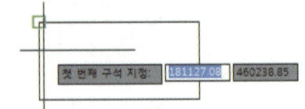

❸ 문자높이설정 'H'를 누른 후 문자높이 2.0를 입력한다.
  • 지적도의 **축척이 1/1000**이므로
    2mm×1.0=2.0mm 이다.

360

❹ 명령어: M(Move) 〔Enter〕
  • Move 명령어를 이용하여 문자를 중앙으로 위치한다.

기 준 점
번 호
360

❺ 명령어: CO(Copy) 〔Enter〕
  • Copy 명령어를 이용하여 작성된 문자를 복사하여 사용하면 면적측정부 작성을 쉽게 할 수 있다.

② 기준점번호, 거리, 방위각, 좌표를 기입한다. □□□

1 기준점번호 기입

❶ 명령어: MT(MText), CO(Copy) 〔Enter〕
  • 기준점 번호는 360, 365, 351 순으로 기입한다.
  • 거리와 방위각은 도근점 360을 기준으로 기입한다.

❷ 기입이 완료된 모습

기준점번호	거리(m)	방위각	좌표	
			X(m)	Y(m)
360			460003.63	180552.77
365	123.81	238-51-8	459939.59	180446.81
351	128.18	77-18-33	460031.79	180677.82

2 동리명, 지번, 측정면적, 산출면적, 결정면적 기입

❶ 명령어: MT(MText), CO(Copy) [Enter]

- 동리명은 '중동'으로 기입한다.
- 지번은 분할된 지번을 먼저 작성한 후 마지막에 빨간색으로 원지번을 기입한다.
- 측정방법은 '전산'이라 작성한다.
- 측정회수면적은 CAD도면에서 산출한 값을 기입한다. (동일한 값 2회 기입)
- 측정면적과, 산출면적, 결정면적은 계산된 값을 기입한다.
- 원면적은 '6290'을 빨간색으로 기입한다.
- 비고란에 공차값과 오차값을 기입한다.
- 공차는 계산된 값을 기입하고, 오차는 문제지에 출제된 원면적에서 CAD도면의 원면적의 차를 말한다.
- 면적측정부 작성이 완료되면 마지막 줄에 '아래빈칸'이라 작성해야 된다.

동리명	지번	측정 방법	횟수 또는 산출수		측정 면적㎡	도곽신축 보정계수	보정 면적㎡	원면적 ㎡	산출 면적㎡	결정 면적㎡	비고
			제1회	제2회							
중동	1070	전산	4194.2	4194.2	4194.2	1.0000	4194.2		4199.9	4200	공차= ±53.61㎡ 오차= 8.5㎡
	1070-11	전산	2087.3	2087.3	2087.3		2087.3		2090.1	2090	
	1070				6281.5		6281.5	6290	6290	6290	
						아래빈칸					

- 공차 : ±53.61㎡
- 오차 : 원면적 – 측정면적

  6290 – 6281.5 = 8.5㎡

① 서식에 있는 용도지역을 작성한다.

1 '요구사항 05'에서 제시된 용도지역은 일반주거지역이므로, 주거지역을 기입한다.

❶ 명령어: MT(MText) [Enter]

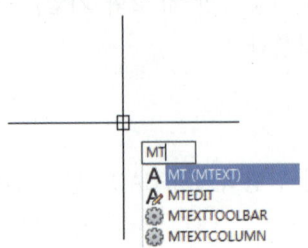

❷ 첫 번째 구석과 반대편 구석을 지정하여 글씨를 작성한다.

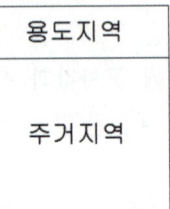

용도지역
주거지역

② 신축량과 보정계수를 작성한다.

1 '요구사항 04'에서 제시된 도곽신축보정계수는 1.0000 이다.

• 도곽신축보정계수와 신축량은 **빨간색**으로 기입한다.

❶ 명령어: MT(MText) [Enter]

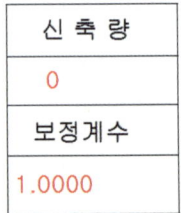

신 축 량
0
보정계수
1.0000

❷ 명령어: M(Move) [Enter]

• Move 명령어를 이용하여 문자를 중앙으로 위치한다.

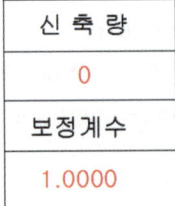

신 축 량
0
보정계수
1.0000

2 신축량을 상하좌우에 빨간색으로 기입한다.

❶ 명령어: MT(MText) [Enter]

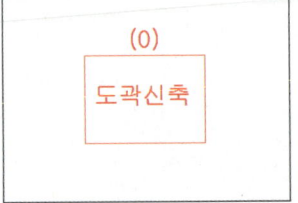

❷ 명령어: CO(Copy) [Enter]

• Copy 명령어를 이용하여, 나머지 부분도 기입한다.

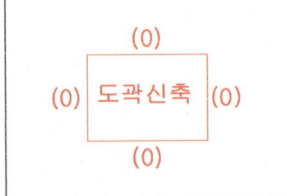

❸ 용도지역과 신축량, 도곽신축보정계수의
작성이 완료된 모습

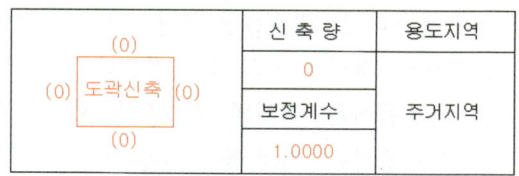

	신 축 량	용도지역
(0)	0	
(0) 도곽신축 (0)	보정계수	주거지역
(0)	1.0000	

③ **수험번호 작성한다.**

1 자격종목, 비번호, 성명을 작성한다.

❶ 명령어: MT(MText) [Enter]

자격종목	지적기능사
수험번호	123456
성 명	홍길동
감독확인	

06 출력하기

① **완성된 최종지적측량결과도 출력**

1 Plot(출력) 설정하기

❶ 명령어: PLOT [Enter]
- 프린터 기종과 용지크기를 선택한다.
- 용지크기는 A3로 한다.
- 플롯영역은 윈도우로 설정한다.
- 플롯의 중심을 설정한다.
- 축척은 1 : 1.50로 하고 단위는 밀리미터로
  한다.(파일축척과 관계없이 지정축척을 적용)
- 우측하단의 화살표를 클릭한다.

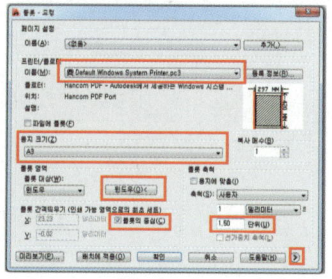

❷ 플롯영역 대상은 윈도우로 설정한다.
- 주어진 서식의 좌측상단 끝과 우측하단 끝
  을 클릭하여 영역을 설정한다.

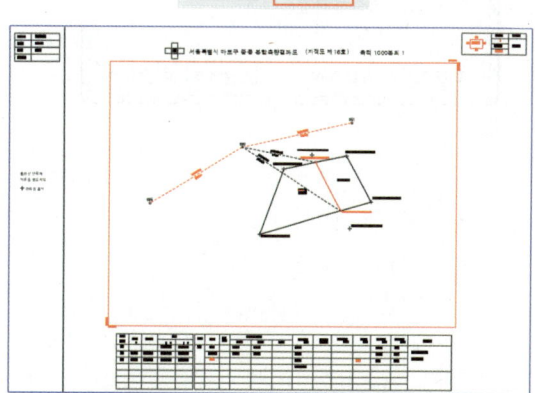

❸ 플롯스타일, 플롯옵션 도면방향을 설정한다.
   • 플롯스타일은 acad를 설정한다.(플롯스타일 acad는 칼라출력을 할 수 있다.)
   • 플롯옵션은 '객체의 선가중치 플롯', '플롯 스타일로 플롯'을 설정한다.
   • 도면방향은 '가로'를 설정한다.

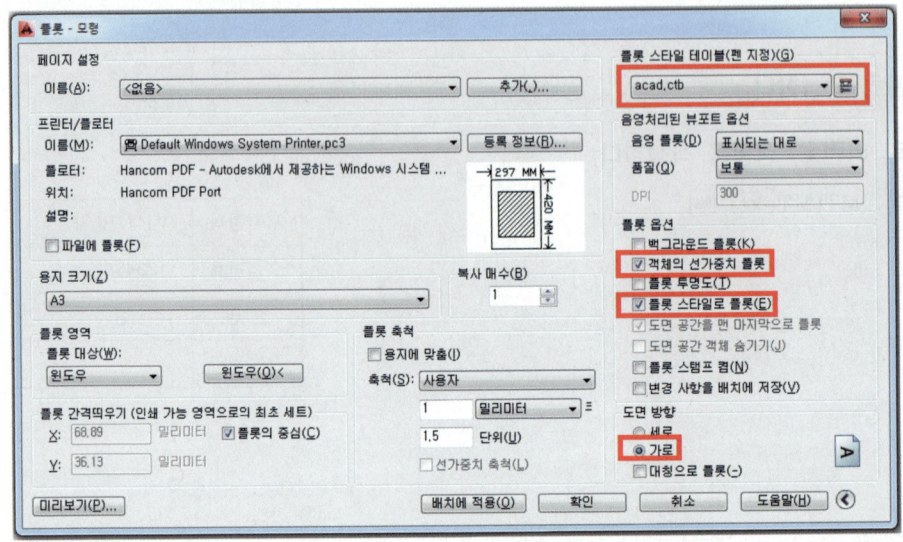

2 Plot(출력) 하기

❶ 설정이 완료되면 미리보기를 클릭한다.
   • 아래와 같은 창이 뜨면 계속 버튼을 클릭한다.

❷ 미리보기 확인 후 출력하기
   • 출력횟수가 2회에 한하여 가능하므로 미리보기를 한 후 출력을 한다.

【도면 출력 후 제출 3】

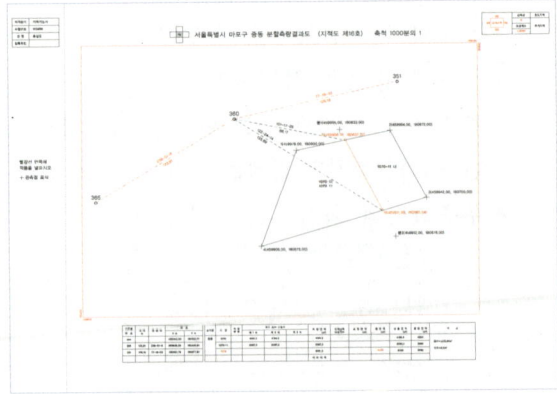

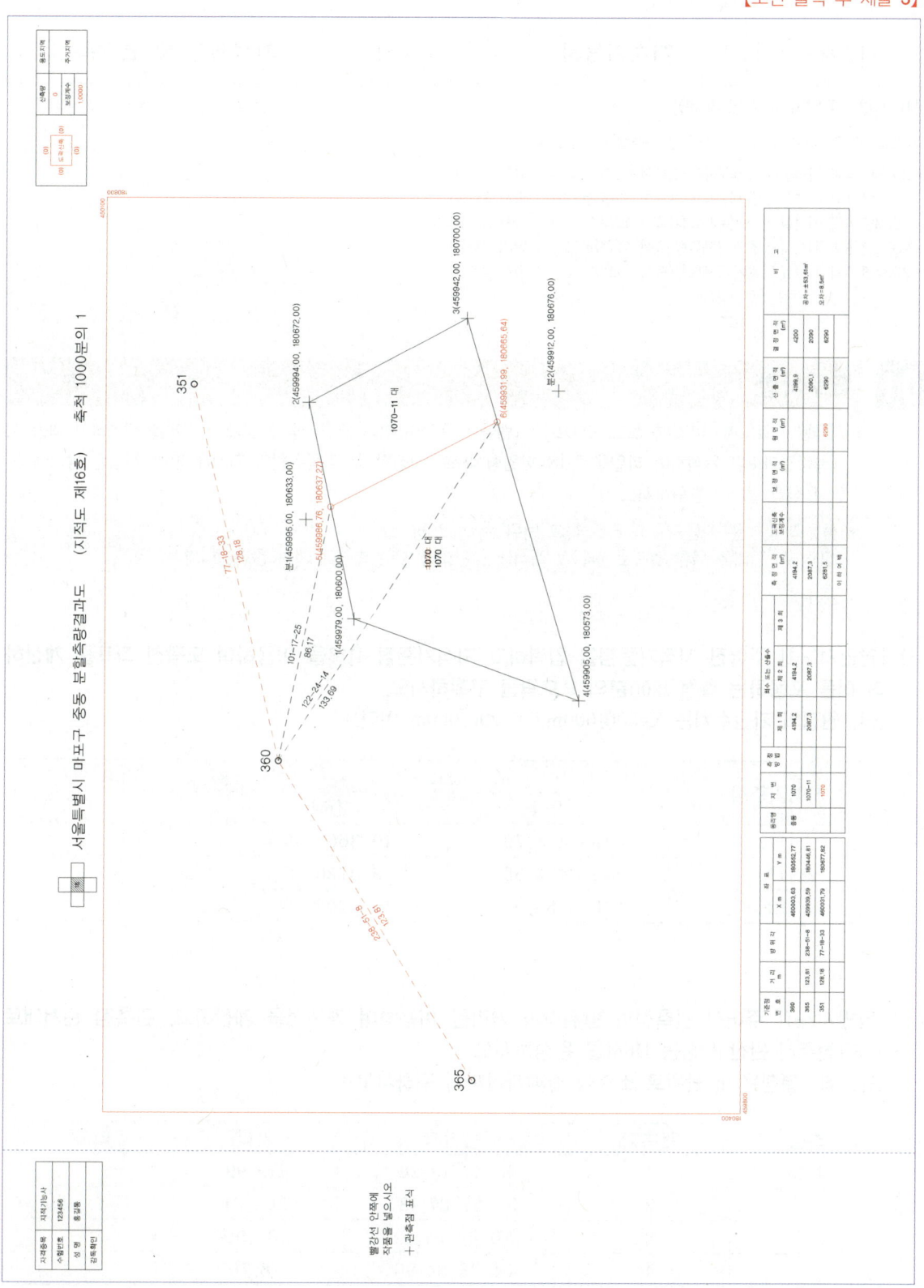

국가기술자격 실기시험문제

자격종목	지적기능사	과제명	지적제도 및 면적측정

시험시간 : 작업시간(2시간 30분)

※ 시행 시 요구사항 및 도면의 유형은 변경될 수 있습니다.

- 2018년 4회 지적실기 출제문제유형(축척 1200분의 1 : 필지 2분할)
- 2019년 1회 지적실기 출제문제유형(축척 1200분의 1 : 필지 3분할)
- 2023년 4회 지적실기 출제문제유형(축척 1200분의 1 : 필지 2분할)
- 2024년 4회 지적실기 출제문제유형(축척 1200분의 1 : 필지 2분할)
- 2025년 1회 지적실기 출제문제유형(축척 1200분의 1 : 필지 2분할)

01 요구사항

※ 지급된 재료(CAD 파일)를 보고 CAD프로그램을 이용하여 아래 요구사항에 맞게 답안지를 작성하고 최종 지적측량결과도를 완성하여 파일을 *.dxf 파일형식으로 저장한 후 감독위원의 지시에 따라 지급된 용지에 본인이 직접 컬러로 출력하시오.

※ 플롯의 축척은 '사용자', '1:1.8'로 하고 단위는 mm로 하시오.
（채점 시 편의를 위한 것으로 파일의 축척에 상관없이 지정 축척에 따라 출력합니다.）

01 [답안지2-1] 주어진 지적기준점을 입력하고 지적기준점 4118을 이용하여 도곽선 좌표를 계산하여 이를 포용하는 축척 1200분의 1 도곽을 구획하시오.
（단, 원점의 가산수치는 X=500,000m, Y=200,000m 이다.）

지적기준점	좌표		비고
	X [m]	Y [m]	
4118	45 3478.70	19 3664.65	
4119	45 3405.55	19 3726.90	
4120	45 3355.05	19 3603.80	

02 [답안지2-1] 주어진 관측점의 방위각과 거리를 이용하여 경계점을 계산하고, 관측점 순서대로 필지(전주시 완산구 중동 1164)를 완성하시오.
（단, 좌표결정은 m 단위로 소수점 둘째자리까지 구하시오.）

측점	관측점	방위각	거리	비고
4119	1	88° 47′ 13.26″	119.99	
	2	94° 37′ 37.18″	202.31	
	3	120° 44′ 37.91″	185.90	
	4	151° 23′ 34.90″	78.70	

03 [답안지2-2] 주어진 관측점 분1과 분2의 방위각과 거리를 이용하여 분할점을 계산하고, '요구사항 02'에서 계산된 필지와 교차되는 지점의 최종분할좌표를 결정하시오.
(단, 분할점 및 최종분할좌표결정은 m 단위로 소수점 둘째 자리까지 구하며, 관측점 표식은 주어진 서식의 '十' 표식을 활용하시오.)

측점	관측점	방위각	거리	비고
4119	분 1	80° 57′ 10.5″	169.23	
	분 2	138° 47′ 39.71″	147.67	

04 완성된 필지를 대상으로 원면적이 9034㎡인 전주시 완산구 중동 1164(지목: 대)를 계산된 분할선을 이용하여 2필지로 분할하고, 지적 관련 법규 및 규정 등에 맞게 면적측정부를 작성하시오.
(단, 분할필지의 좌측을 원지번으로 부여하고, 당해 지번의 최종 종번은 1164의 3이며, 도곽신축 보정계수는 1.0000, 분할필지의 측정면적은 CAD기능을 이용하고, [답안지 2-2]에 공차, 산출면적 및 결정면적을 계산하시오.

05 지적 관련 법규 및 규정 등에 따라 최종 지적측량결과도(색인표, 제명, 축척, 기준점, 기준점 명칭, 도곽선, 필지경계선, 분할선, 지번, 지목, 도곽선 수치 등)를 작성하여 주어진 서식을 이동시켜 선 안쪽에 최종 지적측량결과도를 넣고 계산된 경계점 및 관측점, 최종 분할점의 좌표는 각 점 우측에 기재하시오.
(단, 당해 지적도는 16호이고 용도지역은 일반주거지역이며, 도곽선, 필지경계선, 분할선, 지적기준점의 선가중치는 0.00mm이다.)

※ 답안은 반드시 흑색 또는 청색필기구(연필류 제외) 중 동일한 색의 필기구만을 계속 사용하여야 하며, 기타의 필기구를 사용한 답항은 0점 처리됩니다. [답안지2-1]

문제번호	답 안	채점란
문제번호 01	○계산과정: ① 종선 상부좌표: ② 종선 하부좌표: ③ 횡선 우측좌표: ④ 횡선 좌측좌표: ○답: ① 종선 상부좌표: ② 종선 하부좌표: ③ 횡선 우측좌표: ④ 횡선 좌측좌표:	득점

문제번호
02
	○계산과정:
	① 1번 X좌표=
	   1번 Y좌표=
	
	② 2번 X좌표=
	   2번 Y좌표=
	
	③ 3번 X좌표=
	   3번 Y좌표=
	
	④ 4번 X좌표=
	   4번 Y좌표=
	
	○답:
	① : X좌표 = , Y좌표 =
	② : X좌표 = , Y좌표 =
	③ : X좌표 = , Y좌표 =
	④ : X좌표 = , Y좌표 =
		득점

※ 답안은 반드시 흑색 또는 청색필기구(연필류 제외) 중 동일한 색의 필기구만을 계속 사용하여야 하며, 기타의 필기 구를 사용한 답항은 0점 처리됩니다. [답안지2-2]

문제번호	답 안	채점란
문제번호 03	○계산과정: ① 관측점 분1 X좌표 = 관측점 분1 Y좌표 = ② 관측점 분2 X좌표 = 관측점 분2 Y좌표 = ○답: 	관측점 번호	X 좌표[m]	Y좌표[m]
분1		
분2		| ※ 최종 분할점은 교차지점의 좌표를 독취하여 작성 | 최종 분할점 번호	X 좌표[m]	Y좌표[m]
분1		
분2				득점
문제번호 04	○계산과정: ① 신구면적 허용오차 계산 ○ 계산과정: ② 산출면적 계산 ○ 계산과정: ○ 계산과정: ○답 : ① 공차= ② 산출면적 및 결정면적 ㉠ 산출면적 : ㉡ 결정면적 :	득점

01 지적기준점(4118)을 이용하여 도곽 구획

※ 1/1200의 지상길이는 400×500이다.

※ 지적기준점 4118의 좌표는 X=453478.70m, Y=193664.65m 이다.

■ 종선좌표 산출

① 453478.70 − 500000 = −46521.3m

② −46521.3 ÷ 400 = −116.30 ················· (소수점은 절삭한다.)

③ −116 × 400 = −46400m

④ −46400+500000 = 453,600m → 종선 상부좌표 (가)

⑤ 453600−400 = 453,200m → 종선 하부좌표 (다)

■ 횡선좌표 산출

① 193664.65−200000 = −6335.35

② −6335.35 ÷ 500 = −12.67 ················· (소수점은 절삭한다.)

③ −12 × 500 = −6000m

④ −6000+200000 = 194,000m → 우측횡선좌표 (나)

⑤ 194000−500 = 193,500m → 좌측횡선좌표 (라)

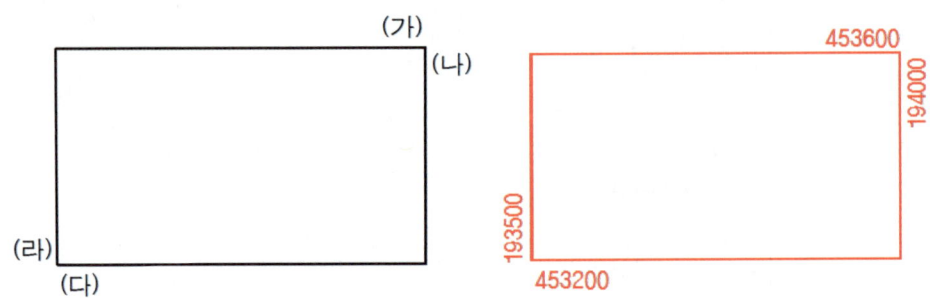

02 4119 기준점의 방위각과 거리를 이용하여 경계점 좌표 산출

※ 지적기준점 4119의 좌표는 X=453405.55m, Y=193726.90m 이다.

■ 1번 경계점

① X = 453405.55+119.99×cos(88° 47′ 13.26″) = 453408.09m

② Y = 193726.90+119.99×sin(88° 47′ 13.26″) = 193846.86m

2 2번 경계점

① $X = 453405.55 + 202.31 \times \cos(94° 37' 37.18'') = 453389.23m$

② $Y = 193726.90 + 202.31 \times \sin(94° 37' 37.18'') = 193928.55m$

3 3번 경계점

① $X = 453405.55 + 185.90 \times \cos(120° 44' 37.91'') = 453310.52m$

② $Y = 193726.90 + 185.90 \times \sin(120° 44' 37.91'') = 193886.67m$

4 4번 경계점

① $X = 453405.55 + 78.70 \times \cos(151° 23' 34.90'') = 453336.46m$

② $Y = 193726.90 + 78.70 \times \sin(151° 23' 34.90'') = 193764.58m$

03 4119 기준점의 방위각과 거리를 이용하여 분할점 좌표 산출

※ 지적기준점 4119의 좌표는 X=453405.55m, Y=193726.90m 이다.

1 분1 경계점

① $X = 453405.55 + 169.23 \times \cos(80° 57' 10.5'') = 453432.16m$

② $Y = 193726.90 + 169.23 \times \sin(80° 57' 10.5'') = 193894.02m$

2 분2 경계점

① $X = 453405.55 + 147.67 \times \cos(138° 47' 39.71'') = 453294.45m$

② $Y = 193726.90 + 147.67 \times \sin(138° 47' 39.71'') = 193824.18m$

04 신구면적 허용오차, 산출면적, 결정면적 산출

1 지적공부상의 면적과 측정면적의 허용오차 면적을 말한다.

- $A = 0.026^2 \times M \times \sqrt{F}$ ·· (M : 축척분모, F : 원면적)

  $= 0.026^2 \times 1200 \times \sqrt{9034}$

  $= \pm 77㎡$ ·· (소수점은 절삭한다.)

2 측정면적 산출

① 계산된 경계점을 이용하며 작성된(CAD도면상) 필지면적을 'Area' 명령어를 이용하여 측정한다.

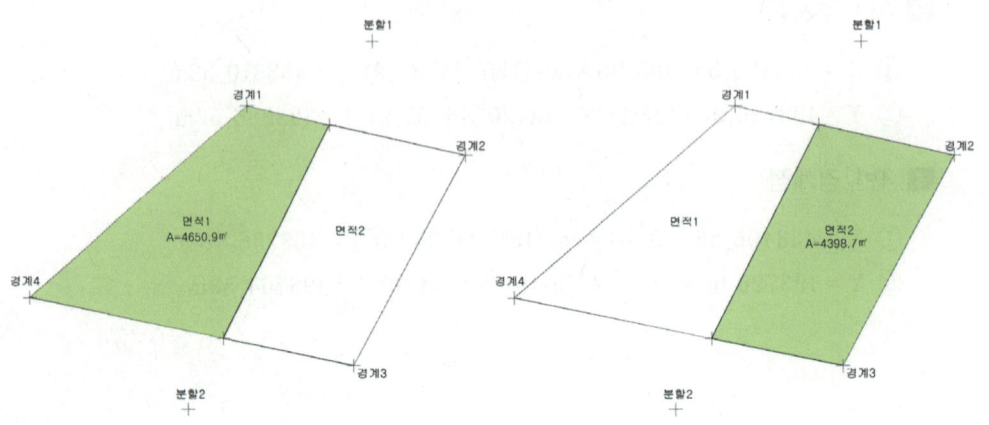

② 1164번지 측정면적1 = 4650.9㎡

1164-4번지 측정면적2 = 4398.7㎡

($\because$ 최종부번이 1164-3이므로 지번부여는 1164-4로 한다.)

3 산출면적 산출

① $r = \dfrac{F}{A} \times a$

여기서, r : 각필지의 산출면적

$\qquad F$: 원면적

$\qquad A$: 측정면적 합계 또는 보정면적 합계

$\qquad a$: 각 필지의 측정면적 또는 보정면적

② 1164번지 $= \dfrac{9034}{4650.9 + 4398.7} \times 4650.9 = 4642.9㎡$

③ 1164-4번지 $= \dfrac{9034}{4650.9 + 4398.7} \times 4398.7 = 4391.1㎡$

4 결정면적 산출

① 결정면적은 1/600은 0.1㎡까지 결정, 1/1000~1/6000은 1㎡까지 결정한다.

② 축척 1/1200이므로 결정면적은

　• 1164번지 = 4642.9㎡ → 4643㎡

　• 1164-4번지 = 4391.1㎡ → 4391㎡

05 지적기준점간 방위각 및 거리계산

1 지적기준점 4119,4120 방위각 및 거리계산

① 4119,4120 방위각 계산

- $\triangle x = 453355.05 - 453405.55 = -50.5$
- $\triangle y = 193603.80 - 193726.90 = -123.1$
- $\tan^{-1}\left(\dfrac{\triangle y}{\triangle x}\right) = \tan^{-1}\left(\dfrac{-123.1}{-50.5}\right)$

  $= 67° \, 41' \, 41.34'' \rightarrow$ (3상한)
- $\therefore V_{4119}{}^{4120} = 247° \, 41' \, 41''$

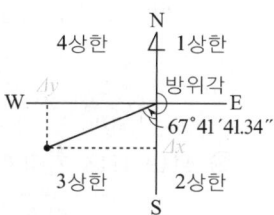

② 4119,4120 거리계산

- $L = \sqrt{(-50.5)^2 + (-123.1)^2} = 133.06m$

2 지적기준점 4119,4118 방위각 및 거리계산

① 4119,4118 방위각 계산

- $\triangle x = 453478.70 - 453405.55 = 73.15$
- $\triangle y = 193664.65 - 193726.90 = -62.25$
- $\tan^{-1}\left(\dfrac{\triangle y}{\triangle x}\right) = \tan^{-1}\left(\dfrac{-62.25}{73.15}\right)$

  $= 40° \, 23' \, 50.96'' \rightarrow$ (4상한)
- $\therefore V_{4119}{}^{4118} = 319° \, 36' \, 9''$

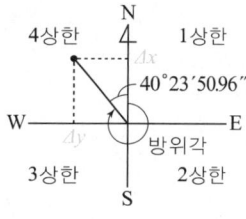

② 4119,4118 거리계산

- $L = \sqrt{73.15^2 + (-62.25)^2} = 96.05m$

3 지적기준점4119, 최종분할점5 방위각 및 거리계산

① 4119,최종분할점5 방위각 계산

- $\triangle x = 453400.87 - 453405.55 = -4.68$
- $\triangle y = 193878.15 - 193726.90 = 151.25$
- $\tan^{-1}\left(\dfrac{\triangle y}{\triangle x}\right) = \tan^{-1}\left(\dfrac{151.25}{-4.68}\right)$

  $= 88° \, 13' \, 39.76'' \rightarrow$ (2상한)
- $\therefore V_{4119}{}^{최종분할점5} = 91° \, 46' \, 20''$

② 4119,4118 거리계산

- $L = \sqrt{(-4.68)^2 + 151.25^2} = 151.32m$

4 지적기준점4119, 최종분할점6 방위각 및 거리계산

① 4119,최종분할점6 방위각 계산

- $\triangle x = 453320.94 - 453405.55 = -84.61$
- $\triangle y = 193837.62 - 193726.90 = 110.72$
- $\tan^{-1}\left(\dfrac{\triangle y}{\triangle x}\right) = \tan^{-1}\left(\dfrac{110.72}{-84.61}\right)$

$= 52° 36' 49.19'' \rightarrow$ (2상한)

$\therefore V_{4119}^{최종분할점6} = 127° 23' 11''$

② 4119,4118 거리계산

- $L = \sqrt{(-84.61)^2 + 110.72^2} = 139.35m$

문제번호	답 안	채점란
문제번호 01	○계산과정: ① 종선 상부좌표: • $453478.70 - 500000 = -46521.3$m • $-46521.3 \div 400 = -116.30$ • $-116 \times 400 = -46400$m • $-46400 + 500000 = 453600$m ② 종선 하부좌표: • $453600 - 400 = 453200$m ③ 횡선 우측좌표: • $193664.65 - 200000 = -6335.35$ • $-6335.35 \div 500 = -12.67$ • $-12 \times 500 = -6000$m • $-6000 + 200000 = 194000$m ④ 횡선 좌측좌표: • $194000 - 500 = 193500$m ○답: ① 종선 상부좌표: 453600m ② 종선 하부좌표: 453200m ③ 횡선 우측좌표: 194000m ④ 횡선 좌측좌표: 193500m	득점
문제번호 02	○계산과정: ① 1번 X좌표 $= 453405.55 + 119.99 \times \cos(88° 47' 13.26'') = 453408.09$m 1번 Y좌표 $= 193726.90 + 119.99 \times \sin(88° 47' 13.26'') = 193846.86$m ② 2번 X좌표 $= 453405.55 + 202.31 \times \cos(94° 37' 37.18'') = 453389.23$m 2번 Y좌표 $= 193726.90 + 202.31 \times \sin(94° 37' 37.18'') = 193928.55$m ③ 3번 X좌표 $= 453405.55 + 185.90 \times \cos(120° 44' 37.91'') = 453310.52$m 3번 Y좌표 $= 193726.90 + 185.90 \times \sin(120° 44' 37.91'') = 193886.67$m ④ 4번 X좌표 $= 453405.55 + 78.70 \times \cos(151° 23' 34.90'') = 453336.46$m 4번 Y좌표 $= 193726.90 + 78.70 \times \sin(151° 23' 34.90'') = 193764.58$m ○답: ① : X좌표 $= 453408.09$m , Y좌표 $= 193846.86$m ② : X좌표 $= 453389.23$m , Y좌표 $= 193928.55$m ③ : X좌표 $= 453310.52$m , Y좌표 $= 193886.67$m ④ : X좌표 $= 453336.46$m , Y좌표 $= 193764.58$m	득점

문제번호	답 안	채점란
문제번호 03	○계산과정: ① 관측점 분1 X좌표 $= 453405.55 + 169.23 \times \cos(80°\,57'\,10.5'') = 453432.16\text{m}$ 관측점 분1·Y좌표 $= 193726.90 + 169.23 \times \sin(80°\,57'\,10.5'') = 193894.02\text{m}$ ② 관측점 분2 X좌표 $= 453405.55 + 147.67 \times \cos(138°\,47'\,39.71'') = 453294.45\text{m}$ 관측점 분2 Y좌표 $= 193726.90 + 147.67 \times \sin(138°\,47'\,39.71'') = 193824.18\text{m}$ ○답:	득점

관측점 번호	X좌표[m]	Y좌표[m]
분1	453432.16	193894.02
분2	453294.45	193824.18

※ 최종 분할점은 교차지점의 좌표를 독취하여 작성

최종 분할점 번호	X좌표[m]	Y좌표[m]
분1	453400.87	193878.15
분2	453320.94	193837.62

문제번호	답 안	채점란
문제번호 04	○계산과정: ① 신구면적 허용오차 계산 ○ 계산과정: $A = 0.026^2 \times M \times \sqrt{F}$ $= 0.026^2 \times 1200 \times \sqrt{9034}$ $= \pm 77\text{m}^2$ ② 산출면적 계산 ○ 계산과정: 1164번지 $= \dfrac{9034}{4650.9 + 4398.7} \times 4650.9 = 4642.9\text{m}^2$ ○ 계산과정: $1164-4$번지 $= \dfrac{9034}{4650.9 + 4398.7} \times 4398.7 = 4391.1\text{m}^2$ ○ 답 : ① 공차$= \pm 77\text{m}^2$ ② 산출면적 및 결정면적 ㉠ 산출면적 : • 1164번지: 4642.9m^2 • 1164-4번지: 4391.1m^2 ㉡ 결정면적 : • 1164번지: 4643m^2 • 1164-4번지: 4391m^2	득점

03 CAD도면 작성

① 면적분할측량 □□□

1 제도할 도곽선의 선가중치 및 색상을 지정하기 위해 설정한다.

❶ 명령어: LA(Layer) [Enter]

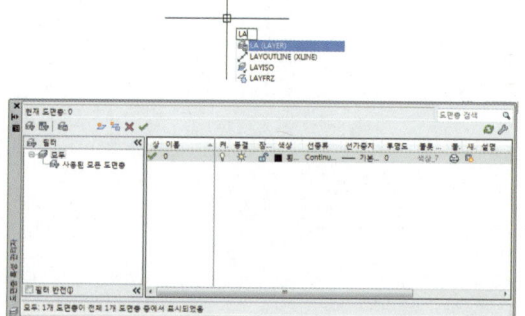

❷ 새 도면층 만들기
• 빨간색 원으로 표시된 부분을 클릭하면 새로운 도면층이 생성된다.

❸ 도면층 이름 설정
• 새로운 도면층을 선택한 후 F2키를 클릭하면 도면층의 이름을 바꿀 수 있다.
• 새로운 도면층 이름을 도곽선으로 변경한다.

❹ 색상설정
• 빨간색 박스로 표시된 부분을 클릭하면 아래와 같은 창이 나오며 색상을 선택할 수 있다.
• 도곽선의 색상은 빨간색 실선으로 한다.

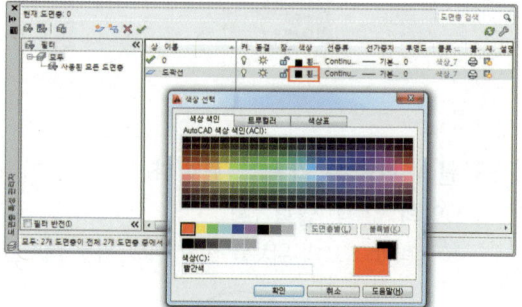

⑤ 선가중치 설정
- 빨간색 사각형으로 표시된 부분을 클릭하면 아래와 같은 창이 나오며 선가중치를 설정할 수 있다.
- '요구사항 05'에 제시된 선가중치 0.00mm를 적용한다.

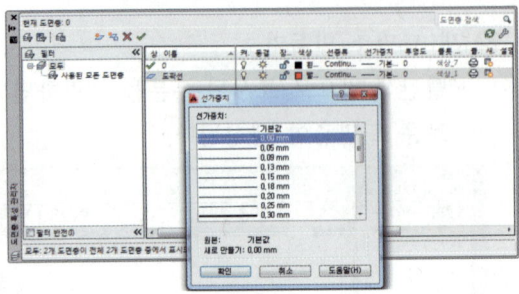

⑥ 설정된 모습

---

② 도곽선 제도

1 '요구사항 01'에서 계산한 도곽선 좌표를 이용하여 도곽선을 제도한다.

❶ 명령어: C(Circle) [Enter]

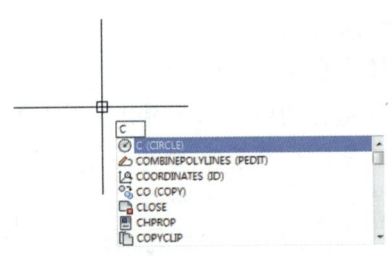

❷ 종선상부 좌표 값과 횡선우측 좌표 값을 입력한다.
- 194000, 453600 입력 [Enter]
※ 지적과 CAD의 X축, Y축이 반대이므로 계산된 횡선 좌표는 X값, 종선좌표는 Y값으로 입력해야 한다.

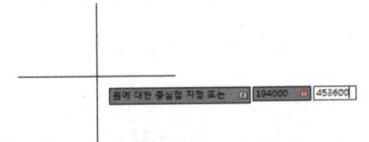

❸ 원의 반지름 값을 입력한다.
- 임의 값 4 입력 [Enter]
※ 입력한 좌표의 위치를 찾기 위해 원을 제도한다.

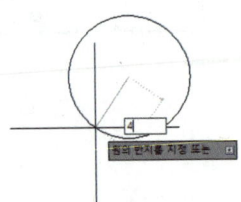

❹ 명령어: C(Circle) [Enter]

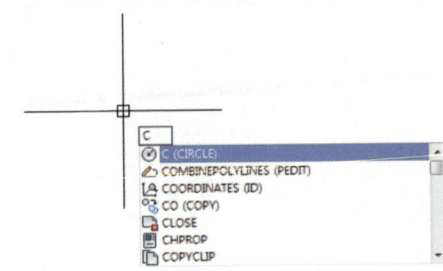

❺ 종선하부 좌표 값과 횡선좌측 좌표 값을 입력
한다.

• 193500,453200 입력 [Enter]

※ 위와 마찬가지로 종선 좌표 값과 횡선 좌표 값을
반대로 입력해 준다.

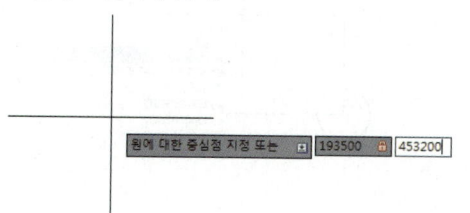

❻ 원의 반지름 값을 입력한다.

• 임의 값 4 입력 [Enter]

※ 입력한 좌표의 위치를 찾기 위해 원을 제도한다.

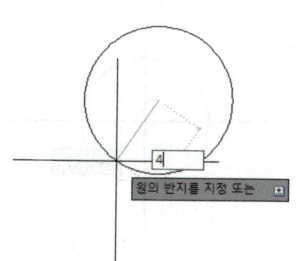

❼ 명령어: Z(Zoom) [Enter] , e(Extents) [Enter]

• Zoom 명령어를 이용하여 도면에 제도된 원
을 표시한다.

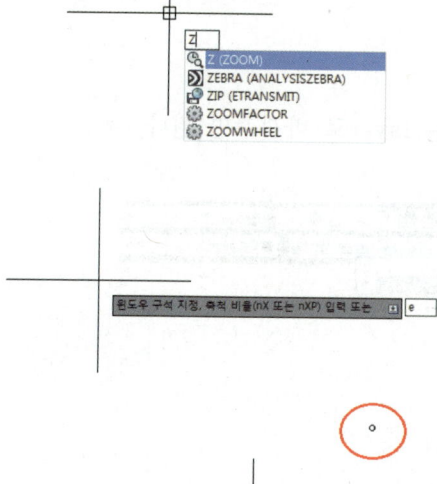

❽ 명령어 Rec(Rectang) [Enter]

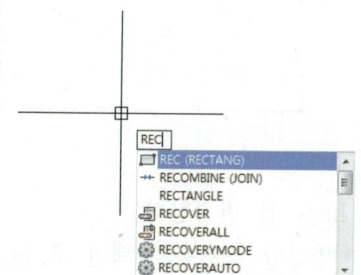

❾ 원의 중심점과 중심점을 선택하여 도곽선을 제도한다.

❿ 명령어: e(Erase) Enter
• 도곽선이 제도된 후 원을 삭제한다.

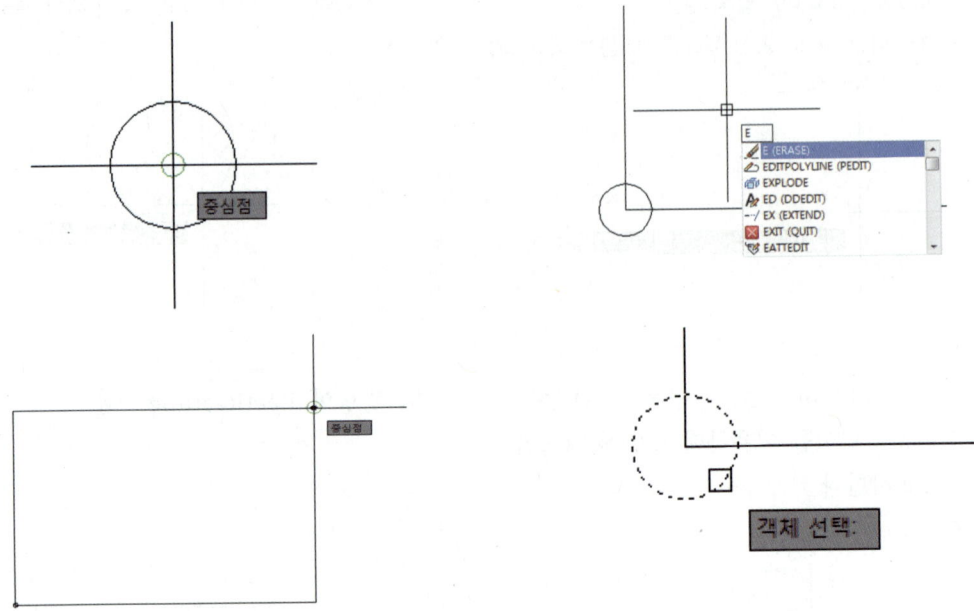

⓫ Layer를 변경한다.
• 변경할 객체를 선택한 후 layer창은 클릭, 원하는 layer로 바꿔주면 된다.

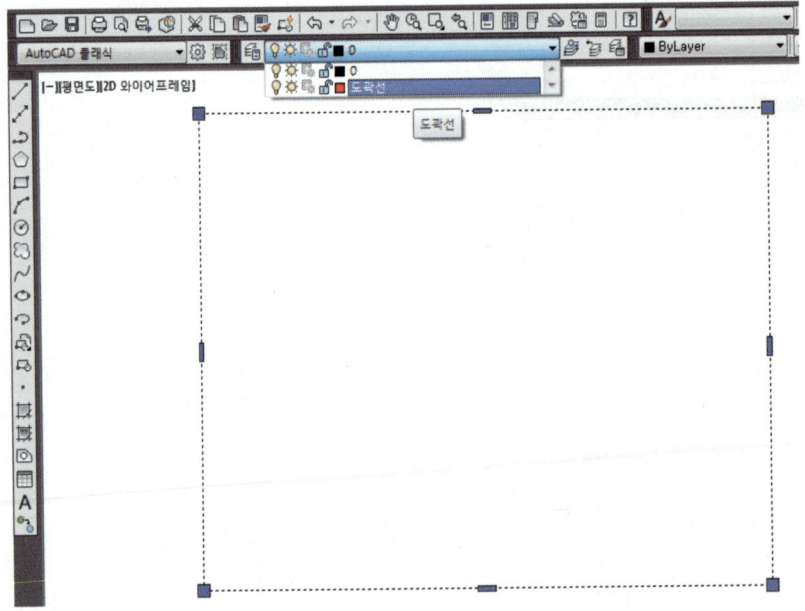

1 '요구사항 02'에서 계산된 경계점좌표를 이용하여 필지를 제도한다.

• 먼저 경계점1번부터 입력한다. (193846.86, 453408.09)

※ 위의 도곽선 제도방법과 마찬가지로 X값과 Y값을 반대로 기입한다.

❶ 명령어: C(Circle) Enter

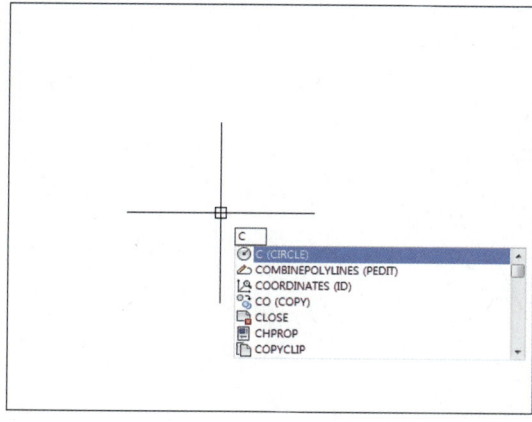
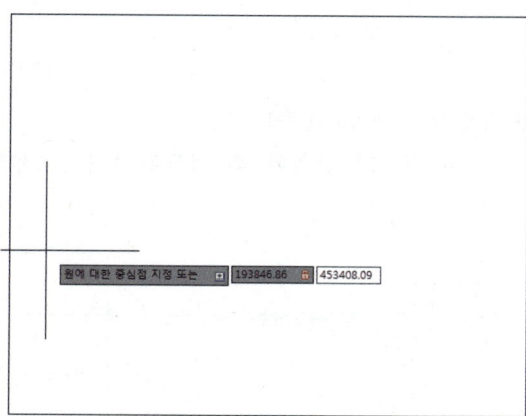

❷ 원의 반지름 값을 입력한다.

• 임의 값 4 입력 Enter

※ 입력한 좌표의 위치를 찾기 위해 원을 제도한다.

❸ 위와 같은 방법으로 나머지 경계점도 입력하여 제도한다.

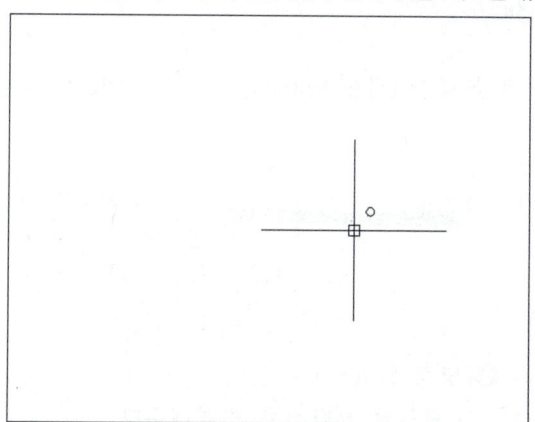
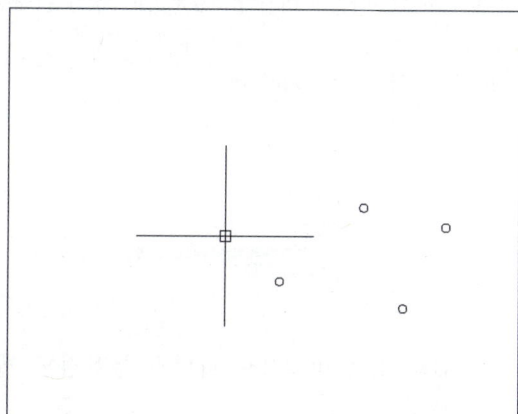

❹ 명령어: PL(Pline) Enter
• 제도된 경계점을 연결해준다.

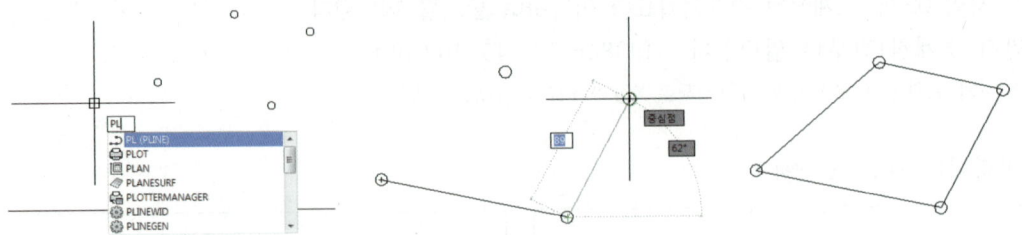

❺ 명령어: e(Erase) Enter
• 필지 제도가 완성된 후 제도된 원을 삭제한다.

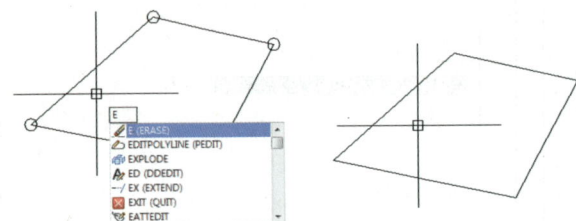

■2 '요구사항 03'에서 계산된 분할점 좌표를 입력하여 분할선을 제도한다.
※ 위의 제도방법과 마찬가지로 X값과 Y값을 반대로 기입한다.

❶ 명령어: C(Circle) Enter

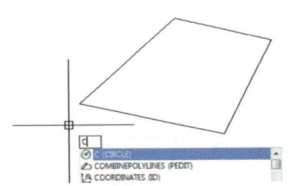

❷ 분할점 1좌표 193894.02,453432.16 입력 Enter

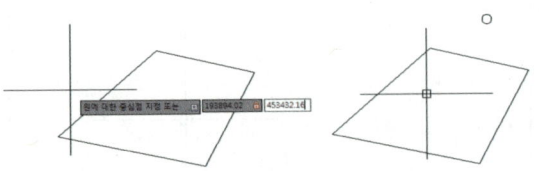

❸ 위와 같은 방법으로 나머지 분할점도 제도한다.

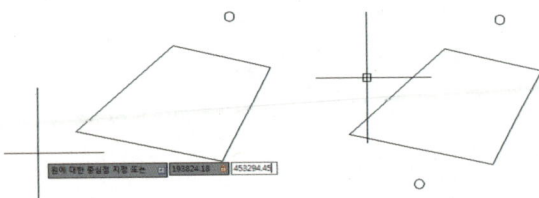

❹ 명령어: L(line) Enter
• 제도된 분할점을 연결해준다.

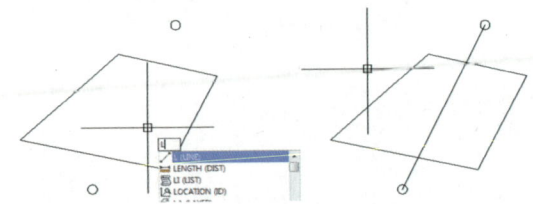

❺ 명령어: TR(Trim) [Enter]

　1) 필지 밖의 분할선을 잘라낸다.

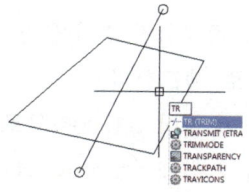

　2) 경계선을 선택한다. [Enter]

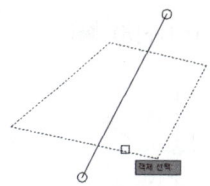

　3) 잘라내고자 하는 경계선을 선택한다.

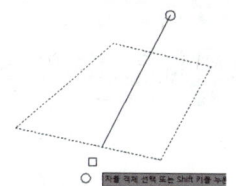

　4) 나머지 경계선도 잘라낸다.

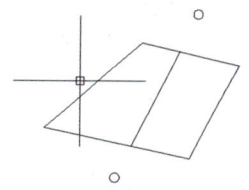

---

④ 관측점표식 제도　　　□□□

■ 주어진 서식을 이용하여 경계점, 분할점, 분할측정점에 관측점표식을 제도한다.

❶ 명령어: CO(Copy) [Enter]

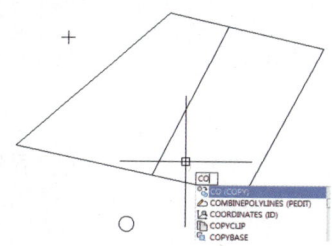

❷ 관측점표식의 교차지점을 선택한 후 Copy를 한다.

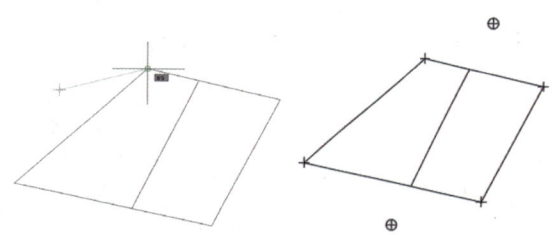

❸ 명령어: e(Erase) [Enter]

　• 관측점표식을 제도 한 후 원을 삭제한다.

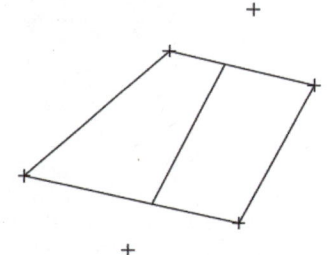

❹ 분할선 색상 변경

　• 제도된 분할선은 빨간색으로 변경한다.

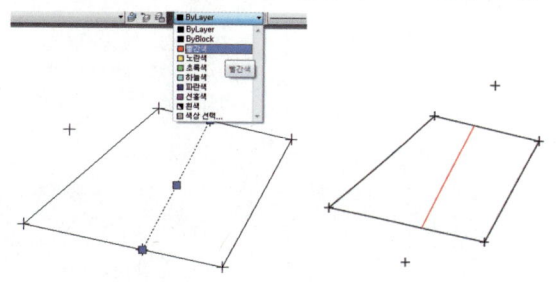

2 결정된 최종분할점 위치표시

❶ 명령어: C(Circle) Enter

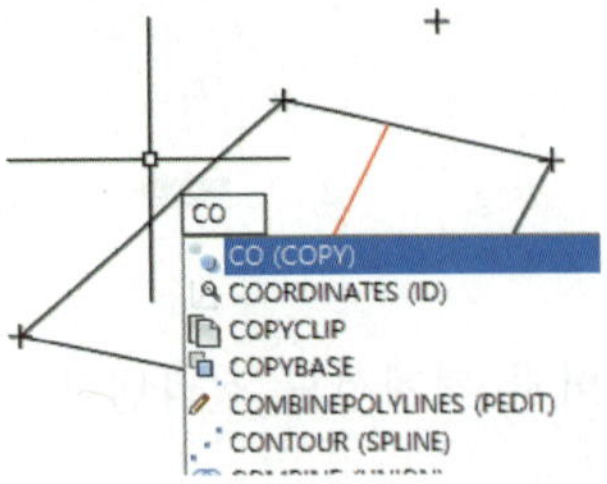

CO
CO (COPY)
COORDINATES (ID)
COPYCLIP
COPYBASE
COMBINEPOLYLINES (PEDIT)
CONTOUR (SPLINE)

❷ 결정된 최종분할점 위치에 2mm 크기의 빨간색 원으로 제도한다.

- 지적도 **축척이 1/1200**이므로 지적도근점의 직경을 **2×1.2 = 2.4mm** 크기로 제도한다.

※ 여기서, 지름으로 설정이 잘 되어있는지 확인한 후 값을 입력해야 한다.

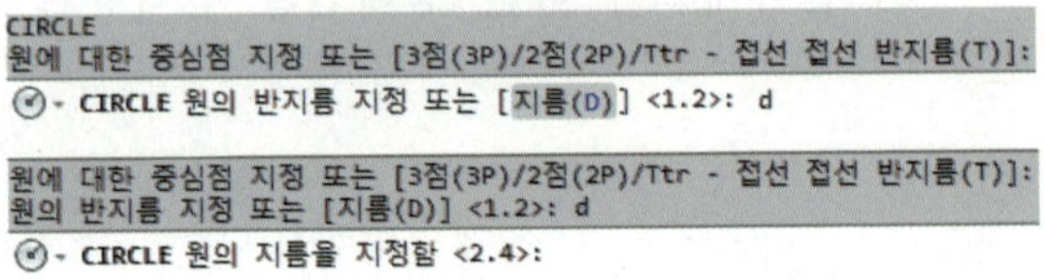

CIRCLE
원에 대한 중심점 지정 또는 [3점(3P)/2점(2P)/Ttr - 접선 접선 반지름(T)]:
CIRCLE 원의 반지름 지정 또는 [지름(D)] <1.2>: d
원에 대한 중심점 지정 또는 [3점(3P)/2점(2P)/Ttr - 접선 접선 반지름(T)]:
원의 반지름 지정 또는 [지름(D)] <1.2>: d
CIRCLE 원의 지름을 지정함 <2.4>:

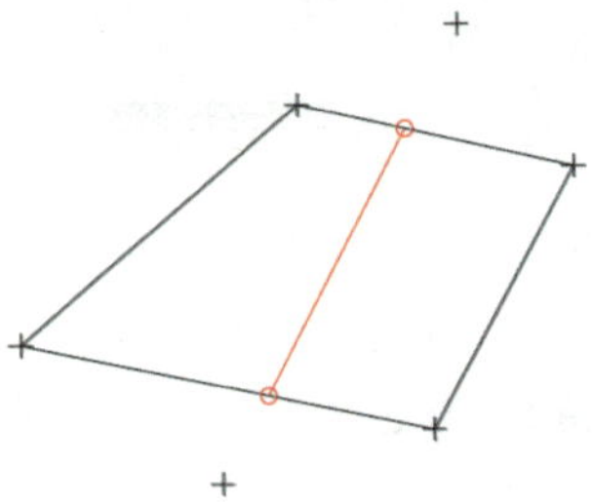

1 '요구사항 01'에 표시되어 있는 지적도근점 좌표를 이용하여 제도한다.

※ 지적과 CAD의 X축, Y축이 반대이므로 계산된 횡선좌표는 X값, 종선좌표는 Y값으로 입력해야 한다.

❶ 명령어: C(Circle) [Enter]

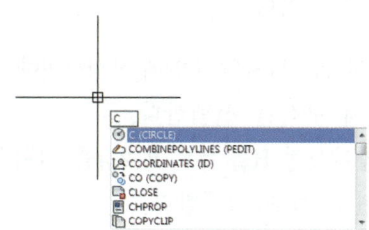

❷ 도근점 4118 좌표 입력

• 193664.65, 453478.70 [Enter]

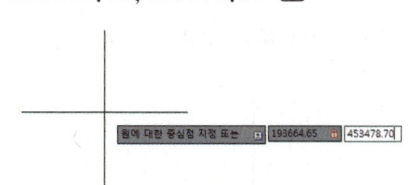

❸ 결정된 최종분할점 위치에 2mm 크기로 제도
하여야 한다.

• 지적도 **축척이 1/1200**이므로 지적도근점의
직경을 **2×1.2 = 2.4mm** 크기로 제도한다.

※ 여기서, 지름으로 설정이 잘 되어있는지 확인
한 후 값을 입력해야 한다.

```
CIRCLE
원에 대한 중심점 지정 또는 [3점(3P)/2점(2P)/Ttr - 접선 접선 반지름(T)]:
⊙ - CIRCLE 원의 반지름 지정 또는 [지름(D)] <1.2>: d

원에 대한 중심점 지정 또는 [3점(3P)/2점(2P)/Ttr - 접선 접선 반지름(T)]:
원의 반지름 지정 또는 [지름(D)] <1.2>: d
⊙ - CIRCLE 원의 지름을 지정함 <2.4>:
```

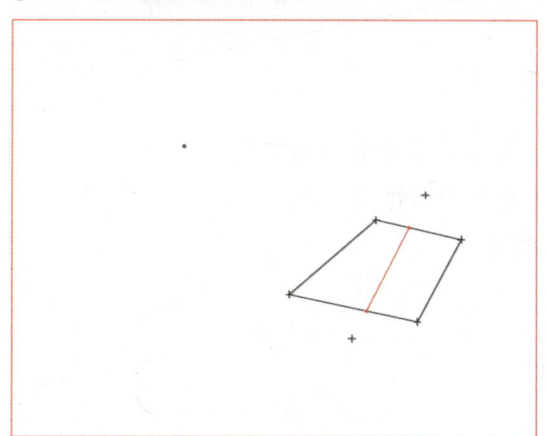

❹ 위와 같은 방법으로 나머지 지적도근점도 제
도한다.

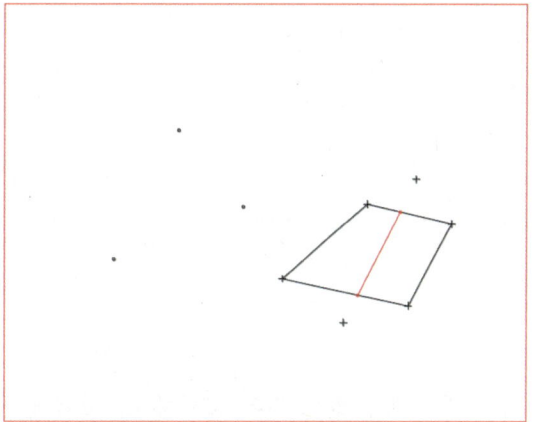

⑥ 지번과 지목, 지적도근점번호, 도곽선수치 제도

1 분할된 면적에 지번과 지목을 작성한다.
- 최종부번이 1164-3이므로 지번부여는 1164-4로 한다.
- 지번 및 지목은 2mm~3mm의 크기의 명조체로 해야 한다.
- 지적도 **축척이 1/1200**이므로 글자크기 **2×1.2=2.4mm**로 제도한다.

❶ 명령어 : MT(MTtext) Enter

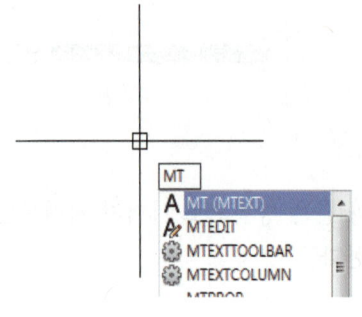

❷ 지번과 지목은 필지의 중앙에 작성하여야 한다.
- 첫 번째 구석을 선택한다.
- 문자높이설정 H를 누르고 2.4를 입력한다.
- 반대편 구석을 선택한다.

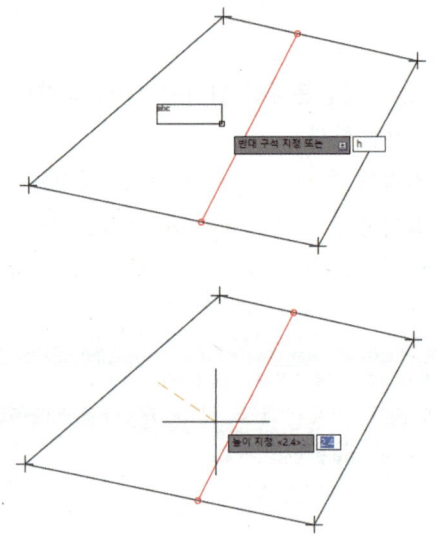

❸ 명조체가 없는 경우 고딕체로, 고딕체가 없는 경우 돋움으로 작성한다.
- 빨간색 박스로 표시된 부분을 클릭하면 글씨체를 선택할 수 있다.
- 지번과 지목을 입력할 때 확인을 클릭하면 된다.

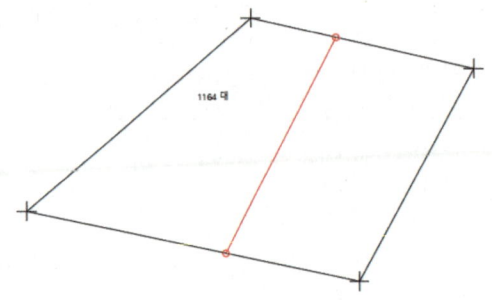

❹ 명령어: M(Move) Enter
- 작성된 지번과 지목을 필지중앙으로 이동한다.

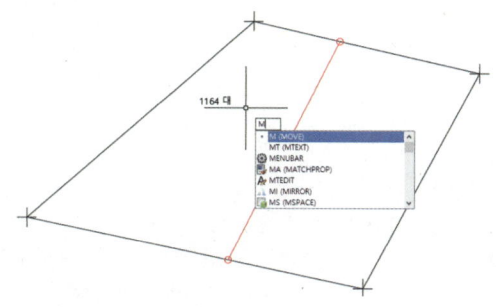
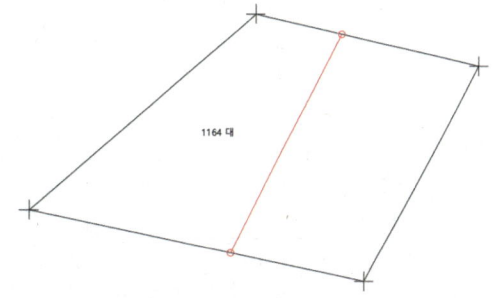

❺ 명령어: CO(Copy) Enter
- 작성된 지번과 지목을 Copy하여 나머지 지번과 지목을 작성한다.

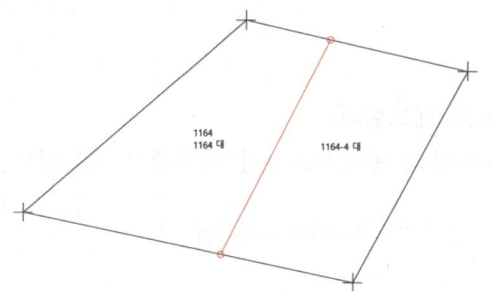

❻ 명령어: L(Line), O(Offset) Enter
- 빨간색 두 줄(양홍평행쌍선)로 원래의 지번을 말소한다.
- 빨간색 선을 먼저 제도한 후 O(Offset) 명령어를 이용하여 적당한 간격을 띄워 작성한다.

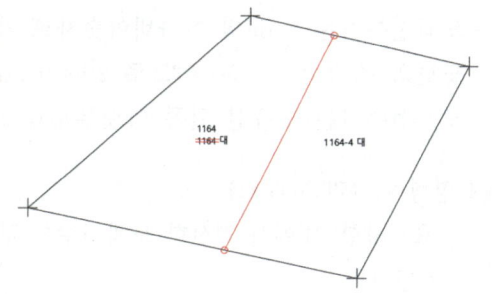

② 지적도근점번호 제도
- 지적도 **축척이 1/1200**이므로 글자크기 $2 \times 1.2 = 2.4mm$로 제도한다.
- 위와 같은 방법으로 제도한다.

❶ 명령어: MT(MTtext) Enter

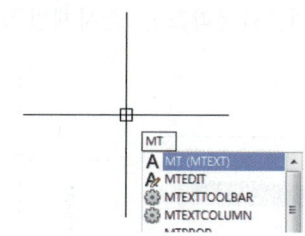

❷ 지적도근점 중앙에 제도한다.
- 위에 제도된 지번의 글자높이가 같으므로 Copy하여 사용해도 된다.

4118
○

❸ 같은 방법으로 나머지 지적도근점번호도 제도한다.

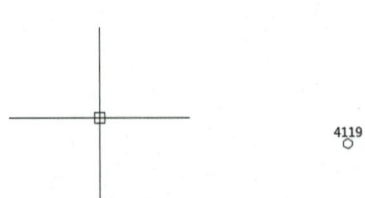

3 도곽선수치 제도

- 도곽선수치는 빨간색으로 제도한다.
- 도곽선수치는 2mm의 아라비아숫자로 제도한다.
- 도면의 **축척이 1/1200** 이므로 **2mm×1.2=2.4mm**로 제도한다.
- 도곽선수치는 도곽선 왼쪽 아랫부분과 오른쪽 윗부분의 종횡선교차점 바깥쪽에 제도한다.

❶ 명령어: MT(MText)
- '요구사항 01'에서 계산한 도곽선수치 값을 기입한다.
- 왼쪽 아랫부분부터 제도한다.

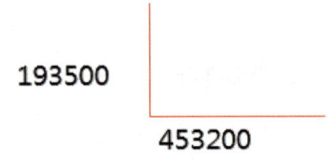

❷ 명령어: RO(Rotate) Enter

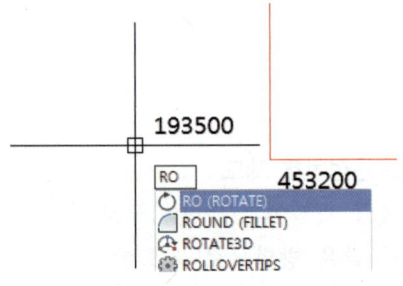

❸ 기입된 횡선좌표를 선택한다. Enter

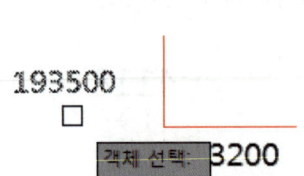

❹ 회전할 기준점을 지정한 후 회전각도 90을 입력한다.(회전각도는 반시계방향이다.)

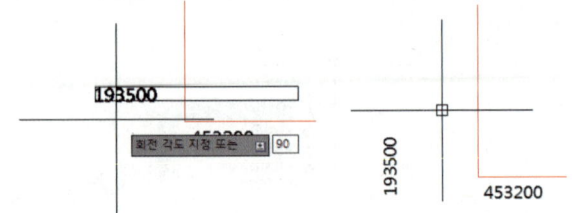

❺ 명령어: M(Move) [Enter]
- 작성된 도곽선수치를 빨간색으로 변경하고, 종횡선교차점 바깥쪽에 위치한다.

❻ 위와 같은 방법으로 오른쪽 윗부분 도곽선 수치도 제도한다.

---

⑦ 경계점번호, 최종분할점, 관측점좌표 기입 ▫▫▫

■1 '요구사항 02, 03'에서 계산된 경계점과 관측점(분1,분2)의 번호와 좌표를 기입한다.

❶ 명령어: MT(MTtext) [Enter]
- MText 명령어를 이용하여 경계점번호와 좌표를 기입한다.
- Copy 명령어를 이용하여 경계점번호와 좌표를 기입해도 된다.

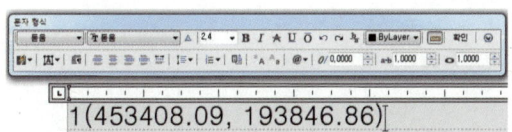

❷ 위와 같은 방법으로 나머지 경계점과 관측점 (분1,분2)의 번호와 좌표를 기입한다.

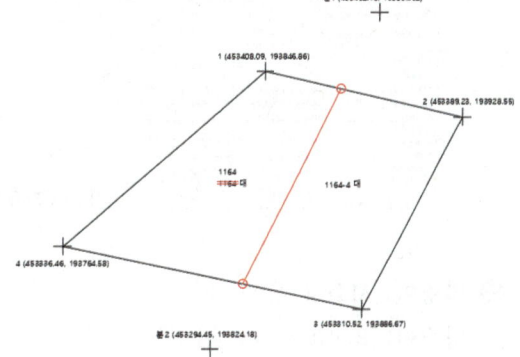

■2 최종분할점 번호와 좌표를 기입한다.

❶ 명령어: ID [Enter]
- ID명령어를 이용하여 선택지점의 좌표 값을 확인한다.
- MT명령어를 이용하여 확인한 좌표 값을 기입한다.
- 최종분할점 번호는 5번, 6번으로 기입한다.
- 최종분할점 번호와 좌표값을 빨간색으로 변경한다.

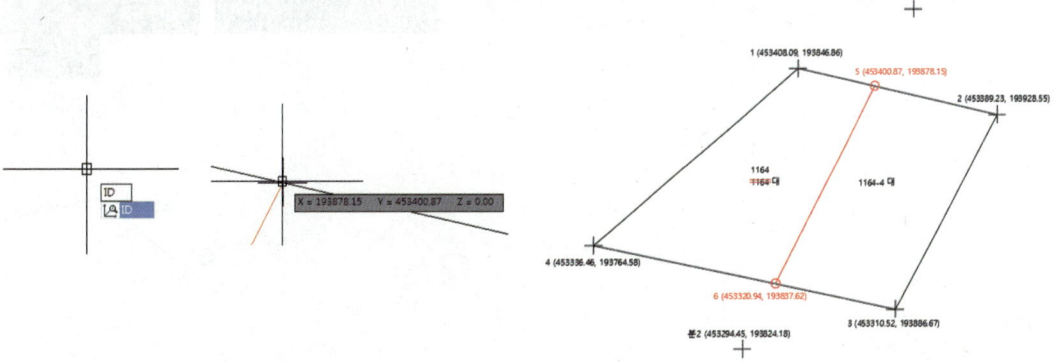

■ 표정결선, 방위각 및 거리를 기입한다.

❶ 명령어: LT(Linetype) Enter

- Linetype 명령어를 이용하여 'HIDDEN2'를 로드한다.

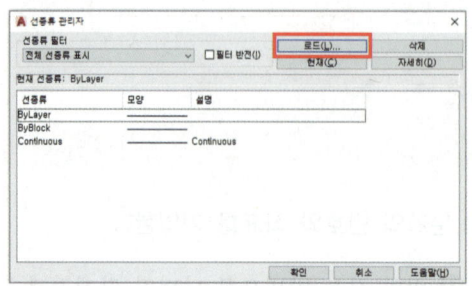

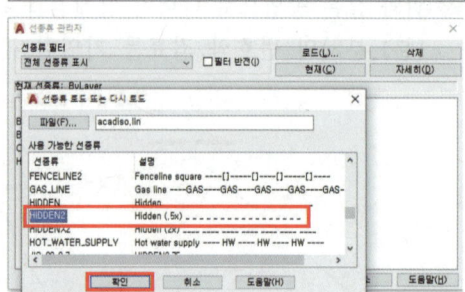

❷ 명령어: L(line) Enter

- line 명령어를 이용하여 지적도근점과 최종 분할점의 표정결선을 제도한다.

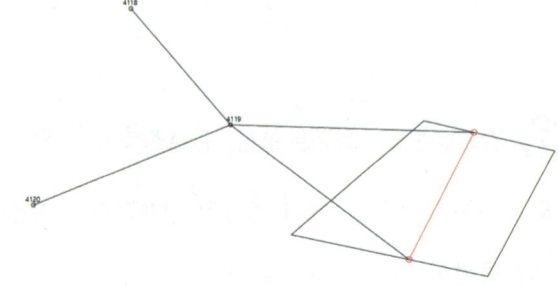

❸ 명령어: MT(MText) Enter ,

　　명령어: RO(Rotate) Enter

- MText 명령어를 이용하여 방위각 및 거리 를 기입한다.
- Rotate 명령어를 이용하여 기입된 방위각 및 거리를 결선과 평행하도록 한다.

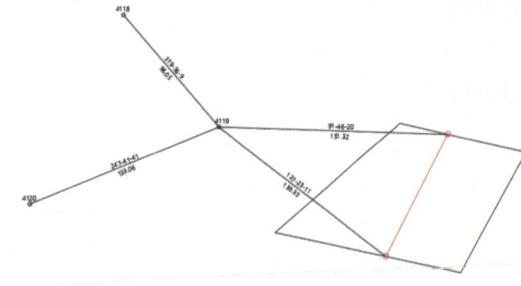

❹ 명령어: PR(Properties) Enter

- Properties 명령어를 이용하여 지적도근점간 결선과 방위각, 거리는 빨간색으로 변경한다.
- 제도된 표정결선을 선택 후 선종류를 'HIDDEN2'로 변경한다.

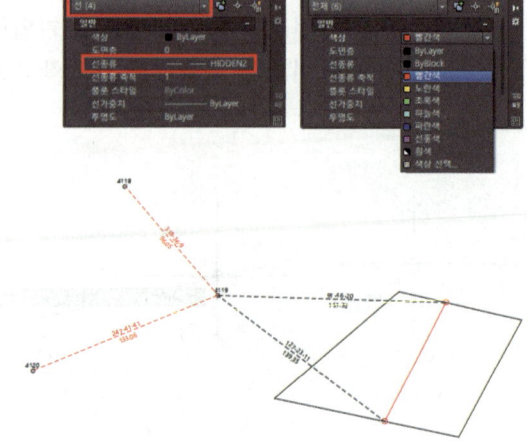

⑨ 색인도, 제명, 축척제도

1 색인도는 도면 중앙에 가로 7mm, 세로 6mm 크기로 제도한다.

❶ 명령어: Rec(Rectang), CO(Copy), SC(Scale) Enter

1) Rectang 명령어를 이용하며 가로7, 세로6 의 사각형을 제도한다.

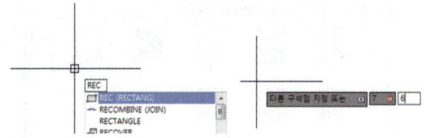

2) 제도된 사각형을 Copy 명령어를 이용하여 색인도를 제도한다.

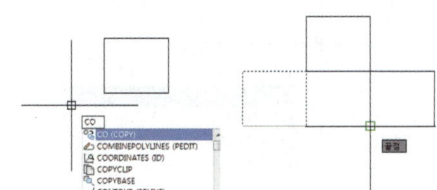

3) Scale 명령어를 이용하여 작도된 색인도 를 1.2배 확대한다.(도면축척이 1/1200이 므로)

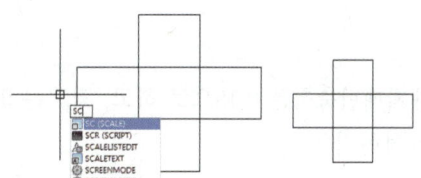

2 제명 및 축척 제도

❶ 명령어: MT(MText) Enter

1) 글자의 크기는 5mm로 제도한다.

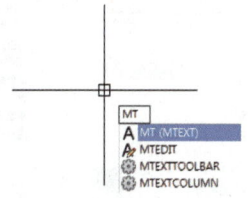

2) 축척이 1/1200이므로 5mm×1.2=6mm로 제도한다.

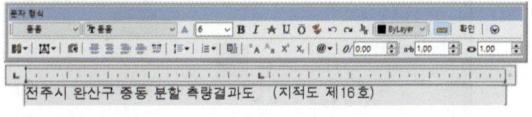

❷ 축척은 제명끝에서 10mm를 띄어 쓴다.
• 도면 축척이 1/1200이므로
10mm×1.2=12mm를 띄어 쓴다.

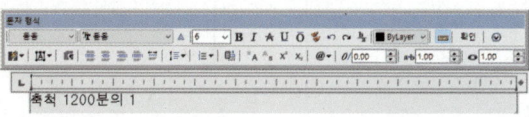

❸ 작성 완료된 모습

전주시 완산구 중동 분할 측량결과도   (지적도 제16호)   축척 1200분의 1

3 색인도 안에 지적도번호 및 해치를 제도한다.

❶ 명령어 H(Hatch) Enter

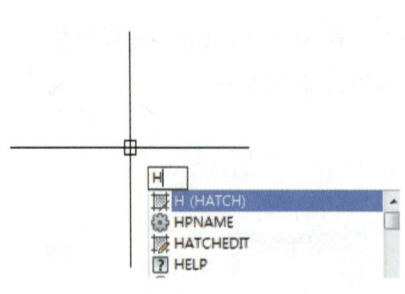

❷ 해치타입은 ANSI31을 사용한다.

❸ 해치를 넣을 공간을 클릭하면 해치가 제도된다.

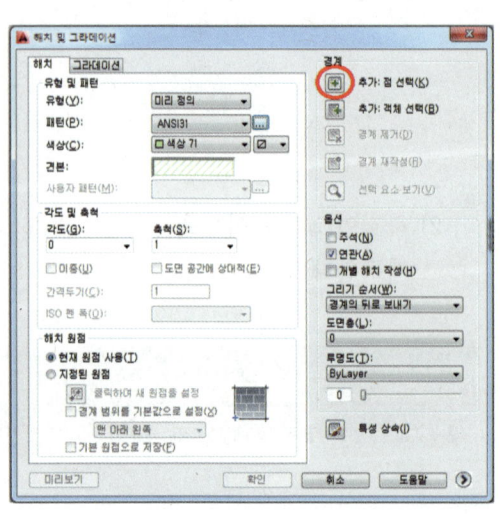

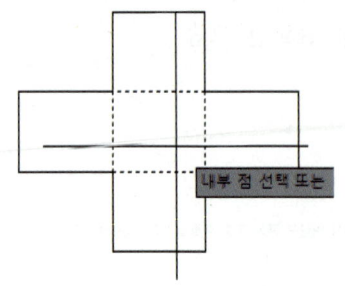

❹ 해치패턴축척은 0.15으로 하고, 각도는 90도로 설정한다.

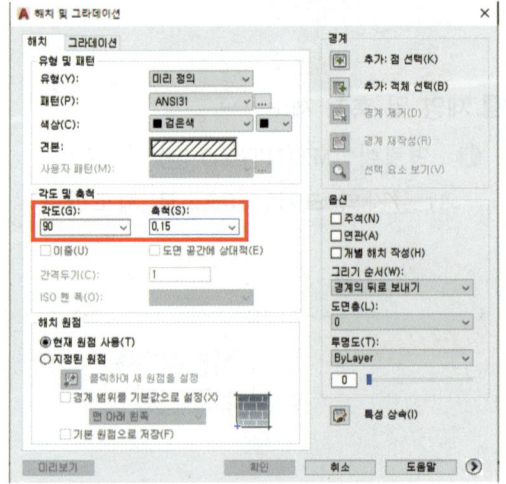

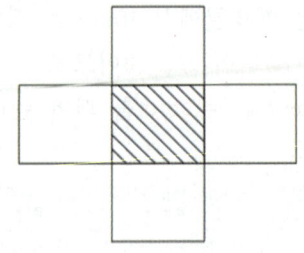

❺ 해치제도가 완성되면 지적도번호를 기입한다.

- MTtext명령어를 이용하여 기입한다.

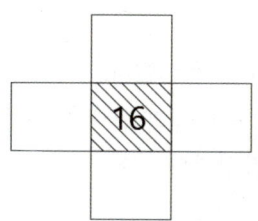

16

4 명령어: M(Move) Enter

- 제도된 색인도와 제명 및 축척을 도면 중앙에 위치한다.

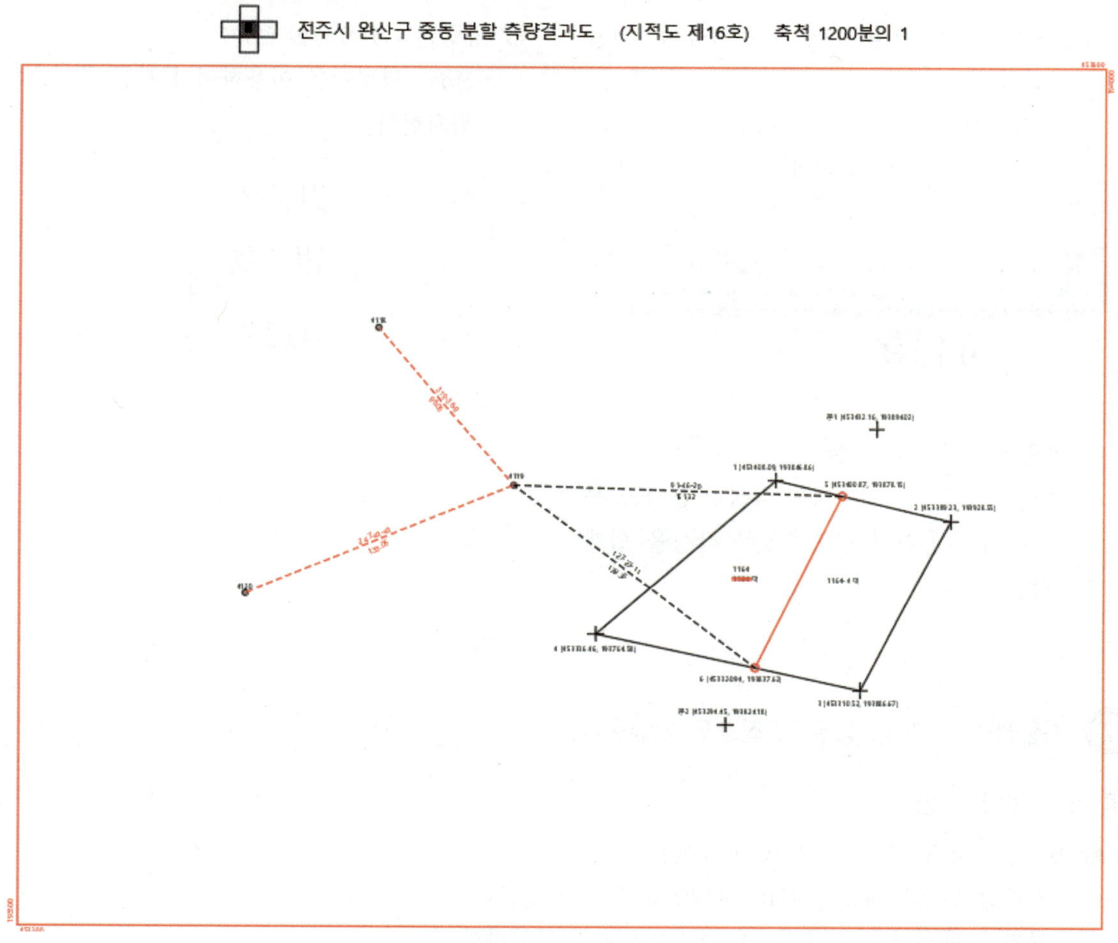

전주시 완산구 중동 분할 측량결과도 (지적도 제16호) 축척 1200분의 1

04 면적측정부 작성

① 서식에 있는 면적측정부를 작성한다. □□□

■ '요구사항 01, 02, 03'에서 계산된 값을 이용하여 면적측정부를 작성한다.

❶ 명령어: MT(MText) Enter

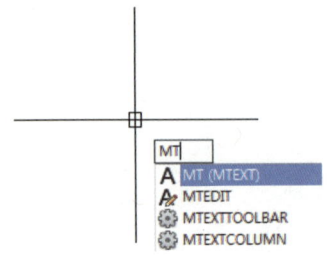

❷ 첫 번째 구석과 반대편 구석을 지정하여 글씨를 작성한다.

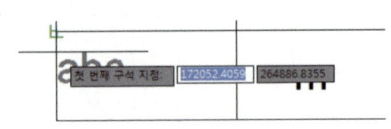

❸ 문자높이설정 'H'를 누른 후 문자높이 2.4를 입력한다.
  • 지적도의 축척이 1/1200이므로
    2mm×1.2=2.4mm 이다.

❹ 명령어: M(Move) Enter
  • Move 명령어를 이용하여 문자를 중앙으로 위치한다.

기준점
번 호
4119

❺ 명령어: CO(Copy) Enter
  • Copy 명령어를 이용하여 작성된 문자를 복사하여 사용하면 면적측정부 작성을 쉽게 할 수 있다.

② 기준점번호, 거리, 방위각, 좌표를 기입한다. □□□

■ 기준점번호 기입

❶ 명령어: MT(MText), CO(Copy) Enter
  • 기준점 번호는 4119, 4118, 4120 순으로 기입한다.
  • 거리와 방위각은 도근점 4119를 기준으로 기입한다.

❷ 기입이 완료된 모습

기준점번호	거리(m)	방위각	좌표	
			X(m)	Y(m)
4119			453405.55	193726.90
4118	96.05	319-36-9	453478.70	193664.65
4120	133.06	247-41-41	453355.05	193603.80

2 동리명, 지번, 측정면적, 산출면적, 결정면적 기입

❶ 명령어: MT(MText), CO(Copy) ⌨Enter

- 동리명은 '중동'으로 기입한다.
- 지번은 분할된 지번을 먼저 작성한 후 마지막에 빨간색으로 원지번을 기입한다.
- 측정방법은 '좌표'라 작성한다.
- 측정회수면적은 CAD도면에서 산출한 값을 기입한다. (동일한 값 2회 기입)
- 측정면적과, 산출면적, 결정면적은 계산된 값을 기입한다.
- 원면적은 '9034'를 빨간색으로 기입한다.
- 비고란에 공차값과 오차값을 기입한다.
- 공차는 계산된 값을 기입하고, 오차는 문제지에 출제된 원면적에서 CAD도면의 원면적의 차를 말한다.
- 면적측정부 작성이 완료되면 마지막 줄에 '아래빈칸'이라 작성해야 된다.

동리명	지번	측정 방법	횟수 또는 산출수		측정 면적	도곽신축 보정계수	보정 면적	원면적	산출 면적	결정 면적	비고
			제1회	제2회							
중동	1164	좌표	4650.9	4650.9	4650.9				4642.9	4643	공차=±77㎡ 오차=15㎡
	1164-4	좌표	4398.7	4398.7	4398.7				4391.1	4391	
	1164				9049.6			9034	9034	9034	
						아래빈칸					

05 │ 용도지역, 신축량, 보정계수 및 수험번호란 작성

① 서식에 있는 용도지역을 작성한다.

■ '요구사항 05'에서 제시된 용도지역은 일반주거지역이므로, 주거지역을 기입한다.

❶ 명령어: MT(MText) [Enter]

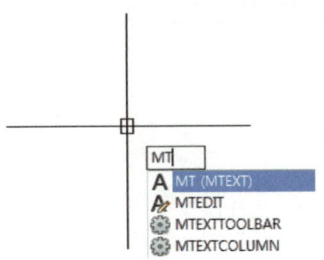

❷ 첫 번째 구석과 반대편 구석을 지정하여 글씨를 작성한다.

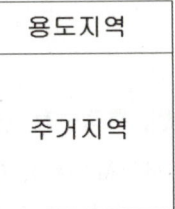

② 신축량과 보정계수를 작성한다.

■ '요구사항 04'에서 제시된 도곽신축보정계수는 1.0000이다.
   • 도곽신축보정계수와 신축량은 빨간색으로 기입한다.

❶ 명령어: MT(MText) [Enter]

신 축 량
0
보정계수
1.0000

❷ 명령어: M(Move) [Enter]
   • Move 명령어를 이용하여 문자를 중앙으로 위치한다.

신 축 량
0
보정계수
1.0000

② 신축량을 상하좌우에 빨간색으로 기입한다.

❶ 명령어: MT(MText) [Enter]

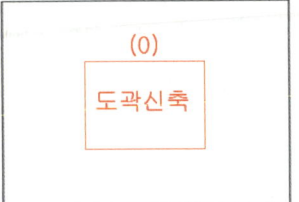

❷ 명령어: CO(Copy) [Enter]
   • Copy 명령어를 이용하여, 나머지 부분도 기입한다.

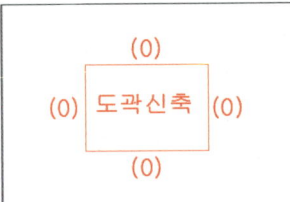

❸ 용도지역과 신축량, 도곽신축보정계수의 작성이 완료된 모습

		신 축 량	용도지역
(0)		0	
(0) 도곽신축 (0)		보정계수	주거지역
(0)		1.0000	

③ 수험번호 작성한다. □□□

１ 자격종목, 비번호, 성명을 작성한다.

❶ 명령어: MT(MText) Enter

자격종목	지적기능사
비번호	123456
성 명	홍길동
감독확인	

06 출력하기

① 완성된 최종지적측량결과도 출력 □□□

１ Plot(출력) 설정하기

❶ 명령어: PLOT Enter
- 프린터 기종과 용지크기를 선택한다.
- 용지크기는 A3로 한다.
- 플롯영역은 윈도우로 설정한다.
- 플롯의 중심을 설정한다.
- 축척은 1.8로 하고 단위는 밀리미터로 한다.
  (파일축척과 관계없이 지정축척을 적용)
- 우측하단의 화살표를 클릭한다.

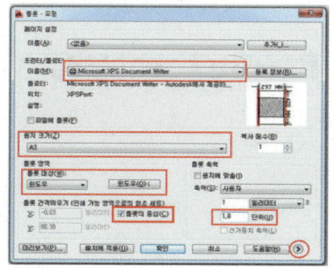

❷ 플롯영역 대상은 윈도우로 설정한다.
- 주어진 서식의 좌측상단 끝과 우측하단 끝을 클릭하여 영역을 설정한다.

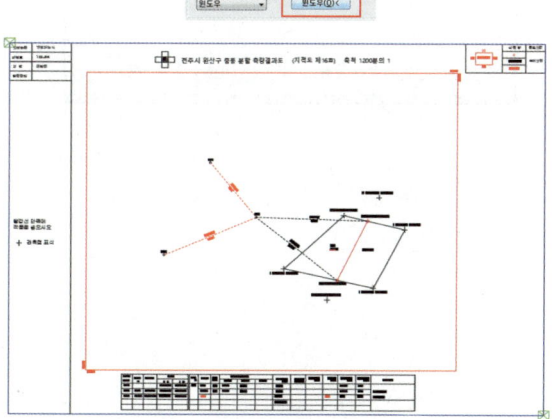

❸ 플롯스타일, 플롯옵션 도면방향을 설정한다.
  • 플롯스타일은 acad를 설정한다.(플롯스타일 acad는 칼라출력을 할 수 있다.)
  • 플롯옵션은 '객체의 선가중치 플롯', '플롯 스타일로 플롯'을 설정한다.
  • 도면방향은 '가로'를 설정한다.

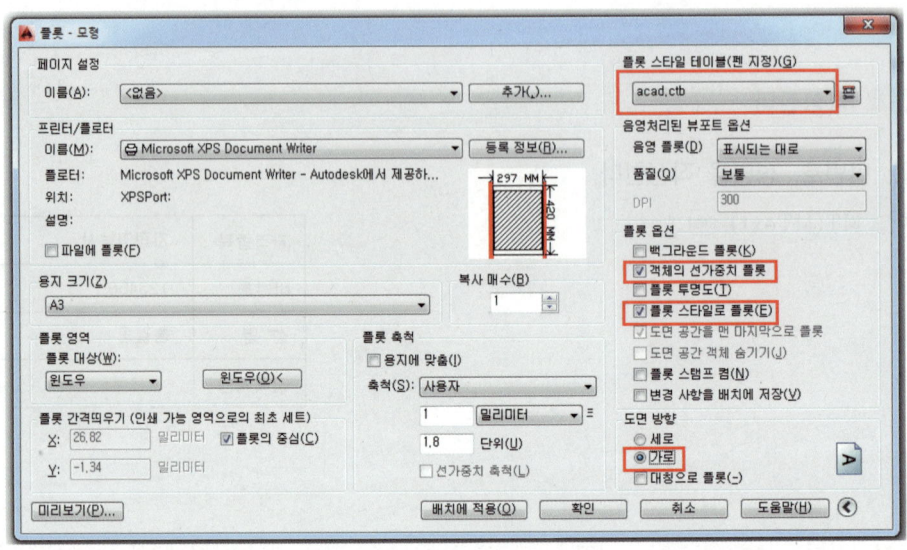

2 Plot(출력) 하기
  ❶ 설정이 완료되면 미리보기를 클릭한다.
    • 아래와 같은 창이 뜨면 계속 버튼을 클릭한다.

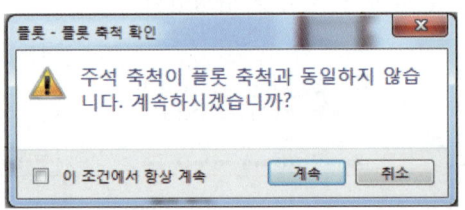

  ❷ 미리보기 확인 후 출력하기
    • 출력횟수가 2회에 한하여 가능하므로 미리
      보기를 한 후 출력을 한다.

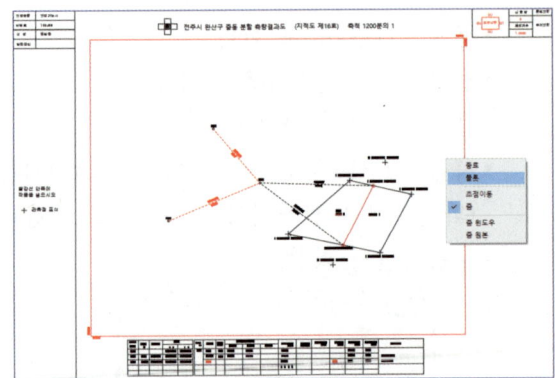

2026 CBT 시험대비

지적기능사 3주완성(필기+실기)

定價 30,000원

저 자 염 창 열
　　　정 병 노

발행인 이 종 권

2017年　1月　11日　초 판 발 행
2018年　1月　 5日　2차개정발행
2019年　1月　18日　3차개정발행
2020年　1月　18日　4차개정발행
2021年　1月　12日　5차개정발행
2021年　10月　26日　6차개정발행
2022年　2月　22日　7차개정발행
2023年　1月　19日　8차개정발행
2024年　1月　30日　9차개정발행
2025年　1月　24日　10차개정발행
2026年　1月　13日　11차개정발행

發行處　**(주) 한솔아카데미**

(우)06775 서울시 서초구 마방로10길 25 트윈타워 A동 2002호
TEL : (02)575-6144/5　　FAX : (02)529-1130
〈1998. 2. 19 登錄 第16-1608號〉

ISBN 979-11-6654-778-2 13530

**건축기사시리즈
①건축계획**

이종석, 이병억 공저
432쪽 | 27,000원

**건축기사시리즈
②건축시공**

김형중, 한규대, 이명철 공저
570쪽 | 27,000원

**건축기사시리즈
③건축구조**

안광호, 홍태화, 고길용 공저
796쪽 | 27,000원

**건축기사시리즈
④건축설비**

오병칠, 권영철, 오호영 공저
564쪽 | 27,000원

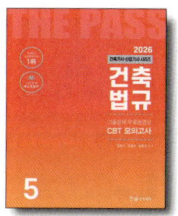

**건축기사시리즈
⑤건축법규**

현정기, 조영호, 한웅규, 김주석
공저
622쪽 | 27,000원

**건축기사 필기
(The Bible)**

안광호, 백종엽, 이병억 공저
1,192쪽 | 45,000원

건축기사 4주완성

남재호, 송우용 공저
1,412쪽 | 47,000원

건축산업기사 4주완성

남재호, 송우용 공저
1,136쪽 | 44,000원

**7개년 기출문제
건축산업기사 필기**

한솔아카데미 수험연구회
868쪽 | 38,000원

건축설비기사 4주완성

남재호 저
1,088쪽 | 46,000원

**건축설비산업기사
4주완성**

남재호 저
872쪽 | 40,000원

**10개년 핵심
건축설비기사 과년도**

남재호 저
1,148쪽 | 40,000원

건축기사 실기

한규대, 김형중, 안광호, 이병억
공저
1,708쪽 | 53,000원

**건축기사 실기
(The Bible)**

안광호, 백종엽, 이병억 공저
1,000쪽 | 41,000원

**건축기사 실기 14개년
과년도**

안광호, 백종엽, 이병억 공저
688쪽 | 34,000원

건축산업기사 실기

한규대, 김형중, 안광호, 이병억
공저
696쪽 | 33,000원

**건축산업기사 실기
(The Bible)**

안광호, 백종엽, 이병억 공저
300쪽 | 30,000원

실내건축기사 4주완성

남재호 저
1,320쪽 | 39,000원

**실내건축산업기사
4주완성**

남재호 저
1,096쪽 | 32,000원

**시공실무
실내건축(산업)기사 실기**

안동훈, 이병억 공저
422쪽 | 30,000원

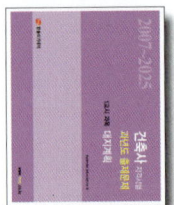

건축사 과년도출제문제
1교시 대지계획
한솔아카데미 건축사수험연구회
346쪽 | 33,000원

건축사 과년도출제문제
2교시 건축설계1
한솔아카데미 건축사수험연구회
192쪽 | 33,000원

건축사 과년도출제문제
3교시 건축설계2
한솔아카데미 건축사수험연구회
436쪽 | 33,000원

건축물에너지평가사
①건물 에너지 관계법규
건축물에너지평가사 수험연구회
852쪽 | 32,000원

건축물에너지평가사
②건축환경계획
건축물에너지평가사 수험연구회
516쪽 | 30,000원

건축물에너지평가사
③건축설비시스템
건축물에너지평가사 수험연구회
708쪽 | 32,000원

건축물에너지평가사
④건물 에너지효율설계·평가
건축물에너지평가사 수험연구회
648쪽 | 32,000원

건축물에너지평가사
2차실기(상)
건축물에너지평가사 수험연구회
940쪽 | 45,000원

건축물에너지평가사
2차실기(하)
건축물에너지평가사 수험연구회
905쪽 | 50,000원

토목기사시리즈
①응용역학
안광호, 김창원, 염창열, 정용욱
공저
540쪽 | 28,000원

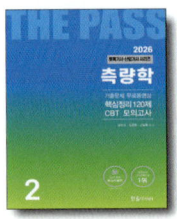

토목기사시리즈
②측량학
남수영, 정경동, 고길용 공저
392쪽 | 28,000원

토목기사시리즈
③수리학 및 수문학
심기오, 노재식, 한웅규 공저
396쪽 | 28,000원

토목기사시리즈
④철근콘크리트 및 강구조
정경동, 정용욱, 고길용, 김지우
공저
464쪽 | 28,000원

토목기사시리즈
⑤토질 및 기초
안진수, 박광진, 김창원, 홍성협
공저
588쪽 | 28,000원

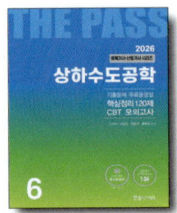

토목기사시리즈
⑥상하수도공학
노재식, 이상도, 한웅규, 정용욱
공저
544쪽 | 28,000원

10개년 핵심 토목기사
과년도문제해설
김창원 외 5인 공저
1,076쪽 | 46,000원

토목기사 4주완성
핵심 및 과년도문제해설
이상도, 고길용, 안광호, 한웅규,
홍성협, 김지우 공저
1,054쪽 | 45,000원

토목산업기사 4주완성
과년도문제해설
이상도, 정경동, 고길용, 안광호,
한웅규, 홍성협 공저
752쪽 | 42,000원

토목기사 실기
김태선, 박광진, 홍성협, 김창원,
김상욱, 이상도, 한웅규 공저
1,540쪽 | 52,000원

토목기사 실기
과년도문제해설
김태선, 이상도, 한웅규, 홍성협,
김상욱, 김지우 공저
892쪽 | 38,000원

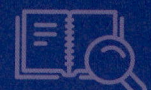

**콘크리트기사·산업기사
4주완성(필기)**

정용욱, 고길용, 전지현, 김지우
공저
856쪽 | 39,000원

**콘크리트기사
과년도(필기)**

정용욱, 고길용, 김지우 공저
684쪽 | 30,000원

**콘크리트기사·산업기사
3주완성(실기)**

정용욱, 한웅규, 홍성협, 전지현
공저
784쪽 | 33,000원

**건설재료시험기사
4주완성(필기)**

박광진, 이상도, 김지우, 전지현
공저
742쪽 | 39,000원

**건설재료시험기사
과년도(필기)**

고길용, 정용욱, 홍성협, 전지현
공저
692쪽 | 32,000원

**건설재료시험기사
3주완성(실기)**

고길용, 홍성협, 전지현, 김지우
공저
728쪽 | 33,000원

**콘크리트기능사
3주완성(필기+실기)**

고길용, 염창열, 전지현 공저
538쪽 | 27,000원

**지적기능사(필기+실기)
3주완성**

염창열, 정병노 공저
640쪽 | 30,000원

측량기능사 3주완성

염창열, 정병노, 고길용 공저
580쪽 | 29,000원

**전산응용토목제도기능사
필기 3주완성**

염창열, 김지우, 최진호 공저
644쪽 | 29,000원

**건설안전기사 4주완성
필기**

지준석, 조태연 공저
1,388쪽 | 38,000원

**산업안전기사 4주완성
필기**

지준석, 조태연 공저
1,560쪽 | 38,000원

공조냉동기계기사 필기

조성안, 이승원, 강희중 공저
1,358쪽 | 41,000원

**공조냉동기계산업기사
필기**

조성안, 이승원, 강희중 공저
1,236쪽 | 36,000원

공조냉동기계기사 실기

조성안, 강희중 공저
1,040쪽 | 38,000원

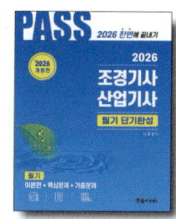

**조경기사·산업기사
필기**

이윤진 저
1,464쪽 | 49,000원

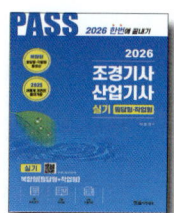

**조경기사·산업기사
실기**

이윤진 저
784쪽 | 45,000원

조경기능사 필기

이윤진 저
682쪽 | 29,000원

조경기능사 실기

이윤진 저
360쪽 | 29,000원

조경기능사 필기

한상엽 저
712쪽 | 28,000원

Hansol Academy

조경기능사 실기

한상엽 저
823쪽 | 30,000원

산림기사 · 산업기사 1권

이윤진 저
888쪽 | 27,000원

산림기사 · 산업기사 2권

이윤진 저
974쪽 | 27,000원

전기기사시리즈(전6권)

대산전기수험연구회
2,240쪽 | 131,000원

전기기사 5주완성

전기기사수험연구회
2,140쪽 | 43,000원

전기산업기사 5주완성

전기산업기사수험연구회
1,964쪽 | 43,000원

전기공사기사 5주완성

전기공사기사수험연구회
2,096쪽 | 43,000원

전기공사산업기사 5주완성

전기공사산업기사수험연구회
1,606쪽 | 43,000원

전기(산업)기사 실기

대산전기수험연구회
766쪽 | 43,000원

전기기사 실기 20개년 과년도문제해설

대산전기수험연구회
992쪽 | 38,000원

전기기사시리즈(전6권)

김대호 저
3,230쪽 | 136,000원

전기기사 실기 기본서

김대호 저
964쪽 | 39,000원

전기기사 실기 기출문제

김대호 저
1,340쪽 | 43,000원

전기산업기사 실기 기본서

김대호 저
920쪽 | 39,000원

전기산업기사 실기 기출문제

김대호 저
1,076 | 41,000원

전기기사/전기산업기사 실기 마인드 맵

김대호 저
232 | 15,000원

CBT 전기기사 단기완성

이승원, 김승철, 윤종식 공저
1,244쪽 | 42,000원

전기기능사 3단계 핵심 및 과년도

김승철, 신면순, 오용환, 이승원 공저
876쪽 | 28,000원

전기기능사 3주완성

이승원, 김승철, 윤종식 공저
532쪽 | 27,000원

소방설비기사 기계분야 필기

김홍준, 윤중오 공저
1,212쪽 | 40,000원

**소방설비기사
전기분야 필기**

김흥준, 신면순 공저
1,148쪽 | 40,000원

공무원 건축계획

이병억 저
800쪽 | 37,000원

**7 · 9급 토목직
응용역학**

정경동 저
1,192쪽 | 42,000원

응용역학개론 기출문제

정경동 저
686쪽 | 40,000원

**측량학(9급 기술직/
서울시 · 지방직)**

정병노, 염창열, 정경동 공저
756쪽 | 29,000원

**응용역학(9급 기술직/
서울시 · 지방직)**

이국형 저
628쪽 | 23,000원

**스마트 9급 물리
(서울시 · 지방직)**

신용찬 저
422쪽 | 23,000원

**7급 공무원
스마트 물리학개론**

신용찬 저
996쪽 | 45,000원

1종 운전면허

도로교통공단 저
110쪽 | 13,000원

2종 운전면허

도로교통공단 저
110쪽 | 13,000원

지게차 운전기능사

건설기계수험연구회 편
216쪽 | 15,000원

굴삭기 운전기능사

건설기계수험연구회 편
224쪽 | 15,000원

**지게차 운전기능사
3주완성**

건설기계수험연구회 편
338쪽 | 12,000원

**굴삭기 운전기능사
3주완성**

건설기계수험연구회 편
356쪽 | 12,000원

**초경량 비행장치
무인멀티콥터**

권희춘, 김병구 공저
258쪽 | 22,000원

**시각디자인 산업기사
4주완성**

김영애, 서정술, 이원범 공저
1,102쪽 | 36,000원

**시각디자인
기사 · 산업기사 실기**

김영애, 이원범 공저
508쪽 | 35,000원

토목 BIM 설계활용서

김영휘, 박형순, 송윤상, 신현준,
안서현, 박진훈, 노기태 공저
388쪽 | 30,000원

**BIM 전문가
토목 2급자격(필기+실기)**

BIM전문가 토목연구회 공저
324쪽 | 32,000원

BIM 구조편

(주)알피종합건축사사무소
(주)동양구조안전기술 공저
536쪽 | 32,000원

Hansol Academy

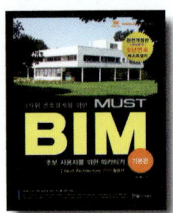

BIM 기본편

(주)알피종합건축사사무소
402쪽 | 32,000원

BIM 기본편 2탄

(주)알피종합건축사사무소
380쪽 | 28,000원

**BIM 건축계획설계
Revit 실무지침서**

BIMFACTORY
607쪽 | 35,000원

**전통가옥에서 BIM을
보며**

김요한, 함남혁, 유기찬 공저
548쪽 | 32,000원

BIM 주택설계편

(주)알피종합건축사사무소
박기백, 서창석, 함남혁, 유기찬
공저
514쪽 | 32,000원

BIM 활용편 2탄

(주)알피종합건축사사무소
380쪽 | 30,000원

BIM 건축전기설비설계

모델링스토어, 함남혁
572쪽 | 32,000원

BIM 토목편

송현혜, 김동욱, 임성순, 유자영,
심창수 공저
278쪽 | 25,000원

디지털모델링 방법론

이나래, 박기백, 함남혁, 유기찬
공저
380쪽 | 28,000원

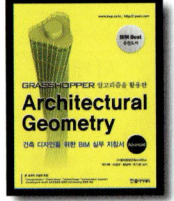

**건축디자인을 위한
BIM 실무 지침서**

(주)알피종합건축사사무소
박기백, 오정우, 함남혁, 유기찬 공저
516쪽 | 30,000원

**BIM 전문가
건축 2급자격(필기+실기)**

모델링스토어
760쪽 | 36,000원

**BIM 전문가
토목 2급 실무활용서**

채재현, 김영휘, 박준오, 소광영,
김소희, 이기수, 조수연
614쪽 | 35,000원

BE Architect

유기찬, 김재준, 차성민, 신수진,
홍유찬 공저
282쪽 | 20,000원

**BE Architect
라이노&그래스호퍼**

유기찬, 김재준, 조준상, 오주연
공저
288쪽 | 22,000원

**BE Architect
AUTO CAD**

유기찬, 김재준 공저
400쪽 | 25,000원

건축관계법규(전3권)

최한석, 김수영 공저
3,544쪽 | 110,000원

건축법령집

최한석, 김수영 공저
1,490쪽 | 60,000원

건축법해설

김수영, 이종석, 김동화, 김용환,
조영호, 오호영 공저
918쪽 | 32,000원

건축설비관계법규

김수영, 이종석, 박호준, 조영호,
오호영 공저
790쪽 | 34,000원

건축계획

이순희, 오호영 공저
422쪽 | 23,000원

Hansol Academy

수학의 마술(2권)
아서 벤저민 저, 이경희, 윤미선,
김은현, 성지현 옮김
206쪽 | 24,000원

**스트레스,
과학으로 풀다**
그리고리 L. 프리키온, 애너이브
코비치, 앨버트 S.융 저
176쪽 | 20,000원

행복충전 50Lists
에드워드 호프만 저
272쪽 | 16,000원

지치지 않는 뇌 휴식법
이시카와 요시키 저
188쪽 | 12,800원

지능형홈관리사
김일진, 이의신, 송한춘, 황준호,
장우성 공저
500쪽 | 35,000원

**스마트 건설,
스마트 시티, 스마트 홈**
김선근 저
436쪽 | 19,500원

**e-Test 엑셀
ver.2016**
임창인, 조은경, 성대근, 강현권
공저
268쪽 | 17,000원

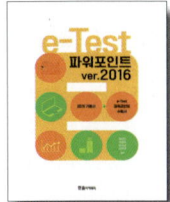

**e-Test 파워포인트
ver.2016**
임창인, 권영희, 성대근, 강현권
공저
206쪽 | 15,000원

**e-Test 한글
ver.2016**
임창인, 이권일, 성대근, 강현권
공저
198쪽 | 13,000원

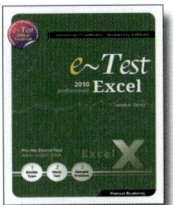

**e-Test 엑셀
2010(영문판)**
Daegeun-Seong
188쪽 | 25,000원

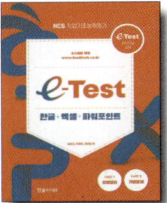

**e-Test
한글+엑셀+파워포인트**
성대근, 유재휘, 강현권 공저
412쪽 | 28,000원

**재미있고 쉽게 배우는
포토샵 CC2020**
이영주 저
320쪽 | 23,000원

토목기사 4주완성

이상도, 고길용, 안광호, 한웅규, 홍성협, 김지우
1,054쪽 | 45,000원

토목산업기사 4주완성

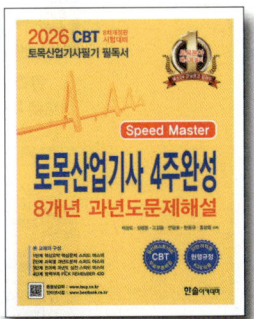

이상도, 정경동, 고길용, 안광호, 한웅규, 홍성협
752쪽 | 42,000원

※ 구입처는 **전국대형서점**에서 구매하실 수 있습니다.

건축시공학
이찬식, 김선국, 김예상, 고성석,
손보식, 유정호, 김태완 공저
776쪽 | 30,000원

**현장실무를 위한
토목시공학**
남기천,김상환,유광호,강보순,
김종민,최준성 공저
1,212쪽 | 45,000원

알기쉬운 토목시공
남기천, 유광호, 류명찬, 윤영철,
최준성, 고준영, 김연덕 공저
818쪽 | 28,000원

Auto CAD 오토캐드
김수영, 정기범 공저
364쪽 | 25,000원

친환경 업무매뉴얼
정보현, 장동원 공저
352쪽 | 30,000원

**건축시공기술사
기출문제**
배용환, 서갑성 공저
1,146쪽 | 69,000원

**합격의 정석
건축시공기술사**
조민수 저
904쪽 | 67,000원

**건축시공기술사
용어해설**
조민수 저
1,438쪽 | 70,000원

**건축전기설비기술사
(상,하)**
서학범 저
1,584쪽 | 70,000원(각 권)

**디테일 기본서 PE
건축시공기술사**
백종엽 저
730쪽 | 62,000원

**디테일 마법지 PE
건축시공기술사**
백종엽 저
504쪽 | 50,000원

**용어설명1000 PE
건축시공기술사(상,하)**
백종엽 저
2,148쪽 | 70,000원(각권)

역학의 정석
김성민, 김성범 공저
788쪽 | 52,000원

**합격의 정석
토목시공기술사**
김무섭, 조민수 공저
874쪽 | 60,000원

건설안전기술사
이태엽 저
776쪽 | 60,000원

소방기술사 上
윤정득, 박견용 공저
656쪽 | 55,000원

소방기술사 下
윤정득, 박견용 공저
730쪽 | 55,000원

**소방시설관리사 1차
(상,하)**
김흥준 저
1,630쪽 | 63,000원

건축에너지관계법해설
조영호 저
614쪽 | 27,000원

ENERGYPULS
이광호 저
236쪽 | 25,000원